京津冀城镇群协调发展规划

(2008-2020)

住房和城乡建设部城乡规划司
中国城市规划设计研究院　编著

商务印书馆
The Commercial Press
2013年·北京

图书在版编目(CIP)数据

京津冀城镇群协调发展规划(2008-2020)/住房和城乡建设部城乡规划司,中国城市规划设计研究院编著.—北京:商务印书馆,2013
ISBN 978-7-100-08582-3

Ⅰ.①京… Ⅱ.①住…②中… Ⅲ.①城市规划-研究-华北地区 Ⅳ.①TU984.22

中国版本图书馆 CIP 数据核字(2011)第 187368 号

所有权利保留。
未经许可,不得以任何方式使用。

京津冀城镇群协调发展规划(2008-2020)

住房和城乡建设部城乡规划司
中国城市规划设计研究院 编著

商务印书馆出版
(北京王府井大街36号 邮政编码100710)
商务印书馆发行
北京中科印刷有限公司印刷
ISBN 978-7-100-08582-3

2013年12月第1版　　开本 880×1240　1/16
2013年12月北京第1次印刷　　印张 33 1/2

定价:295.00元

建 设 部
北京市人民政府
天津市人民政府　文件
河北省人民政府

建规〔2008〕53号

关于印发《京津冀城镇群协调发展规划（2008—2020）》的通知

北京市规划委员会、天津市规划局、河北省建设厅：

　　为实施《城乡规划法》，贯彻落实中央提出的推动区域协调、促进东部地区"两个率先"发展的要求和国务院关于《北京城市总体规划（2004—2020）》、《天津市城市总体规划（2005—2020）》、《河北省城镇体系规划（2006—2020）》的批复，促进京津冀城乡区域的协调和可持续发展，建设部与北京市、天津市、河北省人民政府完成了《京津冀城镇群协调发展规划（2008—2020）》（以下简称《规划》）。现印发你们，请认真落实。

京津冀是我国具有首都地区战略地位的重要城镇密集地区。促进京津冀地区城镇协调发展，增强城镇群综合承载能力，提升城镇群的辐射带动作用，对于实施国家区域发展总体战略，推进滨海新区等开放开发重点地区的统筹协调发展都具有重要意义。

要将《规划》切实落实到相关法定规划的制定、实施和城乡规划建设管理过程中。要依据《规划》，在城镇空间布局、资源开发利用和保护、生态环境保护、基础设施和公共服务设施建设、重大建设项目布局和新农村建设等方面加强区域协作，落实《规划》提出的区域协调机制。对《规划》实施中的重大问题，应及时向建设部和北京市、天津市、河北省人民政府报告。

附件：《京津冀城镇群协调发展规划（2008－2020）》

建设部　　　　　　　北京市人民政府

天津市人民政府　　　河北省人民政府

二〇〇八年三月三日

《京津冀城镇群协调发展规划(2008-2020)》
编写人员

主　　编　汪光焘

副 主 编　仇保兴　宋恩华　陈　刚　熊建平

编 委 会（以姓氏笔画为序）

王　飞　尹海林　冯忠华　师武军　朱正举　孙安军
苏蕴山　李　迅　李晓龙　李晓江　张　勤　施卫良
唐　凯　黄　艳　霍　兵

编写人员（以姓氏笔画为序）

于文学　门晓莹　王东宇　王晓东　王新峰　叶裕民
付殿起　冯忠华　师　洁　吕红亮　朱　波　朱胜跃
刘　扬　刘贵利　孙安军　苏迎夫　李书严　李　迅
李　枫　李晓龙　汪　科　张圣海　张　波　张　博
张　勤　陈怡星　陈　波　陈景进　郑文良　郑　皓
赵永革　赵　朋　赵　峰　郝天文　贺灿飞　郭兆敏
郭志刚　唐　凯　黄　玫　盛　况　崔建甫　彭　珂
傅　爽　谢从朴　鲍　龙　蔡力群　臧　华　潘海霞

专题编写人员

专题一：区域产业功能体系与空间协同发展专题研究
　　　北京大学　　贺灿飞 孟晓晨 刘作丽

专题二：人口流动与统筹城乡发展专题研究
　　　中国人民大学　　叶裕民 李彦军

专题三：综合交通体系与城镇发展关系专题研究
　　　中国城市规划设计研究院　　朱胜跃 殷广涛 赵一新

专题四：海岸线保护利用专题研究
　　　中国城市规划设计研究院　　王东宇 戴菲 马琦伟 等

专题五：城镇群协调发展与气候环境关系专题研究
　　　北京市气候中心、天津市气候中心、河北省气候中心　　李书严 于长文 郭军 赵黎明 等

专题六：区域协调发展实施政策框架与机制专题研究
　　　北京大学、中国人民大学　　张波 刘江涛

序

——写在《京津冀协调发展规划(2008-2020年)》出版之时

汪光焘

(原建设部部长)

  随着经济全球化和国家城镇化进程的加快,国家竞争力和综合国力的提高越来越依赖于以中心城市为核心的城镇群实力的壮大。京津冀城镇群处于我国城镇体系中的核心区域,是参与全球竞争的重要节点。国家"十一五"规划明确要求,京津冀、长江三角洲、珠江三角洲等区域,要继续发挥带动和辐射作用,加强城镇群内各城市的分工协作和优势互补,增强城市群的整体竞争力。

  2006年9月,建设部组织开展《京津冀城镇群协调发展规划(2008-2020年)》(以下简称《规划》)编制的筹备工作,成立了由我任组长,仇保兴、陈刚、陈质枫、柳宝全等同志任副组长的规划编制工作领导小组,邀请吴良镛、周干峙、邹德慈等各相关领域的知名专家组成规划专家组,由中国城市规划设计研究院牵头,北京大学、中国人民大学、北京市气象局、中国科学院等单位参与,两市一省规划院配合,成立规划编制组正式开展规划编制工作。在深入调查研究和反复评估论证的基础上,历时一年半,完成了《规划》编制,于2008年3月3日,由建设部、两市一省政府联合发文颁布实施。

  本《规划》编制具有以下几个明显特点:

  一是,《规划》立足于促进相关法定规划的实施。2005年至2006年初,《北京城市总体规划(2006-2020)》、《天津市城市总体规划(2005-2020)》和《河北省城镇体系规划(2006-2020)》相继得到国务院批复。同时,建设部依据《城乡规划法》编制完成了《全国城镇体系规划》。《规划》编制既是落实国家对该地区城镇发展的战略部署,促进地方法定规划的实施,也是落实《全国城镇体系规划》对京津冀城镇群发展目标的要求,在更大的区域层面达成共识,促进该地区城镇化健康发展。因此《规划》本身具有法定化的特征。

  二是,《规划》体现了区域协调、城乡统筹的核心思路。《规划》将两市一省相关规划统一成为一个跨完整行政区的城镇群,主要包括:城镇群发展目标与定位、城镇功能体系构建、城乡空间统筹发展、跨省域的生态环境保护、跨省域的交通支撑、规划的实施等方面。《规划》鼓励并推动区域协调、城乡统筹制度的形成。如,京冀联合进行风沙源、水源治理及生态跨区补偿机制,海河流域对口支援河北水源地及支流口湿地建设机制，都市食品链供应制度，京津冀旅游通票，绿色通关通道及水港制度，区域高速公路联网计费制度等。

三是，《规划》重点突出相关规划实施过程中区域性重大问题的协调。从区域整体利益出发，通过制定土地、水、生态环境等保护和协调的原则，《规划》加强沿海港口、机场等区域性重大基础设施的衔接；通过制定规划实施的政策框架，推动实施机制的建立与完善，发挥两市一省政府实施规划的职能，深化、细化和落实《规划》要求。经两市一省一部联合批准《规划》，形成"共同批准、分头落实"的协调机制，为两市一省政府加强协调合作，有效配置公共资源，制定公共政策提供了重要依据。

《规划》实施五年来，对京津冀区域内城乡规划与建设工作提供了有力的政策依据和明确的空间协调要求。一是规划有力地促进了两市一省职能调整、优化和提升，如首钢等企业搬迁到唐山到沿海地区，河北省大力推动区域中心城市建设，培育城市区域职能，规划和实施两环战略（环首都和环渤海），天津进行滨海新区和主城区职能调整等。二是规划对具有影响区域的重大事件和项目选址做出了预判和指导。北京申奥期间，京津冀分担了奥运赛会组织、食品供应保障、赛会旅游等职能，并通过共同努力，保证赛会期间的空气质量并形成区域联动机制；在区域绿道、南水北调、首都二机场选址及临空经济区建设、疏港通道、高速公路、高铁等区域型设施的选址、定线、站场选择等方面展开充分协调和合作。三是《规划》成为相关地方规划的重要依据。如，环京津地区协调发展规划，环首都绿色经济圈规划，环渤海地区发展规划，首都区域空间发展战略研究，天津市城市总体规划修改，廊坊市城市总体规划修改等，都将《规划》作为重要原则指导和依据。

党的十八大确立了全面建成小康社会的宏伟目标，明确提出要科学规划城市群规模和布局，增强中小城市和小城镇产业发展、公共服务、吸纳就业、人口集聚功能。《京津冀城镇群协调发展规划(2008-2020年)》在此时出版，希望能为地方各级领导干部、广大城市规划工作者和城乡建设者，贯彻落实十八大精神，科学研究编制城镇群发展规划提供借鉴参考，集思广益，总结提高，为促进我国大中小城市和小城镇合理分工、功能互补，集约发展做出积极贡献。

2013 年 10 月 12 日

目 录

序

第一部分 京津冀城镇群协调发展规划文本

第一章 总则 ·········· 3
第二章 区域发展目标与战略 ·········· 6
第三章 区域协调与城乡统筹 ·········· 12
第四章 生态环境保护与资源节约利用 ·········· 23
第五章 区域综合交通体系支撑 ·········· 29
第六章 规划实施 ·········· 33
附图 ·········· 35

第二部分 京津冀城镇群协调发展规划总报告

导言 ·········· 47
第一章 国家要求和发展目标 ·········· 52
第二章 问题、趋势与发展战略 ·········· 64
第三章 区域功能体系构建 ·········· 99
第四章 城乡空间发展格局 ·········· 118
第五章 重大设施支撑与保障 ·········· 139
第六章 协同区发展政策指引 ·········· 160
第七章 规划实施与保障措施 ·········· 168

第三部分 京津冀城镇群协调发展规划专题研究

专题一 区域产业功能体系与空间协同发展专题研究 ·········· 177
专题二 人口流动与统筹城乡发展专题研究 ·········· 253
专题三 综合交通体系与城镇发展关系专题研究 ·········· 337
专题四 海岸线保护利用专题研究 ·········· 391
专题五 城镇群协调发展与气候环境关系专题研究 ·········· 447
专题六 区域协调发展实施政策框架与机制专题研究 ·········· 489

第一部分

京津冀城镇群协调发展规划文本

第一章　总则

第一条　规划背景

1. 经过30年的改革开放,我国经济社会发展已进入新的阶段,呈现新的阶段性特征。落实科学发展观,构建社会主义和谐社会已经成为经济社会发展的重大战略思想。国家"十一五"规划中提出要促进区域协调发展,促进城镇化健康发展;中央多次强调指出东部地区发展是支持区域协调发展的重要基础,要在率先发展中带动和帮助中西部地区发展。"十七大"报告明确提出"继续实施区域发展总体战略,以增强综合承载能力为重点,以特大城市为依托,形成辐射作用大的城市群,培育新的经济增长极"。以城镇群作为空间载体推动工业化和城镇化发展,也是当今世界各国发挥区域整体优势,参与全球竞争与合作的主要形式。

2. 京津冀城镇群已成为我国继珠三角、长三角之后,东部地区又一个经济总量大、人口众多、城镇较为密集、发展速度快和发展条件好的区域,在全国发展格局中具有一定的领先优势。按照《全国城镇体系规划》要求,京津冀城镇群是国家重点管理地区,需要在推进城镇化进程中协调好城镇发展。当前,天津滨海新区开发开放已纳入国家发展战略布局,继深圳、上海浦东之后,成为中国经济新一轮发展的第三增长极,成为贯彻落实科学发展观的排头兵;同时,北京确立建设现代国际城市的发展目标;中央提出唐山曹妃甸科学发展示范区的建设,河北省提出建设沿海强省的发展战略。这一系列举措使京津冀城镇群在国家发展格局中的战略地位日益突显,标志着京津冀城镇群的发展进入了崭新的历史时期,将引领我国北方地区经济社会快速发展,同时在面向东北亚参与国际竞争与合作中,也将发挥核心区域的作用。

3. 2005年至2006年初,国务院相继批复了《北京市城市总体规划》、《天津市城市总体规划》和《河北省城镇体系规划》,各项相关的规划实施工作陆续展开。由于京津冀三地关系非常密切,区域整体的协调发展能够促进三个法定规划更好的实施。因此,本次规划从区域整体利益出发,以协调落实两市一省城乡规划的实施为重点,为政府间开展协作、共同配置公共资源、保护生态环境和制定公共政策提供重要依据。编制京津冀城镇群(以下简称"京津冀")协调发展规划,也是贯彻党的十七大精神,落实国家对这一地区城镇发展战略部署,深化国家关于改革开放和加快发展各项要求的需要。该规划对于推进京津冀以及环渤海地区经济合作与协调发展,促进这一地区城镇化健康发展具有重要的现实意义。

第二条 规划期限与范围

1. 本次规划期限为 2008-2020 年。
2. 城镇群空间范围涵盖北京、天津、河北的完整行政辖区，总面积 21.36 万平方公里。2005 年京津冀地区总人口 9 432 万人，城镇化水平 49.3%；地区生产总值 20 680.04 亿元，占全国的 11.3%；人均国内生产总值 21 925.4 元，是全国的 1.56 倍。

第三条 规划指导思想与原则

1. 规划坚持以科学发展观为指导思想，在区域发展的新背景、新要求、新趋势下，重新审视京津冀区域发展特征；从落实国家战略的角度，制定城镇群长远发展目标与发展战略，构筑符合"五个统筹"发展要求的区域功能和空间体系，为京津冀实现跨越发展奠定基础。
2. 从落实两市一省规划的角度，明确两市一省规划在实施过程中，需进一步加强区域协调、相互衔接的重点和对策，提出推动规划实施的建议。
3. 规划编制遵循"依法规划、重在落实、突出重点"的工作原则，立足解决实际问题。

第四条 针对性的工作目标

1. 两市一省规划已注意到相互衔接的必要性。北京确定了"国家首都、国际城市、文化名城、宜居城市"的发展定位，指出京津冀的整体发展将为北京城市持续快速发展提供支持。天津提出"国际港口城市、北方经济中心和生态城市"的发展目标，并将加强区域合作、加强与周边城市基础设施的衔接，作为其重要的发展战略。河北省提出建设经济社会发展沿海强省，着力培育沿海城市连绵带，并提出"融入沿海、联合京津、平等错位、合理分工"的发展思路。体现了三地政府在创新思路与机制、推动京津冀资源的共同配置、加强区域合作等方面迈出实质性步伐。
2. 国务院在对两市一省规划的批复中，都重点强调要处理好区域协调发展的关系。"北京市的城市发展必须坚持区域统筹的原则，积极推进京、津、冀以及环渤海地区经济合作与协调发展。要加强区域性基础设施的建设，逐步形成完善的区域城镇体系，促进产业结构的合理调整和资源的合理配置"；"天津市的规划建设要注意与京津冀地区发展规划的协调，加强区域性基础设施建设，促进产业结构的合理调整和资源优化配置。特别要注意加强与北京市的协调，实现优势互补、协调发展，提高为首都、环渤海以及北方地区服务的功能"；"河北省要充分利用环京津和环渤海的区位优势，注意与周边地区优势互补、相互促进、共同发展"。
3. 由于行政区划的限制，两市一省规划在区域空间组织、城镇功能定位、产业协同发展、交通基础设施共建共享、生态保护与资源利用等方面的相互衔接还有所欠缺，面临区域性的问题缺乏有效的解决手段,这正是本次城镇群规划需要落实的重点。同时,新时期,国家对京津冀地区协调发展提出了更高的要求,国家发展改革、国土、交通、环保等部门编制的相关规划也都对区域整体发展提出了原则和要求,相关规划的实施需要与城乡规划进行必要的衔接和落实。

第五条　规划的重点内容

1. 把握整体发展趋势,推动区域功能体系完善。在新的发展趋势要求下,有针对性地制定发展战略来推动区域功能体系的完善,并以此协调京津冀空间组织与布局,推动两市一省规划各自发展定位的实现,支撑区域总体发展目标的落实,促进区域新格局的形成。

2. 构建区域生态安全格局,实现资源节约和环境友好。京津冀生态环境的保护与建设是国家和区域发展一直关注的核心问题,两市一省规划对此也给与了高度重视。在经济快速发展的同时,三地政府共同推进保护区域生态环境、合理利用资源是城镇群实现跨越发展的重要前提。

3. 促进健康城镇化发展,推进社会主义新农村建设。京津冀城乡二元结构明显,尤其京津两大中心城市与周边农村地区存在着巨大城乡差距,为整体发展带来巨大挑战。三地政府应共同促进人口的合理流动和集聚,积极有序地推进城镇化进程,不断增强城镇对农村的带动作用,推动社会主义新农村建设。

4. 注重交通通道和设施布局的衔接,构筑一体化区域综合交通体系。随着京津冀洲际门户的形成和沿海产业大规模的布局,区域交通与城镇和产业发展的关系将更为紧密。两市一省规划中也明确了交通通道和重大设施布局相互衔接的具体内容,国家相关部委的专项规划也提出了相关要求。因此,构筑多层次、一体化区域综合交通体系对城镇群整体发展具有重要的引导作用,也是推动两市一省规划实施的有效途径。

5. 以落实规划为目标,提出实施政策与保障机制建议。立足解决实际问题,明确两市一省规划实施中需要共同协商和重点协调的具体问题,并针对实施规划的政策与保障机制提出具体建议,充分发挥各级政府和建设主管部门的作用,推动城乡规划实施的体制创新。

第二章 区域发展目标与战略

第一节 趋势与特征

第六条 区域职能面临转型的关键时期

1. 京津冀因其首都地区和北方出海口的战略地位,将在启动北方发展,推动国家与世界的全面对接,以及构建协调均衡的国土发展格局方面发挥不可替代的作用。

2. 京津冀在人力资源、科研机构、金融服务等方面所具备的创新能力在国内具有明显的比较优势。天津滨海新区被国家定位为综合配套改革试验区,赋予了"先行先试"的制度创新政策,借助京津冀一体化发展平台,将推动城镇群整体在国家战略中发挥自主创新领域的先导作用。

3. 国家战略的实施,有助于推动区域职能实现历史性的转型,京津冀将迈向经济和政治职能并重发展的阶段,在继续强化保障国家政治、社会稳定的政治职能基础上,其经济职能的战略地位将会有本质性的提升。

第七条 沿海开发推动区域格局转变

1. 随着天津滨海新区成为引领全国发展的增长极,唐山曹妃甸建设科学发展示范区,沧州渤海新区的产业集聚,以及一大批重大产业项目建设和沿海城镇发展壮大,京津冀将步入沿海引领发展的阶段。沿海产业集聚将显著提升城镇群主导产业的国家影响力和竞争力,而由海洋向陆地延伸、区域分工协作、多元化产业体系的建立,将逐步取代原有立足于自身矿业资源、分散独立的生产模式。

2. 沿海推进的深入发展将进一步促进天津、唐山和沧州等沿海城市对内陆地区的辐射和带动作用,并推动城镇群海陆联动发展新格局的形成。这将有利于京津冀沿海地区与辽中南和山东半岛地区的对接,共同促进环渤海地区的长远发展,从而更好的辐射带动"三北"地区。

第八条 首都影响力进一步提升

1. 首都北京始终是影响京津冀整体发展的重要因素之一。北京总体规划中进一步明确了强化首都职能的重要性,保障首都地区政治安全与社会稳定必然是京津冀的首要任务,而确保和加强首都政治职能也会推动城市和区域经济快速发展。

2. 北京要实现现代化国际城市的发展目标,需要在区域的支持下,使国家政治、文化、经济管理、科技创新、信息、旅游等高端职能得到强化和提升,并进一步向心聚集。同时,北京产业结构优化升级、服务业加快发展,将成为京津冀构筑生产服务网络的主要动力。一些传统职能将在更广泛的区域内重构,对北京周边地区形成辐射带动,迅速提升周边城镇服务能力,逐步完成首都功能区域化;最终推动区域服务网络的形成,改变目前京津双核集聚的区域空间格局,促进区域协调发展。

第九条 资源环境压力日益严峻

1. 强化生态保护和保障农业生产是实现京津冀快速发展的前提条件。京津冀生态保护的意义不仅在于本地区,还在更大区域内承担着非常重要的作用。京津冀西部和北部山区是三北防护林带的重要组成部分,也是京津冀重要的生态屏障和水源涵养区。京津冀是全国最缺水的地区之一,两市一省人均水资源量均不足 300 立方米,约为全国水平的 1/8,水资源短缺已成为制约区域社会经济快速发展的关键性因素。

2. 冀中南地区耕地资源丰富,而土地后备资源不足,只占京津冀地区的 8.4%;土地后备资源主要集中于北部地区,需要承担生态涵养功能,且可开发程度不高。

3. 随着区域经济社会的快速发展,京津冀生态环境质量呈现持续下降的趋势。河流水体、滨海湿地和海洋环境面临严峻的挑战,水资源短缺、耕地锐减等问题日趋突出,能源供应需要更完善的通道保障。随着新一轮工业化发展和城镇化推进,将进一步加大资源环境的压力,上述问题将长期存在。

第十条 人口发展进一步向中心城市集聚

1. 京津冀是全国人口密度最高的地区之一,人口规模大,增长速度快。北京人口快速增长成为拉动区域人口增长的主体;天津人口增长速度较慢;河北省人口增长速度呈下降趋势,异地城镇化特征明显,是北京和天津外来人口的主要输出地。

2. 京津冀将成为快速城镇化重要承载地,人口自然增长将逐步进入慢速稳定发展阶段,外来人口增长将成为影响人口总量变化的主导因素。西北山区城市在生态环境保护方面具有重要的战略地位,人口增长将受到严格控制。而北京的新城建设和以天津滨海新区、唐山曹妃甸、沧州渤海新区为代表的沿海新兴发展地区,以及河北 11 个地级市的中心城区和一些发展条件较好的县级市、县、小城镇将构成吸纳人口增长的主体。这些城镇综合承载力的普遍提升是避免特大城市、大城市人口过度聚集,实现健康城镇化的必要保障。

第十一条　区域协调和城乡统筹任重道远

京津冀两市一省在地域上紧密相连,却处于不同的发展阶段。北京已经向后工业化社会转型,天津进入工业化后期,河北大部分城市处于工业化中期。三地发展存在巨大落差,也导致了区域城乡差异显著,尤其是落后的河北农村与京津大都市区差距明显。环绕北京和天津周围的众多贫困县成为制约区域协调和城乡统筹发展的主要矛盾,使区域性产业分工和职能协作网络无法形成,也成为京津冀实现国家战略的主要障碍。

第二节　总体目标

第十二条　城镇群发展目标

我国区域发展的新格局已经全面展现,整体经济社会发展也将步入重大转型期;转变发展方式,推动区域协调发展,缩小区域发展差距,已经成为国家区域发展政策的核心要求。国家战略的要求决定了京津冀未来的发展方向,京津冀的发展目标应确定为:

"坚持科学发展的道路,建设成为具有首都地区战略地位、统筹协调发展的世界级城镇群,成为资源节约、环境友好、社会和谐的典范"。

上述目标充分考虑到京津冀"首都地区"的突出优势与特色,该地区具备成为世界级城镇群必需的国际交往、空港门户、科教创新、文化创意等多种职能,在国家对外交往格局中具有不可替代的主体地位。而由于京津冀资源环境脆弱,为落实中央"两个率先"的目标,更应该坚持率先转变经济增长方式,坚持科学发展、协调发展、和谐发展,在辐射带动三北、引领全国发展中发挥典范作用。

第十三条　城乡空间发展目标

贯彻与落实国家要求,以沿海加快发展和首都功能区域化为契机,建设具有首都地区特色的服务网络体系;充分发挥滨海新区增长极的引领作用,构筑海陆联动的产业分工与协作体系;通过区域多中心协同发展,促进城镇网络空间结构的形成;在城乡基础设施建设、社会事业和公共服务、社会保障和劳动就业等方面加强统筹建设,实现城乡协调发展。

第十四条　生态环境保护目标

以资源环境承载能力为前提,妥善处理好城镇建设、经济发展与生态环境保护的关系,合理配置资源、布局生产力要素,保障区域社会、经济、环境协调发展;加强生态治理、保护与污染控制,坚持资源的节约与集约利用;构建整体生态安全格局,建立公平有效的区域生态环境协调与资源利用、保护机制,为区域可持续发展提供保障;把京津冀建设成为资源节约、环境友好、人与自然和谐、迈向生态文明的科学发展示范区。

第十五条　交通发展建设目标

构筑全球交通运输网络重要节点和东北亚地区洲际门户,促进和引导城镇群协调、健康、快速发展,推动区域产业结构布局调整与转移;满足日益增长的各种交通需求,形成符合科学发展要求的高效、复合、便捷、安全、低耗、环保、多层次、一体化的区域综合交通体系。

第三节　功能定位

第十六条　中国参与全球竞争的重要城镇群

京津冀所具备的优势和潜力,对构建国家科技创新基地、我国北方现代制造业基地和国际国内贸易中心起到强有力的支撑作用;加快城镇群的发展,提升综合竞争实力,对促进我国北方工业化、城镇化、国际化发展和参与全球竞争都将发挥重要的核心作用。

第十七条　引领中国北方进一步对外开放的门户区

京津冀地处欧亚大陆桥的桥头堡位置和东北亚区域合作圈内,是我国北方各省区改革开放的前沿,拥有发达的国际化信息、交通网络和首都对外交往资源,在对接国际方面具有巨大的优势,应在我国北方对外开放进程中发挥先导作用,并产生较大的国际影响力。

第十八条　国家健康城镇化的重要承载地

京津冀作为我国北方经济社会发展的引擎,在产业规模不断壮大、经济结构不断优化调整、新兴城市地区不断涌现的过程中,将构筑起多元化的产业体系和城镇体系,拉动劳动就业,为本地和外来人员提供更多的居住和就业机会,促进人口的进一步集聚,为推动我国健康城镇化进程起到重要的载体作用。

第十九条　国家率先转变发展方式和制度创新示范区

京津冀拥有科技创新与文化资源优势,为转变经济发展方式提供了坚实的基础,资源环境制约和巨大的内部差距使得京津冀追求发展方式转变的需求更加迫切;北京是我国最先实现产业结构高级化的城市,加上天津滨海新区的改革创新、唐山曹妃甸科学发展示范区和沧州渤海新区循环经济区的建设,京津冀必将在探索和实践又好又快发展,加快经济增长方式转变等方面为全国做出表率。

第四节　发展战略

第二十条　战略核心:提升城镇职能、调整区域格局

从推进京津冀一体化发展的要求、立足不同地区的资源禀赋和区位优势的角度出发,大力提升城镇职能,形成相对均衡合理的城镇体系构架;构建合理分工、相互依托、共同促进,统筹国际和国内两个大局的区域发展格局。

第二十一条　战略要点:京津协作、河北提升、沿海带动、生态保护

1. 京津协作。北京、天津作为区域发展的两大中心城市,各自拥有独特的优势,对接发展的趋势已经显现。两市总体规划也进一步明确对接发展的战略部署:北京确定重点向东和东南发展,培育京津城镇发展走廊;天津城市空间的主轴也由东部的滨海新区通过主城区指向西北,与北京发展方向形成对接。同时,京津空港、海港及陆路交通枢纽的组合优势,将对京津冀洲际门户的形成起到至关重要的支撑,京津协作的必然性、可行性和重要性日益增强。京津协作形成合力,将构筑城镇群乃至更大范围的区域中心,大幅度提升京津冀核心地区的辐射带动作用和综合竞争力。

2. 河北提升。京津冀区域统筹的关键在于河北经济社会发展水平的全面提升,缩小与京津的发展差距,在推进工业化与城镇化、提升区域整体实力方面发挥更大的作用。因此,河北要在建设沿海强省的战略指引下,充分发挥区位优势,借助区域整体转型的发展机遇,落实河北省城镇体系规划中提出的"产业兴市,经济带动;城乡统筹,区域协调"的推进城市化原则;促进石家庄、唐山、沧州等中心城市的快速发展,带动省内各级城镇积极参与京津冀区域协作和城镇分工,为区域网络化的形成奠定基础。

3. 沿海带动。京津冀沿海地区具有发展外向经济和海洋经济的独特条件,是未来我国乃至东北亚重要的航运中心、工业和现代服务业中心。加快沿海地区的协同发展对于京津冀的深远

影响将是全方位的,它不仅对提升区域整体经济实力具有强大的推动作用,还将在制度创新、科技创新、转变方式等方面产生深远的影响;也将在很大程度上改变固有的区域发展格局,以全新的方式、更有效的手段推动区域整体的协调发展。

4. 生态保护。京津冀生态环境与经济发展的矛盾日益突出,生态环境问题的解决迫在眉睫;要因地制宜,构建多层次、网络化的区域整体生态功能结构;强调资源的节约利用,根据资源与环境的承载能力,规划和调整区域经济结构和产业布局,协调城镇发展与生态保护的关系,实现环境友好型发展与资源的可持续利用。

第三章 区域协调与城乡统筹

第一节 区域城乡空间格局

第二十二条 以推进健康城镇化为原则,构筑区域城乡空间格局

京津冀城乡空间发展应根据经济社会发展水平、资源禀赋和环境基础等要素的不同,因地制宜地走多样化的城镇化道路,推进大中小城市和小城镇的协调发展。在发展动力充足、城镇分布较为密集的地区,形成多中心、多层级的城镇体系构架;着重完善小城镇功能,提升小城镇吸纳农村富余劳动力的能力,形成完备的城镇服务体系,发挥不同等级、不同规模的城市和小城镇在一定区域范围内的辐射、带动作用。在生态环境脆弱、经济欠发达地区,大力培育大城市作为地区发展的增长极,形成中心集聚的城镇体系格局,吸引人口和产业集聚,实现人口与资源的区域平衡和协调发展。

第二十三条 以区域功能构建为手段,推进区域网络化发展

从推进区域统筹发展的角度和要求出发,构建合理分工、相互依托、共同促进的网络化区域功能体系建设,是解决现实问题,提升区域综合承载力,实现长远目标,推进区域统筹发展的重要手段,也是落实两市一省规划的基础。

第二十四条 将都市区作为空间发展的重要载体,促进区域城镇协调发展

规划依据区域职能分工、产业类型和城镇密集强度的分异,以及两市一省规划的相关内容,将城镇未来发展的空间分为"都市连绵区"、"联合都市区"、"大都市区"以及"都市区"4种类型进行组织,共10个地域空间单元。它们将成为区域实现新型工业化和健康城镇化的重要功能空间载体,带动区域整体协调发展。

第二节 区域功能体系框架

第二十五条 以空间资源优化配置为基础，构建区域职能体系

以空间资源优化配置为基础，对战略性空间资源进行识别，明确区域保护性功能、生产性功能和服务性功能三大类战略性功能空间发展要求。构建区域功能体系，作为中央政府和三地政府实施宏观调控，引导市场良性循环，补充市场缺位的重要抓手。

第二十六条 区域保护性功能

生态保育和农业生产是京津冀最重要的保护性功能。北部和西部生态保育资源涵养区要继续强化生态环境保护，积极引导地区内人口流出。东部海岸带沼泽湿地、滨海滩涂湿地和基本农田密集区域要注重滨海生态功能恢复和保护。为构建环渤海湾纵向生态隔离通道，相邻的城镇要注意边界的生态控制。加强对冀中平原地带耕地的保护，城镇职能发展要优先保障农业生产，有序引导该地区农村剩余人口向中心城市和小城镇转移，促进节地增效型小城镇的发展，提高地区的农业产出率。

第二十七条 区域生产性功能

生产性功能的跨越式发展是实现区域发展战略的重要手段。促进有工业基础和有潜力优势的城镇发展原料生产、装备制造、中间品生产和消费品制造等生产性功能。大力促进发展原料生产和装备制造业，它不仅是京津冀的传统优势，同时也是国家转型期至关重要的产业；积极培育中间品生产和消费品制造，完善地区产业结构，形成紧密的地区产业协作关系，同时通过劳动力的合理配置，起到吸纳人口的作用。

第二十八条 区域服务性功能

着重发展生产服务功能和生活服务功能，促进城镇之间功能的相互联系，建设区域网络化的城镇服务体系。重点加强区域物流体系建设，鼓励新的区域功能节点成长，实现区域产业协同与合理布局，促进区域协调发展；着力培育区域创新体系，积极争取国家对高级生产要素的投入，同时积极引入国外研发机构，以全新的模式提高地区整体竞争力；关注区域教育培训体系的构建，防止京津冀人才供需的结构性失衡，为多元产业发展提供强力支撑。

第三节　构筑三大功能协同区

第二十九条　以协同发展实现功能组织

1. 为实现区域功能体系构建，在充分考虑不同地区资源禀赋和空间差异性特征、不同城镇发展条件和发展诉求的基础上，破除行政区划障碍，组织中部、北部和西部、南部三个功能协同区，实现城镇空间布局的协调发展。

2. 明确各协同区内涉及区域整体发展的功能协同问题、城镇发展重点、协同发展方向。弱化城镇等级分工，强化建立网络化的城镇关系，实现两市一省城镇功能发展定位。

第三十条　中部功能协同区

1. 范围及主要职能。范围包括：北京、天津、唐山和秦皇岛的山前平原地区，廊坊、沧州市域和保定东北部地区。本地区是我国北方与国际接轨的前沿地区，具有国际门户地位。应承担区域中心职能，大力提升国际化、工业化、城镇化发展水平，增强对京津冀以及三北地区的辐射带动作用，推动城镇群向世界级的目标迈进。

落实北京城市总体规划提出的：充分发挥首都北京在国家经济管理、科技创新、信息、交通、旅游等方面的优势，进一步发展首都经济，增强对区域的辐射带动作用。

落实天津城市总体规划提出的：充分发挥天津作为北方经济中心和国际港口城市的职能，利用滨海新区综合配套改革试验区的优惠政策，进一步开发开放，构建北方国际航运中心和国际物流中心。大力提高自主创新能力，努力构筑高层次产业结构。大力发展现代服务业，为首都、环渤海以及北方地区提供更高水平的服务。

落实河北省沿海战略：充分发挥曹妃甸国际门户作用和唐山、秦皇岛沿海地区滨海旅游服务功能，以及唐山曹妃甸和沧州渤海新区重化产业集聚功能。在此基础上，要加快提升特大城市的空间组织能力，推动产业和人口集聚，促进区域职能网络化发展。

2. 协同目标。提高本地区服务能力，推动地区转型，提高国家竞争力。继续巩固北京、天津的地位和作用，提升唐山在区域中的地位，发挥其冀东地区综合服务中心作用；在各自发挥区域中心职能的基础上形成合力，成为京津冀实现总体目标的核心地区。培育秦皇岛、保定、廊坊、沧州等具有传导作用的职能节点城市，作为区域服务的次级中心，并承担研发转化、职业教育等专业性区域级职能，共同构筑综合服务网络，衔接东北地区；保定形成具有重要区域产业职能的西南翼片区，连结冀中南地区。

3. 协同要点。沿海地区要充分利用沿海盐碱地、滩涂和未利用土地资源，引导产业重点向沿海地区转移。加强沿海产业协作，促进交通基础设施和市政设施共享，避免重复建设；要根据港口自身条件和功能定位,合理分工,协同发展;要加强沿海城镇和产业功能协同布局,促进生态环境的共保。

重点加强协同区内京津廊都市连绵区和唐山、秦皇岛、沧州等沿海地区的空间管理。成立城际间更具协调运作能力的规划协调委员会,保障规划对接、产业协同、区域基础设施建设同步和区域政策的一致。充分关注流动人口问题,对流动人口进行实时监控,实现多方引导和有效管理。

加强与北部和西部功能协同区、南部功能协同区的衔接,促进内陆腹地与沿海地区的功能联系,使中部地区能够辐射更广阔区域。

第三十一条　北部和西部功能协同区

1. 范围及主要职能。范围包括:张家口和承德市域,以及北京、唐山和秦皇岛的北部山区县,天津蓟县北部山区和石家庄、保定西部山区县。生态保育和水资源涵养的职能是该区承担的主要职能,对于保护京津冀中部和南部甚至更大区域免受西北风沙侵袭具有重要的屏障作用;同时它还是京津冀的水源涵养地,对于山前地带的自然水供给和沿海地区的地下淡水补充意义重大。另外,这一地区拥有大量具有国际意义的文化和旅游资源,具有形成国际旅游黄金线的潜质,应强化旅游职能的发展。

2. 协同目标。本地区应与内蒙古地区结成紧密的旅游协作关系,形成整合优势,增强旅游线路吸引力。同时作为区域创新体系的组成部分,各城市应加强与智力中心北京的联系,进行生态研发城和文化创意城等重大援助项目的建设。将旅游开发和休闲居住相结合,实施生态资源和智力资源双驱动战略,推动山区城市跨越发展。

3. 协同要点。重点是协调发展与生态保护之间的关系,即如何分配生态保护带来的收益。要在发展地区和保护地区之间建立收益共享、成本共担、风险与共的机制。通过人员的异地培训、安置和扶持性资金的导入,保障区内居民的生活水平达到与其他地区接近或一致。

第三十二条　南部功能协同区

1. 范围及主要职能。范围包括:石家庄、保定中南部的山前平原地区,衡水、邯郸和邢台市域。本地区是京津冀辐射国内的门户,也是沿海港口获得腹地支撑的关键性节点;应鼓励发展劳动密集型产业,完善区域产业体系,培育强大的市场和经济腹地;同时还要承担区域农业生产的职能。

2. 协同目标。本区重要的协同功能分为区内和区外两个层面。对于区内,应进一步强化石家庄作为该地区的组织中心作用,完善地区综合服务职能,使其成为西北物资进入环渤海地区的重要节点,连接天津、沧州和青岛三个方向;发挥邯郸联系中原地区物流门户的作用,其余各地级市承担次级中心城市的职能,形成该地区树状服务体系。对于区外而言,重点是与周边山东、河南、山西等省的协调发展。

3. 协同要点。河北省政府作为推动地区整合发展的主导力量,重点协调好本区与京津对接发展的问题;重点发展石家庄等省域中心城市,提高城市的综合承载力,形成区域反磁力中心。应进一步加强基础设施建设,重点加强石家庄—邯郸,石家庄—沧州轴线方向交通基础设施和其他基础设施建设投入。

第四节 都市区发展指引

第三十三条 京津廊都市连绵区

1. 范围包括:北京市(除门头沟区、延庆县、怀柔区、密云县和平谷区以外)的13个市辖区、天津市全部18个市辖区县、廊坊市除大城县以外的9个市区县、保定市下辖的4个市(县级)县(涿州市、高碑店市、定兴县、雄县)。

2. 发展定位:北京主要承担国家政治、管理、文化、国际交往、教育科研和创新、公共服务等区域职能;天津主要承担区域经济、海港枢纽、区域产业、生产性服务等区域职能;京津共同承担国际门户、交通主枢纽和物流贸易等区域职能;廊坊等市、县承担部分辅助性区域职能,如教育培训、科技研发等。

3. 发展政策指引

(1) 保护区域生态环境。保护区域内的山体和林地,保障森林覆盖率。保护水源涵养区和水源保护区,保护好永定河、潮白河、海河、滦河、南北运河等河流通道和南水北调等调水工程通道范围;保障区内城市供水水源水库的安全;保护大陆架—近海海域水环境,加强污染治理,减少污染物排放量,改善和提高近海水环境质量;保护境内湿地和各自然保护区、森林公园。保护区域内的各种文化资源和各级文物。

(2) 强化区域职能分工。重点发展行政管理、科技研发、教育创新、金融服务、交通物流等区域职能;加快区域生产职能的培育,主要包括:高端消费品制造、都市产业、高端原料生产、中间品生产和装备制造。

(3) 加强空间管治,协调城镇发展。形成区域空间网络结构,即中心加外围网络的组织方式,城镇网络之间由农田、自然保护区、森林公园、交通复合廊道、防护绿地等生态要素进行隔离。控制主要交通廊道周边城镇空间的扩展,保障区域性交通设施的建设及交通廊道的通畅。设施主要包括:首都机场、首都第二机场、天津滨海机场、天津港、高速铁路客运站及主要铁路站场;廊道主要包括:京津复合廊道、京沈复合廊道、京开廊道、津霸保石廊道、津唐廊道、津沧廊道、津蓟廊道、东北—华北过境廊道、沿海货运廊道。

控制外围城镇空间网络之间生态隔离廊道,保障区域生态廊道的完整性。协调天津滨海新区与唐山曹妃甸地区、沧州渤海新区之间的发展关系,在产业协同、港口合作、交通联系、环境保护等方面进行跨行政区协商。严格控制滨海新区产业的准入门槛，保障有限的岸线资源合理开发和利用。

第三十四条 石家庄大都市区

1. 范围界定：石家庄市域行政范围。
2. 发展定位：南部地区的生产、运输、服务的组织者，城镇群内重要的国内门户地区，重要的消费品制造基地之一。
3. 发展政策指引

（1）保护区域生态环境。保护西部山区的林地和水体、水源保护区、水源涵养区；保护自然河流通道和南水北调通道区域；保护西部、北部山地植被演替的标志性生态特征和特色生态资源。保护本地区的农业生产空间资源，针对各县的水、土、地形特点培育相适应的农业主导产品，保持平原地区农业生产的整体效益。

（2）强化区域职能分工。强化石家庄市区作为区域消费品制造业中心的产业职能。同时，应积极发展区域性的物流、商贸服务职能，形成沿海港口的后方货源组织中心。培育区域创新职能，提供相应的人才培训服务和专业性区域创新服务，力争成为城镇群南部专业领域创新和职业人才培养中心。

（3）加强空间管治，协调城镇发展。石家庄主城区、鹿泉市、正定县、藁城市、栾城县等城镇形成紧凑发展核心，外围市、县和建制镇相对独立。东部平原城镇以中心扩散为主，城镇空间增长应注意农业生产空间的整体保护，避免农业生产空间的破碎化。西部山区城镇应在生态保护的前提下集约发展。控制和预留北京—广州、天津—石家庄—太原、沧州—石家庄—太原、济南—石家庄—太原等四条重要的区域性交通廊道，保障石家庄机场等重要设施。

第三十五条 唐山—曹妃甸联合都市区

1. 范围界定：唐山市域行政范围。
2. 发展定位：环渤海地区重要的经济中心，主城区承担区域生活、服务职能，曹妃甸为国家级能源原材料和基础工业基地，国家能源原材料储备调节中心和新型滨海生态城市。
3. 发展政策指引

（1）保护区域生态环境。保护北部燕山山脉生态防护区的生态环境，加强山区生态环境建设；保护水体、水源保护区，保护滦河、蓟运河和沙陀河水系的生态环境；保护滦河口湿地、唐海湿地及石臼坨海洋自然保护区；保护北、中、南部农业用地资源。注重临港产业发展与海岸线资源的保护相结合，保护乐亭县域沿海生活、旅游岸线资源。

（2）强化区域职能分工。促进区域性生产职能的提升，扶持区域性产业集群的形成，主要包括：原材料、能源、装备制造业等；培育区域性商贸物流服务、创新体系、人才培养、应用研究等职能；保障区域农副产品的供应职能。

（3）加强空间管治，协调城镇发展。空间结构由"单核增长"向"双核并进"的模式转变，以双核为中心辐射带动都市区城镇形成梯级城镇网络结构。加强南部地区城镇建设、产业发展和生态保护的引导和控制，避免大规模建设导致的土地低效利用和环境破坏。加强区域性交通设施用地和廊道的控制与预留，特别是大秦线、京秦线、京山线沿海铁路和京津城际铁路、津秦客运专线等重要通道。推动曹妃甸地区与天津滨海新区在产业协同、港口合作、交通联系、环境保护等方面进行跨行政区协商；严格控制产业准入门槛，保障有限的岸线资源合理开发和利用。

第三十六条 沧州—渤海新区联合都市区

1. 范围界定：沧州市域行政范围。
2. 发展定位：承担区域应用研究中心职能和都市区内中心服务职能。渤海新区承担区域重要的交通枢纽和物流门户职能，并服务沿海地区重型产业发展。
3. 发展政策指引

（1）保护区域生态环境。保护南大港湿地自然保护区、海兴湿地自然保护区、黄骅古贝壳堤保护区、白洋淀湿地自然保护区。注重港口产业发展与海岸线资源的保护相结合，保护沿岸湿地资源，加强沿海防护林体系建设。

（2）强化区域职能分工。强化区域石油化工、盐化工、化工中间品生产为主导的区域产业职能。壮大民营企业，强化大企业和中小企业之间的战略联盟，推动特色工业园区的建设，形成多元化的区域产业体系。培育区域应用研究中心职能和区域重要的物流门户职能。

（3）加强空间管治，协调城镇发展。空间发展模式以"带状组团"为主，强化沧州主城区与东部渤海新区的空间联系，形成"双核并进、集聚发展"的态势，任丘、泊头、青县、河间等县市形成外围圈层网络。控制和预留沿海生活岸线；控制区域性交通廊道，主要包括：黄骅港与西部内陆联系的区域通道，京沪铁路、保沧高速、石沧高速、京开、京济、京沪、津汕、沿海高速等通道。控制和预留沧州渤海新区至天津滨海新区的城际轨道通道，融入区域客运快速网络；控制和预留沿海铁路通道；增加集疏港通道，发挥港口对内陆辐射带动作用。

第三十七条 邢台—邯郸联合都市区

1. 范围界定：邢台市和邯郸市域行政范围。
2. 发展定位：区域装备制造、消费品生产的重要基地，联系国内南部地区的物流门户，地区社会管理服务和生活中心。
3. 发展政策指引

（1）保护区域生态环境。保护西部山区的林地和水体、水源保护区、水源涵养区，保护自然河流通道和南水北调通道范围，保护北部山地的植被演替的标志性生态特征和特色生态资源；保护农业生产空间资源,保持平原地区农业生产的整体效益。

(2)强化区域职能分工。发展区域性装备制造业和消费品制造业,培育区域性产业集群;培育城镇群南部专业领域创新和职业人才培养中心。

(3)加强空间管治,协调城镇发展。形成以邢台和邯郸主城区为双中心的城镇密集区,以中心扩散为主,城镇空间增长应注意农业生产空间的整体保护,避免农业生产空间的破碎化。外围市、县相对独立发展,山区城镇应在生态保护的前提下集约发展。控制和预留京广铁路沿线及以东地区,培育具有区域性的重要产业区;控制和协调京广沿线等区域性交通廊道。

第三十八条 秦皇岛都市区

1. 范围界定:秦皇岛市域行政范围,不包括北部青龙满族自治县。
2. 发展定位:区域旅游服务中心、国家能源港口,国际物流门户。
3. 发展政策指引

(1)保护区域生态环境。保护北戴河鸟类自然保护区、石河口海岸砾石堤自然保护区、昌黎黄金海岸自然保护区、抚宁柳江盆地地址遗迹自然保护区、滦河口湿地自然保护区、沿海防护林生态保护区、赤土山湿地保护区等。

(2)强化区域职能分工。完善区域生态旅游职能,培育区域研发服务职能;注重海洋产业、高科技及低能耗产业的培育。

(3)加强空间管治,协调城镇发展。空间呈"带状组团"模式,强调核心区与外围三区的联系,促进核心与外围区同城化发展,形成滨海地区城镇网络体系。注重沿海产业、旅游及生活岸线的控制与引导。树立区域大旅游观念,注重城市环境保护。进一步推进与北京、承德、张家口等城市的旅游合作。

第三十九条 保定都市区

1. 范围界定:除涿州市、高碑店市、定兴、雄县等以外的保定市域行政范围。
2. 发展定位:京津冀重要的消费品制造基地,区域职业教育、物流商贸、专项研发、生态发展等地区级综合服务中心。
3. 发展政策指引

(1)保护区域生态环境。保护自然河流通道和南水北调通道;加强自然保护区建设;保障白洋淀湿地、王快水库、西大洋水库的水质和水量符合区域生态安全和城镇发展的有关要求。保护农业生产空间资源,保持平原地区农业生产的整体效益。

(2)强化区域职能分工。推动汽车、装备制造、新能源设施等产业的优化和提升,适度发展劳动密集型的消费品制造业,引导中小企业发展壮大;积极发展区域性的农产品集散、专业生产要素集散的市场职能;积极培育区域创新职能、优化人才培养机制;提升白洋淀湿地的区域生态旅游服务职能。

（3）加强空间管治，协调城镇发展。位于白洋淀湿地的安新和位于山区的唐县、顺平、满城、曲阳等城镇，应在生态保护的前提下集约发展城镇空间。都市区核心地区应注意控制和预留高端区域性职能的发展空间，特别是保定主城区北部和东部，徐水、清苑东部等地区；控制北京—石家庄、天津—保定—大同、天津—保定—太原、天津—石家庄四条重要的区域性交通廊道。

第四十条　衡水都市区

1. 范围界定：衡水主城区和相邻县行政范围。
2. 发展定位：承担地区中心服务职能，国家粮食生产基地。
3. 发展政策指引

（1）保护区域生态环境。保护国家级风景名胜区、衡水湖国家级湿地和鸟类自然保护区，保护海河水系。

（2）强化区域职能分工。注重地区民营企业的发展，推动区域特色工业园区的建设，培育区域性劳动密集型产业集群。强化城镇群东南部农业生产服务中心职能。

（3）加强空间管治，协调城镇发展。采用"单核极化"的空间发展模式，以衡水主城区加强空间集聚，外围散点发展为主。加强区域交通设施的建设。加强与石家庄大都市区的联系及职能分工、合作；都市区内石德铁路沿线北侧城镇民营企业及相关产业园区，应积极与沧州南部城镇协调合作。

第四十一条　张家口都市区

1. 范围界定：张家口主城区。
2. 功能定位：沟通西北与东部重要的物流门户，区域生态旅游服务中心及生态产业研发基地，生态型制造业基地。
3. 发展政策指引

（1）立足区域生态环境保护，优化城市职能。逐步改造和提升地区传统产业，控制对生态环境产生破坏的产业，立足周边旅游资源开发和生态农业发展，培育旅游服务、生态研发等新兴职能，构筑以生态产业为主导的新型城市功能体系。

（2）加强与北京协调，统筹周边乡村发展。开展与北京市的多方面合作，尤其是突出区域一体化的旅游体系和生态体系建设，共同推进京张高速等重大交通市政廊道的衔接控制。提高主城区的区域辐射服务能力，承载周边乡村地区转移人口，带动中小城镇发展，消除区域贫困。

（3）合理布局城市空间。采用组团式的空间发展模式，加强组团间通道建设，强化职能分工。

第四十二条 承德都市区

1. 范围界定：承德主城区。
2. 功能定位：联系东北与华北的物流门户之一，国际性生态旅游服务中心与区域生态产业研发基地。
3. 发展政策指引

（1）立足区域生态环境保护，优化城市职能。逐步改造和提升地区传统产业，控制对生态环境产生破坏的产业，充分利用承德避暑山庄和外八庙等世界遗产资源，培育旅游服务、生态研发等新兴职能，构筑以生态产业为主导的新型城市功能体系。

（2）加强与京津协调，统筹周边乡村发展。开展与京津两市的多方面合作，尤其是突出区域一体化的旅游体系和生态体系建设，共同推进京承等重大交通市政廊道的衔接控制。提高主城区的区域辐射服务能力，承载周边乡村地区转移人口，带动中小城镇发展，消除区域贫困。

（3）合理布局城市空间。采用"带状多中心组团式"的空间发展模式，促进多中心结构的形成，提高产业和居住空间的合理性与弹性。

第五节 村镇布局与新农村建设

第四十三条 总体要求

提高村镇的发展水平是京津冀实现全面小康，推进健康城镇化的重要保证。按照"工业反哺农业，城市支持农村"的要求，加快发展具备条件的乡镇，科学规划，完善功能，提高服务"三农"的能力，促进农民就近就地转移就业和农民工返乡就业，带动农村经济发展。按照"生产发展、生活宽裕、乡风文明、村容整洁、管理民主"的要求，扎实稳步推进新农村建设。

第四十四条 优化村镇布局

1. 发展和壮大县域经济，根据各地不同发展条件，因地制宜优化县域村镇布局，促进村镇向发展条件好的地区聚集。重点处理好城乡结合部村镇发展与城市建设的关系，妥善解决城中村问题，构建城乡协调发展格局。

2. 加强村庄规划工作，确保规划安排专项资金到位支持编制村庄规划。开展村庄治理试点，从实际出发稳步推进村庄建设和人居环境治理，推进管理有序、治安良好的和谐村镇建设；保护好有历史文化价值的古村落和传统民居。

3. 促进村庄适度聚集，土地集约节约利用。开展村庄整合，对"城中村"、"空心村"、"连片村"以及"安全隐患村"等进行村庄重组。引导乡镇企业向小城镇集中，人口向镇和中心村集中，农村土地向规模化经营集中。

第四十五条　开展"村庄治理"

新农村建设要坚持以农民为主体，充分尊重农民意愿，严格贯彻落实村委会组织法，保障农民民主权利的原则。加大对农村基础设施建设的投入，着力提高人居环境质量。村庄整治的重点是村容村貌，加强农村饮水安全工程建设；加强农村沼气、太阳能等清洁能源建设；加强排水沟渠和垃圾集中堆放点、集中场院建设，推进污染物无害化处理和再利用；加强生态环境治理与保护，促进生态村建设。要注重保持地方特色，防止大拆大建，保护好耕地和乡村自然景观。

第四十六条　建立覆盖农村的公共服务网络

提供均等化的基础教育、公共卫生、就业服务、社会保障体系，完善农村文化、卫生、保健、邮政等配套设施，推进农村社区建设。重点支持河北省农村的公共服务设施建设。

第四十七条　村镇发展建设分类指引

根据村镇的生态资源环境条件、经济发展水平和区位条件，按照优化提升型、集聚拓展型、撤并搬迁型、限制规模型、特色保护型分类引导村镇建设。

1. 优化提升型：位于城市规划建成区内的村镇要纳入城市规划统一管理，提高公共服务设施水平，改善人居环境质量，促进与城市经济社会的融合。

2. 集聚拓展型：发展条件较好的重点镇与中心村要提高集聚能力，加大财税、产业、土地等政策的扶持力度，加强基础设施和公共服务设施投入，完善服务功能，加强规划建设管理，提高综合承载能力。

3. 限制规模型：对发展基础薄弱，人口数量持续减少、近期撤并搬迁难度大的村镇，要限制其建设规模的扩张，引导当地居民向城镇与中心村集聚。

4. 撤并搬迁型：北部和西部山区的村镇承担着区域生态环境保护任务，需要结合各地规划实施部分村镇撤并搬迁。要合理选择安置区，解决好农民定居与就业关系，加强村镇原址的土地整理和生态修复。

5. 特色保护型：具有地方特色、历史价值的村镇，特别是历史文化名镇、名村、风景名胜区内村镇，要注意人文环境、自然景观的延续和保护，发展富有地方特色的旅游，繁荣地方经济，增加农民收入。

第四章　生态环境保护与资源节约利用

第一节　生态环境保护

第四十八条　构建区域生态安全格局

以京津风沙源治理工程、退耕还林工程、三北防护林工程、太行山绿化工程、沿海防护工程以及河流廊道生态恢复工程为主,形成以北部农牧交错带、中部林草交错带、东南部平原区和永定河、滦河、海河河流廊道以及沿海生态廊道为主体的网络化生态安全格局,逐步改善区域整体生态条件。

　　1. 北部农牧交错带:主要包括张家口北部四县,应以恢复草原生态、治沙固沙、保护湿地环境为主。在外围与内蒙古自治区、辽宁省等地区协调,形成区域风沙源治理的第一道屏障。

　　2. 中部林草交错带:太行山燕山地区,沿太行山由邯郸向北经保定至张家口、承德,及北京西部北部,共约50个县,是京津生态屏障,也是东南部平原区的水源涵养区。应进行植被恢复与保护水源,加快森林、湿地及野生动植物自然保护区建设;加强永定河流域和滦河流域的生态保护与污染治理,建设河流生态廊道,共同形成区域生态屏障与核心生态功能涵养区。

　　3. 东南部平原区:应利用好有利的城镇发展条件,实施"退耕还林"政策,重视沿海防护林建设,实施地下水限采、湖泊湿地保护与修复以及造林治沙。加强海防工程、沿海生态走廊与河流生态廊道建设。

　　4. 突出燕山、太行山山林地生态主轴的生态防护和隔离作用。加强永定河、滦河、海河流域污染治理和生态恢复,形成从海岸生态防护廊道向内陆辐射的水体生态廊道体系。

　　5. 重点加强大型湿地的生态修复,形成多个大型区域生态斑块。

第四十九条　生态环境建设要求

　　1. 按照区域生态格局和生态功能组织要求,西部、北部山区生态功能协同区以生态保育和恢复为主。应寻求经济发展诉求与区域功能要求的契合点,适度发展生态型产业,引导城镇发展。产业类型以旅游业、生态农业为主,适度发展无污染工业。加强北部、西部生态区的保护和建设,特别是坝上草原生态修复和山区水源涵养与水源地保护,解决生态性贫困与区域生态屏障建设的矛盾,实现生产、生活与自然生态的和谐。

2. 中南部地区,应根据区域环境承载能力布置生产力要素,处理好产业发展与环境保护的关系,保护好渤海湾生态功能。引导京津产业向高端发展,钢铁、石化等产业向两翼转移;产业转移过程中,应充分考虑接受城市的环境容量和承载能力。加强海岸带保护和沿海防护工程的建设,控制对地下水的开采,减缓地面沉降,防止海岸侵蚀和海水入侵。

第五十条　开展区域性水体的协调保护与污染治理

大力开展区域生态恢复和环境整治工作,重点实现对河道水体以及海洋等水环境的保护与污染控制;重点加强滦河、陡河、蓟运河、潮白河、北排河、北运河、南拒马河、海河干流、南运河的环境整治与生态修复。

对区内湖泊、湿地资源实行严格保护,逐步恢复其生态涵养功能;重点加强白洋淀、黄庄洼、大黄堡洼、七里海、南大港、大浪淀湿地的生态修复,并改善青甸洼、团泊洼、北大港湿地的生态环境。

第五十一条　积极恢复京杭大运河生态涵养和文化景观功能

三地政府应加强协调,开展对区域内京杭大运河的廊道保护和河道整治工作,保护大运河历史文化、景观欣赏和生态涵养价值。北京—天津段恢复旅游航运功能、天津—沧州段恢复文化、景观功能。以申报世界文化遗产为契机,全线联动,削减污染、梳理景观脉络,制定一体化的保护、修复、利用规划。

第五十二条　建立健全区域生态环境协调保护机制

1. 建立切实有效的生态补偿和区域生态环境协调保护机制。建立生态补偿与协商机制,针对水源涵养区、生态敏感区,统一划定保护范围并实施管理,保障重点发展地区的资源有效供给,形成生态防护区。应给予足量资金支撑,专项用于生态保护,通过生态补偿、转移支付、产业培育等政策手段,提高生态涵养区人民生活水平,缩小地区经济和收入差距。

2. 建立区域污染协同治理机制。海河、滦河、陡河、拒马河、白洋淀等主要水体均涉及多个行政区,应按照污染物排放总量控制的要求,各地区统一协作,建立协调机制,统筹考虑区域内上下游城市的发展和污水处理设施的建设,对各河段进行环境容量分解,对各行政区跨界断面实行污染排放总量控制和污染物浓度控制,实现区域协同治污。

第二节 水资源保护与开发利用

第五十三条 水资源保护

对区域内水源涵养区和水源地进行重点保护，划定水源保护区的边界，制定和执行相关的水源地保护规定。

1. 北京市和张家口市应联合落实官厅水库二级保护区的范围；天津市、唐山市、承德市应联合保护好主要的水源地——潘家口水库和大黑汀水库，并按照水源保护区的要求采取相应的保护措施。

2. 加强对地下水水源的保护与管理，防止地下水水源污染和地面沉降等环境地质灾害。结合南水北调和其他引水工程的建设，制订地下水限采规划，实施地下水替代措施，逐步实现地下水资源采补平衡。

3. 加强对南水北调中线工程干渠水源的保护，加快对跨区域引水工程干渠两侧水源保护区的划定工作；建议引水明渠划定两侧各100米、暗渠划定两侧各50米为保护范围，该范围为限制建设区，不得进行任何与水源保护和取水工程无关的建设。

第五十四条 健全水资源保障机制

1. 制定水源涵养补偿办法，处理好水资源保护、水资源利用和水资源再分配过程中出现的矛盾；加强北京、天津与上游地区在水源保护和水环境治理等方面的合作与沟通，建立优势互补、协同发展的长效合作机制。

2. 建立区域多水源管理机制，对本地水资源与外调水资源、常规水资源与非常规水资源进行合理配置，提高供水保障能力和水资源利用效率。南水北调和其他跨区域引水工程的水资源分配，要与城市化进程相结合，适当向中小城市、县城和有条件的建制镇倾斜。

优化整合跨区域引水工程，并处理好与现有供水设施和供水管网的关系，避免重复建设和明显增加供水成本。

3. 加强农村地区供水能力建设。河北省应把解决农村饮水安全放在首位，通过建设水源工程、改善供水水质和提高集中供水普及率等措施，解决高氟水、高砷水、苦咸水、污染水等饮用水水质不达标以及局部地区饮用水不足的问题。

第五十五条 水资源合理开发与节约利用

1. 城镇建设和产业发展应量水而行，要以水资源的支撑能力为限度，合理规划产业结构以及城市发展布局、发展规模和发展时序。

2. 加强城市节约用水管理，加大郊区县和公共建筑等方面的节水力度；依靠科技进步和供水价格调整，推广节水技术，提高城镇用水效率。调整农业结构和种植结构，推广节水灌溉，减少农业用水量。加强用水大户节水管理和水资源替代，电厂应优先采用空冷机组，沿海地区可利用海水制冷，减少电厂建设对淡水资源的需求。

3. 结合现状用水量和工业结构调整，优化规划用水指标，将规划用水量增长速度控制在合理范围内。争取在北京和天津两市率先实现工业取水量零增长，人均综合用水量逐步降低等目标。

4. 加强城镇供水管网改造与运营管理，减少供水管网漏损量，逐步把城市自来水供水管网漏损率降低到12%以下。

5. 加大非常规水源的开发利用力度。积极开展再生水、雨洪水、微咸水和海水的综合利用。健全再生水开发利用运营机制，加大再生水供水设施和管网建设力度，扩大再生水利用范围；到2020年，缺水城市再生水利用率应达到60%以上，其他城镇也应把再生水作为本地水资源的重要补充。沿海地区应积极研究论证海水淡化的成本、安全、环境影响以及供水管网方案，把海水利用和海水淡化作为本地区新水源的战略储备。

第三节　土地资源保护与集约化利用

第五十六条　土地资源开发利用原则

贯彻落实"十分珍惜、合理利用土地和切实保护耕地"的基本国策，做好城镇建设和土地资源利用的协调工作，保证耕地、林草地、建设用地的合适比例。

第五十七条　土地资源集约化利用策略

1. 因地制宜建立土地利用区域分工体系，优化土地利用空间格局，强化区域特色和建设优美环境，促进区域产业结构优化升级，保障城镇化健康发展。

2. 张家口、承德地区要选择合适的恢复和防护手段，加强对京津风沙源和水土流失的治理，加快坝上草原生态修复；沧州、衡水等地区应限制地下水开采，控制地面沉降；加强土地改良，提高地区综合承载力。中南部地区应通过集约利用建设用地，挖掘城市用地潜能，为城镇发展提供条件。工业用地要原地集中，发展节地产业，实现城镇向紧凑型发展转变、土地利用模式向集约型转变。

第四节　能源安全保障措施

第五十八条　区域能源结构优化和能源供给共享

1. 加快能源建设项目建设,鼓励省市间煤炭、天然气、电力、石油等能源的产销合作,强化能力建设,完善稳定的能源多元化供应体系,构建环京津冀地区的能源保障基地和能源供应的预警体系,实现区域能源安全和能源供给共享。

2. 相邻省市之间要预留好电力廊道、燃气管道等能源通道的位置,保证能源供应渠道的畅通,能源通道主要有华北天然气管道、曹妃甸液化天然气管道、陕甘宁天然气二期管道以及俄罗斯液化天然气管道等,并衔接好能源通道与区内能源利用设施的关系。协调煤炭基地与沿海煤炭港口之间运煤通道的建设,为国家煤炭供应提供安全保障。

3. 推行能源消费多元化,加强电力、天然气、成品油供应能力建设,加强对煤炭、核能、风能、潮汐能等能源的利用研究,合理开发利用风能、生物质能等新能源和可再生能源,优化能源结构,实现既保障能源安全供应又保护环境的能源发展战略目标。电力工业重点发展高效低污染的大型骨干火电和抽水蓄能电站。

第五十九条　推广节能减排,提高能源利用效率

依靠科技进步和加强节能管理,提高能源使用效率。调整产业结构,加大工业节能力度;加强建筑节能和采暖系统节能,实施绿色照明工程;积极鼓励发展公共交通和绿色交通,合理引导小汽车的发展,减少交通耗能和交通污染。

第五节　近海资源的保护与合理利用

第六十条　加强近海资源管理、合理用海

进一步健全近海资源保护和利用的法规体系,建立近海资源利用动态监测体系;加强近海行政管理和执法监察队伍建设,运用先进技术和手段,促进近海海域合理、科学、有序开发,维护近海地区良性的生态环境和生物多样性。

第六十一条　综合利用和管理岸线资源，充分保障生态功能

1. 津冀之间应加强对近海资源保护和利用的协调，处理好城镇和产业发展与环境保护的关系。增加生活和旅游岸线，合理划分港口、工业、生活、渔业、旅游、生态保护和发展预留岸线，避免生产性岸线和非生产性岸线之间的相互干扰；加强河流生态廊道、滨海湿地以及其他隔离廊道的保护；按照区域总体生态安全格局的要求，在天津滨海新区和唐山曹妃甸之间、天津滨海新区与沧州渤海新区之间预留充足的生态缓冲带。

2. 保护好沿海地区的贝壳堤、泻湖、河口和滨海湿地等生态敏感区，恢复和培育其生态涵养功能。京津冀应加大协同治污力度，控制和削减近海污染，改善近海生态和海洋环境质量；严格执行建设项目环境影响评价制度，建立健全近海环境监测预报体系，提高针对环境污染突发事件的应急处理能力。

3. 尊重岸线自然演替规律，加强潮间带保护和防护堤岸的建设，设立海岸开发退缩线；对填海造地充分进行论证，严格控制规模，尽量避免对生态环境的破坏。

第五章 区域综合交通体系支撑

第一节 区域综合交通发展策略

第六十二条 总体要求

1. 以构建高效、多层次、一体化的区域综合交通体系为总目标,以"服务北方,兼顾内外,布局合理,分工明确,高效环保,适度超前"为原则,构筑京津冀区域综合交通体系。

2. 构筑以京津为核心的交通枢纽体系,调整以公路为主导的交通运输模式;交通运输向高速、重载、节能减耗方向转变;建立公路和铁路协调可持续发展,机场和沿海港口合理分工协作的综合交通运输网络。

3. 促进中部功能协同区内京、津、廊、唐等中心城市和南部功能协同区内以石家庄为核心联系各中心城市 1 小时交通圈的形成;区域内各地级市之间实现 3 小时通达。

第六十三条 发展策略

1. 依托北京首都国际机场、天津港等洲际门户,构筑完善的区域对外交通体系。强化北京、天津全国交通枢纽核心的地位,发挥其在全国交通网络中的作用。加强空港、海港等重大交通基础设施的区域共建共享,协调区域内空港、海港合理分工协作。

2. 加快区域铁路客运专线、城际铁路和高速公路网络建设,促进和带动区域城镇职能整合,按照交通需求特征分层次规划和组织区域内交通。

3. 构筑多层次的综合物流网络,合理分流区域过境交通。加强沿海港口集疏港交通设施建设,加强北煤南运通道建设,发挥能源运输通道对国家社会经济发展的促进作用。

4. 加强城乡一体化交通体系建设,加强津冀沿海港口直通西部地区的交通通道建设,推进城乡统筹发展和新农村建设。

5. 建立与区域城镇和交通发展目标相适应的协调机制,完善区域交通规划、建设决策机制。

第二节　区域重大交通基础设施布局

第六十四条　民航机场

形成三级机场体系,以北京首都机场国际枢纽为主体,联合首都第二机场、天津滨海机场共同形成洲际空港门户;石家庄正定机场作为辅助的门户机场;邯郸、秦皇岛、承德、张家口、冀东(唐山)、沧州、衡水等支线机场承担各都市区与国内其他地区的联系。冀东机场与石家庄正定机场共同作为首都机场的备降机场,提升首都国际机场区域备降的灵活性。加强机场集疏港交通体系建设,扩大机场服务范围,促进机场的区域共建共享。进一步与相关部门协调首都第二机场的选址。

第六十五条　沿海港口

形成以天津港为洲际门户,唐山港、秦皇岛港为枢纽港,黄骅港为地区性重要港口,其余沿海港口为喂给港的港口体系。

第六十六条　洲际门户集疏港交通设施

首都国际机场集疏港交通设施包括机场高速公路、机场北线高速、机场二通道、六环路、101国道、111国道、机场轨道交通线L1线、市郊铁路S3线、市区轨道交通M15线等,建议增加连接首都国际机场和首都第二机场的轨道交通线路。

天津港集疏港交通设施包括京津塘高速、京津塘高速二线、京津塘高速三线、唐津高速、塘承高速、津石高速、保津高速、沿海高速、112国道、205国道、京山铁路、津蓟铁路、进港铁路、津保大铁路、津石铁路、沿海铁路等。

第三节　综合交通运输通道的完善

第六十七条　总体结构

构筑国家、区域、地区三级陆路运输通道体系,其中,国家和区域两级运输通道共同形成京津冀对外运输的保障,各通道均包括铁路、高速公路、国道几种方式,提高应变突发事件和恶劣天气的能力。三地政府应共同促进"四纵四横"的国家级和"三纵四横"的区域级运输通道的构建,加强地区运输通道网络加密的协调。形成四条通道辐射东北、四条通道辐射华东、六条通道辐射西北、两条通道辐射西南、两条通道辐射华中和华南的总体格局。使京津冀成为联络三北、中原、南部地区并辐射全国的北方重要交通枢纽地区,同时构筑国家能源运输通道,充分缓解过境交通对京、津的压力。

第六十八条 "四纵"国家级运输通道

1. 秦唐津沧综合运输通道:承担东北地区与京津冀地区、华东地区的运输交流任务,是沿海城镇发展带的重要交通支撑走廊。

2. 秦唐京保石邯综合运输通道:京广综合运输通道的组成部分,承担东北地区与京津冀地区、华中地区、华南地区的运输交流任务,是京广发展轴的重要交通支撑走廊。

3. 承京衡综合运输通道(货运为主):南部与京九通道相连,构成我国纵贯南北的重要运输通道。承担东北、内蒙古东部地区与京津冀地区、华中地区、华南地区的运输交流任务。

4. 沿海综合运输通道(货运为主):串联津冀沿海各港口,对港城发展及产业结构调整起引导和促进作用,同时还承担着区域之外的东北、华北各个港口之间的运输职能。

第六十九条 "四横"国家级运输通道

1. 塘津京张综合运输通道:连通西北地区的主要运输通道,天津港的重要集疏港通道;承担京津冀地区与晋北、西北地区的运输交流任务,承担西北地区与东北地区过境交通的转换任务,是京呼包银兰城镇发展轴的重要交通支撑走廊。

2. 太石衡德综合运输通道:区域中南部与山东半岛、西部地区联系主要通道。承担京津冀地区与华东、西北地区的运输交流任务,是山东半岛各沿海港口扩展内陆腹地的重要交通走廊。

3. 大秦综合运输通道(货运为主):是冀东各沿海港口连通西北地区的重要运输通道,承担"北煤南运"的主要任务,在国家综合交通网中具有重要的地位。

4. 津保太综合运输通道(货运为主):京津冀地区连接西部地区及第二欧亚大陆桥的交通运输通道。

第七十条 "三纵四横"区域运输通道

承担着与国家运输通道衔接,以及各都市区之间联络的功能,同时分流区域过境交通。

三纵:是指承津黄通道、曹唐承通道、张石济通道。

四横:是指承京涞通道、朔黄通道、石沧黄通道、济邯长通道。

第七十一条 地区运输通道网络

地区运输通道承担短途运输，处于国家和区域运输通道网络的补充地位，重点解决区域内各城市之间的交通联系，避免区域对外与内部交通的叠加。地区运输通道主要包括京曹、京沧、京赤、津蓟、保沧、保衡、邯沧黄、秦承、张承、晋邢鲁、衡濮等。

第七十二条 区域一体化发展的重要廊道交通设施

为引导和促进区域城镇空间布局调整和发展，必须以功能完备的交通运输设施支撑区域重点交通轴沿线的城镇成长。

1. 京津发展轴。是京津冀洲际门户区核心组成部分，是连通京津两大中心城市的重要通道。交通设施包括京沪高铁、京津城际、京津塘高速、京津塘高速二线、京津塘高速三线、津蓟高速延长线、京山铁路、103国道、104国道、105国道等。

2. 京石发展轴。是国家京广南北发展轴的重要组成部分，是连接京津冀洲际门户区和冀中南地区，北京辐射中原及华南地区的主要通道。交通设施包括京广客专、京石城际、京珠高速、京石二线、京广铁路、107国道等。

3. 京秦发展轴。是北京辐射东北地区的主要通道，沟通北京、唐山曹妃甸联合都市区、秦皇岛都市区。交通设施包括京哈客运专线、京秦城际、京沈高速、京秦铁路、102国道等。

4. 津石发展轴。是新增的区域重点发展通道，联通天津滨海新区和石家庄都市区。交通设施包括津保城际、津石高速（新设）、津保晋铁路等。

5. 沿海发展轴。与京津发展轴共同构筑京津冀洲际门户区主骨架，沟通沿海秦皇岛都市区、唐山曹妃甸联合都市区、天津滨海新区、沧州黄骅联合都市区。交通设施包括津秦客运专线、津黄城际、沿海铁路、沿海高速等。

第四节 交通枢纽

第七十三条 综合交通枢纽城市

依托交通枢纽城市，加强区域对外与区域内部、城市对外和城市内部交通衔接。按照功能定位，规划京津冀地区综合交通枢纽城市分为三级：

1. 全国综合交通枢纽城市：北京、天津；
2. 区域综合交通枢纽城市：石家庄、唐山、邯郸、秦皇岛、沧州；
3. 地区辅助交通枢纽城市：保定、张家口、衡水、廊坊、邢台、承德。

第六章 规划实施

第七十四条 总体要求

本规划是北京市、天津市、河北省政府执行经国务院批复的城市总体规划和省域城镇体系规划,落实国家对京津冀地区的发展要求,进行区域城乡空间发展协调的依据。

第七十五条 建立协商对话机制

依托城市规划部际联席会议和首都规划委员会,建立京津冀地区城乡规划协商制度,加强两市一省经常性、制度性的协商和对话,共同讨论对本地区城乡空间布局有重大影响的事项。

涉及区域基础设施、大型公共设施布局、资源和生态环境保护的规划和项目建设,应共同协商,统筹规划。

第七十六条 建立规划落实机制

1. 各地在规划建设管理中,应将本规划提出的总体发展目标、协调重点和协调对策落实到两市一省相关的法定规划中去。

2. 适时组织开展城镇密集区区域公交一体化规划、京津廊都市连绵区重大基础设施专项规划、区域水资源综合开发利用规划、京津张承地区生态环境保护等规划、沿海港口集疏运系统规划、沿海岸线资源利用与保护规划、风景名胜区城镇协调发展规划等,深化细化协调发展的要求。

3. 按照本规划提出的空间开发管制要求,在两市一省相关法定规划中落实禁止建设区、限制建设区和适度建设区,加强对基本农田、重要自然和人文资源、生态保护地区和环境脆弱地区的保护,避让地质灾害。

第七十七条 建立重点地区和重点项目协调机制

1. 京津廊城镇走廊、东部沿海地区、西北山区和生态保护地区、石黄沿线,以及京津廊、津唐、津沧等未来产业潜在发展地区是京津冀发展的重点地区。加强对重点地区在产业发展、交通、环保、基础设施建设等方面的协调。通过协商对话,统一认识,化解矛盾和分歧。

2. 南水北调水源保护、京杭大运河治理和功能恢复、首都第二机场建设、津石高速公路、陕气二期输气管线工程、华北天然气管线工程、俄罗斯天然气管线工程等涉及各方利益，依据城乡规划与相关规划实施的重大建设项目，选址建设前应事先征求相关省（市）规划行政主管部门和相关部门的意见，做好项目布局协调和建设衔接。

3. 跨区域的项目建设在发展时序上要做好同步协调推进的衔接。

第七十八条　建立技术支持平台

1. 建立区域内城乡规划政策和技术资源共享机制，加强两市一省在政策法规、统计数据、流动人口等方面的资源共享和信息交流；建立区域突发事件通报制度；建立相互兼容的城乡规划管理技术平台，方便基础资料和规划成果查询。

2. 建立面向整个区域的城乡空间布局、经济社会发展动态跟踪和定期报告制度，及时了解区域整体发展的基本情况，为两市一省协商解决区域问题、决策重大事项提供公正、客观的基础数据。

第七十九条　加强相关政策研究

要加强对区域共同发展基金、财政转移制度、水资源利用和水权交换、生态补偿机制等问题的研究；加强两市一省在产业发展、招商引资、地方税收、工商注册、信贷保险、信用资质、道路交通、通讯管理、治安管理、流动人口管理、土地开发利用等方面的政策协同。

附　　图

附图 37

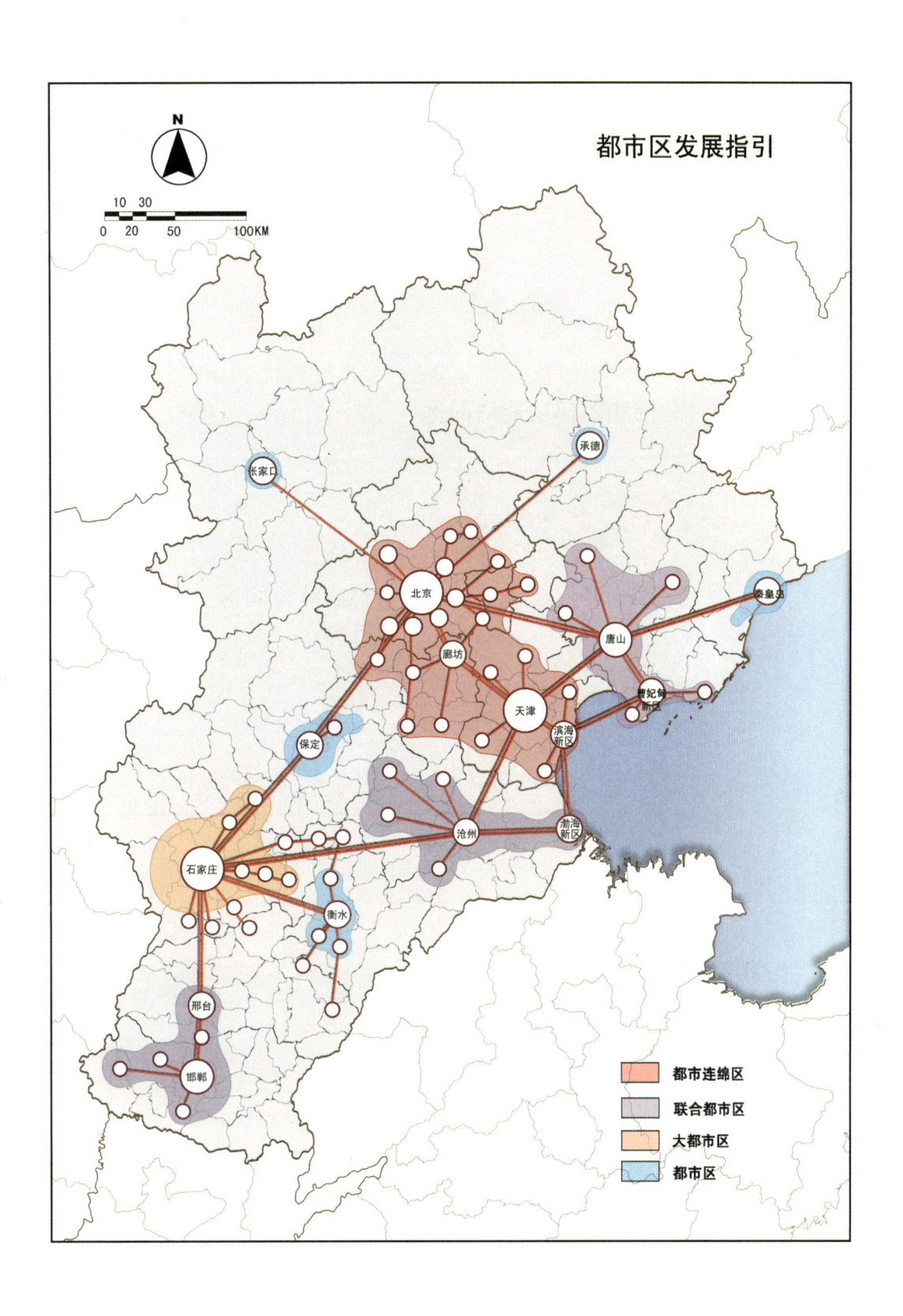

都市区发展指引

图例：
- 都市连绵区
- 联合都市区
- 大都市区
- 都市区

38　京津冀城镇群协调发展规划(2008-2020)

附　图 39

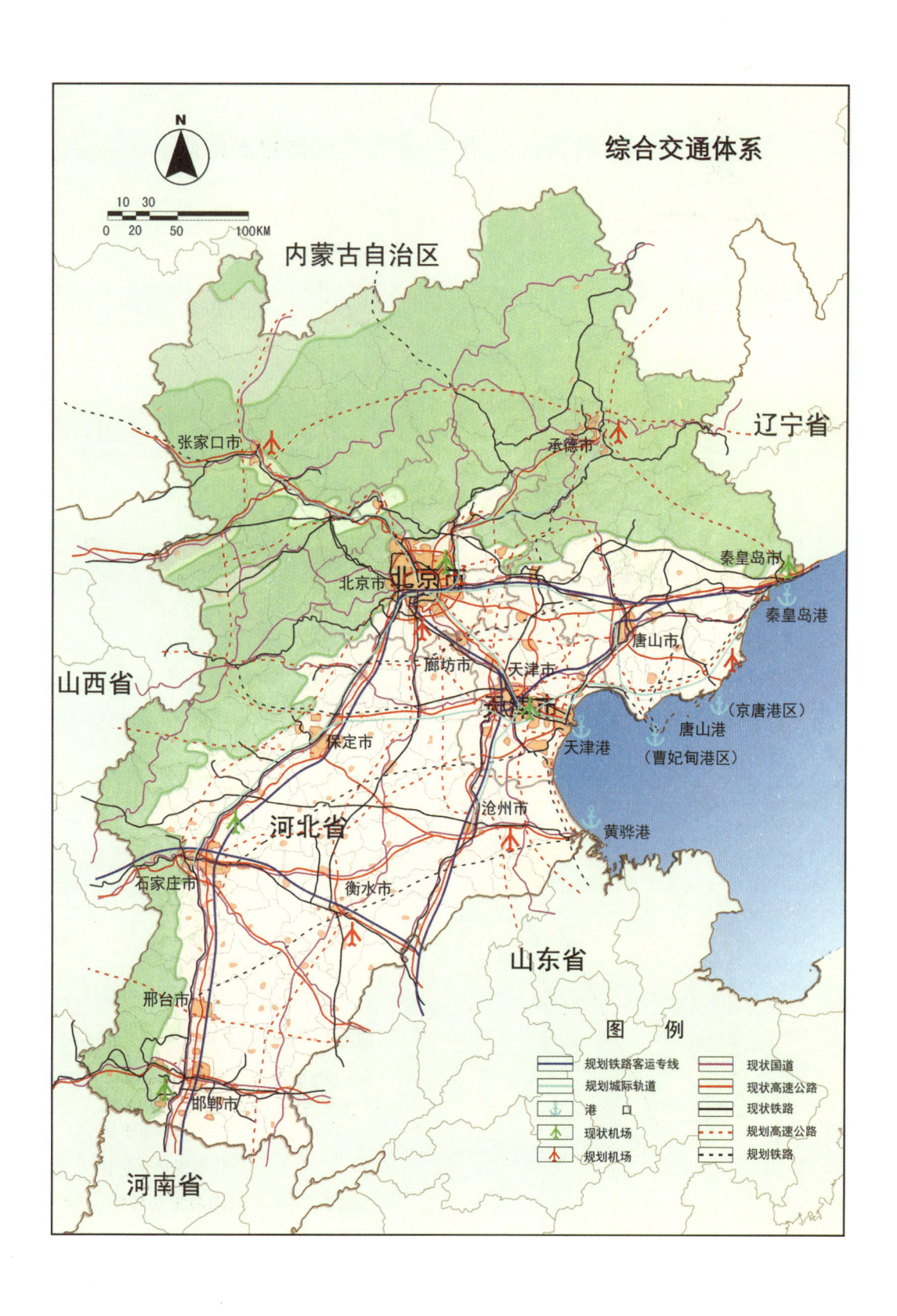

综合交通体系

图例
- 规划铁路客运专线
- 规划城际轨道
- 港口
- 现状机场
- 规划机场
- 现状国道
- 现状高速公路
- 现状铁路
- 规划高速公路
- 规划铁路

生态格局构建

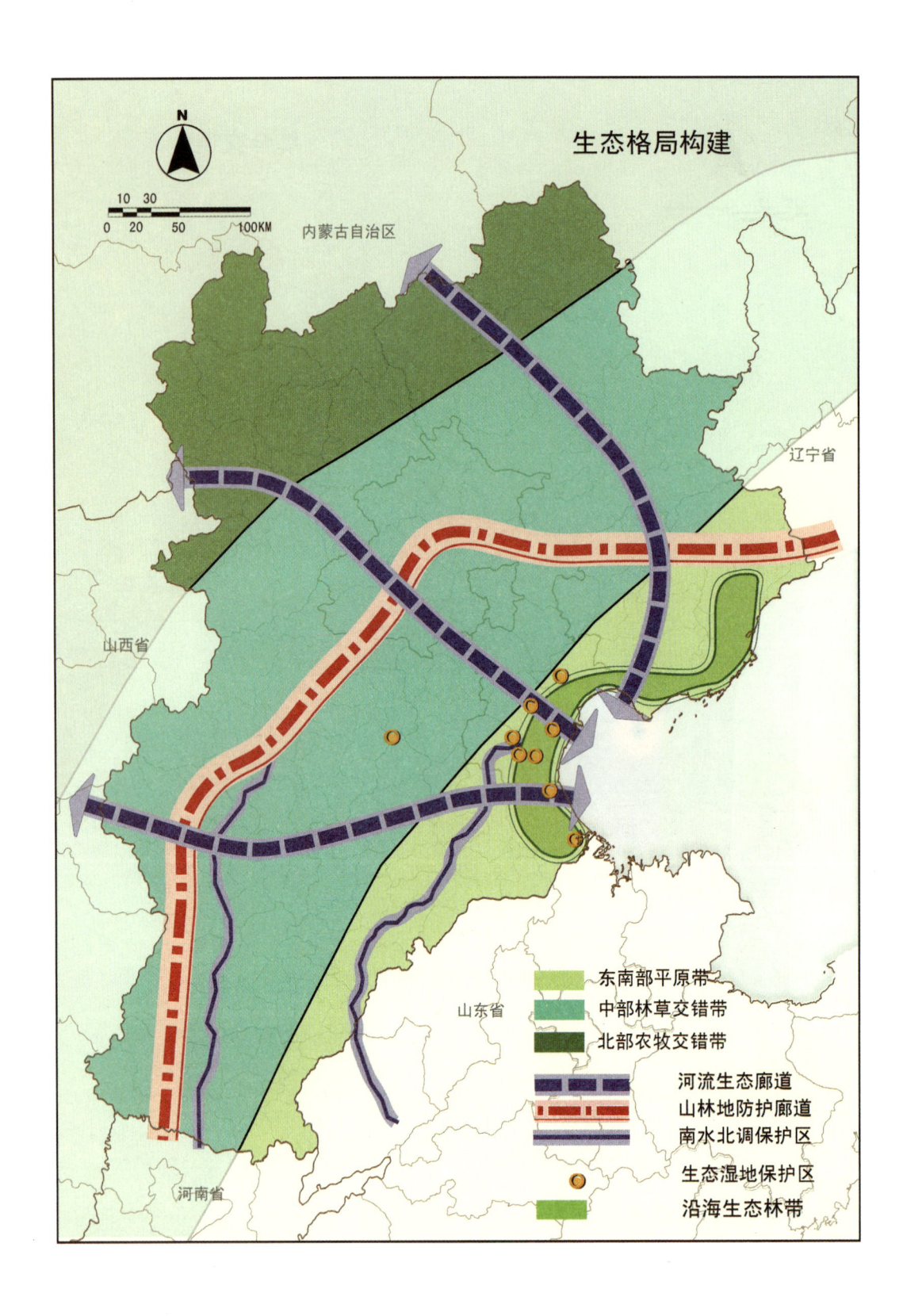

图例：
- 东南部平原带
- 中部林草交错带
- 北部农牧交错带
- 河流生态廊道
- 山林地防护廊道
- 南水北调保护区
- 生态湿地保护区
- 沿海生态林带

附 图 41

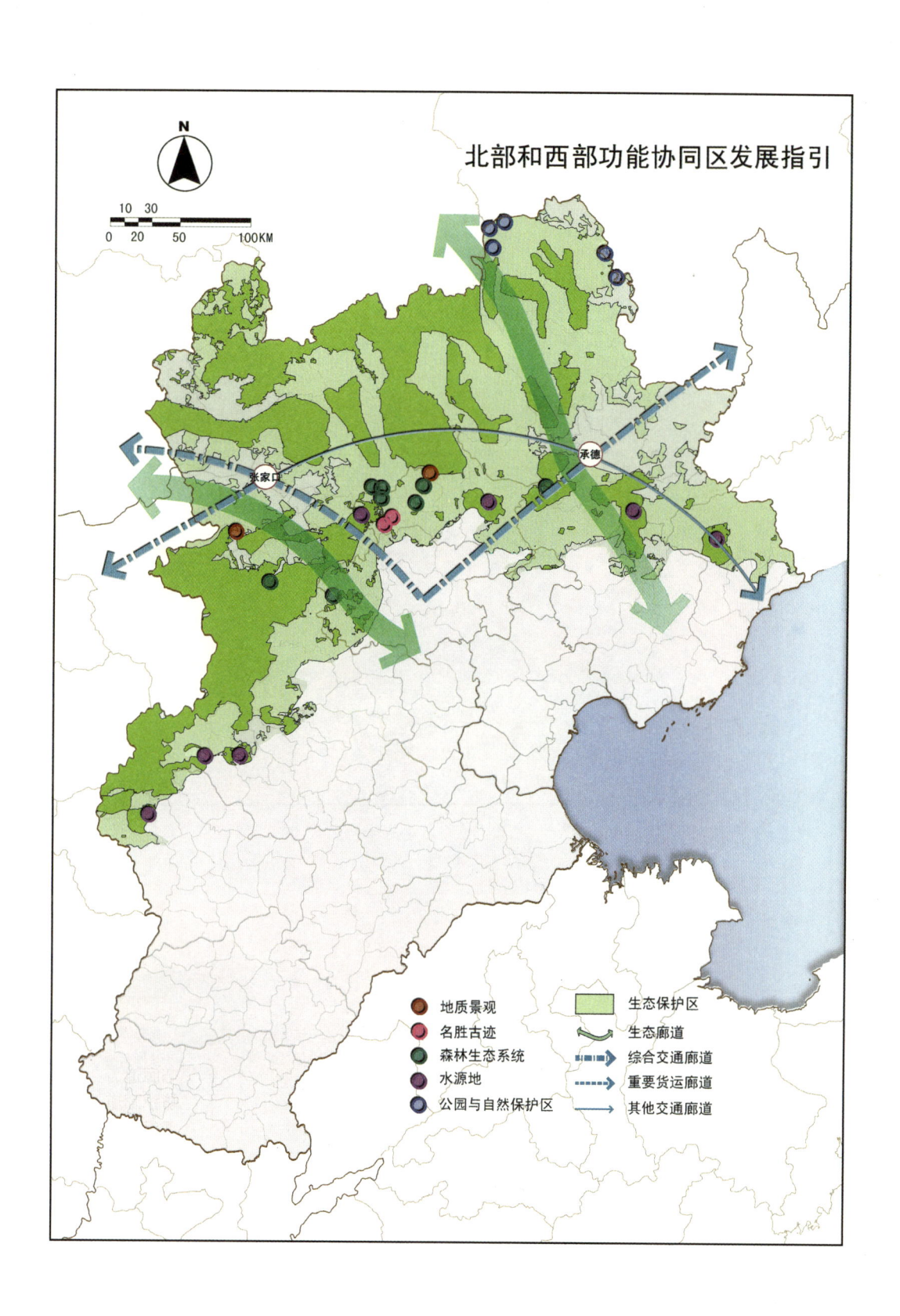

北部和西部功能协同区发展指引

图例：
- 地质景观
- 名胜古迹
- 森林生态系统
- 水源地
- 公园与自然保护区
- 生态保护区
- 生态廊道
- 综合交通廊道
- 重要货运廊道
- 其他交通廊道

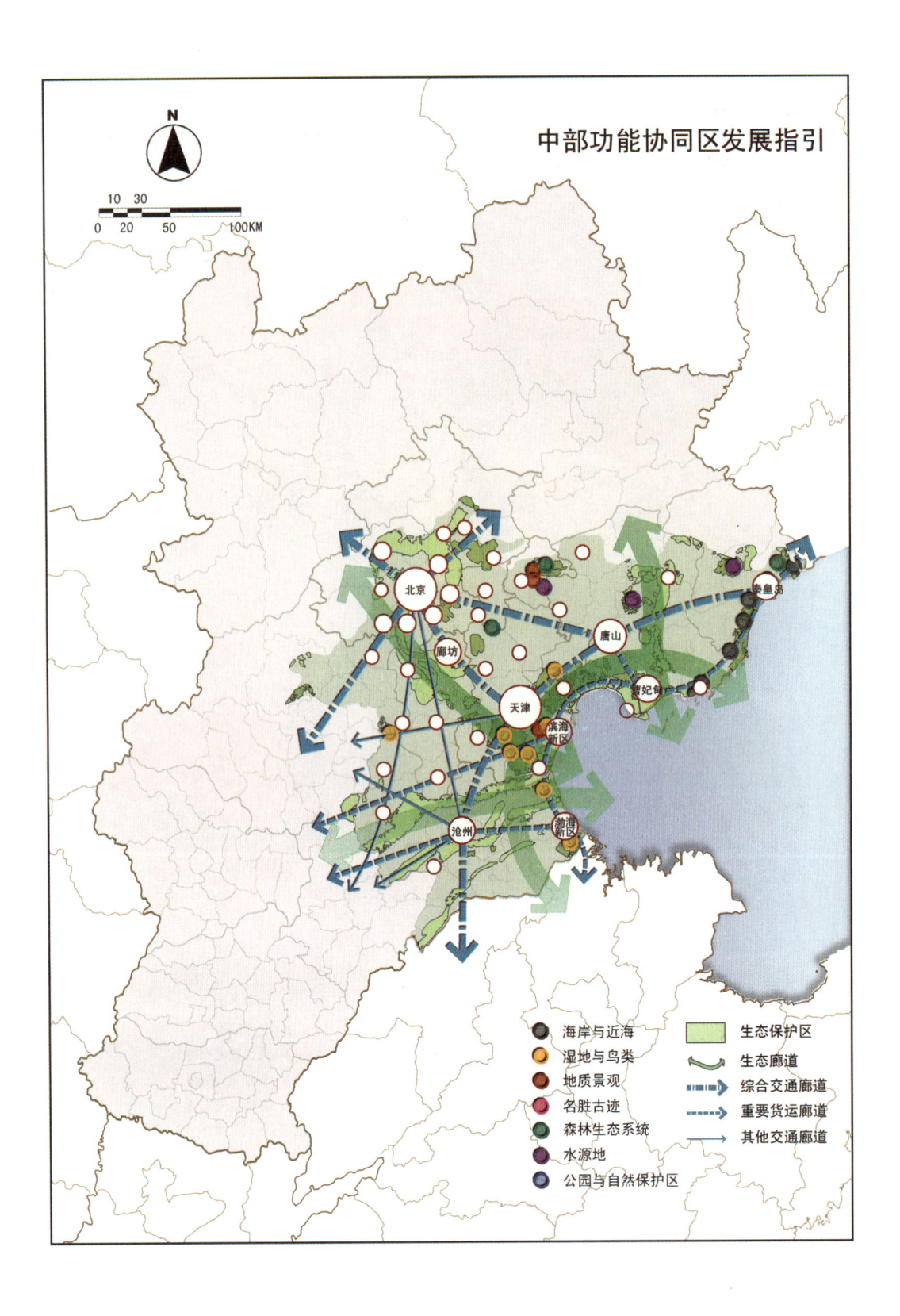

42　京津冀城镇群协调发展规划(2008-2020)

附 图 43

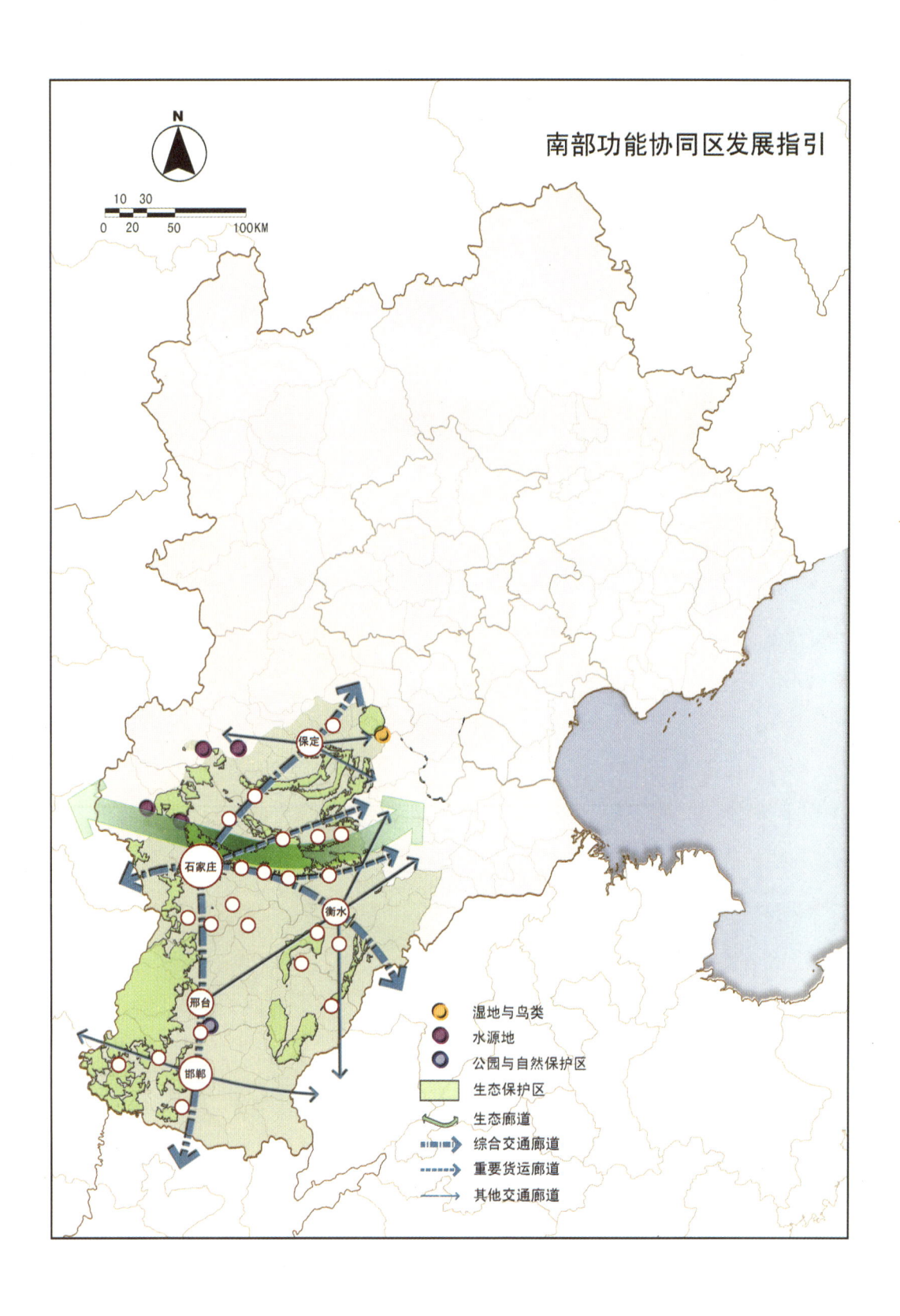

南部功能协同区发展指引

图例：
- 湿地与鸟类
- 水源地
- 公园与自然保护区
- 生态保护区
- 生态廊道
- 综合交通廊道
- 重要货运廊道
- 其他交通廊道

第二部分

京津冀城镇群协调发展规划总报告

导　　言

一、对于区域的基本认识

（一）我国首都地区进入历史性转折阶段

历史上京津冀主要作用表现为保障国家政治中心的稳定和发展，而非实现经济增长。这使它在国家工业化和对外开放过程中，未能发挥出一个沿海区域应该起到的作用。

未来20年，既是中国实现全球地位跃迁的重大机遇期，也是国家竞争优势重构的重要转型期，而这都将在与世界体系更为深刻和广泛的融合中推进。沿海地区作为国家对外交往的前沿，将发挥举足轻重的作用。回顾30年来中国沿海由南及北、逐步递推的发展历程，可以看到通过沿海开发带动内陆腹地发展的政策轨迹：从珠江三角洲推动华南地区的飞速崛起，到长江三角洲引领长江流域的持续发展，再到当前，发展重心北移成为国家解决地区发展差异的必然选择。京津冀具有北方出海口的区位优势，必然成为启动北方经济社会发展的引擎，在推动国家与世界的对接，以及构建协调均衡的国家发展格局方面，将发挥不可替代的历史作用。

由上所述，京津冀将成为新时期改革开放的前沿，实现自身的跨越式发展。区域职能将从相对单一的政治职能向经济和政治职能并举转变。随着对接国际和引领华北、西北、东北地区作用的发挥，该地区也将成为连接国际和国内两大界面的重要媒介。

（二）区域格局面临重大调整

区域职能的转变必将引发传统格局的深刻变革。在京津冀内部，由于相对封闭的区域环境和稳定的政策导向，京津双核过度集聚和河北普遍乏力的矛盾长期存在。聚集大于扩散，是京津冀发展过程相对于珠三角和长三角的重大差别，并最终造成了京津冀两市一省发展的巨大差距，无法形成区域性产业分工和职能协作网络，这是京津冀实现转型提升的主要障碍。

宏观环境的变迁已经悄然开启了京津冀格局转变的历史进程。伴随北京进入第三次产业转型，国际性职能升级和区域化重构将同步展开，推动又一个"全球城市地域"的诞生。与此同时，随着京津冀沿海的产业聚集，以滨海新区、曹妃甸新区为核心的环渤海内湾地区，将以领军者的姿态带领中国资本品制造业进入发展的新阶段。借助于国际门户和临海界面资源，我国北方地区的整体崛起已成必然。

南北地域之间天然的依存关系使冀南地区成为京津冀发展战略中不可或缺的一部分。处于内陆的冀南地区虽不具备沿海强大的市场动力，助其实现跨越式发展，但是，作为京津冀通向西北内陆的重要国内门户和沿海港口的直接腹地，它的发展影响到沿海战略的实现和全球经济影响力向西北内陆的延伸。

如何构筑海陆联动、双向开放的区域统筹发展格局，已经上升成为影响国家战略的关键问题。在这一过程中，正确处理国际和国内、沿海和内陆两大界面资源的关系，以及聚集和扩散、极化和均衡两对区域发展的基本矛盾将至关重要。

（三）城镇职能将发生深刻转变

伴随区域格局的转变，城镇职能的提升将产生更为深远的影响和本质的变化。相对于长三角和珠三角，农业生产以及农业型地区仍然在京津冀占有较高比重，这使大部分城镇尚未脱离农业中心地的特征，以行政管理和消费职能为主。

未来京津冀将经历跨越式发展的过程，很多地区将从农业型地区迅速成长为高度现代化的区域，甚至成长为区域增长节点，部分城镇也将转变成为产业组织和知识创新中心，在工业化和国际化过程中发挥核心作用。与此同时，由海向陆延伸的区域大分工体系将逐步取代立足于自身矿产资源、分散独立的生产模式，这将彻底转变城市"市域性职能强而区域性职能弱"的局面，推动区域性生产服务体系的发展，形成网络化城镇职能构架。

跨越了快速工业化阶段的长三角和珠三角，在今天所要面对的是区域职能体系的完善和提升，而京津冀则要面对从弱到强的构建过程，使其走上现代高效、整体互动的运转轨道。作为这一过程的必然产物，区域性生产协作网络将在未来为提高城镇群整体竞争力和综合承载能力供给持续的动力，它的存在是京津冀向世界级城镇群迈进的必要前提。

综上所述，形成双向开放的空间格局以及实现城镇职能体系的重构，是当前京津冀面对的两大根本转变，也是关系区域长远发展的两件大事。

二、对于规划的基本认识

（一）城镇群规划是国家宏观调控的重要政策手段

国家"十一五"规划明确提出，大都市连绵区和城镇群将是国家未来工业化和城镇化发展的主要空间载体。城镇群规划和城乡规划是国家优化空间资源配置、对城镇发展实施宏观调控的重要政策手段。

与用于建设和实施的传统物质空间规划不同，城镇群规划是用于沟通和指导的空间政策规划。在市场经济和地方分权的体制背景下，它的主要任务在于正确处理中央和地方、政府和市场在推动城镇群发展上的互动关系,明确在区域资源配置和城乡统筹方面的国家政策导向,明确区域内城镇发展政策的空间差异性,以便指导城镇体系和总体规划的编制和调整。

京津冀城镇群规划即在此背景下产生,作为沿海三大城镇群之一,《全国城镇体系规划》将其确定为国家重点管理地区,需要编制跨省域规划,加强中央对地方城镇发展的统筹指导。

(二) 解析时代背景差异,把握城镇群规划的重要抓手

未来20年将是京津冀成长的黄金期,和长三角、珠三角的同等阶段相比,它们处于完全不同的历史维度下。推动城镇发展的外部政策和市场环境都已经发生了重大的变化,城镇群空间发展的新模式即将破壳而出。

从政策来看,前20年是国家构筑基本物质生产能力的阶段,而后20年则是建设国家竞争力体系的阶段。一方面,政府宏观调控价值取向将发生重大转变,从促进高效增长转变为确保又好又快发展;另一方面,调控手段也不再局限于促进土地资源供给的基础设施建设,以知识创造、信息传播和人才培养为三大支点的区域创新体系将成为新阶段政府调控的重要抓手。这在发达国家的发展历程中已经被屡次验证。

日本在1970年代以"技术聚集城市"和"头脑布局"政策为主体的国家创新体系布局,成为国家产业转型的重要助推器;同样,美国"二战"期间"国家试验室"和"信息高速公路"全国布点,也为它在战后获得世界技术高地的地位奠定了基础。

同时,进入中国的国际资本结构和投资模式也在发生转变。前20年,亚洲中小企业的入驻带动了中国乡镇工业的繁荣,形成推动长三角和珠三角发展的劳动密集型产业集群。这一发展模式高度依赖工业用地持续和大规模的供给,因此,大城市郊区工业化以及乡村工业化为主体的空间低效连绵,成为这一时期城镇建设用地拓展的典型形式。

未来20年,中国国际直接投资的主体将是大型资金和技术密集企业,他们和正在崛起中的国家资本结成跨国资本联盟,主导中国经济发展。京津冀因民营资本力量不足,未来很长时间内,自上而下、由外而内的跨国资本联盟将是区域经济的主导。同时,跨国资本集群化运作的趋势越来越显著,国际生产服务和消费服务企业会追随而来,立足于本地市场的研发机构也将迅速跟进。这使他们对空间的影响并不仅仅形成单一工业组团或工业带,而是造城——形成"复合型功能地域"。

由于与世界体系的密切联系,这些"复合型功能地域"的选址往往和由海港、空港和城际轨道交通共同构成的"国际通达系统"紧密相关,以这些枢纽为核心在通勤范围内聚集,推动海港城、航空城的诞生。这些地区将在一夜之间产生,并突破行政级别成为区域增长核心,是多极网络城镇结构的重要支点。

因此,未来以区域创新中心和国际通达枢纽为组织核心的大都市区,将成为城镇群发展的基本空间单元,促进城镇空间增长向更加有序和集约的方向发展。控制区域创新体系和国际通达系统的布局,成为国家对城镇群空间发展进行宏观调控的重要抓手。

（三）辨析发展阶段差异，识别城镇群规划的政策重点

沿海三大城镇群虽然具有等同的国家战略地位，但发展的成熟程度却不可同日而语。这导致不同区域所面对的阶段性问题，以及中央和地方在解决问题过程中所发挥的作用将完全不同。

长三角和珠三角大部分城镇处于已经超越产业规模扩张的工业化初期阶段，进入结构调整和品质提升的中后期阶段。城镇功能体系臻于完善，局部调整需求大于整体建构。并且，30年的资本积累已经形成了具有强大财政能力的地方政府和趋于成熟的民营企业集团，共同构成区域发展的中坚力量。通过内部谈判和自行投资，已经成为解决区域功能调整和设施建设等问题的主要手段。基于此，中央在其中发挥的作用主要是跨省市"协调"。

而京津冀刚刚迈入快速发展期，区域前景仍不清晰，"建构"将是未来发展的主题。从现状来看，京津冀大多数城市都处于蓄势待发阶段，具有显著优势的产业体系尚未确立。内生力量的薄弱和地方财政的匮乏是一对伴生体，使地方无力依靠自身能力跨越发展门槛，推动合理区域框架的形成。虽然目前城市协作的频率和深度都在增加，但内容大多限于生态保护和道路对接，产业和职能的协同涉及较少。这都导致很难从根本上改变区域格局，或者说其进度将是非常缓慢的。因此，国家在这一阶段介入区域功能建构，并在其中发挥主导作用将至关重要。

而且，京津冀及周边区域处于相对接近的发展阶段，导致城市未来发展将处于竞争和合作并存的区域关系中。尤其在禀赋资源接近的地区，如环渤海内湾地区，必将面临港口和产业的同构竞争。这种同构竞争将很有可能给京津冀海域生态带来无可挽回的污染，并导致岸线资源的过度开发和低效利用，这需要国家通过统一部署和宏观控制来加以避免。

因此，京津冀整体发展政策制定的思路必然和其他两大三角洲有所不同。

三、技术路线和政策框架

本次规划应突出具有较强政策属性的空间规划技术特点，创新规划的可操作性。

首先，本次规划应坚持"重在落实，突出重点"的工作方法。规划内容不求大而全，而是从解决实际问题出发，围绕重点进行落实。通过与三地政府共同协商，明确需要重点协调的问题，针对性地制定规划对策与实施保障措施，形成具有较强操作性的规划成果。

其次，本次规划应将贯彻"建构"与"协调"并重的思路。"建构"重点体现在功能组织上，识别区域格局中发挥举足轻重作用的三大战略性功能节点，并进行分项组织。"协调"主要体现在功能协同上，以功能协同取代功能分工，强调合作共赢，弱化竞争。

最后，本次规划应遵循"问题识别—战略选择—功能组织—空间政策"的技术路线。强化分区管治、分级实施的政策框架的制定，甄别政策的"空间差异性"替代"级别差异性"，是本次城镇群规划研究方法的创新。

伴随国家经济体制从计划向市场的转变,从分级管治走向分区管治是城镇群规划的普遍趋势。具有相同区位的城镇,无论行政级别如何,在市场选择中往往具有等同的机遇,也会面临类似的问题。超越行政级别在区域经济格局中发挥举足轻重作用的功能节点,已经成为推动区域工业化和国际化的重要力量,这在长三角和珠三角 30 年的发展过程中已得到验证。因此,区分空间差异性的意义大于区分级别差异性。

双核集聚、相对封闭的区域格局,正是长期以来京津冀以分级管治为主体政策的结果。按行政级别投放资源和政策,导致北京对发展机遇的垄断,而具有市场优势区位的门户地区的发展反而长期滞后,未能充分发挥自身禀赋为区域合理格局的构建作出应有的贡献。因此,保证同等区位条件地区的"政策均好性",是充分发挥市场的资源调配能力,确保不同级别城镇"机会均等"的前提。转变政策模式是调整区域格局、扭转内在运行机制的根本途径。

同时,巨大的区域差异,将是京津冀统筹发展所面临的主要问题,这是它和其他两大城镇群之间的重要差别。这种差别主要体现在京津冀北地区和冀南地区之间由于海向区位和陆向区位的不同所造成的"空间差异"而非"级别差异"。而在它们内部,现状基础和资源禀赋相似,未来的城镇体系模式仍将经历较长时间的孕育和调整,人为规定将会限制市场和地方政府的能动性。

第一章　国家要求和发展目标

一、区域发展条件和国家地位

(一)国际化背景下国家发展路径面临转型

在全球化趋势下,多极多层次的世界城市网络体系正在形成,中国作为发展中的大国,在过去30年的发展中取得了辉煌的成绩,在全球体系中的角色正发生转变。对外开放和制度创新使国际需求和国内禀赋实现了融合,推动国家生产能力的迅速扩大和综合国力的显著提升。同时,作为民族工业的延续,本土企业集群成长壮大并臻于成熟,成为引领国家参与世界竞争的主体,在国际消费品制造业领域形成了巨大的影响力。

随着国家地位的提高,中国逐渐从世界的边缘走到纷争的中心,国际政治和经济对抗随之产生,使既有的国家竞争优势和生产格局面临严峻的挑战。国际贸易摩擦和大国能源博弈从市场和原料两头抑制中国增长,使立足于低端市场、依赖资源消耗的生产方式难以为继。国家竞争力体系的重构迫在眉睫。当前,中国不仅仅满足作为单纯的制造业转移的承接者和资金的流入地,更加注重培育科技创新能力,为上升到世界体系更高层级提供有力支撑。未来20年,中国将实现产业体系从单业突进向整体提升的完善以及增长方式从要素投入向创新增值的转变,这是国家巩固既有地位、开拓未来优势的必由之路。

未来20年将是中国国际地位迅速上升的重大机遇期,也是实现发展路径转变的重要转型期。这必将在与世界体系更为广泛和深入的融合,以及国家疆域更为均衡和全面的开发中去完成。

(二)加快北方发展是新时期国家重要战略举措

1. 中国发展的南北差异

中国在过去若干年的发展中所表现出来的区域不平衡,既有东西差异,也有南北之别。

有赖于资源的富集和区位的便利,南方在中国近代两次历史性的变革中均承担主要角色。第一次是在近代,经过数百年农业经济的积累,南方孕育了中国最发达的消费市场和贸易网络,成为滋养近代工商业的温床,通商口岸的设置加速了它向现代文明的演进,成为国家从农业社会向工业社会转型的主要推动者;第二次是改革开放时期,特区政策遵循从南到北的空间顺序逐步推进,使南方更早实现了体制的蜕变,建立起与世界紧密结合的经济体系,成为国家经济从封闭走向开放、从计划走向市场的引领者,在工业化和城镇化的起步期和加速期发挥了核心作用。

北方地区虽然在国家政治生活中扮演着决策中心的重要角色,但在经济领域却扮演着物资供给的从属角色,为南方发达的工商业体系提供支撑。一方面,南方更早进入工业社会,发达的农耕系统被迅速蚕食,使得以东北和华北为主的北方耕种体系在国家粮食安全中的地位迅速上升,成为供给中国的"天下粮仓";另一方面,和水热条件的劣势相比,北方在能源和矿产资源上具有显著的优势:国家六大能源储备集群中五个分布在北方。通过秦皇岛和沧州等港口向南方工业重镇输送的矿石和煤炭是国家能源安全的重要保障。

2. 加快北方发展是历史的必然

持续一百多年的"南高北低"格局,在新世纪伊始已表现出转变的态势。伴随天津滨海新区和唐山曹妃甸工业区的建设,国家政策有了倾斜。从综合配套改革试验区的设立到空客落户天津,历史已经掀开了北方崛起的篇章。加快北方发展,是国家全面发展、整体提升的必然选择。

(1) 加快北方发展是缓解我国近年经济社会发展逐步扩大的地区差异的重要战略举措

南北分工和区际物资交换是对过去 30 年国家区域战略部署的概括,集中体现了改革开放初期"非均衡"的政策指向。它曾经推动部分地区的迅速崛起,使中国在短时间内就获得了对接世界的平台。但是,这种"非均衡"发展的结果,也造成了目前逐步扩大的地区差异。中国幅员辽阔、人口众多,国家整体发展不可能仅仅依赖于"局部地区"的快速崛起,统筹城乡、区域协调才是未来国家发展的必由之路。

(2) 加快北方发展是构筑未来产业发展优势的战略举措

过去 30 年中国消费品制造业的发展是一场全民皆商的繁荣,未来 30 年资本品制造业的发展将是群雄并起的博弈,只有具有强大资金运作和技术研发能力的国有资本才能掌控国家发展。是否能在产业转型的过程中,重塑国有资本的竞争力以及培育经济发展的中坚力量,将是决定国家自主发展和长久优势的关键问题。

北方历来是国有重工业布局的战略重点,曾经为启动中国工业化进程做出了不可磨灭的贡献。但是,相对缓慢的开放进程,使北方重工业体系在市场信息掌握和产品技术研发上越来越落后,最终无法避免区域性行业衰落,致使国家的资本品供应逐渐由自给自足转为依赖进口。而以产业联盟和技术合作为主要方式的新一轮跨国资本流动,为北方国有重工业体系的重整提供了外部机遇。30 年前亚洲资本和中国民营资本的结合,为中国工业跨越市场"瓶颈"开拓了一条捷径;而 30 年后中国重工业技术能力和产业类型的跨越式转变将在国有资本和国际资本的联姻中完成。因此,北方的开发开放和国有资本的未来命运紧密相关,关系到国家资产和国有资源是否能在新的发展阶段重放异彩,为国家产业结构转型做出贡献。

(三) 京津冀突出优势与核心作用

1. 中国北方的门户枢纽

京津冀在国家陆路运输网中的作用与长三角、珠三角相比有显著的差别。长三角和珠三角均处于全国陆运交通网的尽端,以深圳和上海为核心,形成树状放射结构。而京津冀的交通体系则是以北京这一内陆城市为核心的星型放射结构,连通东部、东北、中部和西部四大经济区,承上启下,在全国交通网络中不仅是枢纽节点,而且是东北对外联系的重要通道,同时是国家南北能源运输的主要通道(图2-1-1)。

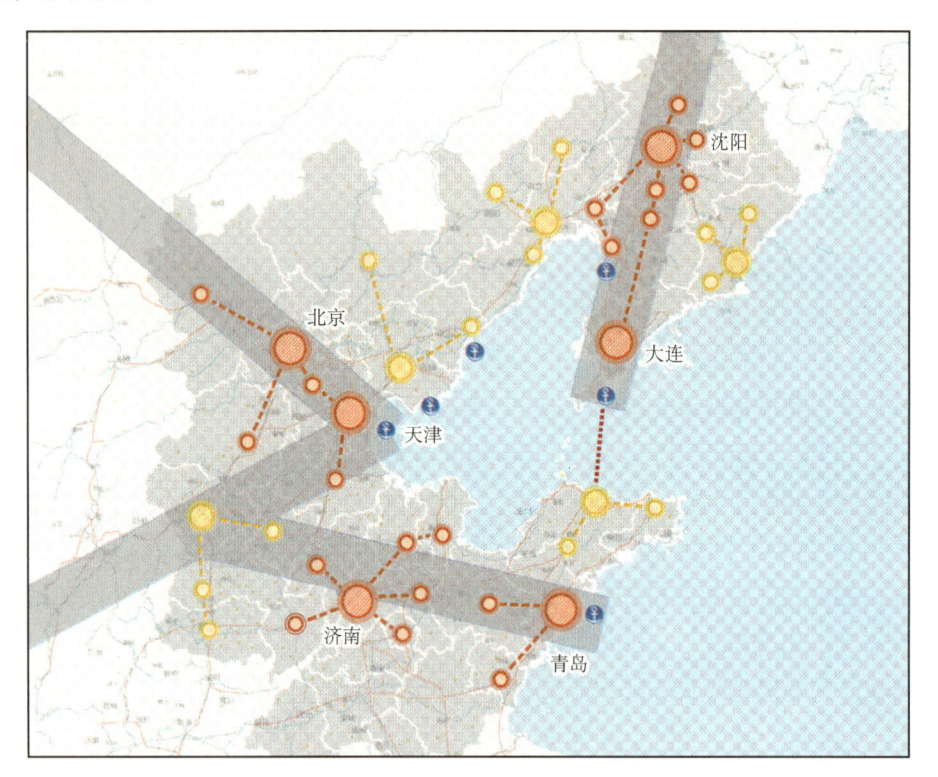

图 2-1-1　京津冀地区区位、交通图

京津冀和长三角拥有中国最为重要的两大出海口,经过数百年流域经济的发展,它们已经和西北、西南内陆腹地结成了紧密的关系,是中国横贯东西的两大发展轴上牵一发而动全身的战略要地。这是京津冀在地理位置上的关键性特征,决定了它在推动国家与世界的全面对接,以及构建协调均衡的国土发展格局方面,将发挥不可替代的历史作用。可以说,京津冀的崛起是启动北方发展、实现区域统筹的必要前提。

16世纪是历史的分水岭,航海大发现将人类交往的重心从陆域转移到海域。此后500年间,建立在成本低廉的国际海运网络基础之上,真正意义上的世界经济史开始了。沿海地区逐渐从"国家的"转变成为"世界的",成为全球资源配置和生产组织的前沿,而穿越海洋的洲际航线仿佛工业流水线,将各国的经济中心紧密联系在一起,构成世界经济体系的基本图景。

对于疆域辽阔的大国来说,处理好沿海和内陆的协同发展,成为实现经济崛起和确保国家均衡发展的首要问题。虽然沿海是国家经济的主体,但它的竞争优势却取决于内陆腹地的大小和生产能力的强弱,内陆地区的国家经济意义举足轻重。与此同时,由于世界范围内的生产要素的海向聚集趋势,内陆地区的国际区位价值迅速下降,发展日渐式微。因此,结成海陆联动的地缘经济联盟,已经成为当今大国发展的趋势。沿海城镇群作为两者的衔接点,被赋予了对接国际和辐射国内的双重任务。

2. 国家中枢作用举足轻重

作为京畿地区,京津冀历来发挥着国家政治、文化和科技中枢的作用。

首先,京津冀是中国最重要的决策和管理中心。该地区是中央国家机关与行政机构的所在地,也会聚了联合国安理会、世贸组织及各国大使馆等世界性国际组织及分支机构。同时,也是中国范围内世界性跨国公司总部及掌控国家经济命脉的国有企业总部最多的地区,对国家经济运转具有极强的支配能力。

其次,文化影响力源远流长。京津冀在中国近代文化发展过程中扮演极其重要的角色,具有民间曲艺、手工艺以及皇城文化等知名的非物质文化遗产。在国家传媒产业、创意产业和文化产业上,北京具有不可替代的中心地位,不仅是各类文化会展及全球巡演的必经之站,而且也是文化团体、机构及文化从业者拥有量最多的城市。

最后,科研创新能力独一无二。北京拥有全国数量最多的智力资源,高等院校及科研机构云集。依据《2005年中国区域创新能力报告》,北京的知识创造能力为80.94,位居全国首位,遥遥领先于第二位上海的46.96。

3. 新时期国家所赋予的历史使命

京津冀因其首都地区和北方出海口的战略地位,在人力资源、科研机构、金融服务等方面所具备的创新能力具有明显的比较优势。天津滨海新区作为"综合配套改革试验区",被赋予了"先行先试"的制度创新政策,借助京津冀一体化发展平台,将推动城镇群整体在国家战略中发挥自主创新领域的先导作用。

国家从未像今天这样赋予京津冀以如此重要的使命,京津冀将迈向经济和政治职能并重发展的阶段,在继续强化保障国家政治、社会稳定的政治职能基础上,其经济职能的战略地位将会有本质性的提升。这要求京津冀一方面必须要在制度改革、模式转变和技术创新中迅速实现自身的跨越式发展,另一方面还要充分发挥对接国际和引领"三北"的作用,成为连接国际和国内两大界面的重要媒介。

二、以区域协调发展实现国家新的战略要求

(一)落实国家对两市一省发展定位的基本要求

2005年至2006年年初,国务院相继批复了《北京城市总体规划(2004-2020)》、《天津市城市总体规划(2005-2020)》和《河北省城镇体系规划(2006-2020)》,各项规划实施工作陆续展开。由于京津冀三地关系密切,国务院在对两市一省规划的批复中,均重点强调京、津、冀三地要处理好区域协调发展的关系:"北京市的城市发展必须坚持区域统筹的原则,积极推进京、津、冀以及环

渤海地区经济合作与协调发展。要加强区域性基础设施的建设,逐步形成完善的区域城镇体系,促进产业结构的合理调整和资源的合理配置";"天津市的规划建设要注意与京津冀发展规划的协调,加强区域性基础设施建设,促进产业结构的合理调整和资源优化配置。特别要注意加强与北京市的协调,实现优势互补、协调发展,提高为首都、环渤海以及北方地区服务的功能";"河北省要充分利用环京津和环渤海的区位优势,注意与周边地区优势互补、相互促进、共同发展"。推动京津冀协调发展是落实国家对这一地区的发展要求,是实施三个法定规划的基本保障。

(二)贯彻"十七大"精神与实施区域发展总体战略的需要

经过30年的改革开放,我国经济社会发展已进入新的阶段,呈现出一系列新的阶段性特征。京津冀是继珠三角、长三角之后,又一个经济总量大、人口众多、城镇较为密集、发展速度快、发展条件好的区域,在全国区域发展格局中具有一定的领先优势。

新时期,党中央提出树立和落实科学发展观,构建社会主义和谐社会的重大战略思想。在这一大背景下,中央提出"东部地区发展是支持区域协调发展的重要基础,要在率先发展中带动和帮助中西部地区发展"。党的"十七大"报告明确提出:要"继续实施区域发展总体战略,以增强综合承载能力为重点,以特大城市为依托,形成辐射作用大的城市群,培育新的经济增长极"。

以贯彻党的"十七大"精神和落实区域发展总体战略要求为前提,制定科学合理的发展定位,能有效促进京津冀在我国东部率先发展中快速崛起,并发挥骨干作用。

(三)衔接新时期国家对京津冀的各项战略部署的需要

国家"十一五"规划明确提出:"京津冀要继续发挥带动和辐射作用,促进区域协调发展,促进城镇化健康发展。"目前,天津滨海新区被确定为新的经济增长极纳入国家发展战略布局,北京确立现代国际城市的发展目标,唐山曹妃甸科学发展示范区的建设,以及河北省提出建设沿海强省的发展战略等一系列举措表明,京津冀在国家发展格局中的战略地位日趋重要。京津冀必须争取在我国进一步深化改革开放,推进健康城镇化和全面建设小康社会,面向东北亚国际竞争与合作中,成为引领我国北方地区经济社会快速发展的核心区域,才能实现国家的对这一地区的发展要求。

近年,国务院批复了发改委、国土、交通、环保等部门编制的相关规划,这些规划对京津冀区域整体发展都提出了原则和要求,这些规划的实施同样需要与城乡规划进行必要的衔接。

(四)实现两市一省自身发展目标的必然选择

京津冀在国家的新一轮发展中的战略地位凸现,意味着国家对北京、天津和河北的发展提出了更高的要求。目前,京津两个核心城市发展都面临巨大的"瓶颈",河北的发展更应建立在与京津的协调统筹,这意味着在新的发展要求下,三地必须加强区域协作。

1. 北京转型有待周边地区的成长

北京正处于实现更高目标的转型期,面临来自资源条件限制和整体环境容量压力的挑战,而周边城市的发展相对滞后却进一步增大了北京的压力。北京的转型除了自身竞争力的提升外,还亟待周边地区的成长。

《北京城市总体规划》提出的"国家首都、国际城市、文化名城、宜居城市"的发展定位,明确了北京未来在世界城市网络中的地位。

然而,与其他世界城市相比,由于功能过度复合,北京城市核心竞争力不高,某些重要行业被挤压到边缘区位,不能实现与相关功能的良好配合,文化创意产业就是一个典型例子。文化创意是一项都市性极强的行业类型,它需要与城市商业中心、文化中心等消费场所比邻,从而获得最快的市场资讯和最频繁的业内交流。在巴黎、伦敦和纽约,尽管历经多轮职能外迁,但该项职能始终保持中心区位,甚至这些大都市还成立了专门机构并编制相关规划,确保艺术家在中心区租金提高的情况下仍旧能不外迁。但在北京该产业却布局在郊区,其行业竞争力当然无法和这些世界城市相比,使得北京虽然占有全国最强的文化资源,却无法发挥应有的国际文化影响力。

另外,北京所处的发展阶段已经不再是工业向外转移的阶段,影响区域发展的因素是资金和人才的吸纳。而由于区域差异巨大,北京很难完全通过市场选择在区域中寻找承接点来实现职能的区域化,周边城市也无力提供北京所需资金和人才。

2. 天津发展取决于双向支撑的构筑

天津正处于全面提升的机遇期,尤其要通过滨海新区的建设带动沿海地区发展,在区域中发挥更大的影响力与带动力,彻底摆脱"尴尬"的区域地位。这不仅需要北京生产性服务对其行业发展的支撑,还需要打通南部腹地通道,充分发展腹地经济作为支撑,从而真正融入区域。

《天津市城市总体规划》确定了"国际港口城市,北方经济中心和生态城市"的目标定位,意味天津是要从区域性的中心城市上升为国家级中心城市。但天津自身实力与其还有一定差距,从产业影响力、高端服务能力和竞争性资源拥有情况来看,都无法和20世纪90年代初的上海相比。对于天津,一方面京津产业结构有相当程度的雷同,竞争远大于合作;另一方面区内腹地不足,作为天津最具竞争力和对外辐射力的港口资源,由于区外通道以北部为主,南部通道建设滞后,导致青岛港对其腹地的袭夺。因此天津必须建立区域合作机制,依托北京的智力资源、信息和技术等生产服务支撑,积极打通天津与腹地联系的通道,发展腹地经济支撑其港口发展,如天津港已分别在郑州和石家庄建立无水港,无疑是打通腹地的良好措施。

3. 河北跨越式发展急需京津的带动

河北处于跨越式发展的起步期,其发展对于京津发展具有重要的支撑作用。由于多年人口外流和资金匮乏,很多城市虽然具有较好的禀赋条件和潜在机遇,却难以跨越发展门槛。

河北省委省政府提出要建设经济社会发展沿海强省,着力培育沿海城市带,利用国家进入重化工业发展阶段的机遇,全面提升自身经济实力与城镇发展质量,尽快缩小与京津的差距。为此,河北需从以下几点入手:①充分利用紧临京津优越的区位条件及滨海资源,重点在唐山、秦皇岛、沧州、廊坊、保定(部分)地区实现突破性崛起；②在保障区域生态环境建设的前提下加快张、承地区的发展；③构建石家庄作为京津冀核心区辐射周边的"门户型中心城市"，强大自身，带动周边发展；④充分发挥产业(工业)发展的带动作用，推动城镇化快速发展。这些问题的解决不仅需要河北自身努力，更需要京津的带动。

三、城镇群总体发展目标与功能定位

(一) 总体发展目标

当前我国区域发展的新格局已经全面展现，整体经济社会发展也将步入重大转型期。转变发展方式，推动区域协调发展，缩小区域发展差距，建设和谐社会，已经成为国家区域发展政策的核心要求。

两市一省规划已开始实施，在此过程中，三地政府在创新思路与机制、推动城镇群资源的共同配置、加强区域合作等方面迈出了实质性步伐，这为制定共同的整体发展目标奠定了基础。

在国家战略的要求下，坚持以科学发展观为指导思想，促进区域协调发展将是大势所趋，这决定了京津冀未来的发展方向。在区域发展的新背景、新要求、新趋势下，重点把握京津冀整体发展的机遇，同时要积极应对挑战，避免形成资源环境的破坏和失衡的发展格局。因此，京津冀的发展目标应确定为：

"坚持科学发展的道路，建设成为具有首都地区战略地位、统筹协调发展的世界级城镇群，成为资源节约、环境友好、社会和谐的典范。"

在当前我国工业化、信息化、城镇化、国际化背景下，上述目标充分考虑到京津冀"首都地区"和沿海城镇群的突出优势与特色。该地区具备成为世界级城镇群必需的国际性交往、空港门户、科教创新和文化创意等多种职能，在国家对外交往格局中具有不可替代的主体地位。同时，由于京津冀资源环境脆弱，内部发展差距显著，为落实中央"两个率先"的目标，更应该坚持以创新的精神率先转变经济增长方式，坚持科学发展、协调发展、和谐发展，再通过辐射带动"三北"，在引领全国发展中发挥典范作用。

为实现京津冀城镇群总体发展目标，本次规划重点在城乡空间发展、生态环境保护、交通发展建设方面提出分项发展目标要求。

1. 城乡空间发展目标

为贯彻与落实国家要求，以加快沿海发展和首都功能区域化为契机，建设具有首都地区特色的服务网络体系；充分发挥滨海新区增长极的引领作用，构筑海陆联动的产业分工与协作体系；通过区域多中心协同发展，促进城镇网络空间结构的形成；在城乡基础设施建设、社会事业和公共服务、社会保障和劳动就业等方面加强统筹建设，实现城乡协调发展。

2. 生态环境保护目标

以资源环境承载能力为前提,妥善处理好城镇建设、经济发展与生态环境保护的关系,合理配置资源、布局生产力要素,保障区域社会、经济、环境协调发展;加强生态治理、保护与污染控制,坚持资源的节约与集约利用;构建整体生态安全格局,建立公平有效的区域生态环境协调与资源利用、保护机制,为区域可持续发展提供保障;把京津冀建设成为资源节约、环境友好、人与自然和谐、迈向生态文明的科学发展示范区。

3. 交通发展建设目标

构筑全球交通运输网络重要节点和东北亚地区洲际门户,促进和引导城镇群协调、健康、快速发展,推动区域产业结构布局调整与转移,满足日益增长的各种交通需求,形成符合科学发展要求的高效、复合、便捷、安全、低耗、环保、多层次、一体化的区域综合交通体系。

(二) 参与全球竞争的重要城镇群

京津冀是中国参与全球分工体系的三大核心区域之一,它所具备的优势和潜力,对构建国家科技创新基地、我国北方现代制造业基地和国际国内贸易中心起到强有力的支撑作用。在参与国际竞争中具有国内其他地区所不具备的独特优势,对提高中国的国际竞争能力和综合实力具有十分重要的战略意义。

增强京津冀的实力以参与全球竞争与经济合作,正是新时期国家对京津冀大量投放支持政策的主要目的之一。在《国务院推进天津滨海新区开发开放有关问题的意见》中,通过滨海新区的发展增强京津冀的国际竞争力并融入全球经济体系被置于首要位置。根据《全国城镇体系规划(2006-2020年)》,京津冀是中国三大城镇群中唯一拥有两大国家级中心城市的地区,这必然要求京津冀在全球化竞争中承担更重的历史责任(图2-1-2)。

随着中国经济的快速增长,京津冀在东北亚和全球经济体系中的地位和影响力不断提高,以全球城市区域的核心要素——世界城市来看,2000-2004年,北京在全球城市体系中的排名已经从33位上升到22位。中国已经成为全球第四大经济体,而中国的经济增长速度和外向程度远远高于国际上其他规模相近的大型经济体。可以预见,京津冀的国际影响力仍有很大的提升空间。

首都因素是京津冀能够在世界城市区域格局中占有一席之地的核心原因,也是京津冀参与国际竞争相较于另两大城镇群的独特优势。这使得京津冀的国际影响力不仅仅体现在经济领域,更加突出地体现在政治和文化领域。从首都类型来看,北京具有大国首都和多功能型首都的特点,作为中国政治、文化和经济的代表,北京理应成为"世界城市"的一员,这就必然要求作为首都地区的京津冀拥有相应的全球竞争力和影响力。

基于上述基础条件分析,京津冀作为世界级城镇群,其全球竞争功能的发展重点包括:

(1) 国际性的交通物流功能:京津冀拥有国际性的空港和海港,是国际性的人流、物流集散中心,是中国对外联系的主要门户地区之一。未来应定位为东北亚航运枢纽和国际性空港门户。

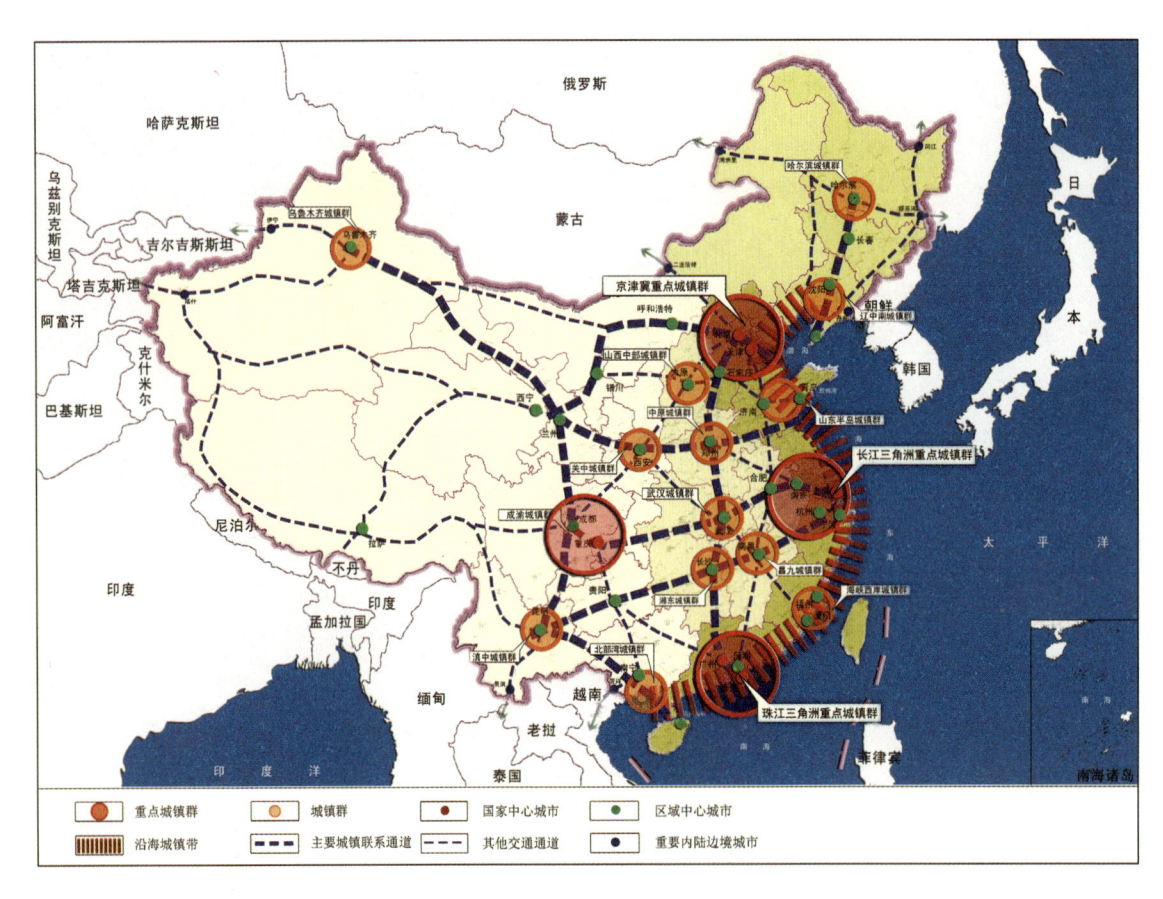

图 2-1-2 全国城镇发展空间结构规划

资料来源:《全国城镇体系规划(2006-2020年)》,商务印书馆,2010年。

(2)国际性的生产者服务中心:国际性的金融、管理、审计和法律等生产者服务业在京津冀高度集中,是国际性的管理控制中心。未来定位为立足东亚、辐射全球的国际性总部基地和生产服务中心。

(3)国际性的制造业基地:京津冀具有全球性产品输出功能的生产制造基地,在若干生产领域占据国际高端。

(4)国际性的文化与创新空间:京津冀具有大量具备国际影响力的智力资源和知识型产业,享有各种文化、科技和制度创新的源空间。

(5)国际性的信息交流枢纽:京津冀具有国际性的技术和信息集聚与扩散平台,是各类国际交流活动的平台。未来定位为重要的国际会展活动中心。

(6)国际性旅游目的地:京津冀是以文化观光旅游和商务旅游为主的国际性旅游目的地。未来定位为国际旅游接待和组织中心。

(三)引领中国北方进一步对外开放的门户区

京津冀地处欧亚大陆桥的桥头堡位置和东北亚区域合作圈内,是我国北方各省区改革开放的前沿,拥有发达的国际化信息、交通网络和首都对外交往资源,在对接国际方面具有巨大的优势。

引领北方进一步对外开放体现着国家的发展要求。北方的快速发展需要在扩大对外开放的前提下才能实现,同世界产业体系的融合,也是后发地区跨越市场和技术门槛的捷径。京津冀处于国家首都的直接影响范围内,拥有多种国际交通门户资源,使其在对接国际方面具有先天优势,必然在北方的对外开放进程中发挥先导作用。

便捷的交通系统和重要的首都资源是成为对外开放门户区的重要因素。海港和空港是国际通达体系中的两类关键性节点。作为环渤海的重要组成部分,京津冀不仅拥有由天津港和曹妃甸港共同构成的国际海运枢纽,还拥有中国最重要的国际航空枢纽。2006年北京首都机场成为唯一综合排名进入全球前30名的中国机场。这些使京津冀具有毋庸置疑的国际门户地位。

同时,作为首都,北京在国家对外开放格局中具有不可替代的主体地位。它不仅是各种国家机构和国际组织的会聚地,也是跨国公司总部和国有企业总部的会聚地,对世界政治经济格局和中国发展方向都具有核心决策能力。未来北京不仅是国家首都,还将发展为世界城市,国际职能进一步加强,从而带领整个国家进入世界体系的更高层级。

(四)国家健康城镇化的重要承载地

2007年,中国城镇化率接近44%。在此之前的10年,它走过了一个世界罕见的高速城镇化发展阶段。根据《全球人类住区报告》,1995年到2003年,发展中国家城市人口年均增长率为2.3%,世界平均水平为1.6%,而中国高达3.1%。在此之后的30年,它将继续创造世界城镇化历史的奇迹,用不到英国一半的时间、美国1/3的时间,完成城镇化率从30%到70%的过程。而与这一举世瞩目的进程相伴随的是国内区域差距的持续扩大,跨区域大规模人口流动已经成为维持这一城镇化速度的主要途径:2005年,国家流动人口数量达到1.3亿,2010年将达到1.6亿,其中远程流动人口比重达到35%。中国正在全面进入"移民时代"。

我国以往采取的严格控制大城市规模的方针,已经不再适应今天的发展。各国经验证明,在经济发展中,大城市往往起着火车头的作用,英、日、美、韩等国家,其数百万以上城市人口占全国人口的比重分别是23%、39%、37%和52%,我国只有6%。美国3/4的制造业和服务业集中在大都市区,日本80%的经济总量集中在三大都市圈。以此为背景,"十七大"提出了走中国特色城镇化道路的发展方针,要"促进大中小市和小城镇协调发展。以增强综合承载能力为重点,以特大城市为依托,形成辐射作用大的城市群,培育新的经济增长极"。这也是中国城镇化从分散走向集约、应对全球城市竞争的必然选择。沿海三大城镇群京津冀、长三角和珠三角,作为国家经济增长的核心,必将成为承载人口聚集的主要空间载体。

京津冀理应成为推进国家健康城镇化的重要承载地。包括华北、东北和华中在内的京津冀的直接腹地,长期以来的城镇化进程缓慢,大部分地区的城镇化率不足40%。因此,推动北方大部地区快速城镇化,对实现国家农业现代化和城乡统筹发展具有重要战略意义,同时也是京津冀不可推卸的历史责任。京津冀作为我国北方经济社会发展的引擎,在产业规模不断壮大、经济结构不断优化调整、新兴城市地区不断涌现的过程中,将构筑起多元化的产业体系和城镇体系,以拉动劳动就业,为本地和外来人员提供更多的居住和就业机会,促进人口的进一步集聚,为推动我国健康城镇化进程起到重要的载体作用。

(五) 国家率先转变发展方式和制度创新的示范区

率先转变和创新是解决区域内外压力的必然选择。国家正在进入以"集约增长和有序增长"为核心的转型阶段。虽然通过粗放发展阶段的快速扩张,长三角和珠三角已经为未来的提升和转型积累了巨大的资金基础,但也面临着同样巨大的改革成本:即使不实施改革,在较长时间内长三角和珠三角仍将具有维持增长的惯性和强大的优势。而作为后发地区的京津冀,经过数十年的踟蹰,已经积累了强烈的内生改革要求,推动它在这一轮国家改革中跃身前列。

发展路径的局限和内生资源稀缺是京津冀成为示范地区的主要挑战。一方面源于目标和现实的巨大差距。经济总量的不足和产业结构的落后,使京津冀未来必然面临跨越发展的压力,而弥合这一差距的唯一途径是技术创新和制度改革。30年前长三角和珠三角立足于低端市场、以粗放发展的方式完成了跨越发展,但这一历程已经无法复制了,今天的国内外市场环境都已经发生了根本的变化,低端产品的黄金时代已经过去。另一方面则源于自然资源约束。因循长三角和珠三角的发展路径,必须要以持续的资源供给和巨大的环境容量为基础。然而京津冀却是我国水资源紧缺最严重和生态环境最为脆弱的地区之一。

据统计,严重缺水已成为制约京津冀社会经济发展的首要因素。人均水资源拥有量不足300立方米,为全国平均水平的1/8。地表水资源量仅148.65亿立方米,远远低于长三角、珠三角地区。多年来只能靠超采地下水来维持暂时的平衡,但这已经致使环渤海沿岸形成了20个漏斗区,地面沉降,海水回灌,地下水质逐年恶化。水资源短缺往往是环境脆弱的根源,植被在缺水环境中生长困难,一旦被破坏就很难恢复。目前京津冀有近一半的国土处于荒漠化敏感区域,一旦北部和西部防护林被破坏,整个东北亚的生态安全都会受到毁灭性影响。

正是在这样的生态本底条件下,京津冀未来30年要实现国家级重工业基地的建设。若仍旧采取高耗水和高污染的粗放发展模式,则必然遭遇资源"瓶颈"和环境容量所造成的"增长的极限"。解决生态资源和生产建设之间矛盾的根本方法,并不是划定"增长边界"而是改变生产方式,通过生产流程的创新和外部服务能力的改善,提高土地单位产出能力和降低能耗水平。

京津冀要为国家科学发展和制度创新提供范本。转变增长方式以及实现制度创新，是京津冀解决内部矛盾和应对外部压力的必然选择，也是国家对京津冀发展的基本要求。京津冀拥有科技创新与文化资源优势，为转变经济发展方式提供了坚实的基础。北京是我国最先实现产业结构高级化的城市，加上天津滨海新区的改革创新、唐山曹妃甸科学发展示范区和沧州渤海新区循环经济区的建设，京津冀必将在探索和实践又好又快发展、加快经济增长方式转变等方面为全国做出表率。

第二章 问题、趋势与发展战略

一、现状差距与问题

(一) 整体实力亟待提升

1. 国家经济影响力不足,经济增速相对缓慢

京津冀包括北京、天津两个直辖市和河北省11个地级市行政辖区范围,总面积21.36万 km^2,下辖67区、22个县级市和119个县。常住人口为9 432万人,占全国总人口的7.2%,城镇化水平49.3%。从经济总量来看,2005年京津冀生产总值20 680.04亿元,占全国的11.3%(图2-2-1);人均GDP 21 925.4元,是全国的1.56倍。

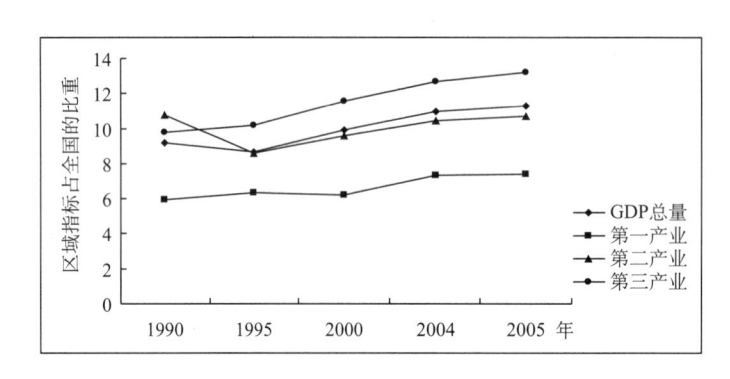

图 2-2-1 主要年份京津冀指标占全国比重变化(%)

从变化情况来看,京津冀经济总量持续增长,2005年GDP总量是1990年的12.1倍,实现了较大的提高。京津冀在全国经济发展中已经具有一定的领先优势,重要性日益突出。

但是京津冀作为中国经济第三增长极,其发展的总体实力相对珠三角和长三角这两个先发地区而言,尚有一定差距。2004年,长三角人均GDP 43 754元,珠三角人均GDP 32 592元,分别是京津冀的2.6倍和1.9倍。

2. 国际经济参与度相对较低,产品出口能力和外商直接投资均不足

与长三角和珠三角相比,京津冀在商品及服务出口、商品及服务进口和外国直接投资等方面都处于竞争劣势。京津冀2004年的进出口额为537.3亿美元,远低于珠三角的2 565.9亿美元和长三角的1 375.1亿美元;实际利用外资的情况也是如此,京津冀为48.9亿美元,长三角为

222.3亿美元，珠三角为169.3亿美元。可见，京津冀产业的外向性不是很强。

3. 产业结构以基础原料为主，中间产品和消费品生产相对薄弱

京津冀的产业竞争力从全国来看处于前列，但落后于长三角和珠三角。区域内的农业不具比较优势，国际竞争力较弱；制造业具有一定基础，但随着长三角和珠三角的迅猛发展，京津冀在全国的地位逐渐下降，产业竞争力有相对下降的迹象。

此外，京津冀产业结构层次较低，仍以基础原材料产业为主。通过区位商和偏移份额分析可以看出，京津冀的基础原材料业基础雄厚、专业化优势明显、产业竞争力强、行业门类全、产品量大、骨干企业多，而且在本区域内空间分布相对合理并已形成了一定的产业链条。

4. 发展动力单一，以国有资本为主，行政力量强而市场力量弱

在中国城镇发展的过程中，政府与市场是推动产业发展的两大力量，其中国有资本是政府力量的主要代表，而民营资本和外资则是市场力量的重要体现。京津冀主要依靠国有资本，其外资和民营资本发育程度还远远不够，市场对资源配置和产业地域分工与合作的推力有限。受传统计划体制的影响，京津冀内部政府对资源的控制能力仍很强，北京市国有经济比重在53%，天津的国有经济投资比重更高达86%。

京津冀外资和民资相对较少，介入领域有限，市场化力量相对较弱。集体经济投资和个体经济投资的增速分别低于全国22和11个百分点，民营企业规模小、人才少、管理水平低，且大多侧重于低端服务业，与沿海地区差异较大。从河北省来看，当前全省民营经济三次产业比重为9.6∶20.3∶70.1，一般服务业投资比重明显偏高，且主要停留在第三产业的商业、餐饮、房地产以及第二产业的资源加工业。高科技和拥有自营进出口权的外向型民营企业少之又少，分别占全省民营企业总数的2.8%和0.8%；拥有全国性驰名商标和自主知识产权的民营企业十分罕见。

（二）体系结构存在断层

双心极化和河北城市发展的普遍乏力是过去50年京津冀发展过程中始终存在的稳定状态。一般来说，在区域核心城市不断成长的过程中始终伴随着的，是发展动力从点到面的不断扩散，更多的城市成为"发展俱乐部"的新成员。当这一群体达到一定规模之后，又再度推动核心城市的升级和转型，以便在更高层面上去争取更多的区外资源，为区域下一轮扩散和调整做好准备。

这一上升的过程在长三角和珠三角的发展过程中反复出现，而在京津冀则从未发生。这是京津冀和其他两大三角洲的根本差异，表现在城镇体系的两极分化、空间发展的相对离散和城乡差距的持续扩大。

1. 经济总量的日渐悬殊

京津冀发展水平的"核心-边缘"二元结构突出，京津等核心城市遥遥领先，西北部地区形成了"环京津贫困带"，发展差距一直没有缩小。并且，核心城市与外围乡村间的差距日益突出。

比较城镇群内部行政单元的经济实力，京津冀地级市辖区与县级市的城市平均GDP规模明显小于珠三角和长三角城镇群,甚至不到一半(表2-2-1)。可见,京津冀地级、县级的城市实力整体较弱,亟待提升。

表 2-2-1　2004 年 GDP 总量比较(单位:亿元)

	区域 GDP 总量	地级市市域平均 GDP	地级市市辖区平均 GDP	县级市平均 GDP
京津冀	16 165	8 950	3 010	2 069
长三角	39 340	31 889	10 991	9 423
珠三角	13 575	13 575	12 131	977

以收入水平衡量,两市一省各自的城乡差距都小于全国平均水平,但整合之后京津冀的城乡居民收入比上升至 3.08,北京、天津城镇居民收入与河北农村人均纯收入的比例达 5.1 和 3.64 倍。

京津冀农村居民间的收入差距远大于城镇居民间的收入差距。区域内农民人均纯收入不到全国平均水平的县达 57 个,为河北县(市)总数的 42%,分别占京津冀总面积和总人口的 52% 和 21.1%(图 2-2-2、图 2-2-3)。

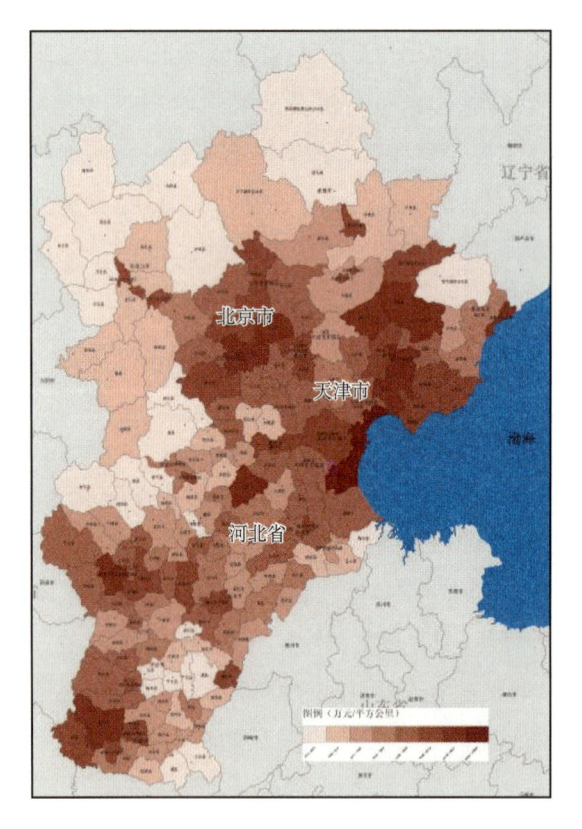

图 2-2-2　京津冀分县人均 GDP 差异 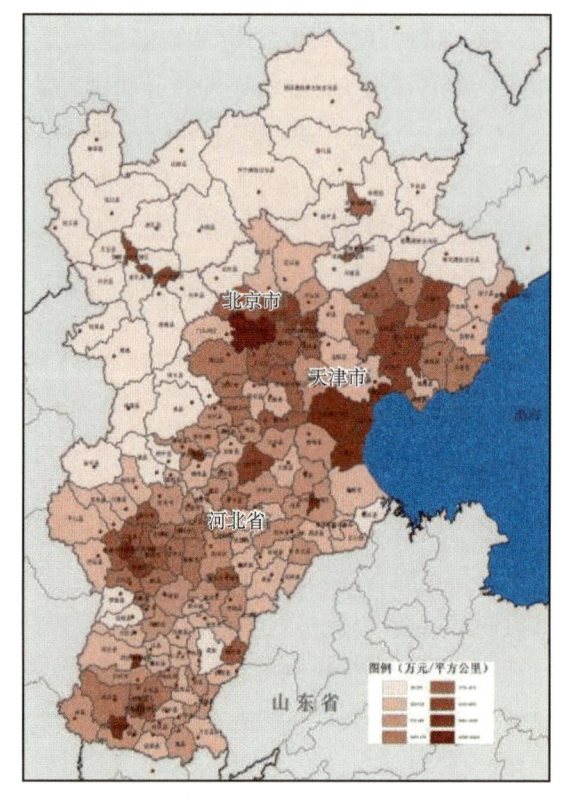　　　　图 2-2-3　京津冀分县经济密度差异

2. 城镇规模的哑铃特征

根据城市位序—规模分布函数,京津冀城市位序—规模函数密指数明显高于 1,而且是全国

的 1.92 倍,表明京津冀城市人口分布的不均衡性十分突出。而根据对于三大城镇群城镇规模结构的比较,也可以发现京津冀人口向核心城市集聚的特征十分突出。由于北京、天津两大中心城市的存在,城镇群呈现出头重脚轻的局面,高位序城市的规模较为突出,而中小城市发育不够,城市人口分布的不均衡性十分显著。从整体规模结构来看,京津冀城镇群呈现出"两头大,中间小"的哑铃型结构(图 2-2-4)。

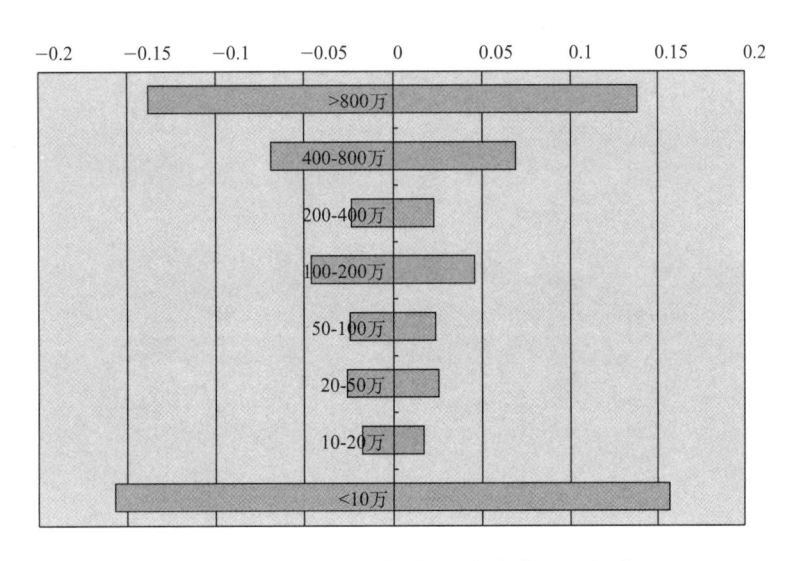

图 2-2-4　京津冀城镇规模结构:哑铃型

京津冀人口在 10 万~400 万的城市所占比重明显低于另两个城镇群,而且这些城市中并没有像另两个城镇群一样,形成具有竞争力和影响力的次区域增长极,比如长三角的杭州、南京、苏州、无锡,珠三角的东莞、佛山、中山等(图 2-2-5、图 2-2-6)。区域内京津之外最发达的唐山市也只是一个典型的资源驱动型城市,京津冀中间层级城市发育的相对不足是不争的事实。

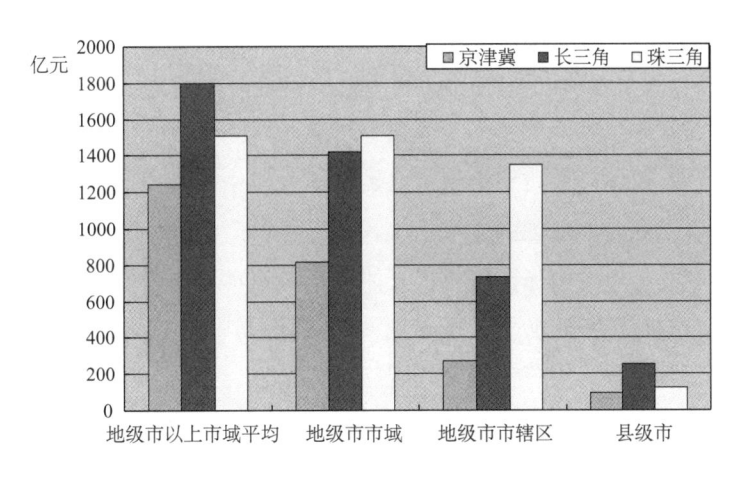

图 2-2-5　三大城镇群各层级经济规模对比(2004)

同时,区域内小城镇数量多质量差。10 万人以下的小城镇在京津冀城镇群中所占的比重远高于另两个城镇群,且小城镇的发展水平远低于珠三角和长三角地区。京津冀建制镇平均规模普遍偏小,北京和天津建制镇的平均规模都低于全国平均水平,河北的建制镇平均规模与全国相当,而在其他沿海发达省份,一般情况是建制镇规模普遍高于全国平均水平。例如在珠三角和长三角地区,小城镇具有很强的自下而上的发展动力,一直是城镇群发展的重要基础和平台,珠三角镇区人口在10万以上的有24个,长三角镇区人口10万人以上的也达到了21个,而京津冀镇区人口在10万人以上的尚未出现。

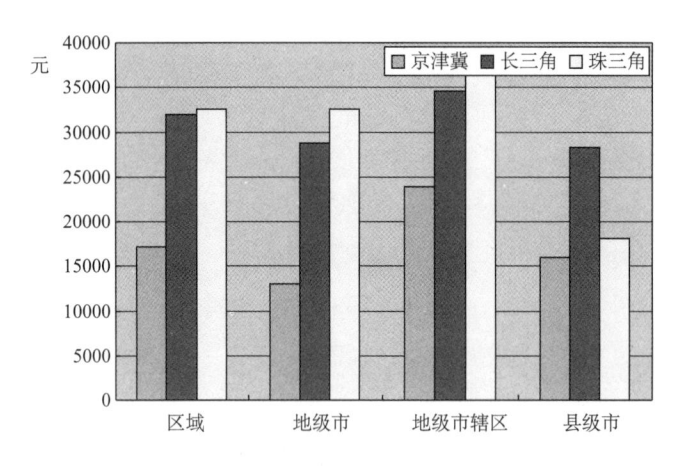

图 2-2-6 三大城镇群各层级人均GDP对比(2004)

(三)发展模式各异

1. 工业结构:北京以技术密集型产业为主,天津以资本密集型产业为主,河北大部分地区停留在资源密集型产业阶段

京津冀城市之间并不仅仅存在GDP的数量差距,而是出现了发展阶段上的断层。从工业化阶段分布图来看(图2-2-7),长三角大部分城市都进入或即将进入工业化中期阶段,在各个时段上的分布也相对均衡;而京津冀在工业化中期阶段上存在严重断档,占土地和人口面积一半以上的南部城市中除了石家庄以外全部处于工业化起步期。

虽然北部城市,如秦皇岛、廊坊和唐山都已经向工业化中期挺进,但这些城市都存在不同程度上的城镇化滞后于工业化的现象。也就是说,GDP的增长事实上并未转变为更高城市服务水平以及享受这一福利的人口的增加。这使得京津冀城市的实际福利差距比工业化所显示出来的数据差距更加严重。而在服务职能上存在着较大差异,根据职能特征可以将河北的城市划分为两类,一类以石家庄为代表,具有一定的工业职能,同时城市的服务职能也呈现出多元化的发展态势,包括承德、秦皇岛、保定、沧州、衡水、邢台;另一类以唐山为代表,工业或采掘业职能较突出,而服务职能相对单一,包括唐山、张家口、邯郸。从就业增长上看,河北近年来工业就业的增长以钢铁产业为主,除了制药、农副产品加工等少数行业维持平衡以外,大量行业就业不断减少,这与它所处的"工业化中期阶段"完全不符。

同时,各城市工业职能分工明显。京、津、冀三地在工业上已经形成了比较明显的分工格局,京津在资本技术密集型产业上优势明显,而河北则局限于资源—资本密集型产业上。

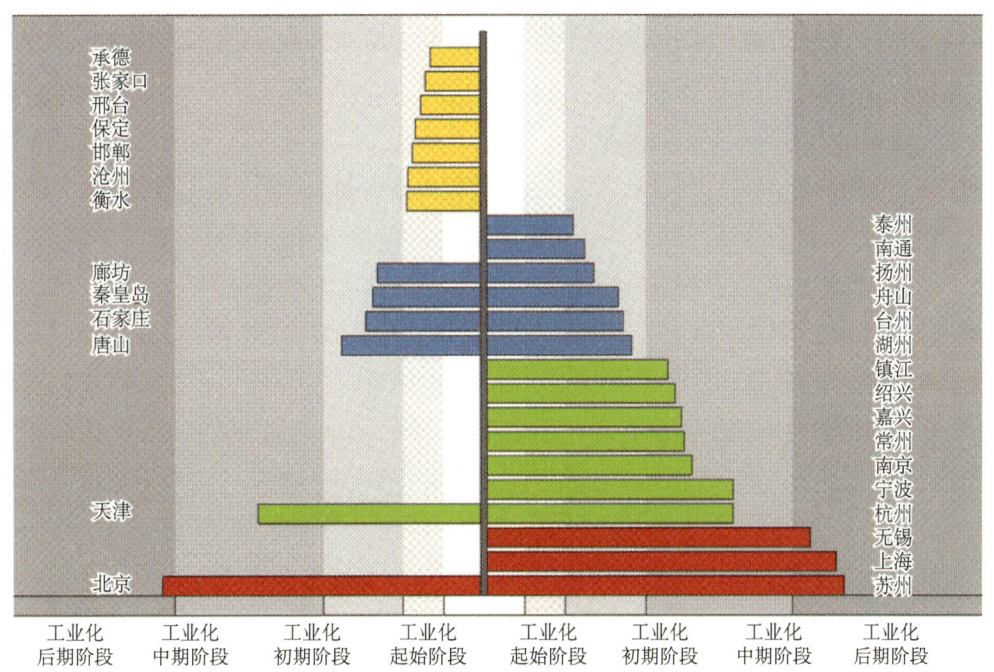

图 2-2-7　京津冀、长三角工业化发展阶段

北京除了在京津冀的城市服务职能体系中牢牢占据了主导地位,在制造业职能上仍然具有不可忽视的规模。北京聚集了大量具有显著专业化优势的资本密集型产业和技术密集型服务业,如汽车制造、光机电一体化、通信设备计算机及其他电子设备等。以技术型人力为主的高端生产要素成为北京工业化的主要推动力。

天津则形成了以制造业职能为核心的综合性城市职能,制造业区位商在京津冀各市中最高,是京津冀的工业中心,同时也具备了一定的现代服务职能。

河北各城市普遍具有一定的制造业和能源生产职能。新中国成立初期的国家投资通过对矿产资源的开发和利用启动河北的工业化进程。然而对丰富资源的过度依赖导致长期以来河北工业是以单一产业的规模扩张而不是产业链的延伸为主要增长方式。

2. 服务职能:北京在生产和生活服务业上都具有绝对优势,天津和河北城市服务功能发展迟缓

城市服务职能则呈现高度的核心集聚。北京在京津冀的服务业职能体系中具有绝对优势,一些为生产服务的高端服务业如信息传输计算机服务和软件业、房地产业、租赁和商务服务、科研技术服务等高度聚集在北京,反映出北京市人才、技术、知识的优势。在生产服务业领域,凭借国家管理中枢和创新中心的资源基础,北京具有国际资金运作和信息流通能力,其影响范围覆盖全国,甚至作为经济中心的上海在这两项关键性的服务领域也仅具有区域辐射能力。在生活服务业领域,凭借大量人流所支撑的繁荣商业和文化活动,北京成为区域性的居住和消费中心,其影响力甚至可以辐射山西和东北。这是北京和上海职能的重大差异,两者在服务业上所出现的级差,则大多体现在这些方面。

作为区域对外门户的天津,目前的服务职能在整体规模和发展水平上都难以承担起相应的产业组织功能,在交通运输仓储及邮政业、金融业、水利环境和公共设备管理、教育、卫生、社会保险和社会福利等方面有一定的优势。

河北省的城市中的服务业主要是服务于本地,为一些传统的服务业,没有区际意义。石家庄作为河北的功能组织中心,城市规模、经济总量、吸引力和辐射力、腹地范围等指标,仅次于京津排在第三位,有着良好的基础设施条件和工业发展格局,但是一直以来在以京津为双核的区域发展格局中处于一个尴尬的位置,发展路径的不明确也导致有效的产业组织功能无法实现。

同时,如果对城市职能做聚类分析,可以发现长三角和京津冀城市完全分化为两个主导职能截然不同的城市簇群,区域网络也因循着完全不同的组织逻辑。

长三角城市的主导职能是体现城市物资流通和资金流通能力的交通运输、批发零售和金融业。无论城市规模大小和等级高低,该项因子得分均为正数(京津冀有半数以上城市在该项因子上得分为负数),体现出城市在物资流通和资金流通上的独立运作能力。不同层级的城市职能差异仅在于流通规模的大小,而不是该项职能的有无。长三角城市该因子平均得分为0.81,京津冀城市则为0.089,两者相差巨大。

京津冀城市的主导职能则是体现城市行政管理能力的社会组织和公共设施管理业。在该项因子上的平均得分高达0.74(长三角城市仅为0.36)。区域内经济发展水平相对较高的城市同时具备一定以基础教育和卫生保障为主的基本公共服务能力,而经济相对落后的城市则只发挥行政管理职能,甚至在基本公共服务上都缺乏独立的应对能力。

在长三角,处于不同层级的城市差异并不在于职能类型的多少而是某些关键性职能的规模大小。即使是处于最低层级的城市也具有完备的生活服务和基本的生产服务能力,甚至包括独立的金融运作能力和物流组织能力。中间层级城市与最低层级城市在服务业类型上并无差别,只是交通和金融服务业规模更大,是区域性的融资和物流转运中心。而处于金字塔尖的上海和中间层级的差异,也并非职能类型多少,而是信息服务能力的规模大小。上海的信息服务业除了科技研发以外,还包括文化创意和传媒产业等。可以发现,在长三角只有区域性的生产组织中心而不存在区域性的生活服务中心。

但是京津冀不同层级城市的差异则完全不同。最低层级城市职能不完备,缺乏基本的生活服务和生产服务能力。高等级城市无论在生产服务业还是生活服务业都具有绝对的垄断地位,不仅是区域生产组织中心,同时也是生活服务中心。这种职能缺失导致最低层级城市不具备基本物流和资金运作能力,无法独立组织直接对外的生产。

如此巨大地域范围内出现具有垄断性的服务中心,则必然导致过度聚集。事实上公共服务能力既是过去发展历程的结晶,在今天也越来越成为未来发展的一种资源。生产服务能力既是外来企业选择落点的重要因素,也是本地中小企业萌芽的必要温床;而生活服务能力则是人口选择居住点的主要依据,对于那些对地方持续发展起关键性作用的高端人力资源则更成为首要吸引力。因此,可以说,如此悬殊的公共服务能力若无政府调控,则必然导致差距的进一步扩大。

3. 中间层级的结构性缺失

运用 USAP 对京津冀的城镇层级结构进行分析,按照影响腹地的范围将其分为全国性城市、区域性城市和市域城市。可以发现,和长三角稳定和完善的区域结构相比,京津冀形成服务全国和服务市域两极分化的哑铃构架。中间层级的缺失成为京津冀核心外溢受阻和区域网络松散的主要原因。

从数量上看,长三角有五个区域性中心城市,而京津冀仅天津一个(图 2-2-8、图 2-2-9)。除了南京和杭州两个省会城市以外,宁波、苏州、温州等城市也跃居此列。而从辐射能力上看,长三

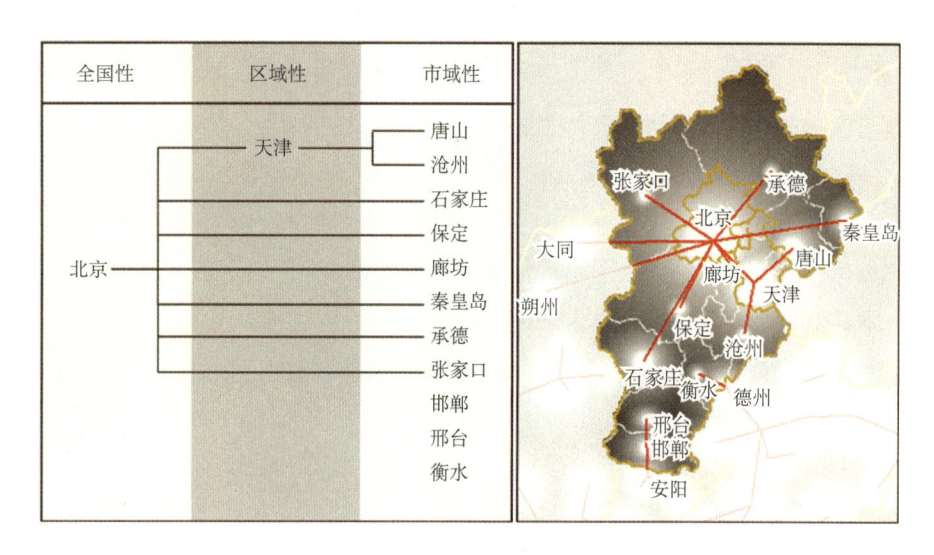

图 2-2-8 京津冀生产组织模式

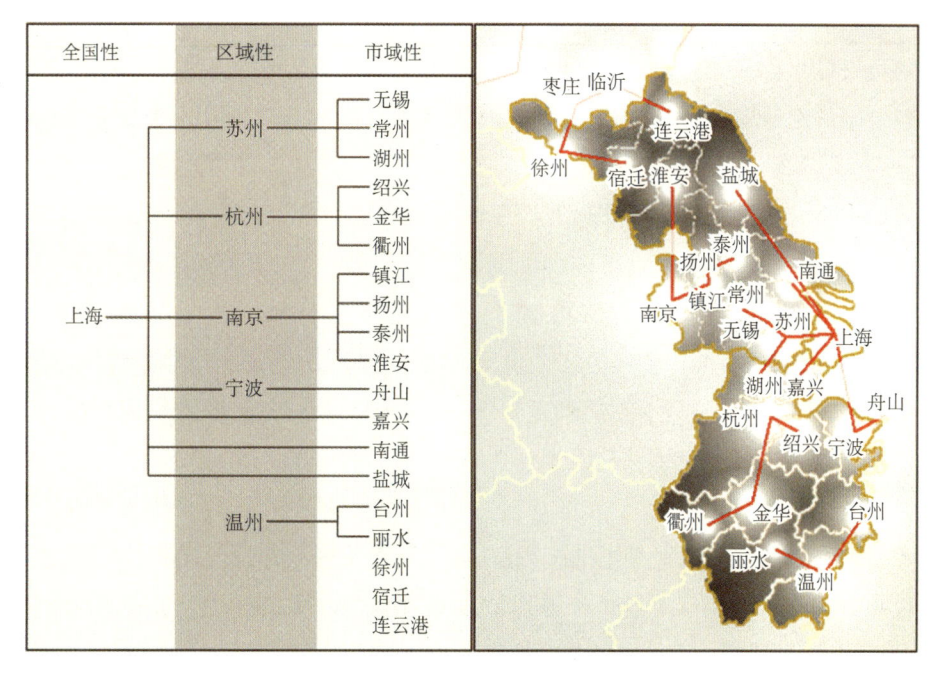

图 2-2-9 长三角生产组织模式

角除宁波以外区域中心城市辐射指数均在2左右（覆盖周边与自身范围大致相当的区域），而天津的辐射指数仅1.32。

中间层级的缺失正是区域差距过大的结果，而同时它又是导致差距进一步扩大的重要原因。区域中心城市的辐射需要中间层级的转承，当区域内缺乏这一层级的时候，就形成了所谓"发展悬崖"。需要转移出去的职能只能选择在中心城市继续积聚，直到成本超过效益，走向衰亡；或者在区域外以"飞地化"辐射取代"近地化"辐射。

（四）空间发展相对离散

1. 传统城镇分布与自然条件高度相关

历史上，受到西部太行山脉以及东部沼泽、盐碱地的地形条件约束，京津冀的城镇主要沿燕山—太行山一线的山前平原地区分布，山区和东部滨海地区城镇分布相对稀疏，城镇分布主线北起秦皇岛，经唐山、北京、保定、石家庄一直到邢台和邯郸。

将京津冀的198个区县单元划分为四种类型"山区型、山区平原交错型、平原型与沿海型"，其中平原型区县占一半以上，山区和山区平原交错型区县比例也达到40%，而由于滨海岸线长度较短，滨海型区县仅占6%。

随着近代工业的发展，矿产资源成为重要的生产要素，因而刺激了唐山、邯郸等资源丰富地区的城镇发展，也初步奠定了京津唐地区城镇相对密集的发展基础。但是，以张家口、承德和保定市西北地区为代表的山区，城镇发展一直高度集中在少数平坝地区，城镇密度相对偏低。

冀南的山前地区城镇在形成之初就受益于南北交通要道的区位优势，冀北城镇的形成更是由于汉族与少数民族商品往来的需求。可以说，交通需求是京津冀城镇初兴的基础动力，也是山前地区城镇发展的重要基础。

在封建社会的水运时代，华北地区运河的修建刺激了京津冀东部地区沿线城镇的发育，早期的临漳（邺城）、大名、清河、泊头、通州以至明清天津等城镇的形成，都得益于水运交通的发展。

近现代以来，铁路、公路等主要交通线的建设更加强化了太行山前一线的城镇分布，比如石家庄依托京汉铁路的崛起。沿海港口的发展也促进了滨海城镇的发育，比如秦皇岛、天津等。

2. 城镇连绵区发展北密南疏，向海聚集趋势初步显示

一般来说，地区空间一体化会经历三个阶段。第一个阶段是每个中心城市辐射周边地区，逐步拓展为都市区；第二个阶段是不同都市区的外围县逐渐对接，形成都市连绵区；第三个阶段则是外围县的充分发育，突破行政级别，成为独立的中心市，并和原先的中心城市共同构成城镇密集区。

京津冀目前并未出现真正意义上的连绵区，尚处于第一和第二阶段之间，只能说有三个正在酝酿中的连绵区域。一是在京津走廊与两翼地区，一个规模较大的连绵区已经初现雏形。此外，南部的邯郸—邢台，石家庄—衡水，两个规模较小的连绵区也正在形成。西北部山区则发育迟缓，仅出现中心市没有出现都市区，还停留在空间一体发展的第一阶段。对于一个尚未连绵的地

区来说,都市区以及联系不同都市区之间的廊道是空间分析的两个基本要素。

扩散机制失效表现在用地上,则显示出与区域经济总量不相符的空间离散。作为区域增长核心的北京,既没有在其周边形成圈层扩散,也没有沿交通廊道形成指状拓展。这与上海、香港在其后方形成的城镇密集区形成了鲜明的对比。这样的发育程度与进入第三阶段的长三角不可同日而语,在苏锡常和上海之间已经形成了明显的核心密集区(图 2-2-10)。

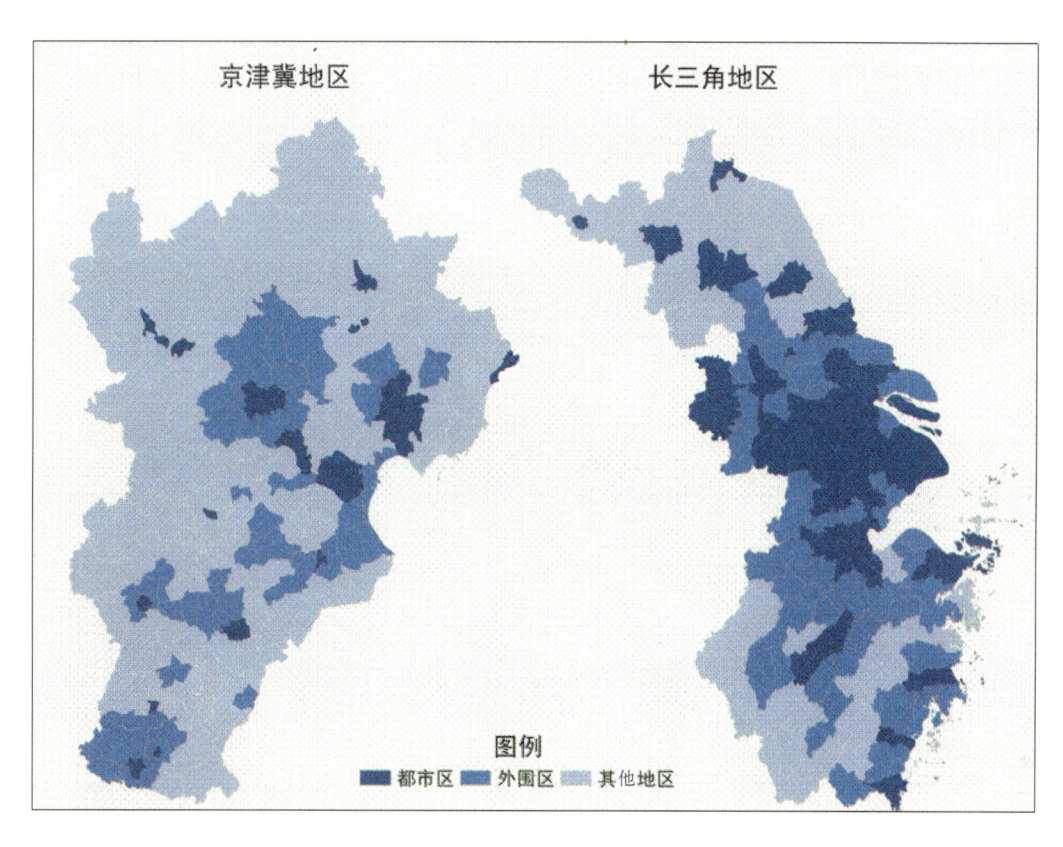

图 2-2-10　京津冀、长三角都市区发育

同时,京津冀都市区发育程度也表现出显著的南北分异,而这种分异事实上是内部城镇职能网络差异的外在表现。

(1) 连绵趋势较为显著的北部地区:是城市增长动力最为强劲的地区。中心城市职能区域化外溢,形成多个具有专业化职能、和中心城市紧密联动的外围县。这些专业性职能点的形成或者有赖于中心城市的产业拓展和延伸,或者是围绕中心城市消费市场建立的专业性休闲娱乐地区。城镇之间的树状职能关系显著。

(2) 连绵趋势相对较弱的南部地区:中心城市的增长动力非常有限,其影响范围甚至无法覆盖市域,也没有出现"飞地化"外溢。外围县事实上与中心城市的职能联动非常弱,它具有独立的外部市场,但这一市场的规模非常有限。正是由于这类外围职能的出现并不依赖中心城市的辐射,而是某一个外部市场的偶然选择,因此,它们往往聚集于某一个区域而不是在中心城市周边均匀分布。城镇间并行发展,联系薄弱。

而长三角所形成的高度密集区域,原先依赖中心城市的外围县已经迅速成长起来,具备独立的外部市场。但它们和中心城市之间的功能联动仍旧非常密切,而这一联动主要是体现在对于信息和物资网络的共享基础上。这使得区域内城镇职能关系趋向于网络化。

此外,京津冀城镇向沿海地区聚集发展趋势已现端倪。从1980、1995、2000年的土地利用类型分布图对比看出(图2-2-11),大部分时间段里,沿海地区的城镇发展相对缓慢,这说明该地区过去一直是内陆式的发展模式。但是从近几年的发展来看,随着天津滨海新区的建设以及河北

(a)

1995年土地利用类型分布图

(b)

(c)

图 2-2-11　京津冀土地利用类型

省沿海战略的推进，包括曹妃甸港、黄骅港的建设，将是未来引导城镇向沿海地区快速发展的重要因素。

3. 传统廊道成长缓慢，新廊道发育迅速

从京津冀的空间增长分布和增速差异来看，20年间，京津冀城乡建设用地总量增长较快的

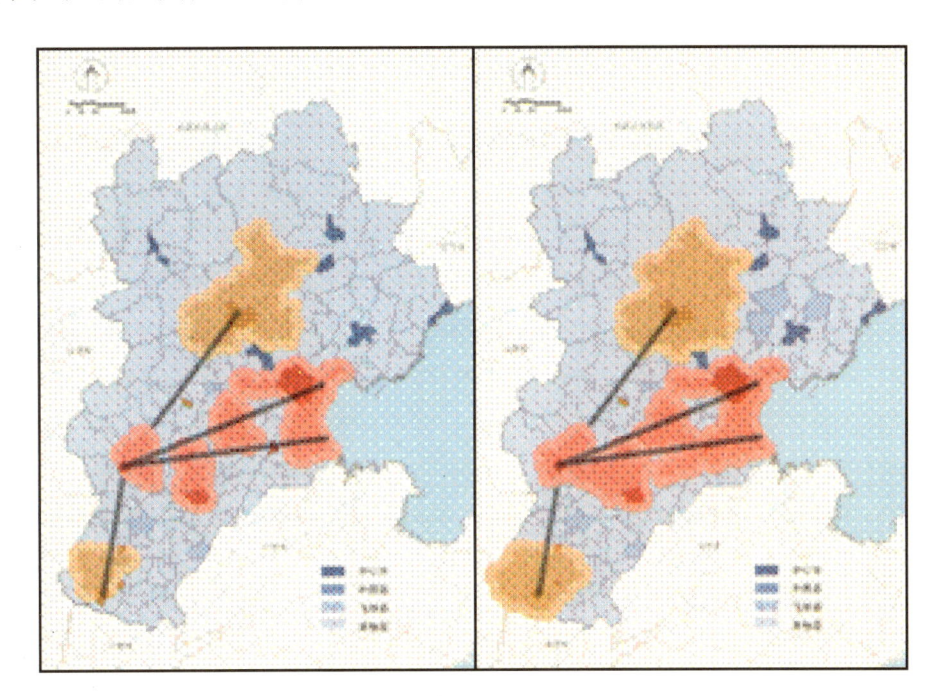

城市集中在京石沿线、保沧沿线、冀东南三个地区(图 2-2-12)。

图 2-2-12　京津冀用地增长

其中,京石沿线、保沧沿线的增长较快城市主要是处在京广铁路和京九铁路之间的县(区),冀东南地区增长较快的城市主要是邯郸东部城镇和邢台的大部分城镇。

京津走廊和京广沿线历来是国家投资最为密集、交通设施最为完备的传统增长廊道。但是无论是从经济发展还是用地拓展来看,大量投资所带来的实际增长都非常有限。

比较 1980 和 2000 年的卫星影像图可以发现,北京和天津近年来城市建设用地的拓展方向事实上与京津廊道主导方向相背离。北京向东向南增长,而天津则向海跃迁。廊道上城市相对于其他区位城市的发展甚至更为缓慢滞后,两极的交互作用并没有带来市场机遇,天津的武清、蓟县是环京津贫困带的构成者之一。京广廊道也出现类似的情况,各个城市单点发展、外围陷落。传统走廊并未真正起到引导要素聚集的作用。

相反,长期以来交通设施建设滞后的石黄和石津廊道,却出现了显著的增长,呈现出整体推进和连绵发展的态势。同时,河北省新兴增长点大部分均出现在此区域,该地区正在成为连接北部都市连绵区和南部都市连绵区的通道。

该通道形成有历史的必然性,天津开埠之初津石通道就是天津连接西北腹地的必经之道,长期的贸易活动形成了根植于民间的商业网络。新中国成立后交通设施的建设改变了天津的通道走向,增强了京津的联动而忽视津石关系,天津任何人流、物流都必须经过北京才能与腹地实现沟通。但是这一舍近求远的选择却是造成北京职能转型滞后和天津腹地支撑不足的重要原因。可以说,现在津石廊道的增长显示了市场的选择,也是未来发展的必然趋势。

建立在土地消耗基础上的 GDP 增长,是工业时代的典型模式。这将导致在一个具有分生能力的增长极核周围，出现建设用地的迅速蔓延。这是其他两大城市群用地增长的主要机理。而北京在历史上，从未具备强大的物质生产能力。在封闭的陆域经济格局和本地市场并不繁荣的情况下，很难诞生出一个真正意义上的国家级经济中心。市场规模的限制也导致北京的工业生产不具备分生能力。因此在工业化时代，北京并未显示出对区域空间增长的统领和促进的能力。

相对于区域整体的发展速度来说，北京"过早地"进入后工业时代，事实上造成了因北京而起的区域空间增长更加难以出现。和第二产业的"物质生产"不同，第三产业的实质是"服务生产和信息生产"，对于"面对面的交流"的依赖将导致 GDP 增长依赖不同功能在同一个空间范围内的复合叠加而不是水平展开，也就是说，空间趋向于聚集而不是扩散。另一方面，第三产业的流通并不是依赖交通网络而是电信网络，这使得它对更大范围内空间增长的影响表现为"飞地化"的点状影响而不是沿交通廊道的"线性影响"。

这使我们意识到，以北京为核心来实现区域内大面积用地拓展和空间增长的时代已经过去，以天津为核心的滨海产业区将是未来区域空间增长的主要组织者。而北京的影响则表现在"飞地化"的增长上。

（五）资源配置高度失衡

1. 自然地理差异是区内分化的先决条件

京津冀地域广阔，其内部在自然地理、文化源流、城镇分布等方面必然呈现出地带性差异，经济联系也表现出不同的趋向。

京津冀的自然地理条件存在显著的梯度差异，呈现从北部山区到中部平原再到东部沿海渐进过渡的态势。不同地理条件下的城镇演化机制和发展速度都截然不同，这是京津冀区内发展分化的先决条件。

京津冀北部山区可利用建设用地极为有限，交通不便，历史上就是城镇发展相对缓慢的地区。加之近代以来成为整个区域最重要的生态保护和水源涵养区，环境敏感、发展受控，未来快速增长可能较小。东部沿海以盐碱地、沼泽、滩涂为主，土壤贫瘠、不适宜耕种，直到现在大部分地区仍旧是留待开发的处女地。中部平原土壤肥沃、交通便利，也是最早进行开发和耕种、人口众多、城镇密集的地区。自然条件的差异使京津冀城镇发育自然形成三大分区。

2. 明清帝都：京畿地区的形成奠定区内差距的雏形

京津冀中部平原地区在历史演变过程中逐步分化，出现南北差距。定都北京，是起了决定性作用的历史事件。在此之后，北部山前地区形成了一批具有"京畿职能"的专业性城镇，它们或是军事要塞，或是政治陪都，或是陆运咽喉，为北京之需求而诞生，因服务北京而发展（图 2-2-13）。这一过程推动北部地区实现了从农业社会向重商社会的迅速转变，而贸易网络的形成和商业活动的繁荣又为工业社会的萌芽提供了条件。

北部地区更早地接触并进入了现代社会，使得更多的人力和土地投入工业生产，则必然导致区域农业种植向南推移，南部地区承接了供给京畿农产品的职责，而后这种南北分工的格局又通过政策的制定和法令的颁布而逐步稳定下来。直到现在,南部工业化速度仍旧相对迟缓,是区域内农业人口最为集中的地区。

图 2-2-13　京津冀地区职能(1949 年以前)

京津冀传统的功能组织方式,事实上是在陆域封闭经济和便于行政管制的条件下建立起来的。从天津海港资源的多年偏废以及公共服务资源的分布失衡,就可以看出京津冀功能构筑的内在需求并不在于实现个体的经济活力和资源的高效配置,而是确保首都的稳定和发展。

3. 20 世纪 80 年代以前:非均衡资源配置体系的历史合理性

由于农耕水平的制约,自古以来华北地区的人口聚集程度和城市发育水平就相对较低。新中国成立初期,在城市发展动力普遍不足的情况下,中央选择了首先确保首都发展的非均衡区域发展策略:在国家第一轮生产力布局中,京津冀的制造业投资优先集中在北京和天津,并以计划经济、层层控制的方式在周边建立起强大的资源保障体系,以确保首都发展所需要的矿产、农产品和淡水。这是当时的历史事实,但同时也造成了京津冀城市在进入工业化和现代化进程上的时间差,初始资源配置的差异为后来的过度聚集埋下了伏笔。

4. 20 世纪 80 年代到 90 年代:错失以市场力量调整区域格局的机遇

在国力有限的情况下,政府配置资源的单一模式必然导致非均衡的空间格局。建立政府和市场双向资源配置机制,是打破空间聚集态势的根本途径。多元市场力量的介入,会形成对资源和区位的多元需求,从而推动多个区域增长极的形成。在20世纪80-90年代,长三角和珠三角区域格局的大调整是多元市场力量轮番作用的结果。由于以民资和港台资本为主体的市场力量对于区位价值的有限支付能力,推动了中小城市及乡镇的迅速发展,对于缩小地区差距起到积极的作用。

虽然在同时代的京津冀,制度也在逐步放开,但市场机制的引入并没有推动区域差距的缩小,反而造成城市发展的日渐悬殊。在南方推进对外开放和市场化改革的同时,京津冀推进的是以承包经营责任制为核心的国有企业改革,大量技术骨干从国有企业内部分离出来成立私营单位,走上一条与南方乡镇企业完全不同的民营工业成长路径。这种被称之为"分生式企业集群"的模式,是京津冀工业化过程中的第一股市场力量。它们在推动资源高效配置方面功不可没,但在促进区域格局调整方面却未能像南方中小企业集群那样起到积极的作用。

一方面,和建立在发达的外部营销和中介体系上的南方乡镇工业不同,分生式企业集群中的中小企业完全共享原有大企业的研发资源、营销网络和物流系统,这种过度依赖抑制了生产服务社会化的需求;另一方面,由于企业技术层级较低,私营资源工业往往导致社会阶层的两极分化:掌握社会绝大多数财富的企业主和普通劳动力。普通劳动力缺少支付生活服务社会化的足够收入,主要通过家庭内部解决。而企业主的高收入支持频繁的远距离消费,往往选择周边大城市去满足高端生活服务需求,对本地消费却促进不足。北京不仅是区域性生产组织中心,而且是区域性生活服务中心,在城市服务能力方面具有绝对的垄断性优势。近年来北京流动人口目的越来越多元化,就业已经不再是流动人口的唯一目的,居住移民和教育移民在外来人口中的比重越来越高。

因此,虽然河北很多城市的民营工业有了长足发展,却未能同步建立起自身独立的生产和生活服务体系。而在今天,城市服务能力已经取代廉价土地和税收优惠,上升为发展的核心竞争资源,这使河北城市在未来发展中面临普遍的"瓶颈",这也是河北城市化相对于工业化发展长期滞后的根本原因。

5. 20世纪90年代以来:公共服务能力差距导致自发调整的市场失灵

1995年以后京津冀经历了制度放宽、市场迅速发育的过程。而事实证明这并没有促进区域的格局调整,反而进一步强化了集聚格局。在过去10年的增长中,区域差距持续扩大。原因在于这一阶段对外来投资的需求和国家商品流通能力已经发生了巨大变化。

从亚洲中小企业到跨国资本联盟,外来资本嵌入中国产业体系的主要目的已经从获取廉价资源转变为分享稳健的国内市场和日臻成熟的生产网络。投资形式也从单纯的生产基地转变为复合功能体。这使决定城市机遇的竞争性要素发生了根本的转变。土地和廉价劳动力等初级生产要素的大规模供给越来越不具有竞争力,成熟的地域化服务体系和密集的智力资源等高级生产要素才具有决定性作用。这大大提高了城市发展的成本门槛,仅仅通过划拨工业用地和修建公路就能实现突发性增长的可能性越来越小,取而代之的是通过长期资金和人力投入才能实现的累积性增长。具有国际化服务能力和强大协作配套能力的大城市是未来空间增长的主导者,只有在其服务半径内的城镇才有较高几率能实现快速增长。

在战略性区位出现新的区域增长极将是突破现有城镇构架的重要力量。随着国家陆运网络建设的普及化，公路不再是形成战略性区位的主要条件，以国际航空和城际轨道交通共同形成的国际客运通达系统，以及由国际海运和国家能源、集装箱运输通道共同形成的国际货运通达系统，是构成未来战略性区位的基本要素。处于对国际和国内两大资源的控制需要，这两大通达系统上的关键性枢纽将成为跨国资本联盟的选址，从而推动海港城、航空城等枢纽城市的诞生。这些地区将在一夜之间产生，并突破行政级别成为区域增长核心，是多极网络城镇结构的重要支点。

因此，国际通达系统、地域化生产服务网络和高端人力资源是未来城市发展的竞争性要素。缺乏资本原始积累的河北城市根本无力完成城市设施更新和建设，以提供这些公共服务。因此，进入京津冀的投资只能选择继续向京津聚集。

与此同时，其他城镇群在10年的发展中积累起强大的生产能力和销售网络，在这一时期开始了全国范围的市场扩张。京津冀内生的民营资本在制造业领域的发展因此受到了严重的制约。只有在那些能够实现市场地域化分割的领域，如第三产业，本地企业才能确保足够的竞争力。因此，京津冀的本地民资大量流入第三产业，因而也就流入了区域消费中心——北京。

城市的发展是累积循环的，形成了"强者更强、弱者更弱"的路径规律。最初的地区差异发展到今天已经成为巨大的发展差距，河北城市生产服务能力和本地消费市场的双向制约，导致它无法在争取投资的市场竞争中获得足够的资金，以最终跨越发展门槛。而产业基础薄弱，又会造成地方政府财政收入拮据，则更加无法提供公共服务，由此形成恶性循环。

因此，在今天，仅仅通过市场机制的自发校正和地方政府的单方努力来实现区域格局的调整已经非常困难。由国家介入实施公共资源的空间重布，从而撬动市场机制的正相作用，改变要素流动的路径规律，是唯一的途径和手段。

二、城镇发展趋势展望

（一）等级规模：从过度聚集到均衡分流

1. 资金和人口的过度聚集造成了效益和效率的双重损失

从资金流向来看，除了国家投资的长期倾斜以外，近年来逐渐增长的民资和外资也主要向京津集中。近10年来，北京和天津获得的FDI（外商直接投资）占京津冀总额的79.04%；而河北外商投资额相对较高的城市也聚集在京津周边，其中唐山的FDI值甚至高于位于南部的省会城市石家庄。生存能力较弱的民资则更加着重于眼前利益，选择市场风险小、投入产出高的服务业，比重高达70%（图2-2-14）。而流向服务业事实上也就是流向北京。

人口向北京单极集中的趋势则更加显著（图2-2-15）。从2000年到2005年，北京的制造业就业人口增长21万，天津增长29万，河北下降5.4万。除了钢铁和有色金属冶炼等少数行业以外，河北20个主要工业行业中，14个行业就业岗位数都在减少，化学制品和专用设备制造等传统优势行业的就业减少量都在2万以上。

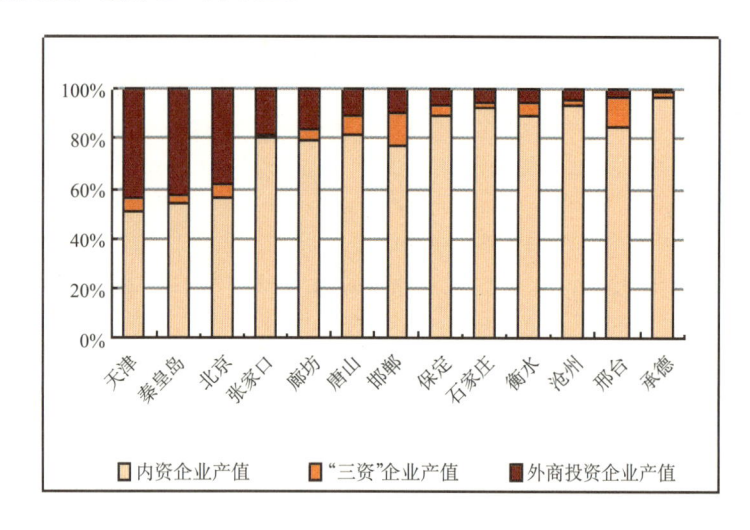

图 2-2-14 京津冀产值结构

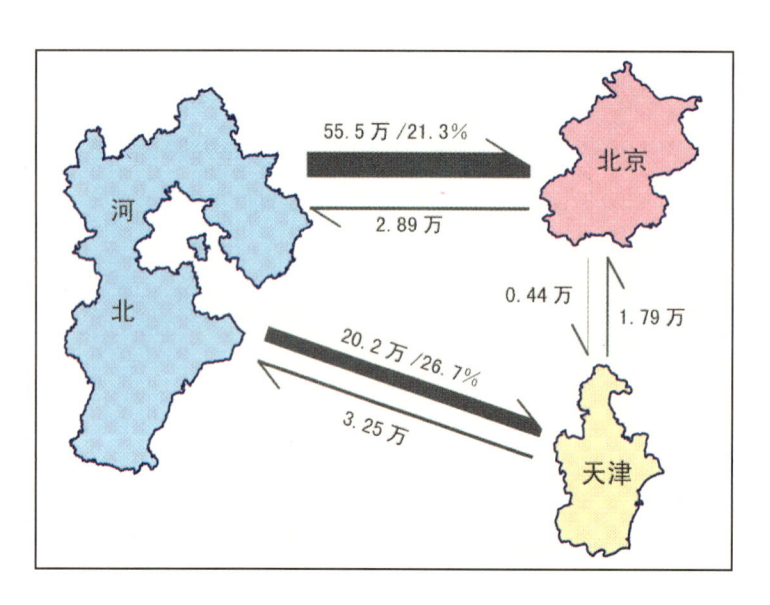

图 2-2-15 两市一省人口流动

聚集和扩散是解析区域运行机制的一对基本矛盾，而在京津冀的发展过程中，聚集远大于扩散。这是它与其他两大城镇群内在运行机制的根本不同，也是造成区域内一系列问题的核心矛盾。

合理范围内的差距，是区域资源高效配置的前提。但京津冀的差距演化成为发展阶段的断层：一方面北京过度积聚以至于形成了规模不经济；另一方面河北却被不断吸空、难以获得跨越规模门槛的足够动力。最为典型的问题则是形成了"环京津贫困带"。

京津冀是东部沿海农业人口最为密集的地区，同时也是城乡差距最大的地区，城乡居民收入比高达3.08,远远高于长三角2.54的水平,直逼全国3.22的平均水平(表2-2-2)。而这种两极分化并非体现在外围边远地区,而体现在距离北京和天津最近的32个贫困县,主要分布在张家口和承德的燕山和坝上、保定铁路以西的太行山以及沧州的黑龙港流域。2003年,"环京津贫困带"的县均社会固定资产投资总额、地方财政预算内收入和规模以上企业工业总产值分别为18 416万元、3 578万元和2 546万元,仅为全国贫困县平均水平的73.8%、70.6%和91.7%。

表2-2-2 收入与产业效率

发展阶段	地区	收入差距			产业效率		
		城镇居民人均可支配收入(元)	农村居民人均可支配收入(元)	比值	非农产业(元/人)	农产业(元/人)	比值
后工业化时期	北京	15 638	6 170	2.53	52 743	16 732	3.15
	上海	16 683	7 066	2.36	98 706	14 370	6.87
工业化后期	天津	11 467	5 020	2.28	63 532	12 678	5.01
	广东	13 628	4 366	3.12	53 316	8 081	6.6
	浙江	14 546	5 944	2.45	46 127	9 814	4.7
	江苏	10 482	4 754	2.2	64 019	11 406	5.61
工业化中期	山东	9 438	3 507	2.69	49 914	8 111	6.15
	河北	7 951	3 171	2.51	39 218	8 497	4.62
	辽宁	8 008	3 307	2.42	49 471	10 723	4.61
	福建	11 175	4 089	2.73	48 616	10 621	4.58
	山西	7 903	2 590	3.05	33 623	3 928	8.56
	吉林	7 841	3 000	2.61	40 175	10 811	3.72
	黑龙江	7 471	3 005	2.49	57 085	7 372	7.74
	全国	9 422	2 936	3.22	29 077	5 888	4.94

2. 从效率来看,京津的发展有赖于河北的快速成长

(1) 北京

北京正处于冲刺更高目标的转型期,面临来自资源条件限制和整体环境容量压力的挑战,而外围城市的低端发展却进一步增大了北京的压力。北京的转型除了自身竞争力的提升外,还亟待周边地区的成长。

"国家政治经济文化中心"转变为"国家首都、国际城市、文化名城、宜居城市",这一定位不再仅仅是明确北京的国内地位而是要求它去争取在世界城市网络中的地位,从而带领整个国家进入更高的国际交往层级。

然而,由于功能过度复合,北京城市核心竞争力不高,一些事关城市竞争力但却需要扶持的重要行业,如文化创意产业等,被挤压到边缘区位,不能实现与相关功能的良好配合。

另外,北京所处的发展阶段是后工业阶段,以第三产业为主,主要吸纳区域内的资金和人才,而由于差异巨大,北京很难完全通过市场选择在区域中寻找承接点来实现职能的区域化,周边城市也无力提供北京所需的资金和人才。

(2) 天津

天津发展取决于双向支撑的构筑。天津正处于全面提升的机遇期,尤其要通过滨海新区的建设带动沿海地区发展,在区域中发挥更大的影响力与带动力,彻底摆脱"尴尬"的区域地位。这不仅需要北京生产性服务对其行业发展的支撑,作环渤海重要的海上门户城市,还需要打通南部腹地通道,充分发展腹地经济来支撑。

从原来的区域定位模糊到"国际港口城市,北方经济中心和生态城市",天津是要从区域性中心城市上升为国家级中心城市。但天津自身实力与之相差很远,从产业影响力、高端服务能力和竞争性资源拥有情况来看,都无法和20世纪90年代初的上海相比。因此,国家对于天津的要求是完成一次跨越式的发展。

这与20年前的深圳同出一辙,而深圳之所以能完成跨越式发展,很大程度基于香港及其腹地珠三角的支撑。但对于天津,一方面京津产业结构雷同,竞争远大于合作;另一方面区内腹地不足,区外通道以北部为主,南部通道建设滞后,导致青岛港对其腹地的袭夺。这不仅阻碍了京津冀的发展,更限制了天津的发展。因此必须建立区域合作机制,北京为天津提供智力资源、信息和技术等生产服务支撑,同时积极打通天津与腹地联系的通道,发展腹地经济支撑天津港口发展,如天津港已分别在郑州和石家庄建立无水港,无疑是打通腹地的良好措施。

3. 从效益来说,提升河北竞争力将成为推动京津冀健康城镇化的关键

京津冀"城乡二元化"特征,不如说是表现了"城市二元化"特征。事实上,京津冀每一个地级行政单元内部的城乡差距都不大,尤其在公共服务设施拥有情况上,比值远远低于长三角各省市。但是由于京津两市和河北城市之间差距过大,最终造成了整体落差,培育河北二级城市将成为改变聚集现状的关键抓手。

与临近的山东省相比,河北具有典型的"异地城市化"特征。2000年山东省流动人口总量为746.8万人,河北省流动人口总量为488.2万人,流动人口总量山东高于河北,但山东省省内流动人口比例高于河北。2000年山东有103万省外流动人口,同时有110万山东人在其他省市工作生活,净流出人口为7万人;同年在河北的省外流动人口有93万,河北流入其他省市的人口为122万,净流出人口为29万。在第五次人口普查中全国沿海省份仅河北和广西是人口净流出省,其中河北流入北京的人口高达55万,流入天津达20万。

不具有二级城市截流人口是该现象出现的关键原因。一方面河北城市自身的产业结构导致就业吸纳能力低,从工业来看资源密集型产业难以提供大量的就业岗位,从服务业看城市消费性服务业的低迷,导致除了国有正规部门以外几乎没有第三产业就业需求;另一方面河北各个地级市内部城乡差距并不大,推动农村居民迁移到本地城区的"预期"势差不足,因此更多的农村人口选择向京津高度聚集,而不是向河北大城市就地迁移。

而事实上北京和天津作为区域就业供给的主要地区,已经迈入工业化后期甚至后工业化时期,对劳动力的需求呈现高端化趋势。而作为人力供给方的河北,长期低迷的经济发展态势和薄弱的职业教育基础,使其可供给的劳动力无法满足京津的人才需求,出现了京津高端的人才需求与河北低级的劳动力供给完全不匹配的供需结构性失调现象。从2000年到2005年,北京中低技术产业比重下降了10个百分点,高技术和中高技术制造业占全部工业产出比重已经高达50%以上。

此外,就业机会在本地的结构性缺失和区域空间分布的失衡,也导致众多的城市内部问题。一方面河北多数劳动力满怀希望流入城市,却无法获得稳定收入,而大量采取低成本隐性就业方式;另一方面造成了天津和北京在迈向国际化城市的过程中不得不面对城市内部日益严峻的贫困和城中村问题。从更大层面来说,这样一种过度聚集的城镇体系必然无法承载作为国家快速城镇化重要承载地的发展要求。

(二)产业组织:从分散经营到区域分工

1. 缺乏区域分工已经成为影响京津冀产业竞争力的重要原因

相对于经济总量不足,京津冀并未形成具有国家影响力和显著竞争优势的主导产业是更为严峻的问题。京津冀目前没有出现一个工业销售总额占全国比重超过25%的行业,而长三角有20个,珠三角也有8个。目前的区域主导产业,交通设备制造和电子仪器制造的产业规模也不足长三角或球三角的半数。

区域协作是形成国家级产业中心的必要前提,京津冀区域内独立分散的工业组织模式是导致其整体实力较弱、主导产业规模不足的重要原因:一方面,依靠本地矿业资源的禀赋基础,河北的产业多数局限于原料开采和冶炼;另一方面,北京和天津凭借自身国际门户的区位优势,在产业全球化的过程中承担着局限于来料组装为主的成品制造业。这两类产业分位于产业链上下游,缺少处于中游环节发挥交流和互动作用的产业类型,以及在地域上的合理布局。因此,国家级主导产业的数量不足,以及区域分工协作的欠缺,都将导致京津冀难以在国家新一轮经济转型过程中发挥强有力的推动作用。

处于产业链中游的新材料和核心配件制造是当今世界工业体系的"芯片",是集结尖端技术的高附加值环节。处于产业链上游和下游的地区只有跨越自主创新的门槛、实现向中游的延伸,才能走上产业分工体系的顶端,成为组织者,并真正具备辐射带动能力。从创新指标来看,虽然坐拥国家创新中心,京津冀企业创新能力却普遍不高:北京排名全国第7位,天津第11位,河北第20位,远远低于长三角的整体水平(江浙沪分别排名全国第4位、第2位和第1位)。知识创造能力强而研发转化能力弱,使京津冀各城市都处于产业链短、缺乏区域性产业组织能力的状态。可以说,目前各自为政的区域生产格局,正是因为缺少这样一个具有创新能力的产业强中心所致。

2. 国家命脉产业的投放推动产业组织从分散经营到区域分工

作为推动国家制造业崛起的重要引擎,要突破传统路径造成的内在约束,京津冀必须为引领北方崛起寻找新的经济增长空间,以此解决产业地域化的协作问题,实现从分散经营的传统模式,到区域分工协作的多元化产业体系的转变。在这一过程中,沿海地区和内陆大城市的产业发展潜力将逐渐显现。

一方面依托良好的航运条件和跨国资本联盟的涌入,沿海港口将成为京津冀未来发展重化工业的最优选择,这里也将成为国有重工业企业在技术和生产领域与世界对接的重要窗口。

另一方面大量国家的重点项目向天津的投放将推动区域产业强中心的出现。作为区域双核之一,天津始终未能发挥产业强中心的带动作用,这与两头在外的产业类型息息相关。占全市60%的电子产业和12%的汽车产业,均为成品组装工业,极大限制了天津区域组织力的形成。进入新时期,国家显示了推动滨海新区产业结构调整的巨大决心,具有强大产业延展能力的尖端装备制造业成为这一战略的政策抓手。空客A320飞机的生产和新一代运载火箭产业化基地的建设,将彻底改变京津冀的产业组织格局。伴随半数以上配套生产落户区域内,将促进各自为政的产业组织关系向区域大分工格局转变。

可以说以跨国资本联盟为依托形成"雁行分工"关系是未来京津冀空间增长机理的决定性因素,这也是和长三角、珠三角快速工业化初期在动力机制上的重大不同。而以海陆联动的大分工格局替代分散独立的生产模式,来构建区域发展的综合竞争力,是未来京津冀实现发展的必然趋势。

(三) 服务功能:从服务中心到服务网络

1. 生产服务功能的单心聚集影响天津和河北的产业升级

长三角和珠三角之所以具备结构合理的城镇职能体系,正是由于处于各个层级的城镇都具有相对完备的生产和生活服务职能,相互之间的紧密联系形成了完备的区域性服务网络。这一网络在区域统筹中所发挥的作用不断上升,成为区域物资、资金和信息流通的真正主宰者。相比之下,京津冀则呈现以行政管理为核心的城镇职能结构,主要发挥行政管理和公益服务作用,而不是作为区域服务组织的中心。同时,这种生产和生活服务职能又高度聚集于北京,在京津冀并未形成区域性生产和生活服务网络。

京津冀的沿海港口和内陆大城市虽然拥有战略性发展资源和良好的产业基础,但长期以来的发展历程中未能壮大的主要原因就是城镇本身并未注重生产服务能力的提升与完善,这也正是导致区域服务中心高度集聚于北京的重要原因。

京津冀拥有天津、唐山、秦皇岛和沧州四大沿海城市,是国家新一轮发展的重要增长空间,也是京津冀未来启动重化工业进一步发展的核心区域。这就需要具有强大的生产服务组织能力作为支撑,其中包括对国际信息、资金和物流的统筹能力。然而,包括天津在内的京津冀沿海城市的生产服务组织能力相对较弱,其服务效率也远远落后于长三角和珠三角的沿海城市。除此之外,京津冀的内陆大城市迟迟未发育成熟的原因之一,也是没有完善的生产服务网络支撑其实现跨越式发展的可能,限制了一些城市发展相对活跃的内生民营企业生产规模的扩大和产业转型的内部诉求。

因此,培育多个生产组织中心,以及构筑城镇职能网络,将是引发城镇职能体系发生深刻变革的必备条件。京津冀要实现这一变革,就需要具有核心区位和战略资源的城市迅速发展起来,成为整合服务网络、重建发展秩序的关键性节点。

2. 迈向世界城市的更高层级,北京面临第三次产业转型

在天津重塑区域作用的同时,北京也在重新寻求自身的区域作用,经历第三次产业转型。经过历次产业转型,北京已经从工业城市迈入后工业城市,第三产业在 GDP 中的比重提升到70%。但从世界经验来看,纽约和伦敦制造业的就业仅占总人口的15%,有预测认为,到21世纪初这个比例会下降到5%-10%。也就是说,北京 GDP 中第三产业的比重将再提高 15-20 个百分点。

70%是一个拐点。在此之前,第三产业比重增长依靠的是工业企业的外迁;而在此之后,则将越来越依靠第三产业内部行业结构的调整和生产率的提高,因为能够向外转移的制造业已经非常有限了。在此之前,第三产业的主要行业构成是生产服务业和生活服务业,作为物质生产部门的从属产业和服务行业;而在此之后,文化和知识生产将逐渐占据主导。现今的世界城市体系悄然发生着变化,由文化生产和科学创新共同构成的文化生产能力上升到与生产组织能力等同的高度,推动新一轮世界城市格局调整:以"东京—纽约—伦敦"为核心的传统铁三角构架被突破了,世界文化中心和科技中心的地位迅速提升,进入第一类世界城市。这其中包括美国的洛杉矶和芝加哥,欧洲的米兰和巴黎。它们作为世界文化生产的重要组成部分,和传统的生产组织中心形成水平分工关系。在中国,只有北京能承担这一角色。目前,北京和上海在国家对外格局中已各司其职。上海正在力争从第三类世界城市向第二类世界城市跃迁,完成从地区性生产组织中心向洲际生产组织中心转变的过程;而北京则以独特的东方文化魅力和强大的基础科研能力,向第一类世界城市进发,从国家性的文化和知识生产中心上升成为世界性的文化和知识生产中心。

北京是中国名副其实的智力中心,它集中了国家 38%的重点实验室、43%工程研究中心、45%的基础研究中心和 52%的两院院士。依据《2005 年中国区域创新能力报告》,北京知识创造能力高达 80.94,遥遥领先于第二位的上海(46.96)(图 2-2-16)。

虽然拥有最强大的国家创新资源,但北京却没有为国家创新优势的形成做出足够的贡献。从创新综合效益来看,北京仅达到 41.77,远低于上海 65.9 的水平,甚至低于浙江和江苏(图 2-2-17)。强大的基础研究能力和薄弱的研发转化能力形成巨大的反差,而与生产基地的长期疏离正是其中的关键原因。以研发转化基地、科技孵化器等形式推动国家智力资源的空间重布,建立"基础研究—研发转化—技术推广"层次丰富的区域创新体系是北京发挥区域作用的新形式。唐山作为区域内最重要的重工业生产基地,也必定成为未来区域创新体系的重要节点。

从发达国家的普遍经验来看,伴随先进制造体系的建立,国家智力资源的均质化分布是一个普遍趋势。日本就是通过两轮国家战略性资源的空间重布来推动国家竞争优势的形成的:第一轮资源重布是发生在 1968-1976 年,通过第二次国土综合规划的工业据点政策推动重工业生产能力的空间重布;第二轮是发生在 1977-1986 年,通过第三次国家综合规划的技术密集城市和头脑城市政策推动国家智力资源的空间重布,在这一轮布局之后,日本东京湾沿海的智力资源集中度指数下降到 0.448,而目前京津冀的该项指数高达 0.85。

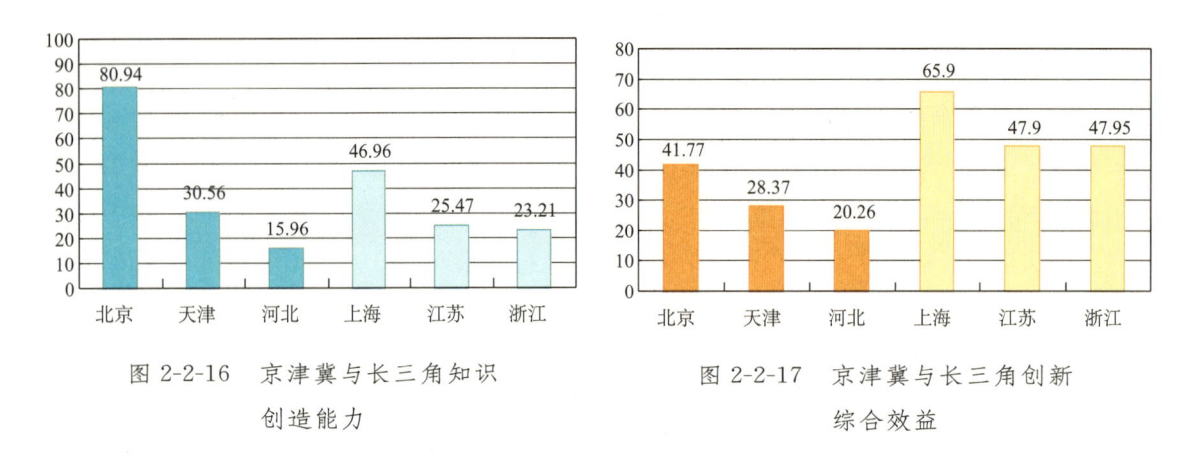

图 2-2-16　京津冀与长三角知识创造能力

图 2-2-17　京津冀与长三角创新综合效益

3. 首都职能区域化将推动区域服务网络的构建

北京第三次产业升级和转型引发的首都职能区域重构将成为京津冀构筑生产服务网络的核心动力。一方面,推动北京实现层级跃迁的核心职能会强化和提升,进一步向心聚集;另一方面,边缘职能将在更广泛的区域内重布,这将给其他城市服务能力的迅速提升带来机遇,真正实现对周边地区及城镇的辐射带动作用,而区域性服务网络将取代区域服务中心,它将在未来为提高城镇群整体竞争力和综合承载能力供给持续的动力,它的存在是京津冀向世界级城镇群迈进的必要前提。它将带来:

(1) 生产服务职能和知识生产职能的空间分离。伴随物质生产职能的大量外迁,知识创造和文化创意将逐步成为城市第三产业的主导职能,而生产服务业内部会出现行业的细分和剥离,那些要求与生产过程紧密结合的服务业将面临外迁。企业决策部门和生产管理部门、高等教育和职业培训、基础研究和原型设计都会发生空间分离,后者外迁,当然还包括联系最为紧密的物流部门。

(2) 国际和国内职能的空间分离。国家机构影响力的提高和国际职能的衍生,是北京国际地位的提升过程中必然出现的伴生现象。这为国际职能和国内职能的空间分离奠定了基础。

未来 20 年将是京津冀跨越式发展的 20 年,是逐步形成具有国家竞争力的区域主导产业和实现区域工业化水平整体提升的重要历史时期。京津冀目前资源紧缺、环境脆弱、城乡发展严重失衡、现状基础和未来目标落差巨大。因此,发挥城镇在生产组织、技术创新和人才培养方面的核心作用,对于国家深入贯彻落实科学发展观和构建社会主义和谐社会将至关重要。提升城镇职能,从行政管理型城镇走向生产组织型城镇,完成区域性生产服务体系、创新体系和人才培育体系的建构,是国家战略得以保障的前提,也是城镇群实现未来发展目标的重要战略手段。

(四) 空间结构:从相对封闭到双向开放

1. 对海向门户资源的忽视是造成封闭格局的重要原因

对外开放的滞后使京津冀形成相对封闭的空间格局,长期形成的区域交通网络使位于地理中心的北京成为区域对外联系的绝对核心。而单中心放射状路网,多年一直在不断强化北京作为国际和国内中转枢纽的地位,而弱化沿海和内陆门户地区本应具有的重要节点作用。这包括在国家煤炭运输中具有重要地位的沿海港口地区以及居于四省通衢区位的南部内陆。它们在整个运输体系中只承担"通道"职能,居于门户区位却没有门户的组织力,这使京津冀难以发挥对接国际和辐射国内的双向开放职能。

从京津冀的"双核"结构来看,缺乏海陆联动是在很长一段时间内造成京津冀整体制造业低迷的原因。

缺乏国际物流运作能力的北京,虽然由于其发达的高端服务职能而在京津冀服务职能体系中占据主导地位,但其高端服务职能的发达在很大程度上是缘于首都职能的延伸,这些机构的服务在本质上是全国性的,这使得北京的服务职能具有了一种两头在外的"跨越式联系"的特征。

同时,居于内陆的天然区位导致北京事实上很难起到引领区域对接国际的产业组织作用,因为海运是大规模国际物流运作的基本手段,没有港口和岸线资源就意味着不可能具有这一能力。香港和上海可以说都是以港口城市起步,并最终成为带领整个中国南部发展的国家产业组织中心(表2-2-3)。这一方面也导致北京虽然拥有高度便捷的全球化信息和人流链接,却无法组织区域产业的关键所在。

表 2-2-3 京沪服务业对比

地区	从业人员(万人)	产值(亿元)
北京	3 035 543	404.3
上海	3 331 137	581.1

注:从北京和上海交通运输服务业的对比看,从业人员总数北京多于上海近200万人,但交通运输GDP却低于上海180亿元。一是,两城市物流运作能力存在一定差距;二是,物流运作方式的显著差异,北京是国家转运交通的重要节点,但大多数为通过式交通,而上海承担着国际转运和区际联系的关键交通枢纽功能。

缺乏国际资金和信息运作能力的天津,自古以来就是"天子渡口"。作为整个京津冀甚至华北和西北地区的国际海运门户,天津外向型产业得到了迅速的发展,其工业实力已经超越北京,成为京津冀最重要的增长中心(图2-2-18)。但国际资金和信息运作能力的不足严重制约了天津的区域产业组织能力。

整体上看,海陆联动的不足导致京津冀缺乏产业组织核心。可以看出,北京和天津之间事实上恰好存在"你之所有恰为我之所无"的资源互补特征,并且两者距离不过100多公里,这为两者的互动协作提供了良好的基础,以便形成优势互补、具有强大整合竞争力的区域核心,但这种情况并未出现。在两个城市都处于快速工业化的过去 20 年中,"距离较近"反而导致了对资源和机遇的争夺,而不是产业协作和设施共享。海港资源和空港资源的割据,造成国际物流和资金信息运作能力无法实现空间整合,并最终导致区域组织核心力的下降。

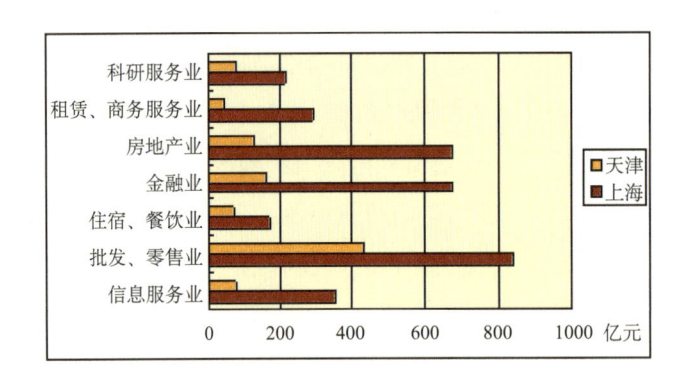

图 2-2-18　津沪部分产业对比

2. 对内陆中心城市培育不足影响海向门户的竞争力

区位限制致使天津难以扮演传递者角色。和京津冀相比,长三角区域中心城市和中间传递者的区位更为合理。南京和杭州分别处于沪杭和沪宁廊道的末端,在广大腹地和长三角核心增长区之间起承上启下的关键性作用(图 2-2-19)。而天津区位偏居一隅,京津廊道延长线方向上是海域而不是腹地,这使它成为一条"不可延伸"的尽端路(图 2-2-20)。区位限制使天津很难扮演传递者角色,而长期以来重北京轻腹地的区域交通构架,又强化了这一区位困境,使得天津虽然具有较高的 GDP,但经济外向度极低。根据对京津冀城市流强度的研究,天津外向功能量的比值极低,占第三产业总量比重不足 1/4,区域内仅张家口和承德位居其后。

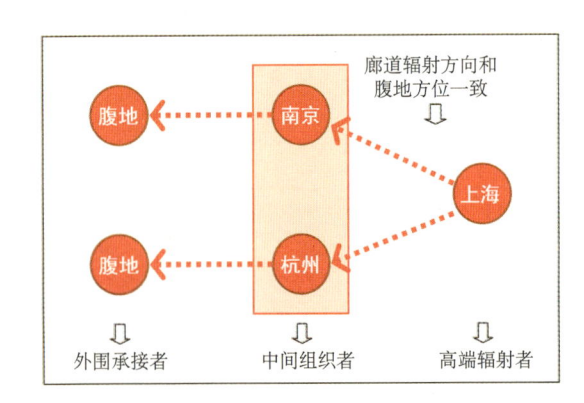

图 2-2-19　长三角区域关系　　　　图 2-2-20　京津冀区域关系

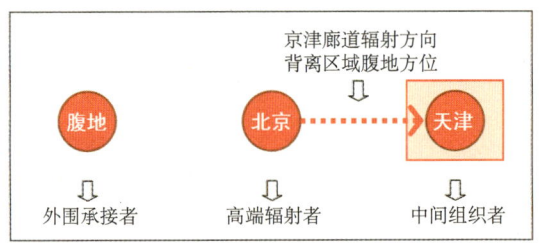

这与宁波的情况非常类似。作为 GDP 超越省会杭州的中国民营制造业中心,宁波的辐射指数与天津相当。这与它一面临海一面背山的区域局限密切相关。这导致宁波和天津事实上都选择了大进大出的产业组织模式,而不是和腹地紧密联系的产业组织模式。

南部省会城市石家庄承地利之便,本应成为承担这一职能最好选择。然而多年发展乏力,导致它没有实力来统领周边辐射内陆。从影响腹地的分析可以看出事实上它并未真正承担这一职能，其周边的城市均分割剥离，进入其他势力圈。中间传递者的缺乏导致区内城市缺乏组织和联动，而在更大范围内来看也是造成京津冀腹地范围无法与长三角相比的重要原因。

同时可以看到，京津冀各沿海港口的腹地主要在华北、西北等地，还包括河南的部分地区。而辽宁沿海港口的主要腹地在东北，疏港体系也以东北内部组织为主，和京津冀完全不重叠；山东沿海港口的主要腹地为山东半岛、河南北部、河北南部、山西南部的一部分地区，疏港体系以山东半岛内部为主，局部向河南、山西延伸，和京津冀港口部分重叠。

而以青岛港为枢纽的山东半岛港口群目前正在积极拓展其腹地，一方面借用京津冀南部通道进一步争取向西北内陆的拓展；另一方面，烟大铁路轮渡线路的运营以及远景的渤海"连岛工程"加强大连与烟台的交通联系，拓展了东北至华东地区的便捷交通通道。这些联系一旦形成，将使东北腹地对海陆运输的依赖进一步增强，弱化京津冀和北部的联系，对京津冀港口发展产生潜在的影响。

3. 从传统封闭格局向双向开放格局转变

京津冀要借助其"北部坐享港口，南部拥有通道"的地理优势，由传统的封闭格局转为双向开放的对外交往格局。然而，这并不意味着北京作用的弱化；相反，正是由于首都的存在，才使京津冀相对于其他沿海城市群在对外交往、技术支持和政策扶持等方面具有更独特的优势。因此，将传统对外枢纽已经形成的优势和新生门户地区的潜在优势结合起来，发挥北京对于沿海和内陆两大门户的整合和提升作用，进而使得京津冀在国家新一轮发展中，承担起对接国际和辐射国内的重要作用。事实上在世界范围内，已呈现出多支点共同参与国际竞争的趋势，这使得多元化的竞争主体已经取代了世界城市单极主导的传统竞争模式。具有独立对外能力的专业性国际化地区的不断涌现，也成为参与国际经济和文化活动的重要组成部分。如"欧洲五角星"、国内长三角的义乌，这些特殊城市在世界体系中的地位远远超过了区域中心城市所承担的角色。因此，京津冀应充分发挥其沿海城市的优越区位和禀赋优势，培育专业性国际化城市，从而提高对外门户地区的国际地位，以顺应"全球城市地域"替代"全球城市"来参与国际竞争与分工的必然趋势，在京津冀的对外交往中，承担起沿海门户对接国际的重要作用。

如果说沿海门户地区的发展是转变封闭格局的根本前提，那么内陆门户地区的同步发展则是完成这一转变的必要保障。长三角的杭州和南京就是具备强大区域辐射带动作用的内陆城市，相比之下，作为京津冀唯一内陆省会城市的石家庄，区域影响力却极其有限。石家庄的发展乏力造成整个京津冀南部门户地区缺乏强有力的组织者，邯郸、衡水等周边城市均从其势力圈剥离，进入外省中心城市影响范围。然而，不容忽视的是，京津冀内陆门户是其发挥对国内辐射带动作用的重要支点。因此，应以石家庄为核心，迅速提升内陆门户地区的交通区位条件和整体发展水平，使其逐步成为京津冀辐射内陆腹地的战略性通道地区。

渤海湾海岸线呈现内凹型，这是与长三角、珠三角的外凸型海岸线的天然不同。而这一天然不同直接导致了后方城镇格局的基本特征。外凸型海岸线必然造成港口的腹地重叠，经过长期的竞争与调整容易形成城镇间等级明确而稳定的树状分工关系;而内凹型岸线使区域内多个城市均具有独立出海口,且港口之间腹地相对独立,后方容易形成多个彼此独立的城镇体系,相互之间是并行竞争的关系。

未来20年将是京津冀应对多方压力的20年。一方面,来自于区域外部中国沿海两大三角洲的激烈竞争;另一方面,源于京津冀内部不容回避的人口压力问题。双核集聚、过度失衡的区域格局使京津冀难以应对未来强大的产业竞争和高速的人口集聚。立足不同地区的资源禀赋和区位优势,构建多元产业体系和多层次就业体系,形成相对均衡和合理的城镇体系构架,是提升城镇群综合竞争力和综合承载能力的必然选择。统筹国际和国内两个大局,从相对封闭走向双向开放,从分散经营走向海陆分工,推动全球城市地域和国内门户地域协调并进的发展,是城镇群健康持续发展的必由之路。

三、总体战略与途径

(一)战略方向:提升城镇职能、调整区域格局

把握京津冀总体发展趋势,及时制定发展战略,合理引导城镇群空间协调发展,是加快实现国家战略部署要求的前提。

制定发展战略必须坚持以"提升城镇职能、调整区域格局"为方向,即从推进京津冀战略目标实现、城镇群协调发展的角度出发,立足不同地区的资源禀赋和区位优势,提升城镇职能,形成相对均衡和合理的城镇体系构架,构建合理分工、相互依托、共同促进、统筹国际和国内两个大局的区域发展格局。

(1)提升城镇职能。重点是从行政管理型城镇走向生产组织型城镇,完成区域性生产服务体系、创新体系和人才培育体系的建构,这对于实现科学发展和和谐发展至关重要。

(2)调整区域格局。首要任务就是解决当前双核集聚、过度失衡的区域格局。通过格局的调整要实现区域从相对封闭走向双向开放,从分散经营走向海陆分工,而相对均衡发展的区域格局是提升城镇群综合竞争力和综合承载能力的必然选择。

(二)空间对策:京津协作、河北提升、沿海带动、生态保护

1. 京津协作

核心城市对城镇群整体发展影响巨大,由于北京、天津各自发展的特点决定了其个体对城镇群整体带动作用十分有限。从京津未来发展目标与战略选择看,"京津一体化"发展趋势已经显现,其必然性、可行性和重要性也日益突出。通过京津协作,可以大幅度提升核心城市(区)的辐射带动作用,形成城镇群协调发展的重要推动力。

两市总体规划进一步明确对接发展的战略部署,北京重点强调城市发展是向东和东南,以及京津城镇发展走廊的重要性,并将其视为区域协调发展的重点地区;天津城市空间的主轴也由东部的滨海新区通过主城区指向西北,与北京发展方向形成对接。同时,京津利用空港与海港及陆路交通枢纽的组合优势,将对京津冀洲际门户的形成起到至关重要的作用。

规划认为,面对京津冀特有的巨型双核结构,要促进两种核心优势资源摆脱当前相互分离和竞争的状态,强化两种优势资源在同一发展平台上的功能对接,从而避免各自衍生的功能重复与资源竞争。从空间上来看,这就意味着要将拥有首都行政资源的北京主城区与掌控港口门户(市场)资源的天津滨海新区置于同一平台上,以北京主城区和天津滨海新区互为首尾,并且在中间走廊上集中布局战略性设施,促进两种优势资源的相互牵引与融合。目前天津滨海新区的功能地位远远无法达到与北京主城区相对应的水平,因此应通过强化门户地位,延伸制造业链条,使其填补现状区域功能空白,成为京津冀的产业组织功能中心,取得与北京主城区相近的功能重要性,促进核心结构的完善发展。

2. 河北提升

京津冀区域内巨大的发展差异是区域协调发展的最大障碍,我们无法想象未来引领全国发展的"第三增长极",还存在广大的落后地区。因此,快速、全面地提升河北省整体经济实力,缩小与京津的发展差距,在推进工业化与城镇化、提升区域整体实力方面发挥更大的作用,是京津冀城镇群总体发展目标实现的基础。同时,促进京津周边河北城镇的发展,更有利于促进京津冀城镇群的全面协调发展。可以说,"京津协作"的重要前提是"河北提升"。

因此,河北要在建设沿海强省的战略指引下,充分发挥区位优势,借助区域整体转型的发展机遇,落实河北省城镇体系规划中提出的"产业兴市,经济带动;城乡统筹,区域协调"的城镇化推进策略,促进石家庄、唐山两大省域中心城市的加快发展,带动省内各级城镇积极参与京津冀协作和城镇分工,为区域网络化的形成奠定基础。

同时,要在更大范围内识别河北中心城市的区位价值,从而与京津形成衔接国际和国内两大界面的区域整体价值链。提升河北的主要途径需要从以下两方面考虑:

(1) 构筑石家庄作为城镇群核心城市之一,强化津石联动发展。滨海新区港口的提升对于京津冀具有重要的战略性意义,而腹地资源则是天津港发展的关键。在天津港的直接腹地中内蒙古、山西北部面临的竞争较小,但资源型的产业结构决定了货物以散货为主;而河北中南部、山西南部和河南等地区人口相对密集、具有一定的产业基础,将是天津港口发展重要的增量市场,但这一区域面临着青岛港的激烈竞争,随着青银高速、高速客运专线等的开通,这一地区货物流向将更趋多元化。对天津港而言,在腹地争夺中选择一个有力的后方货物组织中心至关重要,如同济南对于青岛的货源支撑,这个组织中心不仅要担负货物集散、组织的功能,而且要与济南展开腹地资源的竞争。从交通枢纽地位、城市综合实力、商贸发展水平来看,石家庄都是必然之选。

(2) 提升中、小特色城镇的承接力,构筑新的支点,通过核心城市辐射带动发展。促进京津石之间的联动与互动,利用辐射带动周边城镇发展,问题在于如何打破核心功能溢出的壁垒,提升河北等中小城市的承接能力。我们发现,河北不乏一批极具发展潜力、以发展特色产业为依托的中、小城镇,比如河北中部的任丘、河间等城镇并不依附于大城市,而是以市场经济为主导发展劳动密集型产业,获得了较快的增长。未来的发展要避免走"大而全"的发展路线,应着重依托城镇群核心的辐射与带动,形成新的城镇群发展支点。主动承接沿海重型产业链的延伸,通过发展特色产业,形成具有一定规模的城镇群落,带动该地区经济发展,以形成优势互补,真正发挥它们在推进经济发展和城镇化进程中的作用。

3. 沿海带动

应重点关注沿海地区的发展并正确把握其对区域整体的带动与影响。京津冀沿海地区拥有得天独厚的、发展外向经济和海洋经济的条件,是渤海沿岸的中心和未来我国乃至东北亚重要的航运、工业和现代服务业中心。加快沿海地区的发展对于京津冀的深远影响将是全方位的,它不仅对提升区域整体经济实力具有强大的推动作用,还将在制度创新、科技创新和转变模式等方面产生深远的影响。核心在于根本性地改变固有的区域发展格局,以全新的方式、更有效的手段推动区域整体的协调发展。

在发展过程中,由于首都职能的主导性地位,自上而下的行政干预力量在京津冀发挥着主导性作用,但滨海地区的门户与市场资源优势一直没有得到有效的发挥,而提高经济外向度并促进市场化发育正是改变过度集聚、激活外围地区的重要手段。

因此,应当强化京津冀空间开放格局的进一步深入发展,一是提高具有门户条件地区的国际化水平,尤其是京津冀滨海的港口地区,引导区域重型工业临港集中布局,改善交通支撑条件,增强沿海地区物流、生产和制造基地功能。二是加强内陆与滨海地区尤其是天津门户港之间的横向功能联系,发挥内陆核心支点城市的商务、金融、信息、商贸和科技创新功能,尤其是冀南中部地区市县应发挥劳动力与土地的资源成本优势,努力培育新的产业空间增长点,承接沿海重型工业产业链的延伸,最终改变原来区内传统单一的以北京为核心的封闭式空间格局,从而实现封闭结构向开放结构的转型。

4. 生态保护

生态环境保护是区域发展永恒的主题,也是城镇群整体发展的前提与重要目标。京津冀生态环境与经济发展的矛盾日益突出,生态环境问题的解决迫在眉睫,因此,针对未来发展更应遵循生态保护的战略指导。要因地制宜,构建多层次、网络化的区域整体生态功能结构;强调资源的节约利用,根据资源与环境的承载能力,合理安排生产力布局,规划和调整区域经济结构和产业布局;协调城镇发展与生态保护的关系,以实现环境友好型发展与资源的可持续利用。应根据海洋、山区和平原不同类型地域实施不同的生态保护策略。

(1)山区发展强调生态保育。京津冀西部和北部山区是一个典型的跨省级生态敏感区域,也是京津冀平原地区的生态屏障,以及城市供水水源地、风沙源重点治理区,处于京津冀众多城市的上风上水位置。同时,该区域也是具有国际意义的生态保育地区,其生态影响甚至可以延伸至东北亚地区。为此,规划将重点研究如何制定区域特殊政策,建立保证生态安全和促进区域经济社会发展的城镇空间体系。应鼓励人口向东部城镇发展区流动,引导城镇和产业据点式发展;同时,积极调整农业结构,避免农业过度垦殖,发展生态型农业,大力发展生态旅游业。通过城镇群空间规划和区域政策的有效整合,达到消除区域贫困和改善区域生态环境的双重目的。

（2）东部沿海地区强调资源的科学开发与利用。城镇群东部濒临渤海,是未来发展海洋经济的重点,处理好海洋资源的保护与利用极其重要。应充分利用沿海港口、航道资源组织海上运输,保护战略型的深水岸线资源,合理利用与保护海洋生物资源、油气资源,努力改善污染日趋恶劣的海域环境。

（3）平原地区的发展应强调优化与提升。该地区是城镇群各类优势资源的高度集中区,也是生态建设的重点区域。应着重防止城镇空间无序蔓延发展,以空间组织功能为主线,推动核心城市功能高端化,培育新生战略性增长点;同时加强中小城镇的发展,增强本地自下而上内生动力的培育,形成大中小城镇协调发展的城镇化格局。通过城镇空间的优化与提升,减轻生态保护的压力。

（三）重要途径：完善动力机制

1. 多元化的市场需求和投资来源为构建多元动力机制提供可能

首都职能的区域化重构和沿海产业聚集是京津冀彻底转变发展路径的两大机遇。它们分别代表了城市职能发展的两个方向——服务能力和生产能力。但更为本质的是,它们代表了两种完全不同的动力机制——国家主导和外资主导。这彻底改变了京津冀既往发展过程中单一动力的发展模式,为建构更为均衡的区域空间构架提供了可能。如何将这两种资源在空间上加以整合、创造更为多元的优势区位,是充分发挥机遇的溢出效益、形成着眼长远的区域框架的关键所在。只有实现了多元优势区位,多元产业体系和多元就业体系才能形成,并最终促进城镇群的综合竞争力和综合承载力的提高,实现和谐、公正的整体发展。

国家投资落点对于这一阶段的国际投资区位选择将具有重要的引导作用,甚至可以说是决定性影响。首都职能区域化重构事实上是给予京津冀调整国家资源初始配置的历史机会。可以说,在这一过程中是否统筹考虑经济发展与社会公平、兼顾对外开放和国内发展、充分调动大资本对内生民营力量的提升和促进作用,将是京津冀路径转型成功与否的关键。

但从现状来看,国家所发挥的协调和平衡作用不足,过度集中于具有显性优势区位的首都圈和环渤海内湾地区,而忽视作为重要支撑和配套的冀中南地区。投资向某一区位的单向集中事实上是弱化了多元动力机制本应产生的多极增长效应。应当以首都职能区域化为契机,以大都市区和国家交通枢纽为依托推动国家资源向内陆地区布局,启动国家资源和国际资源的双轮驱动模式,构筑相对均衡的区域格局。

2. 重点扶持河北省的发展

无论是在中国这样的转轨制国家还是在市场体制相对健全的西方国家,城市服务能力的形成从来都是政府和市场共同作用的结果。并且政府所控制的大量公共和半公共领域,在其中起到关键的促进性作用。政府角色之重要,甚至奠定了西方经济学中"政府竞争理论"的现实基础。

城市服务体系既包括以市场作用为主的盈利性第三产业和房地产物业,也包括以政府作用为主的非盈利性第三产业以及作为其物质载体的市政和公共设施。盈利性第三产业(以餐饮零售为代表的生活服务和以金融商务和信息中介为代表的生产服务)的产生和发展必须要以需求市场的预先存在为前提,也就是说只有生产性企业聚集到一定规模,致使生活和生产的消费需求跨越利润门槛的时候,它才会出现。因此在城市发展过程中,盈利性第三产业是一个因变量而不是一个自变量,是一个尾随者而不是一个引导者。

而政府主导的非盈利性领域则正好相反,相对盈利行业对短期利润的追逐,他们往往致力于一些难以定价和长期见效的领域。并且随着产业阶段的不断演进,政府投资在地区竞争力持续提升中的前瞻性作用越来越显著。因此,在今天,公共物品的供给已经和税收、金融、法律并列,成为政府对经济发展实施调控的重要手段之一。尤其是对于那些尚处于起飞准备期的城市,政府投资往往成为启动地区发展的"第一桶金"。

在西方经济生活中,公共开支占整个社会开支比重越来越高是一个基本的事实。美国在第一次世界大战前夕的1913年政府开支占国民生产总值不到10%,1930年时也不过11%,到了1990年代政府的支出则占到了国民生产总值的1/3。而美国的这一比值在主要工业化国家中还是最低的,法国、德国和意大利的公共部门支出甚至占到国民生产总值的1/2。

对于城市发展来说,资本短缺是最根本的制约,融资是最核心的命题。如果说,启动产业和服务这对循环关系需要政府的预先投资的话,那么政府投资和税收这第二对循环关系又将由谁来启动?没有产业基础就没有税收,没有税收就没有公共财政,更谈不上政府投资,而这又会最终导致难以形成投资吸引力。正是这"纳克斯怪圈",是河北城市面对的最大困境。

发展动力不足和地方财政匮乏是一对伴生体,使地方政府无力依靠自身能力跨越发展门槛。2005年河北人均财政支出仅1 439元,位列全国20位;同年北京和天津的人均支出高达6 890元和4 249元。更为严重的是,捉襟见肘的支出额度仅能作为"吃饭财政",而完全无法对经济发展行使促进和调控作用。从2005年的支出结构看,北京和天津的基本建设投资均高达15%以上,而河北不足8%;河北的社会保障和行政费用总计比重高达30%以上,北京和天津均控制在20%;对于塑造城市竞争力来说最为重要的科技和公共事业支出,河北的比例不足15%。这样的投入结构必然导致区域竞争优势差的持续扩大。

至2001年,省外银行对河北政府形成的呆账或坏账已经达到了2 163亿元。2001年省外金融机构对省内的贷款均为短期贷款,长期贷款为零;而同时省内银行对省外的长期贷款为131亿元。由于不良贷款纪录,金融机构对河北政府的长期贷款已经非常谨慎。同时,河北省内存贷差高达1 678亿元,而流动性更小的长期存贷差累计达到2 257亿元,其中大部分流向省外。这部分资金主要来自居民累积的资金,居民存款中78%为长期储蓄存款,但这笔资金却并未通过融资渠道回馈到本省居民的福利和发展上来[①]。

3. 完善中央政府对各类资源的空间投入

事实上处于经济起飞准备阶段的城市,是无法通过内部循环来解决融资问题的,必须依靠外

---

① 《第三只眼看河北——河北省经济发展战略研究》(亚洲开发银行技术援助项目)。

力。在20世纪90年代以前,这来自于单一的中央直接投资。90年代初通过制度创新,中央成功地实现了从现金投入向制度投入的转型,通过制度平台建设将单一的投资主体转变为多元的投资主体,外资的涌入和民资的苏醒共同创造了中国城市20年罕见的增长。

分税制和土地制度改革是这一制度创新的主体,使中央和地方的关系发生了根本的变化:首先,大部分公共服务的负担都下放给地方政府;其次,税收的大头集中于生产环节,同时中央通过增值税的方式获得其中的75%,而地方税则从改革之前的20%-30%下降到10%左右;最后,税收以外的土地收益被非正式地界定给地方政府。这使土地及其上的附加服务成为地方政府有所作为的核心。从生地出售到熟地出售,从基础设施附加到高端服务附加,通过附加在土地之上的公共产品供给水平的不断提高,地方政府获得了推动企业类型转变进而推动城市结构转型的根本手段。

地方政府越来越趋近于一个自负盈亏的独立实体。到2005年中央预算内投资在地方融资结构中所占的比例已经跌至9%左右。随着土地有偿使用制度的确立,城市财富在几乎没有任何实质性生产活动的情况下一夜剧增。这为普遍陷入财政危机的地方政府提供了原始资本。一方面他们通过低价出售外围土地,迅速扩张城市产业基础,聚集大量工业企业;另一方面工业发展带来人口和消费需求的持续增长,使商业发展的市场预期不断上涨,导致企业竞争中心区稀缺土地,抬高商业地价。通过中心区和工业区的地租差价和高速发展下的税收增长,城市政府为高额的市政建设和公共服务建构了一个良性的融资体系,使其有能力不断完善和提升城市竞争力。上海在1990年以后10年中一共批租100多平方公里土地,筹集资金高达100多亿美元。如果没有这笔资金,浦东的诞生将不可想象。

而同样的制度背景却没有在京津冀产生同样的全面增长。因为启动沉淀资产只是释放了供给,而要使之真正能成为商品,还必须创造有效需求。当城市处于起飞准备期的时候,有效需求的产生无法依靠城市内部服务能力的提升来实现,而必须依靠更大范围内宏观区位的改善,让区位这一无形资产附加到土地上,形成土地增值的预期,最终拉动需求的产生。但这已经远远超出地方政府的能力范围,而必须由中央政府来完成。事实上,这也是长三角和珠三角发展的真实历程。人们被强大的民间力量所震撼,却忽视了中央政策调控在其中巨大的启动作用。

目前京津冀启动新一轮发展进程的核心动力恰恰是中央政府相关政策的制定和实施。针对性较强的政策措施和包括基础设施在内重大项目的空间布局,不仅将在一定程度上推动区域整体的经济发展,更能促使区域格局进一步调整以实现新时期的国家发展要求。

中央政府改善宏观区位的方法,可以是通过非现金形式的制度和政策改革,如深圳发展初期,在国家财政极为困顿的情况下,中央的投入是"只给政策不给资金";也可以是直接的项目建设,包括国家级交通设施和国家级项目建设两种,长三角的发展在一定程度上与此相关,在国际上最为典型的实施者是日本;而当时京津冀缺乏的恰恰是宏观区位的改善。

宏观经济变迁和国家政策扶持实现了京津冀的区位价值,迅速拉动了区域土地需求的增长,但这一需求在京津冀内部的分布却是不均衡的。环渤海湾和首都圈地区,竞争性资源的密布,将成为未来土地需求的集中区。由于巨大的升值预期,大量不同类型和不同渠道的资金在此汇聚。

城市政府仅仅通过土地运作就可以获得足够的资金,从而进入发展的良性循环。但在冀中南地区则完全不同,竞争性资源稀缺,土地需求增长缺乏动力。城市政府将难以在市场自由配置中顺利地获得启动发展的第一桶金。

强烈的发展愿望和有限的发展机遇之间,将导致权力的滥用:一种是饥不择食,以极低的价格将土地出让给单位产出较低的企业,使得一次性土地收益和税收都无法支撑未来公共设施的持续投入,城市产业升级更无法实现;另一种是超前投入,以土地升值预期为抵押,举债建设公共设施,期望通过筑巢引凤来吸引投资,一旦土地收益无法实现,则将导致银行信誉恶化,使将来融资渠道受限。无论是哪一种都会导致城市进入恶性循环,难以满足在区域整体发展中角色分饰的要求。

实际上,市场只会进入那些具有"显性市场价值"的地区,也就是所有外部性条件都已经具备的地区,或是具有战略性交通区位或是具有与企业类型相适应的服务能力。如何识别潜在市场价值,通过预先投入将隐性市场优势转变为显形市场优势,创造更多的优势区位,是中央政府在起飞准备期阶段的重要职能。这是为地方政府的土地运作提供需求市场的必要前提。

外部机遇是区域发展和转型的重要条件,但并不是决定性因素。真正决定目标能否实现的是那些对未来发展能产生关键性影响的参与者——中央政府、地方政府和企业。他们在城镇群发展中的角色分饰和互动关系,将直接决定区域资源配置是否能支撑发展路径的转型。在京津冀这样一个政治和经济体制改革相对滞后的地区,这将至关重要。

回顾30年的开发开放历程,每一个国家增长极的出现以及其身后区域空间的巨大变化,无不伴随着中央和地方责权的重新划分以及市场和政府范畴的重新界定。没有《特区条例》对中国土地中央集权的根本突破,深圳就不会出现。同样,在整个长江三角洲全民皆商的繁荣景象背后,是20世纪90年代举世瞩目的中国分税制改革。过去30年,国家所推进的是一场自下而上、局部试点的渐进式改革,地方分权和市场放开是制度变革的总体趋势。但多年来政府恶性竞争和市场失灵的事实证明,过度的自由和过度的管治一样可能造成效率低下和发展失衡。未来30年,国家制度改革所面临的将是自上而下、综合配套的全局建构,在自由市场和政府干预之间寻找到"第三条道路",更加清晰合理地界定中央、地方和市场的职权范畴,将是落实科学发展观的关键所在。

和长三角、珠三角不同,京津冀正处于起飞准备期,公共物品的分层次供给对于城市跨越发展门槛意义重大。政府层级之间的协作作用将远远大于同级政府之间的协作。仅仅通过市场机制的自发校正和地方政府的单方努力来实现区域格局的调整已经非常困难。由国家介入实施公共资源的空间重布,从而撬动市场机制的正相作用,改变要素流动的路径规律,是唯一的途径和手段。

第三章 区域功能体系构建

一、战略性功能组织

(一) 战略性功能选择

实现城镇群的发展目标和战略构想,仅仅看到区域矛盾的核心问题是不够的,更重要的是探寻达到目标的有效途径和重要举措。然而,保障这些重要环节顺利完成的实施主体恰恰是进行宏观引导的国家政府和客观运行的竞争市场。因此,如何避免政府过分干预、市场失灵等极端现象出现,让政府与市场相互契合,对于区域乃至整个国家经济社会的良性运转都将至关重要。

纵观长三角、珠三角的发展历程,不难发现,实行完全"自下而上"的市场运行机制,在很大程度上制约了经济社会的协调和可持续发展。市场失灵的现象频繁发生,不仅体现在对优良环境的破坏和对土地、能源的高速消耗上,更重要的是,利益导向下的竞争市场并不能为城镇发展提供完备的服务支撑体系,以形成区域均衡的发展机会。因此,政府在制度的推陈出新、资源的合理调配、利益的区域协调和保持经济稳定持续增长方面应充分发挥市场不可替代的重要作用。1997年世界发展报告《变革世界中的政府》中提到"有效的政府,而不是小政府,是经济和社会发展的关键。政府的作用是补充市场,而不是代替市场"。因此,本次规划选择了三大类战略性功能作为中央政府和京津冀地方政府引导市场良性循环、补充市场缺位的重要抓手,旨在通过对战略性空间资源的识别,从而判断职能的空间布局,构建合理的组织方式。

首先,京津冀是我国生态环境脆弱地区,社会发展与生态平衡的矛盾是区域发展的重要症结,水资源短缺、耕地锐减的现象十分严重。因此,规划提出生态保育和农业生产两项区域保护性功能,在这一市场完全无法涉足的领域,中央政府必须全面深入并加强对此职能的区域协调与管治,通过完善环保体制、推行循环经济等重要措施,为京津冀未来的快速发展构建具有较高承载力的农业和生态保障体系。其次,国民经济的快速增长是本轮京津冀发展的战略重心,因此,原料生产、装备制造、中间品生产和消费品制造被提升为具有战略地位的区域生产性功能。相对于市场能够快速识别出具有"显性市场价值"的地区,政府则对于区位条件、资源禀赋、发展前景和潜力较好、具有"隐性市场价值"的地区更为敏感。市场在这一过程中必然要发挥更为重要的主导作用,因此,政府对于生产性职能的作用仅仅体现为对市场机制的补充调控与协调引导。最后,为完善区域服务性功能而构建的区域物资流通、创新体系和教育培训三大服务体系是政府要全面介入、统筹调配的重要领域。由于区域服务性职能对生产性功能的支撑至关重要,并且体现社会属性的物资流通、创新和教育等已然构成国家竞争力的核心要素,因此政府职能应更多地转向对区域社会资源的均衡调配,通过构筑完善合理的区域服务体系,充分发挥政府对市场的撬动作用,推动生产性功能的快速实现。总之,针对这三大战略性功能,政府都将适时承担应有的责任,与市场各司其职,对区域战略性功能组织的构建共同发挥重要作用。

(二)保护性功能组织

生态保护和农业生产是京津冀甚至是更大区域发展的本底。生态保护的意义不仅在于本地区,也在世界生态格局中承担着非常重要的角色:京津冀是东北亚内陆和环西太平洋鸟类迁徙重要的"中转站"、越冬栖息地和繁殖地;京津冀还是北方重要的生态交错带植被演替区,植被指数相对较高,物种资源丰富,是三北防护林带的关键点之一(图 2-3-1)。要落实科学发展观,实现地区可持续发展,必须转变发展模式,必须对保护性地区严格控制。

农业也是京津冀要重点保护的功能。地区农业的安全、健康发展是京津冀可持续发展必须

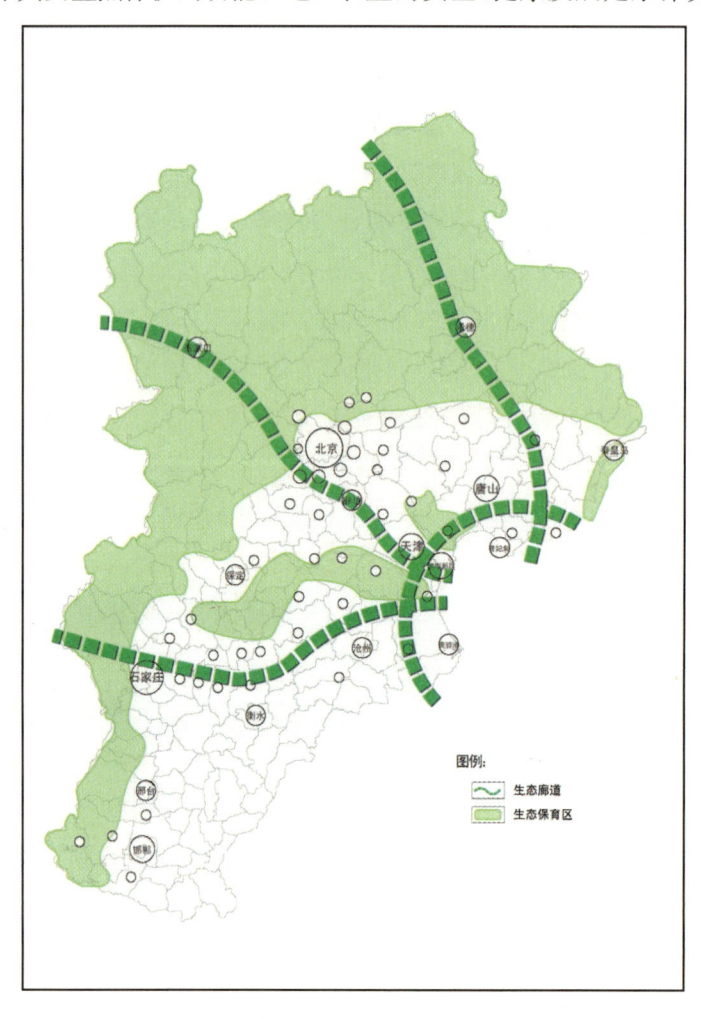

图 2-3-1　京津冀区域生态格局

依赖的基础和保障。同时京津冀还是国家重要的粮食产地,其农业生产的保障对国家粮食安全也具有重要意义。京津冀2006年耕地面积约为598.89万公顷,土地垦殖率为30.87%,是区域主要的土地利用类型,河北省粮食总产量达2 702.8万吨,是全国重要的商品粮供应地区。作为重要的农业产地,必须保障农业生产不被侵犯。

1. 生态空间资源

京津冀生态空间资源主要包括北部和西部生态保育资源涵养区、滨海湿地沼泽自然保护区以及主要河流及点状生态资源。北部和西部生态保育资源涵养区主要是林草地,以林果业用地和林牧业用地为主,同时拥有比较丰富的未利用地;滨海湿地沼泽自然保护区位于津冀海岸带,这里拥有丰富的陆海自然资源,汇集了许多重要的湿地保护区、河口与海岸保护区、近海海域保护区以及国家和地方制定的其他自然保护区;河流生态资源主要指区域内部两大水系,海河水系(北系的蓟运河、北运河、永定河和南系的大清河、子牙河、漳卫南运河)和滦河水系(滦河和冀东沿海诸河)。

然而,伴随着区域经济社会的快速发展,出现了水资源短缺、耕地锐减等现象,生态条件的退化又引发了一系列严重的生态环境恶性循环。一方面,海岸海洋生态系统功能受损,滨海地区有被破坏的趋势。近年来,由于人口的急剧膨胀,经济的快速发展,出现了城镇建设用地逐年扩张、近海养殖业和盐田业急剧发展、耕地面积锐减的现象。海岸带社会经济持续高速增长给海岸带环境带来了巨大压力。此外,滩涂资源的过度利用以及海岸带林地、湿地面积的严重萎缩,都使得滨海地区整体生态环境逐步恶化。另一方面,水资源短缺、河道断流频发、河流污染严重也是区域面临的重要环境问题。京津冀是全国最缺水的城镇群,地表水资源量以及人均水资源量均远远低于长三角和珠三角。另外,由于城镇和工矿企业需水量大,水资源超限开采和工业废污水肆意排放,造成区域众多河流不仅河道频繁断流、常年干涸,而且河流污染现象相当严重。

本次规划将对区域空间生态资源进行合理引导,构建以北部和西部生态保育资源涵养区、滨海生态斑块以及山水生态廊道、环渤海湾生态隔离通道为主体的空间资源保障体系。首先,在北部和西部生态保育资源涵养区,要严格控制和保护北部和西部地区生态环境,合理引导人口流出,使其成为京津冀重要的生态保护和水源涵养区域。其次,将海岸带沼泽湿地、滨海滩涂湿地和基本农田作为滨海生态斑块加以功能恢复与生态保护。最后,立足于"依托"与"构建"的主体思路,恢复和构建山水生态通廊,构建环渤海湾生态隔离通道。

2. 农业空间资源

京津冀农业发达,然而耕地资源的整体分布并不平衡,集中分布于区域的东南部平原地带。从类型构成看,耕地中旱田比例较大,分布较广,而水田比例较小,集中分布在东部平原地区。

虽然京津冀平均粮食单产和平均耕地产出率两项指标均高于全国平均水平,但是区域内部仍然存在地区种植业结构不同、耕地产出率差异较大的不均衡现象。除了石家庄以外的中南部地区,农业机械化产业化程度较低,投入产出比严重失衡。此外,城镇用地的迅速拓展导致农业生产面积的不断减小。通过对比1996年和2005年京津冀耕地面积和人均耕地面积两项指标,耕地面积的降低率已经达到9.01%,按这样的速度,到2010年京津冀人均耕地面积将会低于标准警戒线。

因而,恢复和保护本区域的重要农业资源责任重大。为了保障南部地区农业用地不被城镇用地侵占,要合理引导京津冀人口流出,提高农业产出率。与此相反,在中部地区要积极培育小城镇的发展,最重要的是适当协调好城镇用地与基本农田之间的关系。

(三) 生产性功能组织

生产职能的完善是区域快速发展的核心动力,尤其在京津冀,在传统生产能力相对较弱的情况下,生产性职能的跨越式发展成为实现区域发展战略的重要手段。其中,原料生产和装备制造不仅是京津冀的传统优势,同时也是国家转型期至关重要的产业;另外,中间品生产和消费品制造是完善地区产业结构的核心环节,有助于地区产业协作关系的形成,同时起到吸纳人口的作用。因此,原料生产、装备制造和中间品生产、消费品制造共同构成了区域生产的核心功能(图2-3-2)。

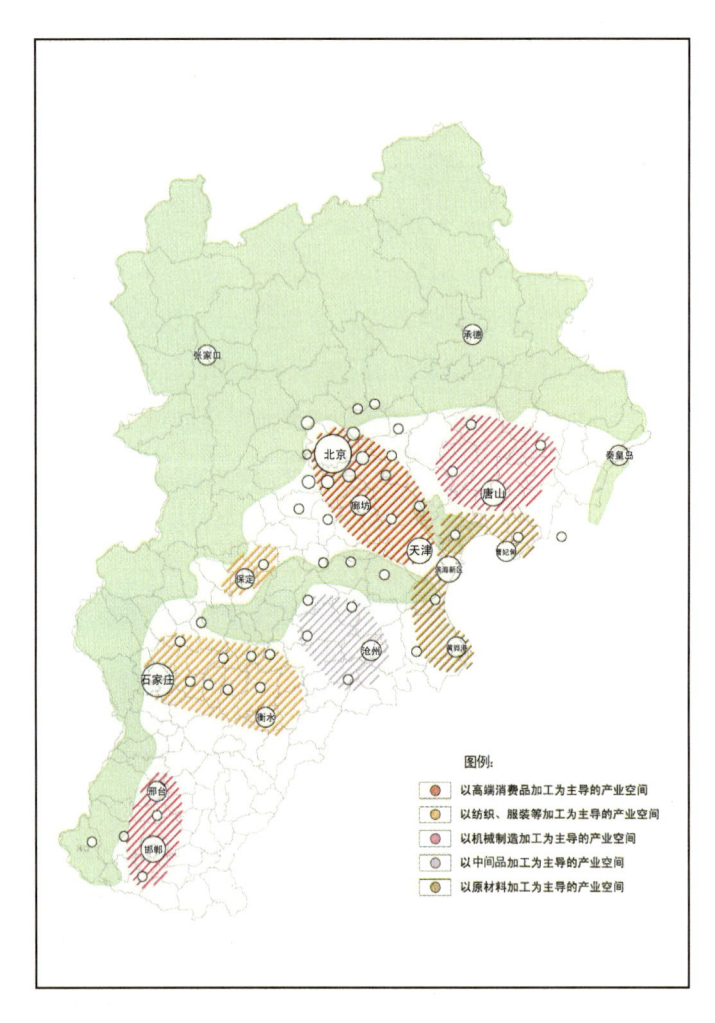

图 2-3-2 京津冀产业空间分布

原料生产无疑是京津冀最为重要的产业职能之一,中国以重化工业为主导的产业升级已上升到国家战略层面,然而原料和终端市场却始终存在"一头一尾"同时在外的现象,有遭受双重挤压的趋势,在国际经济分工格局中的地位十分不利。若要转变在世界竞争与分工中的不利局面,就必须建立起中国内部完整的供应体系和先进的基础工业。凭借重工业的传统优势、完善的能源供给、强有力的技术支撑,使得京津冀在新一轮以钢铁、石油等为代表的重型基础产业发展热潮中,已处于领先地位。

同原料生产一样,京津冀的装备制造也在国家制造业占有极其重要的地位。如果说原料生产体现了国家生产供应体系的完善和基础工业的发达,那么装备制造则更深刻地体现了国家综合技术实力。以自主创新带动装备制造业的发展,是我国"十一五"时期的一个战略重点。装备制造业为技术密集和资本密集工业,附加值较高,但它又不同于流程工业,是组装式工业,同时具有劳动密集性质,有较大的就业容量,可以提供大量就业机会,而且与其他的产业关联度大,带动性强。为实现新型工业化和跨越式发展的要求,京津冀必须大力发展装备制造业,并提升其整体实力,积极培育具有自主知识产权的尖端产品。同时积极利用接近原料生产地区的优势,处理好上下游产业关系,完善产业体系。

随着内需的不断扩大,国家经济增长模式的转变,过去的"内需不足—依赖出口—低价竞销—利润低下—工资增长缓慢—内需不足"这样一种恶性循环将转变为一种"收入增加—内需增长—降低对出口的依赖—避免竞销—收入增加"的良性循环。原料本地化以及内需市场的扩大,将从根本上解决我国贸易生产"两头在外"而产生的系列问题,有利于国家成品制造朝着更加健康的方向发展,并且冲击国际顶尖水平。对于京津冀,大力发展以劳动密集型产业为主的消费品制造,不仅可以起到吸纳大量劳动人口的目的,更是完善区域产业结构的最后环节也是必须环节。同长三角和珠三角不同,京津冀的消费品制造必须放弃低技术、低成本的低端生产模式,而是凭借本区域强大的技术支撑,发展新型劳动密集型产业。

中间品的技术含量和产品质量将会直接影响成品的市场竞争力,中间品制造业往往是附加值较高的技术密集型产业。未来20年是国家新一轮经济转型的重要时期,而成品制造将以国内市场需求为导向展开新一轮生产与竞争。随着国际经营的全球化,跨国公司的研发机构越来越多的在生产和市场地区选址,使得京津冀有机会通过这些研发机构,参与更多的产品技术交流,使中间品与成品在研发阶段便能够相互影响与支撑,从而使得大力发展本地中间品制造成为可能。对于京津冀,原料生产的全面开展、智力资源的有力支撑,成品制造的进一步完善都要求中间品制造业成为这一地区必须全面开展的重要产业。

1. 原料生产

原料生产主要包括化学产业链和钢铁产业链的原料环节,主要有石油化工、盐化工、煤化工和钢铁生产等。京津冀是国家原料生产的重要地区,在重化工领域积累了相当雄厚的技术水平,区内形成了两条分别以黑色金属冶炼与压延加工和石油开采、加工为基础的产业链条。产业空间布局上,一方面为适应传统的小企业运作的生产方式,较多布局于矿产资源产地——迁安、任丘、武安等;另一方面,受计划经济影响,生产力布局在国家指定的一些城市——北京、天津、唐山、邯郸等，并未布局在最优良区位。

随着实力雄厚的重工业企业成为新一轮发展的主导力量，原料生产趋向产业大型化、运输量巨大化，物流成本极大的影响着原料生产成本，需要便捷廉价的运输系统支撑。在能源、原材料进口量不断加大的情况下，临港地区必然是原料生产的最佳选址。考虑产业链的延伸，以及国际航运向大型化发展的趋势，是否拥有广阔腹地以及深水泊位资源成为原料生产选址最为重要的因素。此外，京津冀是国家重要的能源转运中心，加之南堡油田的发现，充足的能源供给给这一地区原料生产提供了保障，以原料生产为主的重化工业向沿海集聚已成为必然。

京津冀滨海有天津、秦皇岛、唐山、沧州四个港口城市，港口后方拥有大量的滩涂资源。除秦皇岛处于北部生态保育区边缘，应严格控制重化工业外，其他几个地区都可以依自身本底条件和传统优势发展合适的原料生产。对于钢铁产业，唐山应结合首钢搬迁，积极整合其现有钢铁企业并向沿海地区转移，形成以钢铁为龙头的原料产业集群；而沧州应积极与邯郸协作，将传统技术优势和区位优势相结合，将邯郸钢铁生产向沧州沿海转移。对于石化产业，我国原油加工、乙烯生产能力将有快速提升，并向基地化、大型化、一体化方向发展。沿海地区的天津、沧州有一定产业基础，随着北京石化产业外迁，天津、沧州必将成为环渤海地区重要石化基地；唐山依靠其港口优势、石油储备以及煤化盐化产业基础，在我国乙烯供需缺口日益扩大的背景下，中远期也将形成另一个石化基地。煤化盐化产业根据其自身需求，也必将布局在沿海地区。

2. 装备制造

装备制造主要包括专用设备制造、通用设备制造以及交通运输设备制造。

国家的装备制造大都集中于北方地区，尤其是重点工业城市，这些城市积累了宝贵的技术经验和人才。由于历史原因以及城市服务水平的差距，京津冀装备制造更多集中于京津两大城市。北京的交通运输设备、专用设备和天津的交通运输设备区位商都达到了1.5以上，唐山、邢台、邯郸也有部分依靠钢铁等原料生产地而发展的装备制造业基础。而京津冀的通用设备基础较为薄弱。

装备制造对原料和运输条件等基础生产条件依赖性较强，更重要的是它还需要强大的技术支撑，尤其是重型装备制造。随着京津冀装备制造在国家地位的不断提高，产业的进一步高端化是必然趋势，地区智力资源的支撑变得极为重要。生产力布局应将城市的传统优势与京津冀有力的本底条件综合考虑，选择最具潜力的地区发展装备制造。

随着京津产业的转型和升级，工业生产向外转移已成为必然，尤其是重型工业。沿海的运输条件优势已经使重型装备制造向沿海集聚，而且这种发展态势越来越显著。一方面，伴随着滨海原料生产职能的推进，天津滨海地区、唐山曹妃甸将是重型装备的主要发展地区，依托滨海的港口资源，沿海地区还应该适时启动船舶制造和维修业。唐山主城和邢台、邯郸等原有重工业城市拥有良好的产业技术基础以及城市长期以来形成的服务资源，在原料生产向沿海转移后应利用现有条件并积极同沿海原料生产相配合，发展装备制造业。同时，随着沿海重型原料产业的发展，将从需求角度拉动专用设备制造业的发展。另一方面，对于本地以及周边小城市原有大量中小型采矿等原料生产企业主，在原料生产向沿海转移并由国家资本和跨国资本联盟等大资本运作后,应积极保护并引导其转型,结合本地装备制造产业环境,使其进行相关产品生产。

3. 消费品制造

京津冀消费品制造业一直没有大规模发展:京津两大城市由于其强大的智力资源,电子产品制造业较为发达;周边一些小城市形成了以服务两大都市为主的家具生产、食品制造等生活用品制造业;石家庄、保定、衡水等地区的小城镇利用交通优势和靠近北京市场优势,具有一些消费品制造产业并积累了一定基础。

消费品制造需要大量劳动力资源以及便捷的交通条件,其最大特点是市场依赖性和大众服务性。不同于长三角和珠三角最初发展消费品制造业的阶段,本阶段消费品制造业的两个显著趋势是研发能力在生产中占有越来越重要的地位,行业信息化程度越来越高,这使得消费品制造越来越依靠强大的城市服务能力。

结合区域物流体系和区域创新体系的判断和分析,以石家庄、衡水为中心的冀中小城镇的物流地位将进一步加强,技术优势会更加突出,依托靠近原料、中间品产地和消费市场的优势,这些小城镇将会更加活跃,这一地区必然成为京津冀消费品制造的重要地区。消费品制造的另一重要地区是京津廊地区,这一地区将依靠京津两大都市形成都市产业,同时还会出现对信息技术等城市服务能力依靠较强的高级消费品制造业。

4. 中间品生产

中间品也分为化学产业链和钢铁产业链两种中间环节产品。钢铁中间品主要包括钢材的型材、管材和板材。化学中间品包括两种,一种是强市场依赖型的传统化工中间品,主要是传统消费品制造的中间环节产品;另一种是强技术依赖型的新兴化工中间品,主要包括以新材料为核心的合成材料、与生物技术结合的纳米材料等。

在国家现有加工贸易中,中间品本地化率较低,这种状况既由我国原有产业结构不合理、技术水平落后所决定,又与我国成品制造企业的主体有关。我国加工贸易中外资企业占有很大比例,一方面跨国公司的国际经营一体化扩大了它的资源配置范围,其具体表现就是公司内部贸易的迅速增长,为了使整个集团利益最大化,跨国公司会更多考虑从公司内部而不是东道国采购中间品;另一方面,产品竞争力越来越集中于产品中的科技含量,因此中间品科技含量也在逐步增加,为防止技术优势扩散,跨国公司一般仍将科技含量高的中间品在母国制造。对于国内制造企业来说,由于本地中间品规格、质量不稳定,也会影响到其成品质量与国际标准的对接。

钢铁中间品一般伴随原料生产而生产,沿海地区必然是此生产的最佳选址,但面对中国钢材市场低水平产品产能过剩、高水平产品产能不足的状况,京津冀应加快以板材为主的研发生产。

传统化工中间品主要依靠成品制造业的发展而发展。由于京津廊地区以及石保衡地区消费品制造业将会有较大发展,使得传统化工中间品的本地化生产成为可能。沧州西部地区有大量民营中小企业从事石油开采及简单炼化,地方经济较为活跃,随着原料生产向沿海转移并进行规模化生产,应积极引导这些民营资本转型,同时配合沿海原料生产和内地成品制造,并依托主城区的智力资源和技术支持,进行传统化工中间品或者其配套产品的生产。

新兴化工中间品具有较强的技术依赖性,本地科研力量与原料生产是中间品制造的关键要素,对于接近原料产地和技术中心的天津和沧州是新兴化工中间品的最合适生产地。唐山可以尝试涉足与钢铁工业相结合的新材料的探索研究。

本规划立足于区域整体生产职能提升的目标,对以上生产功能进行整体空间布局与组织。通过对城市产业基础、资源禀赋条件、潜在区位优势以及产业链的完善与提升等因素的分析和组织,判定区域产业空间布局,形成曹妃甸—唐山、黄骅—邯郸钢铁产业链,黄骅—沧州—石家庄石化产业链,天津—廊坊—北京综合产业链等区域主要产业关系。

(四)服务性功能组织

为实现地区生产职能的跨越式发展,必须构建合理的服务体系进行支撑,尤其是生产服务体系。京津冀是国际国内双向对接的门户地区,区域物流体系的构建意义重大。在国家层面,由于我国北方能源充足、南方制造业发达,南北物资大流通对于中国经济的发展起到至关重要的作用。而京津冀恰好处于南北物资转运的重要节点,区域物流体系将对这一转运功能起到重要的支撑作用。同时,北方地区越来越多的城市和区域要凭借自身独特资源和禀赋优势实现跨越式发展,对接国际的需求日益增强。因此,强大的区域物流体系势必在整个北方对接国际中起至关重要的作用。

不同于长三角、珠三角以低端生产要素投入为主的起步发展阶段,京津冀的全面启动必将改变传统的发展模式,以高级生产要素的推动为主体。同时,在京津冀以资本和技术密集型产业为主的发展模式下,自主创新将成为区域的核心竞争力。因此,构建合理的区域创新体系将成为未来进一步完善京津冀核心支撑体系的重要手段。

长期以来,京津冀劳动力供需结构性矛盾较为突出。随着产业结构的调整和区域创新体系的构建,这一社会问题将更加显著。因此,必须因地制宜地构建区域教育培训体系,使其成为地区发展的重要支撑。同时这一体系还将从社会公平的角度为区域提供均等的教育机会,促进社会进一步的和谐发展。

1. 区域物流体系

区域物流体系的构建是实现区域产业协同与合理布局、完善市场体系建设、实现区域均衡发展的必然选择。本次规划按照对国际、国内门户地区的合理判断及其相互之间的紧密联系为重要原则来构建区域物流体系(图2-3-3)。

(1)国际门户地区

北京是国家最重要的国际门户地区,首都国际机场是重要的国际航空枢纽。随着京津冀进一步开放格局的形成,北京的国际门户地位将格外凸显。凭借其独一无二的首都资源和丰富的信息、服务资源,应积极发挥国际门户的中枢职能,带动和组织国际门户地区,成为构建区域物流体系的重要组成部分。

天津是目前北方地区重要的国际集装箱枢纽,但综合服务功能长期滞后,面向腹地的通道建设不足。随着滨海新区的建设发展和对外贸易的广泛增加,天津应提高现代服务水平,完善物流通道的建设,优化物流成本,建设航空货运中心,同北京联合构筑京津冀面向国际的区域物流主中心。

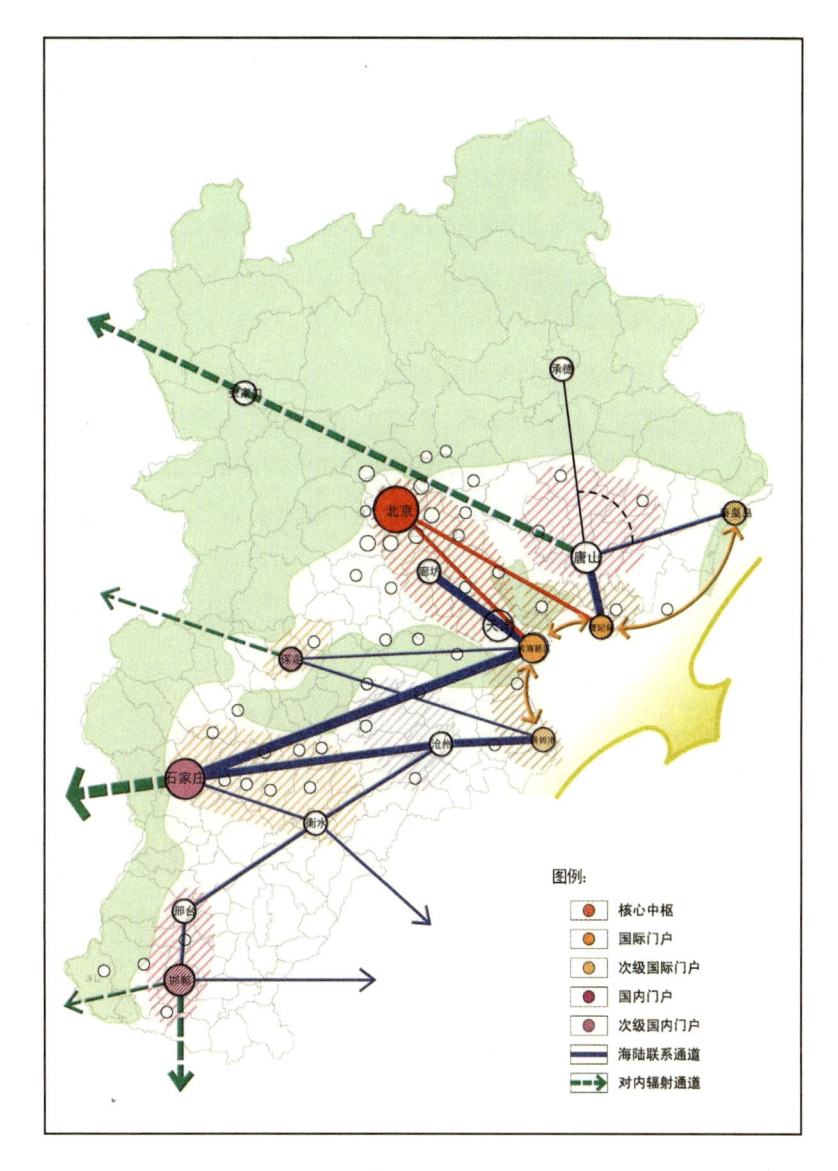

图 2-3-3　京津冀区域物流体系

唐山曹妃甸拥有区内唯一的 30 米深水航道资源,随着国际船舶深水化趋势,曹妃甸可以与天津港实现集装箱联运,使单纯的重工业生产职能逐步向集物流商贸和研发转化职能于一体的综合性城市过渡。

沧州黄骅港作为距离华北腹地陆运距离最短的散货港,大型石化、煤化和钢铁产业向其集中的趋势日渐显著,有望形成京津冀滨海第二个国家级重工业基地。

秦皇岛是生态敏感地区的风景优美的海港城市,也一直是中国能源输出大港,已经形成了一定的规模和服务体系。未来除发展旅游业外,可保留国际物流门户职能,但要严格控制临港产业的发展,尤其是限制重化工业的建设。

（2）国内门户地区

由于历史、政治等原因,北京以其独有的交通优势,承担了国际门户与国内门户的双重身份。北部和西部地区经北京出海要穿越大面积山区和京津廊城镇密集区,通过性交通和城市交通存在严重矛盾,并不是最理想的通道。随着北京城市职能的进一步升级,国内转运职能应逐步外迁,除开辟新的西北通道外,原通道应绕开北京直取唐山,再分流至秦皇岛、曹妃甸等港口。

石家庄位于国家南北动脉京广线和东西向石太、石德线的交会处,同时在国家铁路长期发展规划中石太铁路将与陇海—兰新线实现对接,从而使石家庄成为西北物流进入北方沿海地区的咽喉,以其为基点向天津、沧州和青岛三个方向分流。目前石家庄和沿海地区的横向通道建设不足,到沧州是企业专用铁路,到天津缺乏快速货运通道。对天津港而言,在与青岛港争夺河北中南部、山西南部和河南等腹地的过程中,选择一个有力的后方货物组织中心至关重要,如同济南对于青岛的货源支撑。这个组织中心不仅要担负货物集散、组织的功能,而且要与济南展开腹地资源的竞争。从交通枢纽地位、城市综合实力、商贸发展水平来看,石家庄都是必然之选（津石通道一旦建成将彻底改变天津到西北腹地缺乏直达通道的历史问题,而山东却正在加强济南与石家庄的联系,使之成为青岛港向西北腹地拓展的重要通道）。石家庄应尽快完善服务体系,并与天津和沧州协调,构筑便捷的出海通道,发挥其国内门户作用。石家庄还应积极发挥物流信息服务等职能,辐射其他国内门户地区,成为国内门户的组织者。

邯郸是河南物资北上进入京津冀的传统通道上的第一站。同时,它位于晋煤外运的第二通道上,通过铁路货运,联通晋南、长治等城市。而目前邯郸与京津冀沿海的横向通道尚未建立,而从邯郸到济南的通道却已经修通。增强邯郸与京津冀滨海地区的快速联系对邯郸国内门户地位的巩固意义重大,同时对于京津冀港口获得中原腹地的有力支撑也具有重要意义。

保定的区位和石家庄相类似,但保定向西并不是主要通道,也没有综合立体的运输网络,向东与天津沧州联系却较为便捷。保定可以成为次级的枢纽,同时作为石家庄的补充,必要时可分担石家庄的压力。

（3）地区协作关系

天津、唐山、沧州和秦皇岛应以其重要的滨海资源,协调互动发展,共同构成区域重要的海上国际门户地区。北京作为重要的中枢地区,应对几个港口门户起到积极的支撑和调节作用。国内门户的石家庄、邯郸、保定也应积极协作,构筑国内门户界面。在国际门户和国内门户之间,要构建便捷通畅的货运通廊,使腹地各种货物通过国内门户的组织和转运,方便到最合适的出海口,同时带动中间地区的发展,实现海陆联动。

2. 区域创新体系

波特在《国家竞争优势》一书中将国家经济发展划分为四个阶段:生产要素导向阶段、投资导向阶段、创新导向阶段和财富导向阶段。投资主体的多元化和国内需求的迅速增长标志着中国已进入投资导向阶段。对京津冀来讲,为引导国家进一步走向创新导向阶段,创新必将成为下阶段地区发展的核心。国家经济能否摆脱对初级生产要素的依赖,进入以创新为主要推动力的良性循环状态,一方面取决于在投资导向阶段国家和企业对高级生产要素——人力资源和知识资源的投资和培育;另一方面取决于同国外先进技术交流和学习的能力(图 2-3-4)。

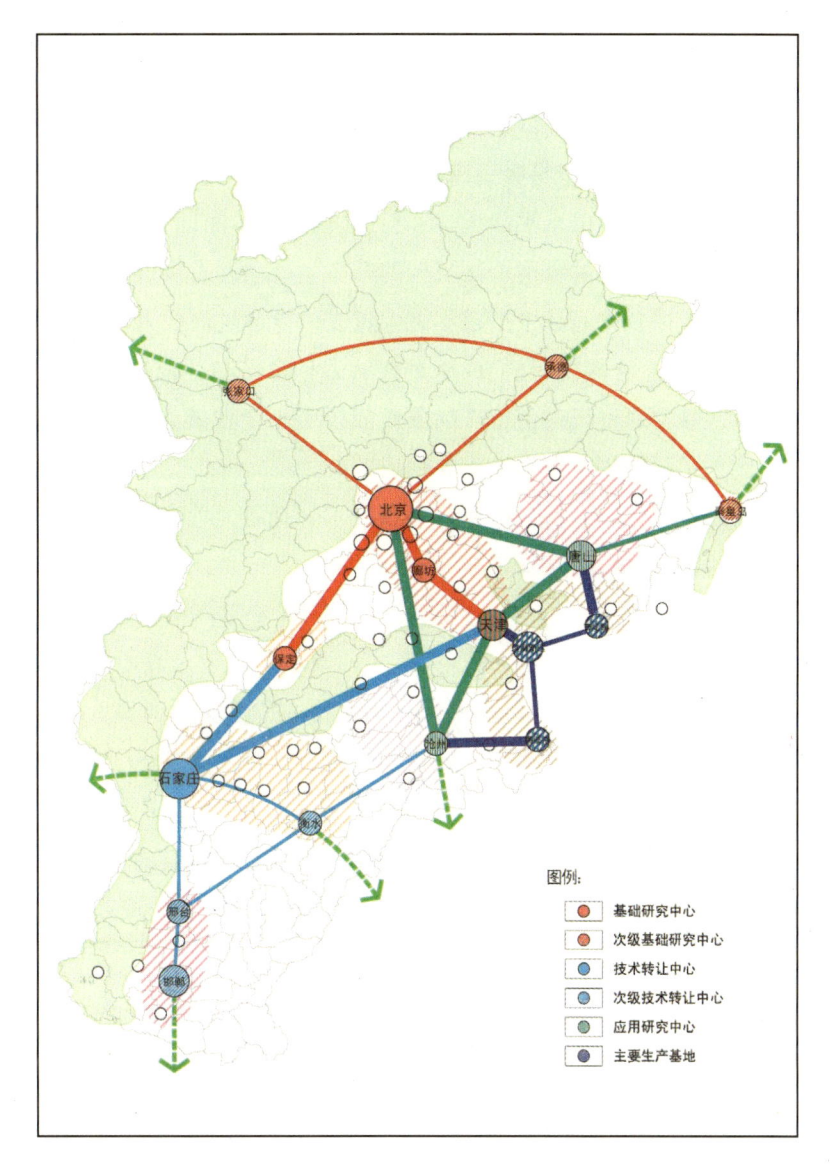

图 2-3-4　京津冀区域创新体系

随着发展模式的转变,中国市场的需求总量正在迅速增加,但是,由于产品升级滞后于需求转型,出现了低端市场供给过剩,高端市场供给不足的现象。这种新的供求关系导致了两大后果:一是,一度引领中国工业化浪潮的民营经济不得不改变低投入低技术的传统策略;二是,中国市场几乎成了所有跨国公司眼中的新鲜蛋糕。

以市场争夺为目标,新一轮跨国企业的一种投资往往会在当地建立针对特定市场的研发机构,将母公司知识技术充分利用而支持地方子公司生产,此为知识利用型研发投资。另一种是知识生产型的研发投资,其动机是为了从地方获取研究成果,提高公司的知识存量和知识水平。

本次区域创新体系构建将使京津冀在国家转型期抓住最核心问题,提高国家对高级生产要素的投入,同时积极引入国外研发机构,以全新的模式来提高地区整体竞争力,并对其他地区产生辐射带动和示范作用。

京津冀的原料生产和重型装备制造等重型产业具有国家战略意义,将由国家资本和跨国资本联盟等大型资本运作,目标是生产高端产品,研发在其中将起到至关重要作用。除了国家和大型国有企业会投入大量研发成本,也将吸引跨国大型企业在京津冀进行知识利用型的研发投资。同时本地聚集了大量国内最高科研水平的大学和科研机构,是国家的智力中心,而这些智力资源所在的知识供应地区将会强有力的吸引跨国机构的知识生产型研发投资。

前文所述消费品制造以及中间品生产都不能像过去一样通过低投入低技术来生产廉价低质产品,而这些产业多由中小企业构成,他们没有足够的力量自己独立进行产品创新。因此,依托大企业的研发部门以及独立研发机构进行产品更新成了中小企业的必然选择,而组织和推动技术交流的技术机构成为了区域创新体系的重要组成部分。

本规划中,创新体系将由基础研究、应用研究和技术转让等几个部分构成,下面将通过构筑他们之间相互关系和落实空间布局来实现这一体系。

(1) 基础研究

基础研究是指"为了获得新的现象和可观察事实的基本原理以及新的知识而进行的试验性或理论性工作,它不以任何专门或特定的应用或使用为目的",这主要通过大学和国家科研机构来完成。京津凭借其基础条件的绝对优势构成这一职能的核心。唐山、石家庄、保定、廊坊也有一定的基础条件,并通过北京的扩散,和京津共同实现这一职能,完成主要的基础研究工作。张家口、承德和秦皇岛依靠自身独特的资源环境条件,将成为这一功能体系的补充,承担部分专业的基础研究职能。他们之间通过便捷的交通和通讯联系,相互支持和促进,共同构成区域基础研究网络。

(2) 应用研究

应用研究是指"为了获得直接指向一个特定的实践领域或目标的新知识而进行的原始研究",它将直接指导实验开发,面向产品开发和生产。它们需要依靠基础研究的成果,同时需要临近生产地区,直接指导生产并接收反馈信息。这一过程主要通过国家实验室、大企业研发部门以及部分中小研究机构完成,大学也部分参与这个过程。由于滨海原料生产及京津廊沿线高端消费品生产等技术密集产业的布局,应用研究机构应相应地布局在沿海的唐山、天津、沧州主城区,沿海港口新城也应根据生产要求及城市服务水平适时布局应用研究机构。

(3) 技术转让

技术转让主要是应用研究成果的交流和传播,部分基础研究成果也会通过技术转让的形式向外传播,此过程将主要通过技术市场等专设机构来实现。由于石家庄位于城镇群劳动密集型产业的核心地区,同时拥有辐射西北的门户地位以及与区域内重要研究地区的便捷联系,在此设立技术市场将对研究成果的交流传播产生重要意义。另外,处于门户地区的邯郸、衡水和邢台,也将承担部分对外技术交流辐射和对本地的技术交流辐射的职能。

3. 区域教育培训体系

由于京津冀人才供需的结构性失衡以及由此产生的一系列矛盾，本次规划将构建区域教育培训体系，着力解决这一矛盾，为地区均衡发展作出贡献，同时为产业发展提供支撑。

随着产业的进一步发展完善，京津冀将出现南北两个不同的就业地区：以京津廊唐沧为核心的北部地区一直都是人口流入的重要地区，在将来地区发展中也必将承担更加重要的人口吸纳职能；南部地区结合劳动密集型产业布局，将形成以石家庄为核心的南部就业地区。本次规划通过对高等教育、地区职业教育和本地职业教育三个职能层面在两个地区的布局和构建，共同组成区域教育培训体系（图 2-3-5）。

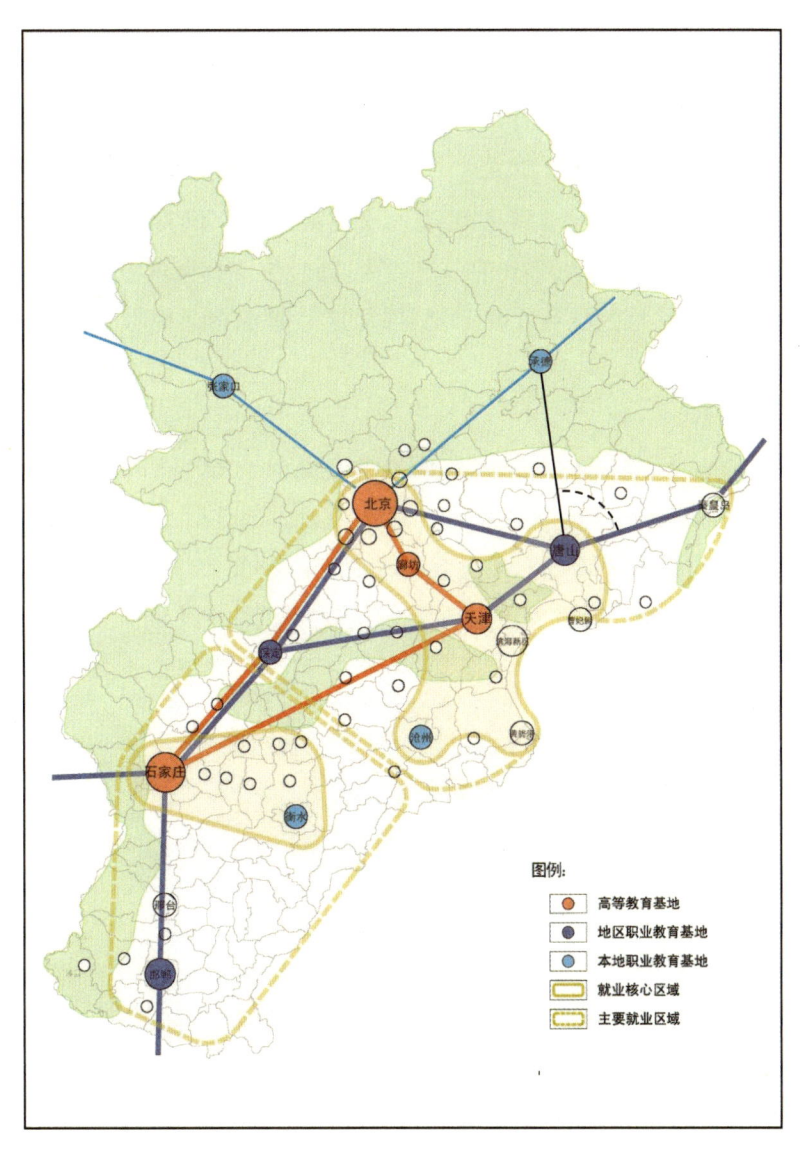

图 2-3-5　京津冀区域教育培训体系

(1) 高等教育

京津是京津冀高等教育的绝对核心，能够提供大量优质人力资源进入区域创新体系，而南部地区高等教育水平则较为薄弱。为平衡地区教育机会和产业服务能力，应利用石家庄现有高等教育资源，通过京津的支持和带动，在本地设置大学分部以及研究生院等高级培训机构，培育石家庄成为南部地区重要的高等教育核心地区。并通过京津石的互动和协作，共同构筑区域高等教育体系。

(2) 地区职业教育

目前中国的职业教育发展水平较低，职业人才尤其是高等职业人才严重紧缺，随着城镇化进程的加快，大量农村剩余劳动力需要进入城镇，尤其是国家异地城镇化目的地的核心地区，大力发展职业教育培训专业技术人才已刻不容缓。保定地处京津就业核心的边缘地区，对人才需求结构及就业信息掌握较为全面，而教育成本又远低于京津核心地区，应发展成为京津冀最为重要的地区职业教育基地。随着京津冀进一步发展，唐山和邯郸将具备类似区位特点。唐山位于北部核心就业区边缘且处于东北地区进入京津冀的门户位置，邯郸位于国家南北大动脉，是国家南部和西部地区进入京津冀的门户地区，同时位于石衡就业核心区边缘。唐山、邯郸有条件发展成为重要的地区职业教育基地，同保定一起承担起引导人口流入，提供专业技术人才的重要职能。

(3) 本地职业教育

京津冀人口流动最大的特点是内部流动量大，主要是河北省西北山区生态保护区和中南部农业地区人口流出较多。为合理引导本地人口流动，提高本地流动人口素质，本次规划构建以服务本地为主的职业教育体系。张家口、承德服务西北山区，引导人口合理流出；衡水、沧州服务中南部农业地区，可根据自身所处地区的产业特征，开展相应的职业培训。

二、功能协同发展框架

(一) 以协同发展实现战略性功能组织

为实现以上核心功能布局，本次规划以三大功能协同区实现功能空间组织（图2-3-6）。空间位置的毗邻、资源禀赋的相似、经济水平的接近导致发展目标的一致，进而导致了区域内部总体职能的一致性。而事实上，在京津冀较大的区域范围内，功能必然是异质和复合的，可以说，"功能复合"是区域的基本属性。正是因为所涉及范围内不同地区功能的差别，因此才能形成功能协作，以便实现一个共同的区域职能和发展目标。实现功能的空间组织最重要的是要明确涉及区域整体发展的功能协同问题，包括与其他区域的协同、各协同区之间的协同和协同区内部各城市的协同。

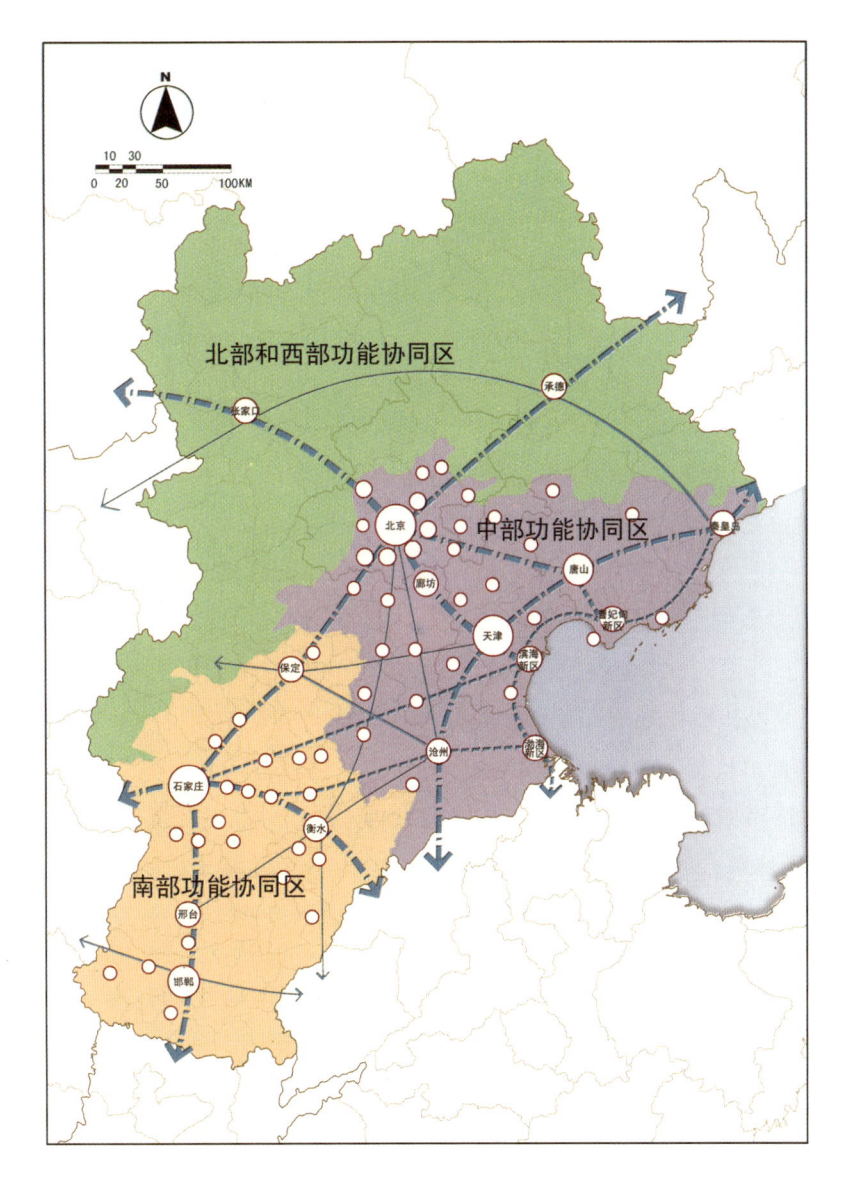

图 2-3-6　京津冀三大功能协同区

（二）功能协同区的划分与目标定位

1. 北部和西部功能协同区

（1）范围及主要职能

范围包括：张家口和承德市域，以及北京、唐山和秦皇岛三市的北部山区县，天津蓟县北部山区和石家庄、保定西部山区县。生态保育和水资源涵养是该区承担的主要职能，对于保护京津冀中部和南部甚至更大区域免受西北风沙侵袭具有重要的屏障作用。同时，它还是京津冀的水源涵养地，对于山前地带的自然水供给和沿海地区的地下淡水补充意义重大。另外，这一地区拥有大量具有国际意义的文化和旅游资源,具有形成国际旅游黄金线的潜质,应强化旅游职能的发展(图2-3-6)。

(2) 协同目标

本地区应与内蒙古结成紧密的旅游协作关系,形成整合优势,增强旅游线路吸引力。同时作为区域创新体系的组成部分,各城市应加强与智力中心北京的联系,进行生态研发城和文化创意城等重大援助项目的建设。将旅游开发和休闲居住相结合,实施生态资源和智力资源双驱动战略,推动山区城市跨越发展。

2. 中部功能协同区

(1) 范围及主要职能

范围包括:北京、天津、唐山和秦皇岛等四市的山前平原地区,廊坊、沧州市域和保定市域东北部地区。本地区是我国北方与国际接轨的前沿地区,具有国际门户地位。应承担区域中心职能,大力提升国际化、工业化、城镇化发展水平,增强对京津冀以及"三北"地区的辐射带动作用,推动城镇群向世界级的目标迈进。

具体措施:

① 落实《北京城市总体规划》提出的"充分发挥首都北京在国家经济管理、科技创新、信息、交通和旅游等方面的优势,进一步发展首都经济,增强对区域的辐射带动作用"。

② 落实《天津市城市总体规划》提出的"充分发挥天津作为北方经济中心和国际港口城市的职能,利用滨海新区综合配套改革试验区的优惠政策,进一步开发开放,构建北方国际航运中心和国际物流中心。大力提高自主创新能力,努力构筑高层次产业结构。大力发展现代服务业,为首都、环渤海以及北方地区提供更高水平的服务。"

③ 落实河北省沿海战略"充分发挥曹妃甸国际门户作用和唐山、秦皇岛沿海地区滨海旅游服务功能,以及唐山曹妃甸和沧州渤海新区重化产业集聚功能。在此基础上,要加快提升特大城市的空间组织能力,推动产业和人口集聚,促进区域职能网络化发展。"

(2) 协同目标

提高本地区服务能力,推动地区转型,提高国家竞争力。继续巩固北京、天津的地位和作用,提升唐山在区域中的地位,发挥其冀东地区综合服务中心的作用。通过在各自发挥区域中心职能的基础上形成合力,成为京津冀实现总体目标的核心地区。培育秦皇岛、保定、廊坊、沧州等具有传导作用的职能节点城市,作为区域服务的次级中心,并承担研发转化、职业教育等专业性区域级职能,共同构筑综合服务网络,以衔接东北地区。保定应形成具有重要区域产业职能的西南翼片区,连接冀中南地区。

3. 南部功能协同区

(1) 范围及主要职能

范围包括:石家庄、保定中南部的山前平原地区,衡水、邯郸和邢台市域。本地区是京津冀辐射国内的门户,也是沿海港口获得腹地支撑的关键性节点。应鼓励发展劳动密集型产业,完善区域产业体系,培育强大的市场和经济腹地。同时还要承担区域农业生产的职能。

(2) 协同目标

本区重要的协同功能分为区内和区外两个层面。对于区内,应进一步强化石家庄作为该地区的组织中心作用,完善地区综合服务职能,使其成为西北物资进入环渤海地区的重要节点,连接天津、沧州和青岛三个方向。发挥邯郸联系中原地区物流门户的作用,其余各地级市承担次级中心城市的职能,形成该地区树状服务体系。对于区外,重点是与周边山东、河南、山西等省的协调发展。

(三) 功能协同发展的总体策略

1. 北部和西部功能协同区

(1) 现状主要问题

由于交通和用地条件的限制,目前处于工业化的初级阶段,城市化水平较低,居民生活水平和福利难以得到保障,未来必然面临生态保育的区域要求和发展的巨大压力之间的矛盾。因此,如何引导人口输出以及在资源允许的范围内探索跨越式发展的独特路径,是这些地区面对的共同问题。

(2) 功能组织和协同发展策略

为促进功能组织和协同发展,该地区需充分利用北京和秦皇岛两大门户资源。秦皇岛应积极发展国际游艇停泊,成为东北亚重要的游艇登陆港,并与承德、张家口,乃至内蒙古结成紧密的旅游协作关系,形成整合优势,增强线路吸引力。而同时作为区域创新体系的组成部分,各城市必须加强与智力中心北京的联系。北京作为区域内最重要的旅游集散中心,区域文化活动和智力中心,可以考虑在实施生态补偿的现金支付机制的同时,进行生态研发城和文化创意城等重大援助项目的建设。将旅游开发和休闲居住相结合,实施生态资源和智力资源双驱动战略,推动山区城市跨越式发展。

2. 中部功能协同区

(1) 现状主要问题

该地区是下一阶段国家政策倾斜和企业密集投资的地区,具有明朗的发展前景。国家级的重工业沿海发展带正在形成之中,深水码头和大型油田的发现为之打好了能源和原料基础,天津滨海新区、曹妃甸科学发展示范区和沧州渤海新区的相继推出为之提供了制度支持,而空客项目的入驻、首钢搬迁等则为之做好了资金和产业的准备。这些地区蓄势待发,将实现从尚处于工业化中期甚至初期的地区一步跨越成为高度国际化和现代化地区的发展奇迹。

而对于这些地区来说,由于大部分以资源密集和资本密集型产业起步,对于劳动就业的吸纳能力和城市建设的推动作用都非常弱,因此长期以来都存在城镇化滞后于工业化的情况,生产和生活服务都高度依赖北京,以至于目前城市建设水平和服务能力都无法适应作为"国际窗口"的区域要求。不仅如此,从国家政策导向和投资现状来看,仍旧是延续资本密集的传统,这将使这一未来区域最重要的增长中心无法为形成合理区域就业结构做出贡献。因此,从发展的角度来看,如何迅速提升城市服务能力,形成区域性物资、资金和信息流通平台,以及如何实现外生力量和内生力量的结合,实现产业链的向下拓展和延伸,成为该地区面临的两大关键性问题。

同时,滨海地区在过去始终面临严峻的环境问题。由于自净能力的限制,渤海湾的生态恶化速度惊人。水资源的超采又造成的地下水质恶化,使得地表水断流和地面沉降,已经成为普遍的问题。将来超常规的工业化进程,必然给生态环境带来更大的威胁。这种威胁不仅仅体现在对海岸线的过度利用和滨海环境污染上,更重要的一点是,这一地区还是山体和海洋两大生态界面的过渡区域,具有重要的"生态交错带"功能,是两大基质进行物质能量交换的重要场所。同时,这一地区在未来也将是城市连绵趋势最强的地区,如城镇建设用地过度密集侵蚀了交换载体的生态廊道,将导致两大生态基质的萎缩。因此,生态保育问题是该区域未来发展中面临的重要问题。

(2) 功能组织和协同发展策略

该地区功能组织和协同将从服务职能和产业职能两方面来构筑。

服务职能构筑以提高地区服务能力,推动地区转型,提高核心竞争力为主要目的。北京是最核心最高层级的综合服务中心,在首都通勤圈范围内,各种服务职能将直接通过首都完成,将抑制另外的较大城市形成。同北京类似,天津也将成为地区重要的综合服务中心。而京津大都市以外地区,将出现廊坊、唐山、沧州、保定等中间层次的职能点。跨越式发展的要求将城市的服务职能提高到至关重要的地位,产业发展必然要依靠强大的中心城市,在这个地区由于处于京津大都市的直接辐射范围之外,必然要形成几个地区中心性城市将中心服务职能向下传递,成为整个地区服务体系中的重要组成部分,承担区域服务的次级中心职能。同时这些城市还将承担诸如研发转化、职业教育等专业性区域级职能,以共同构成综合服务网络。通过这些城市又一次向次一级地区提供服务,使得京津冀形成树状加网络型服务体系,地区城市结构也将以核心城市、次级中心城市加小城市的模式组织。

对于产业发展,沿海地区产业协作非常重要。相同的资源禀赋和近似的区位条件使这一地区面临恶性竞争和重复建设的可能,需要功能协同和设施共享。由于京津冀港口是并行关系,他们有相同的腹地,应根据自身条件,合理分工,形成港口联运系统。而临港工业和中心城区构成的上下游产业链的关系,使得相互之间的协作就更加重要,应该建立信息和物流等全方位的合作体系,将地区产业向更加合理健康的方向发展。京津廊地区的产业高度依赖京津市场和城镇的服务支撑,这些产业很可能形成若干个规模相当的中小企业生产同一终端产品的不同环节的产业集群,他们之间的相互协作关系则更加重要。

3. 南部功能协同区

(1) 现状主要问题

从目前的基础来看,南部功能协同区虽然拥有较好的交通区位,但长期以来工业化和城镇化都处于缓慢推进的状态,国家政策和大型投资不向这一地区倾斜。本地民营资本虽然有一定的发展,但规模和知名度都非常有限。造成城市就业机会不足,农业人口大量以"异地城市化"的方式流出,给北京等区域中心城市带来巨大压力。人口外流和产业停滞使政府财政收入非常有限,难以支撑社会服务设施的建设和更新,又造成城市对人和资金的吸引力进一步下降。

同时,这一地区发展滞后也是天津始终难以成为集装箱大港的原因。作为京津冀沿海地区与腹地联系的必经之地,长期以来该地区通道建设严重不足,更多地作为其他省份通向腹地的走廊。

因此,对于南部地区来说,当务之急是如何在新一轮的发展中摆脱困境、跨越门槛,发展本地企业和劳动密集型产业,缓解就业压力。这对解决本地人口城镇化,缓解北京压力以及支撑天津发展都至关重要。除此以外,该区域还需构筑支撑沿海的通道系统。

(2) 功能组织和协同发展策略

对于本区服务职能的构建,最重要的目的是减小地区差异,实现均衡发展。同时,要着力培育一个强有力的中心组织者,这一城市将具有综合服务职能,将中部地区的各种服务职能集中,并依次向次一级中心城市辐射,形成该地区树状服务体系。这一组织者必将是石家庄,各地级市则承担次级中心城市的职能。京津冀城市结构形成以中心城市、次级中心城市和小城市的等级模式组织。

对于产业发展,要避免走"大而全"的盲目发展路线,应着重依托城镇群支点的辐射与带动,主动承接沿海重型产业链的延伸。对于石衡地区和保定地区的劳动密集产业,一方面要积极与中部地区原料、中间品生产相协调,共同构成完整的上、下游产业关系;另一方面,要积极提高产品科技含量,促进小城镇与中心城市沟通协作,使城市服务职能与地区工业生产协调发展。

4. 跨协同区的功能融合与联动

(1) 加大中部、南部地区对北部和西部地区的补偿力度

北部和西部地区对于中南部地区尤其是中部地区具有重要的生态意义,其生态环境必须加以严格保护,产业职能应更多放到中南部地区去完成。因此中部、南部地区必须对北部和西部地区进行补偿,除了现有的货币补偿,还应该进行一些项目援助,设置培训机构,优先吸纳北部和西部地区人口等。

(2) 加强中部与南部地区的产业协作及公共设施廊道协调建设

中部处于国际门户地区,承担国际交往、国际贸易等职能,而南部地区是中部的直接腹地以及中部地区连接国家西北腹地的门户地区,因此中部、南部地区区际功能协作具有重要意义。一方面中部、南部要进行积极的产业协作,发挥各自优势,形成较为完整的产业链,使南部地区成为中部强有力的腹地;另一方面,重大交通等基础设施要实现无缝对接,使中部地区能够辐射更广阔区域。由于环渤海地区是内凹型岸线,形成了以大连、天津、青岛三个主要港口为龙头带动内陆腹地的相互独立、三分并行的格局体系。京津冀实际的腹地联系更多是向西向南,而不是向北的,这也使得京津冀内部南北两个区域存在天然的依存关系——北部具有岸线而南部具有通道,没有南部的支撑北部的发展则是"无源之水、无本之木"。

第四章 城乡空间发展格局

一、城乡空间格局构筑

(一) 以推进健康城镇化为原则

未来20年是我国实现全面发展的重要战略机遇期,加快经济社会发展是我国城镇化的主要动力,因此,新型工业化和健康城镇化成为我国优化城乡经济结构、实现国民经济快速增长的重要保障。然而在区域层面,新型工业化体现为完善的产业体系、合理的经济结构,以最终提升城镇群综合竞争力;健康城镇化表现为合理的"城镇簇群"结构,在推进新型工业化、解决农村富余劳动力出路等方面将发挥重大作用,以提高城镇综合承载能力。

立足于新型工业化和健康城镇化的国家要求,秉持提升城镇群综合竞争力和综合承载力的区域目标,京津冀城乡空间发展应因地制宜地走多样化的城镇化道路,推进大中小城市和小城镇的协调发展。根据经济社会发展水平、资源禀赋和环境基础等要素,构建有利于各地经济、社会和环境协调可持续发展的多样化城乡空间新格局。在发展动力充足、城镇分布较为密集的地区,应形成多中心多层级的城镇体系构架,着重完善小城镇功能,提升小城镇吸纳农村富余劳动力的能力,通过形成完备的城镇服务体系,发挥不同等级、不同规模的城市和小城镇在一定区域范围内的辐射和带动作用,以便提升城镇综合竞争力和承载能力;而在生态环境脆弱、经济欠发达地区,应大力培育大城市作为地区发展的增长极,形成中心集聚的城镇体系格局,通过吸引人口和产业的集聚,实现人口与资源的区域平衡和协调发展。

(二) 将都市区作为空间发展的重要载体

区域不同的发展路径,必将导致不同的城镇空间发展模式。由于处于不同的战略背景和发展阶段下,导致了长三角和京津冀发展路径和功能组织的必然差异。长三角经济的迅速崛起,有赖于工业总规模的增长,而工业总量的快速攀升更多依靠用地规模的扩张。因此,城镇所表现出的空间连绵态势主要是大量工业用地沿交通线路轴向迅速拓展的结果。这种发展模式的弊端在于:一方面,区域性服务功能体系尚未形成,而区域服务功能的不足导致生产能力的效率得不到最大限度的提升,面对土地稀缺和环境恶化的巨大压力,依然表现为城镇用地的综合效率持续低下;另一方面,区域层面基础设施不完善,不仅增加了产业运作成本,同时也遏制了一些重要的区域性功能节点作用的发挥。

所以,因长三角低效率的土地开发利用所形成的轴线蔓延的城镇空间发展模式,并不能满足京津冀实现跨越式发展的需求。为此,京津冀采取不同于长三角的依托城镇发展的点状空间增长模式,是处于区域发展临界点上的必然选择。显然,城镇作为区域功能体系的空间载体,将在京津冀发挥后发优势、完成跨越式发展这一过程中起到至关重要的作用。因为,只有依托城镇强大的服务能力加强创新增值和服务增值,实现增长方式由粗放发展向集约利用的转变,进而提高单位用地的投入产出比,提升区域生产的整体效率。

因此,本次规划强调京津冀的城镇空间增长以点状生长为主要模式。规划依据区域职能分工、产业类型和城镇密集强度的分异以及两市一省规划的相关内容,将城镇未来发展的空间形式分为"都市连绵区"、"联合都市区"、"大都市区"以及"都市区"四种类型,共十个地域空间单元进行组织。它们将成为区域实现新型工业化和健康城镇化的重要功能空间载体,带动区域整体协调发展。

(三) 重视两大趋势对城镇空间增长的作用机制

本次规划引导首都职能区域化实质上是构筑以首都为核心的区域服务体系。一方面要引导部分首都的职能向外迁移,同时进一步完善和提升首都核心职能;另一方面为适应转型需求配置的一些新职能在根据需要尽量置于非首都地区,这在空间上将直接决定区域内中心城市的规模等级。在首都通勤范围内,各城镇将直接受到首都的辐射和服务,将受到较大城市的抑制。首都通勤圈外距离首都较近的地区为了将首都职能向下传递,需要有区域性专业职能的空间载体,这将形成一些大城市。离首都距离较远并受首都辐射的地区则需要更大型中心城市,成为地区综合服务的中枢组织者。

除了首都职能的区域化,海陆联动也是实现区域均衡开发,完成跨越式发展的重要推动力之一。本次规划提出的海陆联动意在形成区域不同产业分工、协作以及联合发展的合理关系。而不同的产业将呈现不同类型的企业集群,企业集群类型的差异必将导致区域空间发展模式的不同,主要表现为对城镇密度的控制和城镇等级比例的约束两方面。

二、城乡人口流动引导

(一) 人口分布现状

2000年京津冀流动人口规模达1 170万人,占总人口的13%(高于全国的11.6%),占全国流动人口的8.1%。京津冀已经成为目前国家异地城市化的重要承载地。

第一类地区:是京津冀人口最为密集的地区,也是京津冀吸纳外来人口能力最强的地区。迁入人口占总人口的比重达30%以上,迁移距离以远程迁移为主,外省迁移人口占总迁移人口的50%以上。

第二类地区:随着国家新一轮投资导向对天津的倾斜,滨海新区的建设给天津带来了巨大的发展机遇,人口集聚力与人口增速也大幅度提升,是京津冀外来人口迁移的主要目的地之一。迁入人口占总人口的比重达20%以上,人口流动以近距离流动为主,外省迁移人口占总迁移人口的30%。

第三类地区:是京津冀人口郊区化与疏散京津外来人口的分流地区,省外流动人口的比重低于前两类地区。流动人口占人口的比重小于20%,省外流动人口占总流动人口的比重小于30%。

第四类地区:京津冀中南大部分地区的人口流动相对平稳,迁入与迁出基本持平,人口净迁入小。

第五类地区:是京津冀生态保育地区,产业基础相对薄弱,常年来的人口外迁使这一地区成为京津冀唯一的人口净流出区。

因此,第一类地区是京津冀发展最为成熟的地区,虽然自然增长率较低,但其对于外来人口具有极强的吸引能力,在未来十几年里,这里必将是京津冀人口快速增长的地区。然而,由于区域资源环境承载的容量有限,这一地区未来的人口政策应该是适度控制其过快增长,引导人口向区内其他地区分散流动。第二、三类地区是首都外围发展条件和机遇最好的地区。凭借国家的大量投资建设和沿海产业的快速发展,这里将作为提高京津冀城镇群综合承载力、引导京津冀外来人口大量流入和首都人口分散的最佳地区。第四类地区主要是未来发展劳动密集型产业的重要地区,将为京津冀内部人口的本地就业提供重要机会,是未来京津冀内部人口流动的主要目的地。

(二)人口流动预测

京津冀要成为国家未来异地城镇化的重要承载地,必然要承担起快速城镇化的重要使命,城镇人口必须达到国家规划要求的区域人口总规模。本次规划《人口流动与城乡统筹》专题研究认为:到2020年京津冀城镇人口总规模达到7 000万-7 500万人(其中:北京1 600-1 800万人,天津1 200万-1 300万人,河北4 200万-4 400万人)。

由于区域内部生态环境和产业基础的差异,未来不同地区的人口承载能力也有所差别。

京津廊地区是京津冀产业基础最雄厚,发展动力最活跃的地区,在国家新一轮战略调整的宏观背景下,这里将成为带动京津冀全面快速发展的核心地区。未来20年,首都职能区域化和双向开放的海陆联动战略将对北京周边地区形成生产和服务能力的双重辐射。这些地区的产业发展将会出现现代服务业和制造业齐头并进的基本格局,不但会进一步发展壮大其制造业基本功能,发展成为全国重要的电子信息、机械设备制造、交通运输设备制造、生物医药制造、光机电一体化等现代制造业和高新技术产业集聚区和重要的石油化工、海洋化工、精细化工等现代重化工产业集聚区,同时也会进一步繁荣其服务业,发展成为金融、保险、计算机服务、技术信息服务、研究开发、文化创意产业、中介服务和现代物流等产业集聚的现代服务业集聚区。这样的产业和服务体系将对京津冀的人口总规模产生较为深刻的影响,未来这里必然成为人口高速增长的区外流动人口第一吸纳区。

石家庄将形成以传统轻型工业为主的劳动密集型产业,并将继续强化其在机械、医药、纺织服装、食品加工等主导产业上的优势地位。通过强化与京津双核的产业联系、建立多种形式的产业合作,如企业总部和研发部门迁入北京,有效利用北京的信息、技术和研发优势为企业服务。同时积极吸引民间资本,培育全国性和区域性专业化市场,依托专业化市场发展传统产业集群,如纺织服装集群。石家庄将会形成大量的以消费品制造为主的市场型产业集群,对人口的吸纳作用相当明显,因此,这里将成为未来京津冀吸纳本地大量就业人口的快速增长地区。

唐山和沧州工业发展基础较好,曹妃甸新区的建设给唐山的发展带来了充足动力,而渤海新区的快速建设也同样将为沧州的城市发展贡献力量。唐山的重型装备制造和沧州的化学、化工中间品生产,将分别成为两城市的主导产业。对于沿海城市而言,经济的快速发展有赖于岸线资源的充分利用,未来临港工业的迅速发展对于二者都至关重要。然而,重化工业的发展对人口的吸纳能力稍显不足,因此,唐山和沧州将成为区域内部继京津廊和石家庄之后,第三大流动人口吸纳地。

邯郸和邢台以传统重工业制造为主的产业功能将得以延续,更新和重组后的钢铁、纺织业将发挥主导产业的优势。作为矿业型城市,二者在扩展钢铁产业链的同时,要大力发展循环经济,开发绿色产业,寻找产业转型的最佳机遇。人口承载力将不会有大幅度提高,地区人口规模略有增长,对外来人口的吸纳能力较小。

秦皇岛是依托优良岸线资源发展旅游业的城市,生态保育和旅游发展要求秦皇岛将在未来的发展中成为人口迁移比较平衡的地区。同样地,依然以传统轻工业为主的保定和衡水在未来产业发展的机遇并不很大,因此也和秦皇岛一样是京津冀范围内人口相对平衡的地区。

张家口和承德是京津冀城镇群基本的生态保障区。该区域未来产业的发展应发挥其丰富的自然资源、良好的生态环境与区位优势,从京津冀生态环境保护的大局出发,应转变其已形成的包括钢铁、机械、建材、能源、化工和食品加工等为核心的产业结构体系,按照循环经济的理念改造和提升现有的传统工业结构,构筑以生态产业为主导的新型产业功能体系。这样的产业类型将使得这一地区的人口呈现大量流出的现象,成为京津冀唯一的大量人口流出地区。

三、城乡统筹的主要对策

(一) 城乡关系现状

1. 城乡差异特点:各自差异小,整体差异大

世界发达国家的工业化历程表明,城乡发展差距都会经历一个先扩大后缩小的过程。在工业化的前期和中期,由于农业产业效率提高的速度不及非农产业,农民与非农业劳动力的收入差距不断扩大,而此时城市的聚集效应又促使各种生产要素向城市聚集,城乡差距呈扩大之势。在

工业化的中后期,由于非农产业效率增速趋缓,各国又普遍采取了反哺农业的政策措施,城乡居民收入逐渐趋于一致。城市的扩散效应也使得生产要素流向其腹地,在带动农村地区发展的同时,城市在空间上也不断向城市化地区蔓延,最终形成一体化的城乡结构。

城乡差距与发展阶段密切相关。京津冀两市一省在地域上紧密相连,但在发展阶段上却各有不同,根据相关研究,北京、天津和河北分别属于后工业化时期、工业化后期和工业化中期。

从全国范围看,处于后工业化时期的只有北京和上海两个直辖市,北京的城镇和农村居民收入水平都低于上海,收入比值却显著地高于后者,与上海的差距十分明显。相比于处于工业化后期的天津、广东、浙江、江苏等四省市,北京城乡居民收入的绝对水平领先,收入比值只低于广东。天津的城镇居民收入低于广东、浙江,农村居民纯收入低于浙江,收入比值仅高于江苏。总体而言,北京落后于上海,城乡居民收入水平与其整体发展水平相适应,但居民收入差距相对较大。天津和河北在与同发展阶段的省市比较中,无论是收入的绝对水平还是收入差距都属于中等水平。

城乡居民收入差距以及在此基础上形成的生活质量差距,都是工业化过程中农业和非农产业效率差异的结果。因此,产业效率也是分析城乡发展差距的重要视角。从农业和非农产业效率的比较来看,北京市的产业效率相对差距较小,不及上海的一半。极低的比值也有特殊的原因,2004年北京市的农业劳动生产率全国最高,达16 732元/人,而其非农产业效率奇低,只及上海的53%,甚至低于黑龙江。天津的农业产业效率低于京沪,但高于其他省市,非农产业效率仅低于上海和江苏,两者差值也不算大。河北农业产业效率在发展阶段相同的七省中列第四位,非农产业效率列第六位,两者之比也是第四位。从产业效率的比较来看,基本可以印证通过城乡居民收入和人类发展指数比较得出的结论,即京津冀两市一省同类似地区相比,农村发展水平相对较高,而城市整体发展水平相对不高,因此,以单独的省市为比较单元,京津冀城乡发展差距并不显著。

但若将京津冀两市一省看作一个整体,其城乡差距却十分显著,尤其体现在京津主城区与河北落后农村之间。也因此形成"环京津贫困带"的提法。这种整体城乡的巨大差距构成京津冀城乡统筹发展的重点与难点。

2. 县、乡经济发展缓慢,制约城乡统筹

发展县域经济是统筹城乡发展的重要环节,县域经济的发展壮大,对上可以承接大城市产业,在区域内形成层次分明、分工合理的产业链条,对下可以带动农村发展,促进城市文明向农村辐射。相比珠三角和长三角,京津冀县域经济与乡镇企业发展缓慢,既没有形成推动区域整体发展的核心动力,也是导致区域城乡差距加大的主要原因之一。

(二)城乡统筹对策

1. 推进新型工业化提升京津冀城镇群非农产业就业机会

构建京津冀合理的城镇体系框架,努力推进京津冀新型工业化进程,尽可能地通过技术进步、延长产业链、发展现代服务业体系来扩大就业。根据产业与就业扩张的关系,京津冀六个人口次区域适合不同的产业政策方向。

2. 构建以人为本的人口流动管理机制

"十一五"规划第一次明确提出要推进中国"城镇化健康发展"。从人口流动管理和统筹城乡协调发展的视角看,要将城镇化进程驶入健康发展的轨道,要求中心城市担负起接纳流动人口的历史性责任,必须构建"就业＋社会保障＋合法住宅＝城市户口"的户籍管理制度。

与能否准确预测城市规模相比,构建人口流动管理平台更加重要。前者是可变的,在市场条件下完全准确预测是不可能的,而一旦建立起有序的人口流动制度,那么不管人口多少,谁来谁走,都将按照特定的轨道运行。城市随着产业的发展,以就业引导人口流动,以制度稳定流动人口,构建和谐的发展秩序,是推动城镇化健康发展的核心与关键。

3. 以"三个集中"谋求聚集经济效应

构建了人口有序流动的平台以后,需要解决人口往哪里流的问题。从总体上看,人口次区域划分基本指明了人口流向的总体分布。在各个区中,必须遵循集中发展的原则,除了京津成熟区外,在各地级市、县级市和县的范围内,都需要遵循"三个集中"的基本原则。"三个集中"是指产业向产业发展区集中,人口向城镇集中,土地向规模经营集中。推进"三个集中"是谋求新型工业化时期城镇化的经济聚集效应,是构建多层次城乡互动、共同发展的重要路径,是城市吸纳富余劳动力、乡村减少人口压力、推动现代农业发展三个过程在空间上的统一。

4. 优化村镇布局

为优化村镇布局,应从以下方面入手:①发展和壮大县域经济,根据各地不同发展条件,因地制宜优化县域村镇布局,促进村镇向发展条件好的地区聚集;②重点处理好城乡结合部村镇发展与城市建设的关系,妥善解决城中村问题,构建城乡协调发展格局;③加强村庄规划工作,确保规划安排专项资金到位,支持编制村庄规划;④开展村庄治理试点,从实际出发稳步推进村庄建设和人居环境治理,推进管理有序、治安良好的和谐村镇建设;⑤保护好有历史文化价值的古村落和传统民居;⑥促进村庄适度聚集,使土地集约节约利用;⑦开展村庄整合,对"城中村"、"空心村"、"连片村"以及"安全隐患村"等进行村庄重组;⑧引导乡镇企业向小城镇集中,人口向镇和中心村集中,农村土地向规模化经营集中。

5. 为广大乡村提供均等化的公共服务

为广大农村地区提供均等化的公共服务是统筹城乡发展的制度保障,这既是提高乡村居民生活质量的必要手段,也是提高乡村居民基本素质、保障他们进入城市劳动力市场以后能够具有市场竞争力的基本手段,从而成为推进城镇化健康发展的必要举措。

京津冀为乡村提供均等化公共服务的难点在于:必须构建跨区域的公共服务供给机制,使京津真正发挥中心城市职能,以便在支持河北欠发达地区发展的过程中承担起相应的职责。建议以京津冀财政资金为基础,专项用于为农村地区,特别是为河北公共服务严重缺乏的广大乡村地区提供公平化的公共服务,在最短时期内弥补公共服务之不足,为京津冀统筹城乡发展提供制度保障。

四、都市区发展指引

(一) 京津廊都市连绵区

1. 发展定位

(1) 范围界定

北京市(除门头沟区、延庆县、怀柔区、密云县和平谷区以外)的13个市辖区、天津市全部18个市辖区(县)、廊坊市除大城县以外的9个市区县、保定市下辖的4个市(县级)县(涿州市、高碑店市、定兴县、雄县)。

(2) 发展定位

北京主要承担国家政治、管理、文化、国际交往、教育科研和创新、公共服务等区域职能;天津主要承担区域经济、海港枢纽、区域产业、生产性服务等区域职能;京津共同承担国际门户、交通主枢纽和物流贸易等区域职能;廊坊等市、县承担部分辅助性区域职能,如教育培训、科技研发等。

2. 区域职能

(1) 保护职能引导

① 保护好北京北部、西部山区和天津北部山区的山体和林地,保障森林覆盖率。保护好潮白河流域、永定河流域的沙化土地和沙尘源区。

② 保护各种水体、水源保护区、水源涵养区、蓄滞洪区,特别是保护好永定河、潮白河、海河、南北运河等河流通道和南水北调等调水工程通道范围,保障密云水库、于桥水库、北大港水库等城市供水水源水库的水质安全和水量。推广天津节约城市生活用水和生产用水的经验。采取各种措施控制地下水源的水位。

③ 保护境内湿地和各自然保护区、森林公园。如天津古海岸与湿地自然保护区(国家级)、团泊洼鸟类自然保护区(市级)、于桥水库水源保护区(市级)、白洋淀湿地(与安新等合作保护)、永定河保护区和密云水库保护区等。

④ 保护好本地区的农业生产空间资源,针对各区、县的水、土、地形特点培育相适应的农业生产主导产品。注意农业节水和化肥等面源污染。控制乡镇用地的随意扩张,保持农业生产在平原地区县域范围内的整体效益。

⑤ 保护天津境内岸线资源,提高生产岸线利用效率,尽量不占用生活岸线安排产业。保护大陆架—近海海域水环境,提高入海水体的环境质量和水量,减少排放。

⑥ 保护区域内的各种文化资源和各级文物。

(2) 生产职能引导

本地区生产职能将以较为高级的消费品制造以及都市产业为主。本地区集中了各种核心高端资源,未来以发展高端原料生产、中间品生产和装备制造为主导,天津滨海新区依托滨海资源形成较为综合的产业集群。本地区消费品制造技术含量较高,产品复杂,将会出现若干规模相当的中小企业协作生产同一终端产品的模式。

根据各种资源的空间分布状况,本地区的生产职能也存在空间上分异:北京主城区、天津主城区、京津的部分新城以高端的消费品制造为主;廊坊的各区县、天津北部的新城以中高端消费品制造、都市产业为主;滨海新区以原料生产、中间品生产、装备制造为主。

(3) 服务职能引导

本地区的服务职能是整个城镇群最核心的职能。主要发展门户性质的交通、物流服务,科研、教育、创新服务,行政、金融服务等。

① 北京、天津分别以客、货综合交通门户为基础,提供交通物流服务。故应特别加强北京主城区、天津主城区、顺义新城、通州新城、亦庄新城、大兴新城、武清新城、廊坊市、霸州市、蓟县新城等交通枢纽之间的联系。

② 加强北京教育资源、科技研发、创新能力的转化和对企业的支持,特别是对本地从事消费品制造的廊坊、各新城的产品研发方面的支撑。

③ 发挥天津滨海新区作为国家综合改革配套实验区的优势,积极进行制度创新。

④ 在整个地区(除京津主城区)集聚大量具有区域意义的专业性职能点,如廊坊、霸州、蓟县、通州、亦庄、顺义、大兴等,将成为区域服务体系的强有力的支撑。

3. 城镇空间发展

(1) 战略性空间

严格控制和预留机场、铁路、港口等国家级、区域级基础设施、通道及其周边用地;严格控制和预留滨海新区、新城和其他区域职能增长点和培育点的用地。

(2) 生态环境空间

严格控制都市连绵区内的河流、耕地等非建设用地的生态环境质量;严格控制区域性环卫设施的次生污染;严格控制和管理外围城镇空间网络之间生态隔离廊道,保障区域生态廊道的完整性。

(3) 重大(区域性)基础设施空间(节点、廊道)

控制区域性交通设施节点和区域性交通廊道。主要节点有首都机场、首都第二机场、天津滨海机场、天津港、高速铁路客运站(京、津)、主要铁路站场(京主、通州、津主、武清、廊、霸);主要区域交通廊道有京津复合廊道、京沈复合廊道、京开廊道、津霸保石廊道、津蓟廊道、东北—华北过境廊道、沿海货运廊道。

还应保障区域性资源和能源供应,控制区域长输天然气通道、南水北调通道等。

(4) 城镇发展协调空间

① 与唐山—曹妃甸联合都市区、沧州—黄骅联合都市区协调沿海产业空间布局,对同类型产业的布局进行跨行政区协商。

② 严格控制滨海新区产业的产业准入门槛,保障都市区有限的岸线资源的合理开发和利用。

③ 控制主要交通廊道周边城镇空间的扩展,保障区域性交通设施的通畅。特别是过境北京、天津主城区的货运通道周边,应尽量少布置城市职能空间。

(二) 石家庄大都市区

1. 发展定位
(1) 范围界定

石家庄市域行政范围。

(2) 发展定位

石家庄大都市区是城镇群南部的生产、运输、服务的组织者,国内门户地区,区域消费品制造的重要基地之一和区域次中心。

2. 区域职能
(1) 保护职能引导

① 切实保护好西部山区的林地和水体、水源保护区、水源涵养区。

② 保护好自然河流通道和南水北调通道。

③ 保护好西部、北部山区的生态和环境资源。

④ 保护好本地区的农业生产空间资源,针对各县的水、土、地形特点培育相适应的农业生产主导产品。注意农业节水和化肥等面源污染。控制乡镇用地的随意扩张,保持农业生产在平原地区县域范围内的整体效益。

⑤ 保护好具有重要历史文化特色的历史街区、名村、名镇,在保护文物古迹的基础上挖掘历史文化内涵。

(2) 生产职能引导

本地区以发展消费品生产为主,并已具备若干专业消费品制造集群的雏形。石家庄主城区应大力发展医药、纺织、高新技术、食品等工业为主的消费品制造业以及商贸、物流等服务业。同时积极培育周围较为活跃的市县职能,发展皮革、纺织、服装、印染、陶瓷、果品等消费品制造业,拉长产业链条,培育龙头企业,强化集群竞争效应,培育产业集群,提升整体竞争力。

还应处理好与冀东南地区的竞争与合作关系,应积极利用京津以及本地的教育、科研资源优势,提高产品的附加值和竞争力。

(3) 服务职能引导

① 石家庄是南部地区的生产和服务组织者,其综合服务能力将辐射整个南部地区。应积极发展区域性的物流、商贸服务职能。依托交通区位优势,利用发达的公路、铁路交通网络,发展晋南、冀南地区的物流中转业务,做好沿海港口的后方货源的组织工作。

② 积极培育区域创新职能、优化人才培养机制。抓住区域产业和空间格局调整的机遇,提升科研技术水平、优化职业教育结构,面向整个城镇群重点提供应用研究环节的专业性区域创新服务。

③ 面向沿海产业和京津廊都市连绵区提供相应的技术人才和服务人才的培训,积极利用铁

路、公路的综合交通优势，力争成为城镇群南部专业领域创新和职业人才培养中心。各县市应积极引导和组织农村剩余劳动力参加职业技能培训和成人教育，有目的的向外输送人才。

④ 积极与京、津、保等地区联手发展区域旅游服务业。重点做好红色旅游、自然风景旅游、历史文化旅游等具有区域性辐射能力的项目开发和建设，积极与保定、太原等城市联系旅游协作和共同开发。

3. 城镇空间发展

（1）战略性空间

石家庄市区、鹿泉、正定、藁城、栾城等城镇作为都市区核心的组成部分，应控制和预留都市区核心职能增长的空间。

注意控制京广、石衡、石济三条交通廊道上的城镇增长边界，优先保障和发展区域性产业和职能空间。

（2）生态环境空间

灵寿、行唐、平山、井陉、赞皇等县的山区城镇，在生态保护的前提下，城镇空间应集约发展，保障区域生态保护的整体效果。

（3）重大（区域性）基础设施空间（节点、廊道）

本地区的区域性交通设施节点主要为高速铁路和铁路站点、高速公路出入口等设施，其中石家庄的京广客运专线站点、石太—京广编组站是未来铁路运输的关键性节点。

应控制和预留北京—广州、天津—石家庄—太原、沧州—石家庄—太原、济南—石家庄—太原等四条重要的区域性交通廊道，保障石家庄机场等重要设施。做好区域性水资源调配的保护和维护工作，特别是南水北调工程的保护。保障区域天然气、石油管道的安全。保障500kv省际输电走廊和输变电设备的安全。

（4）城镇发展协调空间

京广走廊、济（衡）石太走廊是石家庄大都市区城镇空间发展需要重点协调和控制的地区。

石家庄大都市区东部平原城镇应以中心扩散为主，城镇空间增长应注意农业生产空间的整体保护，避免农业生产空间的破碎。高速公路出入口等区域性交通设施周边应作为区域性空间资源加以控制，提升利用水平。

京广铁路沿线及铁路以东地区是重要的产业区，是本地区与整个区域市场对接的主要平台之一。应培育具有区域影响力的城镇产业集群，注意与相邻的沧州—黄骅联合都市区、衡水都市区、保定都市区、邢台—邯郸联合都市区的重点产业区的协调。

（三）唐山—曹妃甸联合都市区

1. 发展定位

（1）范围界定

唐山市域行政范围。

（2）发展定位

环渤海地区重要的经济中心，主城区承担区域生活、服务职能，曹妃甸为国家级能源原材料和基础工业基地、国家能源原材料储备调节中心和新型滨海生态城市。

2. 区域职能

（1）保护职能引导

区域北部浅山丘陵为我国北方燕山山脉生态防护区，应保护区域生态环境，加强山区生态环境建设。

① 加强保护潘家口水库、大黑汀水库、邱庄水库、陡河水库等水源区，使水质和水量符合区域生态安全和城镇发展的有关要求。加强市域滦河水系、蓟运河水系和沙陡河水系的环境保护。保护滦河口湿地及石臼坨海洋自然保护区。

② 保护沿海岸线，开发利用与保护并重。曹妃甸产业发展要与海岸线资源的保护相结合，保护乐亭沿海生活、旅游岸线资源。

③ 北部山区积极进行生态养育和适度退耕还林，以保为主，保护唐山市域水源、生态区域。

④ 保护北、中、南部农业用地资源，注重各县农业产品的针对性，注意保护耕地，注意农业节水和化肥等面源污染。控制乡镇用地的随意扩张，保持农业生产的整体效益，保障区域农副产品的供应能力。

⑤ 重点保护好马兰峪长城、清东陵等文化遗产，保护好具有重要历史文化特色的历史街区、名村、名镇，在保护文物古迹的基础上挖掘历史文化内涵。

（2）生产职能引导

唐山处于中部国际门户地区，是京津冀重要的重工业城市。其支柱产业是钢铁工业、能源工业、建材工业、装备制造业、化工工业等。长期以来城市服务能力较低，产业发展依托丰富的矿产资源，小型开采加工散布在资源产地周边，部分大型企业位于中心城市。

在未来发展阶段，产业仍然以原料、装备等重型工业为主。随着重化工业向沿海转移，整个地区的空间发展模式也会发生转变。重化工业往往会由国家和跨国大型资本运作，由大型和超大型企业组成。它们规模大研发能力强，一方面将会从出现大面积连绵工业用地，另一方面将依托大城市而发展。

唐山北部地区在原有重化工业向南部转型之后，将进行产业升级并与沿海地区形成合理的产业链结构，重点发展装备制造业，主要以大型企业为主。沿海地区为其提供原料和能源，原有小型原料生产企业可以引导其转型为辅助生产企业或者为大企业提供配件产品，由此形成大、中、小分工合理的产业集群。企业集群中的大企业由于对技术研发等服务要求较高，会位于唐山主城区。中小企业会有部分位于城市中心，部分位于服务条件和基础较好的周边小城市。人口增长将主要以大城市和小城市为主。

（3）服务职能引导

本地区承担区域商贸物流服务、区域创新体系、人才教育培养、应用研究职能。随着发展模式的转型和城市服务需求的增强，应依托全国公路主枢纽和良好的深水港口条件，加强与京、津的联系。并积极融入区域体系,在整个区域服务体系中承担起重要职能,成为本地区的产业和生活服务中心,同时,发展具有区域意义的职业教育和应用研究等服务职能,这样,唐山将成为大首都地区的区域性中心城市。

沿海重型产业往往需要较强的中心城市为其直接提供服务,由于唐山中心城距沿海地区较远,沿海地区必将出现专门化的大企业服务中心。同时,曹妃甸港将会成为区域物流门户港,这将推动滨海新城的形成,它将成为本地区重要的人口吸纳地。

另外,积极与京、津、承、秦等地区联合发展区域旅游服务业,形成区域一体化旅游服务体系。提升世界文化遗产——清东陵等地区文化旅游服务水平,挖掘乐亭大钊纪念馆、丰润潘家峪惨案纪念馆等红色旅游服务题材,优化地区的旅游服务职能,提高"冀东文艺三枝花"之称的唐山皮影、评剧、乐亭大鼓以及同为本地民俗文化精品的玉田泥塑、迁西景忠山庙会等国家级非物质文化遗产的区域影响力。

同时,引导北部长城和世界文化遗产、红色旅游等区域旅游资源的协调,形成具有辐射力的共同体,形成服务、配套设施标准统一优化区域旅游体系。

3. 城镇空间发展

(1) 战略性空间

曹妃甸是唐山—曹妃甸联合都市区的新兴城市功能核心,应注意控制城市职能发育和空间拓展的时序配合;遵化市、迁西市、迁安市是都市核心区外围的空间增长关键节点,应预留和控制城镇职能增长的空间。

(2) 生态环境空间

保护自然河流通道、湿地以及沿海地区生态功能的完整性,加强沿海生态防护体系建设。

(3) 重大(区域性)基础设施空间(节点、廊道)

本地区的区域性交通设施节点主要为高速铁路和铁路站点、高速公路出入口等设施,其中大秦线、京秦线、京山线和沿海铁路是运输的关键性通道。

应控制和预留好曹妃甸港与北京、天津、唐山市区联系的区域性综合交通廊道。控制三抚(三河至抚宁)干线、102国道、唐通(唐山至通州)线—中心区以东205国道、沿海公路的交通廊道,保障区域东西向联系。

(4) 城镇发展协调空间

① 重点控制南部地区以钢铁、石化为主的产品集聚区,加强南部城镇发展与产业发展的协调和控制。同时,积极推动唐山南部地区与天津滨海新区、渤海新区的协同发展。

② 加强区域港口协作发展,完善沿海公路铁路等综合交通通道建设,形成支撑沿海城镇带发展的重要骨架。

③ 区域内沿海城镇建设必须与生态环境保护相协调,特别是注重对湿地和岸线资源的保护。应合理划分港口、工业、生活、渔业、旅游和生态保护岸线,避免生产性岸线和非生产性岸线之间的相互干扰。

(四)沧州—渤海新区联合都市区

1. 发展定位

（1）范围界定

沧州市域行政范围。

（2）发展定位

承担部分区域应用研究中心职能和都市区内中心服务职能。渤海新区承担区域重要的重型产业交通枢纽和物流门户职能。

2. 区域职能

（1）保护职能引导

① 保护区域内重要湿地资源、水资源和沿海岸线资源。控制京杭大运河、减河、南排河、漳卫新河、黑龙港河等河流通道。

② 保护大浪淀水库、杨埕湿地、南大港滨海湿地自然保护区、黄骅古贝壳堤保护区、白洋淀湿地自然保护区。

③ 注重沿海岸线资源的合理开发和利用，加强沧州、黄骅地下水漏斗区域地下水资源的保护。

④ 注重港口产业发展与海岸线资源的保护相结合，保护沿岸湿地资源。严格控制对于地下水的开采规模，缓解平原地区的地下水危机。

⑤ 保护京杭大运河、沧州铁狮子等文物和文化资源。

（2）生产职能引导

与唐山相类似，沧州也是中部国际门户地区重要的工业城市，本地区具有丰富的石油化工、盐化工资源，形成了以化工产业为主导的产业结构。

在未来发展中沿海地区以大型重化工业、企业为主，主城区以及河间、任丘等地区将形成化工中间品生产地带。同时应强调壮大民营企业，强化大企业和中小企业之间的战略联盟，推动特色工业园区的建设。

（3）服务职能引导

沧州主城区承担部分区域应用研究中心职能，黄骅市承担重要的物流门户职能，同时要服务沿海地区重型产业。未来沧州、黄骅将成为两大中心城市。

除此之外，应充分挖掘京杭大运河、沧州铁狮子、武术和杂技等文化资源，加强沧州古城杂技艺术、武术文化、马本斋纪念馆红色旅游、白洋淀千里堤、果乡农业观光和滨海度假等旅游项目的开发，力争融入区域旅游服务体系。

3. 城镇空间发展

（1）战略性空间

预留和控制沧州中心区与渤海新区双核并进集聚发展的职能空间，以及外围任丘、泊头、孟村、肃宁的区域性产业职能空间。

(2) 生态环境空间

保护好自然河流通道和南水北调通道；保障沿海湿地的生态环境；保护平原农业生产的空间资源和整体效益。

(3) 重大(区域性)基础设施空间(节点、廊道)

控制作为区域性交通廊道的朔黄铁路和京沪铁路。加强对保津南线高速、石港和保沧高速、黄骅港至衡水高速、京开、京济、京沪、津汕、沿海高速通道的控制。建立沧州与区域西部的通道，联系石家庄、衡水等城市。增加疏港通道，发挥港口对内陆辐射带动作用。在现有石港高速的基础上，在市域南部和北部各增加一条以港口为端点的东西向高速公路，带动区域发展。

此外，应加强区域性资源和能源供应廊道的管理。包括西煤东运工程—黄骅大港、朔黄铁路，南水北调工程—引黄济冀工程，西气东输工程—陕京线和其他能源供应廊道。

(4) 城镇发展协调空间

① 加强东部沿海地区城镇与产业协调发展。

② 加强控制和预留生活岸线。

③ 加强黄骅主导产业、城镇布局与天津滨海新区的协同发展。

(五) 邢台—邯郸联合都市区

1. 发展定位

(1) 范围界定

邢台市域和邯郸市域行政范围。

(2) 发展定位

区域装备制造、消费品生产的重要基地城镇群，联系国内南部地区的物流门户。

2. 区域职能

(1) 保护职能引导

① 保护本地区西部山区的林地和水体、水源保护区、水源涵养区。

② 保护矿区的生态环境。

③ 保障本地区重要的物种资源、动物迁徙地和繁殖地的生态安全格局。

④ 保护自然河流通道和南水北调设施通道。

⑤ 保护好山地的植被演替的标志性生态特征和特色生态资源。

⑥ 保护东武庄水库、岳城水库、滏阳河、漳河等水系的水体质量和生态功能。

⑦ 保护好本地区的农业生产空间资源，针对各县的水、土、地形特点培育相适应的农业生产主导产品，注意保护耕地。注意农业节水和化肥等面源污染。控制乡镇用地的随意扩张，保持农业生产在平原地区县域范围内的整体效益。

⑧ 保护本地特色非物质文化遗产和各级文物。重点保护好国家级历史文化名城和非物质

文化遗产,保护好具有重要历史文化特色的历史街区、名村、名镇,保护好古矿址、窑址等遗迹,在保护文物古迹的基础上挖掘历史文化内涵。

(2) 生产职能引导

在邢台和邯郸的现有钢铁产业基础上发展装备制造业,以及消费品制造业,培育区域性专业消费品制造集群。

此外,本地区产业发展应积极利用京、津、石以及本地的教育、科研资源,提高产品的附加值和竞争力。装备制造业应注重与沿海同类企业加强信息与技术交流以及生产合作。

(3) 服务职能引导

为区域提供相应的技术人才培训,力争成为城镇群南部专业领域创新和职业人才培养的中心。各县(市)应积极引导和组织农村剩余劳动力参加职业技能培训和成人教育,有目的地向外输送人才。

还应积极推动石家庄、安阳等地合作发展区域旅游服务业。重点做好红色旅游、自然风景旅游、历史文化旅游等具有区域性辐射能力的项目开发和建设。

3. 城镇空间发展

(1) 战略性空间

邢台市区、邢台县、邯郸市区、邯郸县等都市区核心城镇,以及外围有一定产业基础且交通便利的市、县是本都市区的战略性发展空间。

(2) 生态环境空间

保护好自然河流通道和南水北调通道;保护好西部山区的生态环境;保护东部平原农业生产的空间资源和整体效益。

(3) 重大(区域性)基础设施空间(节点、廊道)

区域性交通设施节点主要为高速铁路和铁路站点、高速公路出入口等设施,其中京广客运专线站点、邯郸(邢台)—黄骅铁路编组站是未来铁路运输的关键性节点。

应控制好京广沿线的综合交通廊道,做好区域性水资源调配的保护和维护工作,特别是对南水北调工程的保护工作。保障区域天然气、石油管道的安全,保障500kv省际输电走廊和输变电设备的安全。

(4) 城镇发展协调空间

京广走廊是本区城镇空间发展需要重点协调和控制的地区,应注重城镇空间发展与交通走廊的协调。

东部平原城镇以中心扩散为主,城镇空间增长应注意农业生产空间的整体保护,避免农业生产空间的破碎,加强对区域性交通设施的控制。

涉县、武安、沙河、邢台、内丘、临城等市、县的山区城镇,在生态保护的前提下,城镇空间应采取集约发展的模式。

京广铁路沿线及以东地区是重要产业区,是本地区与整个区域市场对接的主要平台。应注重培育具有区域影响力的城镇产业集群。注意与相邻的沧州—黄骅联合都市区、衡水都市区、保定都市区、石家庄大都市区的产业协调。

（六）秦皇岛都市区

1. 发展定位

（1）范围界定

除青龙满族自治县之外的秦皇岛市域行政范围。

（2）发展定位

承担部分区域服务职能和都市区中心服务职能，国家重要的能源港口，国际物流门户的重要组成部分。

2. 区域职能

（1）保护职能引导

① 重点保护北戴河鸟类自然保护区、石河口海岸砾石堤自然保护区、昌黎黄金海岸自然保护区、抚宁柳江盆地地址遗迹自然保护区、滦河口湿地自然保护区、沿海防护林生态保护区、赤土山湿地保护区。同时加强滨海岸线资源保护。

② 保护本地特色非物质文化遗产和各级文物。重点保护好国家级历史文化名城和非物质文化遗产，保护好具有重要历史文化特色的历史街区、名村、名镇，在保护文物古迹的基础上挖掘历史文化内涵。

（2）生产职能引导

注重海洋产业的培育和区域性研发基地的建设，依托港口资源发展高科技及低能耗产业。加强对外开放力度，依托港口发展区域性临港产业。

（3）服务职能引导

依托良好的山海生态资源，承担区域性生态旅游及服务职能，提供高品质生活环境。进一步推进北京、承德、秦皇岛、张家口等城市之间旅游合作，形成旅游区域协作模式发展。

3. 城镇空间发展

（1）战略性空间

秦皇岛市区中心是承担区域研发、旅游服务职能的战略性空间。应重点控制和引导沿海旅游岸线及腹地空间。

（2）生态环境空间

保护好自然河流通道；保障沿海生态功能的完整性。

（3）重大（区域性）基础设施空间（节点、廊道）

控制区域性交通设施廊道，主要是控制和预留港口、京沈综合交通走廊以及津秦、京秦等铁路客运通道。

（4）城镇发展协调空间

生活岸线保护和环境保护工作应与唐山等沿海城市统一协调。

（七）保定都市区

1. 发展定位

（1）范围界定

除涿州、高碑店、定兴、雄县等市、县以外的保定市域行政范围。

（2）发展定位

京津冀重要的消费品制造基地，区域职业教育、物流商贸、专项研发、生态发展等地区级综合服务中心。

2. 区域职能

（1）保护职能引导

① 保护农业生产的空间资源和整体效益，控制东部平原地区乡镇用地的随意扩张，提高农业节水效率，控制化肥等面源污染。

② 保护好白洋淀等区域性水资源和南水北调等工程设施的水质和水量符合区域生态安全和城镇发展的有关要求。

③ 保护西部山区的生态体系和环境。

④ 重点保护好保定国家级历史文化名城和非物质文化遗产，保护好具有重要历史文化特色的历史街区、名村、名镇，在保护文物古迹的基础上挖掘历史文化内涵。

（2）生产职能引导

① 主要发展劳动密集型的消费品制造业，减少人口流出，实现区域人口平衡的目标。

② 保定主城区、定州、徐水、清苑等县（市、区）应做好汽车整车和零部件、装备制造、新能源设施等产业的优化和提升。以"中国电谷"等产业集聚平台为载体，培育壮大一批有竞争力的企业，提高产品科技含量，拉长产业链条。

③ 重点培育有产业集聚基础的乡镇，如三台镇、白沟镇等。引导中小企业发展壮大，使产业从初级集聚向产业集群的方向发展。培育相关的生产要素市场，提高企业的市场灵敏度和外向度。

④ 应注意与冀东南地区的竞争、合作关系以及与沿海原料生产、装备生产产业之间的协作关系，应积极利用京、津、石以及本地的职业教育、科研资源优势，提高产品的附加值和竞争力。

（3）服务职能引导

① 打造以保定主城区为中心、各县城为辅助的多级服务体系。

② 积极发展区域性的物流产业。保定主城区和徐水应发展面向京、津的中长距离物流服务，定州、安国、博野、蠡县等应积极争取利用现有朔黄铁路走廊发展铁路物流。

③ 积极发展区域性商贸服务职能，结合本地区农业生产，发展专业性的农产品集散市场。在市区及产业集聚地区建立信息化市场平台，对安国药材、曲阳石雕、白洋淀水产品等区域性品牌进行挖掘和宣传，以专业性市场为龙头促进相关产业发展。

④ 提升区域性科研和职业教育职能，争创区域专业领域创新和职业人才培养中心。面向整个城镇群提供应用研究环节的专业性区域创新服务，面向沿海和京津廊都市连绵区、石家庄大都市区提供相应的技术人才和服务人才。保定主城区应利用综合交通优势，打造区域专业创新、职业教育的服务中心。各县市应积极引导和组织农村剩余劳动力参加职业技能培训和成人教育，有目的地向外输送人才。

⑤ 积极与京、津、石等消费能力较强的地区联手发展区域旅游服务业，重点做好红色旅游、生态旅游、历史文化旅游等具有区域性辐射能力的项目开发和建设。提升白洋淀湿地等生态旅游服务水平，挖掘冉庄地道战等红色旅游服务题材，优化保定国家级历史文化名城的旅游服务职能，提高徐水狮舞、安国药市、定州秧歌戏、曲阳石雕等国家级非物质文化遗产的区域影响力。

3. 城镇空间发展

（1）战略性空间

重点控制和预留北部京广沿线和西部津保高速沿线的城镇空间发展用地，并与京津廊都市连绵区协调和对接。

特别是在保定市区北部和东部、徐水、清苑东部地区范围内，将来随着客运专线、高速公路网的建设和完善，需要共同控制好区域性产业和区域性服务职能的发展空间。

（2）生态环境空间

保护好自然河流通道和南水北调通道；保障白洋淀湿地、王快水库、西大洋水库的水质和水量；保护好西部山区的生态环境；保护东部平原农业生产的空间资源和整体效益。

（3）重大（区域性）基础设施空间（节点、廊道）

在保定和定州客运专线站点、津保大—京广编组站、京广—朔黄编组站等铁路运输的关键节点周边预留区域性职能空间。

控制和预留北京—石家庄、天津—保定—大同、天津—石家庄三条重要的区域性综合交通廊道。

做好白洋淀湿地、西大洋水库等水源、水体以及南水北调工程的保护工作。保障区域性天然气、石油输配管道的安全。保障500kv省际输电走廊和输变电设备的安全。

（4）城镇发展协调空间

保定都市区核心范围内城镇发展较密集，应注意控制和预留高端区域性职能的发展空间。各行政单元内部的产业和相关职能的用地需求应让位于区域性职能的空间需求，有条件的情况下应申请行政区划调整以保障区域性职能的落实。

京广铁路沿线及铁路以东是本地区的重要产业区，是本地区与整个区域市场对接的主要平台之一，注意培育具有区域影响力的城镇产业集群。注意与相邻的沧州—黄骅联合都市区、衡水都市区、石家庄大都市区的重点产业区的协调。

(八) 衡水都市区

1. 发展定位

(1) 范围界定

衡水主城区和相邻县行政范围。

(2) 发展定位

承担地区中心服务职能,国家粮食生产基地。

2. 区域职能

(1) 保护职能引导

为保障国家级粮食基地的生产条件,应重点保护衡水湖国家水利风景区、国家级湿地和鸟类自然保护区;保护流经衡水境内的潴龙河、漳沱河、滏阳河、滏阳新河、滏东排河、索泸河—老盐河、清凉江、卫运河—南运河等河流水系;保护河流水质和水量符合区域生态安全和城镇发展的有关要求;加强地下水漏斗区域的地下水资源的保护。严格控制地下水的开采规模,地区农业及产业应结合节水措施发展,控制地下水位大幅度下降,缓解平原地区的地下水危机;加强对沙化土壤、软土沉降地区的改造,提高土地资源生产力和承载能力。

(2) 生产职能引导

应实现集约生产和循环生产,提高规模经济效益,推动主导产业企业三集中(向特色工业园区集中、向中心市区和县城集中、向经济发展轴线集中),逐步形成以市区为中心,以县城为支点,以乡镇工业小区为基础,以高等级公路为轴线的开放型、集群式、串珠状主导产业开发格局。

同时,注重地区民营企业的发展,强化大企业和中小企业之间的战略联盟,推动特色工业园区的建设,形成市场和政府相结合的多元推动力,推动地区城市化。

(3) 服务职能引导

① 以劳动密集型产业为主,并向中心城市和县城集中。

② 服务和促进农业发展,推动城乡统筹工作进程。形成以衡水为中心的生活服务体系,强调乡镇对农村地区的服务作用。同时,要积极引导人口向中心城市和县城集聚,尽量减少农业人口,为农业产业化和大型机械化奠定基础。

③ 衡水处于齐鲁文化与燕赵文化的结合部,底蕴深厚,应结合地区历史遗迹,发掘地区文化资源,构建文化和旅游服务体系。

3. 城镇空间发展

(1) 战略性空间

重点控制市区功能拓展空间,加强外围深州市、冀州市、武强县、武邑县有关区域职能空间的引导。

(2) 生态环境空间

保护好自然河流通道和南水北调通道；保护平原农业生产的空间资源和整体效益。

(3) 重大（区域性）基础设施空间（节点、廊道）

控制和预留京开综合交通廊道、石德综合交通廊道以及其他区域性能源廊道。

(4) 城镇发展协调空间

注意石家庄大都市区东部城镇与衡水西部城镇的空间协调，加强衡水都市区核心区域与石家庄都市区的联系及职能分工、合作。应积极协调京九、石德铁路沿线民营企业及相关产业园区与石家庄、沧州、德州的产业和空间布局关系。

（九）张家口都市区

1. 发展定位

(1) 范围界定

张家口主城区。

(2) 发展定位

沟通西北与东部重要的物流门户，区域生态旅游服务中心及生态产业研发基地，生态型制造业基地。

2. 区域职能

(1) 保护职能引导

立足区域做好生态环境保护的管理和行政工作。合理优化水资源利用效率，控制乡镇用地的随意扩张。保护好洋河等自然水体和水面。

(2) 生产职能引导

逐步改造和提升地区传统产业，严格控制破坏生态环境的产业。立足周边旅游资源开发和生态农业发展，培育旅游服务、生态研发等新兴职能。

(3) 服务职能引导

依托良好的生态环境基底条件，承担部分区域基础研究职能，同时积极对接区域生态、文化旅游服务体系。

3. 城镇空间发展

(1) 战略性空间

与京、保等重要城市联系的交通节点是城市战略性空间。

(2) 生态环境空间

注重都市区生态环境空间与市域生态环境之间的有机联系。

(3) 重大（区域性）基础设施空间（节点、廊道）

严格控制和对接京张综合交通廊道、张石高速公路通道以及区域性能源通道。

(十)承德都市区

1. 发展定位

(1) 范围界定

承德主城区。

(2) 发展定位

联系东北与华北的物流门户之一,国际性的生态旅游服务中心与区域生态产业研发基地。

2. 区域职能

(1) 保护职能引导

① 立足区域做好生态环境保护的管理和行政工作。合理优化水资源利用效率,控制乡镇用地的随意扩张。保护好滦河等自然水体和水面。

② 重点保护好国家级历史文化名城和非物质文化遗产,保护好具有重要历史文化特色的历史街区、名村、名镇,在保护文物古迹的基础上挖掘历史文化内涵。

(2) 生产职能引导

改造和提升传统产业,严格限制破坏生态环境的产业,发展生态保育、生态治理研发和管理等新兴职能,构筑以生态产业为主导的新型城市产业体系。

(3) 服务职能引导

依托避暑山庄和外八庙等核心资源,联合京津,强化旅游服务职能。积极培育城市综合服务职能,在形成以主城区为中心的地区生活服务体系和建立本地区的城乡统筹机制中发挥核心作用。

3. 城镇空间发展

(1) 战略性空间

与京、津、唐等重要城市联系的交通、旅游服务节点是城市战略性空间。

(2) 生态环境空间

注重都市区生态环境空间与市域生态环境之间的有机联系。

(3) 重大(区域性)基础设施空间(节点、廊道)

重点做好区域性交通和市政体系的对接,特别是与京、津、唐之间的交通廊道对接。

第五章 重大设施支撑与保障

一、区域综合交通体系规划

由于历史原因,京津冀已经形成了以北京为核心向全国放射的铁路公路运输网络(图2-5-1)。大量跨区过境交通与区域内短距离交通高度重叠,给各种运输体系造成巨大压力,降低了区域整体运输效率,对北京的交通组织造成很大影响。

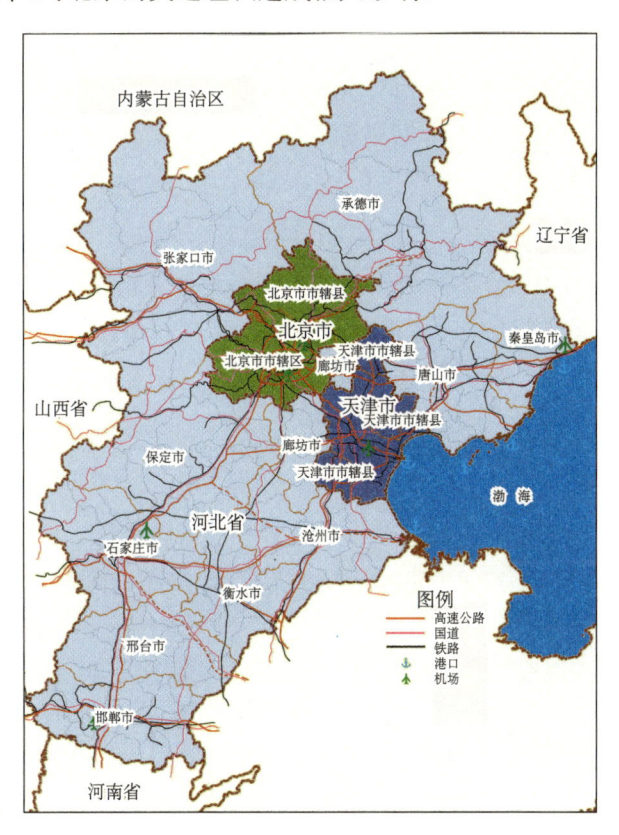

图 2-5-1 京津冀区域综合交通体系现状

在"两市一省"规划中,北京进一步强调对全国的辐射作用,并带动市域发展;天津强调通过通道建设拓展港口腹地;河北提出对接京津。

为提高京津冀交通运输体系对北方经济的服务和辐射能力,缓解北京交通压力并带动市域发展,推动天津滨海新区和河北沿海地区加快发展,迫切需要提升天津在区域中的交通枢纽地位,构筑京津双核交通枢纽体系;调整以公路为主导的交通运输模式向高速、重载、节能减耗方向转变;建立公路和铁路协调可持续发展、机场和沿海港口合理分工协作的综合交通运输网络。

(一) 区域综合交通发展目标与策略

1. 总体目标

以"服务北方,兼顾内外,布局合理,分工明确,高效环保,适度超前"为原则,构筑京津冀高效、多层次、一体化的区域综合交通体系。

2. 交通对城镇发展的支撑目标

引导综合交通的相互协同,发展区域的供应链体系来增加区域内的商业和投资;促进区域交通联系,包括区域内和区域外,并且促进区域的技术转换。通过区域综合交通系统的发展,在区域内部促进和引导区域联系交通方式由公路向轨道交通转变,城市发展由独立的城市发展向都市圈转变,发展层次上由沿海快速发展向沿海和内陆共同发展转变,大型交通基础设施由属地化发展向区域共享转变,在区域对外上由自身发展为主向带动中、西部共同发展转变,国际贸易上由国家的主要对外进出口地区向国家门户和国家对外贸易与交流中心转变。

3. 通达性标准

(1) 打造以京、津为核心的京津冀核心都市区1小时交通圈;扩大北京首都国际机场、天津北方国际航运中心等洲际门户3小时覆盖区域;实现区域内各地级市之间3小时通达。

(2) 打造三大协同区内部各城市客运1小时交通圈,货运2小时交通圈;实现协同区之间核心城市1.5小时通达,货运3小时通达。

(3) 实现平原地区县市15分钟连通高速公路,山区县市30分钟连通高速公路;实现平原地区县市1小时连通客运专线,山区县市2小时连通客运专线。

(4) 实现区域内主要航空客、货源2小时通达机场;实现主要货源3小时通达沿海港口。

4. 综合交通发展策略

区域综合交通发展应采取"两个引导、两个整合"的主导政策,引导和促进城镇发展、引导产业合理布局;整合区域综合交通体系、整合区域交通协调发展机制。加快落实和实施国家交通基础设施优先发展政策、公共交通优先发展政策等交通发展相关政策,切实保障人流、物流交通顺畅通达,保障社会经济交往的便利,保障城乡交通和谐发展。

(1) 依托北京首都国际机场、天津北方国际航运中心等洲际门户,构筑完善的区域对外交通体系,促进区域与世界各地的联系。强化北京、天津双核心全国交通枢纽城市地位,发挥其在全国交通网络中的作用。加强空港、海港等重大交通基础设施的区域共建共享,协调区域内空港、海港合理分工协作。

(2) 加快区域铁路客运专线、城际铁路和高速公路网络建设,促进和带动区域城镇职能整合,分层次按照交通需求特征规划和组织区域内交通。

(3) 构筑多层次的综合物流网络,合理分流区域过境交通。加强沿海港口疏港交通设施建设,加强北煤南运通道建设,发挥能源运输通道对国家社会经济发展的促进作用。

(4) 加强城乡一体化交通体系建设,推进城乡统筹发展和新农村建设。

(5) 建立与区域城镇和交通发展目标相适应的协调机制,完善区域交通规划、建设决策机制。

5. 区域交通设施分类发展策略

(1) 门户枢纽

门户交通资源与支持门户设施发展的综合交通网络共同构成京津冀对外门户交通设施,承担国家和京津冀对外贸易和交流的职能,不仅服务于京津冀内各城市,也服务于国家中、西部和华北地区。门户设施的发展一方面要分工明确、相互协调,另一方面要建立与门户功能相适应的内部和对外辐射交通网络,支持门户设施功能的发挥。门户交通枢纽应包含国际空港、海港、国家干线铁路、干线公路等国家级重大交通设施。

(2) 铁路

高速客运专线的主要站点要按照京津冀城镇空间发展要求,与京津冀城镇空间布局协调一致,从按城市布局转向按都市区布局,以都市区为基础组织对外客运交通。随着高速铁路的建设,京津冀对外客运交通中铁路的比例将大幅度提升,客运专线的建设使既有铁路的货运能力释放出来,京津冀普通铁路网络要根据铁路运输功能的转变,对货运铁路的走向和联系进行调整,与京津冀的货运枢纽相联系,为多方式联运创造条件,也为普通铁路功能改变后与城市的协调发展创造条件。

(3) 高速公路

国家干线高速公路是京津冀与周边地区沟通的重要基础设施,随着铁路速度和运输能力的提升,高速公路将主要服务于周边城镇群与京津冀城镇、重要交通枢纽的联系以及京津冀内部各都市区之间的联系。国家干线高速公路承担中、长距离的公路客货运输,以及区域内重要的交通枢纽对外集疏运,因此高速公路出入口的布局要与其功能及交通特征相吻合,避免由于过多开口而导致对外联系效率下降。

(4) 沿海港口

津冀沿海港口群形成北方国际航运中心、门户枢纽港、辅助港口和喂给港的港口体系,提升整个地区的航运竞争力。区域运输量的迅速发展将为沿海港口群提供充足的运量和发展动力,通过合作开发,以保障门户港口的良性发展,同时通过区域协调加以规范小型港口竞争。门户枢纽港口与国家干线铁路、干线公路直接衔接,支持港口扩大腹地。

(5) 民航机场

在区域内形成大型复合门户枢纽、辅助门户机场和支线机场三级机场体系,协调机场分工合作,加强区域与国内外的航空联系。区域内大型门户枢纽机场要与区域快速轨道、城市快速轨道系统衔接,并连通高速公路;门户机场要与区域快速轨道、国家干线高速公路衔接。

(6) 管道运输

依托天津港、曹妃甸港区的油气上岸码头，建立覆盖京津冀的油气管道运输网，加强区域内能源运输与调配，结合南堡油田的开发预留海上输油管廊。

（7）物流

依托京津冀海港、空港以及完善的铁路、公路等陆路交通网络，提升交通基础设施集疏运能力，形成高标准并发展完善的区域综合物流体系。

6. 区域综合交通运输组织策略

区域内大型交通基础设施资源如沿海港口、机场、国家干线高速铁路站点等，属于区域共有资源，是提升区域整体竞争能力的重要设施，实现大型交通基础设施区域共享是区域交通协调的重点。具体措施有：应鼓励大型沿海深水港口通过"无水港"的形式将关口前移，入关即入港，减少政府参与，促进港口之间的良性市场竞争，通过合理物流组织，降低企业的物流成本，扩展港口腹地；鼓励大型交通基础设施经营者参与跨地区交通设施的建设和经营（如枢纽港口参与喂给港口的经营等），利用市场机制推进大型交通基础设施共享；通过快速轨道交通实现区域内枢纽机场与干线机场之间的联系，促进机场合理分工的形成；建立与大型交通基础设施服务范围相一致的交通网络，实现大型交通基础设施服务范围与交通服务网络布局的一体化。

在京津冀城市化迅速发展的过程中，区内各中心城市正在承担越来越多的区域职能，而空间和城市职能的变化，导致区域交通城市化、城市交通区域化的发展趋势：区内各城镇之间的交通联系越来越密切，交通特征也趋向于城市交通。而随着城市区域职能的集中和空间的拓展，导致出行距离增加、范围扩大，又与区域交通融为一体。随着区域内各城镇机动化水平的快速提高，区域交通和城市交通需求增长迅猛，对交通运输空间的需求也日益增加。在交通运输的方式上，交通需求的大幅度增长使集约化的城市交通运输模式必须延伸到区域。在交通运输服务水平上，区域、都市区、城市组团各层级对应于不同的服务水平。在交通服务的提供上，要按照不同的功能层次和服务要求，提供多层次的交通服务。因此区域内城市交通运输服务组织在策略上要适应交通需求的这种变化，建立与区域交通一体化相适应的城市交通网络和运输服务体系。

具体措施有：

（1）加快区域轨道交通系统建设，促进区域交通联系由公路向轨道交通方式转化，促进和带动区域城镇分工和合理空间布局的形成——在都市区要满足同城化的交通需求和经济发展要求，而在京津冀则要满足密集商务联系的交通需求和区域职能发展要求。城际轨道交通是区域客运交通联系的主力，主要联系区内各都市区中心、大型客流集散枢纽等，布局要与京津冀空间结构相吻合，充分考虑对目前区域内发展水平相对较低地区的带动，并与各都市区内部的空间结构调整结合起来。在投、融资上更多的发挥京津冀各都市区的作用，促进城际轨道交通的地方化建设、投资、运营，形成独立服务于区域内部交流的城际轨道交通系统。此外，城际轨道交通与国家铁路干线采取枢纽衔接，而非作为国铁干线的一部分（目前的线路衔接），避免在线路布局上的相互干扰，实现城际轨道交通通过都市区的客运枢纽与城市内部的城市轨道交通的密切联系。

（2）借助完善的综合交通运输网络，大力发展现代物流。区域物流组织要以降低整体物流成本、提高区域产业竞争力为根本，结合区域的交通门户资源、区域的综合交通枢纽布局，在京津冀内进行区域整体的物流组织。

（二）完善区域综合交通体系

包括对综合交通运输通道、区域重大交通基础设施及综合交通枢纽等规划内容的完善（图2-5-2）。

图 2-5-2 京津冀区域综合交通体系规划

1. 综合交通运输通道

在已有规划的基础上，京津冀综合交通体系建设的重点是构筑"四纵四横"国家干线运输网络和"三纵四横"区域运输通道。本次规划还着重提出近期应强化石家庄—衡水—沧州通道建设，适时启动建设新增的石家庄—天津通道。

（1）"四纵四横"的国家干线运输网络

落实国家高速公路网规划、国家中长期铁路网规划，充分发挥京津冀的交通区位优势，形成四条通道辐射东北、四条通道辐射华东、六条通道辐射北部和西部、两条通道辐射西南、两条通道辐射华中、华南,使京津冀成为联络三北、中原、南部地区,并辐射全国的北方重要交通枢纽地区,确立北京—天津全国性综合交通枢纽以及石家庄、唐山、邯郸、秦皇岛区域综合交通枢纽地位。

国家运输干线通道承担国际贸易联络通道的功能,承担国家重要经济战略的功能,在京津冀中起交通主骨架作用。对于货运功能,以铁路、高速公路和港口为重要交通设施;对于客运功能,以客运专线、国家铁路干线、高速公路和机场为重要交通设施。

国家运输干线通道的建立应从以下几点入手:①与区域城镇空间结合,合理布局区域内的国家干线,处理好国家干线与区域内部交通的衔接;②扩展京津冀门户交通设施腹地,加强京津冀与世界主要发展地区的联系,提高区域整体参与国际竞争的能力;③加强京津冀与国内沿海和中、西部其他城镇群的联系,发挥对国内中、西部地区发展的辐射和带动作用;④建立以轨道交通为主、完善的内部联系交通网络,促进京津冀核心区与各都市区之间的联系,引导和促进以都市区为单元的城镇群共同、健康、协调发展,形成以中心城市为核心的合理城镇空间结构;⑤建立京津冀交通与都市区交通密切配合、合理分工、一体化布局与运营的交通系统,促进都市区交通网络与空间结构协调发展;⑥建立以区域门户设施为核心的综合交通网络,促进大型交通基础设施区域共享;⑦利用交通设施协调发展引导和促进京津冀内沿海与内陆、平原与山区均衡、和谐发展。

京津冀形成的"四纵四横"的国家运输干线通道,将确保京津冀在全国运输网中功能的发挥。国家干线运输通道包含高速公路、国道、铁路干线、客运专线等交通设施,核心区有城际轨道。货运通道布设高速公路、国道、铁路干线等交通设施。

① 四纵

• 哈(尔滨)—沈(阳)—秦(皇岛)—唐(山)—津(天津)—沧(州)—济(南)—宁(南京)—沪(上海)综合运输通道,即秦唐津沧通道,是产业发展的主要轴线,也是进出关和京沪综合运输通道的组成部分。该通道承担东北地区与京津冀、华东地区的运输交流任务,也是全国城镇体系中沿海城镇发展带的重要交通支撑走廊。现有设施包括京山铁路、京沪铁路、京沈高速公路、唐津高速公路、京沪高速公路、104国道、105国道、205国道等,规划交通设施包括京哈客运专线津秦支线、京沪高铁、津秦城际客运铁路等。该通道由于规划新增铁路客运专线,将铁路客运从既有铁路干线中剥离,提升铁路运输在区域综合交通运输中的地位,增强通道的交通运输能力。

• 哈(尔滨)—沈(阳)—秦(皇岛)—唐(山)—京(北京)—保(定)—石(家庄)—武(汉)—广(州)综合运输通道,即秦唐京保石邯通道,是京津冀都市圈的主要发展轴,是京广综合运输通道的组成部分,也是进出关运输通道的组成部分。该通道承担东北地区与京津冀、华中地区、华南地区的运输交流任务,是全国城镇体系中京广发展轴的重要交通支撑走廊。现有设施包括京秦铁路、京广铁路、京沈高速公路、京珠高速公路、102国道、107国道等,规划交通设施包括京哈客运专线、京广客运专线、京秦城际客运铁路、京石城际客运铁路、京石高速公路二线等。近期应加快建设京广客运专线京石段,适时扩建京石高速公路,并结合区域经济发展的需求,加强石家庄综合交通枢纽和商贸物流中心的建设。同时应加快建设京秦客运专线,满足沿线城市间和对外的运输需求,围绕既有的高速公路,加快沿线公路的改造与建设,与京津形成 1-2 小时交通圈。

- 齐(齐哈尔)—通(辽)—承(德)—京(北京)—衡(水)—九(江)—深(圳)综合运输通道,即承京衡通道。本通道以货运为主,是进出关的第二通道,南部与京九通道相连,构成我国纵贯南北的重要运输通道。该通道承担东北、蒙东地区与京津冀、华中地区、华南地区的运输交流任务。现有设施包括京通铁路、京承铁路、京九铁路、京承高速公路(在建)、京开高速公路(北京段)、101 国道、106 国道等,规划交通设施包括京承城际客运铁路、京开高速公路(河北段)等。近期应加快京承高速公路的建设,形成便捷的联系干线,同时加快京承和京通铁路的改造,提高通过能力;远期根据运输的发展趋势适时建设京承城际客运铁路,实现京承段客货运分离。

- 秦(皇岛)—唐(山)—津(天津)—黄(骅)—青(岛)综合运输通道,即沿海通道。本通道以货运为主,随着滨海新区和曹妃甸两个发展重化工的增长极的形成,该区域的资源流动将会更加的频繁,给交通运输带来的压力也就更大。此外该区域还承担着区域之外的东北、华北各个港口之间的运输任务,随着全国经济的发展和区际之间经济联系强度的加强,也必然从更广域的层面对该区域交通的发展提出更高的要求。另一方面,沿海通道又串联起津冀沿海各港口,对港城发展及产业结构调整起引导和促进作用。近期应加快天津集装箱港、曹妃甸工业港的建设以及秦皇岛、黄骅能源港的扩建,适时建设沿海高速公路;中远期应建设环渤海铁路。本通道向北连通满洲里口岸,为京津冀一条纵向国际联络通道。

② 四横

- 塘(沽)—津(天津)—京(北京)—张(家口)—包(头)—银(川)—兰(州)综合运输通道,即塘津京张通道。是连通北部和西部地区的主要运输通道,也是天津港的重要疏港通道,承担京津冀与晋北、西北地区的运输交流任务,也承担西北地区与东北地区过境交通的转换任务,是国家城镇体系中京呼包银兰城镇发展轴的重要交通支撑走廊。现有设施包括京山铁路、京张铁路、京津塘高速公路、京张高速公路、103 国道、110 国道等,规划交通设施包括京沪高铁、京津城际客运铁路、京张城际客运铁路、京津高速公路二线等。京津运输通道是该通道的重要组成部分,是京津冀都市圈发展主轴,也是进出关和京沪综合运输通道的组成部分,主要承担京津之间、京津与西北、华东、东北地区以及西北与东北之间过境的客货交流。近期将建成京津城际轨道、京津高速公路二线,并对京山铁路扩能改造,统筹建设天津航运中心;中远期将建设京沪高铁、扩建京津塘高速公路,形成绿色、人文、快速、智能交通走廊。

- 青(岛)—济(南)—石(家庄)—太(原)—银(川)综合运输通道,即太石衡济通道。是区域中南部与山东半岛、西部地区联系主要通道。该通道承担京津冀与华东、西北地区的运输交流任务,是山东半岛各沿海港口扩展内陆腹地的重要交通走廊。现有设施包括石太铁路、石德铁路、石太高速公路、石沧高速公路、307 国道、308 国道等,规划交通设施包括太青客运专线、石济高速公路等。随着太青客运专线的规划建设,该通道铁路运输实现客货分离,将大大提升通道的铁路运输能力。

- 大(同)秦(皇岛)通道,以货运为主,是冀北各沿海港口连通西北地区的重要运输通道。该通道作为"三西"煤炭出口及南下的主要通道之一,承担"北煤南运"的主要任务,在京津冀综合交通网和国家综合交通网中占有十分重要的地位。现有设施包括大秦铁路、丰沙铁路、京秦铁路、迁曹铁路(在建)、102国道、109国道等,规划大秦铁路扩能改建,以满足唐山港、秦皇岛港疏港交通需求。

- 津(天津)—保(保定)—太(原)—中(卫)综合运输通道,即津保太通道。以货运为主,是京津冀连接西部地区及第二欧亚大陆桥的交通运输通道。该通道目前尚未形成,仅有津霸铁路及拟建的太原—中卫铁路、保津高速公路等交通设施。规划建设通向山西的保阜高速公路,建议增加霸州至保定、太原的铁路,形成京津冀连通第二欧亚大陆桥的最短通道,以加快天津北方国际航运中心的发展。天津—石家庄为本通道的支线,是拓展天津港的内陆腹地的重要通道。

(2) "三纵四横"的区域运输通道

承担与国家运输通道衔接的功能以及区域内各都市区之间的联络功能。对于货运功能,以铁路、高速公路和港口为重要交通设施;对于客运功能,以城际轨道、铁路干线、高速公路、干线公路为重要交通设施,以城际轨道网、区域轨道网络、城际高速公路客运系统、地面快速公交网络为服务系统。作为国家运输干线通道的重要补充,区域运输通道起到加密交通网络和分流过境交通的作用。

① 三纵

承津黄通道、曹唐承通道、张石济通道。

② 四横

承京涞通道、朔黄通道、石沧黄通道、济邯长通道。

国家运输干线通道和区域运输通道一同构成区域对外运输的主要保障,京津冀辐射全国的各个方向应至少保证有两个以上的通道,并且保让铁路、高速公路、国道俱全,这样可以保证在突发事件或恶劣天气下区域对外交通能够通畅,确保首都北京行政中心对全国的辐射。

地区运输通道承担短途运输,是干线运输网的有效补充,用来重点解决区域内各城市之间的交通联系,避免区域外部与内部交通的叠加。区域内部各重要城市之间的客运仍应借助国家运输干线通道网络提供的客运方式解决。地区运输通道主要包括京曹、京沧、京赤、保沧、邯沧、秦承、张承、晋邢鲁、衡濮等。

2. 综合交通枢纽

形成三级综合交通枢纽城市。

(1) 全国性综合交通枢纽城市:北京、天津。

(2) 区域综合交通枢纽城市:石家庄、唐山、邯郸、秦皇岛、沧州。

(3) 地区辅助交通枢纽城市:保定、张家口、衡水、廊坊、邢台、承德。

加强交通枢纽城市对外交通与城市交通的衔接。铁路客运站、公路客运站、空港、轨道交通枢纽、公共交通枢纽等应尽可能形成综合交通枢纽;铁路货运站、公路货运站、物流园区应综合考虑并与城市货运道路网衔接;港口疏港交通应与货运设施衔接。

3. 区域重大交通基础设施

落实全国民用机场布局规划、全国沿海港口布局规划。整合区域空港、海港等重大交通资源,依托北京首都国际机场、天津北方国际航运中心等洲际门户,促进京津冀对外交往。

(1) 民航机场

形成三级机场体系,以北京首都机场国际枢纽为主体,联合首都第二机场、天津滨海机场共同形成洲际空港门户。石家庄正定机场作为辅助的门户机场。邯郸、秦皇岛、承德、张家口、冀东(唐山)、沧州、衡水等支线机场承担各都市区与国内其他地区的联系。冀东机场与石家庄正定机场共同作为首都机场的备降机场,提升首都国际机场区域备降的灵活性。应加强机场集疏港交通体系建设,扩大机场服务范围,促进机场的区域共建共享,与相关部门进一步协调首都第二机场的选址。

(2) 沿海港口

津冀沿海港口群由天津港、秦皇岛港、唐山港(含曹妃甸港区、京唐港区)、黄骅港组成,形成以天津港为洲际门户,唐山港、秦皇岛港为枢纽港,黄骅港为地区性重要港口,其余沿海港口为喂给港的港口体系。

(3) 区域重大交通基础设施疏港体系

首都国际机场:机场高速公路、机场北线高速、机场二通道、六环路、国道101、国道111、机场轨道交通线L1、市郊铁路S3线、市区轨道交通M15线等,建议增加连接首都机场和首都第二机场的轨道交通线路。

首都第二机场:京开高速、京津南线(京沧)高速、国道106、京沪高铁、京山铁路、京九铁路、市郊铁路S4线延伸、市区轨道交通M4线延伸等。

天津滨海国际机场:京津塘高速、京津高速二线、津汉高速、国道103、国道112、国道205、京津城际铁路、保津城际铁路、京山铁路、市区地铁2号线和4号线的延伸线、津滨轻轨支线等。

石家庄正定国际机场:京石高速、国道107、机场专用路、京广铁路,建议将津石高速、津石铁路支线引入正定机场,建议增设石家庄市区至正定机场的轨道交通线路。

天津港:京津塘高速、京津塘高速二线、京津塘高速三线、唐津高速、塘承高速、津石高速、保津高速、沿海高速、112国道、205国道、京山铁路、津蓟铁路、进港铁路、津保大铁路、津石铁路、沿海铁路等。

唐山港:唐曹高速、唐港高速、沿海高速、迁曹铁路、滦港铁路、沿海铁路等。

秦皇岛港:京沈高速、沿海高速、秦承高速、国道102、国道205、大秦铁路、京山铁路、京秦铁路等。

黄骅港:石沧高速、保沧高速、沿海高速、国道307、朔黄铁路、沿海铁路、邯黄铁路等。

(三) 加快区域一体化交通廊道建设

京津冀内部交通网络化程度较低,一些重要交通节点和通道不够强大和畅通,为支撑区域产业发展和城镇联系,增强交通运输能力,必须完善区域内部交通系统。区域重点发展轴需要功能完备的交通运输设施提供强有力的支撑,同时通过一体化的管理手段,促使区域交通一体化并引导区域空间的一体化。

1. 促进城际间交通廊道建设

（1）京津发展轴

京沪高铁、京津城际、京津塘高速、京津高速二线、京津高速三线、津蓟高速延长线、京山铁路、103国道、104国道、105国道，是京津廊都市连绵区重要发展轴，交通设施引导城镇空间形成有限连绵的网络结构，该发展轴也是京津冀洲际门户区核心组成部分。

（2）京石发展轴

京广客专、京石城际、京珠高速、京石二线、京广铁路、107国道，是国家京广南北发展轴的重要组成部分，沟通北京、保定都市区、石家庄都市区，是北京辐射中原及华南地区的主要通道，连接京津冀洲际门户区和冀中南地区。

（3）京秦发展轴

京哈客专、京秦城际、京沈高速、京秦铁路、102国道，沟通北京、唐山曹妃甸联合都市区、秦皇岛都市区，是北京辐射东北地区的主要通道。

（4）津石发展轴

保津城际、津石高速（新设）、津保晋铁路，是新增区域重点发展通道，连通天津滨海新区和石家庄都市区，对沿线城镇发展提供交通支撑。

（5）沿海发展轴

津秦客专、津沧城际、沿海铁路、沿海高速，是沟通沿海秦皇岛都市区、唐山曹妃甸联合都市区、天津滨海新区、沧州黄骅联合都市区的主要通道，交通设施引导产业向沿海转移，协调港城关系，该发展轴与京津发展轴共同构筑京津冀洲际门户区主骨架。

2. 加强一体化交通管理

以都市区为基础，实现公共交通为主体的区域客运体系。都市区内部交通实现同城化，建立一体的公共交通系统；都市区之间实现城际轨道交通为主体的区域公共交通系统，实现公交化运营，以提高公共客运的服务能力。

优化各种不同类型交通的相互关系，提高转运效率。打破市场和地方利益壁垒，建立有助于提高区域整体交通效率的建设和管理体系。区域内车辆通行费实行统一管理，撤销收费站，使社会车辆通行更加便捷。

二、生态环境保护

（一）构建区域生态安全格局

京津冀的自然生态条件较差，生态环境比较脆弱。主要表现在植被退化、水土流失、湖泊富营养化、土壤盐碱化、河流淤积、赤潮频发、土地沙化和沙尘暴等方面。

然而,京津冀在世界生态格局中承担着非常重要的角色:是东北亚内陆和环西太平洋鸟类迁徙重要的"中转站"、越冬栖息地和繁殖地,是世界候鸟三大迁徙区之一——东北亚—澳大利亚候鸟迁徙区与我国内部路线的东线和中线交错区。

环渤海地区处于我国北方生态交错带植被演替区,京津冀特征表现尤为显著,植被指数相对较高,物种资源丰富,历史上森林茂密、草原肥美,大量地区适合实施还草还林工程,对保持水土,抵御风沙起着非常重要的作用,是三北防护林带的关键点之一。应设计、建设生态安全体系,对生态敏感区应实行严格保护,对控制性保护区适度开发利用,保证环境质量不下降和生态功能不受损害。针对不同地域特征和自然禀赋的差异,采取因地制宜而又统筹考虑的生态安全格局构建策略,以京津风沙源治理工程、三北防护林工程、沿海防护工程以及河流廊道生态恢复工程为主,形成以北部农牧交错带、中部林草交错带、东南部平原区和永定河、滦河、海河河流廊道以及沿海生态廊道为主体的网络化生态安全格局(图2-5-3),逐步改善区域整体生态条件。同时加强海岸带的保护,实现生态环境良性循环。

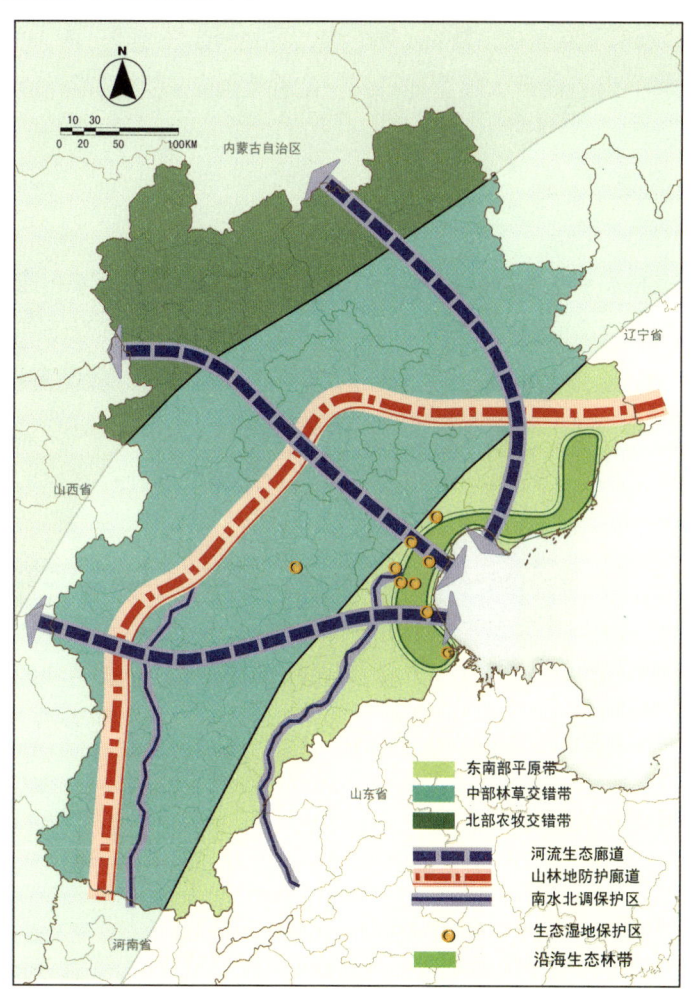

图 2-5-3 京津冀区域生态格局构建

(1)北部农牧交错带。主要包括张家口北部四县,属蒙古高原边缘,是农牧交错区。在生态环境建设中,该区带不宜广泛发展森林植被,而以恢复草原生态、治沙固沙为主。在外围与内蒙古自治区、辽宁省等地区协调，形成区域风沙源治理的第一道屏障。

（2）中部林草交错带。包括太行山及其以东地区，沿太行山由邯郸向北经保定至张家口、承德，及北京西部北部5县区，共约50个县，是三北防护林的重要区段，又是东南部平原区的水源涵养区，可以作为实施"退耕还林"政策的主要地区之一，开展生态环境的恢复重建工作，植被恢复与保护水源可同时进行。同时，加强永定河流域和滦河流域的生态保护与污染治理工作，建设河流生态廊道，共同形成区域生态屏障。

（3）东南部平原区。本区域生态敏感性较低，具有发展森林植被的条件，应利用好有利的城镇发展条件，实施"退耕还林"政策。重视沿海防护林建设，实施地下水限采、湖泊湿地修复以及造林治沙等措施，加强海防工程、沿海生态走廊与河流生态廊道建设。

（4）山地河流。突出燕山、太行山山林地生态主轴的生态防护和对不利影响的隔离作用。加强永定河、滦河、海河流域污染治理和生态恢复，形成从海岸生态防护廊道向内陆辐射的水体生态廊道体系。

（5）沼泽湿地。未来重点加强白洋淀、黄庄洼、大黄堡洼、七里海、南大港、大浪淀湿地的生态修复，并保证青甸洼、团泊洼、北大港湿地得到一定程度改善，形成多个大型区域生态斑块。

（二）生态环境建设要求

1. 按照区域生态格局和生态功能组织要求，实施有差别的管控策略和建设要求

西部、北部山区生态功能协同区以生态保育和恢复为主。西、北部山区应寻求经济发展诉求与区域功能要求的契合点，适度发展生态型产业，引导城镇发展。产业类型应以旅游业、生态农业为主，适度发展无污染工业。同时加强北部、西部生态区的保护和建设，特别是坝上草原生态修复和山区水源涵养与水源地保护，解决生态性贫困与区域生态屏障建设的矛盾，实现生产、生活与自然生态的和谐。

中南部地区，应根据区域环境承载能力布置生产力要素，处理好产业发展与环境保护的关系，保护好渤海湾生态功能。引导京津产业向高端发展，钢铁、石化等产业向两翼转移。产业转移过程中，应充分考虑接受城市的环境容量和承载能力。同时应发展循环经济，有机结合能源、海洋化工与海水淡化、废物再生等产业，形成完整产业链，根据地方资源环境特点，寻求资源节约、环境友好的发展模式。

2. 加强生态修复与环境保护

保护好生态环境成为京津冀可持续发展的关键。京津冀要大力开展区域生态恢复和环境整治工作，重点实现对河道水体以及海洋等水环境的保护与污染控制。规划2020年平水年得到基本修复的河流有滦河、陡河、蓟运河、潮白河、北运河、南拒马河、海河干流、南运河。

对区内湖泊、湿地资源实行严格保护，逐步恢复其生态涵养功能。重点加强湿地的生态修复，形成多个大型区域生态斑块，并与沿海防护林带、重要河流生态廊道、三北防护林带一起构成生态网络。

加强海岸带保护和沿海防护工程的建设,控制对地下水的开采,防止海岸侵蚀和海水入侵。沧州、衡水等地在南水北调后,应实现城市深层承压水禁采。

3. 积极恢复京杭大运河生态涵养和文化景观功能

京杭大运河贯穿京津冀三地,具有极高的历史文化、景观欣赏和生态涵养价值。但目前各地对大运河保护力度和步骤不够协调,较多河段存在不同程度的景观损坏、河道侵占、水质污染的现象。

未来需加强区域内京杭大运河河段的廊道保护、河道整治工作,加快运河功能恢复。近期应以河道景观、文化功能恢复为主,进行河流廊道的保护与治理。以申报世界文化遗产为契机,全线联动,削减污染,梳理景观脉络,制定一体化的保护、修复、利用规划。北京—沧州段的景观修复、北京—天津段的旅游航运功能恢复应得到各级政府的重视和支持,使河道占用和河流污染问题得到改正。

(三) 区域生态环境协调保护的重点

1. 建立切实有效的生态补偿和区域生态环境协调保护机制

建立生态补偿与协商机制,针对水源涵养区、生态敏感区,划定保护范围并实施统一管理,保障重点发展地区资源的有效供给,形成生态防护区。

应给予足量资金支撑,专项用于生态保护。通过生态补偿、转移支付、产业培育等政策手段,提高生态涵养区人民生活水平,缩小地区经济和收入差距。

近期应加快开展资源价值评估体系建设,确立补偿框架,着手拟定相关补偿条例、法规。资源利用与环境保护受益方应初步确定近期整体补偿额度,开始对生态涵养地提供保护基金,助其脱困,并逐步制度化、规范化、持续化,发展成为长效机制。还应重点加强生态保育与防护工程建设,主要包括三北防护林建设工程、京津风沙源治理工程、水源地生态保育等常规工程,以及针对未来城镇格局和产业发展方向而需要加强的沿海防护林带建设工程。其中三北防护林建设、京津风沙源治理等工程实施中,应在国家专项资金的基础上,在生态补偿机制框架下,对工程地人民群众生产生活作出一定补偿。在沿海防护林带工程实施中,作为主要防护对象的城市、企业应保障工程实施的资金。

2. 协同治理区域环境

(1) 区域污染防治

通过多年的建设,北京市和天津市污水处理能力有了明显的提高,再生水的处理利用量也逐年加大。2005年,天津市全市污水处理能力达到163万吨/天,北京市区污水处理率已达到70%,郊区污水处理率为43%。河北省的污水处理水平正处于一个成长发展的阶段,全省已有六个省辖市建成了城市污水集中处理设施,两个省辖市正在建设城市污水集中处理设施,另外三个省辖市、绝大多数县级市和经济条件较好的县城正在做污水集中处理设施建设的前期准备工作。

海河、滦河、北运河、陡河、拒马河、白洋淀等主要水体均涉及多个行政区,为有效改善这些河流的水环境质量,应按照污染物排放总量控制的要求,各地区统一协作,建立协调机制,统筹考虑流域内上下游城市的发展和污水处理设施的建设,对各河段进行环境容量分解,对各行政区实行污染排放总量控制,实现区域协同治污。

随着城镇的发展和环境保护要求的不断提高,在城镇密集地区,特别是京津与河北交界地区需要统筹规划建设区域性的污水处理厂、垃圾处理场等环保设施,以实现共建共享,充分发挥环保设施的综合效益。

(2) 生态修复与环境治理工程

主要包括重点流域环境治理工程、湿地恢复工程,这都是区域生态安全格局构建的重要环节。

规划2020年平水年应得到基本修复的河流有滦河、陡河、蓟运河、潮白河、北运河、南拒马河、海河干流、南运河八条,可修复的湿地有白洋淀、黄庄洼、大黄堡洼、七里海、南大港、大浪淀六个,青甸洼、团泊洼、北大港三个湿地也应得到一定程度的修复。应在"分区分段治理、整体恢复"框架指导下,进行河流和湖泊的环境整治与生态修复,水体涉及行政区应在权责分明的基础上通力合作、同步治理,国家相关行政主管部门也应充分行使责权,对工程进行引导和监督。

(3) 协调划定各地区绿线

对于流域生态廊道以及各地区生态斑块要依据相关法规、条例和标准、原则严格划定绿线。绿线范围内各项活动要严格按照区域绿地分类、分区管制办法加以约束,各地区应共同遵守和维护,切实保护和恢复区域绿地生态功能。

三、资源保护与开发利用

(一) 水资源的保护与开发利用

1. 水资源特征

京津冀资源型缺水特征明显,全区人均水资源量均不足300立方米(表2-5-1,图2-5-4),约为全国水平的1/8,为水资源净输入地区,特别是京津地区水资源需求量远大于本地水资源可供水量,需要从周边地区和其他流域调入水资源,水资源短缺已成为制约区域社会经济发展的首要因素。

表2-5-1 京津冀多年平均水资源情况

省市	降水量 (亿 m³)	地表水 资源量 (亿 m³)	地下水 资源量 (亿 m³)	重复 计算量 (亿 m³)	水资源 总量 (亿 m³)	人均水 资源量 (m³)
北京	98.22	17.65	25.59	5.93	37.32	242.62
天津	68.52	10.65	5.71	0.67	15.70	150.52
河北省	997.94	120.35	122.4	42.01	204.72	300.31
合计	1 164.68	148.65	153.7	48.61	257.74	274.25

区内水资源量与用水强度空间分布不一致,需要通过区内引水工程对水资源在空间上进行再分配。同时由于城镇人口和经济活动高度密集,用水高度集中,本地水资源无法满足用水需求,也需要通过工程措施来调剂水资源。目前在京津冀已建有多条引水工程,主要有:引青济秦、引滦入唐、引滦入津、京密引水渠、永定河引水渠、王快至大浪淀引水渠、西大洋引水入保定、岗南引水入石家庄、引黄济冀等。此外,沿海地区的快速发展,也要求从其他地方输送水资源(图2-5-5)。

在京津冀,受水资源供给不足制约,用水总量稳中有降,在用水构成中,生活用水呈上升趋势,工业用水稳中有降,农业用水逐年减少,但生态用水仍得不到保证。京津冀不同地区受水资源条件、产业结构等因素的影响,用水效率也有所不同,总的来说,天津的用水效率最高、北京次之,河北省比较低。

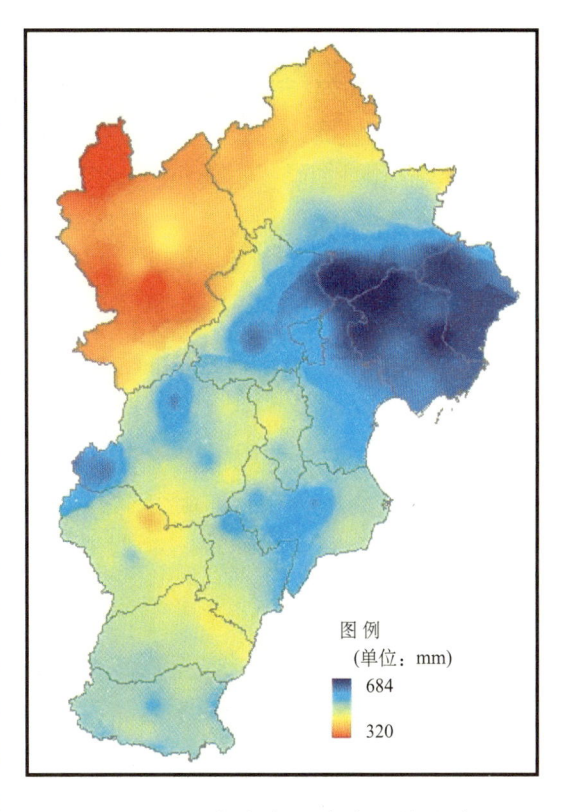

图 2-5-4　京津冀区域降雨量分布

2. 加强水资源保护

应对区域内水源涵养区和水源地进行重点保护。京津冀有多个重要的区域性水源涵养区和水源保护区。为保证区域内水源的安全,应通过协调划定水源保护区边界,制定和执行相关的水源地保护规定。北京市和张家口应联合落实官厅水库二级保护区的范围,天津市和唐山市应联合保护好两市的主要水源地——潘家口水库和大黑汀水库,并按照水源保护区的要求采取相应的保护措施。

还应尽快落实区域引水工程的保护措施,对引水明渠划定100米、暗渠划定50米为保护范围。该范围为限制建设区,不得进行与任何取水工程无关的建设,严禁建设一切有污染的建设项目和任何水污染行为。

加强对地下水水源的保护与管理,防止地下水水源污染和地面沉降等环境地质灾害。结合南水北调和其他引水工程的建设,制定地下水限采规划,实施地下水替代措施,逐步实现地下水资源采补平衡。

加强区域协同治污,对流域排污总量实施控制,改善水体环境质量,改变水质性缺水状况。

3. 建立健全水资源保障机制

根据京津冀的水资源及开发利用状况,结合本区人口、社会发展趋势,未来5至15年期间,京津冀水资源需求还会持续攀升,特别是东部沿海地区是今后新增用水的主要地区,由于该地区水资源协调余地有限,在充分利用本地水资源的前提下,必须通过建设跨区域引水工程来提高水资源保障能力。

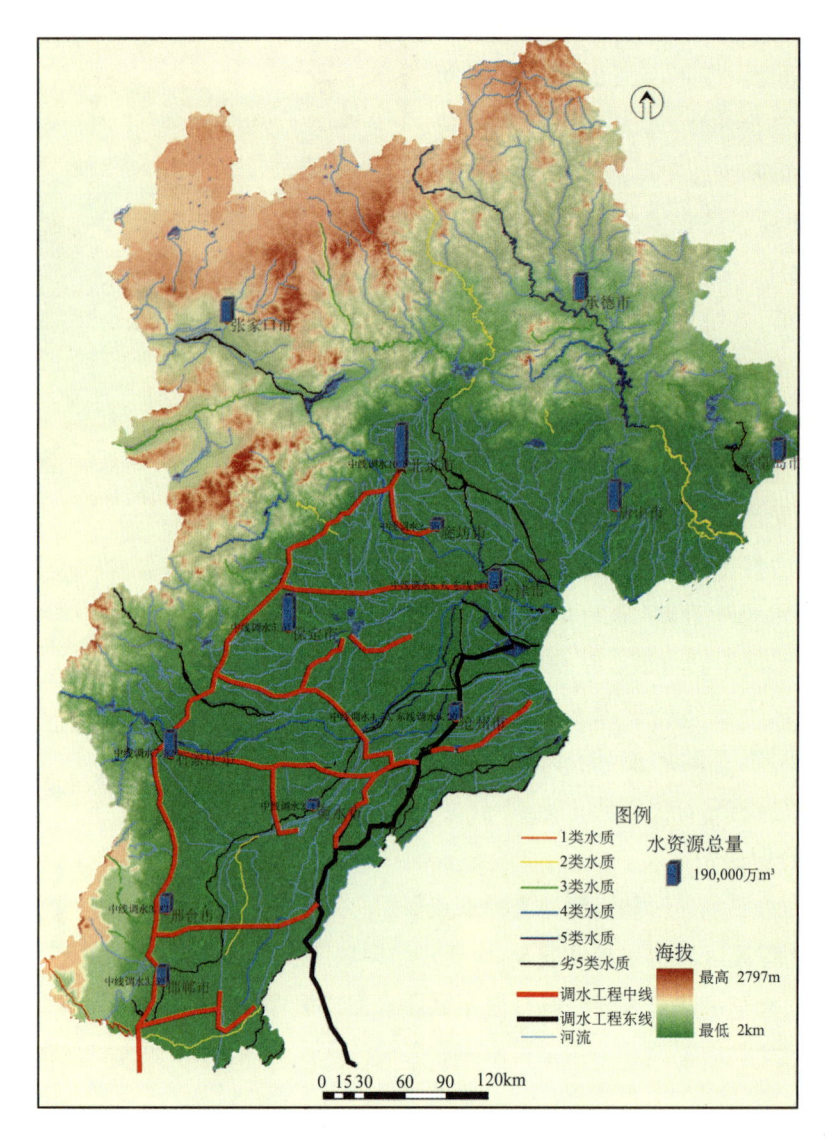

图 2-5-5　京津冀区域水资源分析

具体措施有：

（1）制定水源涵养补偿办法，处理好水资源保护、水资源利用和水资源再分配过程中出现的矛盾。

（2）加强北京、天津与上游地区在水源保护和水环境治理等方面的合作与沟通，建立优势互补、协同发展的长效合作机制。

（3）建立区域多水源管理机制，对本地水资源与外调水资源、常规水资源与非常规水资源进行统一配置和联合调度，提高供水保障能力和水资源利用效率。水资源调配工程主要包括引江工程（南水北调）、引黄工程、引滦工程以及其他区内调水工程。引江工程实施调水后，应维持现状引滦规模，从区域供水协调角度出发，对沧州、北京、天津等超采地下水的地区，实现全部用地表水替代。同时结合沿海产业发展需求,制定水资源调分配计划,充分发挥引江工程东线和中线的效益。此外,南水北调和其他跨区域引水工程的水资源分配,也要与城市化进程相结合,适当向中小城市、县城和有条件的建制镇倾斜。

(4) 优化整合跨区域引水工程,并处理好与现有供水设施和供水管网的关系,避免重复建设和明显增加供水成本。

(5) 加强农村地区供水能力建设。河北省应把解决农村饮水安全放在首位,通过建设水源工程、改善供水水质和提高集中供水普及率等措施,解决高氟水、高砷水、苦咸水、污染水等饮用水水质不达标以及局部地区饮用水不足的问题。

(6) 建立水权转换制度。在水源地和用水地之间援引"生态补偿机制",在多方对话平台基础上友好协商、平等谈判,确定水权、合理定价,统筹调配,保证重点发展地区的用水以及水源地的经济收益,并保障水源涵养经费来源。

4. 水资源合理开发与节约利用

把京津冀建设成水资源高效利用示范区。城镇建设和产业发展应量水而行,要以水资源的支撑能力为限度,合理规划产业结构以及城市发展布局、发展规模和发展时序。

具体措施有:

(1) 加强城市节约用水管理,加大郊区县和公共建筑等方面的节水力度。同时依靠科技进步和供水价格调整,推广节水技术,普及节水器具,提高城镇用水效率。

(2) 调整农业结构和种植结构,推广节水高效的灌溉技术,发展现代旱作农业。提高农田灌溉利用系数,减少农业用水量,把农业用水作为今后节水的重点。

(3) 加强用水大户节水管理和水资源替代,如电厂应优先采用空冷机组。沿海地区电厂可利用海水制冷。

(4) 结合现状用水量和工业结构调整,降低规划用水指标,控制规划用水量增长速度。争取在北京和天津两市率先实现工业取水量零增长、人均综合用水量逐步降低等目标。

(5) 加强城镇供水管网改造与运营管理,减少管网水资源漏损量。

(6) 加大非常规水源的开发利用力度。积极开展再生水、雨洪水、微咸水和海水的综合利用。健全再生水开发利用运营机制,加大再生水供水设施和管网建设力度,扩大再生水利用范围。规划到2020年,在北京、天津和河北省的缺水城市,再生水利用率应达到50%以上,其他城镇也应把再生水作为本地水资源的重要补充。沿海地区应积极研究海水淡化的成本、安全、环境影响以及供水管网方案,把海水利用和海水淡化作为本地区新水源的战略储备。

(二)土地资源的保护与集约化利用

京津冀农业发达,集中分布于区域的东南部平原地带。从类型构成看,耕地中旱田比例较大,分布较广,而水田比例较小,集中分布在东部平原地区。京津冀2006年耕地面积约为598.89万公顷,土地垦殖率为30.87%,是该区域主要的土地利用类型。河北省粮食总产量达

2 702.8万吨,是全国重要的商品粮供应地区。作为重要的农业产地,必须保障农业生产不被侵犯。

(1) 京津冀城镇发展过程中,务必贯彻落实"十分珍惜、合理利用土地和切实保护耕地"的基本国策,做好城镇建设和土地资源利用的协调工作,保证耕地、林草地、建设用地的合适比例。

(2) 从京津冀自然条件与社会经济发展的差异出发,根据区域发展对土地资源配置及其发挥整体功能的战略需求,因地制宜建立土地利用区域分工体系,优化土地利用空间格局,强化区域特色和建设优美环境,促进区域产业结构优化升级,保障城镇化健康发展。

(3) 为了保障南部地区农业用地不被城镇用地侵占,要合理引导京津冀人口流出,提高农业产出率。相反在中部地区要积极培育小城镇的发展,最重要的是适当协调好城镇用地与基本农田之间的关系。

(4) 通过集约利用建设用地,挖掘城市用地潜能,为城镇发展提供条件。工业用地要原地集中,发展节地产业,实现城镇向紧凑型发展转变、土地利用模式向集约型转变。

(三)近海资源的保护与合理利用

1. 近海海洋资源保护与合理开发

渤海属于我国内海,海洋生物资源很为丰富。近些年来,渤海生物资源捕捞现象严重,渔业资源量少质差。

京津冀海洋资源开发过程中,目前比较突出的问题集中在两个方面:一是资源无序开发,海域管理混乱;二是生态环境脆弱,保护力度不足。国家海洋局2006年海洋环境质量公报显示,渤海未达清洁海域水质标准的面积与其总面积之比一直高居四大海区之首,维持在26%-41%。

为此,必须进一步健全和完善地方海洋法规体系,做到依法用海、合理用海;建立海洋资源利用动态监测体系;加强海洋行政管理和执法监察队伍建设,运用先进技术和手段,促进海域合理、科学、有序开发;以维护海洋生物多样性、保持海洋生态良性循环为目标,实现污染物总量控制和达标排放;建立健全海洋环境监测预报体系,严格执行建设项目环境影响评价制度,提高应急事件快速反应和处理能力。

2. 岸线资源的综合利用

京津冀海岸线位于渤海西部,海岸线北起与辽宁省交界的秦皇岛市山海关区张庄崔台子,向西向南经唐山市、天津市,南至与山东省交界的沧州市海兴县大口河口。京津冀海岸线的大陆岸线640公里,岛屿岸线200公里,其大陆岸线约占全国大陆海岸线1.8万多公里的3.6%。

其中,京津冀大陆岸线的河北省岸段长487公里,跨越九个县和市;天津市的岸段长153公里,由北向南分别经过汉沽、塘沽和大港三个区。

天津目前正更新改造海洋水产业、海洋交通运输业、海洋制盐业和造船业等传统产业,同时注重发展海洋高新技术产业。河北目前对海洋资源的利用主要是运输和旅游。而沿海岸线中间被天津市相隔,分为南北两段。目前已建成的港口以秦皇岛港规模最大,是世界上最大的能源运输港口。同时唐山的京唐港、沧州的黄骅港都是列入国家计划的重点项目,目前正在抓紧建设。

未来两地需加强岸线资源的综合管理,共同保护近岸海域的生态环境。

具体措施有:

(1) 增加生活和旅游岸线,合理划分港口、工业、生活、渔业、旅游、生态保护和发展预留岸线,避免生产性岸线和非生产性岸线之间的相互干扰。

(2) 要保护好沿海地区的贝壳堤、泻湖、河口和滨海湿地等生态敏感区,恢复和培育其生态涵养功能。控制和削减近海污染,实现污染物总量控制和达标排放,建立健全近海环境监测预报体系,严格执行建设项目环境影响评价制度,提高应急事件快速反应和处理能力。

(3) 强化各港湾的职能分工和相互协调,形成富有竞争力的枢纽港群。

(4) 合理布局物流园区和临港工业园区,促进临港工业发展。

(5) 控制养殖和盐业等岸线的使用比例,利用先进科技手段,提高此类岸线的使用效率和效益。

(6) 加强防护堤岸的建设,划定禁止、适宜和弹性保留的填海岸线,设立海岸开发退缩线,控制城镇向沿海地区无序蔓延。

四、能源安全保障

(一) 能源开发利用现状

京津冀能源资源条件较好,尤其是煤炭和油气资源丰富。但本地区能源结构不完善,一次性能源生产和消耗以煤炭为主,对该地区的大气环境质量影响较大。由于该地区能源需求旺盛,加上能源利用效率偏低,仍需要大量从区外调入能源。特别是北京市对区外能源的依赖程度很高,电力主要靠"西电东送",煤炭主要依靠外购,天然气供应源单一(大部分来源于陕西长庆气田一个气源)。随着今后经济的迅速增长以及城市化过程的加快,京津冀对区外能源的依赖会依然存在。

(二) 能源安全保障措施

(1) 加快能源建设项目建设,鼓励省市间煤炭、天然气、电力、石油等能源的产销合作。强化能力建设,完善稳定的能源多元化供应体系,构建环京津冀的能源保障基地和能源供应的预警体系,实现区域能源安全和能源供给共享。

(2) 相邻省市之间要预留好电力廊道、燃气管道等能源通道的位置,保证能源供应渠道的畅通(能源通道主要有华北天然气管道、曹妃甸液化天然气管道、陕甘宁天然气二期管道以及俄罗斯液化天然气管道等),并衔接好能源通道与区内能源利用设施的关系。协调煤炭基地与沿海煤炭港口之间运煤通道的建设,为国家煤炭供应提供安全保障。

(3) 推行能源消费多元化，加强电力、天然气、成品油供应能力建设，加强对煤炭、核能、风能、潮汐能等能源的利用研究，合理开发利用风能、生物质能等新能源和可再生能源。同时优化能源结构，实现既保障能源安全供应又保护环境的能源发展战略目标。电力工业应重点发展高效低污染的大型骨干火电和抽水蓄能电站。

(4) 依靠科技进步和加强节能管理，提高能源使用效率。调整产业结构，加大工业节能力度；加强建筑节能和采暖系统节能，实施绿色照明工程；积极鼓励发展公共交通和绿色交通，合理引导小汽车的发展，减少交通耗能和交通污染。

五、基础设施协调

京津冀要在水资源、生态环境保护和大型基础设施等方面建立起合作开发、资源和利益共享的机制，共同建设完善的基础设施，充分发挥基础设施对整个地区社会经济发展的支持作用。

（一）流域上下游水资源保护与利用的协调

京津冀三省(市)同处一个流域单元，其水资源是一个系统，生态环境是一个整体。张家口市地处官厅和密云两座水库的上游，是北京的重要水源地。承德市境内共有滦河、潮白河、辽河、大凌河四大水系，从水资源总量看，水资源相对比较丰富。但若考虑向北京、天津和河北其他地区输送的水量，本地可利用的水资源量也非常有限。张承地区是京津水源地，也是河北最贫困的地区，当地经济基础薄弱，这些年为了保护北京水源投入太高，导致生产成本过高，阻滞了本地经济的发展。因此在水资源开发、利用与保护方面，应进行统一规划、统筹考虑。开发利用水资源必须进行综合科学考察和调查评价，优先保护饮用水水源，兼顾上下游、左右岸和地区间的利益。同时尽快实施对京津冀水资源进行统一管理，合理分配水资源，按照市场经济的规律，建立必要的水源涵养补偿办法。加强北京、天津与上游地区在水源保护和水环境治理等方面的合作与沟通，建立优势互补、协同发展的长效合作机制。按谁受益谁补偿的办法，京津每年从水费中提取一定比例的资金用于上游水源地保护。

（二）引水工程协调

由于京津冀水资源短缺和时空分布不均，需要通过引水工程措施来调剂水资源。目前在该地区已建有多条引水工程，南水北调引江工程也在建设当中。今后随着水资源需求持续攀升，特别是沿海地区的快速发展，还需要修建新的引水工程对区内水资源进行再分配。为保证引水工程水源的水质与水量，需要在区域内对引水工程的保护进行协调。除了协调跨区域引水工程外，还要处理好引水工程与现有供水设施的关系。

（三）能源通道协调

在京津冀有多条跨区域的能源通道，主要有：西煤东运通道；高压电网通道，如西电东送、华北地区电网和京津唐电网等；西气东输（管道），如曹妃甸液化天然气长输管道、陕甘宁天然气管道等。这些通道对保障该地区的能源安全起着非常重要的作用。各区在城镇空间布局中要预留好能源通道的位置，协调好与区内能源设施的关系，同时各区之间也要进行充分协调，确保能源通道的畅通与安全。

（四）大型环保设施的协调

京津与河北交界地区是大型环保设施协调的重点。随着城镇的发展和环境保护要求的不断提高，在城镇密集地区需要建设很多区域性的污水处理厂、污泥和垃圾处理场等环保设施。这些设施空间安排需要进行区域协调，以实现共建共享，才能充分发挥环保设施的效益，综合利用二次资源。

1. 污水处理设施区域协调

（1）加强区域协同治污工作。对于跨行政区的河道，应由政府统一协调。对于各自行政区内的河道应控制污染物排放，以实现流域水环境质量的整体改善，并实现再生水的综合利用。

（2）统筹安排区域污水厂污泥处理设施，尽可能避免对周边地区造成不利影响。

2. 环卫设施区域协调

由于受行政区划、建设体制、投资来源等的限制，区域协调的条件尚未成熟。目前环卫设施建设一般采用"本地产生、本地消纳"的方式，垃圾的处理一般有垃圾填埋和垃圾焚烧两种方式。

从长远看，加强环卫设施区域协调势在必行，特别是在城镇密集地区安排环卫设施时，应在区域范围内进行统一考虑，在省与市、市与市交界地区规划布置环卫设施时必须进行协商，避免造成对相邻城市的环境污染和影响。对一些条件具备的相邻城市或城镇，应突破行政区划界限统筹安排环卫设施建设，实现共建、共用。

（五）蓄滞洪区设置与城镇空间布局的协调

根据海河流域防洪规划，在海河流域的下游设置有28处蓄滞洪区，分别为：永定河泛区、小清河分洪区、东淀、文安洼、贾口洼、兰沟洼、大陆泽、宁晋泊、良相坡、长虹渠、白寺坡、大名泛区、恩县洼、盛庄洼、青甸洼、黄庄洼、大黄铺洼、三角淀、白洋淀、小滩坡、任固坡、共渠西、广润坡、团泊洼、七里海、永年洼、献县泛区等，其中13处为重点蓄滞洪区，13处为一般蓄滞洪区，2处为保留区。这些滞洪区主要分布在天津、河北的沧州、保定以及北京等地。

滞洪区的设置对保障流域防洪安全意义重大，但与此同时，它对城镇的空间布局也有非常大的影响，应妥善处理好两者之间的关系。

第六章 协同区发展政策指引

一、北部和西部功能协同区政策指引

北部和西部地区是京津冀首要的生态空间,对北部和西部地区的空间政策指引应政策扶持与自生能力培养并重,发展目标与政策导向的核心是生态保育(图 2-6-1)。

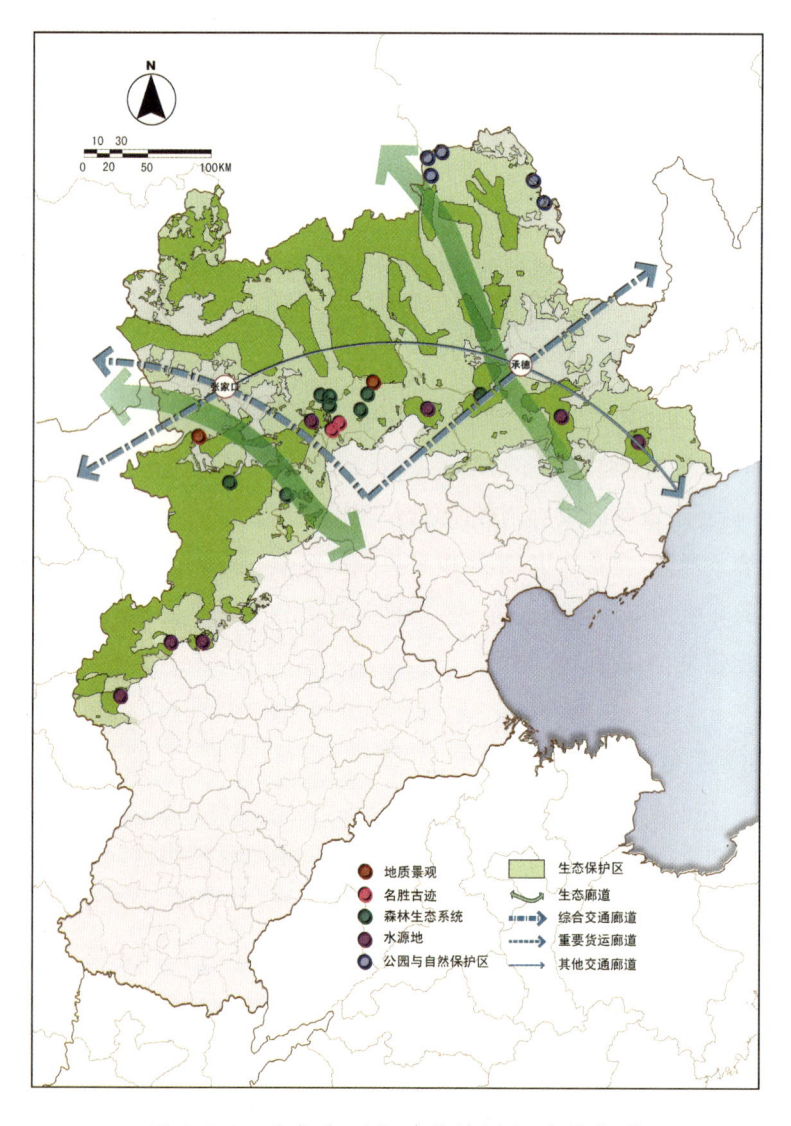

图 2-6-1 北部和西部功能协同区政策指引

（一）城镇化发展政策

（1）注重人口规模的合理控制与积极引导。鼓励农村人口适度向城镇，特别是规模较大的城镇集中；鼓励本地人口在接受必要的教育和培训后适度向其他区域流动，减少对生态保护区的压力。

（2）与城镇化发展政策匹配。本地区应扶持适合生态保护区发展的绿色产业，鼓励发展旅游、文化创意产业等无污染、高劳动力吸纳能力、高附加值的第三产业，严格限制污染严重、破坏生态平衡的产业进入。在鼓励发展的地区，实行优惠的土地政策，推动"移民"和土地异地开发，从而间接加强生态脆弱区域的保护。

（二）交通发展政策

大力完善交通系统，提高京津冀的可进入性，通过交通基础设施的引导功能，促进有条件的城市和城镇的成长，促进本地区资源与外部市场的对接。京津冀交通设施的建设应以高等级公路和铁路为主，将河北东部和西部、城市和农村紧密联系起来，加速人口和劳动力的迁移，促进区内统一市场的形成。

（三）生态保护政策

对北部和西部地区，要重点解决生态性贫困与区域生态屏障建设的矛盾。加强北部、西部生态带的保护和建设，如坝上草原生态修复和山区水源涵养与水源地保护等。同时选择合适的生态恢复、修复和防护手段，加强对北部沙漠化和水土流失问题的治理。

考虑到本协同区生态资源的重要地位和保护生态环境资源的巨大贡献，应给予足量资金支撑，专项用于生态保护。对生态的保护性政策包括直接指向生态环境的有关政策和间接指向生态环境的其他政策两类。其中，间接政策的目标是弱化地方发展诉求和环境保护、生态建设之间的矛盾，通过补偿、转移支付、产业培育等政策手段使人民生活水平达到或接近与其他地区的水平，缩小地区经济和收入差距。通过多级补贴和自筹的方式，筹措护林、生态养护等所需经费，以就业养居民，改变单纯依靠补贴和救济的格局。还应通过培训、基础设施等公共产品的提供促进区域良性发展，最终实现生态、生活、生产的和谐成长。

本区应特别注重执行"环境友好"的政策理念，减少资源直接消耗，倡导循环经济，减量投入生产要素和空间资源，实现本地经济的集约化发展。

（四）区域协调政策

本协同区协调政策的重点是协调发展与保护之间的矛盾，即如何分配保护带来的收益。要在受益地区和因保护而放弃发展机会的地区之间建立收益共享、成本共担、风险与共的机制。通过人员的异地培训、安置和扶持性资金的导入,保障区内居民的生活水平达到与其他地区接近或一致。京津冀的区域协调政策主要包括:区域补偿政策和区域产业扶持政策。

区域补偿政策的指向是通过生态基金、大额转移支付、区域发展补贴等形式给予本协同区以补偿,保证北部和西部地区的人民生活尽快摆脱贫困,并力争使其中若干发展条件较好的区域获取更高的发展速度,产生增长极效应,使这些地区的人民生活水平得到显著提升,产业得到较快的发展。其政策的重点在于对生态保护区和绿色产业给予一定的财税优惠,对生态资源的贡献进行科学客观的核算,促成京冀之间、津冀之间达成生态补偿共识。通过大区域的转移支付开展生态环境整合治理计划。北京市和天津市应划出专款投向北部和西部地区的生态保育、教育扶贫等领域。

区域产业扶持政策紧密结合本区的功能与特色,本区核心功能为生态涵养,以植被、水源、空气和土壤的保护为重点,发展数量可控的农牧和林果产业以及相关的加工产业并最终向文化创意产业、旅游产业转型。以此为目标,该地区应构建具有一定竞争能力的生态化产业体系,从而提高北部和西部地区的自生能力,促进当地居民合理、有序迁移。在产业发展的过程中,鼓励高素质的管理、科技人才流向该区。同时鼓励对本地人口进行广泛的教育和培训,提高本地人口的受教育程度。

二、中部功能协同区政策指引

本区是整个华北地区乃至全国的重要核心功能发展区和增长极,是未来中国重要的全球城市地域集核。本协同区的核心政策导向是区域协调,政策特点是推动与管制并重。重点关注区域内京津两大核心城市之间的协调,关注滨海新区、曹妃甸、黄骅港、秦皇岛四大沿海成长空间的整合以及本区内重要资源的调控(图2-6-2)。

(一) 城镇化发展政策

(1) 本区是京津冀城镇群中城市化水平最高的区域,城镇化应强调质量提升,强化区域融合。城镇化关注的重点是实现京津廊道、环渤海沿海片区两大区域的良性成长,实现京津廊道的整合对接,避免京津离心发展,避免四大沿海成长空间的过分连绵。通过设置合理的城镇化速率,更加弹性的调控京津两地的人口规模,正视环京津地区面向京津的高速成长,适度倾斜用地指标。

(2) 与城镇发展政策相匹配。北京主要承载高端第三产业和IT、电子等现代制造业,建设国家文化产业中心、信息高地和枢纽。应限制有污染产业的进入,逐步淘汰高耗能、低产出的产业。天津主要发展现代装备制造业、石油化工、海洋化工和其他具有先进制造业属性的重工业,鼓励发展现代生产者服务业,实现天津的总体规划发展目标。在天津主城区、滨海新区和其他城区发展的过程中,应注意内部各区域的产业协调,避免重复建设,减少环境污染,尽可能集约、节约利用土地资源。北部唐山和南部沧州要以区域发展的现实需求为基础,积极发展壮大,倡导循环经济的全面导入,降低对环境、生态、资源的压力。在沿海四大片区的发展中,应鼓励产业做适度细分,避免过度竞争和重复建设的情况发生。

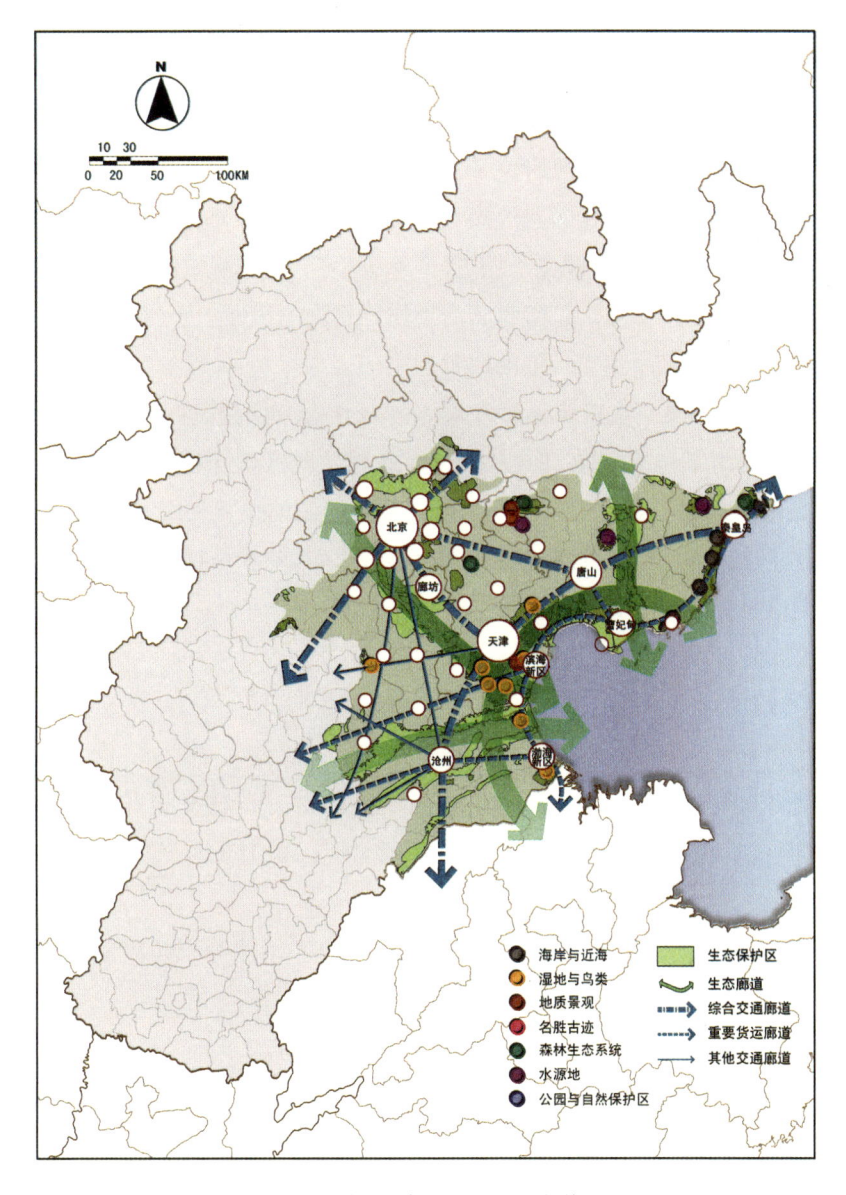

图 2-6-2　中部功能协同区政策指引

(二) 交通发展政策

(1) 强化京津走廊、京唐走廊、津沧走廊、津石走廊的建设。应加强区域交流和辐射带动作用,构建集装箱货运专线,提高港口和腹地之间的货运能力。加快津石高速、津沧铁路客运专线等基础设施的研究工作。

(2) 尽快明确北京第二机场的选址,推进区域经济协作。

(3) 强化京津冀港口、地域和通道建设。加快京津之间的通道建设和港口通道建设,大力支持重点发展地域的建设,包括北京新城、天津滨海以及河北有潜力的大型港口。

(三) 生态保护政策

(1) 处理好产业发展与环境保护的关系。重点治理河道水体以及海洋等水环境污染;加强海防工程的建设,控制地下水开采,防止海岸侵蚀和海水入侵;加强农田防护林的建设,利用生物和物理工程措施治理盐渍化土地,改良土壤,提高耕地生产力,缓解城镇发展的土地资源压力。

(2) 控制本地生态足迹。与北部和西部功能协同区融合发展,设立协作共赢与财政转移支付、生态补偿的机制,实现区域生态环境的改善。

(3) 划定不可建设区域。在京津走廊和滨海地区作为鼓励建设区域予以重点倾斜中,应考虑到其中若干湿地的生态作用,对出于生态环境保护需要的区域,应严格划定为不可建设区域。

(4) 应注重执行"循环经济"的政策理念,特别强调资源的重复利用和回收利用,降低生态环境压力。积极推进节水型项目的应用,扶持节能、节地项目,对积极提高能源、资源利用效率的城市和地区给予财政补贴和奖励性资助。

(四) 区域协调政策

(1) 在区域协调领域,特别关注京津协调的示范带动作用。成立更具协调运作能力的京津规划协调委员会,保障北京、天津的规划对接、产业协同、区域基础设施建设同步和区域政策的一致。

(2) 注重人力资源的培养和吸引。应特别注重同北京、天津等京津冀核心城市和跨区域人力资源中心的协作,借用"外脑",实现区域的高起点发展。

(3) 充分关注流动人口问题,努力消除主城空心化和新产业基地功能过度单一的发展隐患。对流动人口应加强管理。结合北京总规、天津总规、河北省城镇体系规划中的人口预测和唐山、沧州、秦皇岛各市的总规预测,中东部湾区可在既有常住人口规模保持不变的条件下,充分重视流动人口的作用和影响,清晰的认识、宽容的对待流动人口问题,客观估算流动人口数量,以实际人口容量作为考量城市建设用地的标准。在人口流动的过程中,应导入信息化管理手段,加强多方引导和管理,进行流动人口的实时监控。

(4) 作为成长最为快速的地区,京津冀必须十分注重规划和建设的对接。通过规划部门在规划编制和执行过程中的积极对话、良性建议、协同修订,实现区域发展的对接,减低资源的冗余性消耗。同时,作为先发地区,除作为重要的中央财政倾斜区域之外,该地区本身还应肩负一定的转移支付职能，向周边地区提供补偿性、扶持性的款项。

（5）完善组织结构，向专业化发展。对港口岸线资源，四大沿海成长片区应成立港群协作组织、招商引资联合机构和次区域基础设施调和委员会，从而实现相似功能条件下的专业化、精细化发展。并在这一过程中促进政府、非政府机构和企业发挥不同的效力，达到促进发展的目标。

（6）对本区域极为稀缺的淡水资源，应积极对话。灵活调剂南水北调用水使用额度，建立调节用水的价格机制，通过市场化手段进一步提高水资源利用效率。同时推广和进一步改进海水淡化技术。

（7）探索海水淡化及发电技术。在不破坏渤海水质条件和生态特质的基础上，积极协调、共同探索海水淡化综合利用技术，减少对淡水资源的依赖，推进海洋化工工业发展。探索潮汐能发电技术，进行核技术利用的可行性研究。

三、南部功能协同区政策指引

本区是京津冀未来国内门户型功能区，将影响到京津冀未来的持续发展能力。本协同区的政策导向核心为依靠公共政策，促进区域发展。政策特点是推动地方基础设施建设，鼓励次中心加速成长（图 2-6-3）。

（一）城镇化发展政策

（1）积极推进城市化建设，努力提升城市化水平。促进以石家庄为中心的中南部平原区域发展，促进邢台、邯郸、衡水等地中心城市和具有较高发展水平的县级市市区的加速发展。

（2）鼓励承接来自京津的转出产业，并发展自身的优势产业，形成近邻京津、具有国内辐射能力的重要的发展支持地域。在市场化条件好、中小企业发育的现实条件下，不排斥本地经济多元化的发展格局，倡导大型产业的进入和本地产业的集群化发展。鼓励区域第三产业发展，鼓励具有独立知识产权的工业进入本区域，推进工业化向高层次演进，限制污染排放总量，推进本区达到国家节能减排的综合要求。

（3）借助区位优势，寻求产业发展，打造产业集群。石家庄应借助临近京津的条件，利用人才、科技和交通区位优势，发展医药制造、商贸物流等产业，在化工、机械等传统优势产业上继续挖潜，承接来自京津的国家储备和备份中心的职能。本区在石家庄高速成长的过程中，整合石家庄和邯郸、邢台和衡水的地方产业发展，使民营经济形成具有较大影响的区域性产业集群，并最终托举石家庄成为中南部地区的重要核心城市。

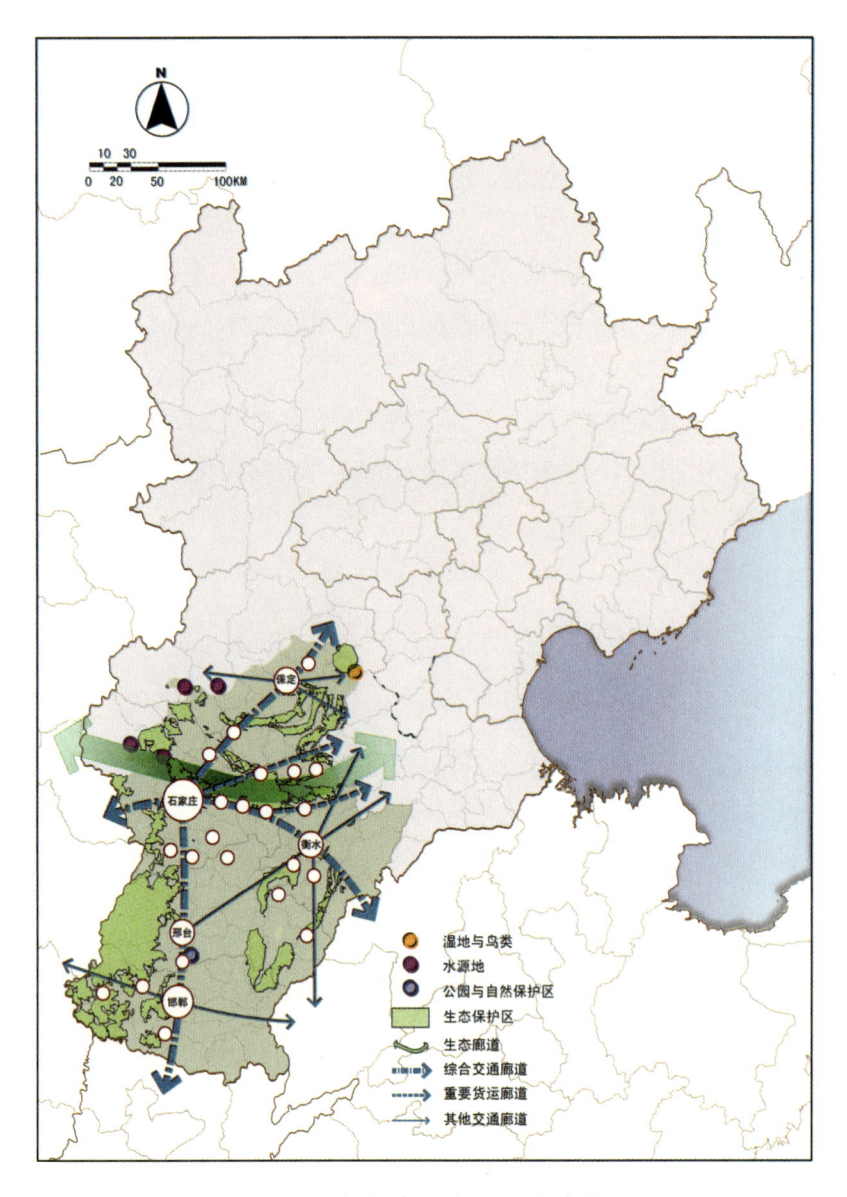

图 2-6-3　南部功能协同区政策指引

（二）交通发展政策

强化津石走廊建设，加强石家庄与邯郸、沧州的轴向连接，加强交通、基础设施廊道预留，完善区域内部交通设施和网络基础设施，促进轴线中各节点地区的高速成长。

（三）生态保护政策

沧州、衡水等地，在南水北调通水之后，应实现城市深层承压水禁采；保护湖泊、湿地资源，实施"退耕还林"、土地改良等措施，提高地区生态承载力，并提供更多的高品质耕地资源；通过集约利用建设用地,挖掘城市用地的潜能,为城镇发展提供条件;在主要农业生产区域,应严格保护耕地,严格保护生态廊道,防止城镇连绵发展。

(四) 区域协调政策

这一区域应坚持以政策力(制度力)作为推动力量,推进中南部地区的整合发展。此区域协调的重点是本区域与京津核心区的平衡问题,避免京津中心的极化作用将本区边缘化。可采取的政策工具首先是鼓励农村城镇化,设定相对宽松的城市人口进入门槛,设定较为完备的最低保障制度,促进南部石家庄等四个城市的规模扩张,一定程度上形成反磁力吸引极。在这一领域,还应进一步加强基础设施建设,向石家庄—邯郸,石家庄—沧州轴线方向持续进行交通基础设施和其他基础设施投入,加强石家庄本地的建设投入和空间资源投放,允许石家庄成为京津冀城市人口流动管理创新的试点。此外,协调政策的另一个重点是区域市场标准的制定问题,通过一致性的市场标准,发展、壮大本地产业,扩大市场影响力,融入区域共同市场,从而促进区域空间资源整合,推进区域次中心打造,将石家庄提升、拓展成为具有一定国家控制能力的国内门户枢纽。

除上述措施外,还应对承接型产业、为区域乃至全国服务的职能产业进行财税优惠,对民营经济的成长和中小企业(SME)的成长设置专项财政倾斜政策,促进中南部地区形成具有地方特色和较大范围竞争能力的产业集群。

第七章 规划实施与保障措施

一、推进规划实施

本规划由规划文本、总报告和专题研究三部分内容组成,其中:规划文本是北京市、天津市、河北省政府执行经国务院批复的城市总体规划和省域城镇体系规划,落实国家对京津冀的发展要求,进行区域城乡空间发展协调的重要依据;总报告、专题研究是规划文本制定的主要参照。为此,规划提出以下实施建议。

(一)建立协商对话机制

依托城市规划部际联席会议和北京市规划委员会、天津市规划委员会、河北省规划委员会,建立京津冀城乡规划协商制度,加强两市一省经常性、制度性的协商和对话,共同讨论对本地区城乡空间布局有重大影响的事项。

对话机制建立后,未来凡涉及区域基础设施、大型公共设施布局、资源和生态环境保护的规划和项目建设,应共同协商,统筹规划。

(二)建立规划落实机制

(1)各地在规划建设管理中,应将本规划提出的总体发展目标、协调重点和协调对策落实到两市一省相关的法定规划中,并予以实施。

(2)各地适时组织开展城镇密集区区域公交一体化规划、京津廊都市连绵区重大基础设施专项规划、区域水资源综合开发利用规划、京津张承地区生态环境保护规划、沿海港口集疏运系统规划、沿海岸线资源利用与保护规划、风景名胜区城镇协调发展规划等,深化细化协调发展的要求。

(3)按照本规划提出的空间开发管制要求,在两市一省相关法定规划中落实禁止建设区、限制建设区和适度建设区,加强对基本农田、重要自然和人文资源、生态保护地区和环境脆弱地区的保护,避让地质灾害。

(三）建立重点地区和重点项目协调机制

京津廊城镇走廊、东部沿海地区、西北山区和生态保护地区、石黄沿线，以及京津廊、津唐、津沧等未来产业潜在发展地区是京津冀发展的重点地区。加强对重点地区在产业发展、交通、环保、基础设施建设等方面的协调。通过协商对话，统一认识、化解矛盾和分歧。

南水北调水源保护、潘家口水库水源保护京杭大运河治理和功能恢复、首都第二机场建设、津石高速公路、陕气二期输气管线工程、华北天然气管线工程、俄罗斯天然气管线工程等是涉及各方利益、依据城乡规划与相关规划实施的重大建设项目，选址建设前应事先征求相关省（市）规划行政主管部门和相关部门的意见，做好各项目，特别是跨区域项目的布局协调和建设衔接。

(四）建立资源共享机制，构建技术平台

（1）建立区域内城乡规划政策和技术资源共享机制，加强两市一省在政策法规、统计数据、流动人口等方面的资源共享和信息交流。

（2）建立区域突发事件通报制度。

（3）建立相互兼容的城乡规划管理技术平台，方便查询基础资料和规划成果。

（4）建立面向整个区域的城乡空间布局、经济社会发展动态跟踪和定期报告制度，及时了解区域整体发展的基本情况，为两市一省协商解决区域问题、决策重大事项提供公正、客观的基础数据。

(五）加强相关研究和政策协同

加强对区域共同发展基金、财政转移制度、水资源利用和水权交换、生态补偿机制等问题的研究；加强两市一省在产业发展、招商引资、地方税收、工商注册、信贷保险、信用资质、道路交通、通讯管理、治安管理、流动人口管理、土地开发利用等方面的政策协同。

二、实施保障建议

针对实施规划的政策应配套相应的保障机制，这也是充分发挥各级政府和建设主管部门的作用，推动城乡规划实施的体制创新的举措。

对京津冀而言，为保障规划实施，一方面要设置不同层次、级别的协调机构，并关注其发展和完善；另一方面要建立这些机构相关的运作模式和制度。两个方面相辅相成，共同为京津冀的持续、协调发展提供保障。

（一）提升对京津冀城镇群协调发展的认识

党的"十七大"报告提出了实现全面建设小康社会奋斗目标的新要求。其中，特别指出了增强发展协调性，努力实现经济又好又快发展的问题，指出要在未来的实践中，设定城乡、区域协调互动发展机制的问题，实现城镇人口比重明显增加的目标。报告特别强调，要遵循市场经济规律，突破行政区划界限，形成若干带动力强、联系紧密的经济圈和经济带；要坚持走中国特色城镇化道路，按照统筹城乡、布局合理、节约土地、功能完善、以大带小的原则，促进大中小城市和小城镇协调发展；要以增强综合承载能力为重点，以特大城市为依托，形成辐射作用大的城镇群，培育新的经济增长极。

京津冀城镇群的各个城市必须打破既往独立、孤立、封闭发展的思维禁锢，从新的战略高度认识区域协作问题，思想上重视、行动上一致，切实推进各城市和京津冀的协调发展工作。

（二）建立区域协调机构

为了顺利推进京津冀协调发展的相关政策，有必要由中央政府成立专门的京津冀协调机构。该机构由国务院直接领导，其基本职能包括：组织、协调、实施跨行政区的重大基础设施建设、重大战略资源开发、生态环境保护与建设以及跨区生产要素的流动等问题；统一规划符合本区域长远发展的经济发展规划和产业结构；统一规划空间资源和其他资源的投放；制定统一的市场竞争规则和政策措施，并负责监督执行情况；指导各市县制定地方性经济发展战略和规划，使局部性规划与整体性规划有机衔接。

此外，该机构还应当兼具区域协调机制制定、区域中重大事务协调、构筑各方主体积极平等对话平台的功能，其核心工作内容是构建和推行各项促进区域协调的制度。首先解决信息沟通、规划制定、利益补偿几项紧迫程度比较高，在短期内易于实现的工作。而资源共享、区域利益协调以及争端解决则需要在信息透明等条件下开展。对于那些涉及影响范围更加广泛、影响时期更长的政策协调以及制度约束等应该在一定基础上更加审慎地推进。

在京津冀协调机构之外，还应积极推进各地政府之间形成二元或多元参与的区域协调组织，促进地方协调成长。

（三）为京津冀协调提供法制保障

将京津冀的协作纳入法律、法规和相关规定管辖的法定框架。建议出台"京津冀整备法"和"京津冀协作政策程序条例"。

京津冀整备法的立法计划的主要目的是：合理利用京津冀的各项自然空间与人文经济资源，有序进行区域内的发展建设，提高区域的整体发展水平，实现区域协作带来的各方主体收益的提升,将区域发展中需要协调的问题纳入法制化轨道。在该法律中首先要明确京津冀的空间范围,并在区域中划分分类建设指导区域,划分城市、近郊和周边等不同发展水平的动态空间,针对不同类型的次区域设定不同的发展限定条件以及建设规划编制计划。在该法律中要给予京津冀城镇群的区域协调机构以明确的行政地位,即由国务院直接领导的区域协调机构,区域协调机构有财政转移支付权力和区域发展基金支配权力。

(四) 构建多元主体共同参与的区域治理体系

在京津冀协调的过程中,除了发挥区域协调机构的重要作用之外,还要积极依托地方政府在市场开发、标准确立、舆论宣传等方面推动市场力量发挥作用,并广泛依托 NGO(非政府组织)和NPO(非营利组织)在协调发展中的作用,构建区域的"民主－集中"合议体系,即京津冀各个层级的城市具有较高的自由发展权,让不同地区的代表都有一定发言权,同时又有一个超越地方级别的"京津冀城镇群高管委员会(京津冀协调机构)"来协调相互之间的关系。当出现利益冲突时,"高管委员会"不是纠缠于难以达成共识的问题,而是集中于有明显共同利益的方面(即所谓保证至少不向更差的方向发展),例如交通、税收、住房等方面,先在这些问题上建立共识,进而扩展到其他方面。除了上述政治性主体之外,市场力、媒体力量、学术机构和广大市民都可以作为京津冀协调工作的推动方,积极融入区域协调工作,推进区域融合。

(五) 设置灵活的保障制度

1. 政策协调制度

认真梳理各省市现有的地方性政策和法规,在内外税收统一的大背景下,在京津冀内应按照科学发展观和新的政绩观的要求,清理现有政策间的矛盾,建立相对统一的招商引资政策、保护生态环境和土地开发利用等方面的政策。

2. 信息沟通制度

区域内部建立关于重大规划和决定的定期沟通制度,即对各自的产业发展规划、空间布局规划、重大建设项目、重要决定和政策等信息,通过适宜的方式及时通报,以求相互间直接了解情况、掌握动向。并根据情况的变化,各自调整发展规划,扬长避短、相互借鉴、错位发展、保持协调。在定期沟通制度的基础上,及时发现和提出京津冀一体化过程中急需深入研究和需要高度重视、予以协调的重大问题,促进城市总体规划的修编、深化与落实,加强不同规划之间的协调与衔接,以便进一步研究,提出解决方案。

3. 资源共享制度

京津冀自然资源丰富,科技力量雄厚,人才集中,基础设施完善,为京津冀的经济发展提供了必要的保障。建立区域内资源共享的机制将有利于资源的有效配置,更有效地为区域经济发展的目标服务。

4. 约束制度

制定京津冀共同遵守的区域公约,建立跨区域的组织机构,协调各地区的政策行为,督促各个地区采取共同的政策行动,以促进区域之间的协调发展。

5. 规划制定机制

在京津冀一体化的进程中,区域内的统筹规划是十分重要的。建立规划制定的机制是区域一体化的前提和重要内容。统筹规划的范围包括城市规划、产业规划、区域合作规划等。目前京津冀各地还基本上是独立地制定发展规划,不注重相互之间的沟通配合和整体协调,必然造成产业同构、争夺资源等一系列问题,因此,有必要在规划制定时就进行统筹考虑,彼此预留发展接口,避免不必要的冲突。

6. 争端解决制度

区域合作的过程中难免会出现摩擦和意见的分歧,研究建立调解企业在不同省区贸易与投资的争端调解、解决机制,并逐步形成统一的投诉、调解、仲裁机制,使企业对在区域内受到的不公平待遇可以进行投诉和申请仲裁,有利于保障合作的顺利进行。

(六)构建京津冀协调发展的政策工具系统

(1)对话机制。构筑广泛的对话机制和参与互动机制,使各主体能够有机地参与到区域协调工作中来。

(2)政策构建。为促进协作的参与方主动、自觉地进行区域协作,构建包括发展增长极政策、推动产业转移政策、区域发展基金政策、区域奖励政策和鼓励竞争政策等相关政策配套措施。

(3)资助政策。除一般意义的发展基金、社会基金等需要由京津冀三地政府主持推进的基金之外,可由京津冀三地规划管理部门发起"协作前结构政策工具",用于京津冀各市在参加区域协作前,为达到某一标准而进行改善环境、完善交通网络建设等领域的资助。

(4)表决机制。根据京津冀的实际情况,设置广泛参与条件下较为公平、客观的表决机制,对涉及区域性的问题进行更有针对性和效度的表决,促进协调工作有的放矢。

(5)利益补偿与转移支付。充分关注需扶持区域和生态涵养区的发展建设,建立利益补偿机制,构建补偿与转移支付体系,加强生态建设与环境保护,推动区域基本公共服务的均质化,避免对空间资源的耗散性使用。

(6)设置监控指标体系。在京津冀协调过程中,构建包括"节能减排"、"节地增效"、"绿色GDP"、污染治理情况、地方违规情况等指标在内的区域协作监督控制指标体系,将区域协作的执行效果与奖惩制度密切结合,有效促进区域协作。

(7)设立更加灵活的土地投放模式,满足区域发展需求。

（七）完善市场环境

（1）支持重点产业发展，促进区域产业融合，引导产业集聚，推进增长极发展。根据不同功能区的特点，制定明确的鼓励与限制各类产业发展的导向目录和空间引导措施。

（2）构建市场导向的要素流通机制。响应"十七大"报告提出的"要推动区域协调发展，优化国土开发格局。缩小区域发展差距，必须注重实现基本公共服务均等化，引导生产要素跨区域合理流动"的要求，切实推动京津冀三大协同区之间及协同区内部的要素流通机制建设。

第三部分

京津冀城镇群协调发展规划专题研究

专题一

区域产业功能体系与空间协同发展专题研究

目 录

引言 …………………………………………………………………………………… 179
一、机遇与挑战——京津冀地区产业发展的宏观背景分析 ………………… 180
二、传承与发展——京津冀地区产业发展规划评估 ………………………… 183
三、历史与现实——京津冀地区产业发展现状分析 ………………………… 188
四、战略与目标——京津冀地区产业发展规划 ……………………………… 230

专题一　区域产业功能体系与空间协同发展专题研究　179

引　言

落实原有规划和协调产业—空间的关系是本专题编制的主旨思想,同时也是工作大纲对本专题提出的基本要求。在已有规划和相关研究成果的基础上,本专题从以下几方面探讨京津冀地区的产业—空间协同发展问题(图 3-1-1):

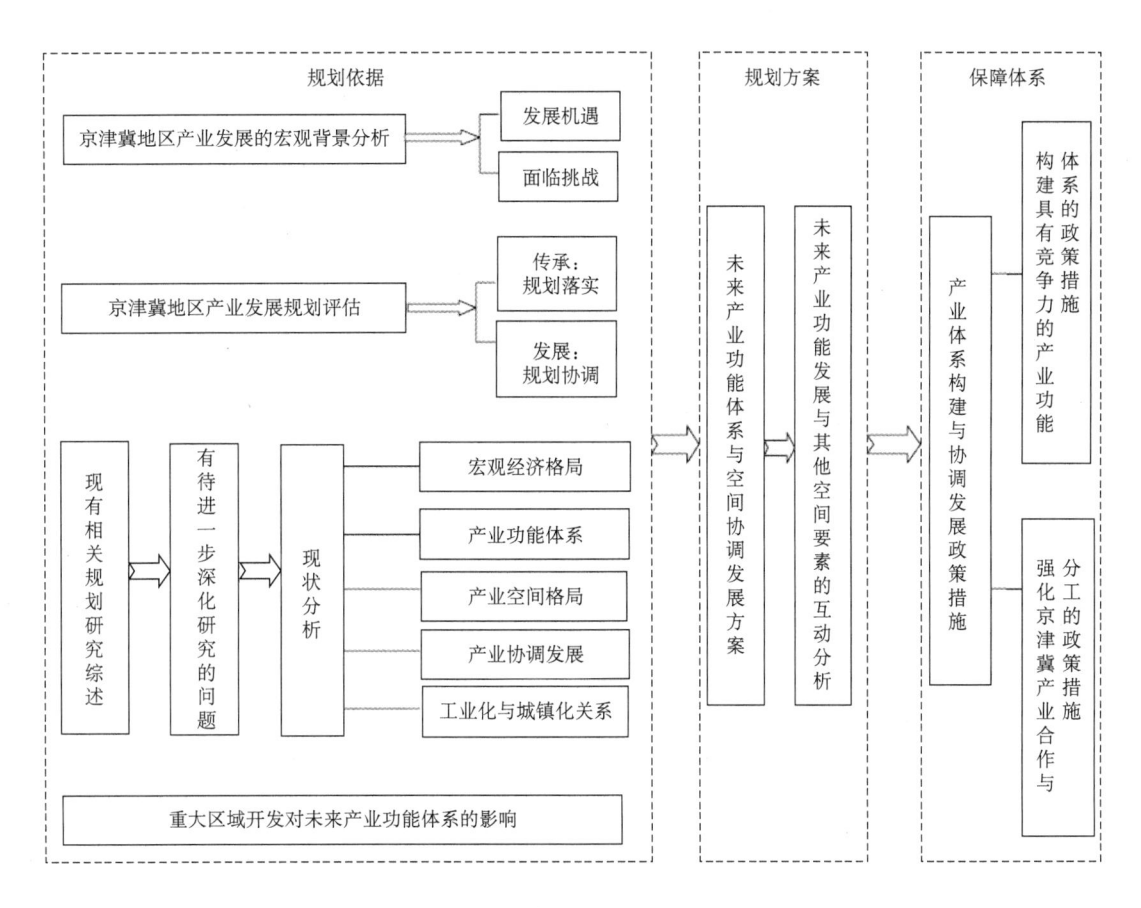

图 3-1-1　产业专题规划思路

第一,机遇与挑战。把京津冀地区放到全球产业发展的大背景中,明晰其产业发展在全球、国家、区域等不同尺度空间中面临的机遇与挑战。

第二,传承与发展。拼接并评估北京市城市总体规划、天津市城市总体规划、河北省城镇体系规划以及各地级市城市总体规划,在落实各项规划的同时找出需要在区域层次进行协调的产业发展问题。

第三,历史与现实。从宏观格局、功能体系、空间分布、产业协调以及产业发展与城镇化的关系等方面入手,讨论京津冀地区产业发展的现状特征、功能区格局及区内协调发展等问题,找出产业发展中存在的主要问题。

第四，战略与目标。重点分析曹妃甸、天津滨海新区等重点区域开发对京津冀地区产业功能体系及其支撑体系的影响，并结合现状，给出未来产业规划方案。进一步探讨未来产业规划方案对资源、城镇、基础设施等空间诸要素可能带来的影响和提出的要求，给出政策引导。

一、机遇与挑战——京津冀地区产业发展的宏观背景分析

(一) 国际环境：应对经济全球化，京津冀地区产业发展机遇与挑战并存

经济全球化，使得京津冀地区产业发展可以通过承接国际产业转移、积极发展国际贸易等方式迅速融入全球价值链。对于该地区产业发展而言，机遇与挑战并存。

1. 国际产业转移推动京津冀地区产业发展动力转变和结构转型

随着经济全球化的不断推进，国际产业转移模式发生了很大的变化，制造业已逐步形成独资、合资、收购、兼并等多样化方式并举的格局，服务业也包括项目外包、跨国公司业务离岸化以及战略联盟等多种形式。随着滨海新区的开放开发、曹妃甸大型深水港口的建设等外部因素的改变，京津冀地区的投资环境将在很大程度上得到提升，在未来很长一段时间内京津冀地区都必将成为国际资本向中国转移的重要地区之一。随着国际资本向京津冀地区的转移，多种投资方式齐头并进，必将在很大程度上缓解该区域以国有经济为主的格局，促进京津冀地区产业发展的动力向多元化方向演进。

国际产业转移的内容也发生了很大的变化：一是国际的产业转移从原来的单个项目、单个企业的转移转向整个产业链的转移，例如落户天津的A320系列飞机总装线不仅仅是单个项目，而是与之相关的一个产业链条；二是国际产业转移从单纯的制造业向服务业和研发业转移，特别是向现代物流业、科研和综合技术服务业以及金融服务业转移，例如近年来第三产业一直是北京利用外资的主导部门，2003年，服务业吸引了超过70%的合同外资额，同比上升10个百分点，第三产业中引资规模较大的批发零售餐饮业、计算机应用服务业、信息咨询服务业增速分别高达35.8%、42.3%和38.1%，金融保险业引资规模也扩大了7.0%，国际产业转移由单纯的制造业向服务业转移的态势相当明显。京津冀地区承接产业转移，有助于提高其制造业的技术水准和附加值，延长加工链条，提升创新能力，稳定工业基础；同时有助于服务业向知识和技术密集型方向发展。因此，国际产业转移在很大程度上可以促进京津冀地区产业结构的转型和提升。

2. 国际产业转移及贸易增长给京津冀地区产业发展带来巨大挑战

全球化过程在地域空间上是不均衡的，随着投资环境的改善，京津冀地区会成为下一轮国际资本角逐的重点区域之一。然而，京津冀地区内的投资环境差异非常巨大，因而目前的外省投资京津的双中心结构明显，虽然分散化的趋势已经出现，但短期内京津的双中心结构不可避免。随着大量外资的注入，一方面，京津的产业发展动力会向多元化演进，产业结构会不断得到优化和

提升;另一方面,京津以外的区域则在大量外资注入的同时被进一步边缘化。这都会在很大程度上导致京津冀地区产业的梯度进一步扩大。

承接国际产业转移不仅面临着国际、国内的激烈竞争,对京津冀地区的本土企业也将是很大的挑战。资本技术密集型产业转移的主体是大型跨国公司,这类产业有很高的进入门槛和规模效益,会形成对技术、品牌和市场的垄断,这对本土企业可能产生"挤出效应",不利于其发展。同时,跨国公司在进行国际产业转移时牢牢掌握着核心技术和营销网络,本土企业可能被"锁定"在较低层次上难以升级。如何提高自身创新能力和竞争力是京津冀本土企业面临的一大挑战。

随着新国际劳动地域分工的形成以及全球生产网络的发展,产品内分工以及第三方贸易发展迅速。中国作为迅速崛起的第三方出口国,对其他国家之间的贸易顺差持续增加,我国与世界各国的贸易摩擦频繁发生,发生经济摩擦的对象既包括发达国家也包括发展中国家,涉及贸易、知识产权、产业政策、技术标准、外汇管理等在内的诸多经济领域,国际贸易环境日趋复杂,国际贸易摩擦正趋于多元化、综合化和常态化。京津冀地区的外贸依存度很高,在今后相当时间内进出口贸易还将继续增长,给京津冀地区产业参与全球经济带来了严峻挑战。但如果能够应对这一环境健全相关机制,规范贸易秩序,也可以全面提升本地企业的国际竞争力。

3. 全球化给京津冀地区产业发展提出更高要求

首先,京津冀地区要加强迅速融入东北亚经济圈。区域一体化既是经济全球化的一部分,也是地方应对全球化的重要战略,东北亚经济合作是提高京津冀地区乃至全国竞争力的需要。中国经济要腾飞,就必然要依赖于东北亚地区的市场及其他生产要素,俄罗斯丰富的资源,韩国、日本雄厚的资金技术实力等。而事实上,中国与上述国家也已经开展了较为广泛的经济合作,并带来了积极的影响;但由于地理临近和某些条件的类似,东北亚内部诸国家和地区之间在很多产品上也存在着激烈的竞争,这给京津冀地区的发展也带来了一定的挑战,如果处理得好,则可以转化为推动地方产业升级和社会全面发展的动力。京津冀地区正处于东北亚的中心位置,如何扮演好自己的角色,为中国和东北亚各国交流搭建平台,并加速本地发展,是需要考虑的问题。

其次,京津要联合打造世界城市,携手共建全球城市区域。在经济全球化的巨大洪流中,城市和城市区域的角色日益重要,区域中主要城市扮演着联系全球化和区域化的纽带,是商品、资金、服务在全球流动的主要节点。研究表明,亚太地区生产者服务业密集的专业服务走廊往往是在某一个或几个大城市的基础上形成的。北京、天津等大城市在京津冀地区扮演十分重要的地位,其发展必须朝着有利于提升整个区域在全球竞争力的方向行进。北京是我国的首都,在政治、制度、文化、教育甚至金融等领域具有很好的先天优势,并且也已经明确要以世界城市为发展目标;但就目前发展情况,看它离真正意义上的世界城市还有很大差距,况且其自身也存在很多发展成为世界城市的障碍。为了应对全球化带来的机遇与挑战,京津产业发展需要进行合理的分工与合作、携手共建世界城市并融入国际经济体系。世界城市的建设离不开腹地区域的支撑,如果离开了京津冀地区的支撑,北京、天津的发展无论再怎么好也缺少根基;如果环京津贫困带的问题不能很好解决,北京、天津的各自发展无论怎么与国际接轨也是徒劳。北京、天津要打造世界城市,产业的发展必须要达到一定的高度,产业的发展必须要有一定的选择,不能什么项目都上、什么产业都留,因此京津的很多与世界城市不相容的产业必须适度向周边地区转移。显然,只有京津周边地区具备了承接转移的各种条件之后,这个过程才能得以启动与继续,因此,京津周边地区的发展也十分重要,京津冀只有携手共建全球城市区域才能使该区域的产业稳定、持续、健康发展。

(二) 国内环境:中国社会经济转型赋予京津冀地区产业发展更高使命

1. 中国经济增长第三极是转型背景下京津冀地区承担的新使命

中国目前处于转型的关键期。当前我国人均GDP已经超过1 000美元。根据国际经验,人均GDP超过1 000美元的国家或地区将进入社会、经济结构深刻变化的关键时期。在中国,这一阶段之所以关键是因为各种社会、经济矛盾都存在激化的可能,包括资源稀缺与经济发展的矛盾、区域不平衡发展的矛盾、收入差距的矛盾等。这一阶段如果把握不好,很可能导致社会经济的动荡。空间是社会经济发展的基本载体,合理的空间发展战略对中国社会经济的成功转型非常关键。20世纪80年代中期,我国提出建设沿海和沿长江地带组成的T型产业发展轴。20世纪90年代,浦东崛起、三峡工程建设、沿海三大城镇群的持续快速发展,进一步强化了T型产业发展格局。新世纪,党中央、国务院根据国内外经济形势变化,为改变北方经济发展动力相对不足现状,在"十一五"规划中把滨海新区的开发开放纳入国家总体发展战略布局中,并将其作为环渤海区域经济发展的引擎和中国经济增长的第三极提上日程。因此,京津冀地区作为北方经济中心和"第三驾马车"理应承担拉动北方地区乃至全国经济发展的责任。

2. 京津冀地区距离中国经济增长第三极的要求尚远

通过与珠三角和长三角的比较,可以看出京津冀地区目前距离中国经济增长第三极的要求还有很长的路要走。从发展阶段看,京津冀地区尚处于工业化进程较低的阶段,还落后于长三角和珠三角(表3-1-1);从制造业特征看,京津冀地区制造业整体实力较弱,资源型产业优势明显(表3-1-2);从服务业发展特征看,虽然京津冀服务业基础好、增长潜力大(表3-1-3),但空间分布高度不均衡、京津对周边地区辐射不够。总体而言,相对长三角和珠三角地区,京津冀地区尚处于工业化进程较低的阶段,调整产业结构、加快经济发展是提升其国内以及国际竞争力的前提。

表3-1-1 三大城镇群产值结构和就业结构

	珠三角		长三角		京津冀	
	产值结构	就业结构	产值结构	就业结构	产值结构	就业结构
第一产业	3.2	16.22	4.1	20.16	7.1	35.87
第二产业	50.6	49.43	55.3	45.07	45.3	30.22
第三产业	46.2	34.35	40.6	34.78	47.6	33.91

表 3-1-2　三大城镇群专业化部门分类

产业类型	指标	珠三角	长三角	京津冀
资源密集型	个数	0	0	1
	区位商均值			2.95
劳动密集型	个数	6	5	4
	区位商均值	1.66	1.41	1.32
资本密集型	个数	2	5	5
	区位商均值	1.64	1.62	1.73
技术密集型	个数	3	5	3
	区位商均值	2.59	1.29	1.16
总计	个数	11	15	13

表 3-1-3　京津冀和珠三角第三产业优势行业对比

珠三角	京津冀
交通运输、仓储及邮政业	信息传输、计算机服务与软件业
住宿餐饮业	科研与技术服务
金融业	居民服务和其他服务业
房地产业	文化、体育和娱乐业
公共管理和社会组织	租赁和商业服务
	批发和零售业

（三）区域环境：滨海新区、曹妃甸的开发为京津冀地区经济腾飞提供了契机

后文将会重点探讨重点地区的开发建设所带来的影响，在此不做赘述（详见本专题"四（一）"）。

二、传承与发展——京津冀地区产业发展规划评估

《北京城市总体规划(2004-2020)》、《天津市城市总体规划(2005-2020)》以及《河北省城镇体系规划(2006-2020)》是本次规划的重要基础，本着重在落实的原则，有必要从区域角度对现有规划中产业发展内容进行梳理和评估。

（一）京津冀城镇群发展规划中产业功能体系评估

基于京津冀三方现有宏观规划的产业发展蓝图具有显著的区域性空间特征。在拼合后的产

业蓝图(图3-1-2)中,清晰看到三条主要产业功能带:高新技术、现代服务业产业发展带,沿海化工、休闲旅游产业发展带,钢铁、纺织等传统产业发展带。高新技术、现代服务业产业发展带的空间范围自北京开始沿京津交通走廊经廊坊延伸至天津市区、滨海新区;此产业发展带是京津冀地区现状与未来产业发展的核心,集中了区域的大部分的高端产业功能。沿海化工、休闲旅游产业发展带的空间范围自秦皇岛开始沿沿海城市唐山(曹妃甸)、天津(滨海新区)延伸至沧州(黄骅);它是京津冀地区未来产业发展与扩散的重点区域,同时也将成为京津冀地区未来最有活力的增

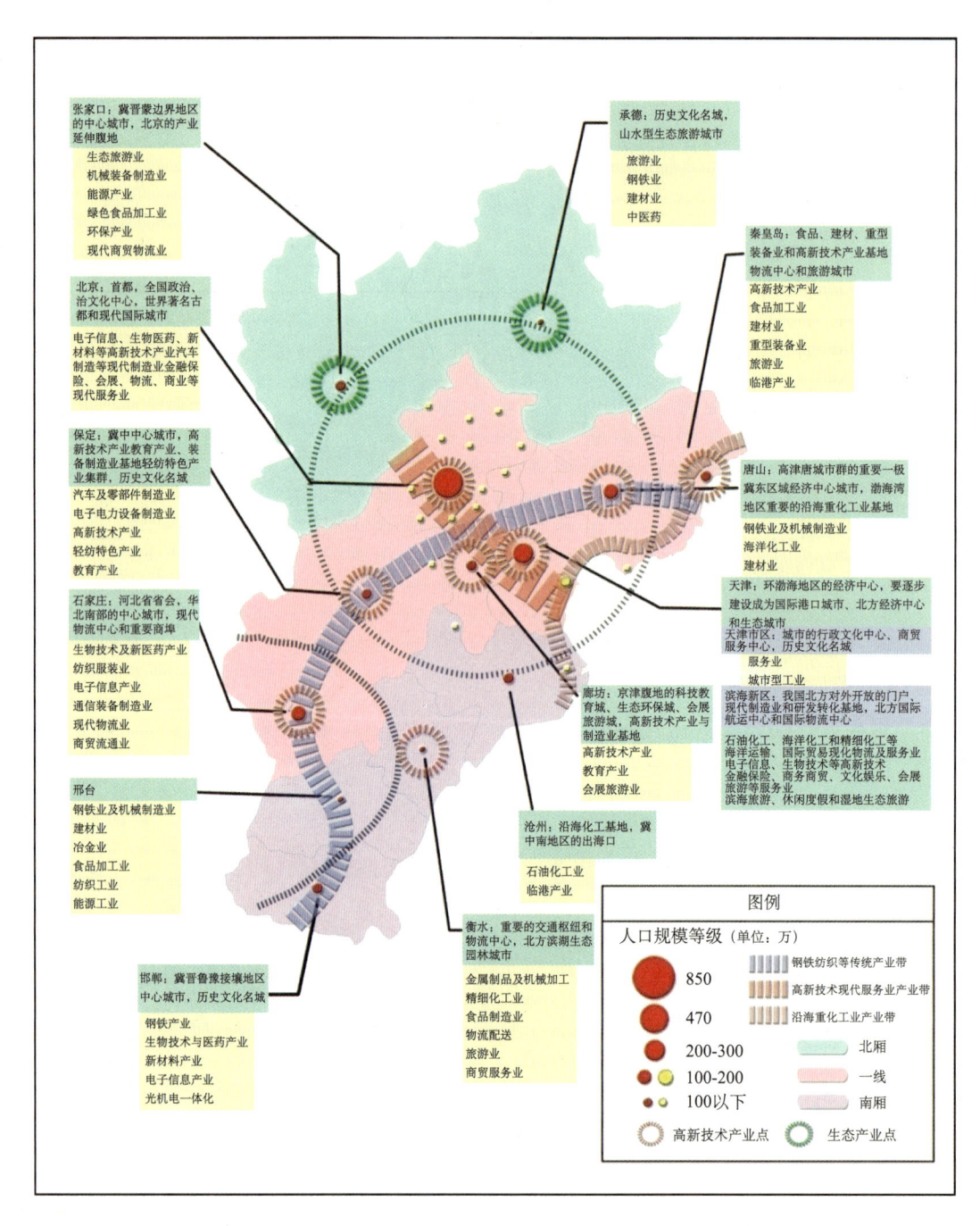

图 3-1-2 基于京津城市总体规划和河北城镇体系规划的产业发展蓝图拼合

长区域之一。无论是天津滨海新区、唐山曹妃甸的开放开发，还是沧州向黄骅港所在沿海地区的推进，都充分表明了京津冀地区整体产业发展的基本姿态——向沿海推进。钢铁、纺织等传统产业发展带始于河北省最南端的邯郸，然后沿京广铁路北上经邢台、(衡水)、石家庄、保定转向天津的宝坻新城后延伸至唐山及曹妃甸地区，其空间范围与《河北省城镇体系规划（2006-2020）》中提出的中间一线包含的城镇基本相同；该产业发展带上的城市大多是京津冀地区发展较早的工业基地，虽然发展历史较早、产业基础雄厚，但利用高新技术等现代技术手段改造传统产业是规划对其提出的新的诉求。三条产业功能带基本符合京津冀地区的现状及未来发展的趋势。

宏观规划的理性并不代表地方层面真正的协调，基于京津冀九个地级市的规划拼合后得到的产业蓝图（图 3-1-3）中可以看出，由于地方利益主体增多，区域产业发展的思路变得更为发散，这在产业功能和产业空间上都有体现。在空间上，京津冀三方宏观整体性的发展思维贯彻落实得并不彻底，几乎每个城市都基于自身的发展需要提出了"几轴几带"的发展战略，而相应轴带对其行政辖区内的重点城镇又几乎都是全覆盖的，不难想象这种全覆盖的发展战略带来的只有如图 3-1-3 所示那样眼花缭乱的空间布局，产业空间规划发散性倾向异常显著。在功能上，区域整体规划中依据各地区比较优势的合理产业分工也被地方各自大而全的功能规划所替代，或者是比较优势相似的城市为了抢占高端、先机而进行恶性竞争，或者是不考虑区域责任和义务、以自我为中心地"编"规划，规划形成非常明显的发散式格局。

总体看来，基于京津冀三方宏观与地方规划拼合的结果显示，首先，宏观层面的规划功能引导基本合理，地方层面的规划功能引导割据现象明显。但相比较于城镇体系等宏观规划，固化在行政界线内部的地方性规划往往操作性比较强，在区域整体与地方利益不协调甚至相互冲突时，地方行政主体往往会在双方博弈中占据上风，区域能否很好贯彻落实宏观规划中的发展思路仍留有诸多的悬念。其次，无论是宏观规划还是地方规划，天津及河北与北京主动对接的诉求较明显，而北京态度不甚积极。最后，各类规划都对天津滨海新区、曹妃甸等区域性重大项目考虑不足。

（二）京津冀城镇群产业发展规划的空间支撑评估

产业的发展需要各类空间要素的支撑，因此，理顺现有规划中城镇发展、交通基础设施以及资源对产业发展的支撑现状，找出需要进一步协调的内容，对于本次规划意义显著。

1. 城镇空间与产业发展规划

通过梳理已有规划可以看出，城镇人口密集带大致分布在京津走廊、沿海与传统发展带上，其中，人口增长最显著的地方主要在京津走廊、沿海地区和石家庄。京津走廊是京津冀地区历史最为悠久、基础最为雄厚的城镇密集带，未来吸引人口的能力毋庸置疑，未来规划城镇人口的增量集中发生在此区域十分合理，无需进一步的分析与论证。石家庄虽然对周围区域的经济辐射带动能力有限，但作为河北省的省会城市，在我国转轨的社会经济发展过程中，与行政、文化等功能相关的人口集聚现象仍将十分显著，因此石家庄作为未来规划城镇人口的另一集聚地区也不足为奇。然而,沿海地区的情况却并非如此。沿海产业带是靠滨海新区的开发开放以及曹妃甸和黄骅港等重大项目的实施带动起来的新的产业增长空间,该产业空间的发展必然对未来的产业走向、产业联系、人口的集聚产生重要影响,它到底能带动多大的产业与人口的集聚很值得进一步深入探讨,但在京、津、冀三方的现有规划中并没有发现此方面的深入论述。

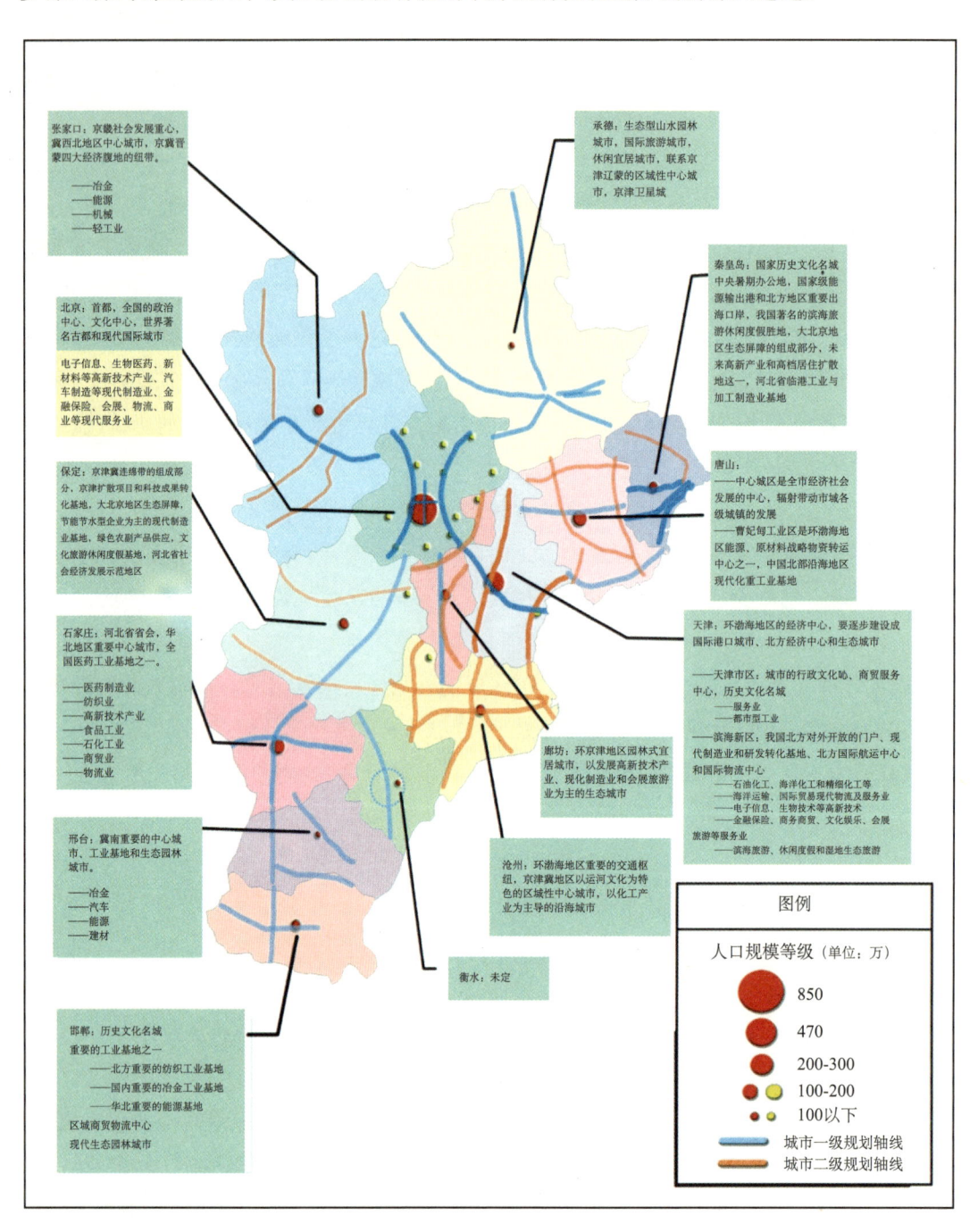

图 3-1-3 基于地方城市总体规划的京津冀产业发展蓝图拼合

2. 交通支撑与产业发展规划

首先,关注第二首都机场与产业发展的关系。为了缓解首都机场的压力,更好地满足北京未来 10-20 年航空发展的需求,修建第二机场成为议论的热门话题。现有的首都机场选址在已有的规划中有很多方案,究竟选择哪个方案不是本专题规划所能解答的课题,本专题只是基于该区域内产业发展的需求为首都机场的选址提供一些参考意见。正如前面对京津冀现有规划的拼接结果所示,京津走廊地带现在已经成为或未来即将发展成为京津冀地区的高新技术、现代服务业产业密集带,而该密集带集中了京津冀地区绝大多数的高端性功能,尤其是生产性服务功能,高端服务功能需要高效的航空运输支撑;区域内主导性高新技术产品如电子设备、电子元件与器件等对于航空运输有较为强烈的要求。为了更好地为整个区域提供更为优质、便捷的服务,更好地与世界零距离对接,首都机场落户在京津廊地带有其合理性。

其次,重视沿海港口群建设与产业发展的协调。在河北、天津 640 公里的海岸线上,从北到南分布着秦皇岛、唐山(京唐—曹妃甸)、天津、黄骅四个大港,如今都在投巨资或疏浚港池或增建码头,京津冀地区的港口竞争态势异常激烈。港口竞争的本质在于城市与城市之间产业的竞争,依据各城市不同的产业基础、发展阶段等引导彼此之间产业的合理分工与协作,促进港城的一体化发展,改变像黄骅港这类通过型港口的发展现状是规划中应该深入思考的问题,但这在京津冀已有规划中论述得不是很充分。另外,港口群后方腹地的输运系统与产业发展的关系也非常密切。重化工业是目前两市一省规划中部署的沿海重点产业之一,重化工业是资源指向型的大进大出产业,其发展不仅仅需要发达的港口,为延长其产业链条还需要非常发达的腹地疏运系统。主要包括两个层面:一个是由沿海指向内陆的疏运系统,另一个是沿海各港口群之间相互连接、促进产业分工协作的沿海大通道,这在原有规划中虽有零星的提到,但深度仍然不够。

3. 资源支撑与产业发展规划

水资源短缺是京津冀地区内重工业发展所面临的最严峻问题。考虑到水资源的短缺现状,京津冀三方在规划的过程中都十分注意再生水和跨区域调水资源的利用。根据规划,在积极推广再生水利用、全面实现南水北调中线引水工程之后,京津冀三方基本上都能保证水资源的供需平衡。但表面的水资源供需平衡却无法掩盖其内在的问题——区域内水资源不均衡。相比较京、津的严重缺水,河北省在调水工程之前表面有盈余,但区内差异却非常明显,其中沧州、衡水、邯郸严重缺水,在 2010 年实现南水北调中线引水工程后,沧州、衡水、邯郸等城市的用水缺口仍很大。严重缺水的现实为沧州等城市的产业发展提出了严峻的考验,城市内产业的选择受到了很大的障碍。重化工产业是耗水量非常高的产业之一,像沧州这样严重缺水型的城市发展重化工业的模式究竟能走多远,是已有规划中考虑不足而本次规划又必须回答的问题之一。另外,京津冀地区内的水资源利用矛盾也非常明显,在全面实现南水北调中线引水工程之前,区域调水工程(京石段)很大程度上是区域内调水,联合调度河北省岗南、黄壁庄、王快、西大洋四座水库向北京供水。这种区域内调水加剧了区域内各地方利益主体之间的矛盾,会不会影响到区域内产业的发展及布局,还有待进一步探讨,但已有规划中却对此论述不足。有效协调与平衡北京、天津、河北的水资源利用问题是区域产业健康发展的有效前提。

三、历史与现实——京津冀地区产业发展现状分析

(一) 京津冀地区的宏观经济格局及其变化

京津冀地区内部经济发展的空间差异也很大,认识这种内部差异及其变化的趋势,对产业和城镇的发展规划具有重要的意义。

经济发展、经济产出以及要素投入水平的空间差异特征既可以反映出区域经济发展的空间协调性,也可以反映出经济空间布局方面存在的问题。通过对京津冀地区内部GDP、人均GDP、工业总产值以及国内外投资等相关指标的分析可以看出,京津冀地区内的经济发展呈现出明显的核心—边缘结构。

首先,就经济发展水平(人均GDP)而言,核心—边缘结构显著。京津两市构成了区域经济的中心高地,2004年人均GDP为3.8万元左右;由京津向外构成了著名的环京津贫困带,从北部承德所辖的各县开始,经西北部张家口所辖的各县,到南部保定、沧州及衡水的辖区,这一地带包括了43个县级单位,人均GDP为7 814元,只有京津的1/5,京津冀地区人均GDP排在最后的10个县基本都在这一区域内。除了京津与周边的核心—边缘结构之外,石家庄、唐山等区域也形成了自中心向外围的核心边缘结构。

其次,就经济产出(GDP和工业总产值)而言,京津双中心集聚格局明显。从区域内以区县为单位的GDP总量分布图(图2-1-4)上,可以看出区域经济活动的高度集聚特征,京津两市是经济活动的聚集中心,1994-2004年都是如此。1994年京津两市市区GDP之和占了区域总量的40%,而河北省11个地级市市区的GDP之和只占全区域的15.6%;到2004年差距略有减小但双中心集聚态势仍然非常明显,此时京津两市市区GDP之和占了区域总量的36%,而河北省11个地级市市区的GDP之和占全区域的比重上升到18.8%。从工业产出规模同样可以看出双中心高度集聚的特征,并且该特征在1994-2004年得到了强化。1994年京津两市市辖区的工业总产值占了全区域的20%,河北省的11个地级市市辖区工业总产值占到全区域的25%,到2004年京津两市市辖区的工业总产值占全区域的比重大幅度上升到47.6%,河北11市的比重则下降到19.3%,京津加河北11市占全区域的比重则由45%上升到67%,集聚程度大幅度上升(图3-1-5)。

再次,就外来投资而言,其强化了京津双中心的地位,但已向河北扩散,特别是内资。就外商直接投资(图3-1-6)而言,双中心格局明显,仅京津两市市区利用外资额就占区域整体的70%左右,该比例在1994-2004年没有显著变化,但从市域角度而言则有所扩散,该数值由1994年的86%降至2004年的75%,说明外资企业的选址已开始在更大的范围内展开,但明显的双中心格局并没有改变。就固定资产投资(图3-1-7)而言情况则有所不同,除了北京市区一枝独秀外(1994年占43%,2004年占22.5%),其他地级市区相对均衡;并且1994-2004年由京津向各地

级市的扩散趋向明显,基尼系数由 0.86 降至 0.74。

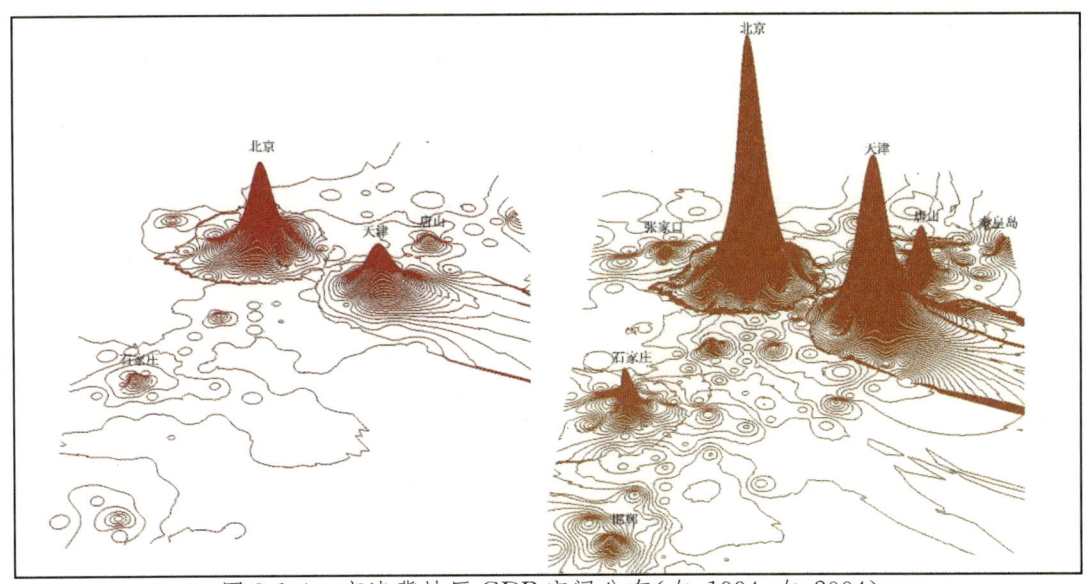

图 3-1-4　京津冀地区 GDP 空间分布(左:1994;右:2004)

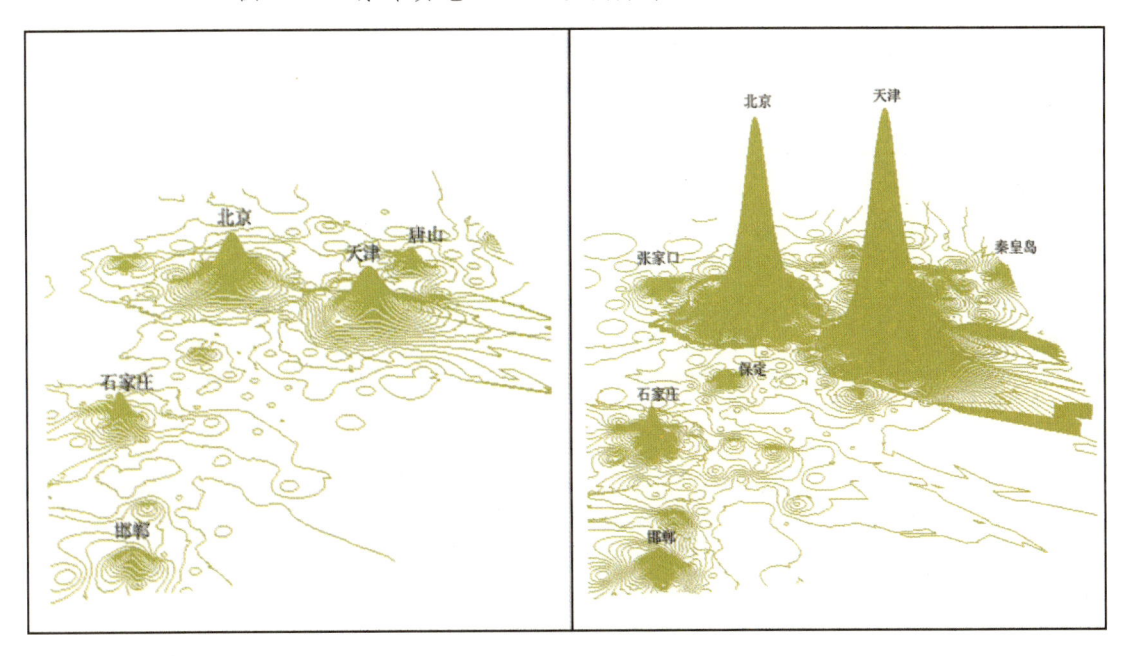

图 3-1-5　京津冀地区工业总产值空间分布(左:1994;右:2004)

最后,就业呈现多中心格局,地级市市区的作用显著,呈现一定的集聚特征。从区域内以区县为单位的全社会从业人员空间分布图(图 3-1-8)可以看出,京津冀地区就业的分散程度比经济产出要高得多,呈现出多中心分布的格局。1994 年,许多区县在提供就业岗位方面起着比地级市市区更大的作用,但到 2004 年就业的分布出现了向地级市市区集中的趋势,地级市市区在创造就业岗位方面发挥着越来越重要的作用。就业分布的基尼系数由 1994 年的 0.45 上升为 2004 年的 0.65,呈现一个集中的趋势。

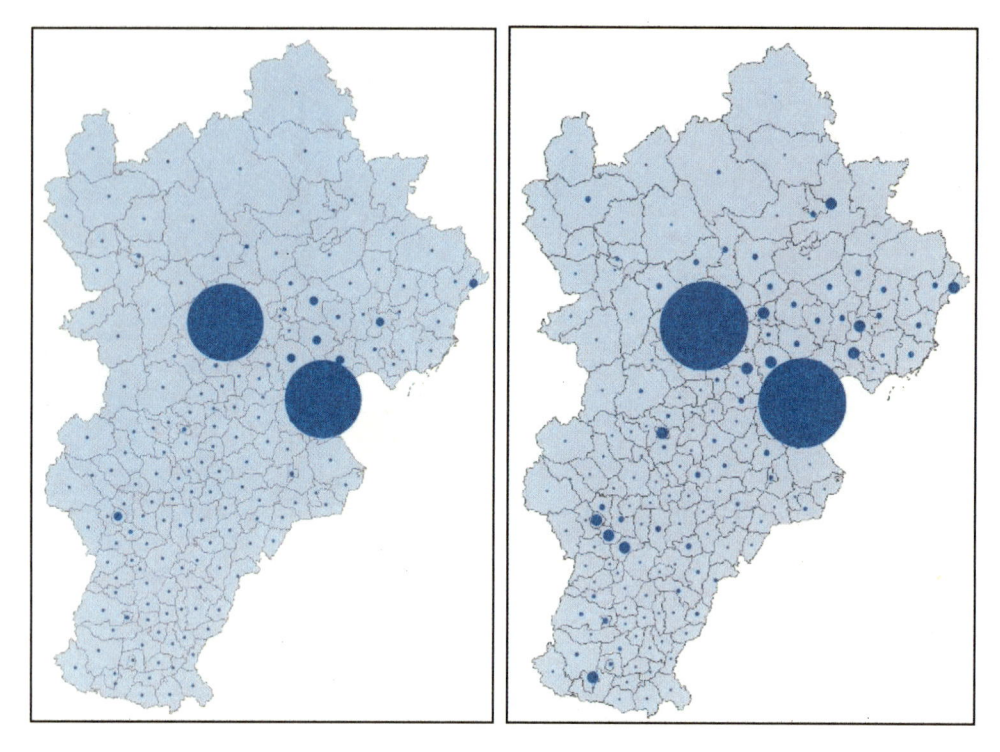

图 3-1-6　京津地区实际利用外资分布（左：1994；右：2004）

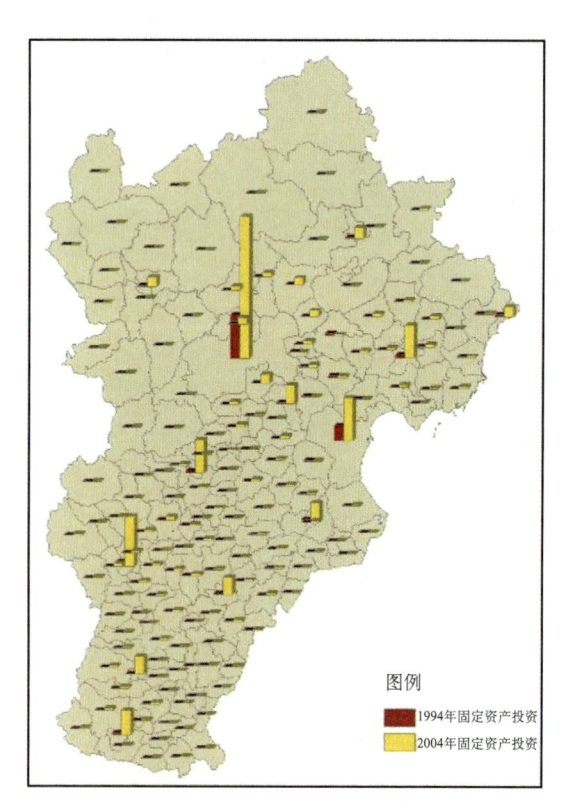

图 3-1-7　1994-2004 年京津冀地区
固定资产投资空间分布

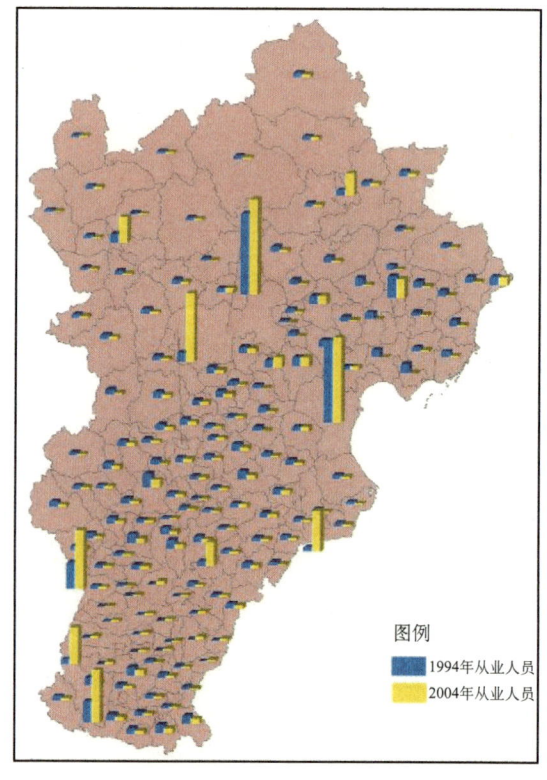

图 3-1-8　1994-2004 年京津冀地区
从业人员空间分布

综合以上分析,京津冀地区内经济发展水平的核心—边缘二元结构明显,经济要素的双中心集聚现象显著。1994-2004年的十年间,虽然经济要素已经出现了一定的分散趋势,但仍未能从根本上改变京津的双中心格局。除了京津之外,河北省的某些地级市的地位开始上升,固定资产投资、利用外资水平以及就业等都有了一定程度的增长,充分挖掘上述地区的优势、积极培育其竞争力有助于平衡京津冀地区内高度失衡的经济发展与空间格局。

(二) 京津冀地区产业功能体系的现状特征

1. 第一产业仍以传统农业为主,区域"三农"问题任重道远

改革开放以来,京津冀三省市的农业在经济发展中的地位不断下降,京津的趋势尤为显著。至2005年,北京市第一产业的比重已下降为1.39%,天津为3.04%,河北为14.89%。对于京津而言,伴随第一产业在城市经济中所占比重的不断降低,第一产业的经济功能开始向社会功能和生态功能转变。而对于河北省而言,农业在其国民经济中仍扮演重要角色(产值比重为14.9%、就业比重为30%以上),如何提升农业竞争力、推动第一产业结构优化及相关"三农"问题仍要引起足够的重视。

表 3-1-4 京津冀地区生产总值及其结构(单位:万元、%)

地区	地区生产总值	第一产业		第二产业		第三产业	
		产值	比例	产值	比例	产值	比例
北京	6 886.3	95.5	1.39	2 026.5	29.43	4 764.3	69.19
天津	3 697.62	112.38	3.04	2 051.17	55.47	1 534.07	41.49
河北	10 096.11	1 503.07	14.89	5 232.5	51.83	3 360.54	33.28

表 3-1-5 河北省第一产业在地区生产总值中的比重

地区	第一产业所占比重(%)
石家庄市	13.9
承德市	18.2
张家口市	16.2
秦皇岛市	10.4
唐山市	11.6
廊坊市	16.2
保定市	18.3
沧州市	12.0
衡水市	17.4
邢台市	18.3
邯郸市	13.7
全省	14.9

2. 工业体系相对完整，京津冀优势工业产业分工明显

以2004年经济普查中规模以上企业的就业人口数据为基础数据，辅助以中国城市统计年鉴和京津冀各省市年鉴统计数据，对京津冀地区产业专业化程度和区域分工现状分析的结果可以看出：京津冀地区具有相对完整的工业体系，并且已经形成了比较明显的分工格局。北京以资本—技术密集型产业为主导，天津以资本—资源密集型产业为主导，河北以资源密集型产业为主导。

（1）两位数工业。根据LQ≥1.25的原则确定京津冀地区具有区际意义的两位数产业，如表3-1-6所示。对于京津冀整体，两位数产业门类中区位商大于1.25的专业化产业门类共有7个，其中既包括工业化初级阶段主导产业，也有工业化高级阶段的主导产业，这是因为京津冀城镇群是一个异质性非常强的区域，因此京津冀的专业化功能结构相对完善。对于北京，两位数产业门类中区位商大于1.25的专业化产业门类共有12个，这些具有区际意义的产业中主要是资本技术密集型产业和一些都市型的劳动密集型产业，总体来讲北京市专业化功能结构符合其比较优势，处于工业化的高级阶段。对于天津，两位数产业门类中区位商大于1.25的专业化产业门类共有13个，这些具有区际意义的产业中，既包括依托其丰富资源发展的资源密集型产业，又包括资本密集型、技术密集型产业，总体上处于工业化向高级阶段迈进的过程。对于河北，两位数产业门类中区位商大于1.25的专业化产业门类共有11个，既有技术密集型、资本密集型产业也有劳动力密集型、资源密集型产业，但总体上仍以资源密集型产业占主导，区位商大于1.5的3个产业全部属于资源密集型，河北省的专业化功能结构仍与京津有很大差距，处于工业化的初级阶段。总体而言，京津和河北的工业分工比较明朗。

表3-1-6 京津冀两位数工业产业的区位商（≥1.25）

京津冀		河北	
两位数产业门类	区位商	两位数产业门类	区位商
黑色金属矿采选业	2.88	黑色金属矿采选业	5.11
黑色金属冶炼及压延加工业	2.46	黑色金属冶炼及压延加工业	3.22
燃气生产和供应业	1.95	石油和天然气开采业	1.76
石油和天然气开采业	1.68	燃气生产和供应业	1.49
印刷业和记录媒介的复制	1.61	非金属矿物制品业	1.46
医药制造业	1.53	医药制造业	1.39
食品制造业	1.42	非金属矿采选业	1.37
		煤炭开采和洗选业	1.33
		食品制造业	1.31
		石油加工、炼焦及核燃料加工业	1.25
		电力、热力的生产和供应业	1.25

续表

北京		天津	
两位数产业门类	区位商	两位数产业门类	区位商
印刷业和记录媒介的复制	4.44	石油和天然气开采业	2.99
燃气生产和供应业	2.63	燃气生产和供应业	2.35
仪器仪表及文化、办公用机械制造业	2.07	金属制品业	1.79
食品制造业	1.95	通信设备、计算机及其他电子设备制造业	1.75
交通运输设备制造业	1.87	黑色金属冶炼及压延加工业	1.73
医药制造业	1.78	交通运输设备制造业	1.65
饮料制造业	1.59	医药制造业	1.65
通信设备、计算机及其他电子设备制造业	1.54	橡胶制品业	1.64
专用设备制造业	1.50	家具制造业	1.50
黑色金属冶炼及压延加工业	1.39	化学原料及化学制品制造业	1.40
纺织服装、鞋、帽制造业	1.38	塑料制品业	1.27
家具制造业	1.34	非金属矿采选业	1.27
		工艺品及其他制造业	1.25

(2) 三位数工业。根据 LQ≥1.25 的原则确定京津冀地区具有区际意义的三位数产业,如表 3-1-7 所示。得到如下结论。

第一,京津冀地区依托钢铁、石油化工等原料型工业发展了装备制造、化学制品等跨区域产业链。从三位数工业的区域分布来看,有两条跨区域的产业链条非常明显。其一是依托黑色金属采掘业以及海外铁矿资源,在京津冀地区诸多城市发展了黑色金属冶炼与压延加工业,在此基础上推动了金属制品、通用设备、专用设备、交通运输设备制造等下游产业的发展,这些下游产业高度聚集在北京、天津以及石家庄、唐山等地。其二是依托石油和天然气采掘业以及海外石油资源,发展了石油加工业,再到化学原料与化学制品以及医药制造等产业,这些产业集中在不同城市,促成了原材料的区域流动。

第二,京津冀产业内分工与地方资源区位优势、市场需求、产业传统等地方特征密切相关。例如 343 集装箱及金属包装容器制造、375 船舶及浮动装置制造只在天津具有比较优势,这与天津的大型港口功能是密不可分的。在专用设备制造业中,矿山、冶金、建筑专用设备制造,食品、饮料、烟草及饲料生产专用设备制造以及农林牧渔专用设备制造业是河北的专业化产业,而印刷、制药、日化生产专用设备制造、电子机械专用设备、医疗仪器设备以及环保和公共安全设备等在北京和天津具有专业化优势,这种产业内分工态势符合地方需求和比较优势。在交通运输设备制造业中,北京以专业化铁路运输设备、汽车制造、航空航天器制造业为主,天津以专业化汽车制造、自行车制造以及船舶及浮动装置制造业为主,河北以专业化铁路运输设备制造业为主等,这种产业内分工强化了各地的优势和历史传统。

表 3-1-7　京津冀三位数工业产业的区位商

	北京	天津	河北	京津冀
黑色金属矿采选业(2.88)			081 铁矿采选(5.60)	081 铁矿采选(3.15)
黑色金属冶炼及压延加工业(2.46)	323 钢压延加工(2.27)	322 炼钢(4.21) 323 钢压延加工(1.50)	321 炼铁(2.66) 322 炼钢(6.93) 323 钢压延加工(2.65)	321 炼铁(1.61) 322 炼钢(4.78) 323 钢压延加工(2.29)
燃气生产和供应业(1.95)	450 燃气生产和供应业(2.63)	450 燃气生产和供应业(2.35)	450 燃气生产和供应业(1.49)	450 燃气生产和供应业(1.95)
石油和天然气开采(1.68)		071 天然原油和天然气开采(1.63) 079 与石油和天然气开采有关的服务活动(4.32)	079 与石油和天然气开采有关的服务活动(2.74)	079 与石油和天然气开采有关的服务活动(2.54)
印刷业和记录媒介的复制(1.61)	231 印刷(4.33) 232 装订及其他印刷服务活动(3.86) 233 记录媒介的复制(11.20)	233 记录媒介的复制(1.83)		231 印刷(1.58) 232 装订及其他印刷服务活动(1.42) 233 记录媒介的复制(3.18)
医药制造业(1.53)	272 化学药品制剂制造(2.50) 273 中药饮片加工(2.74) 274 中成药制造(2.01) 275 兽用药品制造(1.53) 276 生物、生化制品的制造(3.76)	271 化学药品原药制造(1.55) 272 化学药品制剂制造(1.70) 274 中成药制造(2.00) 275 兽用药品制造(1.98) 276 生物、生化制品的制造(1.38)	271 化学药品原药制造(3.94)	271 化学药品原药制造(2.59) 274 中成药制造(1.40) 275 兽用药品制造(1.37) 276 生物、生化制品的制造(1.37)

续表

	北京	天津	河北	京津冀
食品制造业(1.42)	141 焙烤食品制造(3.72) 142 糖果、巧克力及蜜饯制造(2.80) 144 液体乳及乳制品制造(2.31) 149 其他食品制造(2.95)	141 焙烤食品制造(1.59) 143 方便食品制造(1.60) 149 其他食品制造(2.95)	143 方便食品制造(2.38) 144 液体乳及乳制品制造(2.36)	141 焙烤食品制造(1.49) 142 糖果、巧克力及蜜饯制造(1.51) 143 方便食品制造(1.93) 144 液体乳及乳制品制造(1.97) 149 其他食品制造(1.29)
金属制品业(1.23)	341 结构性金属制品制造(3.16)	341 结构性金属制品制造(3.16) 343 集装箱及金属包装容器制造(1.82) 344 金属丝绳及其制品的制造(7.20) 348 不锈钢及类似日用金属制品制造(1.79) 349 其他金属制品制造(2.79)	344 金属丝绳及其制品的制造(2.04) 345 建筑、安全用金属制品制造(2.00) 347 搪瓷制品制造(1.57)	341 结构性金属制品制造(1.50) 344 金属丝绳及其制品的制造(2.84) 345 建筑、安全用金属制品制造(1.42)
化学原料及化学制品制造业(1.17)	264 涂料、油墨、颜料及类似产品制造(1.28) 265 合成材料制造(2.53) 267 日用化学产品制造(1.86)	261 基础化学原料制造(2.40) 264 涂料、油墨、颜料及类似产品制造(3.52) 267 日用化学产品制造(1.43)	262 肥料制造(1.59) 263 农药制造(1.76)	261 基础化学原料制造(1.35) 264 涂料、油墨、颜料及类似产品制造(1.79) 265 合成材料制造(1.29) 267 日用化学产品制造(1.29)
交通运输设备制造业(1.16)	371 铁路运输设备制造(3.42) 372 汽车制造(2.19) 376 航空航天器制造(3.37)	372 汽车制造(1.37) 373 自行车制造(1.37) 375 船舶及浮动装置制造(1.28)	371 铁路运输设备制造(1.97)	371 铁路运输设备制造(2.05)

续表

	北京	天津	河北	京津冀
石油加工、炼焦及核燃料加工业(1.15)	251 精炼石油产品的制造(1.43)	251 精炼石油产品的制造(1.76)	252 炼焦(1.84)	
专用设备制造业(1.15)	364 印刷、制药、日化生产专用设备制造(3.11) 365 纺织、服装和皮革工业专用设备制造(1.70) 366 电子和电工机械专用设备制造(1.50) 368 医疗仪器设备及器械制造(3.43) 369 环保、社会公共安全及其他专用设备制造(3.93)	362 化工、木材、非金属加工专用设备制造(1.53) 365 纺织、服装和皮革工业专用设备制造(1.37) 368 医疗仪器设备及器械制造(1.40) 369 环保、社会公共安全及其他专用设备制造(1.32)	361 矿山、冶金、建筑专用设备制造(1.95) 363 食品、饮料、烟草及饲料生产专用设备制造(1.62) 367 农、林、牧、渔专用机械制造(1.44) 369 环保、社会公共安全及其他专用设备制造(1.54)	361 矿山、冶金、建筑专用设备制造(1.54) 364 印刷、制药、日化生产专用设备制造(1.25) 368 医疗仪器设备及器械制造(1.35) 369 环保、社会公共安全及其他专用设备制造(2.01)
饮料制造业(1.14)	152 酒的制造(1.51) 153 软饮料制造(2.34)	151 酒精制造(3.82) 153 软饮料制造(1.60)	153 软饮料制造(1.45)	153 软饮料制造(1.68)
非金属矿采选业(1.11)		103 采盐(4.17)	103 采盐(3.44)	103 采盐(2.86)
非金属矿物制品业(1.11)	312 水泥及石膏制品制造(5.14) 314 玻璃及玻璃制品制造(1.31)		311 水泥、石灰和石膏的制造(1.49) 314 玻璃及玻璃制品制造(1.95) 315 陶瓷制品制造(2.36)	312 水泥及石膏制品制造(1.77) 314 玻璃及玻璃制品制造(1.48) 315 陶瓷制品制造(1.37)

续表

	北京	天津	河北	京津冀
橡胶制品业(1.08)	295 日用及医用橡胶制品制造(3.24) 299 其他橡胶制品制造(1.33)	291 轮胎制造(2.02) 292 橡胶板、管、带的制造(1.75) 293 橡胶零件制造(2.06) 294 再生橡胶制造(2.54) 295 日用及医用橡胶制品制造(2.04) 299 其他橡胶制品制造(2.45)	292 橡胶板、管、带的制造(2.06) 294 再生橡胶制造(3.98) 295 日用及医用橡胶制品制造(3.25) 299 其他橡胶制品制造(1.46)	292 橡胶板、管、带的制造(1.61) 294 再生橡胶制造(2.84) 295 日用及医用橡胶制品制造(2.96) 299 其他橡胶制品制造(1.67)
电力、热力的生产和供应业(1.04)	441 电力供应(1.30) 443 热力生产和供应(4.96)		441 电力供应(1.37) 443 热力生产和供应(1.66)	443 热力生产和供应(2.27)
通用设备制造业(1.01)	352 金属加工机械制造(1.52) 356 M5 烘炉、熔炉及电炉制造(2.13) 357 风机包装设备等通用设备制造(1.85)	353 起重运输设备制造(1.87) 354 泵阀门压缩机机械的制造(1.31) 356 M5 烘炉、熔炉及电炉制造(2.13)	359 金属铸、锻加工(1.69)	359 金属铸、锻加工(1.69) 356 M5 烘炉、熔炉及电炉制造(2.13)
造纸及纸制品业(0.95)		221 纸浆制造(1.75) 223 纸制品制造(1.28)	222 造纸(1.53)	
家具制造业(0.91)	211 木质家具制造(1.56) 219 其他家具制造(1.30)	211 木质家具制造(1.36) 213 金属家具制造(2.10) 219 其他家具制造(1.28)		
纺织服装鞋帽制造业(0.89)	181 纺织服装制造(1.46)			
水的生产和供应业(0.89)	462 污水处理及其再生利用(7.86) 469 其他水的处理、利用与分配(8.83)	462 污水处理及其再生利用(2.29) 469 其他水的处理、利用与分配(2.61)	462 污水处理及其再生利用(3.89)	462 污水处理及其再生利用(4.37) 469 其他水的处理、利用与分配(2.55)

续表

行业	北京	天津	河北	京津冀
仪器仪表及文化、办公用机械制造业(0.86)	411 通用仪器仪表制造(3.85) 412 专用仪器仪表制造(3.51) 419 其他仪器仪表的制造及修理(2.88)	411 通用仪器仪表制造(1.26) 412 专用仪器仪表制造(1.57) 415 文化、办公用机械制造(1.38) 419 其他仪器仪表的制造及修理(1.40)		411 通用仪器仪表制造(1.37) 412 专用仪器仪表制造(1.66) 419 其他仪器仪表的制造及修理(1.37)
通信设备、计算机及其他电子设备制造业(0.83)	401 通信设备制造(3.59) 402 雷达及配套设备制造(3.48) 403 广播电视设备制造(2.35) 405 电子计算机制造(1.82) 409 其他电子设备制造(4.06)	401 通信设备制造(2.97) 405 电子计算机制造(1.62) 406 电子元件制造(2.49)		401 通信设备制造(1.53)
塑料制品业(0.82)	304 泡沫塑料制造(1.45) 306 塑料包装箱及容器制造(1.29)	306 塑料包装箱及容器制造(1.57) 307 塑料零件制造(2.11) 309 其他塑料制品制造(2.76)	301 塑料薄膜制造(1.62)	301 塑料薄膜制造(1.37)
农副食品加工业(0.80)	132 饲料加工(1.99) 135 屠宰及肉类加工(1.29) 139 其他农副食品加工(1.31)	132 饲料加工(1.91)	139 其他农副食品加工(2.19)	132 饲料加工(1.41) 139 其他农副食品加工(1.57)
煤炭开采和洗选业(0.79)		069 其他煤炭采选(2.19)	061 烟煤和无烟煤的开采洗选(1.37)	
纺织业(0.71)			172 毛纺织和染整精加工(1.66)	172 毛纺织和染整精加工(1.30)
工艺品及其他制造业(0.64)	423 煤制品制造(6.02) 424 核辐射加工(17.60) 429 其他未列明的制造业(2.37)	421 工艺美术品制造(1.26) 429 其他未列明的制造业(2.37)		423 煤制品制造(1.62) 424 核辐射加工(3.84)

续表

	北京	天津	河北	京津冀
电气机械及器材制造业(0.62)	392 输配电及控制设备制造(1.48) 396 非电力家用器具制造(1.69) 399 其他电气机械及器材制造(1.85)	393 电线、电缆、光缆及电工器材制造(1.52)		
烟草制品业(0.59)				
化学纤维制造业(0.52)			281 纤维素纤维原料及纤维制造(2.56)	281 纤维素纤维原料及纤维制造(1.50)
木材加工及木、竹、藤、棕、草制品业(0.47)				
有色金属冶炼及压延加工业(0.46)			332 贵金属冶炼(3.12)	332 贵金属冶炼(1.72)
皮革、毛皮、羽毛(绒)及其制品业(0.46)			191 皮革鞣制加工(3.62) 193 毛皮鞣制及制品加工(6.05)	191 皮革鞣制加工(6.05) 193 毛皮鞣制及制品加工(3.60)
废弃资源和废旧材料回收加工业(0.36)				
文教体育用品制造业(0.34)	243 乐器制造(4.74) 245 游艺器材及娱乐用品制造(1.80)	243 乐器制造(6.49)	243 乐器制造(1.67)	243 乐器制造(3.49)
有色金属矿采选业(0.29)				
其他矿采选业(0)				

第三,京津与河北的产业分工态势明朗:京津中高端、河北中低端。纵观京津冀的三位数区位商分布可以看出,无论是产业间还是产业内,凡具有区际意义的产业,京津均以中高端为主,而河北大多是中低端产业。如医药制造业,京、津、冀三方的医药制造业区位商都大于1.25,属于其专业化功能,但具体细化到其内部的三位数,则差别非常明显,河北省的医药制造主要是化学药品的原药制造,而京津地区则更为全面且大多是技术含量和附加值更高的产业门类,例如生物、生化制品的制造等(表3-1-8)。在通信设备计算机及其他电子设备制造业中,专业化部门都在北京和天津,河北没有专业化意义的电子产业。

第四,北京和天津一些资本技术密集型产业已经形成较为完整的产业链条。北京和天津在诸多资本技术密集型的产业具有专业化优势,而河北省的产业主要依托资源发展。在北京和天津的资本技术密集型产业中很多在同一两位数产业下,众多三位数产业具有专业化优势,形成了较为完整的产业链。例如通信设备计算机及其他电子设备制造业下面的诸多三位数产业的专业化发展已经形成了相对完整的产业链,包括电子元器件、电子计算机制造、通信设备制造、广播电视设备制造、其他电子设备制造等(表3-1-9)。医药制造、专用设备制造、通用设备制造等都形成了较为完整的产业链条。

表3-1-8 京津冀两位数、三位数产业的区位商(1)

省市	两位数产业	三位数产业
北京	27 医药制造业(1.78)	272 化学药品制剂制造(2.50)
		273 中药饮片加工(2.74)
		274 中成药制造(2.01)
		275 兽用药品制造(1.53)
		276 生物、生化制品的制造(3.76)
天津	27 医药制造业(1.65)	271 化学药品原药制造(1.55)
		272 化学药品制剂制造(1.70)
		274 中成药制造(2.00)
		275 兽用药品制造(1.98)
		276 生物、生化制品的制造(1.38)
河北	27 医药制造业(1.39)	271 化学药品原药制造(3.94)

表3-1-9 京津冀两位数、三位数产业的区位商(2)

省市	两位数产业	三位数产业
北京	40 通信设备、计算机及其他电子设备制造业(1.54)	401 通信设备制造(3.59)
		402 雷达及配套设备制造(3.48)
		403 广播电视设备制造(2.35)
		405 电子计算机制造(1.82)
		409 其他电子设备制造(4.06)
天津	40 通信设备、计算机及其他电子设备制造业(1.75)	401 通信设备制造(2.97)
		405 电子计算机制造(1.62)
		406 电子元件制造(2.49)
河北	40 通信设备、计算机及其他电子设备制造业(0.13)	

从三位数工业产业的区域分析来看,北京、天津和河北产业内和产业间分工都呈京津中高端、河北中低端的态势,产业内的分工较为清晰,符合地方的需求、地方的资源优势以及历史传统。北京和天津虽然在一些资本技术密集型产业存在一定的雷同,但产业内分工态势也较为明确,这在后文中还有章节详细论述。

3. 服务功能发达,但核心服务功能高度集中于北京单一中心

就服务业整体而言,北京市较多行业竞争力强,天津地位不显著,河北省第三产业落后。通过表 3-1-10 可以看出,北京在京津冀地区的服务业功能具有绝对优势,很多产业所占就业份额达 80% 以上,远远领先于第二位的天津。一些为生产服务的高端服务业如信息传输计算机服务和软件业、房地产业、租赁与商务服务、科研技术服务业等高度聚集在北京,反映出北京市人才、技术、知识的优势。天津在交通运输仓储及邮政业、金融业、水利环境和公共设备管理、教育、卫生、社会保险、社会福利业等方面有一定的优势。河北省各城市服务业主要是服务于本地,以传统服务业为主,大多没有区际意义。可以预见,随着北京建设世界城市以及产业结构的调整,北京作为京津冀地区服务业中心的地位将得到进一步强化,而随着天津国际航运中心的建设,依托港口的各类服务业也可能在天津逐渐得到完善。

表 3-1-10 各地区第三产业所占比例

	交通运输、仓储及邮政业	信息传输、计算机服务和软件业	批发和零售业	住宿餐饮业	金融业	房地产业	租赁和商业服务	科研、技术服务和地质勘查业	水利、环境和公共设施管理业	居民服务和其他服务业	教育	卫生、社会保险和社会福利业	文化、体育和娱乐业	公共管理和社会组织
北京	58.97	85.01	73.13	83.89	41.09	85.33	88.34	75.40	38.82	88.65	29.58	38.44	72.14	26.59
天津	14.24	4.36	7.80	6.44	13.13	6.88	6.52	10.06	19.46	9.52	11.73	15.64	8.22	12.17
石家庄	6.08	1.69	4.21	2.84	7.51	1.12	1.20	3.92	8.24	0.72	8.92	7.44	5.71	9.22
唐山	3.68	1.21	1.72	0.99	5.96	1.04	0.92	0.68	6.96	0.24	6.69	5.84	2.01	6.20
秦皇岛	4.10	0.55	0.60	0.64	3.99	0.58	0.32	0.89	3.48	0.20	2.77	3.09	1.73	3.10
邯郸	2.45	0.94	2.52	0.97	4.76	0.80	0.65	1.44	4.95	0.10	6.32	4.52	1.81	6.45
邢台	1.19	0.75	1.45	0.70	3.94	0.29	0.26	0.78	1.91	0.10	4.95	3.44	1.19	5.20
保定	2.32	1.60	2.40	1.02	5.75	0.69	0.49	3.65	3.63	0.12	8.93	6.09	2.14	8.47
张家口	1.73	0.75	1.86	0.68	2.90	0.30	0.30	0.78	3.09	0.12	3.80	3.29	1.11	4.99
承德	1.41	0.68	0.86	0.54	1.86	0.24	0.10	0.41	1.57	0.10	3.02	2.96	1.36	3.66
沧州	1.76	1.23	1.52	0.66	3.96	0.48	0.27	0.52	2.40	0.06	5.67	4.29	1.31	6.12
廊坊	0.83	0.50	0.73	0.35	2.28	1.41	0.23	1.07	4.41	0.04	4.18	2.67	0.66	4.29
衡水	1.24	0.73	1.20	0.29	2.87	0.35	0.21	0.41	1.08	0.04	3.46	2.30	0.62	3.55
京津冀	100	100	100	100	100	100	100	100	100	100	100	100	100	100

就单个产业而言,金融业集聚于北京的态势也十分明显,特别是产业中的高端环节,高度集聚在以国贸为中心的国际商务中心区和以复兴门为中心的金融街商务中心区。在现代金融中,最重要的是信息资源、人才优势,在此基础上如果配以适合的社会环境,就具备了金融中心的基础;在世界著名城市中,纽约和伦敦是典型的该类城市,而北京就是中国具备这种条件的少数最佳城市之一。作为我国的首都,最权威、及时的信息,最优秀的金融人才,最大规模的金融机构、企业总部群,发达的第三产业、便利的通信、交通奠定了北京金融业在全国的特殊地位。①北京聚集了全国绝大多数的国内金融机构,具备独特的组织优势。包括中国人民银行、中国银行业监督管理委员会、中国证券业监督管理委员会、中国保险业监督委员会等宏观调控以及监管部门。银行业拥有四大国有商业银行总行、三大政策性银行总行、民生银行、中信银行、华夏银行等股份制商业银行。此外,国内四大保险公司、众多证券公司、基金公司、中央证券登记结算公司、中央国债登记结算公司也位于北京。②落户于北京的各大金融机构、企业总部管理着国内绝大多数金融资产,具有独特的资金优势。③北京聚集着众多中央国家机关、金融机构、世界各大企业的总部以及办事机构,成为金融信息、管理决策、人才培训、交易结算的中心,具备经济中心的聚集优势。金融业特性决定了它在提供信息、完善治理结构、优化资源配置、促进产业升级方面发挥着突出的作用。北京金融业的一个突出特点是拥有辐射全国的金融决策系统,随时发布的大量信息,在资金价格信号的引导下,促使金融资源在全国范围内实现优化配置。

而对于物流业而言,在高度集中京津的同时,天津发展势头更显迅猛,滨海新区的优势明显且日益凸显。物流产业是全球范围内快速发展的一种新兴服务行业,现代物流的发展特别是第三方物流的迅速成长,大大降低了区域经济的发展成本、提高了企业的运营效率,进一步促进了区域经济一体化的形成和发展。中国物流业是在传统计划经济体制下的物资计划分配和运输体制的基础上发展起来的,虽然起步较晚,但在东部沿海经济发达地区和大型经济中心城市,物流产业的发展十分迅猛,这其中自然也包括京津冀地区。在传统计划经济体制下的物资计划分配和运输体制中,京津冀地区物流业的发展尚存在着很多不利的条件,集中反映为市场化的第三方物流不发育等问题。例如在北京,包括货场、仓库及装卸设备在内的大多数仓储资源沉淀在北京的制造业、批发业以及其他行业的企业中,根据北京市对 4 544 家有物流活动的企业的调查,北京工业企业和批发企业的自由仓储设施占全市仓储总面积的 80.7%。物流业的结构布局的调整优化任重而道远。

(三)京津冀地区内产业功能体系的相似性分析

很多学者和规划界人士都认为,京津之间、津冀之间的产业尤其是第二产业存在着很大程度的同构现象。但通过前文对该区域工业体系的分析可以看出,京津冀地区内部的产业存在明显的区域分工现象。为了更为明晰京津冀地区内产业功能体系的相似性与异质性,本部分采用统计分析方法来深入研究京津冀地区产业结构的相似性,以探讨京津冀产业分工与协作的关系。

1. 不同城市之间的工业结构相似性并不高

利用 2004 年全国经济普查数据计算得到京津冀地区内 13 个城市在不同产业层次的工业结构相似系数。结果显示：首先，总体而言京津冀地区内城市之间的工业结构相似性并不强，两位数和三位数产业层次上相似系数的平均值仅分别为 0.599 和 0.455，"产业结构雷同，低层次重复建设和恶性竞争"是京津冀地区产业发展基本特征的认知并不准确。其次，京津冀地区内城市之间工业结构趋同程度随产业细分呈下降趋势，北京—天津、北京—石家庄和天津—石家庄在两位数产业层次上的相似系数分别为 0.961、0.722 和 0.711，而三位数产业层次上则分别降为 0.738、0.421 和 0.511。相似系数呈进一步降低的态势。最后，城市在不同产业层次上的趋同呈现出相似的空间模式，相似程度较高的地区集中在唐山—张家口—邯郸—邢台和北京—天津—廊坊—石家庄—保定两个地区，见图 3-1-9、图 3-1-10。

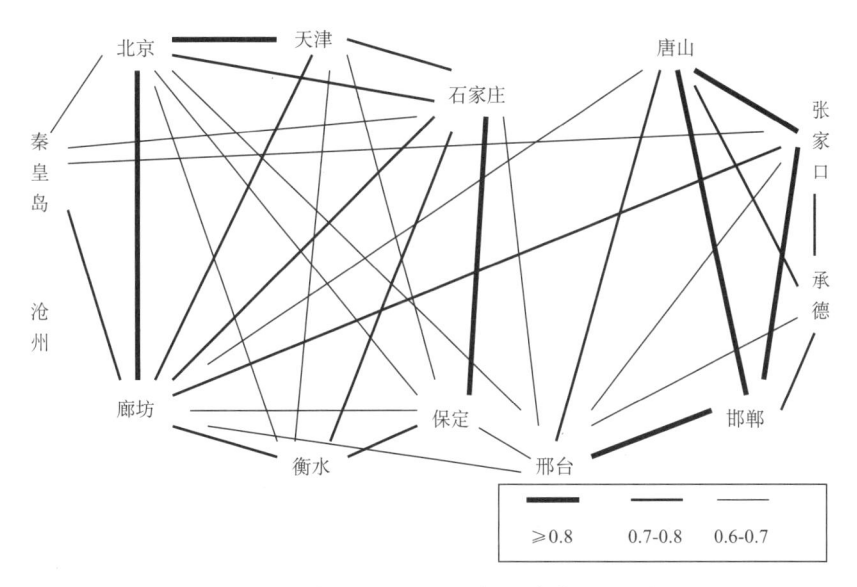

图 3-1-9　京津冀城市间两位数产业结构相似系数（2004）

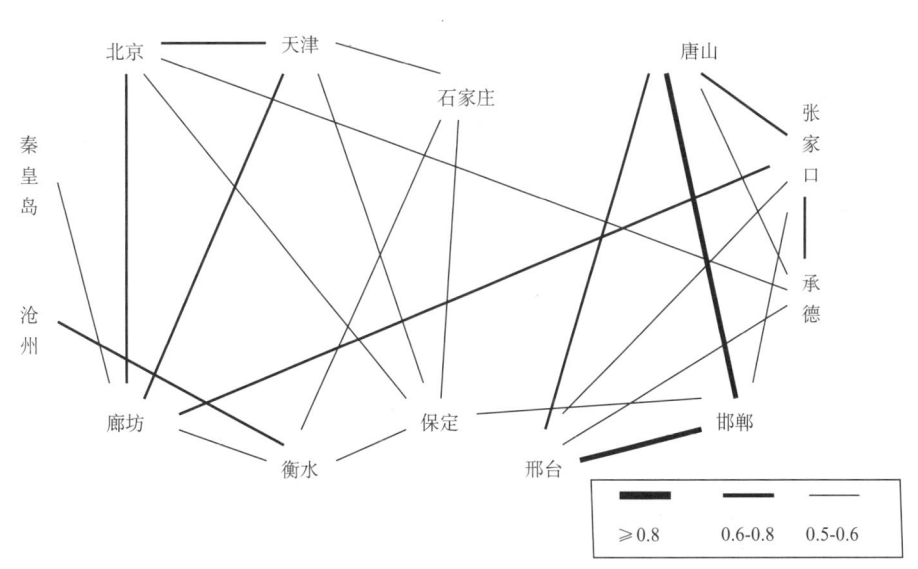

图 3-1-10　京津冀地级三位数产业结构相似系数（2004）

为了更明晰地辨别京津冀地区内哪些城市之间的产业结构趋同,本文采用主成分分析方法提取产业结构类似的城市。以三位数产业作为分析对象,根据特征根大于1的原则提取了4个主成分,方差累计百分比为72%,唐山—邯郸—邢台、北京—天津—廊坊—秦皇岛和石家庄—保定—衡水分别落入第一、第二和第三主成分上,而张家口、承德、沧州的归属不太明朗,具体结果见表3-1-11。根据主成分分析的原理,主成分中荷载较高的城市之间产业结构相似,结合13个城市两两之间的相似系数和主成分分析结果,本文认为北京—天津—廊坊和唐山—邯郸—邢台是京津冀地区内产业同构最为显著的两个区域。

表 3-1-11 主成分分析及主成分载荷(三位数产业)

	产业结构相似的城市组合
第一主成分	唐山(0.909),邯郸(0.933),邢台(0.794),张家口(0.598),承德(0.581)
第二主成分	北京(0.821),廊坊(0.868),天津(0.498),秦皇岛(0.517),张家口(0.590),承德(0.546)
第三主成分	石家庄(0.775),保定(0.794),衡水(0.706)
第四主成分	天津(0.589),沧州(0.910)

对于北京—天津—廊坊,同构中的分工态势明显。从3个城市前十位规模最大的两位数工业门类来看,京、津、廊共同拥有4个,京、津共同拥有6个,京津廊尤其是京津在两位数产业上同构现象明显。然而两位数是一个相对宏观的产业大类概念,两位数产业大类上的趋同可能是三位数产业中类或四位数产业小类在区域内分工、协作的结果。对交通运输设备制造业的细化分析为上述观点提供了论据。交通运输设备制造业含铁路运输设备制造、汽车制造、摩托车制造、自行车制造等7个三位数产业,见表3-1-12。在北京该产业下属的三位数产业主要是铁路运输设备制造、汽车制造和航空航天器的制造,其就业人数分别占该产业的16.7%、68.4%和14.3%;在天津主要是汽车制造和自行车制造,分别占48.7%和30.4%;在廊坊主要是汽车制造,占94.1%;上述3个城市在三位数产业中类的分工态势虽然有所显现,但在汽车制造上的同构仍不可避免。再细化到汽车制造这个三位数产业内,一方面,京津廊汽车零部件制造、京津汽车整车制造的同构现象依然存在;另一方面,彼此之间的分工态势也越来越清晰,京津整车制造为主,天津的零部件及配件制造比例上升,而廊坊则主要是零部件及配件制造。因此,北京、天津和廊坊3个城市虽然在细化产业层面的同构现象仍然存在,但已呈现出一定的分工格局,其同构产业主要集中在利润率和市场潜力大的产业上。对通信设备、计算机及其他电子设备制造业和通用设备制造业的分析也能得到相似的结论。

对于唐山—邯郸—邢台,同构在细化产业层面上仍相对严重。前十位规模最大的两位数工业门类中唐山、邯郸、邢台三个城市共同拥有的有6个,在两位数产业上存在明显的同构现象。但与京津廊地区不同的是,唐、邯、邢在细化的三位数和四位数产业层次上的同构现象仍然相对严重,对黑色金属冶炼及压延加工业的分析为此提供了论据。黑色金属冶炼及压延加工业包括

表 3-1-12　京、津、廊交通运输设备制造业的构成比较(单位:%)

两位数	三位数	北京	天津	廊坊	四位数	北京	天津	廊坊
交通运输设备制造业	铁路运输设备制造	16.7	5.4	0.0	——	——	——	——
	汽车制造	68.4	48.7	94.1	汽车整车制造	47.4	29.9	0
					改装汽车制造	5.7	2.1	9.5
					电车制造	0.1	0.4	0.0
					汽车车身、挂车制造	1.6	1.7	0.0
					汽车零部件及配件	31.8	62.2	90.5
					汽车修理	13.3	3.7	0.0
	摩托车制造	0.0	7.7	5.0	——	——	——	——
	自行车制造	0.3	30.4	0.0	——	——	——	——
	船舶及浮动装置制造	0.0	6.1	0.0	——	——	——	——
	航空航天器制造	14.3	1.2	0.9	——	——	——	——
	交通器材及其他交通运输设备制造	0.2	0.5	0.0	——	——	——	——

炼铁、炼钢、钢压延加工和铁合金冶炼 4 个三位数产业,见表 3-1-13。该产业所含的三位数产业在唐山、邯郸和邢台都集中在炼铁、炼钢和钢压延加工上,同构现象相对严重;而又由于上述产业没有细分的四位数产业,这种同构趋势在四位数产业上仍存在。因此,尽管将产业细化到三位数和四位数层面上,唐山、邯郸和邢台 3 个城市的产业同构趋势仍显严重,其同构产业主要集中在自然资源密集型产业。对煤炭开采和洗选业、黑色金属矿采选业等产业的分析也能得到类似的结论。

表 3-1-13　唐、邯、邢黑色金属冶炼及压延加工业的构成比较(单位:%)

两位数	三位数	唐山	邯郸	邢台	四位数	唐山	邯郸	邢台
黑色金属冶炼及压延加工业	炼铁	7.7	16.6	6.6	炼铁	100	100	100
	炼钢	55.0	56.9	25.1	炼钢	100	100	100
	钢压延加工	37.2	26.5	67.2	钢压延加工	100	100	100
	铁合金冶炼	0.1	0.1	1.1	铁合金冶炼			

2. 不同城市之间的第三产业结构高度相似

除北京外,京津冀地区第三产业高度相似。以中国城市统计年鉴中提供的第三产业的 14 个产业门类就业数据为原始数据,计算京津冀城镇群内 11 地市和 2 个直辖市之间两两的相似系数,得到表 3-1-14。从总体均值来看,京津冀地区第三产业结构相似性非常高,除了北京的均值为 0.61 外,其他都高于或接近于 0.9。相似系数和因子分析的结果同时印证了北京在该区域绝对的服务业中心地位,而北京之外的其他城市服务业结构高度趋同。这主要是由于大多数城市尤其是地级市的服务业主要针对本地的需求,没有达到专业化的要求,本地化的服务业需求多数比较相似。根据相似系数和因子分析结果,再加之对该区域的主观认知,本专题比较倾向于将整个功能空间划分为四大块:北京、天津、石家庄和其他,这四类城市都在扮演区域服务中心的功能,只是服务的对象跟等级不同而已。为了进一步明晰产业相似的原因,计算了各地区 14 个产业的产业结构赫芬戴尔指数,用以反映区域产业结构的集中化程度(表 3-1-15)。从表中可以看出,北京、天津的 H 值较低,说明其第三产业的产业结构趋于多样化,是高等级的服务中心,而石家庄次之,其他几个地方性的中心城市则该指数较高,说明其第三产业的产业结构简单,服务业是为本城市服务的,而且多为消费者服务,生产者服务业较少,是低等级的服务中心。

表 3-1-14　京津冀城市间第三产业结构相似系数

	北京	天津	石家庄	唐山	秦皇岛	邯郸	邢台	保定	张家口	承德	沧州	廊坊	衡水	均值
北京	1													0.610 4
天津	0.811 0	1												0.897 8
石家庄	0.663 1	0.955 0	1											0.948 0
唐山	0.562 1	0.916 8	0.983 0	1										0.943 3
秦皇岛	0.578 2	0.930 7	0.937 6	0.940 0	1									0.884 3
邯郸	0.590 9	0.909 4	0.988 3	0.987 9	0.898 9	1								0.947 0
邢台	0.519 1	0.866 2	0.968 0	0.981 7	0.874 7	0.993 1	1							0.935 3
保定	0.532 2	0.875 1	0.970 9	0.981 1	0.878 0	0.991 5	0.995 9	1						0.935 9
张家口	0.597 9	0.908 8	0.983 6	0.974 8	0.895 8	0.992 9	0.985 0	0.977 8	1					0.942 3
承德	0.540 8	0.894 5	0.976 9	0.986 9	0.913 7	0.988 9	0.990 2	0.985 6	0.989 6	1				0.941 1
沧州	0.513 1	0.870 3	0.969 4	0.985 8	0.888 8	0.992 2	0.994 1	0.986 0	0.995 0	1				0.937 0
廊坊	0.473 5	0.844 5	0.949 2	0.975 5	0.864 6	0.979 4	0.989 9	0.990 5	0.968 1	0.981 4	0.990 5	1		0.922 2
衡水	0.553 1	0.888 1	0.979 1	0.986 7	0.894 4	0.997 0	0.997 0	0.993 1	0.989 5	0.990 4	0.996 7	0.981 9	1	0.942 1

表 3-1-15　各地区第三产业结构 H 值及其标准差(市域)

	H 值	标准差
京津冀	0.097 084	0.044 4
北京	0.099 129	0.046 2
天津	0.103 909	0.050 0
石家庄	0.145 31	0.075 4
秦皇岛	0.151 714	0.078 6
唐山	0.167 422	0.085 9
张家口	0.175 073	0.089 3
邯郸	0.176 744	0.090 0
承德	0.184 146	0.093 1
保定	0.195 808	0.097 8
衡水	0.197 133	0.098 3
沧州	0.204 936	0.101 3
邢台	0.205 066	0.101 4
廊坊	0.207 015	0.102 1

(四) 京津冀地区产业空间现状分析

1. 京津冀地区产业空间分布特征

不同类型的产业具有不同的空间模式,将工业分为资源密集型、劳动力密集型、资本密集型和技术密集型四类(表 3-1-16)来讨论京津冀地区各类工业的空间分布特征。

表 3-1-16 工业产业分类表

	产 业		产 业
资本密集型	煤炭采选业	资本密集型	石油加工及炼焦业
	石油和天然气开采业		化学原料及化学制品制造业
	黑色金属矿采选业		化学纤维制造业
	有色金属矿采选业		橡胶制品业
	非金属矿采选业		塑料制品业
	其他矿采选业		非金属矿物制品业
劳动力密集型	食品加工业		黑色金属冶炼及压延加工业
	食品制造业		有色金属冶炼及压延加工业
	饮料制造业		金属制品业
	烟草加工业		普通机械制造业
	纺织业		电力、热力的生产和供应业
	服装及其他纤维制品制造业	技术密集型	医药制造业
	皮革、毛皮、羽绒及其制品业		专用设备制造业
	木材加工及竹藤棕草制品业		交通运输设备制造业
	家具制造业		电气机械及器材制造业
	造纸及纸制品业		电子及通信设备制造业
	印刷业、记录媒介的复制		仪器仪表及文化办公用机械制造业
	文教体育用品制造业		
	工艺品及其他制造业		

(1) 资源密集型产业:依托资源集中分布

资源密集型产业的空间分布取决于自然资源的空间分布,京津冀地区的资源密集型产业依赖于煤、铁、石油、非金属矿物等矿产资源(图 3-1-11)。不同的资源型产业有不同的资源投入组合,这在石油天然气开采和黑色金属矿采选业两个典型产业的空间分布中可以明显看出。石油天然气开采主要在天津、沧州和唐山境内,黑色金属矿采选业则集中在张家口、承德、唐山、邯郸等地区,二者的区位指向非常不同,与该类产业整体的区位指向也不同,资源型产业的空间分布是该类型内多种产业空间的叠加。

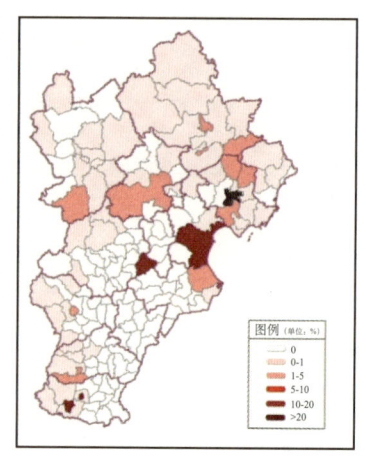

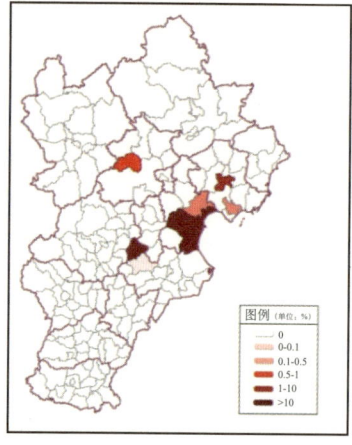

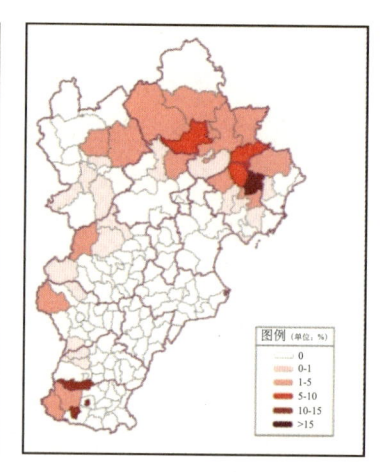

图 3-1-11　左:京津冀资源密集型产业;中:石油天然气开采业;右:黑色金属矿采选业的空间分布

(2) 劳动力密集型产业:带状分散聚集分布

劳动力密集型产业的空间分布则与整个区域的劳动力分布格局密切相关。正如前面所提到的,京津冀地区已呈现出多中心的就业格局,与此相呼应其劳动力密集型的产业分布资源、资本、技术密集型产业的分布更为分散。除了相对集中在京津地区,河北人口聚集、传统产业发展历史悠久的"一线地区"也是劳动密集型产业聚集的区域。食品制造业和纺织业同属于劳动密集型行业。食品制造业既要接近食品消费市场,又要接近农产品供给地,因此食品制造业相对较为分散,从偏远的北部山区到南部的平原农区都有分布,但向北京、天津和石家庄等劳动力密集地区集聚的态势非常明显。纺织业是一个典型的劳动密集型产业,也受历史因素的影响,如在钢铁等重化工业附近为了平衡性别比布置纺织业,除了北京和天津聚集了大量的纺织业就业人口,在京津冀南部人口聚集的区县纺织业也是重要的支柱产业(图 3-1-12)。

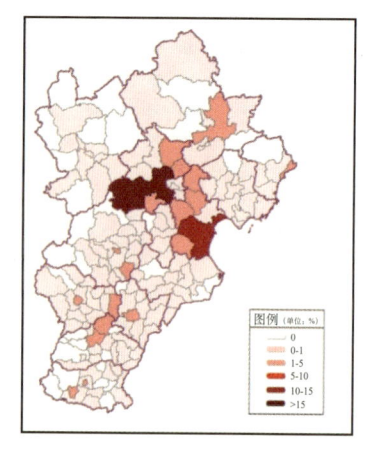

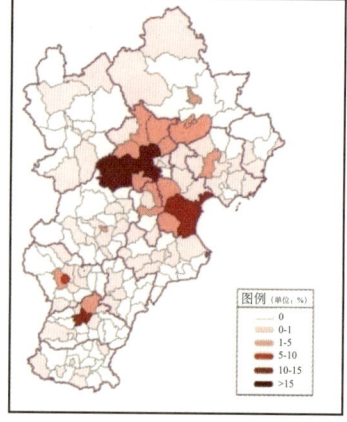

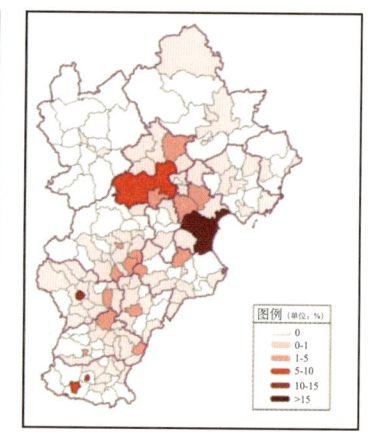

图 3-1-12　左:京津冀劳动密集型产业;中:食品制造业;右:纺织业的空间分布

(3) 资本密集型产业：京津双中心聚集，河北省离散聚集分布

京津冀地区的资本密集型产业一方面聚集在北京和天津，双中心结构显著；另一方面，河北省的石家庄、唐山、邯郸等主要地级市区的资本密集型产业优势也较为明显，呈离散聚集状分布态势。总体而言，京津冀地区的资本密集型产业在空间上是相当分散的，除了北部落后山区，在其他大多数区县都有分布，这与京津冀地区很多资本密集型产业是资源加工产业有关（图 3-1-13）。非金属矿制品业、金属矿制品以及黑色金属矿采选也同属于资本密集型行业，这三个产业的空间特征都与资本密集型产业整体一样，双中心结构显著。

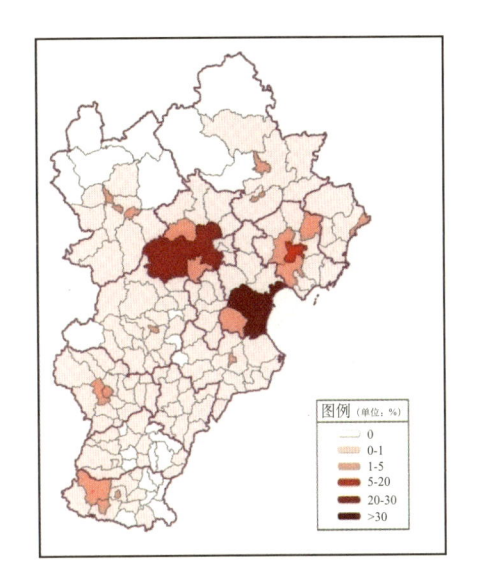

图 3-1-13　京津冀资本密集型产业的空间分布

其中非金属矿物资源在京津冀地区分布较为广泛，因此非金属矿物制品业在绝大多数区县都有一定的规模，北京、天津、唐山、石家庄、张家口、秦皇岛、邯郸等有一定程度的聚集，非金属矿物制品业需要靠近资源和市场，广大区县主要依托资源发展非金属矿物制品业，而京津地区主要是市场的吸引；相对而言，金属制品业的空间分布在基本上是北京和天津聚集的双中心结构，沿着京津廊产业集聚，金属制品业原材料来源于黑色金属冶炼与压延加工业以及有色金属冶炼与压延加工业，需要接近北京和天津等市场；而黑色金属冶炼与压延加工业除了大量聚集在京津之外，唐山也是其重要的聚集地之一，这在很大程度上与其上游产业黑色金属采选业的布局有关。

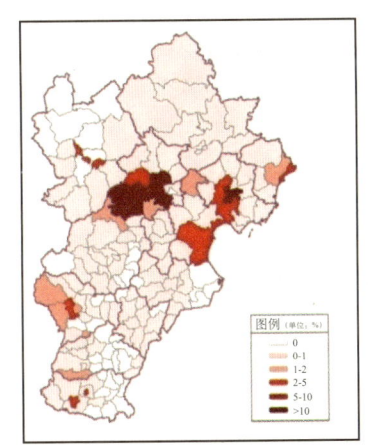

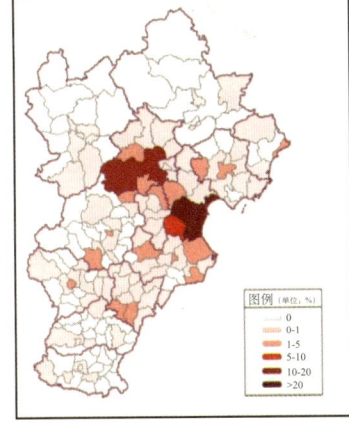

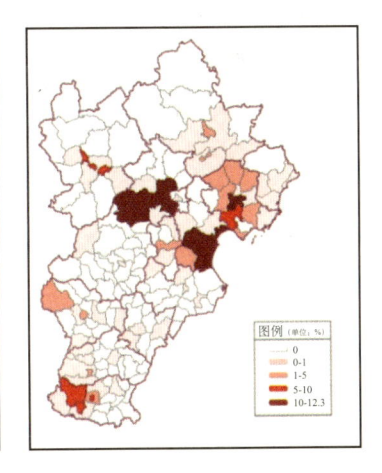

图 3-1-14　左：京津冀非金属矿物制品业；中：金属制品业；右：黑色金属冶炼与压延加工业的空间分布

(4) 技术密集型产业：京津双中心聚集

京津冀地区技术密集型产业在空间上最为集聚，高度集聚在京津走廊区域（图3-1-15）。京津走廊是人才、技术、信息等高端要素聚集的地区，能够吸引跨国公司的直接投资，同时京津也是技术密集型产品的主要消费市场，具备了发展技术密集型产业的能力。

设备制造业是资本或技术密集型产业，理论上这些产业内部规模经济很强，但同时也需要充分利用各种外部经济，如本地化的产业后向和前向联系导致的成本节约，接近高素质的劳动力以及科技研发等，因此设备制造业在空间上应该是比较集中的。从京津冀地区的设备制造业的空间分布来看，总体上呈现离散聚集状态，除了北京和天津两个工业中心，在河北的石家庄和地级市区都有分布，京津冀地区的许多城市如邯郸、邢台、唐山、北京、天津、张家口等城市的黑色金属和有色金属冶炼与压延加工业较为发达，原材料供应便捷；同时京津冀地区许多城市强调重化工业的发展，对于通用设备、专用设备以及交通运输设备的需求较多，设备制造业的离散聚集也是接近市场的需要。相对交通运输设备和专用设备制造业而言，通用设备制造业在京津冀更为分散，因为前者更需要雄厚的资本、技术以及高素质的劳动力以及更需要接近京津市场（图3-1-16）。

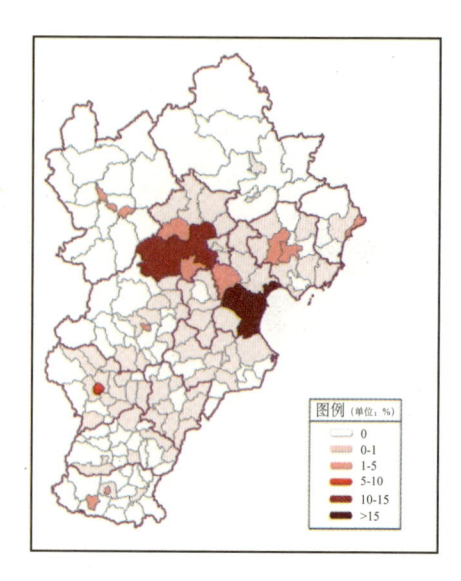

图 3-1-15　京津冀技术密集型产业的空间分布

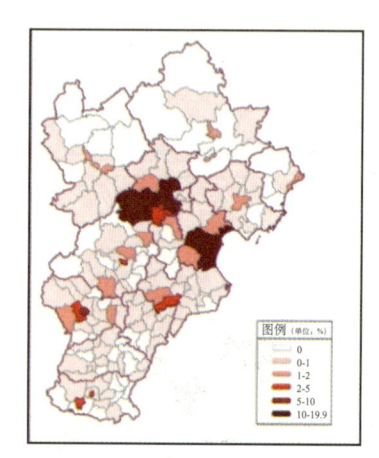

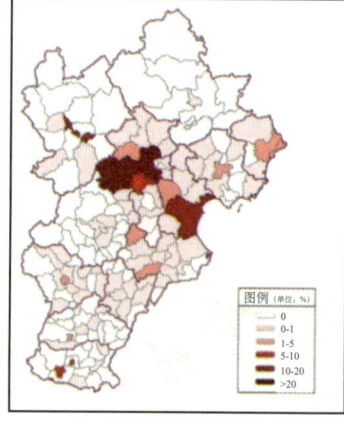

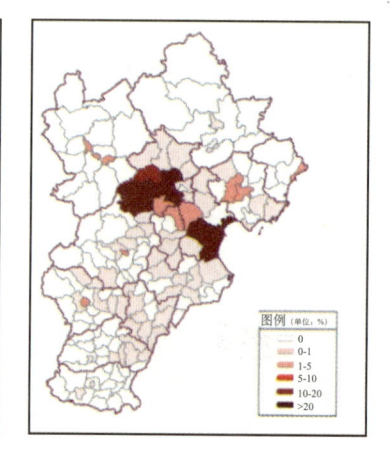

图 3-1-16　左：京津冀通用设备制造业；中：专用设备制造业；右：交通运输设备制造业的空间分布

医药制造业、电子通信设备制造业和仪器仪表及文化办公机械制造业属于技术密集型产业或者高技术产业，理论上这些产业应该聚集在中心城市。但是医药制造业是地方保护显著的产业，许多地方的产业规划都将医药制造定为重要产业。从医药制造业的京津冀地区分布来看，其集聚与分散特征并存：一方面每个地市都有部分区县分布有一定的从事医药制造相关的就业人员,是京津冀地区分布相对分散的产业之一;另一方面该产业又高度聚集在北京、天津和石家庄三个主要城市的市区,所占比重达70%以上。医药制造业的这种集聚与分散并存的分布态势与医药的产业链性质有关,一些简单的原材料加工,如化学药品原药制造、中药材加工等可以在广阔的区县分布,而像化学药品制剂、中成药制造、生物生化制品等技术要求较高的产品制造则需要集中在城市。相比较于医药制造业,电子通信设备制造业和仪器、仪表及文化办公机械制造业的空间分布似乎与理论更为相符,二者在京津冀地区的分布相当集中,主要是集聚在京津廊的高新技术开发区内。电子通信设备制造业和仪器仪表及文化办公机械制造业的产业内联系较强,接近元件、器件等零部件的供应商和消费市场是他们区位选择的决定因素,产业集群模式是上述两种产业成功的空间组织形态(图3-1-17)。

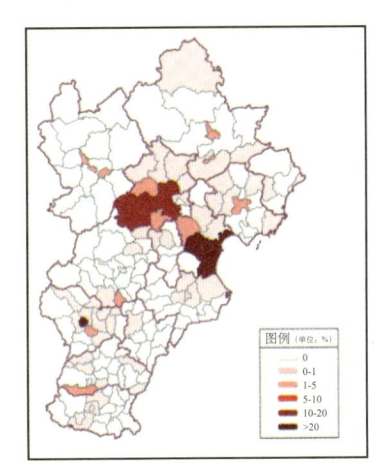

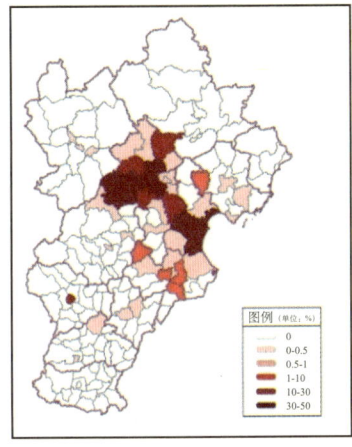

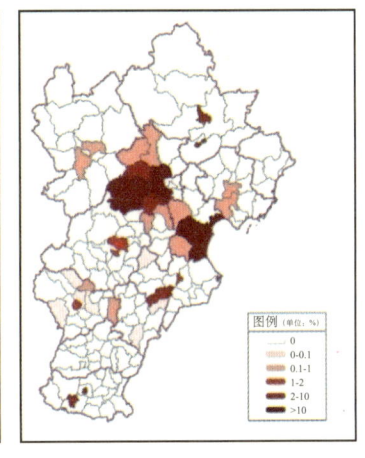

图 3-1-17　左:京津冀医药制造业;中:通信设备计算机及其他电子设备制造业;
右:仪器仪表及文化办公用机械制造业空间分布

2. 京津冀地区产业空间分布的影响因素探析

产业的空间分布取决于各种区位因素的组合,在京津冀地区资源禀赋、市场需求、产业联系与产业配套、交通通达性、产业政策等方面的组合决定了京津冀地区主导产业的空间格局。

京津冀地区大量产业是资源密集型的产业,相关产业及其加工业大多数需要接近资源所在地。例如,黑色金属冶炼及压延加工业主要分布在邯郸—邢台—唐山产业功能区和张家口—承德—秦皇岛产业功能区内,这与该区域丰富的黑色金属矿产资源密不可分。由于矿石等原材料要素投入可运性差、成本高,因此该类产业具有很强的资源指向性。但随着区域不可再生资源禀赋的变化和交通条件的改善(特别是大运量、便捷水上交通运输方式的发展),黑色金属冶炼及压延加工业会有向沿海重要港口迁移的迹象。资源密集型产业如化学原料与化学产品制造业、非金属制品业、木材加工业、金属和非金属矿采选业、石油化工业等大都靠近资源。

高端生产要素对技术密集型产业具有很强的吸引力。北京和天津等中心城市聚集了大量具有显著专业化优势的技术密集型产业和知识密集型服务业,如光机电一体化、通信设备计算机及其他电子设备、航空航天器、医疗仪器设备、专用设备制造以及信息技术服务业等。这些产业的发展需要技术开发型人才、高技能的产业功能以及技术和信息等高端的投入,北京作为我国的高等教育和科学研究中心,具备这种高端生产要素优势。京津冀地区知识技术密集型产业的分布充分体现了北京的这种高端生产要素的优势。

产业联系与产业配套是形成产业空间集聚和产业集群的必要条件。北京和天津之所以聚集的一些资本技术密集型产业,不仅仅是由于高端生产要素的供给,有效的产业联系和产业配套也是重要的原因。如通信设备计算机及其他电子设备产业在京津冀地区有较为完整的产业链,专用设备和通用设备的上下游产业也较为完整。表 3-1-17 是根据京津冀地区区县中两位数产业进行主成分分析得到的产业共聚情况,也就是说表中列出的每一个主成分中所包含的产业都是京津冀地区通常共聚在相同区位的产业,从中可以辨识出大量具有显著技术联系的产业。如第一主成分中,木材加工及相关制品、橡胶制品业等为家具制造业提供原料,有色金属冶炼与压延加工业为金属制品、电气机械及器材制品业提供必要的原材料;第二主成分中,各类机械设备制造业之间存在显著的技术经济联系。在京津冀地区产业内联系和配套是非常重要的产业集群形成的原因,如北京星网工业园围绕诺基亚形成了产业内供应链,北京现代汽车在北京各区县存在大量的配套企业以及天津的自行车制造集群等。

表 3-1-17　京津冀地区产业共聚情况

	产业门类
第一主成分	木材加工及木竹藤棕草制品业(0.597),家具制造业(0.566),橡胶制品业(0.673),有色金属冶炼及压延加工业(0.603),金属制品业(0.701),电气机械及器材制品业(0.634),化学原料及化学制品制造业(0.472),塑料制品业(0.465),通用设备制造业(0.487),交通运输设备制造业(0.445),废气资源和废旧材料回收加工业(0.467)
第二主成分	印刷业和记录媒介的复制(0.755),通用设备制造业(0.520),专用设备制造业(0.532),通信设备、计算机及其他电子设备制造业(0.686),仪器仪表及文化、办公用机械制造业(0.818),交通运输设备制造业(0.398)
第三主成分	烟草制造业(0.709),医药制造业(0.757)
第四主成分	农副食品加工业(0.532),饮料制造业(0.838),纺织服装、鞋、帽制造业(0.717)
第五主成分	有色金属矿采选业(0.853),非金属矿采选业(0.533),废气资源和废旧材料回收加工业(0.418)
第六主成分	造纸及纸制业(0.730),化学纤维制造业(0.836),塑料制品业(0.491)
第七主成分	燃气生产和供应业(0.829),水的生产和供应业(0.798),电力、热力的生产和供应业(0.498)
第八主成分	非金属矿物制品业(0.689),黑色金属冶炼及压延加工业(0.772),电力、热力的生产和供应业(0.386)
第九主成分	石油和天然气开采业(0.772),石油加工、炼焦及核燃料加工业(0.773),化学原料及化学制品制造业(0.406)
第十主成分	皮革、毛皮、羽毛(绒)及其制品业(0.580),文教体育用品制造业(0.570),工艺品及其他制品业(0.784)
第十一主成分	黑色金属矿采选业(0.819),纺织业(0.508)
第十二主成分	煤炭开采和洗选业(0.886)

集聚经济是产业活动的地理集聚，导致了成本节约和效率的提高，因此构成了吸引产业的重要区位因素。这种成本节约的来源可能包括：共享特定技能的劳动力市场，如软件开发人才；共享交通基础设施；共享信息服务、科技服务等高端生产者服务业；信息和知识的溢出效应；企业地方化的社会网络等。这种集聚效应对于北京和天津等中心城市的产业发展至关重要，尤其是电子信息产业、高新技术产业、高端服务业等非常重视企业的外部经济。沿海地区依托港口发展临港产业也离不开港口带来的集聚经济。

经济活动的最终目的是要满足消费者的需求，因此一切的经济活动都必须考虑市场因子，市场因子主要包括市场规模、市场战略、市场特性、市场竞争环境等诸多方面。通过接近市场，能够扩大规模，实现内部规模经济，同时降低运输成本，并适时了解市场需求，掌握市场信息。交通运输设备制造业和通信设备、计算机及其他电子设备制造业在京津地区属规模大且区位商高的技术密集型产业，其在京津聚集的一个重要原因是接近北京、天津等中心城市的消费市场。

交通通达性、政策等也是产业空间布局的重要影响因素。京津冀地区是我国的交通运输枢纽，北京、天津、石家庄等中心城市都位于国家公路和铁路干线的交汇点，通过海陆空连接全国市场和国际市场。一方面，京津冀地区通过唐山港、天津港、沧州港等沿海港口将国际原油、铁矿等矿产资源输入，保障了京津冀地区钢铁、石油化工产业的发展；另一方面，通过陆路和水路交通能够快速地将本地区产品运输到全国各地。津冀地区的产业，尤其是高新技术产业和现代服务业的空间布局受到政府各类优惠政策和产业政策的影响。北京、天津、石家庄、廊坊等城市设立的经济技术开发区、高新技术开发区等成为电子设备、医药、机械等产业的聚集地。

上述因素在不同城市的组合决定了各城市的产业结构，各区位因素之间实际上也相互影响，形成一个要素系统，如图 3-1-18。

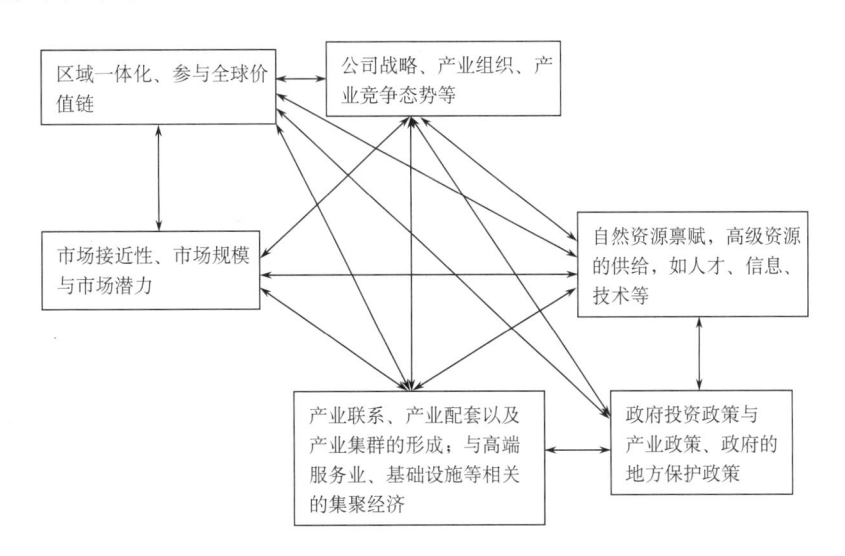

图 3-1-18　京津冀地区产业区位因素及其组合

3. 京津冀地区的现状产业功能区及区内的分工协作

产业空间分布特征的分析和及其影响因素的讨论，是从产业角度去理解空间；下文则是从区域(城市)空间的角度去理解产业。

(1) 京津冀城镇群现状产业功能区的识别

以产业功能体系的相似性为主要标准,辅助以产业联系分析,识别现状产业区划。

就第三产业而言,整个京津冀城镇群可以划分为四大板块:北京板块、天津板块、石家庄板块和其他城市板块。其中北京的服务业体系最为完善,处于城市等级网络的最高一级;天津服务业优势明显的产业主要为交通运输、仓储及邮政业,租赁和商业服务,科研、技术服务和地质勘查业,水利、环境和公共设施管理业和居民服务和其他服务业等,总体功能体系虽不及北京但也算相对完善,处于城市等级网络的第二等级;石家庄的优势服务业为交通运输、仓储及邮政业,文化、体育和娱乐业等,要逊于天津处于第三等级;而处于第四板块的其他城市则处于末一等级,它们主要扮演地方行政中心的角色,公共管理和社会组织优势明显(表 3-1-18)。

表 3-1-18　北京、天津和石家庄服务业部门

北京	天津	石家庄
全部服务业	交通运输、仓储及邮政业 租赁和商业服务 科研、技术服务和地质勘查业 水利、环境和公共设施管理业 居民服务和其他服务业	交通运输、仓储及邮政业 文化、体育和娱乐业

就工业而言,通过上面的分析我们得知"邯郸—邢台—唐山"以及"北京—天津—廊坊"的产业结构相似性非常强,沧州产业结构与其他地区的相似性最弱,而张家口、承德、秦皇岛、石家庄、保定和衡水的归属问题仍然存在争议。本规划研究基于主成分分析给出的结论,将石家庄—保定—衡水聚为一类。明晰了石家庄—保定—衡水的归属问题之后,还剩下三个城市,张家口、承德和秦皇岛。虽然主成分分析的结果显示张家口、承德与邯郸—邢台—唐山的相关程度在两位数水平上较高,但如果将产业细化到三位数,则它们与秦皇岛的相关性则会加强,加之考虑地域临近、发展阶段相同、区域赋予的责任和义务(大区域的生态屏障等)相似等因素,本次规划研究将张家口、承德和秦皇岛三个城市划归一类产业区。因此,京津冀城镇群内的工业功能区格局如下:北京—天津—廊坊产业功能区;邯郸—邢台—唐山产业功能区;石家庄—保定—衡水产业功能区;张家口—承德—秦皇岛产业功能区;沧州产业功能区。

综合考虑二、三产业两部分,并将其产业功能在空间进行叠加,得出京津冀城镇群内的产业分工格局,如下(图 3-1-19)。

第一,北京—天津—廊坊,现代服务业+现代制造业综合性产业功能区;

第二,邯郸—邢台—唐山,钢铁+纺织专业化产业功能区;

第三,石家庄—保定—衡水,传统服务业+传统制造业综合性产业功能区;

第四,张家口—承德—秦皇岛,以资源开发为主的产业功能区;

第五,沧州,独立石油化工产业功能区。

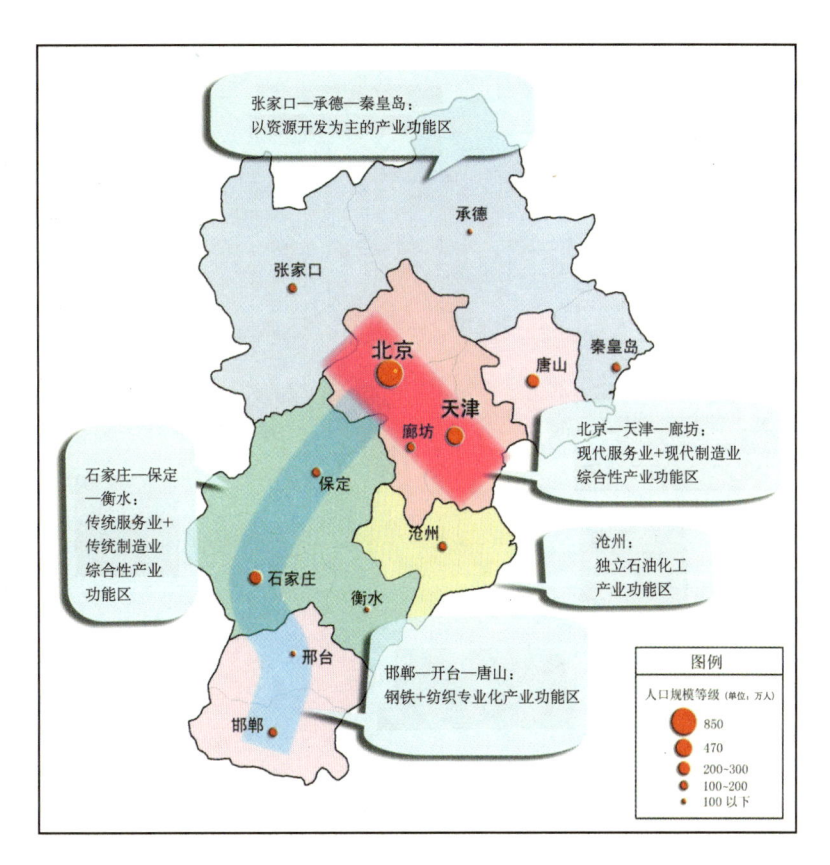

图 3-1-19　京津冀地区现状产业功能空间格局

（2）京津冀城镇群各功能区内产业的分工与协作关系

① 北京—天津—廊坊产业功能区

该区域产业规模与技术含量存在很强的正相关关系，规模大的产业一般技术含量也比较高，大多属于技术、资本密集型，该区域是京津冀城镇群乃至现代制造业的重要载体之一（表3-1-19）。北京作为我国的行政中心为其服务业的发展提供了独特的条件，其服务业特别是高端服务业在京津冀地区具有绝对的优势；天津作为未来中国北方的经济中心，其服务业的优势地位也在逐步凸现，其在交通运输、仓储及邮政业，科研、技术服务和地质勘查业等相关服务业的发展势头非常迅猛。虽然廊坊的服务业功能并不发达，但京津走廊作为京津冀城镇群现代服务业最重要的承载区早已成为不争的事实。总结该区域的主导产业链有两条，产业链条1（图3-1-20）代表的是资本技术密集型产业及其前后向产业联系，产业链2（图3-1-21）代表的是石油和天然气开采业及其后向产业联系，同一个产业链条既可以发生在一个特定的城市内，也可以发生在该区域内不同城市间。目前该区域内的产业分工与协作京津之间以水平联系为主、垂直联系为辅；而京津与廊坊之间则主要以垂直联系为主、水平联系为辅。如何更好地优化内部结构，实现和进一步优化京津之间水平为主、垂直为辅的分工格局是本区域未来产业分工协作的难点也是重点问题之一。

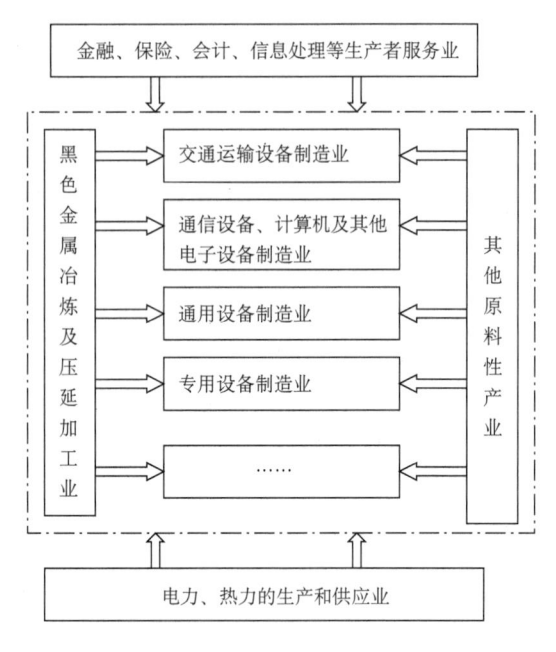

图 3-1-20　京津廊产业区资本技术密集型产业及其前后向产业联系

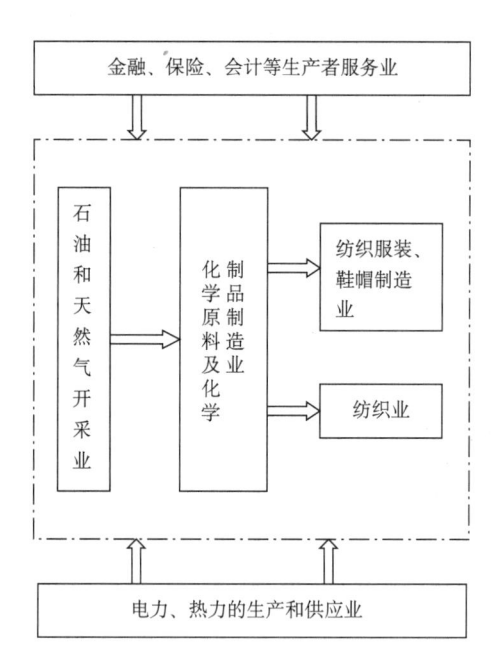

图 3-1-21　京津廊产业区石油和天然气开采业及其后向产业联系

表 3-1-19　京津廊地区主要开发区及其对应的主导产业

开发区名称	主导产业
中关村科技园区海淀园	电子信息、光机电一体化、新材料、新能源及环保产业、生命科学及生物医药、科技服务业
中关村科技园区昌平园	电子信息、生物医药、光机电一体化、环保及新材料
中关村科技园区丰台园	电子信息、生物医药、光机电一体化
中关村科技园区电子科技城	电子信息技术及产品、激光、光电子技术、机电一体化
北京顺义天竺出口加工区和空港工业区	电子信息、仓储物流、生物医药
北京经济技术开发区（亦庄）	电子信息、生物工程和新医药、新材料
北京顺义林河工业开发区	电子信息、汽车及零部件、生物工程和医药
北京通州工业开发区	都市工业、机电工业、基础工业
北京光机电一体化产业基地（通州）	光机电产业
北京大兴采育工业园	环保建材、生物医药、都市型工业
河北燕郊经济技术开发区	信息电子、生物医药、新材料、绿色食品、旅游休闲
河北香河经济技术开发区	新型材料、服装加工、旅游业
北京通州垡县新材料基地	新材料、生物医药、纺织、机械

续表

开发区名称	主导产业
北京通州永乐经济技术开发区	电子、机械、物流
河北廊坊万庄农业高新技术产业园	农业高技术产业
河北廊坊经济技术开发区	机械电子、汽车零部件、新材料、轻工纺织、生物制药
天津经济技术开发区逸仙科学工业园	电子、机械
天津北辰科技园区宜兴埠工业园	机电制造、生物制药、汽车配件、食品饮料、新材料
天津西青开发区	电子、轻工、机械、精细化工、生物医药
天津经济技术开发区	电子通讯、食品饮料、汽车、生物医药

② 邯郸—邢台—唐山产业功能区

该区域的产业发展与资源禀赋、国家计划投资有很强的相关关系，其明显的主导产业链条只有一个，即以黑色金属冶炼及压延加工业为中心的前后向产业链条，如图 3-1-22 所示。以钢铁为主体的产业结构主要因自然资源而兴，后通过产业后向联系拉动了采掘业、电力以及化学原料的发展，通过前向产业联系推动了一些装备制造业的发展。同时计划经济时期为平衡性别比为钢铁企业配套发展起来的纺织业在此区域也占据一席之地。虽然该区域内三个城市之间分工主要以水平分工为主，各自处于相对独立的发展阶段，但由于专业化生产，更多依赖资源的供给，没有建立一个相对完善的产业功能体系，尤其是服务业发展严重滞后，致使该区域的产业结构相对脆弱。因此，如何避免三个城市之间的恶性竞争以实现其功能的优势互补，增强区域的整体竞争力是未来产业发展过程中的重点和难点，寻求该产业功能区与京津廊现代制造业的对接也是重要课题。

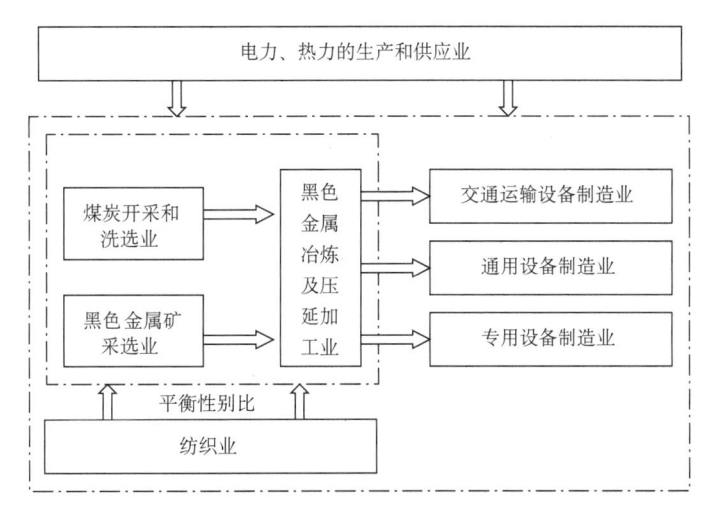

图 3-1-22 京津冀地区黑色金属冶炼及压延加工业及其前后向产业联系

③ 石家庄—保定—衡水产业功能区

该区域产业大多是以传统的资源密集型和劳动密集型为主导，虽然也有像医药制造业这样的高新技术产业的存在,但如果将其细化到三位数分析就可以得出其仍然是比较低端的制造业,这在前面已有论述。因此,该区域仍然是京津冀城镇群以传统制造业为主的空间载体之一。具有一定的自然资源禀赋和大量的低技能劳动力、国家产业政策的倾斜、接近北京和天津的市场等是该区域产业形成重要原因。通过面对市域第三产业 H 值的分析我们知道,石家庄是京津冀内仅次于北京和天津的中心城市之一,这种趋势在对市区第三产业的分析中可以看得更为明显。虽然石家庄的服务功能远远落后于京津地区,经常被提到有被边缘化的趋势,但其作为河北省省会的事实为其服务功能的维持和提升创造了十分有利的条件,其作为传统服务业中心的职能是不容忽视的,至少目前如此。

石家庄—保定—衡水之间的相似系数并不是十分强,仔细分析上面所列出的三个城市的产业门类,该区域内三个城市之间分工主要以水平分工为主,各自处于相对独立的发展阶段。总体上该产业功能区还处于工业化的初级向中级过渡的阶段,与京津廊产业区存在显著的产业梯度,可能与之实现产业合作,建立跨行政区产业链。如何能够进一步强化、提升石家庄的服务功能,以更好地带动区域的协同发展是未来产业发展的难点,同时也是产业规划应该努力改进的方向。

④ 张家口—承德—秦皇岛产业功能区

该区域的产业大多是以资源开发相关,产业链条(图 3-1-23)主要围绕钢铁产业和能源产业发展起来的脆弱的产业结构,服务业优势不明显。该区域是京津冀城镇群以资源开发为主的空间载体,仍然是资源带动型区域,处于工业化初级阶段,产业结构转型升级任重道远。

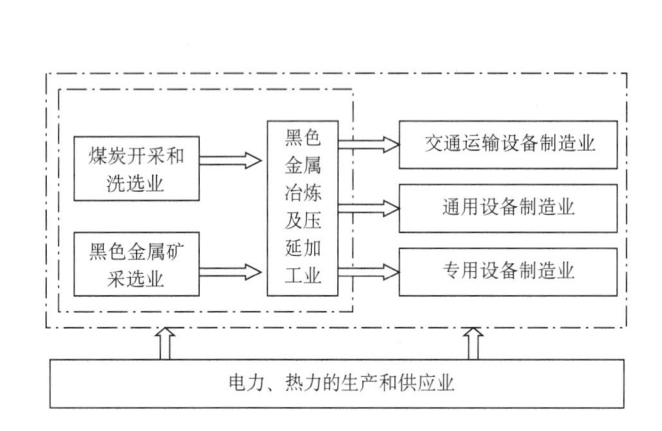

图 3-1-23 张家口—承德—秦皇岛产业区黑色金属冶炼与压延加工业及其前后向产业联系

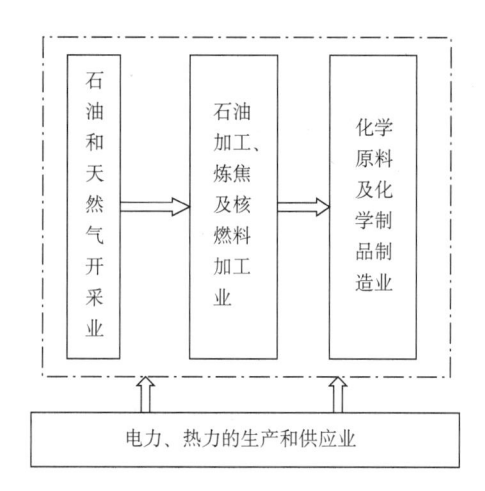

图 3-1-24 沧州石油化工及其前后向产业联系

⑤ 沧州独立石油化工产业功能区

透过对主要产业的梳理,我们可以发现一条十分清晰而又有别于其他城市的产业链条,即化工产业链(图 3-1-24)。依托港口优势、接近原油供给是沧州石油化工产业发展的关键因素。随着滨海新区和曹妃甸的开放开发,京津冀城镇群内沿海化工产业的竞争格局将会逐步拉开帷幕,在未来的产业发展中,如何发挥其先发优势,处理好与其他城市之间的分工与协作关系是必须考虑的重点问题。

（五）京津冀地区产业协调发展现状

携手共建全球城市区域是京津冀地区应对全球化的基本选择，也是其发展成为北方经济引擎的内在要求。因此，京津冀地区的区域合作与协调发展是区域规划和城镇体系规划的最终目的，也是本次规划各专题研究共同关注的重要内容。

京津冀的区域合作起步很早，开始于国家改革开放的初期，20世纪80年代初就建立了全国最早的区域协作组织——华北地区经济技术协作会。近期的区域产业合作主要从三个层面展开，环渤海区域、京津冀地区和区域内的城市之间。在环渤海区域层面，"环渤海经济圈合作与发展高层论坛"、《环渤海信息产业合作框架协议》以及"廊坊建议"等多种区域合作形式都对推动环渤海区域经济加速发展做出了重要贡献；在京津冀地区层面，"廊坊共识"、"京津冀无障碍旅游共识"以及《京津冀人才开发一体化合作协议书》的出台对区域内各地理单元通过优势互补、互惠互利、资源共享等途径提高区域综合竞争力有很大推动作用；在区域内各城市之间，多项双边合作协议已经达成，京津的八条战略合作措施、科技新干线的规划建设、《城市流通领域合作框架协议》，京冀的《加强经济与社会发展合作备忘录》以及滨海新区与沧州合作意向书的签订等都推动该区域在要素流动、科技合作、能源开发、资源保护等众多更为实质的层面展开了合作。

具体到产业层面，合作形式也是多种多样。在第一产业内主要以河北省为京津提供农副产品为主要形式；以农产品加工龙头企业带动农户形式的农业产业化经营合作在京津冀经济圈已经显现，京津一些食品、饮料等企业在河北建立原材料生产基地，如河北的奶制品基地主要服务于京津。以科技为纽带的联合成为区域合作的新形式，如承德的露露集团与清华大学设立全国第一家饮料行业博士后流动站，为企业提升产品档次和新产品服务；唐山丰润依托中国农业大学、中国农科院建立了中国唐山奶业科技园等。第二产业内产业梯度转移正在进行，跨行政区产业链逐步浮现。北京首钢和一批老机械工业企业向河北省各地市的搬迁，开始了产业扩散，发挥了区域中心对周边地区的带动作用，这些产业多数是不适合北京市发展的重型的、资源密集型的产业。随着北京产业结构调整，北京市的工业将向河北的唐山、保定、沧州等城市转移，促进两地的产业联系（表3-1-20）。总体来讲，京津冀地区依托产业链跨行政区的产业合作已经显现出来，以产业配套、产业对接以及产业链分工的形式出现。

表3-1-20　一些北京市企业外迁情况

企业名称	迁入地	迁出时间（年份）
北京第一机床厂铸造车间	保定市高碑店	
北京内燃机总厂铸造车间	沧州市	
北京白菊公司洗衣机生产基地	霸州市	
北京量具刀具厂（部分工序）	霸州市	

续表

企业名称	迁入地	迁出时间（年份）
首都钢铁公司炼钢厂	唐山市迁安	2003
北京新型建材集团粒状棉生产线	张家口市	2001
北京焦化厂	唐山市乐亭县	
首都钢铁集团	唐山市曹妃甸	2005

产业配套：围绕京津的汽车和电子信息产业发展的零部件供应配套。如随着德国奔驰落户北京经济技术开发区，为奔驰配套的德资企业维倚特公司落户廊坊市汽车零部件产业园；香河港龙汽车配件有限公司生产的底盘中有近1/3为北汽福田配套；截止到2005年，位于顺义的现代汽车在北京境内有31家配套企业，在外埠有38家，其中在天津和河北各四家（图3-1-25）。产业链接：京津冀地区已经出现优势企业联合、实现优势互补的现象。如我国印刷机械制造龙头企业北人集团公司与河北三河市富华印刷包装有限公司联手主办的三河京东印刷机械城在2004年开业。产业链分工：根据京津冀不同城市的功能，企业将不同功能布置于不同城市，通常是总部、研究开发以及市场销售等功能位于北京，生产功能在河北或者天津（表3-1-21）。如福田重工集团的总部设在北京，生产基地分别设在北京、河北和山东。京津冀地区也存在产业链双向延伸现象，既有北京企业将生产环节迁移至天津和河北，也有天津和河北企业将研究开发、营销和企业总部等环节落户北京。如总部设在北京的中科三环集团，其下属六家控股公司，在北京有两家，天津有一家；北京汉王科技集团有限公司和北京白菊集团等都采取了生产基地迁移至周边地区、总部留在北京的模式。入户天津的摩托罗拉公司把东北亚地区总部设在北京，河北海湾科技集团有限公司、石家庄制药集团公司等企业的研发机构设在北京，河北的民营企业如恒利药业、建龙钢铁集团等的总部或研发中心在北京。

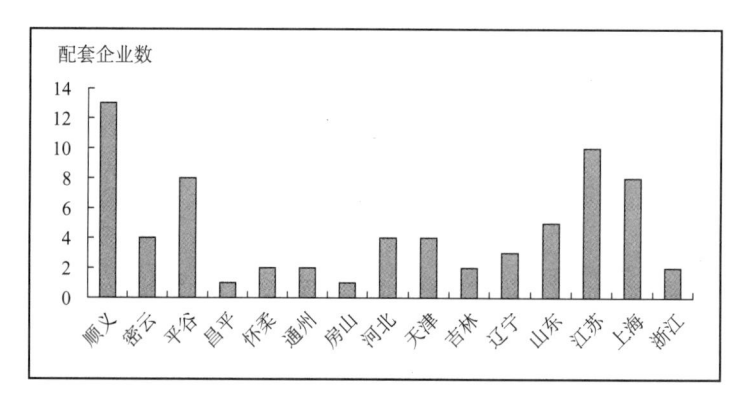

图 3-1-25　北京现代汽车配套供应商空间分布（2005）

除此之外，京津冀三方在要素流动、资源配置和基础设施等多方面的区域协作也有了很多实质性的进展。

表 3-1-21　天津和河北大型企业在北京设立研究开发机构情况

研发机构名称	母公司名称	设立地点
海湾集团电子技术事业部	河北海湾科技集团有限公司	海淀区
北京金利普生物技术开发有限公司	河北北方电力开发股份有限公司	海淀区
北京海波尔生物医药研究所	河北万岁制药集团	海淀区
基因工程与资源药物工程研究中心	石家庄制药集团公司	海淀区
中药制药与新药开发关键技术工程研究中心	石家庄科迪药业有限公司	海淀区
乐凯—化大联合实验室	中国乐凯胶片集团有限公司	朝阳区

（六）京津冀地区工业化与城镇化关系探讨

工业化与城镇化是现代化的"两个车轮"，只有双轮驱动才能到达现代化发展的彼岸。从普遍意义上讲，工业化是城镇化的基础，城镇化是工业化的必然结果。工业化是城镇化的原动力，主导城市的发展方向，城镇化为工业化提供载体和平台，二者相互影响和制约，紧密关联，互相促进（图 3-1-26）。工业化发展的不同阶段对城镇化的带动作用有明显差异。如表 3-1-22，工业化初期到中期之间，是以劳动密集型为特征的轻工业化阶段，工业化发展吸纳大量劳动力，就业结构转变，工业发展所形成的聚集效应使工业化对城镇化产生直接和较大的带动作用；工业化进入中期阶段之后，是以资金密集型为特征的重工业化阶段和以技术密集型为特征的高度化阶段，有限的就业机会对城镇化进程的直接影响较弱，但对服务业的带动间接促进城镇化水平进一步上升；到后工业化阶段，服务业占主导地位，服务业直接提供大量就业机会，加快就业结构转变，促进城镇化进程。

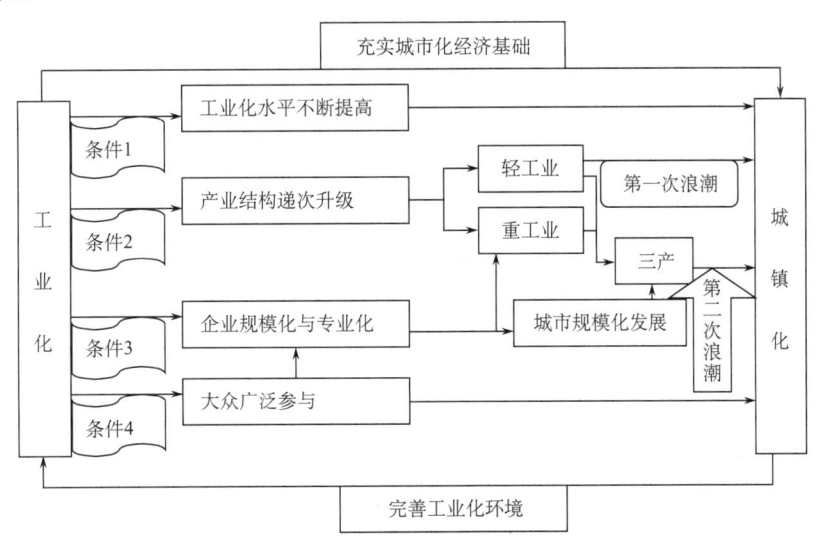

图 3-1-26　工业化与城镇化互动机制逻辑模型

资料来源：叶裕民等，2004年。

客观分析京津冀地区工业化和城镇化的历史发展及现状特征,有助于加深对该地区未来产业发展轨迹的理解和判断。

表 3-1-22　工业化发展各个阶段对城镇化影响及作用方式

工业化发展阶段	产业结构特征	对城镇化影响	
		作用方式	影响程度
初级阶段	农业比重减少,工业比重逐渐上升	传统技术和劳动密集型产业逐渐发展,提供一定数量的就业机会,部分农业人口转变为非农业人口。	较弱,城镇化水平缓慢上升。
中级阶段	制造业高速增长,二产比重最大	劳动密集型轻工业快速发展提供大量就业机会,促使大量农业人口向非农业转变,改变就业结构,加快城镇化进程。	强,城镇化水平加速上升。
高级阶段	三产比重上升,重工业占二产比重较高	资金或技术密集型重工业不能直接提供大量就业机会,但间接促进相关服务业快速发展,从而提供大量就业,促进城镇化进程,就业结构进一步转变。	直接影响减弱,但城镇化水平进一步提高,直到高级阶段逐渐稳定。

1. 京津冀三地工业化与城镇化地区差异显著

考察北京、天津、河北近50年的数据发现,三地在工业化和城镇化两方面均呈现巨大的地区差异。图3-1-27反映50多年来京津冀地区城镇化水平发展变化及其与全国水平的对比,可以发现,北京、天津的城镇化率远远高于全国水平和河北省。尤其是北京,近20年来经历了高速城镇化阶段,城镇化率已接近80%,到达高级阶段,逐渐趋于平稳;天津增长速度较慢,低于全国增

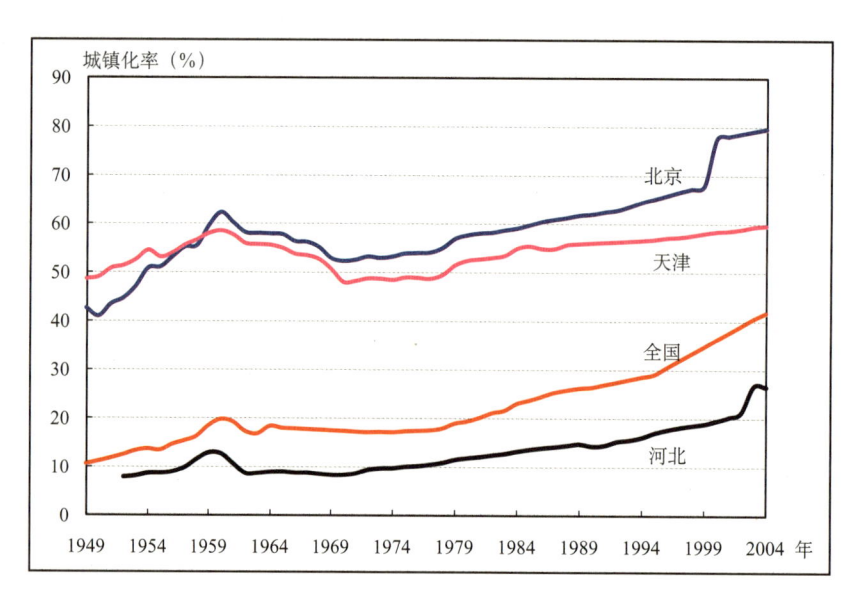

图 3-1-27　历年京津冀地区城镇化水平对比(1949-2004)

注:根据数据可得性,北京和全国采用城镇人口,天津和河北采用非农业人口计算城镇化率。

资料来源:《新中国55年统计资料汇编》,《河北省经济统计年鉴(2005)》。

长速度,但目前城镇化率已接近 60%,并有继续增长的趋势,仍处于快速城镇化阶段;河北省城镇化进程则十分缓慢,城镇化率甚至远远低于全国平均水平。虽然统计口径的不同可能一定程度上影响其结果,但大的趋势不会有太大改变,新中国成立以来,河北省城镇化进程非常缓慢,到 2004 年城镇化率也只有 27%,尚没有进入加速城镇化发展的阶段。工业化进程方面,图 3-1-28 显示 20 世纪 80 年代以来北京和天津工业产值占 GDP 的比重持续下降,但北京下降速度更快。与此同时其第三产业发展迅速,2004 年北京的第一、二、三产业结构比已为 2∶38∶60,服务业成为产业主体,已进入后工业化阶段;天津工业产值比重虽总体上有所降低,但第二产业比重仍高于第三产业比重,重大项目的投资建设进一步表明其处于工业化发展的中后期,资本技术密集型的重工业发展迅速;相对而言,河北工业产值比重与全国接近,尚处于工业化进程的中级阶段,同时因为京津冀地区特殊的工业化背景,考虑一开始产业结构就偏重的特征,河北省某些地区工业化进程还处于工业化发展的初中期。也因为如此,河北工业产值比重虽然与全国水平相当,但其城镇化率却远远低于全国水平,表明产业结构的偏差使得工业化进程并没有真正带动河北地区城镇化进程。

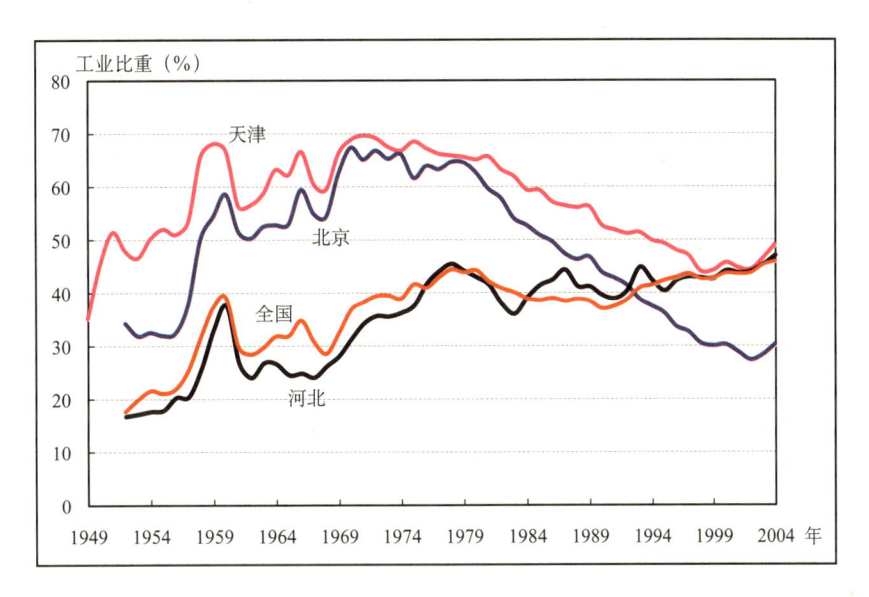

图 3-1-28　历年京津冀地区工业产值占 GDP 比重对比(1949-2004)

资料来源:《新中国 55 年统计资料汇编》。

从各市的角度来看,根据已有研究成果,利用收入水平指标评估,北京、天津处于中级阶段;石家庄、唐山、秦皇岛、廊坊处于初级阶段;保定、邯郸、邢台、张家口、承德和沧州处于初级产品生产阶段。利用产业结构指标评估,北京、秦皇岛处于高级阶段;其他大部分城市都处于中高级阶段。考虑该地区尽管重工业比重较高,但农业比重仍占较高比例、轻工产业基础较差的特征,综合起来看,北京处于高级阶段的上半期;天津处于工业化中级阶段后期;石家庄、唐山、秦皇岛、邯郸、沧州、保定、廊坊处于中级阶段;张家口、承德、邢台、衡水则处于工业化的初中级阶段(表 3-1-23)。同时,根据城镇化水平,北京进入城镇化后期阶段;天津、石家庄、唐山、秦皇岛处于城镇化加速阶段;其他城市尚处于城镇化初期阶段。

表 3-1-23 京津冀地区各市工业化和城镇化发展阶段

城市	人均GDP（元/人,2004）	三产结构（2004）	城镇化率（%,2004）	工业化阶段	城镇化阶段
北京	36 833	2：38：60	73.50	高级阶段前期	后期阶段
天津	31 439	4：53：43	59.64	中级阶段后期	加速阶段
河北	13 120	15：51：34	26.57	中级阶段前期	初期阶段
石家庄	17 802	14：49：37	38.56	中级阶段	加速阶段
唐山	22 904	13：56：31	31.60	中级阶段	加速阶段
秦皇岛	16 440	11：41：48	41.70	中级阶段	加速阶段
邯郸	10 847	13：52：35	20.14	中级阶段	初期阶段
邢台	9 458	18：57：25	20.74	中级阶段前期	初期阶段
保定	10 208	16：49：35	23.50	中级阶段	初期阶段
张家口	8 895	14：49：37	29.75	中级阶段前期	初期阶段
承德	8 331	18：50：32	23.07	中级阶段前期	初期阶段
沧州	11 395	16：50：34	22.25	中级阶段	初期阶段
廊坊	15 515	15：54：31	28.66	中级阶段	初期阶段
衡水	11 437	18：53：29	16.90	中级阶段前期	初期阶段

资料来源：《中国城市统计年鉴(2005)》。

2. 京津冀三地城镇化与工业化的互动关系

因为京津冀三地工业化和城镇化都处于不同的发展阶段，其工业化与城镇化的互动关系也存在明显差异。

（1）北京：服务业作用于城镇化进程

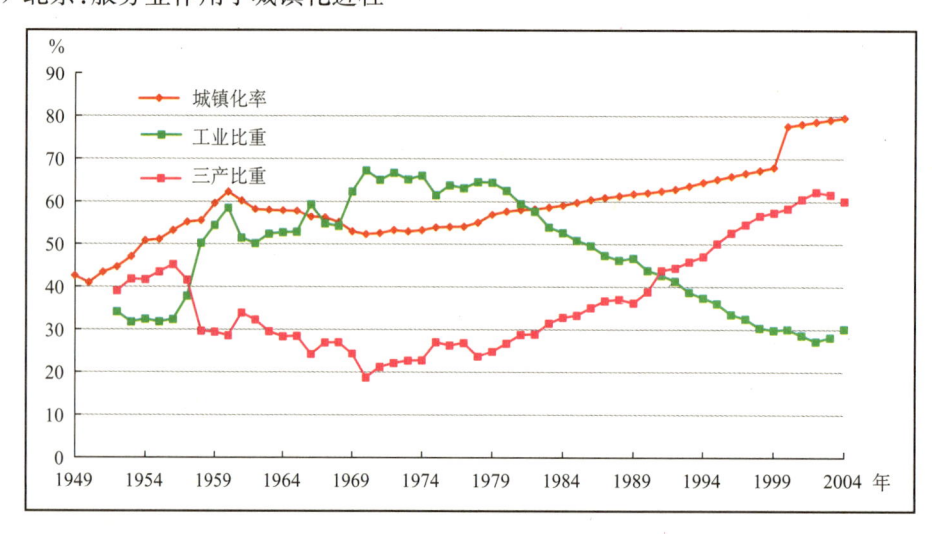

图 3-1-29 北京历年工业化与城镇化水平(1949-2004)

资料来源：《新中国55年统计资料汇编》。

表 3-1-24　北京市工业化与城镇化关系(1995-2004)

年份	城镇化率(%)	人均GDP(元/人)	就业结构(%)			产业结构(%)	
			第二产业就业比重	第三产业就业比重	非农就业比重	第二产业比重	第三产业比重
1995	64.81	12 952	40.6	49.0	89.6	44.1	50.1
1996	65.85	14 992	39.4	49.6	89.0	42.3	52.6
1997	59.40	14 877	39.3	49.9	89.2	40.8	54.5
1998	59.97	16 440	36.3	52.2	88.5	39.1	56.6
1999	59.78	17 397	34.7	53.3	88.0	38.6	57.3
2000	68.68	22 381	33.4	54.9	88.3	38.1	58.3
2001	69.51	25 356	34.3	54.4	88.7	36.2	60.5
2002	71.01	28 789	34.7	55.4	90.1	34.8	62.2
2003	72.32	31 886	32.1	59.0	91.1	35.8	61.5
2004	73.50	36 833	27.3	65.5	92.8	37.6	60.0
与城镇化率相关系数		0.858 4	−0.664 8	0.730 1	0.686 7	−0.557 8	0.609 0

注：就业统计口径1998年有调整，之前统计的是全社会就业人员，之后为单位就业人员。
资料来源：《中国城市统计年鉴(2005)》。

与一般规律相符，北京工业化进程进入后期阶段，工业比重下降，但城镇化水平仍继续上升(图3-1-29)，主要来自于服务业快速发展提供的大量就业机会改变了北京市的就业结构。近十年的数据显示三产的就业比重与城镇化水平具有很高的相关性(表3-1-24)，同时非农业就业比重与城镇化率保持同样的增长趋势。北京应着重发展高新技术为主的现代制造业，促进生产者服务业，发展高端服务业，该过程中将产生大量就业机会，影响城镇化进程。这一阶段，北京将越来越需要更多的高素质人才，就业结构将进一步转变，是否能够培训、吸纳足够多的高素质人才，将成为工业化与城镇化实现良性互动的关键。

(2) 天津：现代制造业服务业共同促进城镇化进程

天津的工业化进程正处于中级阶段向高级阶段的过渡时期，工业迅速发展的同时服务业也快速增长。从三产结构上看二产比重逐渐有所降低，三产比重迅速增长，正是提供大量就业机会促进城镇化加速发展的时期。但是图3-1-30和表3-1-25都显示，最近两三年工业的比重有所回升，这与滨海新区的开发启动一些重大项目有关。这也表明，天津未来的产业定位将直接影响其城镇化进程。从天津区位优势和长远发展考虑，我们认为天津应大力发展现代制造业，同时积极发展与之配套的各类服务业，在优化自身产业结构的同时，尽可能多地提供就业机会，促进城镇化进程。

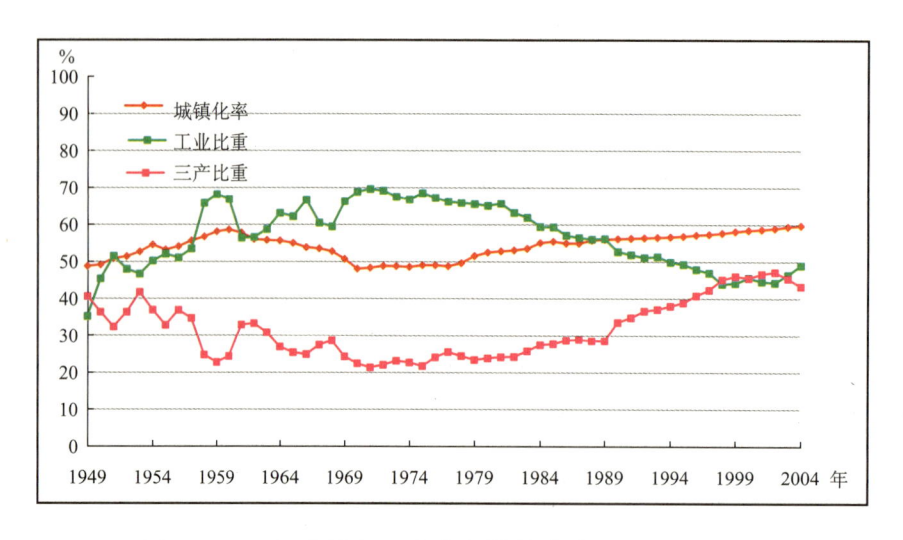

图 3-1-30　天津历年工业化与城镇化水平(1949—2004)

资料来源:《新中国 55 年统计资料汇编》。

表 3-1-25　天津市工业化与城镇化关系(1995—2004)

年份	城镇化率(%)	人均GDP(元/人)	就业结构(%)			产业结构(%)	
			第二产业就业比重	第三产业就业比重	非农就业比重	第二产业比重	第三产业比重
1995	56.78	10 240	48.0	36.0	84.0	54.5	38.7
1996	57.12	12 270	47.1	36.8	83.9	53.0	40.6
1997	57.27	13 785	45.9	38.3	84.2	51.9	42.1
1998	57.60	14 765	51.9	47.4	99.3	49.4	45.1
1999	58.09	15 932	52.1	47.4	99.5	49.1	46.0
2000	58.39	17 975	52.4	47.1	99.5	50.0	45.5
2001	58.56	20 133	51.9	47.0	99.4	49.2	46.6
2002	58.88	22 318	50.0	49.5	99.4	48.9	47.1
2003	59.37	26 433	51.1	48.4	99.5	50.9	45.5
2004	59.64	31 439	49.9	49.6	99.5	53.2	43.2
与城镇化率相关系数		0.970 8	0.532 0	0.862 2	0.795 9	−0.343 1	0.657 7

注:就业统计口径 1998 年有调整,之前统计的是全社会就业人员,之后为单位就业人员。

资料来源:《中国城市统计年鉴(2005)》。

(3) 河北:城镇化尚需工业化的有力拉动,区域差异显著

相对京津地区,河北省总体的城镇化进程十分缓慢,工业化进程并没有对城镇化产生显著的积极带动作用。图 3-1-31 和表 3-1-26 显示,虽然第二产业比重与城镇化率的相关关系很强,但很长时期以来,工业比重、第三产业比重都没有显著变化,城镇化率增长十分缓慢。虽然河北省工业比重很早便超过 40%,但这并不意味着其工业化发展到中级阶段。这主要是历史原因导

致,偏重的产业结构使其不能提供大量就业机会,缺乏就业需求,城镇化进程无法加快。这一阶段,河北省城镇化进程需要工业化积极的拉动。调整产业结构是促进河北省工业化与城镇化实现良性互动的前提,必须大力发展劳动密集型产业,提供大量就业机会,从而促进城镇化加速发展。

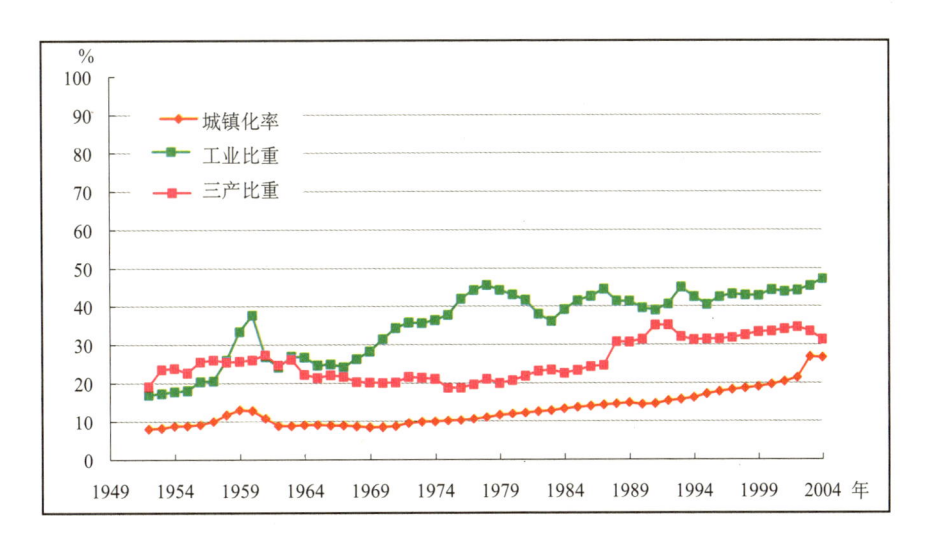

图 3-1-31 河北历年工业化与城镇化水平(1949-2004)

资料来源:《新中国55年统计资料汇编》,《河北省经济统计年鉴(2005)》。

表 3-1-26 河北省工业化与城镇化关系(1995-2004)

年份	城镇化率(%)	人均GDP(元/人)	就业结构(%)			产业结构(%)	
			第二产业就业比重	第三产业就业比重	非农就业比重	第二产业比重	第三产业比重
1995	17.45	4 640	25.5	23.3	48.8	43.6	31.1
1996	17.82	5 645	28.4	24.4	52.8	45.1	31.0
1997	18.28	6 535	29.0	24.6	53.6	46.5	31.6
1998	18.64	7 075	47.6	50.4	98.0	46.2	32.4
1999	18.98	7 420	45.2	52.9	98.1	47.0	33.9
2000	19.60	8 026	43.3	54.7	98.0	47.7	34.8
2001	20.35	8 184	42.5	55.6	98.1	47.4	35.8
2002	21.34	9 433	41.2	56.8	98.0	48.5	35.5
2003	26.68	10 869	40.8	57.4	98.2	50.7	34.3
2004	26.57	13 120	40.3	57.9	98.2	51.4	33.8
与城镇化率相关系数		0.943 7	0.349 6	0.646 1	0.557 5	0.939 1	0.490 5

注:就业统计口径1998年有调整,之前统计的是全社会就业人员,之后为单位就业人员。

资料来源:《中国城市统计年鉴(2005)》。

同时，河北省各城市处于工业化的不同阶段，城镇化进程也有所不同，两者关系存在显著差异。将城镇化率除以第二产业占GDP比重所得比值可以在一定程度上反映不同发展阶段工业化与城镇化之间的关系，到工业化中后期，第二产业比重相对降低，但城镇化水平更高，比值也越高。表3-1-27显示结果与实际状况相符，北京、天津因为工业化城镇化进程都远远高于河北各市，该比值也相对较高。从该比值上看，石家庄、唐山、秦皇岛等城市均高于河北平均水平，而衡水、邢台等则较低。处于不同发展阶段的城市其工业化与城镇化的互动关系也各不相同，按照各城市工业化和城镇化的发展阶段将其分类如图3-1-32。但需要注意的是发展阶段只是影响城镇化与工业化关系的重要因素之一，由于影响工业化与城镇化关系的因素是多方面的，即使某些城市其发展阶段类似，其工业化对城镇化的影响也可能不同。对于石家庄，属于综合产业结构促进城镇化良性发展的城市，做大做强自身优势产业、大力发展服务业，是进一步促进劳动力就业结构转变、加速城镇化进程的必然要求；对于保定、廊坊，凭借毗邻京津的区位优势，积极承接京津产业转移并努力培育和拓展地方产业链是推动城镇化的关键；对于唐山、邯郸、邢台、沧州等资源型城市，在原有重工业基础上与劳动密集型产业协调发展才能真正带动城镇化水平的快速发展；对于秦皇岛、张家口和承德等生态敏感型旅游城市，大力发展旅游服务业及生态产业并适当发展一些对环境影响小的劳动密集型产业是带动人口向城镇集聚的可行路径；衡水没有太多产业基础和优势可言，其工业化和城镇化都尚处于较低阶段，应首先加快经济发展从而促进其工业化进程，选择合适的发展路径至关重要。

综上，河北省工业化与城镇化互动关系总体上最大的问题在于偏重的产业结构不能提供大量就业机会，进而导致对城镇化促进和带动作用微弱，扭转不合理的产业结构，制定合理的产业发展方向是加快河北工业化进程，促进工业化与城镇化和谐互动的关键。同时，各个城市工业化与城镇化之间的关系差异显著，需要针对具体的情况，选择相应的产业发展方向，这样才能积极作用于城镇化进程，实现该地区和谐、可持续的发展。

表3-1-27　京津冀地区各市城镇化率与第二产业比重之比值（1995-2004）

年份	北京	天津	河北	石家庄	唐山	秦皇岛	邯郸	邢台	保定	张家口	承德	沧州	廊坊	衡水
1995	1.47	1.04	0.40	0.44	0.53	0.59	0.37	0.30	0.34	0.53	0.50	0.32	0.33	0.30
1996	1.56	1.08	0.40	0.46	0.55	0.64	0.34	0.27	0.35	0.54	0.46	0.31	0.33	0.32
1997	1.46	1.10	0.39	0.48	0.54	0.65	0.36	0.26	0.34	0.49	0.45	0.30	0.33	0.31
1998	1.53	1.17	0.40	0.50	0.55	0.66	0.37	0.27	0.35	0.57	0.47	0.31	0.34	0.31
1999	1.55	1.18	0.40	0.50	0.55	0.69	0.38	0.28	0.34	0.55	0.44	0.31	0.34	0.31
2000	1.80	1.17	0.41	0.52	0.54	0.72	0.38	0.29	0.34	0.57	0.42	0.33	0.34	0.32
2001	1.92	1.19	0.43	0.56	0.54	0.82	0.38	0.30	0.35	0.54	0.45	0.35	0.35	
2002	2.04	1.21	0.44	0.63	0.54	0.82	0.39	0.31	0.36	0.58	0.45	0.35	0.36	0.33
2003	2.02	1.17	0.53	0.75	0.57	1.04	0.38	0.41	0.49	0.67	0.52	0.43	0.54	0.36
2004	1.95	1.12	0.52	0.79	0.56	1.01	0.39	0.36	0.48	0.61	0.46	0.44	0.53	0.32

注：2001年缺衡水相关数据。

资料来源：历年中国城市统计年鉴。

图 3-1-32 京津冀地区各市工业化与城镇化发展阶段分类

(七) 京津冀地区产业发展中需要关注的重点问题

通过前面的分析不难看出,京津冀地区产业发展无论是在功能体系、产业空间还是在产业区域协调发展以及产业发展对城镇化的带动方面都仍然存在很多问题。系统梳理和总结上述问题可以找出本专题在未来规划中要着重关注的问题和努力的方向。

1. 京津冀地区现状产业发展中存在的问题

第一,京津冀地区整体产业竞争力不强,发展动力后天不足,市场力偏弱。与长三角和珠三角相比,京津冀地区的产业竞争力优势不明显,产业发展距离"北方经济引擎"的基本定位仍有很长的路要走。农业不具比较优势,国际竞争力较弱;制造业以资源型为主,工业结构偏重,市场力不足;服务业虽发达,但开放、辐射性较差。产业发展动力中自然资源等地理要素对其竞争力的提升制约较大,主要靠国有资本带动,外资和民营资本发育程度不足,使得京津冀呈现出"先天足而后天弱"的基本态势,市场对资源配置和产业分工与合作的推力有限,严重制约了产业竞争力的进一步提升。

第二,产业功能结构相对脆弱,仍以基础原材料产业为主。京津冀地区的基础原材料产业基础雄厚、专业化优势明显、产业竞争力强、行业门类全、产品量大、骨干企业多而且在本区域内空间分布相对合理,并已形成了一定的产业链条。但基础原材料相关产业的发展中也存在众多问题,一方面,受计划经济影响形成的偏重的产业功能体系产业链条较短,前后向产业联系拓展不够,特别是在基础原材料产业基础上向纵深方向挖掘不足,高附加值产业发展不够;另一方面,地域分割自成体系致使本应追求规模经济发展的产业、企业规模偏小、布局分散,无法形成规模和集聚效应,以致公共工程及配套设施建设投资大、利用效率低,企业产品互供率低、运输成本高,技术装备落后、产品结构层次较低。

第三,产业空间梯度大,沿海空间优势没有得到充分发挥。无论是在经济产出还是各项投资上,无论是制造业还是服务业方面,京津冀地区内核心边缘结构都异常清晰,二元结构相当明显,经济梯度巨大,从北京外推几十公里就是一圈贫困带,使得产业的扩散和转移缺少承接能力与相应的环境。另外,与其他沿海区域相比较,京津冀沿海空间的区位优势还远未得到发挥,对于河北省的沿海区域来讲,更是如此。虽然近年来随着发展环境和发展条件的转变,区域空间发展的思路发生了很大的改变,沿海地区的产业也得到了很好的发展,但这还远远不够。

第四,区域产业协作中的体制障碍仍大量存在。尽管区域合作与协调发展已出现了很好的势头,但合作中仍存在很多问题,协调发展还有很长的路要走。地方保护与原来的计划经济体制遗留下来的体制障碍仍然大量存在,如资金异地存贷困难、通信市场分割、人员流动的户口问题等,使得区域的资本市场、劳动市场、信息市场、技术市场等都还没有真正的一体化,从而降低了资源的利用效率和经济发展的速度。

第五,产业发展特别是工业化对城镇化拉动不足。京津冀地区特别是河北省,总体的城镇化进程十分缓慢,工业化进程并没有对城镇化产生显著的积极带动作用,虽然第二产业比重与城镇化率的关系很强,但很长时期以来偏重的产业结构使其不能提供大量就业机会。缺乏就业需求,城镇化进程无法加快,导致该区域工业化与城镇化不协调。

2. 京津冀地区产业规划中需要关注的命题

针对上述五个方面的问题,在下一步的产业规划中要十分注意以下几点:

第一,根据各自产业发展特点,促进规模经济和集聚经济的发展,增加产业的附加值、延长产业链条,增强产业竞争力。

第二,改变目前以基础原材料工业为主的格局,促进产业的多元化,改变产业结构相对脆弱的现状,优化提升产业结构。

第三,要强化产业发展的空间概念。促进区域内各产业空间的分工与协作,积极培育、发展和利用新生的产业空间单元,特别是像沿海这样的优势产业区位,以改变区域产业空间梯度过大的现实状况,平衡产业空间格局。

第四,要十分注意消除产业协调发展体制方面的障碍,积极培育市场化力量,促进产业发展动力向多元化方向过渡。

第五,要积极探索新的产业发展思路,改变京津冀地区偏重的产业功能体系,以最终实现工业化与城镇化的良性互动。

上述这些问题都需要在未来的产业规划中重点考虑,这在后面会有穿插论述。

四、战略与目标——京津冀地区产业发展规划

在对已有规划评估、宏观发展环境梳理和产业发展现状分析的基础上,综合京津冀地区重点区域开发可能带来的影响和机遇,给出京津冀地区未来产业规划方案。

(一) 重点区域开发对京津冀地区产业体系的影响

1. 天津滨海新区：我国主要的现代制造业增长极

党中央、国务院在国家"十一五"规划中把滨海新区的开发开放纳入国家总体发展战略布局中，选择滨海新区作为环渤海区域经济的引擎，确定天津作为中国北方的经济中心、滨海新区作为带动区域经济发展的又一个经济增长极的地位。在天津市总体规划中，滨海新区被赋予了城市发展副中心的地位，其作为一个新的现代制造业增长极也引起了各级政府的广泛关注。

(1) 天津滨海新区现状的产业发展：已形成六大产业群，但产业竞争力仍较低

目前，滨海新区已形成了在国内具有一定竞争力和市场份额的六大产业群：以摩托罗拉、通用电器、三星集团、松下电子为主的电子信息产业群，以大港油田、渤海石油、中石化、渤海化工等为主的石油化工、海洋化工产业群，以钢管公司、荣成钢铁公司为主的冶金工业产业群，以霍尼韦尔、梅兰日兰、SEW、SMG等为主体的光机电一体化产业群，以诺和诺德、史克必成、施维雅、金耀集团为主体的生物医药产业群，以统一工业、劲量电池、德达捷能为主的新能源产业群。六大产业群以滨海新区内的各大园区为基本空间载体，围绕系列骨干企业已形成了一定规模的相关配套集聚，并拉开了滨海新区产业的基本布局。

但六大产业群的产业持续竞争力却仍然较低，滨海新区还不具备作为区域增长极的产业发展基础。首先，六大产业群的本地产业链延伸不足。六大产业群中的两个属于国有企业集群，四个属于外资企业集群，其产业发展的投资拉动效应显著。这种发展模式虽然具有起点高、增长快等诸多优势，但也很难避免由于过分依靠外力所带来的产业结构简单的问题。通信设备、计算机及其他通信设备制造业占滨海新区工业总产值的40%，石油天然气开采业占10%，工业结构过于简单，而且大多数工业部门的发展是由港澳台和外商投资带动的，许多重要部门的外资经济比重超过90%（表3-1-28）。其次，六大产业群与本地科研机构互动不足，地方的自主创新能力偏弱。虽然电子信息企业的集聚极大地提升了天津滨海新区建设国家一流电子信息产业基地的决心，但其自主创新能力与其所在区域（京津地区）发达的科技研发水平十分不相称，自主创新能力低导致产业平均利润很低，大部分利润都被外商以"核心技术"的名义拿走了。再次，六大产业群均属制造业，服务业发展滞后。滨海新区的六大主导产业群无一例外的属于制造业部门，其服务业尤其是像金融、物流等现代服务业发展仍相对滞后，与国家对其基本定位严重不符。

表3-1-28 天津滨海新区工业总产值结构（2004）

工业部门	企业数	区位商	产值比重(%)	外资经济比重(%)
煤炭开采和洗选业	9	0.37	0.78	99.99
石油和天然气开采业	24	4.84	10.09	0.00
有色金属矿采选业	2	2.74	1.12	0.01
非金属矿采选业	17	0.31	0.16	1.86

续表

工业部门	企业数	区位商	产值比重(%)	外资经济比重(%)
农副产品加工	109	0.54	2.32	93.53
食品制造业	128	0.66	0.98	93.41
饮料制造业	60	0.54	0.66	98.67
烟草制品业	3	0.00	0.00	100.00
纺织业	126	0.11	0.58	41.42
服装及其他纤维制品	128	0.16	0.34	71.71
皮革、毛皮、羽绒	37	0.10	0.14	66.65
木材加工及竹、藤	66	0.14	0.13	78.79
家具制造业	51	0.64	0.43	91.60
造纸及纸制品业	123	0.23	0.42	40.48
印刷业、记录媒介的复制	101	0.29	0.23	80.72
文教、体育用品制造	30	0.49	0.31	97.41
石油加工及炼焦业	60	1.84	7.54	10.61
化学原料及化学制品	523	1.27	8.02	24.66
医药制造业	71	0.55	0.83	94.87
化学纤维制品业	14	0.04	0.03	6.41
橡胶制品业	89	0.54	0.50	80.20
塑料制品业	317	0.59	1.39	64.82
非金属矿物制品业	205	0.16	0.70	59.16
黑色金属冶炼及压延	65	0.56	4.37	7.93
有色金属冶炼及压延	51	0.20	0.56	10.96
金属制品业	452	0.83	2.38	60.84
通用设备制造业	454	0.73	3.35	85.23
专用设备制造业	226	0.35	0.92	79.65
交通运输设备制造业	430	1.06	6.91	88.69
电气机械及器材制造	179	0.33	1.80	90.94
通信设备计算机及其他电子设备制造	196	3.87	39.38	99.55
仪器仪表及文化办公用机械制造业	87	0.91	0.98	95.33
工艺品及其他制造	54	0.07	0.06	61.99
废弃资源和废旧材料回收加工业	16	1.83	0.21	97.02
电力热力的生产和供应	34	0.18	1.18	25.46
燃气生产和供应	16	0.38	0.07	38.18
水的生产和供应	20	0.49	0.13	58.96

(2) 天津滨海新区未来的产业选择:培育与北方经济引擎相匹配的产业体系

2006年5月26日,国务院下发的《关于推进天津滨海新区开发开放有关问题的意见》为天津滨海新区的发展掀开了新的历史序幕。党中央、国务院确定天津作为中国北方的经济中心、选择滨海新区作为环渤海区域经济的引擎,滨海新区将成为继深圳经济特区、浦东新区之后,又一带动区域发展的新的经济增长极。根据其规划,滨海新区将在很大程度上改变过去对外企和国企的过度依赖状况,形成与主城区互补的相对完善的产业体系,未来滨海新区将重点发展以下产业:重点发展金融保险、商务商贸、文化娱乐、会展旅游;海洋运输、国际贸易现代物流、保税仓储和分拨配送及与之配套的中介服务业等物流及生产性服务业;电子信息、生物医药等高新技术产业和加工制造业;石油化工、海洋化工和精细化工等重化工产业;航空运输、加工物流、民航科教、研发与产业化、航空设备制造和维修等产业。届时,滨海新区将发展成为依托京津冀、服务环渤海、辐射"三北"、面向东北亚的我国北方对外开放的门户、高水平的现代制造业和研发转化基地、北方国际航运中心和国际物流中心,并逐步成为经济繁荣、社会和谐、环境优美的宜居生态型新城区。天津滨海新区将依托各种优势条件,逐步发展壮大成为京津冀地区最重要的现代制造业增长极,成为支撑天津成为北方经济中心的产业基地。

根据国家的定位和区域发展的需要,滨海新区必须要培育与北方经济引擎相匹配的产业体系,主要途径有两个,原有主导产业群产业链的延伸和竞争力的提升与新生主导产业群的培育与引导。

① 原有主导产业群产业链的延伸和竞争力的提升。随着滨海新区产业发展环境的优化和产业定位的明晰,其原有产业群前后向联系必将不断延伸,将拉动众多相关基础原材料工业,并推动资本技术密集型产业以及计算机服务、商务服务、科学研究等知识密集型的服务业发展。以电子信息产业群为例进行说明。目前新区内电子信息产业的发展主要是靠摩托罗拉、通用电器、三星集团、松下电子等大型跨国公司为主,其产品的配套主要是通过国际供应链或在全国范围内的相关企业采购,在天津本地的产业链延伸还十分有限。表3-1-29和表3-1-30计算了电子信息产业的后向和前向联系产业。通过投入产出分析可以看到,电子信息产业迅速发展一方面通过产业内联系强化了其自身的优势地位,另一方面可以通过后向联系拉动滨海新区乃至整个区域的金属制品、塑料制品、玻璃及玻璃制造业、其他电气机械及器材制造业、专用化学产品制造业、钢压延工业和合成材料制品业等相关配套产业,培育地方产业集群,增强地方企业参与全球竞争的能力(表3-1-29)。并且,电子信息产业的迅速发展又可以通过前向的推动作用促进家用视听设备制造业,文化、办公用机械制造业,仪器仪表制造业,家用器具制造业,玩具体育娱乐用品制造业,文化用品制造业等通用和专用设备制造业的发展。另外,电子信息产业的迅速发展同时也为计算机服务和软件业、商务服务业、信息传输服务业,科学研究事业等相关服务业的发展创造了前提,电子信息产业的发展将会推动滨海新区服务业的繁荣(表3-1-30)。其他产业集群产业链条的拓展原理类似。总之,未来滨海新区将围绕电子信息产业、医药产业、海洋运输与物流、化工产业等优势产业,通过它们上下游的产业联系逐步形成高附加值的、根植于地方的产业链,进而形成相对完善、健康和竞争力强的产业功能体系。

表 3-1-29　电子信息后向联系产业直接消耗系数

通信设备制造业		电子计算机整机制造业		电子元器件制造业	
产业名称	系数	产业名称	系数	产业名称	系数
电子元器件制造业	0.237 0	电子元器件制造业	0.325 8	电子元器件制造业	0.238 0
通信设备制造业	0.176 7	其他电子计算机设备制造业	0.258 0	玻璃及玻璃制品制造业	0.090 8
其他电气机械及器材制造业	0.089 5	电子计算机整机制造业	0.067 8	批发和零售贸易业	0.040 0
批发和零售贸易业	0.042 8	批发和零售贸易业	0.042 2	合成材料制造业	0.038 2
塑料制品业	0.036 5	金融业	0.036 9	金属制品业	0.035 4
其他通用设备制造业	0.029 8	其他电气机械及器材制造业	0.021 7	塑料制品业	0.035 0
金属制品业	0.019 0	商务服务业	0.020 8	有色金属压延加工业	0.021 5
商务服务业	0.018 8	塑料制品业	0.012 2	电力、热力的生产和供应业	0.019 9
有色金属压延加工业	0.016 0	金属制品业	0.012 0	专用化学产品制造业	0.016 3
电子计算机整机制造业	0.011 3	信息传输服务业	0.010 4	钢压延加工业	0.016 3
				其他电气机械及器材制造业	0.013 3
				商务服务业	0.010 5

表 3-1-30　电子信息前向联系产业直接消耗系数

通信设备制造业		电子计算机整机制造业		电子元器件制造业	
产业名称	系数	产业名称	系数	产业名称	系数
通信设备制造业	0.176 7	计算机服务和软件业	0.142 8	其他电子计算机设备制造业	0.406 3
科学研究事业	0.064 2	商务服务业	0.130 3	家用视听设备制造业	0.400 0
其他通信电子设备制造业	0.061 9	电子计算机整机制造业	0.067 8	电子计算机整机制造业	0.325 8
信息传输服务业	0.045 3	租赁业	0.066 1	文化、办公用机械制造业	0.275 6
计算机服务和软件业	0.034 5	专业技术及其他科技服务业	0.013 1	电子元器件制造业	0.238 0
其他电子计算机设备制造业	0.026 2	通信设备制造业	0.011 3	通信设备制造业	0.237 0
				其他通信、电子设备制造业	0.206 8
				仪器仪表制造业	0.096 8
				家用器具制造业	0.058 3
				玩具体育娱乐用品制造业	0.045 8
				科学研究事业	0.039 3

续表

通信设备制造业		电子计算机整机制造业		电子元器件制造业	
产业名称	系数	产业名称	系数	产业名称	系数
				计算机服务和软件业	0.035 8
				其他专用设备制造业	0.022 9
				其他通用设备制造业	0.017 3
				其他电气机械及器材制造业	0.016 3
				电机制造业	0.013 0
				文化用品制造业	0.012 9
				金属加工机械制造业	0.011 2

② 新生主导产业群的崛起：培育航空工业、金融业和物流业产业集群。航空工业集群：2006年6月8日，国家发展和改革委员会宣布中国政府批准 A320 系列飞机总装线选址天津滨海新区。2007年5月15日，空客 A320 系列飞机天津总装线项目在天津滨海新区空港物流加工区正式开工，而 A320 系列飞机天津总装线项目投资方也最终得到明确，预计2008年8月第一架飞机开始组装，2009年6月第一架飞机交付，2011年将达到年产44架飞机的组装能力。据了解，空客 A320 系列飞机总装线项目本身可能带来的效益有限，但其配套产业的发展却能使天津受益。航空工业涉及70多个学科和工业领域的大部分产业，每一架大型飞机有上百万个部件，需要庞大的配套产业群支撑，具有关联度高、科技辐射和技术带动性强的特点，作为中国与欧盟合作的重大项目，空客总装线建成后拉长的产业链，将为整个区域带来更多市场机会。一般的国际运营经验表明，一个航空项目发展10年后给当地带来的效益产出比为1∶80，技术转移比为1∶16，就业带动比为1∶12，足可见航空项目的乘数与集聚效应。随着项目的发展，空客公司为了降低生产成本，必将会把一部分零部件放在国内生产，将会进一步推动滨海新区导航、通讯、金属制造等方面的发展；还能给天津及周边地区带来飞机内饰材料生产、制造方面的市场机会。事实上，随着 A320 系列飞机总装线落户天津，已经开始带动了天津空港物流加工区航空产业的集聚。目前区内新加坡新宇航飞机改装维修、法国泰雷兹雷达、美国霍尼韦尔电子设备、IAE 飞机发动机项目、海南航空租赁、大韩货运航空及货栈等现代服务业项目都正在积极推进。虽然目前天津的航空工业基础相对薄弱，但随着 A320 项目选址天津滨海新区，配合京津地区技术密集的优势，通过主制造商的战略决策吸引系统集成商将航空产品生产向中国转移，推动京津航空产业链的形成，将有望推动京津成为我国最大的高科技航空产业聚集地之一，使其在与西安、上海等地的合作竞争中抢占一席之地，并从整体上加快我国航空产业的发展。

金融业集群：《国务院关于推进天津滨海新区开发开放有关问题的意见》（下称《意见》）为滨海新区提供了政策支持，《意见》鼓励天津滨海新区进行金融改革和创新；支持天津滨海新区进行土地管理改革；推动天津滨海新区进一步扩大开放，设立天津东疆保税港区；给予天津滨海新区一定的财政税收政策扶持。因此滨海新区可以凭借金融改革和创新的契机在产业投资基金、创业风险投资、金融业综合经营、多种所有制金融企业、外汇管理政策、离岸金融业务等方面进行改革试验。这些政策体现出了推进新区金融改革全新的实验性和试点的优先性,这在当前国内各区域经济和金融中心是独一无二的,大大促进作为新区润滑剂和催化剂的金融业快速发展的同时,也将为深入推进中国金融体系改革提供新的突破口。在这个暂时封闭的区域性与国际接轨的金融实验区内,国外金融机构将聚集并可以先行开展相关业务,区内金融机构获得自主创新优先权并可以先行国际化。因此,若政策落实到位,新区将很快改变金融环境相对落后的现状,实现区内资金供求结构日趋合理,并使区内金融机构综合服务水平和金融创新能力不断提高。

物流业集群:北方国际航运中心和国际物流中心是国务院下发的《关于推进天津滨海新区开发开放有关问题的意见》中对滨海新区的基本定位,也是滨海新区自身发展的基本诉求。滨海新区已在区位、交通、体制创新和产业基础等方面具备发展成为"北方国际航运和国际物流中心"的条件。要真正培育物流业集群,滨海新区需要在以下几个方面做出努力:首先,依据前后向联系积极拓展产业链,大力发展服务于第二产业的第三方物流,改变传统以仓储物流为主的结构。其次,要适时采用物流信息技术,提高企业反应能力。现代物流业的发展离不开完善的信息系统的支持,在规范物流运作的基础上,加快信息化建设的步伐,实现物流业务的网上及时跟踪和查询,网上交易和资源配置等,提高企业的服务水平和对客户以及市场的快速反应能力。最后,加快天津港保税区向自由贸易区转型。

表 3-1-31 物流后向联系产业直接消耗系数

水上运输业		仓储业	
产业名称	系数	产业名称	系数
石油及核燃料加工业	0.201 8	农业	0.216 4
道路运输业	0.120 6	仓储业	0.103 4
水上运输业	0.059 0	石油及核燃料加工业	0.046 1
船舶及浮动装置制造业	0.057 8	道路运输业	0.037 1
其他通用设备制造业	0.028 9	水上运输业	0.034 4
金融业	0.028 2	金融业	0.034 2
保险业	0.020 4	批发和零售贸易业	0.029 9
批发和零售贸易业	0.018 0	汽车零部件及配件制造业	0.029 3
		铁路货运业	0.022 5
		其他通用设备制造业	0.018 8
		其他电气机械及器材制造业	0.017 8
		电力、热力的生产和供应业	0.013 6
		保险业	0.013 6
		钢压延加工业	0.013 4

表 3-1-32　物流前向联系产业直接消耗系数

水上运输业		仓储业	
产业名称	系数	产业名称	系数
水上运输业	0.059 0	仓储业	0.103 4
水泥、石灰和石膏制造业	0.034 7	文化艺术和广播电影电视业	0.015 0
仓储业	0.034 4	农业	0.005 9
炼铁业	0.028 4	租赁业	0.003 6
炼焦业	0.026 9	渔业	0.002 4
炼钢业	0.025 9	耐火材料制品制造业	0.003 0
石油及核燃料加工业	0.025 8	建筑业	0.009 2
陶瓷制品制造业	0.024 3	道路运输业	0.004 0
采盐业	0.023 1	水上运输业	0.007 0
其他非金属矿物制品制造业	0.022 1	航空货运业	0.002 0
钢压延加工业	0.021 9		
耐火材料制品制造业	0.021 4		
木材加工及木、竹、藤、棕、草制品业	0.020 8		
基础化学原料制造业	0.020 5		
黑色金属矿采选业	0.020 2		

(3) 天津滨海新区的开发对京津冀地区产业体系的影响

首先,天津滨海新区的开发建设有利于凸显北京的区域中心地位,促进京津一体化发展。滨海新区现代制造业的发展对生产性服务业产业的强烈需求是滨海新区乃至天津短期内所不能满足的,而北京却恰恰能弥补这一不足。同样,研发转化基地这样的功能定位也恰恰与北京的研发基地形成优势互补的关系。因此,滨海新区的开发建设会进一步促进京津的良性互动,促使其形成优势互补的合作关系,对北京、天津乃至整个京津冀地区的产业发展起到积极的推动作用。同时,滨海新区的建设为北京高端产业的辐射创造良好的空间载体,滨海新区国际航运中心的建设、海洋运输与现代物流业的发展也为北京经济的发展提供了更好的窗口和更优质的服务,滨海新区的开发进一步巩固了北京区域中心的地位和作用。其次,天津滨海新区的开发建设有利于带动河北产业升级。透过投入产出分析,滨海新区现代制造业的发展将会强化主导产业的产业链在地方上的延伸,而广域的河北省则是其延伸的重要基地之一。最后,天津滨海新区的开发建设对产业发展的支撑系统也将产生深远影响,它促进京津冀地区综合交通网络的完善,为京津冀地区资本、劳动力、技术、信息以及自然资源等要素流动与整合提供基本平台,并将加快京津冀地区东部沿海城市化进程,完善京津冀地区城市体系的空间格局。

2. 曹妃甸:京津冀地区的重要增长极

(1) 曹妃甸产业发展的基本定位与产业选择:京津冀地区的重要增长极,钢铁、石化等重工

业是未来发展的重点

曹妃甸项目已经被列为"河北一号工程"和国家"十一五"最大工程之一,总投资将超过2 000亿元。根据规划,曹妃甸将形成港口、钢铁、化工以及电力等四大主导产业,建设成为北方重要的重化工业基地。这些产业的发展一方面直接强化唐山市的重化工业,另一方面进一步带动唐山市现有的钢铁、水泥、机械、陶瓷和化工等产业的发展。

曹妃甸将结合首钢搬迁和唐山钢铁工业重组,建设1 500万吨的精品钢材基地;按照国家要求,采用新装备、新工艺,建设现代化、生态型的大型钢铁企业,主要生产汽车、造船、石油、建筑及结构、机电、机械制造等行业所需的热轧、冷轧、镀锌、彩涂、硅钢等国家长期依赖进口的高端和精品板材。黑色金属冶炼与压延加工业在曹妃甸的大发展将通过投入直接拉动唐山市北部地区的石灰石、耐火材料、白云石矿等非金属矿物以及金属矿物采选业的发展。同时,黑色金属冶炼与压延加工业的发展对不同类型的交通运输的需求显著增加,包括铁路运输业、道路运输业、水上运输业等,为了满足钢铁产业的发展,势必完善海路交通运输,依托深水港口,强化物流产业,形成新的增长点(表3-1-33)。钢铁及其加工作为一个关键性的材料产业,一方面固然可以通过港口向外运输,但同时为需要钢铁及其产品的产业发展提供了本地化的原料。从表3-1-34可以看出,除了黑色金属冶炼与压延加工业本身,直接消耗钢铁产品的产业主要有金属制品业、各类交通设备制造业、通用设备制造业以及专用设备制造业。钢铁产品运输成本相对较高,一些对钢铁产品消耗较多的产业可能会出于成本的考虑靠近钢铁产业,因此曹妃甸精品钢铁基地的建设,可能会显著推动金属制品、通用设备以及矿山设备、金属加工机械、铁路运输设备、农林牧渔机械设备制造业的发展。曹妃甸将围绕钢铁产业,拉动上游产业,推动下游机械设备制造业,逐步形成高附加值的产业链。

表3-1-33　黑色金属冶炼与压延加工业后向联系产业直接消耗系数

产业	炼铁业	炼钢业	钢压延加工业	铁合金冶炼业
1	炼焦业 (0.128 2)	炼铁业 (0.101 2)	炼钢业 (0.190 7)	有色金属矿采选业 (0.112 6)
2	黑色金属矿采选业 (0.126 7)	电力和热力 (0.073 6)	钢压延加工 (0.084 2)	电力和热力 (0.098 6)
3	废品废料 (0.078 8)	废品废料 (0.068 4)	黑色金属矿采选业 (0.052 6)	黑色金属矿采选业 (0.089 3)
4	批发和零售贸易业 (0.048 2)	黑色金属矿采选业 (0.055 1)	电力和热力 (0.041 4)	铁合金冶炼 (0.038 6)
5	炼铁业 (0.045 6)	批发和零售贸易 (0.046 4)	炼铁 (0.040 2)	有色金属冶炼 (0.056 4)
6	道路运输业 (0.042 5)	炼焦 (0.046 2)	批发和零售贸易 (0.035 2)	钢压延加工 (0.039 7)
7	电力和热力 (0.037 7)	炼钢 (0.042 0)	煤炭开采与洗选业 (0.028 2)	批发零售贸易 (0.037 8)

续表

产业	炼铁业	炼钢业	钢压延加工业	铁合金冶炼业
8	其他非金属矿采选业 (0.028 8)	耐火材料制品 (0.035 8)	水上运输 (0.021 9)	炼焦 (0.019 7)
9	水上运输业 (0.028 4)	铁合金冶炼 (0.031 9)	废品废料 (0.021 3)	水上运输 (0.019 1)
10	煤炭开采和洗选业 (0.023 5)	水上运输 (0.025 9)	铁合金冶炼 (0.019 8)	道路运输 (0.017 1)
11	耐火材料制品业 (0.020 1)	煤炭开采和洗选业 (0.023 5)	石油加工 (0.017 4)	煤炭开采与采选业 (0.011 6)
12	炼钢业 (0.019 0)	其他通用设备 (0.019 4)	其他通用设备 (0.015 7)	炼铁业 (0.010 8)
13	铁路货运业 (0.016 1)	有色金属冶炼 (0.019 3)	有色金属冶炼 (0.014 6)	其他非金属矿物制品业 (0.010 5)
14	其他专用设备 (0.012 9)	铁路货运业 (0.016 0)	金属制品 (0.012 1)	
15		有色金属矿采选业 (0.015 2)	耐火材料制品 (0.011 2)	
16		钢压延加工 (0.014 9)	炼焦 (0.0105)	

表 3-1-34 黑色金属冶炼与压延加工业前向联系产业直接消耗系数

产业	炼铁业	炼钢业	钢压延加工业	铁合金冶炼业
1	炼铁 (0.045 6)	其他非金属矿物制品 (0.025 3)	煤炭开采和洗选业 (0.032 4)	炼钢 (0.031 9)
2	炼钢 (0.101 2)	炼铁 (0.019 0)	石油和天然气开采 (0.015 0)	钢压延 (0.019 8)
3	钢压延加工 (0.040 2)	炼钢 (0.042 0)	家具制造业 (0.040 1)	铁合金冶炼 (0.068 6)
4	铁合金冶炼 (0.010 8)	钢压延加工 (0.190 7)	文化用品制造业 (0.028 8)	锅炉及原动机制造 (0.012 0)
5	金属制品业 (0.028 9)	金属制品 (0.025 4)	玩具体育娱乐用品 (0.016 3)	
6	锅炉及原动机制造 (0.012 7)	金属加工机械 (0.034 6)	橡胶制品业 (0.025 7)	
7	金属加工机械 (0.015 4)	其他通用设备 (0.022 0)	水泥/石灰和石膏制造 (0.015 5)	

续表

产业	炼铁业	炼钢业	钢压延加工业	铁合金冶炼业
8	其他通用设备 (0.016 5)	其他专用设备 (0.022 2)	其他非金属矿物制品 (0.043 1)	
9	农林牧渔专用设备 (0.027 9)	铁路运输设备 (0.028 0)	炼钢 (0.014 9)	
10		汽车制造业 (0.022 2)	钢压延 (0.084 2)	
11		汽车零部件 (0.034 7)	铁合金冶炼 (0.039 7)	
12		电机制造 (0.013 5)	有色金属压延 (0.010 2)	
13		家用器具制造 (0.011 1)	金属制品 (0.200 6)	
14			锅炉及原动机制造 (0.097 7)	
15			金属加工机械 (0.079 9)	
16			其他通用设备 (0.095 0)	
17			农林牧渔专用设备 (0.072 7)	
18			其他专用设备 (0.149 9)	
19			铁路运输设备 (0.102 4)	
20			汽车制造 (0.049 2)	
21			汽车零部件 (0.064 8)	
22			船舶及浮动装置制造 (0.147 6)	
23			其他交通运输设备 (0.062 6)	
24			电机制造业 (0.086 1)	
25			家用器具制造 (0.037 0)	
26			其他电气器材 (0.029 5)	

续表

产业	炼铁业	炼钢业	钢压延加工业	铁合金冶炼业
27			电子元器件 (0.016 3)	
28			仪器仪表制造 (0.061 8)	
29			文化办公机械 (0.041 8)	
30			其他工业 (0.011 3)	

重化工业的发展可能带动后向联系强的产业而推动前向联系较强的产业。曹妃甸将依托港口和海外资源，抓住世界石油化工产业转移和中国石油化工产品市场快速增长的有利时机，利用唐山及周边地区产品市场发达、要素市场完善、临港资源丰富和基础设施等各方面条件，发展乙烯大型炼化一体化联合项目，发展以乙烯为龙头的石油化工生产基地，为京津冀地区滨海地带的化工产业提供配套的基础化工原料，强化区域化工产业链。而冀东南堡10亿吨油田的发现促使曹妃甸重化工基地的建设由理论变为现实。石油化工产业发展直接拉动各类化学产业，如基础化学原料、专用化学和日用化学以及合成材料等产业，完善唐山市的化学产业（表3-1-35）。石油化工产业对交通运输业，尤其是水上运输业有较高的要求，港口的完善将满足这一需求。另外，商务服务业、信息传输业、计算机服务业以及金融业等高端的生产者服务业对于石油化工产业的发展也至关重要（表3-1-36）。

表3-1-35 石油化工后向联系产业直接消耗系数

产业	石油加工业	基础化学原料	合成材料	专用化学产品	日用化学产品
1	石油和天然气开采业(0.626 6)	电力和热力 (0.162 7)	石油加工 (0.250 3)	基础化学原料 (0.199 5)	日用化学产品 (0.098 5)
2	石油加工 (0.043 5)	基础化学原料 (0.146 5)	基础化学原料 (0.156 7)	专用化学产品 (0.146 1)	基础化学原料 (0.072 5)
3	批发零售贸易 (0.026 6)	采盐业 (0.047 6)	合成材料 (0.073 2)	电力和热力 (0.042 2)	塑料制品 (0.065 2)
4	水上运输 (0.025 8)	批发零售贸易 (0.036 0)	石油和天然气开采 (0.049 1)	批发和零售贸易 (0.038 2)	专用化学产品 (0.051 5)
5	电力和热力 (0.017 2)	煤炭开采和洗选业 (0.026 7)	专用化学产品 (0.039 7)	塑料制品 (0.021 6)	造纸及纸制品 (0.046 8)
6		其他非金属矿采选业(0.025 7)	电力和热力 (0.034 9)	合成材料 (0.019 0)	批发和零售贸易 (0.044 1)
7		有色金属矿采选业 (0.025 7)	批发和零售贸易 (0.034 6)	道路运输 (0.017 9)	商务服务 (0.041 7)

续表

产业	石油加工业	基础化学原料	合成材料	专用化学产品	日用化学产品
8		石油和天然气开采(0.024 3)	塑料制品(0.017 2)	石油加工(0.014 1)	植物油加工(0.024 9)
9		水上运输(0.020 5)	水上运输(0.012 6)	林业(0.014 0)	石油加工(0.024 8)
10		涂料颜料油墨及类似产品(0.019 0)	煤炭开采和洗选业(0.010 6)	商务服务(0.013 4)	道路运输(0.014 6)
11		塑料制品(0.016 4)		信息传输服务(0.012 8)	屠宰及肉类加工(0.013 3)
12		专用化学产品(0.014 4)		水上运输(0.012 6)	计算机服务和软件业(0.013 0)
13		金融业(0.011 4)		日用化学制品(0.012 3)	合成材料(0.011 8)
14		道路运输业(0.010 5)		煤炭开采和洗选业(0.012 3)	水上运输(0.011 6)
15		石油加工(0.010 2)		造纸及纸制品(0.012 2)	酒精及饮料制造(0.011 2)
16				金属制品(0.010 8)	
17				金融业(0.010 4)	
18				肥料制造(0.010 3)	

表3-1-36　石油化工前向联系产业直接消耗系数

产业	石油加工业	基础化学原料	合成材料	专用化学产品	日用化学产品
1	有色金属矿采选业(0.105 8)	麻纺织丝绢纺织等(0.040 8)	文化用品制造(0.031 6)	有色金属矿采选业(0.040 1)	日用化学产品(0.098 5)
2	石油加工(0.043 5)	造纸及纸制品(0.047 9)	合成材料(0.073 2)	其他非金属矿采选业(0.041 3)	专用化学产品(0.012 3)
3	涂料颜料油墨等(0.043 7)	木材加工(0.034 1)	化学纤维(0.148 1)	木材加工(0.032 4)	
4	合成材料(0.250 3)	基础化学原料(0.146 5)	橡胶制品(0.057 0)	农药制造(0.033 1)	
5	玻璃及玻璃制品(0.042 3)	肥料制造(0.062 0)	塑料制品(0.227 0)	涂料颜料油墨等(0.081 6)	

续表

产业	石油加工业	基础化学原料	合成材料	专用化学产品	日用化学产品
6	陶瓷制品 (0.048 9)	农药制造 (0.236 5)	电子元器件 (0.038 2)	合成材料 (0.039 7)	
7		涂料颜料油墨等 (0.094 6)	其他工业 (0.030 5)	专用化学产品 (0.146 1)	
8		合成材料 (0.156 7)		日用化学产品 (0.051 5)	
9		专用化学产品 (0.199 5)		化学纤维 (0.047 6)	
10		日用化学产品 (0.072 5)		橡胶制品 (0.037 1)	
11		医药制造 (0.044 3)		塑料制品 (0.040 8)	
12		化学纤维 (0.081 5)			
13		塑料制品 (0.044 4)			
14		玻璃及玻璃制品 (0.101 0)			

(2) 曹妃甸的开发对京津冀地区产业体系的影响

首先,曹妃甸将成为京津冀地区产业转移平台,能够强化京津冀地区重化工业地位,提升其竞争力,并促进区域产业分工,推动跨行政区产业链的形成。其次,曹妃甸将强化北京与唐山的产业联系与分工,拓展北京生产者服务业市场空间,有利于北京市资本、信息、技术、科研等优势的发挥。再次,曹妃甸项目将促进天津与唐山在装备制造业、港口业务和管理等方面的分工合作。此外,与天津滨海新区一样,曹妃甸项目的建设还对产业发展的支撑体系产生影响,在交通网络、要素流动、资源配置和城镇化发展方面都有体现。

3. 中关村:中国高新技术产业和知识密集型服务业的领跑者

中关村是改革开放以后第一个新技术开发区,区内已形成了以电子信息、生物医药、环保、新型材料、航天技术、光机电一体化等产业集群,形成了以中关村商务中心区为龙头,包括软件园、生命科学园、上地产业基地、永丰产业基地、清华科技园、北大科技园的专业园区群落。中关村是首都经济的主要增长极,同时也是高新技术和知识密集型服务业的领跑者。在未来发展过程中,中关村强化研发,而滨海新区和曹妃甸则重在转化,优势互补、共同协作,对京津冀地区发展具有重要意义。

表 3-1-37 中关村科技园区与天津滨海新区的比较

园区	基础和优势	建设目标	开发重点
中关村科技园区	我国科技资源最密集、高技术自主研发能力最强、知识型产业规模最大；北京经济发展的重要引擎	形成我国高新技术产业自主创新的高地和区域高端辐射的源泉，2010年总收入达8 000亿元	高技术制造业，知识型服务业；高端研发中心；与以上相配套的创新环境
天津滨海新区	我国北方重要的现代制造与物流基地；已纳入国家区域开发战略重点；位于京津唐产业带终端	现代制造和研发转化基地，北方国际航运中心和国际物流中心，高新技术产业3 800亿元	现代制造业，现代服务业，高新技术产业研发转化基地，与以上相配套的创新环境

资料来源：赵弘、赵凯："滨海新区之于北京的意义"。

4. 其他新生增长空间：京津冀地区的潜在增长单元

依据总量和增长率两个指标，找出了河北省的四类新生增长空间，提出了具体的产业发展建议，为平衡京津冀地区发展水平、优化城镇空间提供依据。

第一类：发展基础好、增长速度快的区县（GDP≥100亿元，人均GDP增长率≥15%）。主要包括任丘市、迁安市、武安市、遵化市、迁西市、乐亭县、沧县七个区县（市）。

第二类：增长速度一般、发展基础好的区县（GDP≥100亿元，人均GDP增长率10%-15%）。主要包括藁城市、三河市、滦南县、玉田县、辛集市、霸州市、鹿泉市、河间市八个区县（市）。

第三类：基础一般、近年来增长迅猛的区县（GDP50-100亿元，人均GDP增长率≥15%）。主要包括滦县、高碑店市、涉县、平山县、栾城县、邢台县、肃宁县、安平县、献县九个区县（市）。

第四类：不属于前三类，但政府非常重视的区县（河北省城镇体系规划中确立的重点发展区）。主要包括涿州市、定州市和黄骅市三个区县（市）。

表 3-1-38 河北省新生增长空间

GDP(亿元) \ 人均GDP增长率	≥15%	10%-15%	≤10
≥100	**任丘市、迁安市、武安市**、遵化市、迁西市、乐亭县、沧县	藁城市、三河市、滦南县、玉田县、**辛集市、霸州市、鹿泉市**、河间市	—
50-100	滦县、**高碑店市**、涉县、平山县、栾城县、邢台县、肃宁县、安平县、献县	**涿州市、定州市**	**黄骅市**
≤50	—	—	—

注：加粗部分是河北省城镇体系规划中确定的重点发展城镇。

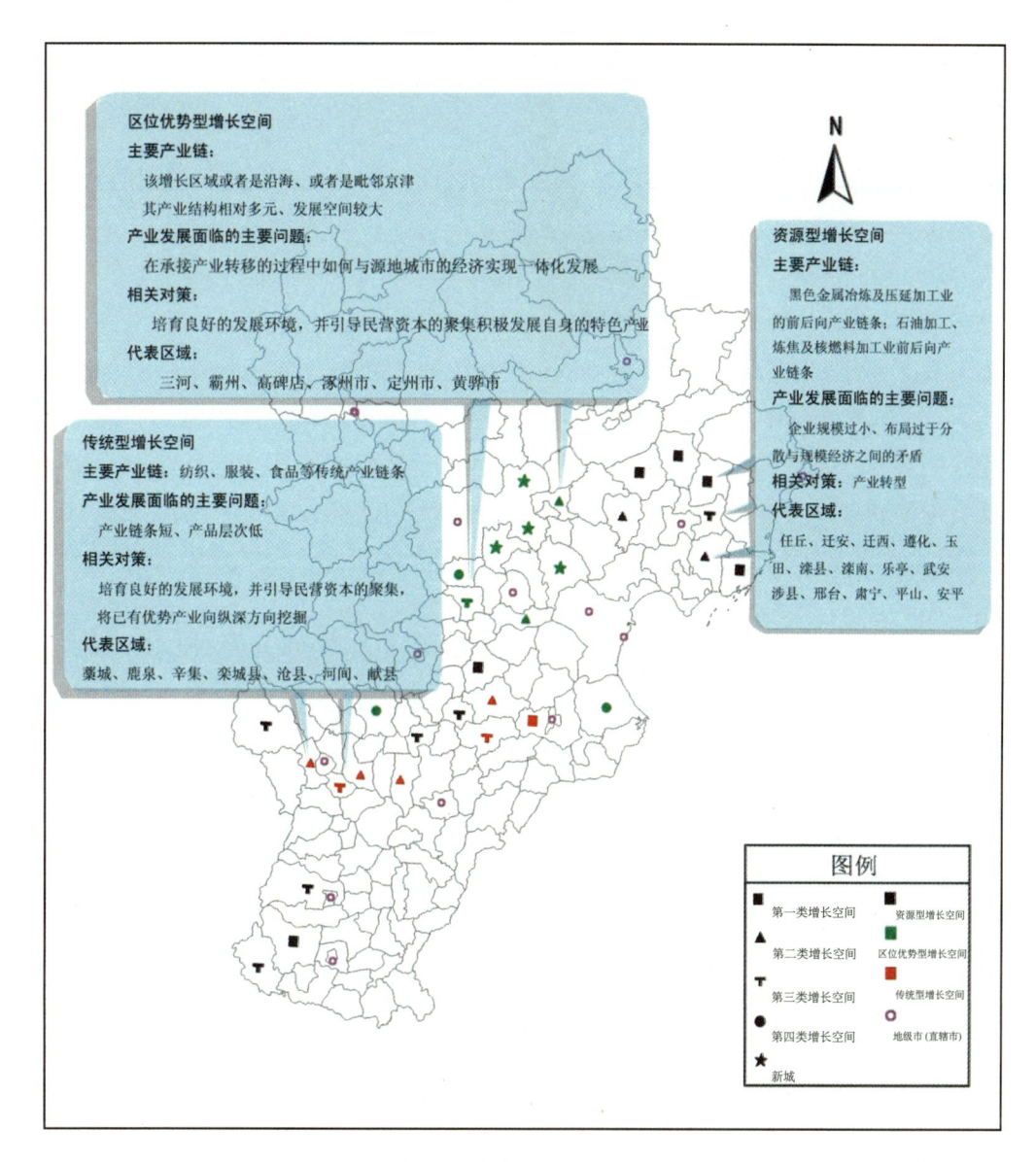

图 3-1-33　河北省新生增长空间分布及其产业选择

（二）京津冀地区未来产业功能规划

在保持现状的基础上，依据上节对滨海新区、曹妃甸、中关村等区域建设对产业功能体系和空间发展现状格局产生影响的分析结论，依据现状与远景相结合、比较优势、产业结构相似性、产业联系、区域一体化与城乡统筹、可持续发展以及市场主导与政府引导相结合等原则给出京津冀地区未来产业功能体系与空间协同的规划方案。重视规划落实、关注统筹协调和强调全球视野是本次规划方案的基本特点。

1. 京津冀地区产业功能区划中的几个关键问题

（1）京津冀地区产业空间重组

我国三大城镇群的发展见证了国家战略重点的演变。20世纪80年代，深圳的开放带动了珠三角城镇群内部产业空间的剧烈重组；20世纪90年代，上海浦东的开发激活了长三角城镇群的民营经济和创新环境，同时也促进了长三角内部产业空间的调整和优化；进入新世纪以来，国家启动了天津滨海新区建设，并将其作为拉动京津冀和环渤海地区发展的引擎。滨海新区的开放开发究竟能否引发京津冀地区产业空间的优化与重组？首先，天津滨海新区的开放开发为京津冀地区产业的发展掀开了新的历史序幕。其次，曹妃甸大型深水港的建设也为京津冀地区产业的重组创造了条件。再次，纵观全球产业空间重组的趋势可以发现，产业由内陆向沿海的拓展已成为普遍的规律，对于京津冀地区也理应如此。沿海地区是整个区域对外交流的窗口，优越的地理位置、丰富的资源条件为京津冀地区沿海地带的崛起做好了充分的铺垫。最后，广域面上的新生增长空间的激活也为整个京津冀地区产业空间的重组提供了可能。综上分析我们认为，随着宏观背景与自身条件的转变，在未来的一定时间内，京津冀地区必将迎来新一轮的产业空间重组。

（2）产业空间重组重点区域

首先，京津双核是该区域的必然选择，京津携手共同打造世界城市是京津冀地区发展的必然要求，也是北京、天津提高国际竞争力的必然选择，笔者在前面早有论述，在此不做赘述。其次，滨海新区、曹妃甸的辐射带动是该区域产业发展新的亮点，是京津冀城镇群产业未来发展的两大重要产业增长极。再次，沿海临港重化工产业带的崛起是空间重组的重要内容。

2. 京津冀地区未来产业功能区划方案

依据国家产业宏观布局的要求，结合京津冀地区产业发展的历史基础、现状格局与未来的发展条件，确定其未来产业的空间格局应按照"双核、两极、四带、三区"的空间架构，从点、线、面展开：点，也即"双核"和"两极"，"双核"指北京、天津两个区域核心，"两极"指曹妃甸与天津滨海新区两个产业增长极。线，也即"四带"主要是京津廊现代制造业、现代服务业产业带，秦唐津黄沿海重化工产业带，京保石邯邢传统制造业产业转移带，京唐曹重化工业产业转移带。面，也即"三区"是指北京—天津—廊坊—唐山—沧州产业核心区，石家庄—衡水—邢台—邯郸产业优化提升区，张家口—承德—秦皇岛生态产业区。

（1）"双核"：北京和天津两个核心城市

其中北京主要发展以知识经济为龙头，以电子信息等高新技术产业为主导的先进制造业；以金融、物流、科技、信息、文化教育等为主的现代服务业；腹地范围应该立足全国、放眼全球。天津作为中亚港口城市，应将传统的制造业优势与港口优势相叠加，积极与北京开展科技合作，进行高新技术产业的研发转化；大力发展现代制造业；积极发展金融、商贸、物流等相关服务业；腹地范围是区域性的，限于北方。

未来，京津之间的职能分工会进一步明确，产业联系会进一步加强，北京会继续朝着世界城

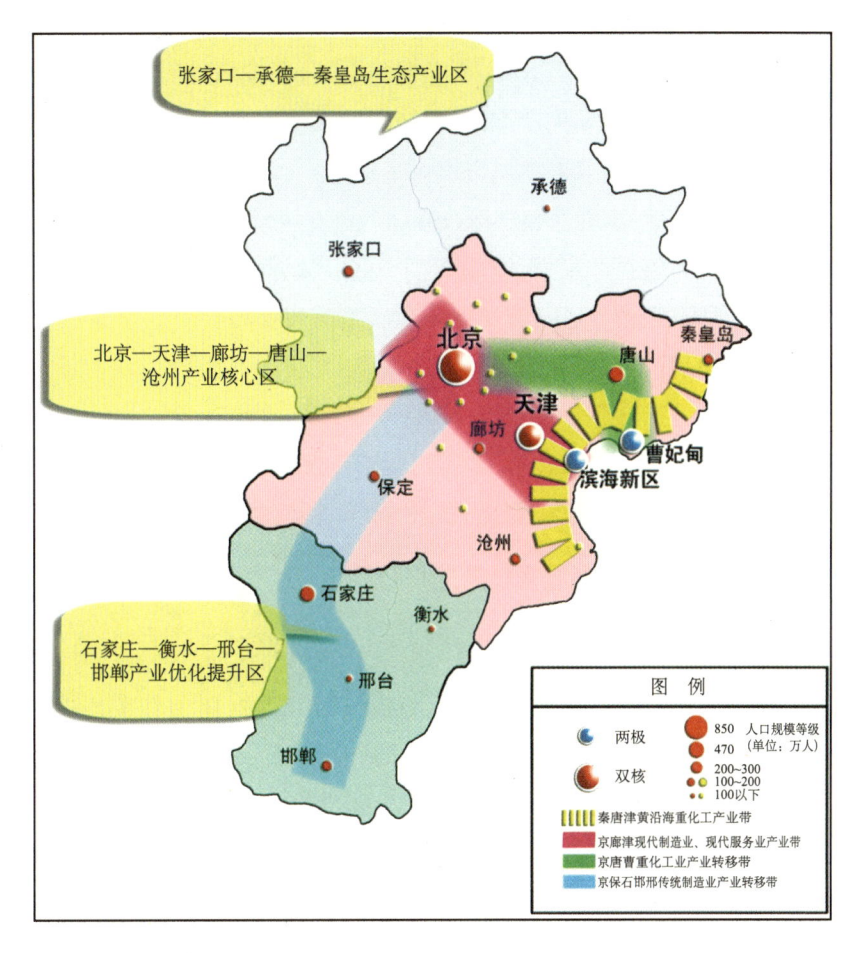

图 3-1-34 京津冀地区规划产业功能空间格局

市的目标迈进，成为中国与世界城市体系相融合的门户城市，而天津则有可能发展成为京津冀城镇群的区域中心核心，扮演北方经济中心的职能，带领京津冀城镇群参与全国城市经济的竞争。在产业发展模式上，京津"双核"要强调产业集聚和产业集群式发展，而且要重视对其他产业区域的联系和服务。在区域联系上，京津双核要发挥其科研、技术、高端服务业等优势，辐射京津冀其他区域，强化其双核辐射力和影响力。

（2）两个核心产业发展带：京津廊和沿海产业发展带

京津廊产业发展带连接北京、天津和廊坊三个城市和该廊道内的众多产业园区，是京津冀地区的一级产业发展带，同时也是全国重要的产业聚集区之一，主要发展现代制造业、高新技术产业以及现代服务业。未来，该产业带内要进一步强化各园区之间的分工与协作关系，构筑电子信息技术、生物技术和生物医药、光机电一体化、新材料和高端技术的产业化核心产业链，完善水平分工为主、垂直分工为辅的基本格局；同时也要进一步强化各城市在服务功能上的衔接与合作，通过彼此的优势互补来完善垂直分工为主、水平分工为辅的服务业基本格局。

沿海临港重化工产业带是以天津滨海新区和曹妃甸两个增长极带动发展起来的产业带，它连接沿海的天津、唐山、秦皇岛、沧州四个城市和天津港、曹妃甸港、京唐港、秦皇岛港和黄骅港五个港口。重化工为主,其他工业、服务业配套发展的功能体系是滨海临港重化工产业带未来发展的基本诉求。产业的开发要强调"据点式"而不是遍地开花,要按照循环经济的理念开发建设滨海产业带,全面推进循环经济与清洁生产方式,参照国际成功产业园区发展模式,建设生态产业园和循环生产体系,打造生态环境友好型滨海产业带。

(3) 两个次级产业发展带:京唐曹和京保石邯邢产业发展带

京唐曹重化工业转移带连接北京、天津北部、唐山至曹妃甸,是京津冀城镇群的三级产业发展带,此产业带还覆盖迁安、迁西、玉田、遵化等几个新生的产业增长点。以首钢的搬迁为契机,该产业带将成为承接北京产业转移的重要基地之一。

京保石邯邢传统制造业产业转移带是连接"北京—天津—廊坊—唐山—沧州"核心产业区与"石家庄—衡水"、"邢台—邯郸"两个边缘产业区之间的产业带,是京津冀城镇群的三级产业发展带,此产业带还覆盖高碑店、定州、辛集、鹿泉、涉县、武安等新生增长空间。未来,应积极利用北京的高端服务业优势和科技人才优势,在继续承接核心区转移的基础上强化与核心区之间的双向连接关系,向深度合作方向发展。

(4) 三个产业发展区

北京—天津—廊坊—唐山—沧州产业区由北京、天津、廊坊、唐山和沧州五市市域的全部和秦皇岛市南部地域范围构成,是京津冀城镇群的核心区域,同时也是我国产业发展水平最高的地区之一。未来20年左右的时间内,其产业发展将会出现现代服务业和制造业齐头并进的基本格局。届时,该区域不但会进一步发展壮大其制造业基本功能,成为全国重要的电子信息、机械设备制造、交通运输设备制造、生物医药制造、光机电一体化等现代制造业和高新技术产业集聚区和重要的石油化工、海洋化工、精细化工等现代重化工产业集聚区;同时也会进一步繁荣其服务业,发展成为金融、保险、计算机服务、技术信息服务、研究开发、文化创意产业、中介服务、现代物流等产业集聚的现代服务业集聚区。该区域要根据产业本身的特点选择发展模式,钢铁企业联合体要走追求规模经济的道路,而电子信息等相关产业则要打造特色产业集群、延伸产业链条。

张家口—承德—秦皇岛产业区由张家口、承德两市市域全部的范围以及秦皇岛市北部生态环境脆弱地区组成,是京津冀城镇群基本的生态保障区。该区域未来产业发展应严格限制污染严重的小型冶金、化工等产业新增规模,要按照循环经济的理念改造和提升现有的传统工业结构,构筑以生态产业为主导的新型产业功能体系:①大力发展生态农业,建立立足京津市场的生态农业生产基地,延长农业的产业链条,促进农业的产业化经营;②大力发展农副食品加工、纺织服装等劳动密集型制造业;③发展新型建筑材料、非金属制品等简单劳动密集型的资源加工产业;④发展旅游业等服务业。该区域要大力发展循环经济和产业集群,大力发展劳动密集型产业,促进城镇化的健康发展,并推动区域经济的可持续发展。

石家庄—衡水—邢台—邯郸产业区由石家庄、衡水、邢台、邯郸四市的市域范围组成,是京津冀城镇群的传统产业区,该产业区在未来会进一步强化其在京津冀城镇群中作为传统制造业基地的地位,并构筑起以传统产业为主导的产业功能体系。其中,石家庄—衡水以传统轻型工业为主、邯郸—邢台以传统重工业制造为主的产业功能体系不会发生根本性的转变。但在未来产业发展中要注意循环经济、减少环境消耗，建立不同层次的物质、能源与信息循环系统。

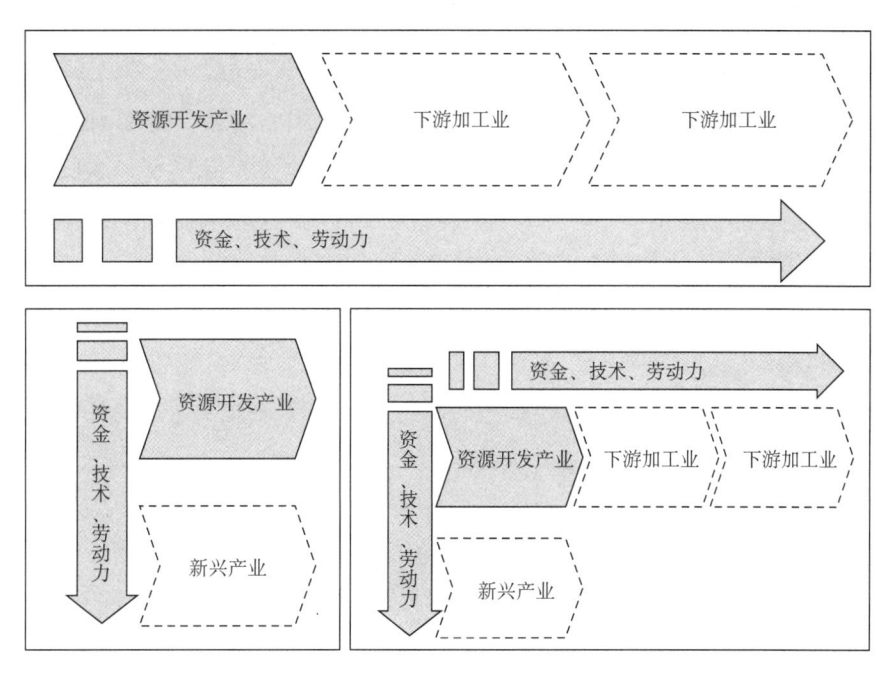

图 3-1-35　资源型城市产业转型的三种模式

资料来源：吴奇修："资源型城市产业转型研究"，《求索》，2005 年第 6 期。

3. 京津冀地区未来产业功能区间、区内的分工与协作

为促进京津冀城镇群的健康发育、提升城镇群的整体竞争力，各城市之间在未来产业功能体系内的分工与协作非常必要。通过市场和政府的引导，京津冀地区产业合作已经出现了良好的开端。产业合作可以在区域内展开，也可以在区域间实现。京津冀产业协调发展的主体是企业，企业间的合作方式决定京津冀产业协调发展的模式。基于企业间合作的产业协调发展模式包括：第一产业内的"企业＋基地模式"，第二、三产业内或产业间的"产业转移模式"、"产业配套模式"和"联合开发与研发模式"等。京津冀产业合作还可以将市场交易内部化，将区域产业协调变成企业内部的经营。这种基于企业内部协调的模式包括两种："跨区域产业链模式"（或者"总部＋生产基地模式"）和"跨区域企业集团"的模式。

"双核"的分工与合作是关键，正确处理北京、天津这两个核心城市的关系，明确二者在整个区域产业空间格局中的地位和作用，是促进京津冀地区产业协同发展的关键和抓手，具有非常重要的意义。四条产业发展带是不同产业区之间合作与联系的纽带，它有效拓展了京津冀的产业合作空间。边缘产业功能区与核心区之间的产业合作也非常重要，其中尤以生态屏障区域的经济补偿机制问题、剩余劳动力就业问题最为迫切。

(三) 京津冀地区未来产业功能与其他空间要素的互动关系

资源禀赋、交通发展、城镇空间布局是产业发展的前提条件,同时产业的发展也会对他们产生一定的反作用,它们之间是一种相互影响、相互作用的关系。一方面,上述因素是规划未来产业功能体系的制约因素;另一方面,未来的产业发展也会对上述影响因素提出新的要求。

产业空间重组与资源禀赋的互动关系:一方面,资源的空间分布仍然是京津冀地区产业空间重组的基本前提。在京津冀城镇群的产业功能体系中,资源密集型产业占有十分重要的地位,这是现状也是未来一定时期内不容改变的事实,在未来的产业功能体系中,我们虽然大力倡导唐山、邯郸、邢台等钢铁基地的产业转型,但短时期内其以钢铁为主体的重工业发展结构不可能发生根本性的转变。因此,在重组该区域未来的产业功能体系时,资源的分布条件依然是我们必须考虑的前提条件之一。另一方面,未来产业发展对资源利用提出了更高的要求,特别是在张家口、承德、秦皇岛等生态敏感脆弱地区,在进行资源开发利用时还要考虑到自身在大区域中承担的责任与义务。

产业空间重组与城镇空间的互动关系:大力倡导劳动密集型产业的发展和各类型产业集群的培育会在很大程度上促进就业并推动京津冀地区城镇化的健康发展;同时,区域内各类增长极和产业发展带的发展及其对周边地域新生增长空间的带动拉开了京津冀地区空间格局的基本框架并推动了京津冀城镇空间格局的优化。

产业空间重组与交通发展的互动关系:未来产业功能体系的重整在一定程度上带来了区域内经济(人流、物流、资金流、技术流等)流向的转变,相应刺激了一些新的交通需求,为京津冀交通规划提出了新的课题,京津交通走廊、沿海输运通道、进出关运输通道、京广运输通道和港口集疏运系统都需要在一定程度上延伸、优化与提升。

(四) 京津冀地区产业体系构建与协调发展政策

1. 构建具有竞争力的产业功能体系的政策措施

(1) 改善产业宏观环境,让市场机制发挥充分作用

京津冀地区是受传统计划经济影响非常明显的区域,地方官本位的意识非常明显,市场化机制不发育。同时调查显示(表 3-1-39),该区域内的政府运行效率也相对较低,这都在很大程度上影响了京津冀城镇群内产业的分工与协调工作。因此,转变政府职能,变管理为服务;加快改革,引入市场机制,促进要素流动;提高京津冀地区的政府运行效率等都已成为该区域经济发展的当务之急。

(2) 调整产业结构,促进工业化城镇化协调发展

京津冀城镇群工业化与城镇化进程互动过程中最突出的问题在于河北省产业结构与就业结构的错位,工业化没有积极带动城镇化发展。因此,调整产业结构,京津地区积极发展现代制造

业及服务业,河北省大力发展劳动密集型产业,促进京津冀地区产业功能体系的合理化是必然的选择。

表 3-1-39　京津冀、长三角、珠三角三地区城市的政府效率和土地/劳动力成本

		土地/劳动力成本		
		低于平均水平	平均水平	高于平均水平
政府效率	高于平均水平	汕头	南通、杭州、东莞、惠州	苏州、绍兴、江门
	平均水平	秦皇岛、廊坊、湖州、嘉兴、	唐山、石家庄、宁波、佛山	无锡、深圳、广州
	低于平均水平	沧州、台州	邯郸、张家口、扬州、常州	北京、保定、天津、上海、南京、珠海

资料来源:2006 年世界银行调研报告《政府治理、投资环境与和谐社会:中国 120 个城市竞争力的提高》。

(3) 提升产业组织效率,加强主导产业优势

不同的产业应该采取不同的产业组织模式,只有这样才能提升组织效率、强化主导产业优势。其中内部规模经济主要是适用于重型工业的发展,资源型城市通过建立大企业集团模式提高产业(企业)竞争力是首选;而产业集群则是一种处于产业与区域之间的产业组织形式,它是核心产业区和北部的生态保障区最应重视的模式;另外产业链模式对于改变两个核心城市和两个增长极产业链短的现状非常重要。

(4) 大力发展民营经济,提升中小企业竞争力

随着经济结构的调整,在中小城市,民营经济对扩大就业、加快农村工业化、城镇化进程等方面将发挥越来越重要的作用,同时它也是提高区域经济活力并保持长远生命力的关键。要改变京津冀地区民营经济极度不发育的现实,首先就必须消除"铁饭碗"等传统观念,积极倡导、鼓励企业家精神;进一步优化政策环境、放宽从业限制、拓展经营领域并尽量消除市场进入的障碍;最后,丰富融资渠道,给中小企业创造更多、更便捷的融资机会也是必要条件。

(5) 引导乡镇企业集聚发展,培育专业化城镇

在注重城市优先发展的同时,还要通过其他一些方式作为补充手段。发展乡镇企业是我国乡村工业化道路的主要途径,也是解决我国农村剩余劳动力非农就业的重要方式。乡镇企业的发展必须克服布局分散、规模偏小等缺陷。京津冀区内政府可以指导乡镇企业在一些有利区位聚集,进而形成专业化的城镇。这些专业城镇的特点是商业功能突出、分布靠近资源产地或市场、交通便利、人口密集,其形成既可以提高河北省的城市化水平,也有利于开发城镇的经济功能,促进区域现代工业的发展。同时,乡镇企业的发展应当与中小城市、小城镇建设结合起来。

(6) 加强职业教育,提升劳动力素质,减少结构性失业

产业调整与升级对劳动力素质提出更高要求。京津地区虽然吸纳了大量高素质人才,在全国都具有明显的人才优势,但这些高素质人才来源于全国各地,本地劳动力的素质和竞争力普遍较差,尤其是河北各市。因此,必须大力加强职业教育,提升劳动力普遍素质,并针对劳动力的需求状况及时调整培训内容和结构。除加强职业教育外,建立专门的劳务输出机构,提供农村劳动

力进城务工的正规渠道和平台都对缓解剩余劳动力过多的压力有帮助。同时,加强下岗职工的技能培训是实现再就业、减少结构性失业的关键环节。

(7) 鼓励自主创新,增强区域企业的竞争力

积极鼓励区域内企业的自主创新能力,发挥区内人才优势,加强企业与科研机构合作,改变过去科研成果与生产实践脱节的基本状况,培养企业的竞争力。尤其强调北京、天津滨海新区等产业核心区企业的自主创新能力的提升。

2. 强化京津冀产业合作与分工的政策措施

(1) 创新区域治理模式

创新区域治理模式首先要创新区内的政府评估体系,改变以经济总量和经济增长作为衡量、评估政府绩效主要指标的现状,应将人们生活水平、产业竞争力、生态环境等其他因素共同考虑,并针对不同产业类型区域给出差异性的政府评估体系:在生态保障区域强调环境标准,在核心区强调创新标准,在沿海地带和南部地区强调资源效率,贯彻循环经济理念。改革将工业作为主要来源的财政结构,推进制度化的区域税收分享机制以平衡区域内不同城市之间的利益共享与分配,建立生态补偿机制以保障生态敏感区人们生存的基本权益,建立承认各方利益的"对话—合作—共赢"机制和制度等也都是创新区域治理模式的重要内容与途径。

(2) 培育一体化的区域市场体系

京津冀地区过去条条块块的地区垄断和行业垄断制约了产业分工与合作。京津冀产业—空间协同发展需要以市场互动为基础。在目前阶段,京津冀地区需要加强政府协商建立制度性合作机制,消除要素和商品流通的市场与非市场壁垒,充分发挥市场机制的作用。主要途径有通过建立一体化的区域金融体系取保资本的自由流动;通过建立统一的区域劳动力市场促进劳动力的跨区域流动;通过建立知识产权保护等各类法律规范促进技术转让和转化,为生产力提供制度保障等。

(3) 构建一体化的基础设施网络

完善的交通基础设施网络有利于降低人流、物流、信息流的流通成本,加速区域资源整合,是区域经济一体化的支撑。构建一体化的交通基础设施网络体系是京津冀产业—空间协同发展的先导和突破口。另外,建立区域合作的信息沟通机制和京津冀产业发展的服务支撑体系,也对京津冀产业—空间协同发展具有重大意义。

专题二

人口流动与统筹城乡发展专题研究

目　录

引言 ………………………………………………………………………… 255
一、京津冀人口流动特征 …………………………………………………… 255
二、京津冀人口流动影响因素分析 ………………………………………… 274
三、京津冀未来人口发展预测 ……………………………………………… 289
四、京津冀人口区划 ………………………………………………………… 292
五、京津冀城镇群人口流动管理与统筹城乡发展 ………………………… 296
六、以"三个集中"为主线落实京津冀统筹城乡发展的空间策略 ………… 313
七、以为农村提供全面均等公共服务为保障推进城乡统筹框架下的
　　社会主义新农村建设 …………………………………………………… 325

引 言

人口是影响发展进程的关键因素,从世界范围现代化过程的发展规律看,人口流动,特别是农业劳动人口自由地从农业部门流入非农业部门是一国从农业国向工业国转型、从传统向现代转型中普遍而必然的现象,人口与劳动力的自由流动对推动一国的现代化、工业化、城市化有着极为重要的作用。可以肯定,人口的乡城流动、跨区流动将是未来我国长期的不可逆转的趋势。

京津冀地区是我国的首都地区,也是我国北方经济的核心区域,它的建设不仅关系到自身的发展,更关系到如何带动我国北方地区甚至全国的社会经济发展。京津冀地区长期以来是我国吸纳流动人口的主要区域。在当前形势下,总结京津冀地区人口流动的主要指向及特征,预知和规划未来的人口流动格局,研究促进城乡统筹、城乡良性互动的途径,使京津冀地区能够健康持续发展、真正成为我国北方经济持续发展的发动机和增长极,成为全球性的都市圈都具有重要的现实意义。

一、京津冀人口流动特征

作为我国的政治经济文化中心,京津冀地区人口流动规模庞大,但是在区域内分布上表现出不平衡性。具体状况和特点如下。

(一) 京津冀常住人口特征

常住人口是指实际经常居住在某地区半年以上的人口。

1. 规模巨大,增长速度快

京津冀地区是我国第三大城市群,区域人口规模巨大。2005 年,京津冀常住人口为 9 432 万人,占全国总人口的 7.2%,珠江三角洲常住人口为 14 151 万人,长江三角洲为 9 194 万人,分别占全国人口的 10.8% 与 7.0%。京津冀人口增长快于全国总人口的增长。1980-2005 年京津冀人口年均增长 13.0‰,而同期全国人口年均增长为 11.3‰,由此,京津冀地区人口占全国总人口的比重也由 1980 年的 6.9% 上升到 2005 年的 7.2%(表 3-2-1)。另外与长三角、珠三角相比,京津冀 1980-2005 年人口年均增长虽然低于珠三角的 18.0‰,但高于长三角 10.0‰ 的年均增长速度。

表 3-2-1　京津冀常住人口增长情况(1980-2005)(单位:万人)

年份		北京	天津	河北	京津冀
1980		904.3	748.9	5 167.6	6 820.8
1985		981.0	804.8	5 547.5	7 333.3
1990		1 086.0	884.0	6 158.9	8 128.9
1995		1 251.1	941.8	6 436.5	8 629.4
2000		1 363.6	1 001.1	6 674.3	9 039.0
2005		1 538.0	1 043.0	6 851.0	9 432.0
年均增长率(‰)	1980-1990	18.5	16.7	17.7	17.7
	1990-2000	23.0	12.5	8.1	10.7
	2000-2005	24.4	8.2	5.2	8.5
	1980-2005	21.5	13.3	11.3	13.0
对总人口增长的贡献率(%)	1980-1990	13.9	10.3	75.8	100.0
	1990-2000	30.5	12.9	56.6	100.0
	2000-2005	44.4	10.7	45.0	100.0
	1980-2005	24.3	11.3	64.5	100.0

资料来源:《新中国55年统计汇编1949-2004》,《北京统计年鉴2006》,《天津统计年鉴2006》,《河北经济年鉴2006》。

从动态角度看,京津冀人口增长的速度在下降。京津冀总人口的年均增长速度由1980-1990年的17.7‰下降到1990-2000年的10.7‰,进一步下降到2000-2005年的8.5‰。但是由于2000-2005年京津冀年均人口增长率高于全国同期增长率的6.3‰,该三个时期京津冀人口增长对全国人口总增长的贡献也由8.4%下降到7.3%,后又增加至9.8%。

从横向比较看,北京与津冀人口变动趋势完全相反。北京人口快速增长,对京津冀人口增长的贡献由1980-1990年的13.9%增长到2000-2005年的44.4%;天津人口增长速度缓慢下降;河北人口增长速度大幅度下降,河北省对京津冀人口增长的贡献由1980-1990年的75.8%下降到2000-2005年的45.0%,河北省是京津冀人口增长速度下降的主要动力源。这种人口变动态势的区域差异将在未来较长时间得以保持。

2. 地区分布不均衡

虽然河北省人口增长速度下降,但是其人口规模总量大。河北省2005年人口数量达到6 851万人,占京津冀总人口的72.6%;而北京市和天津市人口各为1 538万人和1 043万人,分别只占京津冀总人口的16.3%和11.0%。河北省人口在京津冀总人口中所占畸高的比例,决定了河北省在整个京津冀人口发展战略中占有重要的地位。

京津冀地区人口密度每平方公里高达437人,近4倍于全国平均人口密度,是全国人口密度最高的地区之一。与此同时,京津冀地区人口分布的密度也存在较大差别。北京市和天津市人口分布高度密集,每平方公里人口分别达到937人和875人。河北省的人口密度为每平方公里365人,大大低于北京市和天津市。尽管如此,河北省人口密度也3倍于全国平均水平。

3. 年龄结构步入成年型,老龄化特征明显,自然增长率较低

京津冀地区在20世纪末期就已经进入了人口老龄化社会。2004年,京津冀0-14岁人口占总人口的比例为15.79%,低于全国平均水平的19.32%,65岁以上老人占总人口的比例为8.79%,高于全国平均水平的8.56%,也高于该地区1990年时的8.56%。其中,北京、天津65

岁以上老人占总人口的比重达 11.12% 和 10.79%。按照国际标准，一个国家或者一个地区，65 岁以上的人口占到总人口的 7%（或者 60 岁以上的老年人口占到总人口的 10%）就是老龄化社会。在三省市中，河北省人口年龄结构相对年轻，但也已经进入老年型人口的行列（图 3-2-1）。

从扶养比看，在常态下，一个地区进入老龄化社会后，扶养比提高，社会负担加重。但是，京津冀地区的总扶养比却低于全国平均水平，特别是京津两市的总扶养比和少儿扶养比远远低于全国平均水平（表 3-2-2），主要原因在于人口流动对京津地区的人口结构产生重大影响，大量年轻劳动力进入大幅度降低了人口抚养比，使京津在进入老龄化社会的同时又享有"人口红利"。

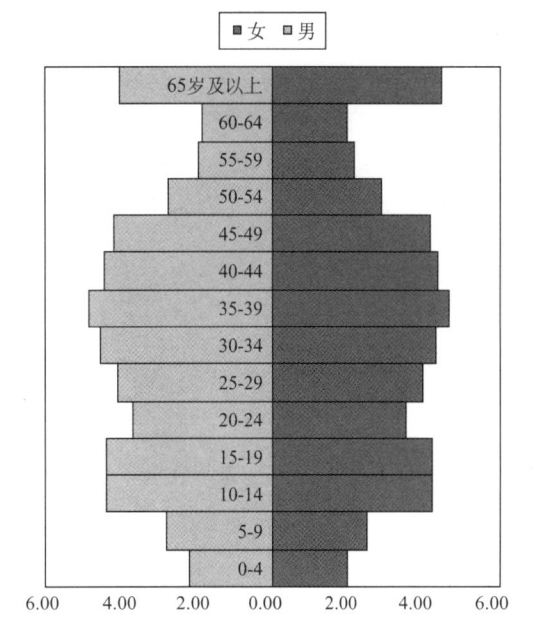

图 3-2-1　京津冀两市一省人口年龄构成（%）

表 3-2-2　京津冀人口年龄构成（2004）

	合计	人口数（万人）			年龄构成指数（%）		
		0-14	15-64 岁	65 岁及以上	总扶养比	少年儿童扶养比	老年人口扶养比
全国	1 253 065	241 866	903 897	107 303	38.63	26.76	11.87
北京	14 213	1 415	11 217	1 581	26.71	12.62	14.10
天津	9 868	1 294	7 510	1 065	31.40	17.23	14.18
河北	66 078	11 531	49 270	5 277	34.11	23.40	10.71
京津冀	90 159	14 240	67 997	7 923	32.59	20.94	11.65

资料来源：《中国人口统计年鉴 2005》。

从人口发展的阶段看，大量年轻劳动力的流入，也改变了京津冀地区，特别是京津两市的人口结构演化进程。人口结构演化一般按照"高（出生率）、高（死亡率）、低（自然增长率，在非人口高速流动期，也代表人口增长率）"—"高、低、高"—"低、低、低"的模式演进，考虑到人口流动的因素后，京津两市当前的人口变动模式却具有"低（出生率）、低（死亡率）、高（人口增长率）"的特征（表 3-2-3），独特的人口演进模式是京津冀地区研究城市化和人口政策时需要考虑的主要因素。

表 3-2-3　京津冀地区出生率、死亡率、自然增长率（2005）

地区	出生率（‰）	死亡率（‰）	自然增长率（‰）
全国	12.40	6.51	5.89
北京	6.29	5.20	1.09
天津	7.44	6.01	1.43
河北	12.84	6.75	6.09

资料来源：《中国统计年鉴 2006》。

4. 人口整体受教育水平较高

人口文化程度的构成,是反映人口质量状况的重要指标之一。京津冀地区受教育水平非常高:2005年,京津冀地区6岁及以上人口中接受大专以上教育的为10.66万人,占6岁以上人口的9.08%,大大高于全国平均水平的5.56%,其中北京高达24.49%,天津为14.08%,河北省为4.73%。6岁以上受过高中以上教育的人口比重全国仅为18.0%,而京津冀地区为24.3%,其中北京高达49.6%,天津占35.2%,河北占16.8%。

与文化素质高相对应,京津冀地区的文盲率低于全国平均水平。2005年,京津冀未上过学的人口占6岁及以上人口的6.19%,全国平均水平为10.37%(图3-2-2)。

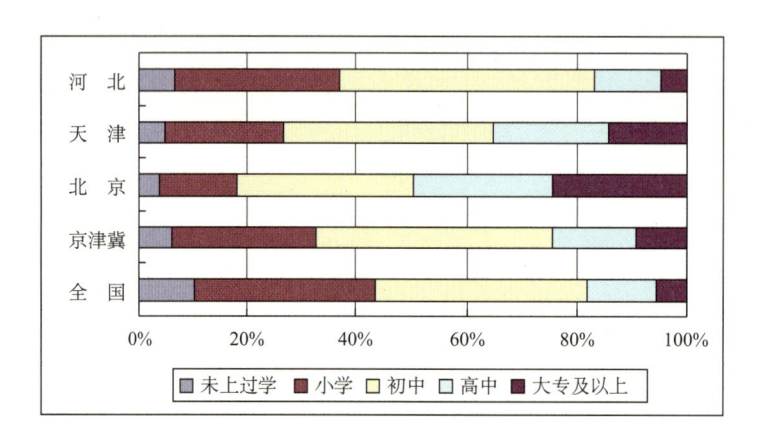

图 3-2-2 京津冀人口受教育程度

(二)京津冀流动人口与分布特征

京津冀地区是我国吸纳流动人口①的主要区域,流动人口规模大、增速快。但是从分区域来看,北京市、天津市和河北省在增长速度、净流入量、受教育水平等诸多方面有着显著不同。

1. 京津冀流动人口规模巨大

京津冀地区是我国吸纳流动人口的主要区域,流动人口占全国流动人口的比重较高。根据第五次人口普查,2000年京津冀流动人口规模达1170万人,占京津冀总人口的13%,占全国流动人口的8.1%,高于京津冀常住人口占全国总人口的比重7.3%。

但是,与长江三角洲(下称"长三角")、珠江三角洲(下称"珠三角")相比,京津冀地区流动人口规模相对较小(表3-2-4),流动人口比重既低于长三角的17%,更大大低于珠三角30%的流动人口比重(图3-2-3)。京津冀流动人口规模在三大都市圈中相对较低的主要原因是河北省流动

---

① 流动人口是指在中国户籍管理体制下,不改变户口所在地而只改变经常居住地或变更生活和工作地的人口。从流出地和流入地的两种角度来考察,可将流动人口划分为外出人口和外来人口。通俗地讲,外出人口就是指户口在本乡镇街道,外出到外乡镇街道居住的人;外来人口就是指居住在本乡镇街道,户口在外乡镇街道的人。外来人口减去外出人口即为净迁入人口。

人口比重低,就单一城市而言,北京流动人口占到总人口的34.2%,高于珠三角与长三角的平均水平,也高于上海的32.8%。

表 3-2-4 京津冀流动人口规模(2000)

	流动人口数(万人)	流动人口占全国流动人口的比重(%)	地区总人口(万人)	流动人口占本地人口的比重(%)
北京	463.8	3.2	1 356.9	34.2
天津	218.2	1.5	984.9	22.2
河北	488.2	3.4	6 668.4	7.3
京津冀	1 170.2	8.1	9 010.2	13.0
全国合计	14 439.1	100.0	124 261.2	11.6

资料来源:国务院人口普查办公室,《中国2000年人口普查资料》,中国统计出版社,2002年;《中国统计年鉴2001》,《2005年全国1%人口抽样调查主要数据公报》。

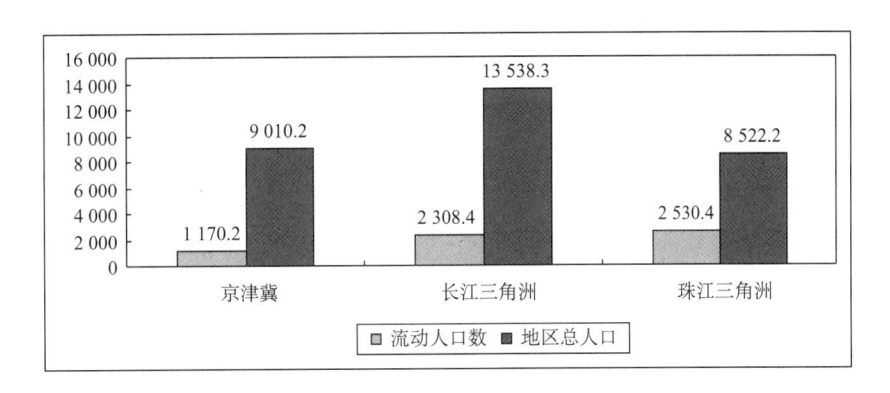

图 3-2-3 三大城镇群流动人口规模比较(2000)(单位:万人)

注:珠三角指广东省的广州、深圳、珠海、佛山、江门、东莞、中山、肇庆、惠州9个城市;长三角指上海市、江苏省、浙江省一市两省的15个城市(上海、南京、杭州、宁波、苏州、无锡、常州、镇江、南通、扬州、泰州、湖州、嘉兴、绍兴、舟山)。下同。

京津冀流动人口的空间分布高度集中于城市区域。图 3-2-4 显示,除了北京和天津外,石家庄、邯郸、邢台、保定、唐山、秦皇岛和张家口都明显聚集着大量的流动人口。但是,市区之外的各县流动人口分布密度显著下降。城市是吸纳流动人口的主体。

2. 京津冀城市外来人口增长迅速

近10多年来,京津冀流动人口的规模呈现出急剧增长的态势。1990-2005年,京津冀外来人口由143万人增加到590万人,增长了3倍多。其中,北京外来人口规模从1990年的67万人增加到2005年的357万人,增加了4.3倍,天津由24万增加到104万,增加了3.3倍,河北由53万增加到129万,增加了1.4倍(图3-2-5)。

分地市来看,表 3-2-5 显示了 2000 年和 2005 年京津冀各城市外来人口的分布状况。从表中看出,外来人口向北京单极集中明显,京津冀地区60.6%的外来人口分布在北京,17.6%的外来人口分布在天津,河北11个地级市只占21.8%;2000-2005年各城市外来人口的增长情况看,北京、天津、石家庄、承德、廊坊、邯郸外来人口增长较快,秦皇岛、保定和沧州外来人口数量下降。

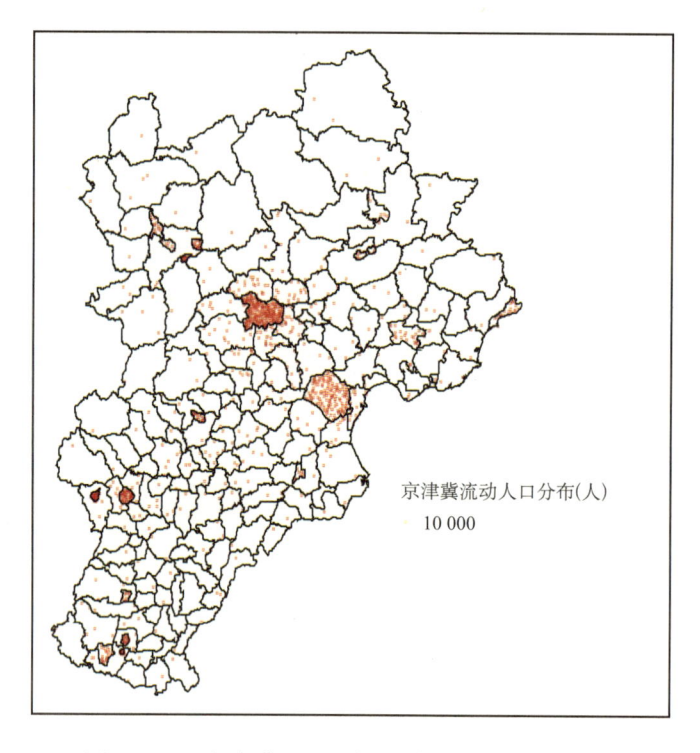

图 3-2-4　京津冀 2000 年流动人口的空间分布

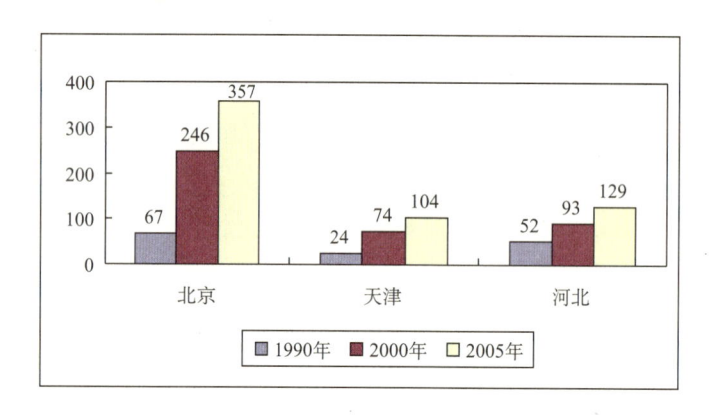

图 3-2-5　京津冀外来人口增长情况（单位：万人）

表 3-2-5　2000-2005 年京津冀各城市外来人口分布状况

城市	2000 年		2005 年		2000-2005 年
	外来人口规模（万）	占京津冀外来人口的比重（%）	外来人口规模（万）	占京津冀外来人口的比重（%）	外来人口增加（%）
北京	246.3	59.7	357.3	60.6	45.1
天津	73.5	17.8	104.0	17.6	41.5
石家庄	16.9	4.1	29.5	5.0	74.8
承德	1.7	0.4	3.1	0.5	82.4
张家口	5.1	1.2	5.8	1.0	12.7

续表

| 城市 | 2000年 | | 2005年 | | 2000-2005年 |
	外来人口规模(万人)	占京津冀外来人口的比重(%)	外来人口规模(万人)	占京津冀外来人口的比重(%)	外来人口增加(%)
秦皇岛	10.2	2.5	8.4	1.4	−17.4
唐山	9.0	2.2	10.5	1.8	17.0
廊坊	12.2	3.0	29.8	5.0	144.1
保定	16.0	3.9	12.2	2.1	−23.5
沧州	8.6	2.1	4.5	0.8	−48.3
衡水	3.4	0.8	3.5	0.6	2.1
邢台	3.9	0.9	5.3	0.9	36.4
邯郸	6.1	1.5	15.9	2.7	161.3
京津冀	412.9	100.0	589.9	100.0	42.9

资料来源:中国2000年人口普查资料;《北京统计年鉴2006》,《天津统计年鉴2006》,河北省外来人口统计资料(河北省统计局提供)。

图3-2-6进一步反映出1990-2005年,北京、天津、廊坊3个城市外来人口占总人口的比重不断增加;其他城市外来人口占总人口的比重2000年以来呈下降趋势,说明这些城市人口自然增长快于机械增长。

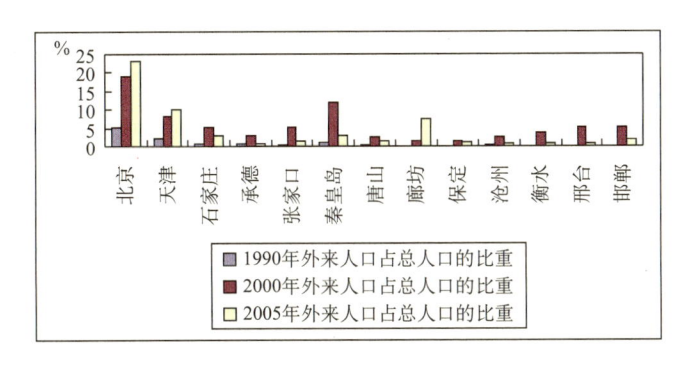

图3-2-6 1990-2005年京津冀城镇群外来人口增长速度

注:衡水、邢台、邯郸1990年外来人口数据缺。

2000-2005年,京津冀总人口增加326.8万人,其中,自然增长人口为189.3万人,机械增长137.5万人,机械增长占总增长的42%。从区域内看,2000-2005年北京、天津人口增长主要表现为机械增长,机械增长分别占总增长的96.7%、81.8%,河北人口自然增长人口绝对量大于总人口增长,人口流出大于人口流入(表3-2-6)。

表 3-2-6 2000-2005 年京津冀人口增长情况

	总人口增长(万人)	自然增长(万人)	机械增长(万人)	机械增长比重(%)
北京	152.9	5.0	147.9	96.7
天津	38.9	7.1	31.8	81.8
河北	135	177.2	−42.2	−31.3
京津冀	326.8	189.3	137.5	42.1

资料来源：《北京统计年鉴 2006》，《天津统计年鉴 2006》，《河北经济年鉴 2006》。

3. 京津冀净迁入人口向北京单极集中明显

1990-2000 年，京津冀城市群净迁入人口由 70 万增加到 264 万（图 3-2-7）。其中，北京、天津净迁入人口都有了较大的增长，分别从 1990 年的 42 万、10 万增加到 2000 年的 227 万和 66 万，增加了 4.4 和 5.6 倍；河北净迁入人口则出现了负增长，从 1990 年的 18 万减少到 2000 年的 −29 万，人口迁移表现为净流出。

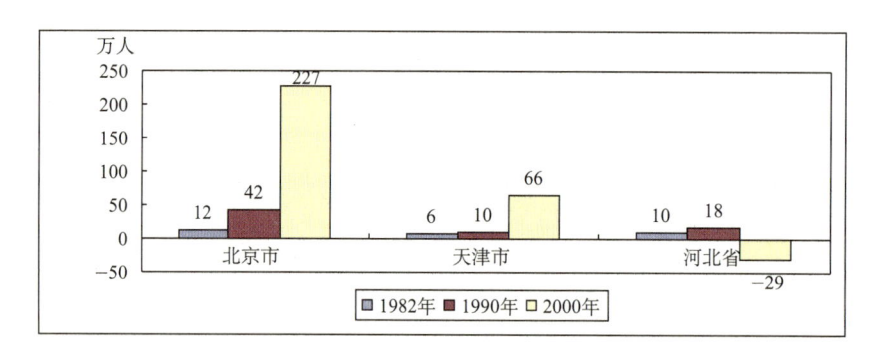

图 3-2-7 1982-2000 年京津冀三省市净迁入人口变化

4. 京津两市人口增长空间格局呈现不同的特点

从京津两市市内各区县人口增长情况看，市内各区县人口增长并不平衡。

北京中心城区人口已经呈现下降趋势，功能拓展区成为人口增长的主要区域，远郊区县人口呈现缓慢增长态势。2000-2005 年常住人口增加了 430.5 万人，增长 38.9%，但中心城区人口 5 年中减少了 33 万人，减少了 13.9%，而功能拓展区与其他郊区县人口增长迅速，其中，功能拓展区 5 年中增长 318.8 万人，增长 74.3%（表 3-2-7）。

表 3-2-7 2000-2005 年北京市各区县人口变动情况

	常住人口				流动人口	
	2000 年	2005 年	增长人数(万人)	增长比例(%)	规模(人)	比例(%)
全市	1 107.5	1 538	430.5	38.9	4 637 531	100.00
中心城区	238.2	205.2	−33.0	−13.9	611 253	13.2
东城区	62.6	54.9	−7.7	−12.3	146 105	3.2
西城区	78.1	66.0	−12.1	−15.5	211 012	4.6

续表

	常住人口				流动人口	
	2000年	2005年	增长人数(万人)	增长比例(%)	规模(人)	比例(%)
崇文区	41.3	31.1	−10.2	−24.7	101 101	2.2
宣武区	56.2	53.2	−3.0	−5.3	153 035	3.3
城市功能拓展区	429.2	748.0	318.8	74.3	2 877 396	62.0
朝阳区	152.2	280.2	128.0	84.1	1 044 243	22.5
丰台区	82.2	156.8	74.6	90.8	706 268	15.2
石景山区	33.2	52.4	19.2	57.8	210 088	4.5
海淀区	161.9	258.6	96.7	59.7	916 797	19.8
其他区县	440.1	584.8	144.7	32.9	1 148 882	24.8
门头沟区	23.4	27.7	4.3	18.4	81 232	1.8
房山区	74.3	87.0	12.7	17.1	133 094	2.9
通州区	59.7	86.7	27.0	45.2	165 193	3.6
顺义区	53.7	71.1	17.4	32.4	167 147	3.6
昌平区	42.8	78.2	35.4	82.7	230 385	5.0
大兴区	52.8	88.6	35.8	67.8	175 175	3.8
怀柔区	26.3	32.2	5.9	22.4	72 807	1.6
平谷区	38.7	41.4	2.7	7.0	38 298	0.8
密云县	41.5	43.9	2.4	5.8	56 461	1.2
延庆县	26.9	28.0	1.1	4.1	29 090	0.6

资料来源:《北京统计年鉴2001》,《北京统计年鉴2006》,第五次人口普查资料。

同时,第五次人口普查资料显示,北京市功能拓展区还是流动人口的主要迁入区域,占流动人口的62.05%,中心城区仅占13.18%,远郊区占24.77%。

天津市郊区县人口的增长快于市区人口的增长。5年中人口增长41.9万人,市内六区人口增长相对较缓,其中和平区与红桥区人口出现负增长。滨海新区5年中人口增长6.4万人,增长6.6%,相对其要成为环渤海地区乃至中国北方经济中心的定位,人口聚集能力还需要加强。其他远郊区县则在5年中增长了39.1万人,增长较快(表3-2-8)。

表3-2-8 2000—2005年天津市各区县人口变动情况

	常住人口				流动人口	
	2000年	2005年	增长人数(万人)	增长比例(%)	规模(人)	比例(%)
全市	1 001.1	1 043.0	41.9	4.2	2 181 623	100.0
市内六区	374.2	384.6	10.4	2.8	1 185 918	54.4
和平区	44.9	43.8	−1.1	−2.4	62 317	2.9
河东区	64.4	69.2	4.9	7.6	215 860	9.9

续表

	常住人口				流动人口	
	2000年	2005年	增长人数(万人)	增长比例(%)	规模(人)	比例(%)
河西区	70.4	74	3.6	5.1	235 928	10.8
南开区	77.3	79.7	2.4	3.2	284 272	13.0
河北区	61.1	62.7	1.5	2.5	219 825	10.1
红桥区	56.2	55.2	−1.0	−1.8	167 716	7.7
滨海新区	97.5	103.9	6.4	6.6	279 213	12.8
塘沽区	46.5	48.9	2.3	5	151 873	7.0
经济技术开发区	1.1	2.7	1.6	145.4		
汉沽区	16.8	16.9	0.1	0.7	28 360	1.3
大港区	33.1	35.5	2.4	7.2	98 980	4.5
其他区县	414.4	453.5	39.1	9.4	716 492	32.8
东丽区	30.4	31.8	1.4	4.6	156 820	7.2
西青区	30.6	31.5	0.8	2.7	125 784	5.8
津南区	36.7	38.1	1.4	3.9	66 143	3.0
北辰区	31.6	33.0	1.4	4.4	149 285	6.8
武清区	79.9	81.7	1.8	2.3	46 783	2.1
宝坻区	64.9	65.3	0.4	0.6	30 911	1.4
天津铁厂	2.3	2.4	0.2	6.6		
宁河县	35.6	36.7	1.2	3.3	22 177	1.0
静海县	50.2	52.3	2.1	4.1	72 174	3.3
蓟县	79.3	80.7	1.4	1.8	46 415	2.1

资料来源:《天津统计年鉴2001》,《天津统计年鉴2006》,《第五次人口普查资料》。

从流动人口在天津区域分布的动态特征看市内六区占流动人口的一半以上,滨海新区仅占12.8%,其他区县占32.8%;图3-2-8显示,天津滨海新区正在成为外来人口的主要聚集区域之一。从图中可以看出,与2000年流动人口分布的比例相比,2005年外来人口分布的比重增长区域主要以滨海新区为主,塘沽外来人口增长比例大幅度增长。实际上2005年塘沽外来人口22万,占全天津市外来人口的19.3%,其他区县除了大港和西青区外,外来人口比重均处于下降趋势。从绝对量上看,天津2005年共有114.35万外来人口,其中市内六区吸纳了46.57万人,占40.7%;滨海新区吸纳31.51万人,占27.6%;其他区县36.27万,占31.7%。可见,从现状看,天津市区仍然是吸纳劳动力的主体,但是其地位正在逐渐下降,而滨海新区作为富有潜力和活力的区域正在急速崛起。

5. 京津冀人口迁移的距离特征

(1) 北京流动人口以远距离迁移为主,津冀则以中短途迁移为主

从流动人口的来源地划分,可以分为①近邻流动:县内、市内各乡、镇、区之间的流动;②中程

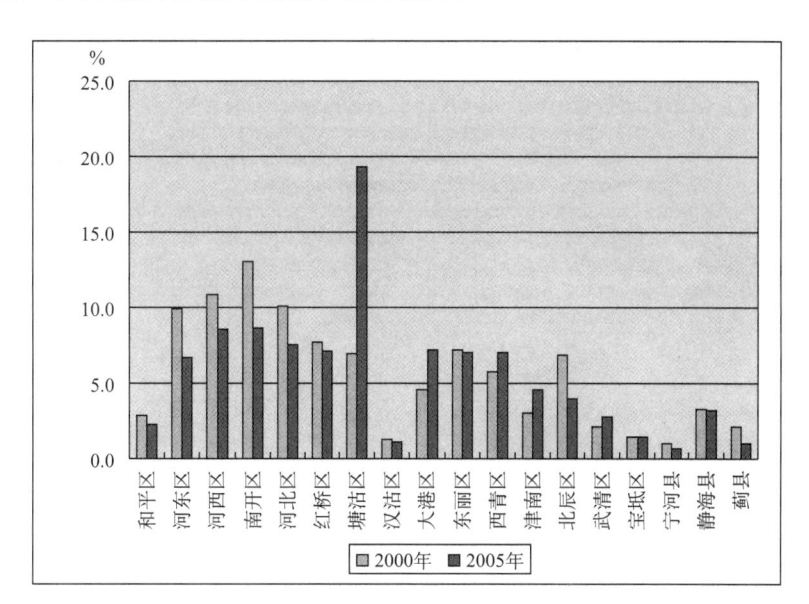

流动:省内跨县、跨市的流动;③远程流动:省际流动。

图 3-2-8　天津各区县 2000 年与 2005 年流动人口分布

京津冀人口流动以省内流动(近邻流动、中程流动)为主,2000 年,京津冀省内流动人口 757 万人,占京津冀地区总流动人口的比重达到 65%。但是京津冀区域内人口流动的来源地差异很大,北京以省际流动为主,天津、河北以省内流动为主(图 3-2-9)。

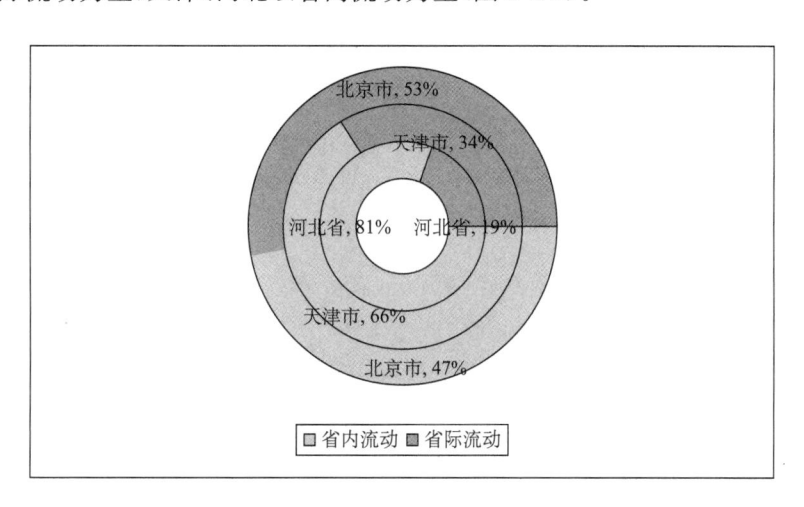

图 3-2-9　2000 年京津冀人口流动来源地结构

(2) 区县内近距离迁移在所有地市中都占有重要地位

虽然京津冀各市人口迁移距离特征差异较大,但是,所有城市共同的特征是县(市)区内人口流动比例相对较高(图 3-2-10)。这充分反映出县城及县域重点镇的健康发展对促进京津冀地区城市化进程具有重要作用。

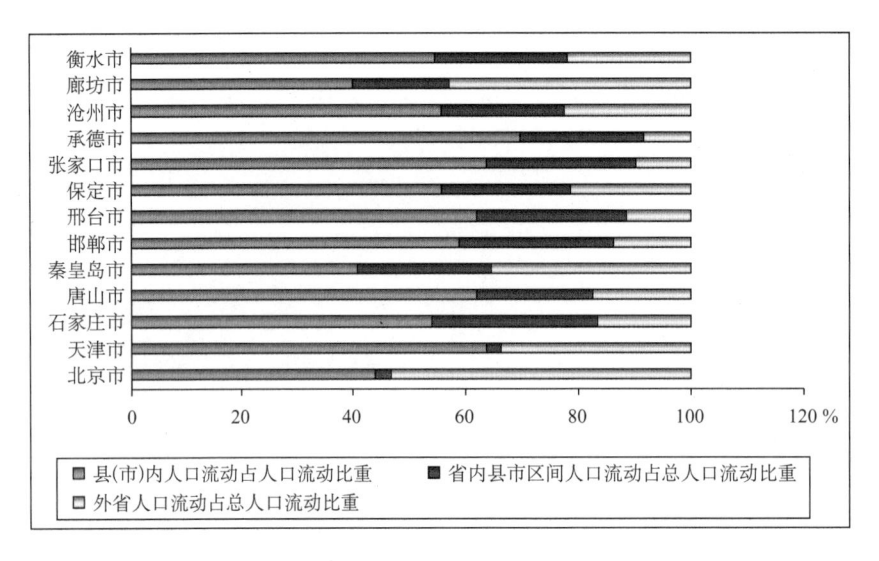

图 3-2-10　2000 年京津冀分地市人口流动来源地结构

（3）1990-2000 年省内流动人口比例上升，省际流动比例下降

京津冀区域内人口流动的距离结构发生了很大变化，省内流动增长速度远远快于省际流动。1990 年到 2000 年 10 年中，京津冀省际人口流动增加 269 万人，而省内流动增加了 664 万人，人口流动更多近邻流动、中程流动为主（表 3-2-9）。北京、天津、河北省内流动 10 年中分别增加了 25 倍、40 倍、4 倍，而省际流动则分别增长 2.7 倍、2 倍与 0.8 倍。

表 3-2-9　京津冀城镇群人口流动距离差异（单位：km）

	1990 年			2000 年		
	总量	省内流动	省际流动	总量	省内流动	省际流动
北京市	76.57	8.43	67.27	463.75	217.43	246.32
天津市	28.07	3.54	24.46	218.16	144.66	73.50
河北省	133.32	81.25	52.03	488.17	395.12	93.05

资料来源：第四次、五次人口普查资料。

图 3-2-11、图 3-2-12 反映了京津冀 1990-2000 年省内流动和省际流动比例的变化。中短途迁移比例快速上升，主要原因是 20 世纪 90 年代以来，京津冀全面进入城市化高速成长期，乡村人口快速向城市迁移，特别是京津，已经向城乡一体化发展的时代迈进，当京津进入成熟的城市社会后，京津外来人口迁入的比例还会提高；省内人口迁移仍然将在较长时间内成为河北省城市化的第一人口来源；随着河北省教育与培训的发展，河北省在京津外来人口中所占比重也将有一定幅度的提升。

（4）京津冀相互之间人口流动及其影响

在省际流动中，京津冀相互之间的流动具有重要意义。特别表现为河北是京津两市流动人口的重要来源地。2000 年河北省流入北京 55.5 万人，占北京流动人口的 21.3%，流入天津 20.2 万人，占天津流动人口的 27.6%（图 3-2-12）。

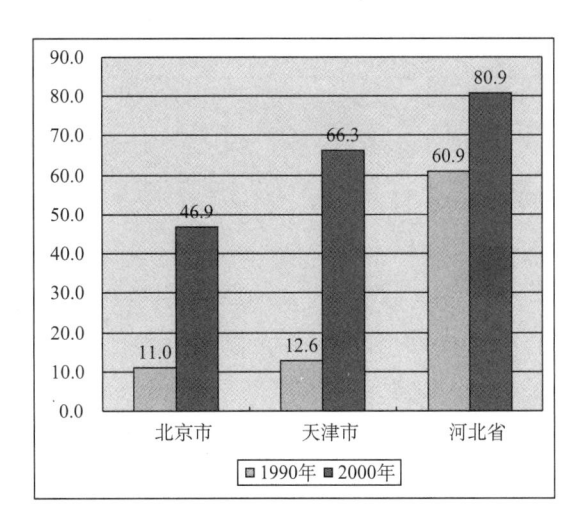

图 3-2-11　1990 年与 2000 年京津冀省内人口流动比例（单位：%）

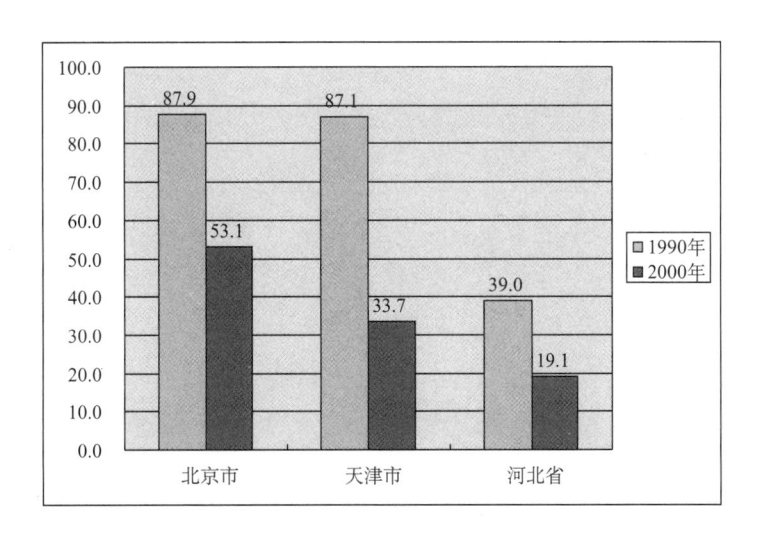

图 3-2-12　1990 年与 2000 年京津冀省际人口流动比例（单位：%）

表 3-2-10 进一步显示出 1987-2000 年主要年份京津冀三省市迁入的前三个主要来源地和迁出的前三个目的地的变化。

表 3-2-10　京津冀省际人口迁入和迁出前三个主要来源地和目的地的比重（单位：%）

地区	第一来源地		第二来源地		第三来源地		合计	第一目的地		第二目的地		第三目的地		合计
	省名	比重	省名	比重	省名	比重		省名	比重	省名	比重	省名	比重	
北京[a]	河北	29.0	四川	5.9	山东	5.7	40.6	河北	20.9	江苏	8.8	湖南	7.4	37.1
北京[b]	河北	14.3	山西	7.7	辽宁	7.3	29.3	河北	13.9	广东	8.1	山东	7.8	29.8
北京[c]	河北	27.4	河南	13.7	安徽	7.9	49.0	河北	34.9	安徽	21.3	广东	8.7	64.9
北京[d]	河北	20.1	河南	12.5	安徽	8.1	40.7	河北	14.9	江苏	10.1	广东	7.8	32.8
北京[e]	河北	19.5	河南	16.0	安徽	7.9	43.4							

续表

地区	第一来源地		第二来源地		第三来源地		合计	第一目的地		第二目的地		第三目的地		合计
	省名	比重	省名	比重	省名	比重		省名	比重	省名	比重	省名	比重	
天津[a]	河北	35.4	甘肃	9.4	宁夏	7.8	52.6	河北	37.6	北京	27.5	江苏	10.1	75.2
天津[b]	河北	25.8	北京	9.3	山西	9.2	44.2	河北	28.1	北京	22.5	山东	7.2	57.8
天津[c]	河北	38.4	山东	15.0	河南	7.2	60.6	河北	30.0	北京	27.7	江西	7.2	64.8
天津[d]	河北	22.2	山东	15.3	河南	7.9	45.4	河北	22.8	北京	20.0	山东	6.0	50.3
天津[f]	河北	22.9	山东	19.8	黑龙江	11.6	54.3							
河北[a]	湖南	31.1	山西	9.9	内蒙古	6.4	47.5	北京	12.2	天津	16.8	山西	12.2	62.7
河北[b]	山西	13.5	黑龙江	12.9	北京	12.5	38.9	北京	19.6	天津	14.1	河南	11.8	45.4
河北[c]	黑龙江	16.1	浙江	10.3	四川	9.4	35.7	北京	41.2	内蒙古	18.5	山西	7.2	66.9
河北[d]	黑龙江	13.4	河南	10.0	内蒙古	8.0	31.4	北京	41.6	天津	12.5	内蒙古	5.6	59.7

注：(1)a、b、c、d 分别表示 1987 年中国 1% 人口抽样调查、1990 年中国第四次人口普查、1995 年中国 1% 人口抽样调查和 2000 年中国第五次人口普查；(2)e、f 数据分别来自 2003 年北京市外来人口动态监测调查资料和天津市 2005 年 1% 人口抽样调查。

由表 3-2-10 可以看出，京津冀相互之间人口流动的特点是：

第一，河北省是北京、天津长期以来流动人口的第一来源地，在京津流动人口中的比重绝大部分时间都在 1/5 以上；但是，总体而言，河北省迁入京津的人口占京津流动人口的比重呈现下降趋势，说明河北省劳动力素质及市场竞争力亟待提高。

第二，北京和天津也长期成为河北省流动的第一和第二目的地。河北省流入北京的人口占河北省跨省流动人口的 40% 左右，流入天津的人口比例变化较大，也占河北省跨省流出人口的 10%-20%。

第三，河北省长期是北京、天津人口流动的第一目的地。2000 年北京市流入河北 2.89 万人，占北京人口流出总量的 14.9%；天津市流入河北人口 3.25 万人，占天津流出人口 22.8%。

第四，河北省流入人口的第一来源地没有规律性特征，也不具备全国共有的相邻省份是第一来源地的特点。说明河北比较缺乏经济活力，对最容易吸引的相邻省份人口也缺乏吸引力。

(三) 京津冀流动人口在不同规模结构城市之间的分布

1. 京津冀城市规模体系不均衡性明显

京津冀地区城市规模体系的一个特征是双核结构，拥有北京、天津两个超大城市（市区人口 500 万人以上）；另一个特征是两头大、中间小，除了这两个特大型城市，京津冀地区还拥有另外两个特大城市（市区人口 200-500 万人），但 10-200 万人的城市数量均低于全国平均水平；10 万以下的小城镇又远远比全国平均水平高（表 3-2-11）。

表 3-2-11　京津冀地区城市规模等级与全国比较

人口规模等级	城市人口(万人)		比重(%)		城市个数(个)		比重(%)	
	京津冀	全国	京津冀	全国	京津冀	全国	京津冀	全国
500 万以上	1 857.2	5 545.7	56.4	13.7	2	7	5.7	1.1
200-500 万	514.2	7 680.3	15.6	19.0	2	27	5.7	4.1
100-200 万	139.1	10 195.0	4.2	25.3	1	73	2.9	11.2
50-100 万	394.0	8 327.6	12.0	20.6	5	114	14.3	17.5
20-50 万	201.6	5 293.6	6.1	13.1	6	164	17.1	25.1
10-20 万	111.3	2 767.2	3.4	6.9	9	194	25.7	29.7
10 万以下	73.2	525.2	2.2	1.3	10	74	28.6	11.3

资料来源:《中国城市统计年鉴 2005》。
注:地级市城市人口为市辖区人口,县级市人口为城镇人口。

根据城市位序—规模分布函数,(2004 年京津冀地区为 $y=1\,930.5x^{-1.64}$,方程 R^2 为 0.98;全国为 $y=4\,553.2x^{-0.85}$,方程 R^2 为 0.89),京津冀地区城市位序—规模函数幂指数不但高于 1,而且是全国的 1.92 倍,表明京津冀地区城市人口分布的不均衡性明显。

相对于全国而言,京津冀地区有发达的巨型中心城市,缺乏 20-200 万人的大中型城市,中等城市特有的连结小城市和大城市的纽带作用就难以发挥。如何培育中等城市是该区域城镇体系建设主要的问题。图 3-2-13 明显地反映出,与长三角和珠三角相比,京津冀城市体系中超大城市的突出地位以及大、中、小城市的缺位。

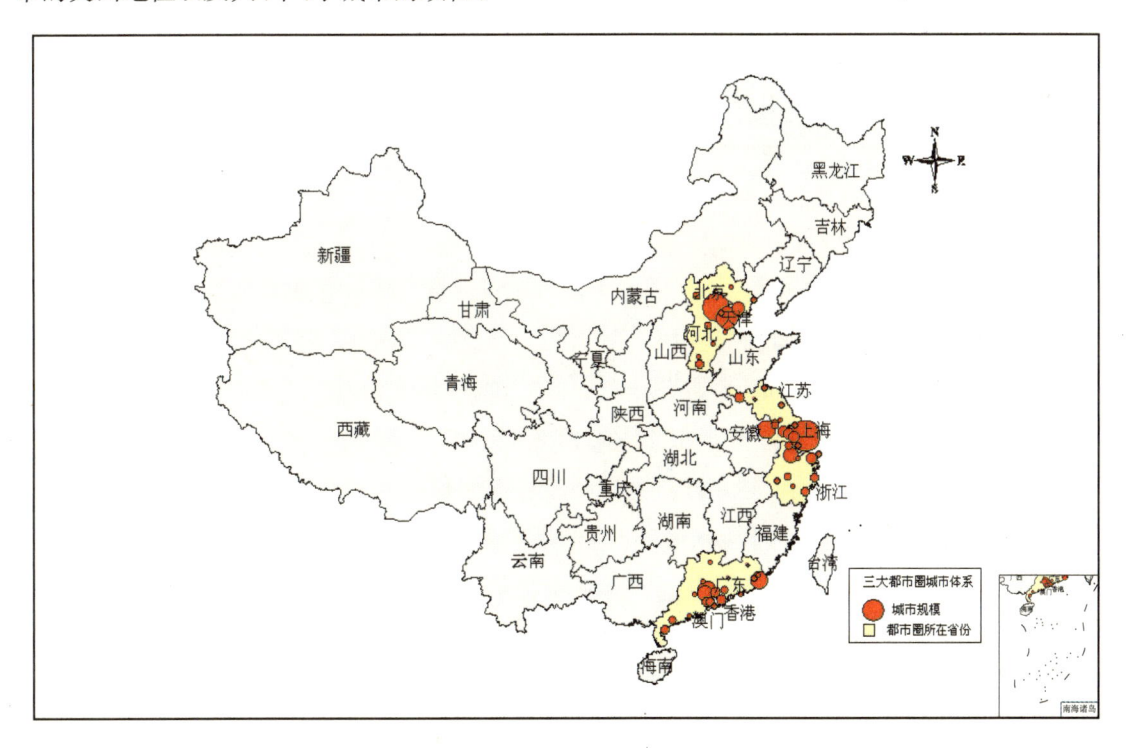

图 3-2-13　京津冀、长三角和珠三角城市规模等级体系

2. 建制镇规模结构偏小

建制镇是小城镇的主体,它与现有的县城共同构成小城镇发展的基础。京津冀地区拥有建制镇1 214个,其中北京140个,天津117个,河北957个。在京津冀建制镇中,5 000人以下的建制镇数量占京津冀建制镇的64%,人口占京津冀建制镇的31%(表3-2-12)。

表3-2-12　京津冀地区建制镇规模等级体系

	建制镇个数(个)				建制镇规模结构(%)			建制镇平均规模(人)	
	京津冀	北京	天津	河北	京津冀	河北	全国	京津冀	全国
8-10万	2	0	0	2	0.16	0.21	0.8	84 996	112 583
5-8万	11	0	4	7	0.91	0.73	1.6	62 840	62 176
3-5万	31	2	0	29	2.55	3.03	2.7	37 260	38 350
1-3万	130	18	10	102	10.71	10.66	13.1	16 709	16 355
0.5-1万	268	26	27	215	22.08	22.47	19.5	6 880	6 910
0.2-0.5万	499	52	48	399	41.10	41.69	37.6	3 359	3 298
0.2万	273	42	28	203	22.49	21.21	24.7	1 236	1 249
合计	1 214	140	117	957	100.0	100.0	100.0	5 357	8 017

资料来源:《中国乡镇统计资料2003》。

表3-2-12显示,京津冀建制镇规模结构偏小。首先,与全国相比,京津冀1-3万人以上的建制镇个数比例均低于全国平均水平,而1万人以下建制镇比例合计高于全国平均水平,建制镇规模结构偏小。其次,就建制镇平均规模而言,除了8万人以上的建制镇外,其他各规模等级建制镇平均规模与全国平均规模基本相当,但是建制镇合计的平均规模却远远低于全国平均规模,其原因除了8万人以上镇规模偏小外,主要是因为缺乏具有聚集经济效益的大镇。

3. 流动人口在不同规模城市间表现出向大城市集中趋势

首先,从流动人口在不同规模城市的分布来看,流动人口向大城市集中的趋势明显,北京吸引了京津冀三省市流动人口总量40%,天津市吸引了京津冀三省市流动人口总量19%。

从外来人口看,2005年京津冀外来人口589.8万,北京占60.6%,天津占17.6%,廊坊占5.1%,石家庄占5.0%,剩余其他城市合计占11.7%(图3-2-14)。

其次,京津冀建制镇吸纳外来人口能力弱(表3-2-13)。

2002年,有75万流动人口在京津冀建制镇工作、生活,平均每个建制镇吸纳外来人口620人,河北省仅为576人,远远低于全国1 076人的平均水平。而且,与全国相比,京津冀各级各类规模等级建制镇吸纳外来人口规模无一例外地低于全国平均规模。表3-2-12反映京津冀各规模等级建制镇的平均规模与全国基本相当,但是各规模等级建制镇吸纳外来人口能力却都远远低于全国平均水平,充分说明了河北省建制镇缺乏经济活力。

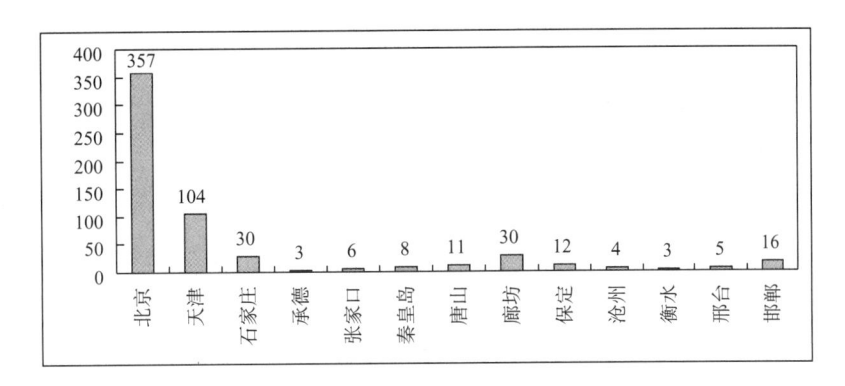

图 3-2-14 2005 年京津冀各城市外来人口规模（单位：万人）

资料来源：《北京统计年鉴 2006》，《天津统计年鉴 2006》，河北省外来人口统计（河北省统计局提供）。

表 3-2-13 京津冀地区各规模等级建制镇的外来人口

城市等级	流动人口（人）				比重（%）				平均外来人口（人/镇）		
	北京	天津	河北	京津冀	北京	天津	河北	京津冀	京津冀	河北	全国
8-10 万	0	0	6 595	6 595	0.0	0.0	1.2	0.9	3 298	3 298	23 592
5-8 万	0	8016	56 982	64 998	0.0	13.3	10.3	8.6	5 909	8 140	8 097
3-5 万	13 803	0	100 932	114 735	9.8	0.0	18.3	15.2	3 701	3 480	5 960
1-3 万	68 575	38 461	171 616	278 652	48.6	63.7	31.1	37.0	2 143	1 683	2 156
0.5-1 万	33 089	4 358	107 292	144 739	23.4	7.2	19.4	19.2	540	499	760
0.2-0.5 万	21 237	8764	83 140	113 141	15.0	14.5	15.1	15.0	227	208	323
0.2 万	4 407	806	25 116	30 329	3.1	1.3	4.6	4.0	112	124	130
	141 111	60 405	551 673	753 189	100.0	100.0	100.0	100.0	620	576	1 076

资料来源：《中国乡镇统计资料 2003》。

不同等级的建制镇，对外来人口的吸纳能力不同。从各级建制镇吸纳流动人口的能力看，万人以上的建制镇吸纳劳动力的能力开始明显加强，而万人以下建制镇基本不具备吸纳外来人口的能力：在京津冀 1 214 个建制镇中，万人以下建制镇占了 1 040 个，占建制镇总数的 85.7%，但是其吸纳外来人口合计仅为 28.8 万人，平均每个建制镇吸纳外来人口 277 人，不足京津冀建制镇平均吸纳外来人口的一半，只为全国建制镇平均吸纳外来人口规模的 1/4。因此，京津冀需要调整建制镇发展战略，需要集中力量发展一批具有规模经济效益的重点镇。

（四）京津冀外来人口年龄特征

京津冀外来人口的一个显著特征是年轻化，年轻的外来人口的流入，对北京、天津人口老龄化有积极的影响。

北京外来人口年轻化特征非常明显，16-40 岁的青壮年人口占 78%，其中 20-24 岁的青年人是北京外来人口中比重最大的群体（图 3-2-15）。

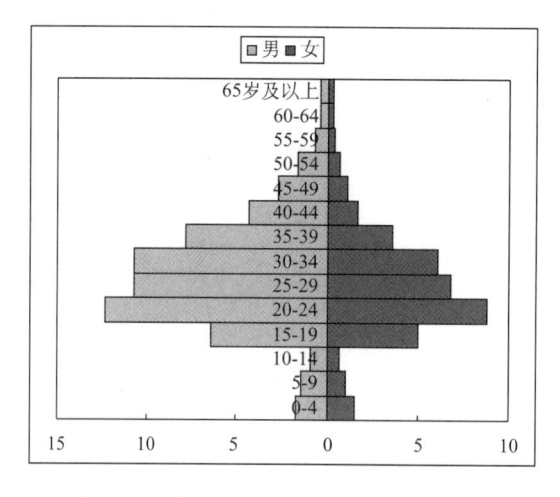

图 3-2-15　北京市外来人口年龄结构(单位:%)

天津市外来人口中,15-19岁人口占有最大比例,16-40岁的人口占有57.5%,相对于北京而言,65岁以上人口占比重相对较高(图3-2-16)。

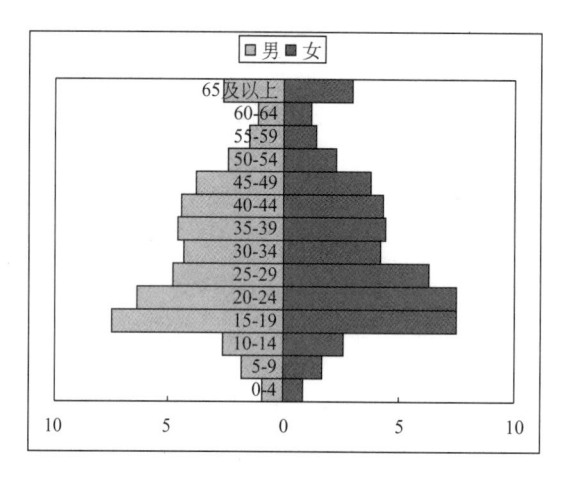

图 3-2-16　天津市外来人口年龄结构(单位:%)

河北外来人口的年轻化的特征也很明显,16-40岁年龄人口占总外来人口的73%,15-19岁的青少年是外来人口中比重最高的群体。女性明显高于男性,占55%,特别是16-40岁这一年龄段女性高于男性11个百分点(图3-2-17)。

京津冀已经进入老龄化社会,未来几十年将是这一过程急剧加速、后果逐渐显现的时期。就整个区域而言,到2015年前后,65岁及以上的老年人口占总人口的比例将超过10%,到本世纪中叶,区域内65岁及以上的老年人口比例将接近1/4达到23%左右。因此,如何更好地应对老龄化挑战将是未来数十年该区域面临的主要问题之一。

年轻外来人口的进入,大大缓解了北京老龄化、老年人扶养比上升的问题。同时,也使得人口年龄结构的"红利"得以延长。

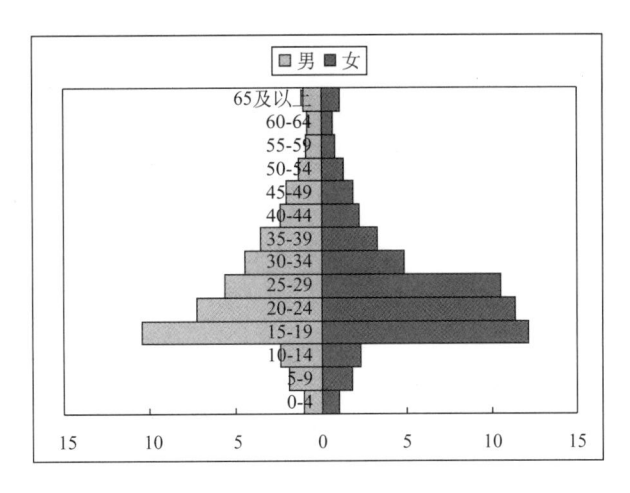

图 3-2-17 河北省外来人口年龄结构(单位:%)

(五) 京津冀外来人口职业特征

从外来人口的从业情况看,外来人口在城市从事的主要是商业服务人员、农林牧渔水利业生产人员、生产运输设备操作等体力劳动,在国家机关、企事业单位从事脑力劳动的不足10%。京津冀外来人口从事脑力劳动的比重为14.5%,高于全国平均水平,但仍然有85%以上的人从事体力劳动(表3-2-14)。

表 3-2-14 京津冀外来人口从业情况

	脑力劳动	体力劳动	脑力劳动占总外来人口的百分比	体力劳动占总劳动人口的百分比
全国	231 438	2 297 027	9.2	90.8
北京	20 784	103 859	16.7	83.3
天津	3 497	26 594	11.6	88.4
河北	5 460	45 025	10.8	89.2
京津冀	29 741	175 478	14.5	85.5

资料来源:第五次人口普查资料。

不仅绝大多数外来人口在城市以从事体力劳动为生,其就业选择也非常单一。从全国来看,60.7%的人从事生产、运输设备操作,从事商业服务的人员占到19.7%,其他各行业全部从业人员不到20%。从京津冀来看,从事生产、运输设备操作的人员占全部外来从业人员的42.1%,从事商业服务的人员占34.8%,两个行业占到全部从业人员的77%(表3-2-15)。可见,就业机会的变化是影响京津冀人口流动的重要因素。

表 3-2-15 京津冀外来人口职业情况(2000)

从事职业	人数	全国	北京	天津	河北	京津冀
国家机关、党群组织、企事业单位负责人	人数(人)	34 838	3 560	761	1 032	5 353
	百分比(%)	1.4	2.9	2.5	2.0	2.6
专业技术人员	人数(人)	102 125	8 996	1 550	2 866	13 412
	百分比(%)	4.0	7.2	5.2	5.7	6.5
办事人员和有关人员	人数(人)	94 475	8 228	1186	1 562	10 976
	百分比(%)	3.7	6.6	3.9	3.1	5.3
商业服务人员	人数(人)	499 037	50 840	8 662	11 969	71 471
	百分比(%)	19.7	40.8	28.8	23.7	34.8
农、林、牧、渔、水利业生产人员	人数(人)	259 853	5 239	2279	9 877	17 395
	百分比(%)	10.3	4.2	7.6	19.6	8.5
生产、运输设备操作人员及有关人员	人数(人)	1 535 944	47 772	15 609	22 926	86 307
	百分比(%)	60.7	38.3	51.9	45.4	42.1
其他	人数(人)	2 193	8	44	253	305
	百分比(%)	0.1	0.0	0.1	0.5	0.1

资料来源:第五次人口普查资料。

从京津冀区域内部来看,北京外来人口从业最多的行业是商业服务,在国家机关、党群组织、企事业单位工作和从事专业技术工作等脑力劳动的人员比例高于天津和河北,也远远高于全国平均水平,说明北京吸纳高层次人才的能力较强。天津外来人口中有一半从事生产、运输设备操作工作,在国家机关、党群组织、企事业单位工作和从事专业技术工作的人员也较全国平均水平高,河北有将近20%的外来人员仍然从事农业生产,远远高于京津与全国水平。

二、京津冀人口流动影响因素分析

(一)京津冀人口流动多因素分析模型

1. 变量和数据说明

京津冀地区人口迁移规模为目标年份京津冀地区外各省、市迁入京津冀地区的人口和北京、天津和河北省迁往区外人口,以上数据来源于《1990年人口普查资料》、《2000年人口普查资料》、《河北省第五次人口普查资料》、《天津市第五次人口普查资料》、《北京市第五次人口普查资料》。我们以工业产值中非国有企业产值比作为市场化水平(Market)的代理变量,将基础设施作为各地公路网密度作为衡量地区基础设施水平(Infra)的代理变量,用非农产业占GDP比重表示地区产业结构(Ind),用各省会城市间铁路距离作为人口省际迁移距离(Dis)的代理变量。以上数据来自《1990 年以来中国常用人口数据集》、《新中国 55 年统计资料汇编》、《中国农村调查社会经济数据汇编》。由于人口普查资料中迁移人口按五年前居住地与现居住地比较统计,所以所有解释变量均为五年内的平均值。考虑到部分解释变量可能会受价格因素的影响,在数据处理过程中我们利用价格指数进行了平滑,并加入地区人均 GDP 差距(GGDP)、前期移民(M-1)和新增就业岗位(Njob)作为控制变量,最终确定我们的计量方程为:

$$M_{1990} = GGDP_{1990} + Ind_{1990} + Njob_{1990} + Market_{1990} + Dis_{1990} + Infra_{1990} + M_{(-1)1990} \quad ①$$

$$M_{2000} = GGDP_{2000} + Ind_{2000} + Njob_{2000} + Market_{2000} + Dis_{2000} + Infra_{2000} + M_{(-1)2000} \quad ②$$

2. 计量结果分析

通过对以上变量的进一步处理,我们可以得到以下回归方程(表 3-2-16)。从表 3-2-16 的回归结果中我们不难发现,不同时期影响京津冀地区人口迁移的因素变化明显。具体而言,1990 年人口迁移的回归方程显示前期移民、迁移距离和新增就业岗位依次是影响京津冀地区人口迁移的前三大因素,而 2000 年的人口迁移方程则显示出人均 GDP 差距、前期移民和新增就业岗位依次为影响京津冀地区人口迁移的前三大因素。

表 3-2-16 京津冀地区人口迁移影响因素

解释变量	1990 年人口迁移方程	2000 年人口迁移方程
人均 GDP 差距(GGDP)	0.045	0.214*
	(0.067)	(0.073)
产业结构(Ind)	0.106	0.170**
	(0.078)	(0.084)
新增工作岗位(Njob)	0.168*	0.190*
	(0.082)	(0.076)
市场化水平(Market)	0.155	0.099***
	(0.098)	(0.109)
迁移距离(Dis)	−0.239*	−0.120
	(0.090)	(0.101)
基础设施(Infra)	−0.099*	−0.057
	(0.081)	(0.073)
前一年移民(M_{-1})	0.339*	0.198*
	(0.070)	(0.073)
LM 检验 P 值	0.432	0.135
White 检验 P 值	0.142	0.637
F 检验 P 值	0.000	0.000
观测值	162	174

注:(1)对 1990 年人口迁移方程的初步回归结果显示,回归方程中存在着自相关问题,本文通过 Cohrane-Orcutt 迭代法加以解决;(2)为了便于比较各个变量的影响力度,我们采用标准化的回归方程;(3)*、**、*** 分别表示通过 1%、5%、10% 水平的显著性检验,括号内为标准差。

(1) 经济水平对人口迁移的影响作用明显提高

京津冀地区人口迁移比较活跃的地区主要为经济水平发展较快的区域,呈现较为明显的"圈层式"分布特征。从内圈层来看,1984年以来天津经济技术开发区、北京中关村科技园区等产业区的出现已经成为核心城市辐射带动区域发展的重要载体和吸引外来人口迁入的"磁石"。从外圈层来看,京津冀地区经济比较活跃的边界区域主要包括以濒临北京和天津的高碑店、涿州、霸州等"核心城市型边界区域"和地处京津走廊内部及其外部区域的廊坊市、保定东部地区、唐山西南部地区等"核心地域型边界区域"两大类。凭借其优越的区位条件和地理位置,这些区域吸引了大量国内外企业的资金投入,基础设施也得到了很大程度的提高,地区生产总值增长明显,逐步成为了人口迁入的主要目标区域。此外,秦皇岛、天津滨海新区、黄骅港、京唐港和曹妃甸等港口城市的发展客观上扮演着地区对外开放重要枢纽的角色。随着"港口开发区—新城—主城区"的多核结构发展模式的逐步形成,这些区域将会成为未来京津冀主要的人口迁入区。

(2) 产业结构变迁是影响人口迁移的重要因素

从回归方程的结果来看,京津冀地区产业结构的调整对人口迁移的作用表现明显。从京津冀地区产业结构的变迁来看,1985-1990年京津冀地区第三产业的就业增长弹性为0.09,低于GDP就业增长弹性(0.12),第一产业(0.12)和第二产业(0.18)的就业增长弹性均为负值,表明第二产业对劳动力就业具有较强的吸纳能力。1995-2000年京津冀地区第三产业的就业增长弹性上升到0.16,第一产业(−0.1)和第二产业的就业增长弹性(−0.07)转为负值,第三产业成为吸纳劳动力的主要部门。可以看出即使是在整个京津冀地区吸纳社会劳动力能力普遍弱化的大背景下,第三产业发展促进就业的能力越发凸显,就业弹性系数相当于GDP就业弹性系数的9.64倍。

(3) 人口迁移对新增就业岗位表现敏感

事实上,中国人口的城乡迁移所反映的就是一种利益的摩擦和冲突:农民离开土地进城,是为了得到他们在农村得不到的资源,即以等量但不等质的劳动获得更高的报酬以及享受城市生活,受体制的制约他们主要在非正规部门从事着一些城市居民所不愿从事的工作。也正是由于正规部门的劳动力市场受到政府保护,使得非正规部门的劳动力市场柔性更强,从而在一定程度上缓和了城市的失业问题。如果不存在非正规部门提供的就业岗位的话,他们流入城市的"期望收入"几乎是零,在这种情况下按照托达罗(Todaro)的期望收入流动理论,是不太可能存在持续的农村劳动力流向城市的。那么缘何这些流入城市的农村劳动力能够接受滞留在非正规部门呢?费尔茨认为流入城市的农村劳动力之所以能够接受较低的工资水平,主要是由于他们预期到能够从得到的城市正规部门工作机会中获得补偿,因此他们对城市内部新增就业岗位表现得十分敏感。但是我们也必须看到,自发流入小城镇的人口,主要从事资金、技术要求低和盈利快的小商业、饮食业等服务行业,从而使京津冀地区部分小城市的第三产业在低水平上高速膨胀,低层次的第三产业由于缺乏工业等方面的支持,多呈现出病态发展的态势,这使得许多小城市在一定程度上出现了"过度城市化"的倾向。

(4) 市场化水平对人口迁移的影响逐渐显著

新中国成立以后,中央政府为了实现重工业优先发展的战略,在户口迁移、粮食供应、就业安排、福利保障等方面严格区分农业人口和非农业人口,实施城乡分割对立的二元体制。国家通过直接获取除农民基本生存消费之外的几乎全部农业剩余来保证城市工业所需的低价原材料,然后通过国家财政再分配,转化为工业资本原始积累。正是农民的巨大贡献保证了国家加速工业化需要的原始积累,但时至今日,国家在推进工业的现代化进程时,在对待农民的根本制度上,仍没有改变城乡就业、城乡户籍、社会保障等政策,农民仍固化在集体所有的土地上。随着改革开放和市场化的推进以及地区收入差距的显性化,决定人口迁移的因素已经逐步转变为迁移主体对迁移收益和风险对比。建立公平的人口流动机制逐渐成为促进人口健康流动的关键因素。

(5) 迁移距离对人口迁移的影响逐渐减弱

从回归方程的结果来看,迁移距离对京津冀地区人口迁移的影响已经逐渐减小。这一点从前面对京津冀相互之间人口流动及其影响的分析也可以得出同样的结论。在20世纪90年代初,京津新增就业机会仍然以劳动密集型产业为主,对劳动力素质要求不高,河北省劳动力具有地缘优势,流动成本低,信息获得性强,从而成为京津流入人口的主要流入区域。20世纪90年代以来,伴随着京津产业结构升级,对劳动力的素质要求越来越高,要求大部分新增劳动力接受过规范的职业教育。这时,在劳动力市场的竞争中,单一的地缘优势逐渐减弱,劳动力素质成为主导性因素。可见,教育与培训是决定着河北省劳动力进入京津的关键要素。

(6) 前期移民对人口迁移的影响始终明显

人口迁移本身反映的就是一种利益的摩擦和冲突,然而,迁移的收益越大也往往意味着迁移的机会成本越高。前期迁移的存在,平滑了迁移主体对进城工作、生活的不稳定预期,提高了其迁移的可能性。蔡昉研究发现,75.8%的省内迁移者、82.4%的跨省迁移者的就业信息获得是通过住在城里或在城里找到工作的亲戚、老乡、朋友获得的。因此,人口迁移的流向通常会受到距离所反映出的社会网络强弱的限制,表现出分阶段迁移的特征。迁移人口往往不是以分散的方式生存于城市的不同角落,而是集中在一起,形成了地理边界明确的"准社区"。人们在这些区域中不但进行着一般的生活和感情上的沟通,同时也进行着生产经营上的密切协作和分工,并建立了相当广泛而层次不同的社会联系,北京市的"浙江村"、"新疆村"、"温州村"等就是这种迁移模式的典型代表。

(7) 基础设施水平对人口迁移的作用减弱

回归方程的结果显示,对人口迁移数量的作用程度也在不断减弱。其主要原因是基础设施对经济发展的作用逐渐减弱。伴随着中国经济社会的发展,各区域,特别是京津冀这样较发达的区域,基础设施作为最基本的条件已经具备,决定经济发展和就业机会扩张的主要因素是超越于基础设施的技术水平、政府服务水平、社会环境等。

(二) 京津冀经济发展与新型工业化水平对人口流动的影响

1. 新型工业化对人口流动的影响机制

地区工业化水平决定了该地区对劳动力需求的规模和结构,而各地工业化的发展水平和扩张速度的差异则是引发地区间人口流动的主要原因。

新型工业化的扩张可从两个途径影响当地的人口流动。首先,新型工业化的扩张速度决定了一个地区创造新的就业机会的能力。扩张速度越快,新增就业机会就越多,而当地的劳动力供给在短期内往往缺乏弹性,从而造成对劳动力的需求量显著高于本地劳动力供给,引发大量人口流入本地区。其次,新型工业化的扩张往往伴随着产业结构的升级,引起劳动力供求的结构性矛盾,引发地区间的人口流动。

由此可见,在没有制度障碍的情况下,一个地区的新型工业化水平和与其他地区(尤其是相邻地区)的差异决定了地区间人口流动的规模,而该差异扩大的速度决定了地区间人口流动规模的增长速度。

2. 京津冀三次产业结构与就业人口扩张

(1) 京津冀就业扩张动力差异显著

按可比价格计算,2000年到2005年京津冀地区的GDP年均增长率为11.4%,和11.3%的同期全国平均增长速度大致持平。伴随着产出的快速增长,京津冀地区的产业结构也不断优化,非农产业产值占GDP比重持续上升(表3-2-17)。

表3-2-17　2000-2005年京津冀地区产业结构变化(单位:%)

	北京	天津	河北	京津冀
第一产业	−2.21	−1.45	−0.95	−2.45
第二产业	−8.64	5.44	1.10	−1.94
第三产业	10.84	−4.00	−0.15	4.39

资料来源:《中国统计年鉴2001》,《中国统计年鉴2005》。

与此同时,京津冀地区的就业结构也显著改善:2000-2005年京津冀地区新增就业人员435.46万人,占同期全国新增就业人员的9.31%。其中第三产业新增就业人员356.85万人,占地区非农产业新增就业量的63.5%,第三产业已成为吸纳新增非农产业就业的主力。三次产业就业人口及占地区从业人员比重如表3-2-18所示。

表3-2-18　京津冀地区三次产业就业人口及比重

	2000年	2005年	2000-2005年变动量
从业人员(万人)	4379.1	4814.5	435.46
第一产业	1831.8	1705.0	−126.77
第二产业	1242.7	1448.1	205.38
第三产业	1304.6	1661.4	356.85
就业比重(%)	100.0	100.0	0.0
第一产业	41.8	35.4	−6.42
第二产业	28.4	30.1	1.70
第三产业	29.8	34.5	4.72

资料来源:《中国统计年鉴2001》,《中国统计年鉴2005》。

表 3-2-19 进一步反映出京津冀就业扩张的动力差异：北京就业扩张主要依赖于第三产业，河北省则主要依赖于第二产业，天津市居中，就业结构升级特征不显著。从三次产业就业结构看，北京已经具有明显的工业化后期特征，而天津和河北则仍然是工业化中期特征显著。

表 3-2-19　2000-2005 年京津冀地区就业结构变化（单位：%）

	北京	天津	河北	京津冀	全国
第一产业	−4.93	−1.02	−5.04	−6.42	−5.20
第二产业	−7.81	−0.40	4.14	1.70	1.35
第三产业	12.74	1.41	0.90	4.72	3.85

资料来源：《中国统计年鉴 2001》，《中国统计年鉴 2005》。

（2）京津冀制造业技术结构与就业扩张

从技术结构的角度研究制造业结构更能够反映制造业技术进步情况。我们参考经济合作组织于 2004 年依照产业的技术水平做出的类型划分，并考虑到我国的行业分类及各年份统计口径的差异，将制造业各行业划分为低技术制造业、中低技术制造业、中高技术和高技术制造业三类。

低技术制造业：主要包括农副食品加工业、食品制造业、饮料制造业、烟草制品业、纺织业、造纸及纸制品业；

中低技术制造业：主要包含石油加工炼焦及核燃料加工业、非金属矿物制品业、黑色金属冶炼及延压加工业、有色金属冶炼及延压加工业、金属制品业；

中高技术和高技术制造业：主要包括化学原料及化学制品制造业、医药制造业、化学纤维制造业、通用设备制造业、专用设备制造业、交通运输设备制造业、电气机械及器材制造业、通信设备计算机及其他电子设备制造业、仪器仪表及文化办公用机械制造业。

从分类结果看，三类部门大体分别对应劳动密集型、资本密集型和技术密集型三类产业。

表 3-2-20　2003 年京津冀不同技术水平制造业劳动生产率与上海、全国的比较（单位：万元/人）

	北京	天津	河北	上海	全国
制造业	12.66	11.75	6.66	14.83	9.64
低技术制造业	6.75	5.49	5.37	11.78	7.36
食品制造业	11.18	9.93	5.94	8.99	9.65
烟草制品业	149.25	50.40	38.22	241.03	104.73
纺织业	4.98	3.44	3.24	4.19	5.48
造纸及纸制品业	10.09	7.59	4.24	7.10	8.81
中低技术制造业	16.50	12.44	8.57	19.50	11.49
石油加工炼焦及核燃料加工业	31.86	21.26	19.50	39.00	26.63
黑色金属冶炼及压延加工业	34.84	19.18	13.06	50.46	20.09
高技术、中高技术制造业	14.54	15.44	5.50	14.30	10.70

续表

	北京	天津	河北	上海	全国
化学原料及化学制品制造业	14.42	13.22	5.08	13.10	12.92
医药制造业	13.29	11.84	7.91	10.34	12.39
化学纤维制造业	16.34	3.62	5.66	10.81	11.38
通用设备制造业	8.58	9.77	3.34	9.93	8.35
专用设备制造业	9.15	9.43	3.19	7.64	7.65
交通运输设备制造业	13.10	14.08	6.72	28.63	10.87
电气机械及器材制造业	13.18	10.65	8.18	9.47	9.73
通信设备计算机及其他电子设备制造业	23.20	27.39	11.56	15.93	13.02
仪器仪表及文化办公用机械制造业	14.76	8.37	5.40	11.21	8.27

资料来源:《中国统计年鉴2006》,《中国工业经济统计年鉴2004》。

表 3-2-20 显示了京津冀 2003 年不同技术水平的制造业产业效率及其与全国、上海的比较,以及各技术层次制造业特性:低技术制造业具有低产业效率、高劳动密集型特性;中低技术产业具有高产业效率和低劳动密集型特性,特别是化工和钢铁具有显著的高劳动生产率特性;高技术和中高技术则呈现的特点居二者之间,其质的不同在于这些产业是城市经济现代化的必然选择。

表 3-2-21 2000-2005 年京津冀不同技术水平制造业从业人员结构

	年份	制造业从业人员(万人)	低技术制造业	中低技术制造业	中高技术、高技术制造业
北京	2000	87.84	15.33	27.05	45.46
	2005	108.5	32.4	24.3	51.8
	增减(%)	23.5	111.4	−10.2	13.9
天津	2000	83.95	16.77	19.38	47.8
	2005	111.8	33	27.9	50.9
	增减(%)	33.2	96.8	44.0	6.5
河北	2000	190.68	49.95	69.2	71.53
	2005	185.23	47.23	71.93	66.07
	增减(%)	−2.9	−5.4	3.9	−7.6

资料来源:《中国统计年鉴2001》,《中国统计年鉴2005》。

表 3-2-21 显示出 2000-2005 年京津冀制造业就业结构的变化。北京的制造业结构正在发生重大变化:中低技术产业不断外迁,其就业呈现绝对下降趋势;高技术和中高技术制造业就业快速上升,占制造业就业近 50%。但是,与此同时,北京的劳动密集型产业却以最快的速度在成长,就业总增长中仍然是低技术产业占主体,这是北京未来发展战略中需要克服的问题。天津就业的增长则主要以低技术和中低技术产业为主,这与天津的地位也是不相吻合的。河北省就业的增长主要依赖于钢铁产业的发展,图 3-2-18 显示,钢铁在新增就业中一枝独秀,除了制药、农副产品加工等少数行业外,大部分行业就业是减少的。实际上河北省制造业就业由 2000 年的 189.78 万人减少到 2003 年的 185.23 万人,绝对量减少了 4.55 万人,这对于处于工业化中期阶

段的河北省来说是不符合发展规律的,说明河北省制造业结构也亟需调整,从而建立富有竞争力的制造业体系。这有待于京津高技术和中高技术制造业体系的建立,有待于京津对河北协作配套需求的增长,从而拉动河北至少是冀北区域制造业的发展。京津对京津冀区域的中心城市的作用是不可忽视的。

3. 京津新型工业化的几点结论

(1) 制造业技术结构的选择决定了就业扩张状况。

从制造业技术结构对就业扩张的作用关系看呈现如下特点:低技术制造业发展直接导致制造业就业的快速增长,但是由于其低效率和低工资特性,其对服务业拉动能力低,根植于其上的服务业也主要是传统的生活性服务业。中低技术制造业由于其技术密集型特性,是劳动密集度最小的领域,直接拉动就业少,而且由于其原材料规模化生产的特性,必须配套的上下游拉动产业链相对短,对直接配套发展的服务业需求也较少,因而对就业扩张贡献较低。高技术和中高技术制造业由于具有劳动技术密集型特性,其直接拉动劳动力就业能力高于中低技术制造业;同时它还由于如下三大特性有利于解决地方就业问题:一是由于高技术和中高技术产业都具备组装或精细加工的特点,产业链长,拉动就业能力强;二是由于高技术和中高技术制造业对生产性服务业高度依赖,因而可以拉动生产性服务业的发展;三是其高效率和高工资特性,也能够较大幅度地拉动生活性服务业的发展。而且根植于其上的服务业以现代服务业为主,是城市构建现代气息和氛围的主要依托。

(2) 除了高技术产业以外,北京需要控制制造业的扩张,以免引起新一轮通过就业乘数引致的人口集中浪潮。

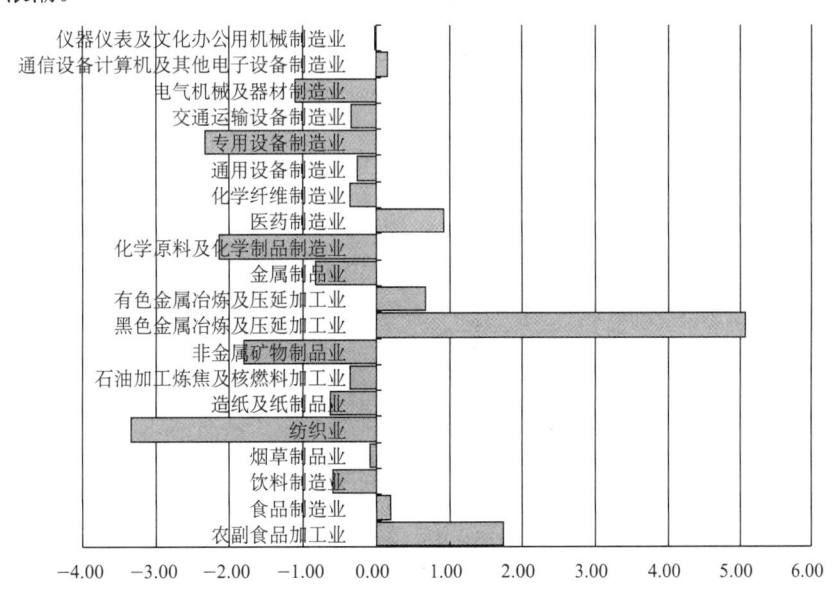

图 3-2-18　2000-2005 年河北省制造业分行业就业人员变动(单位:万人)

(3) 河北的中小城市以及中心镇需要定位准确,发展劳动密集型产业,以解决劳动力就业问题。河北省其他大城市和特大城市根据城市特色可以选择发展技术密集型的中低技术产业和中高技术产业。

（4）滨海新区作为新一轮京津冀的增长极，作为中国 21 世纪的增长极，不论是从解决区域就业的角度看，还是从引领 21 世纪中国制造业及整体产业结构升级的视角看，都不宜建立以中低技术为主的制造业结构，需要建立以中高技术和高技术为主的制造业结构。

（三）京津冀都市区的发育与人口流动

都市区是超越行政边界的、最富有活力的区域发展中心，是区域人口聚集中心。美国 2003 年占国土 20% 的都市区拥有全国人口的 93%。界定都市区、划分都市区和培育都市区是京津冀区域发展的重要内容。本报告根据周一星教授对都市区的划分标准对京津冀区域进行都市区的划分，分析 2000 年至 2005 年都市区成长特征，并适度放宽指标对预测未来时期都市区发展的可能性。

1. 2000 年都市区发育状况

（1）都市区的范围

在此我们选取 2000 年京津冀地区地级及其以上城市市辖区（其中天津市辖区不包括汉沽、塘沽和大港）和县级行政单元作为基本的地域研究单元，其中县级行政单元的数据主要来源于《北京统计年鉴 2001》、《天津统计年鉴 2001》、《河北经济年鉴 2001》。地级市的数据来源于《中国城市统计年鉴 2001》。利用 Microsoft Office Access 2003 建立京津冀 169 个行政单元的数据库，共计 676 个数据。其中县级行政单元 624 条数据，地级及其以上市辖区 52 条数据。借助地理信息系统软件 Arcview GIS 3.2a 建立数字地图（图 3-2-19）。

从图 3-2-19 中可以看出 2000 年在京津冀地区已经形成了 7 个都市区，1 个都市连绵区。其

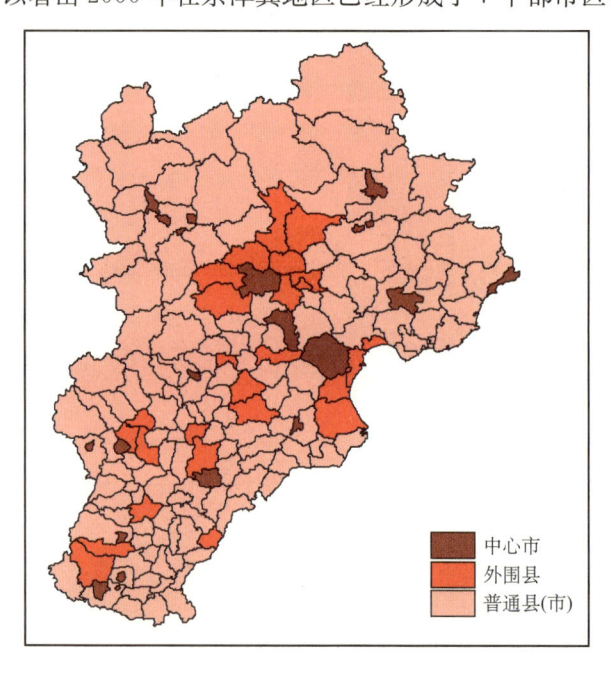

图 3-2-19 2000 年京津冀都市区空间分布

中4个大型都市区分别为北京都市区、天津都市区、石家庄都市区和邯郸都市区,3个小型都市区为邢台都市区、廊坊都市区和衡水都市区,1个都市连绵区为京津都市连绵区。共包括28个行政单元,其中包括2个直辖市,5个地级市,21个县级行政单元。

① 都市区中心市

京津冀的13个地级及其以上市市辖区均满足中心市的条件。其中,衡水市的实力较弱,2000年其市区总人口为41.91万人,非农从业人口仅为21.92万人。在满足条件的13个地级及以上城市中除北京、天津、石家庄、邢台、邯郸、廊坊和衡水外,其余5个市没有外围县,因此不能成为真正都市区意义上的中心市。

② 都市区外围县

2000年京津冀的大部分县市二、三产业所占GDP的比重已经超过或接近75%,但是非农从业人员所占的比重相当部分没有达到60%标准,只有26个县级行政单位满足外围县的标准要求(其中天津市的塘沽区非农从业人口比为55%,但考虑到与天津市区的邻接性及滨海新区的完整性,故将其纳入外围县的范围)。除去没有与中心市邻接的容城、清河等5个县市,只有沙河、武安等21个县市可以作为外围县(表3-2-22)。

表 3-2-22　京津冀都市区划分结果

类型	都市区	中心市	外围县
大型都市区	北京都市区	北京	北京:房山、门头沟、昌平、怀柔、密云、顺义、通州;廊坊:三河、大厂回族自治县
	天津都市区	天津	天津:汉沽、塘沽、大港;沧州:黄骅
	石家庄都市区	石家庄	正定、新乐、藁城
	邯郸都市区	邯郸	武安
小型都市区	邢台都市区	邢台	沙河
	廊坊都市区	廊坊	霸州
	衡水都市区	衡水	深州、安平

③ 都市连绵区

从图3-2-19中可以看出,北京都市区和天津都市区是京津冀地区最大的两个都市区,并且通过廊坊市辖区已经将两者连在一起,呈现出明显的带状分布,按照周一星关于都市连绵区的划分标准,北京都市区和天津都市区再加上廊坊都市区可以构成一个大的都市连绵区——京津都市连绵区。按照2000年的统计数据,京津都市连绵区总人口为2 178万,面积为2.76万平方公里,占整个京津冀的比重分别为24.1%、12.7%,而其国民生产总值所占的比重为47.1%,接近整个地区的一半,可见京津都市连绵区在京津地区的社会经济生活中占有重要的位置。

(2) 都市区的发育特点

① 都市区数目少,规模差异显著

在整个京津冀地区2000年虽然有13个城市达到了中心市的标准,但其中的唐山、秦皇岛、张家口、承德、沧州、保定与周围地区的经济联系还不够强,在其周围没有符合外围县标准的县级行政单元,因此尚未形成真正意义的都市区。在仅有的七个已经成型的都市区中,邢台、廊坊和邯郸都市区都是由一个中心市和一个外围县组成,其面积、人口和国民生产总值仅占整个地区的2.3%、4.8%和5.1%,整体规模偏小。衡水都市区虽然由两个外围县组成,但整体实力偏弱。真正形成由中心市和外围县共同组成的典型都市区只有北京、天津和石家庄三个都市区,其面积、人口、国民生产总值占整个京津冀的比重分别为13.9%、27%和52.8%。其中最大的都市区为北京都市区,其人口规模为最小都市区邢台都市区的13倍还多,国民生产总值是其30.5倍,规模差异显著(表3-2-23)。

表3-2-23 2000年京津冀都市区主要经济指标比较

都市区	人口		面积		GDP		人均GDP		人口密度	
	人口数(万人)	比重(%)	面积(km²)	比重① (%)	总量(亿元)	比重① (%)	人均GDP(元)	相对比值(%)	人口密度(人/km²)	相对比值② (%)
北京都市区	1 370	15.2	19 945	9.2	2 816	30.5	20 553	201.4	687	164.5
天津都市区	731	8.0	8 110	3.7	1 443	15.6	20 422	200.1	1 154	276.4
石家庄都市区	346	3.8	2 227	1.0	622	6.7	17 969	176.0	1 554	372.0
邢台都市区	99	1.1	1 131	0.5	89	1.0	9 005	88.2	877	209.9
邯郸都市区	205	2.3	2 240	1.0	237	2.6	11 572	113.4	916	219.2
廊坊都市区	125	1.4	1 744	0.8	134	1.5	10 720	105	717	171.6
衡水都市区	131	1.4	1 335	0.6	114	1.2	8 702	85.3	981	234.9
合计	3 007	33.3	36 732	17.0	5 455	59.1	18 140	177.7	819	196.0

注:①比重是指都市区该项指标在整个京津冀地区中所占的份额;②相对比值是指都市区该项指标值与京津冀地区平均值的比较。

资料来源:《北京统计年鉴2001》,《天津统计年鉴2001》,《河北经济年鉴2001》。

② 县域经济不发达,中小城市发育程度不高

在京津冀的156个县级行政单位中二、三产业产值比重达到75%且非农从业人员比重在60%以上的只有26个,占16%。大部分县市没有达到都市区外围县的标准,其中达到非农产值比重标准的有90个县市区,达到非农从业人员比重标准的有30个,而有70%左右的县(市)城市化水平在2000年全国平均水平以下。县域经济不发达在很大程度制约了中心市的经济辐射和扩散,从而导致了唐山、秦皇岛等城市由于缺乏外围县而不能形成都市区。

③ 北京和天津经济联系较弱制约了京津都市连绵区发展

北京和天津作为京津冀地区最大的两个都市区,其与周围地区的经济社会联系则呈相反方向发展。从图3-2-19中可以看出与北京联系较为紧密的县市位于市区的西北方向,而与天津联系紧密的地区位于市区的东南方向,京津之间的大兴、永清、武清则未能纳入都市区的范围。这种格局的形成固然与历史原因有关,但也反映了北京和天津在发展过程中缺乏足够的协调,没有统筹发

展,发挥城市之间的互补性。从长远来看,京津两个城市必须从产业、基础设施规划等方面加强相互之间的经济社会联系,增强京津都市连绵区的整体竞争力,从而带动周围地区经济的发展。

④ 较大的中心市的影响范围超出行政界线,对传统行政区划体系产生冲击

从中心市的情况来看,北京和天津对周围经济影响较大,其中北京的辐射范围已经超出了北京市的行政界线包括了河北省的大厂回族自治县和三河市,而天津的影响范围则将沧州市的黄骅包含在内。相比之下,河北省五个都市区中心市的影响范围则相对较小。中心市的影响范围超越行政界线,使得传统的行政区划难以及时反映最新的城市体系变化。因此,需要我们加强对都市区的研究,以解决行政区划与城市体系脱节的问题。

2. 2005 年都市区发育状况

在保持划分标准不变的情况下,运用 2005 年统计数据,其中北京、天津和河北省县级行政单元的数据来源于《北京统计年鉴2006》《天津统计年鉴2006》、《河北经济年鉴2006》,其中河北省地级市市辖区数据来源于《中国城市统计年鉴2005》建立数字地图(图 3-2-20)。从图 3-2-20 中可以看出京津冀都市区的空间分布状况有了新的发展,呈现出一些新的特点,但同时也存在着一些问题。

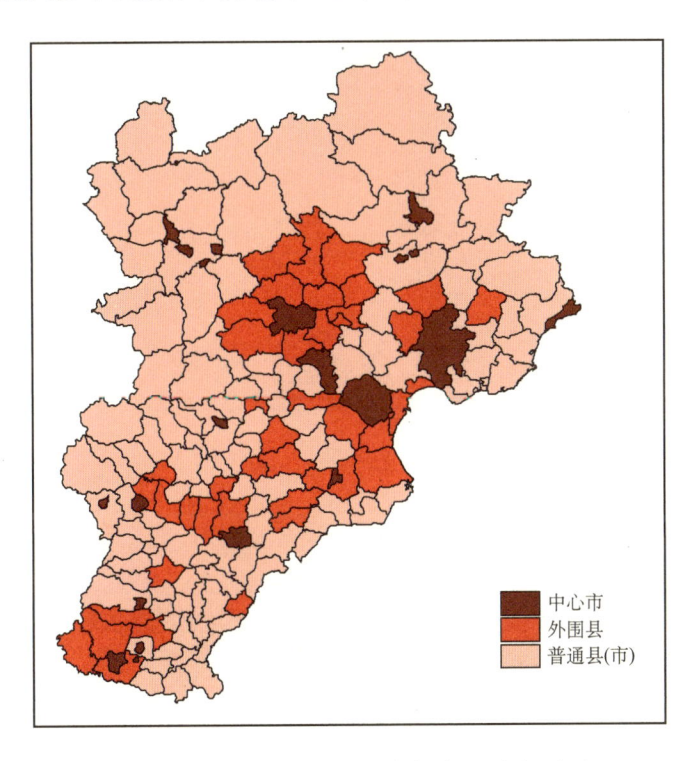

图 3-2-20 2005 年京津冀都市区空间分布

(1)都市区发育新进展

① 都市区数目增多,覆盖面积扩大

从图 3-2-20 中可以看出 2005 年在京津冀地区都市区的数目增多,由 2000 年的 7 个增加到 9 个。其中,大型都市区中新增了唐山都市区,小型都市区在原来的基础上新增了沧州都市区,而满足外围县条件的县市数目也由 2000 年的 26 个增加到 39 个。在都市区数目增加的同时,其

所覆盖的面积也不断扩大,由原来的 3.67 万平方公里增加到 2005 年的 5.68 万平方公里,占到地区总面积的 26.3%。尤其值得注意的是,随着唐山都市区的兴起,将为北京和天津的产业疏散创造条件,加快区域经济融合,从而带动周围地区的快速发展。

② 人口和经济聚集程度加强,在区域经济中的地位日益突出

与 2000 年相比,京津冀都市区的人口和经济的聚集程度都有所加强,日益成为地区社会经济活动中心。2005 年其总人口达到 4 494.1 万,为 2000 年的 1.49 倍,年均增长 9.8%,占整个地区总人口的 47.6%,其中,北京都市区的总人口最多,达到 1 597.8 万(同年北京市常住人口为 1 538 万)。从 2000 年到 2005 年的 5 年间京津冀新增人口 393 万,其中分布在原都市区范围内(2000 年)的有 158 万,占到新增总人口的 40.34%(表 3-2-24)。同时,都市区的经济聚集的程度也不断增加,2005 年其国民生产总值占到整个地区的 70.5%,人均国民生产总值由 2000 年的 18 140 元/人增加到 30 016 元/人,为地区平均值的 1.48 倍。

表 3-2-24　2000-2005 年都市区①新增人口分布

	2000 年人口(万人)	2005 年人口(万人)	新增人口(万人)	年均增长率(%)	新增人口占京津冀新增总人口的比重(%)
北京都市区	1 370	1 440	70	5.10	17.77
天津都市区	731	764	33	4.51	8.40
石家庄都市区	346	381	35	10.13	8.92
邢台都市区	99	103	4	4.31	1.09
邯郸都市区	205	212	7	3.22	1.68
廊坊都市区	125	133	8	6.78	2.16
衡水都市区	131	132	1	0.95	0.32
合计	3 007	3 166	158	5.27	40.34

注:①这里特指 2000 年时的都市区范围。
资料来源:《北京统计年鉴 2001》,《天津统计年鉴 2001》,《河北经济年鉴 2001》,《北京统计年鉴 2006》,《天津统计年鉴 2006》,《河北经济年鉴 2006》。

③ 都市区之间走向联合,大都市连绵带已经成型

随着都市区的范围不断扩张,其相互之间的边界逐渐连接,形成联合都市区。从图 3-2-20 中可以看出,在河北省的南部邯郸都市区和邢台都市区已经连接在一起,而在其中部石家庄都市区和衡水都市区也逐渐走向联合并且向北与沧州都市区呈现出接壤的趋势。同时随着唐山都市区的发展,和天津都市区连接在一起,再加上南部的沧州都市区、京津之间的廊坊都市区和北京都市区从而一起构成了总面积 4.4 万平方公里,人口达 3 300 万的京津唐大都市连绵区,2005 年其国民生产总值达 11 254 亿元,占整个京津冀地区的 58.8%。

(2) 都市区发展过程中存在的问题

① 空间分布不均衡

从图 3-2-20 中也可以看出目前该地区都市区在空间上分布不均衡,已形成的都市区主要位于中部和南部,而北京周围的张家口、保定、承德和河北东北部的秦皇岛市周围仍然没有能够符

合都市区外围县的标准的县市,故不能形成都市区。

进一步分析可以发现这四个城市市辖区的经济指标并不低,其中秦皇岛市辖区的人均GDP为38 718元,是河北省地级市市辖区中最高的。从其周围47个县(市)的情况来看,由于受自然条件等因素的制约,其非农产值所占比重没有达到75%标准的有23个县(市),所占的比重接近一半,而其非农从业人员所占比重仅有保定市的容城县达到60%的标准,其余县(市)均不满足该标准,由此可见县域非农化水平低是制约这4个城市周围都市区发育的主要原因(表3-2-25)。

表 3-2-25 2005年京津冀都市区主要经济指标比较

都市区	人口		面积		GDP		人均GDP		人口密度	
	人口数(万人)	比重(%)	面积(km²)	比重① (%)	总量(亿元)	比重(%)	人均GDP(元)	相对比值②(%)	人口密度(人/km²)	相对比值②(%)
北京都市区	1 597.8	16.9	23 845	11.0	7 197.3	37.6	45 045	222.1	670	154
天津都市区	764.0	8.1	6 987	3.2	1 823.6	9.5	25 257	124.5	1 033	237
石家庄都市区	493.8	5.2	3 946	1.8	1 092.7	5.7	22 130	109.1	1 251	287
邢台都市区	103.4	1.1	1 131	0.5	174.8	0.9	16 902	83.3	915	210
邯郸都市区	401.5	4.3	5 682	2.6	760.0	4.0	18 928	93.3	707	162
沧州都市区	432.7	4.6	8 450	3.9	831.2	4.3	19 211	94.7	512	117
廊坊都市区	133.5	1.4	1 076	0.5	235.6	1.2	17 654	87.0	1 240	285
唐山都市区	432.5	4.6	3 904	1.8	1 166.8	6.1	26 978	133.0	1 108	254
衡水都市区	132.3	1.4	1 795	0.8	199.5	1.0	15 086	74.4	737	169
合计	4 491.4	47.6	56 816	26.3	13 481.5	70.5	30 016	148.0	783	180

注:①②的含义同表3-2-23;河北省地级市市辖区数据来源于《中国城市统计年鉴2005》。
资料来源:《北京统计年鉴2006》,《天津统计年鉴2006》,《河北经济年鉴2006》。

② 京津唐都市区之间联系较弱,整体优势仍不明显

从图3-2-20中可以看出,在北京和天津之间仍然只有通过廊坊市区连接在一起,而在北京、天津和唐山之间还存在着大量不满足外围县标准的空白地带,如不采取措施加快该地区的发展,必将会对其相互之间的经济联系形成制约,影响其整体竞争实力的发挥。未来京津冀地区作为继长三角和珠三角之后的中国经济增长第三极,必须加强其内部城市之间的协调,在京津唐地区形成区域经济增长的核心,进而带动整体经济的快速发展。

3. 对未来都市区发展状况的预测

在2005年的基础上,我们将各个县市的非农产值比重和非农从业比重各自分别加上5%和10%,保持划分标准不变,来预测未来京津冀都市区发展的状况(图3-2-21)。从图中可以看出,将两个指标分别加上5%时,新增12个外围县,主要有天津的武清、蓟县和河北的香河、迁西及石家庄周围的县市。但在京津唐的内部尚有天津的宝坻和宁海非农从业人员比重不足60%,不满足都市区外围县的标准。

将两个指标分别加上10%时,从图3-2-21中我们可以看出,整个京津冀地区都市区的范围

在原来的基础上继续扩大。其中,外围县的数目又新增 15 个,从而使外围县总数达到 66 个,占整个地区所有县市数目的接近一半(表 3-2-26)。另外,京津唐内部已经完全纳入都市区的范围,并且与南部的衡水都市区、石家庄都市区、邢台都市区和邯郸都市区表现出连接的趋势,从而共同构成整个京津冀地区的人口和经济活动聚集区域。

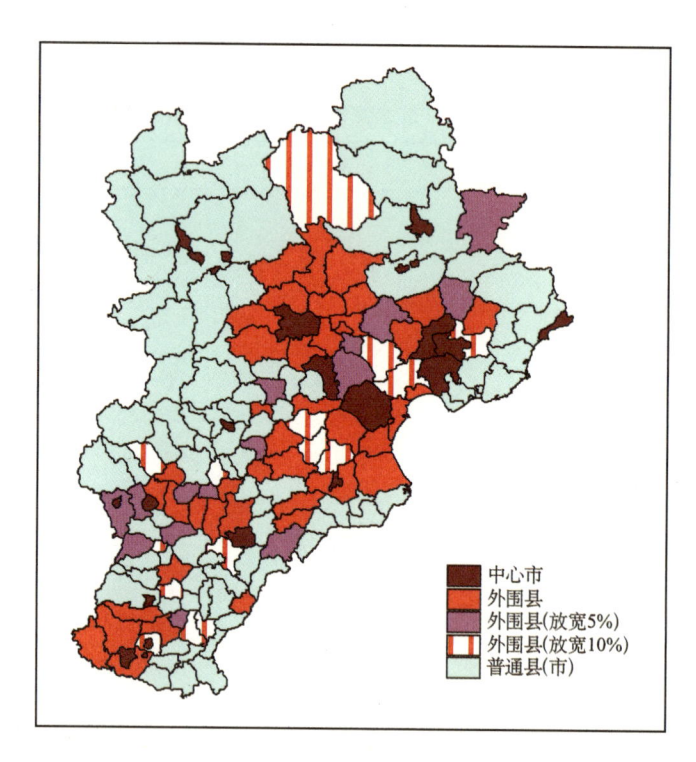

图 3-2-21 京津冀都市区发展预测

表 3-2-26 未来都市区新增外围县分布

都市区	新增外围县
北京都市区	香河① 丰宁②
天津都市区	蓟县① 武清① 宝坻② 宁河②
唐山都市区	迁西① 滦县②
沧州都市区	蠡县① 景县① 文安② 大城② 青县②
石家庄都市区	无极① 深泽① 赵县① 赞皇① 井陉② 鹿泉① 兴唐② 安国② 高邑②
衡水都市区	冀州②
邯郸都市区	鸡泽① 邯郸县② 曲周② 邱县②

注:①为非农产值比重和非农从业比重各加上 5%时新增外围县的分布情况;
②为非农产值比重和非农从业比重各加上 10%时新增外围县的分布情况。

三、京津冀未来人口发展预测

未来数十年,是京津冀地区人口发展的重要变化期,也是协调人口与社会经济发展和资源环境关系的重大机遇期。

根据人口发展规律和对京津冀地区人口、社会、经济发展的判断与预测,我们对 2020 年京津冀地区总人口、分地市人口、城市化水平、流动人口、城镇规模体系与建制镇人口进行预测。可以确定的是,未来十几年中,受人口增长的惯性作用和稳定低生育水平的影响,京津冀地区人口自然增长逐步进入稳定与缓变阶段,人口流动对该地区总人口的影响会更加突出和重要。

(一) 京津冀常住总人口预测

根据对京津冀地区 1978-2005 年常住总人口、GDP、人均 GDP 的变化,对北京、天津、河北人口增长与 GDP、与人均 GDP 分别做对数回归,并对未来 15 年京津冀人口规模进行预测,结果为表 3-2-27。

表 3-2-27 京津冀总人口预测(单位:万人)

年份	京津冀		北京		天津		河北	
	(1)	(2)	(1)	(2)	(1)	(2)	(1)	(2)
2005	9 432	9 432	1 538	1 538	1 043	1 043	6 851	6 851
2010	9 960	10 268	1 680	1 720	1 164	1 225	7 117	7 323
2015	10 305	10 870	1 755	1 870	1 260	1 345	7 290	7 654
2020	10 595	11 425	1 815	1 990	1 325	1 450	7 455	7 985
A	10 450		1 800		1 350		7 300	

注:(1)GDP 回归;(2)人均 GDP 回归,A 为两市一省规划中 2020 年常住人口数。

按照与 GDP 总量的预测结果,京津冀 2010 年总人口将达到 9960 万,2015 年为 10 305, 2020 年达到 10 595 万。

按照与人均 GDP 的预测结果,京津冀 2010 年总人口将达到 10 268 万,2015 年为 10 870 万人,2020 年达到 11 425 万。

(二) 京津冀分地市人口预测

京津冀地区 13 个城市人口聚集能力不同,发展机遇不同,因而人口的增长速度不同。根据

1990-2005年京津冀分地市人口增长情况,采用趋势外推的方法,同时考虑生存、生育、控制政策实施情况等因素,对分地市人口进行预测,结果为表3-2-28。

表3-2-28 京津冀分地市人口预测(单位:万人)

地区	2010年	2020年	B
北京	1 720	1 990	1 800
天津	1 225	1 450	1 350
石家庄	1 005	1 060	1 011
唐山	710	750	770
廊坊	450	496	419
保定	1 055	1 110	1 145
承德	405	430	363
张家口	470	520	458
秦皇岛	305	320	301
沧州	710	790	725
衡水	430	445	455
邢台	695	740	726
邯郸	890	940	918

注:B为北京、天津城市总体规划2020年人口预测数,河北省城市规划2020年中方案预测人口数。

(三)京津冀城市化水平预测

城市化是使中国由传统的农业社会进入现代城市社会的必由之路。未来的十几年,是我国城市化的高速发展阶段,也是京津冀城市化的大发展时期。对于城市化水平,一般采用某区域的城镇人口占总人口的比重来衡量。传统上我国多以区域非农业人口占总人口的比重来表示城市化水平,没有考虑已从事非农业产业且已居住在城市的人口,结果导致对城市化水平的低估。因此,这里我们采用常住人口占总人口的比重来预测城市化水平。根据第四次、第五次人口普查数据和1990-2005年非农业人口、外来人口等数据,我们可以预测出京津冀地区2010年城市化水平将达到54%,2020年城市化水平将达到62%。

考虑到京津冀人口基数、资源环境基础以及经济社会发展水平等的不同,北京受资源环境的约束,今后须减缓总人口的增长趋势,天津市由于滨海新区的迅猛发展,其人口将出现迅速增长,城市化水平将有很大的提高,河北11地市由于经济发展水平和速度不同,将出现不同的增长类型,因此,未来京津冀各地市城市化水平将呈现不同的增长速度(表3-2-29)。

表 3-2-29 京津冀分地市城市化水平预测(单位:%)

地区	城市化水平			
	2000 年	2010 年	2020 年	C
北京	78.5	85	93	90
天津	72.0	83	91	90
石家庄	35.0	48	62	62
唐山	32.2	47	65	63
廊坊	29.3	52	60	63
保定	23.1	40	53	52
承德	25.1	38	44	49
张家口	29.1	40	45	50
秦皇岛	32.7	46	55	63
沧州	21.6	35	45	60
衡水	26.6	37	49	58
邢台	27.5	40	52	55
邯郸	28.6	42	55	62

注:C 为北京、天津城市总体规划、河北省城市规划 2020 年城市化水平预测。

(四) 京津冀外来人口预测

根据对京津冀 2020 年人口自然增长率的预测,可以估算出到 2020 年人口自然增长的情况,进而预测出到 2020 年京津冀外来人口的规模(表 3-2-30)。

表 3-2-30 京津冀外来人口预测(单位:万人)

年份	北京	天津	河北
2005	357	104	129
2010	402	178	185
2015	436	242	254
2020	450	286	302

(五) 城镇体系预测

根据《北京城市总体规划(2004-2020 年)》、《天津市市总体规划(2005-2020 年)》、《河北省城镇体系规划(2002-2020 年)》对城镇规模的规划,结合对于经济社会发展的判断,京津冀 2020 年城镇规模等级为(表 3-2-31):

表 3-2-31　2020 年京津冀城镇规模等级预测

规模	规划人口（万人）	城镇个数（个）	城镇名称
500 万以上	2 810	2	北京、天津
200-500 万	561	2	石家庄、唐山
100-200 万	716	6	邯郸、保定、秦皇岛、廊坊、张家口、沧州
50-100 万	207	3	邢台、承德、衡水
20-50 万	773	29	任丘、三河、高碑店、辛集、鹿泉、河间、定州、涿州、霸州、武安、遵化、泊头、藁城、迁安、清河、冀州、晋州、沙河、枣强、磁县、黄骅、深州、新乐、安国、南宫、乐亭、徐水、宁晋、昌黎
20 万以下	1 110	103	玉田、赵县、青县、永年、魏县、迁西、景县、元氏、怀来、易县、香河、肃宁、涉县、高阳、故城、曲阳、大名、隆化、临漳、威县、平山、固安、曲周、张北、阳原、围场、隆尧、安新、蔚县、涞源、滦南、雄县、吴桥、蠡县、平泉等
合计	6 177	145	

四、京津冀人口区划

根据人口流动的空间分布特点对京津冀地区进行的人口流动的类型区划分，通过类型区划分并依据未来人口的增长趋势，对京津冀人口发展实行分区规划，为未来国家在京津冀地区人口宏观调控提供依据。

（一）人口流动的类型区划分

通过选用迁入人口、迁出人口、流动人口占总人口比例、区县内迁移占总迁移人口比例与外省迁移人口占总人口比例五个指标不同的组合进行聚类，通过比较聚类结果，流动人口占总人口比例、区县内迁移占总迁移人口比例与外省迁移人口占总人口比例三个指标的聚类结果最为理想，因此，本文选用这三个指标在流动人口进行聚类分析（图 3-2-22，表 3-2-32）。

表 3-2-32　京津冀人口聚类结果

类型	地区
第一类	北京主城区（东城区、西城区、崇文区、宣武区、朝阳区、丰台区、石景山区、海淀区）；门头沟区
第二类	天津市市区、塘沽区、大港区、汉沽区
第三类	北京市郊区县；天津市静海县；石家庄市市区；秦皇岛市；廊坊市市区、永清县、文安县、大厂回族自治县、霸州市、三河市；保定市高阳县、容城县、安新县、蠡县、高碑店市；沧州市、任丘市

续表

类型	地区
第四类	北京市平谷县、密云县；天津市宁河县、宝坻县、蓟县；石家庄市井陉矿区、井陉县、正定县、栾城县、灵寿县、高邑县、无极县、元氏县、赵县、辛集市、藁城市、晋州市；唐山市市区、滦县、滦南县、迁西县、玉田县、唐海县；秦皇岛市昌黎县；邯郸市市区、峰峰矿区、临漳县、涉县、磁县、永年县、邱县、鸡泽县、馆陶县；邢台市市区县（除隆尧县、任县、新河县、广宗县、威县、沙河市）；保定市市区、清苑县、曲阳县；张家口市市区；沧州市市区、青县、东光县、盐山县、吴桥县、献县、泊头市、黄骅市；廊坊市固安县、香河县、大城县；衡水市市区、饶阳县、安平县
第五类	一、二、三、四类之外的其他区县

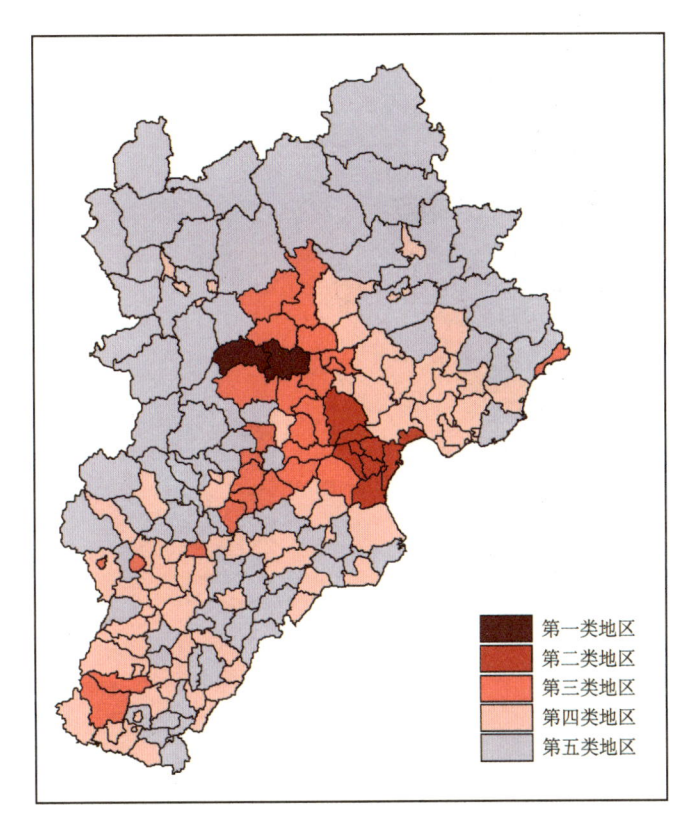

图 3-2-22 京津冀人口聚类

对聚类结果的分析：

第一类地区：迁入人口占总人口比例达 30% 以上，迁移距离以远程迁移为主，外省迁移人口占总迁移人口的 50% 以上。

第二类地区：迁入人口占总人口比例达 20% 以上，人口流动以近距离流动为主，外省迁移人口占总迁移人口的 30%。

第三类地区：迁入人口占人口比例小于 20%，省外流动人口占总流动人口的比重 30% 以下。

第四类地区：迁入与迁出基本持平，人口净迁入小。

第五类地区：人口净流出区。

(二)京津冀地区人口区划(2020年)

根据聚类结果，结合京津冀2020年人口增长、城市化发展水平及流动人口增长趋势的预测，我们将京津冀2020年人口空间分布划分为六个区域：京津成熟区、沿海高速增长区、次高速增长区、石衡增长区、邯邢增长区、冀西北人口净流出区(图3-2-23)。

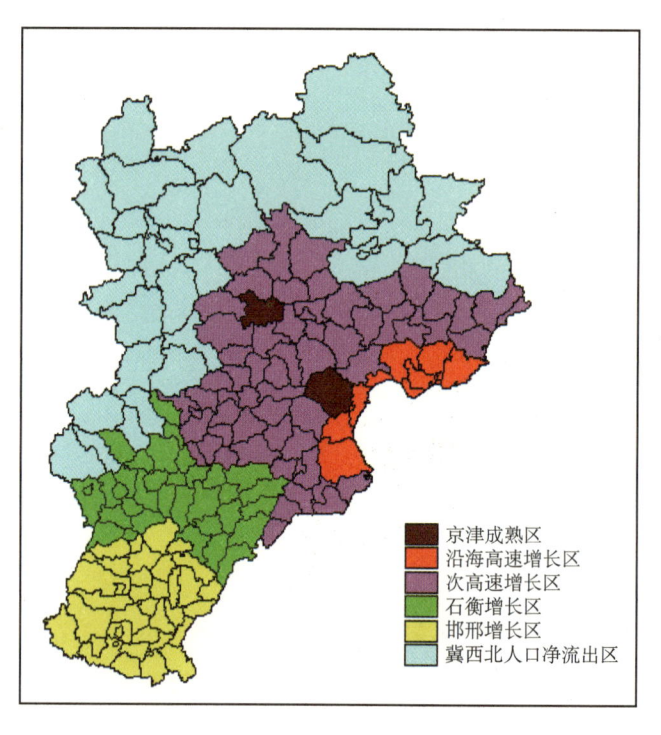

图 3-2-23　2020年京津冀人口区划预测

表 3-2-33　京津冀各区域人口、面积及人口密度

区域	面积(km²)	2000年		2005年		(1)	(2)
		总人口(万人)	人口密度(人/km²)	总人口(万人)	人口密度(人/km²)		
京津成熟区	10 832	1 586	1 464	1 598	1 475	0.8	11
沿海高速增长区	15 674	810	517	831	530	2.6	13
次高速增长区	53 061	2 591	488	2 890	549	11.5	61
石衡增长区	25 870	1 533	593	1 593	616	3.9	23
邯邢增长区	24 509	1 502	613	1 546	631	2.9	18
人口净流出区	53 939	956	177	974	181	1.9	4

注：(1)2000-2005年总人口增加百分比(%)；(2)2000-2005年人口密度增加(人/km²)。

根据 2005 年现状人口在各区域的分布状况（表 3-2-33），结合对京津冀人口规模的预测，2020 年京津冀总人口将达到 1.1 亿左右（预测结果为 10 595 万人，11 425 万人），同时考虑不同区域人口自然增长率、经济发展状况、发展潜力、资源环境承载力以及滨海新区建设等因素的影响，对不同的区域人口增长我们赋予不同的权重，6 类地区分别赋予 0.15、0.3、0.25、0.2、0.15、-0.05 的权重。可以预测 2020 年京津冀 6 大人口区域的人口公布状况（表 3-2-34）。

表 3-2-34　2020 年京津冀分区人口预测（单位：万人）

区域	2005 年	2020 年	2020 年人口比 2005 年增减
京津成熟区	1 598	1 915	317
沿海高速增长区	831	1 238	407
次高速增长区	2 890	3 692	802
石衡增长区	1 593	1 697	104
邯邢增长区	1 546	1 781	235
人口净流出区	974	677	-297
合计	9 432	11 000	1 568

从京津冀地区人口区划与京津冀都市区的关系来看：前面我们对京津冀人口的聚类与都市区的划分高度拟合，都市区是人口聚集的主要地区，另外，在都市区放宽 10% 以后，都市区的扩展也符合我们对于京津冀地区 2020 年的人口区划。因此未来都市区与都市连绵区将是未来人口增长的主要地区。

京津成熟区是目前京津冀地区人口最为密集的地区，人口密度为 1 475 人/km^2，虽然人口自然增长率很低，但对于外来人口的吸引力仍然很强，在未来十几年中人口仍然保持较高的增长速度，而京津人口的快速增长，已经开始逼近区域资源环境所能承载的最大容量，因此，该地区应该出台相关措施，适度控制人口的过快增长，引导人口向其他地区流动。

沿海高速增长区由于滨海新区的建设，将面临前所未有的发展机遇。天津滨海新区成为国家国民经济和社会发展的重要战略节点，天津港扩建计划、城际轨道和高速铁路等区域性重大交通和基础设施建设计划、千万吨级炼油和空客 A320 总装线等大型工业项目建设计划将会极大地影响京津冀都市区的空间发育。随着滨海新区的建设与发展，人口聚集能力与增长速度将大幅度提升，将成为未来京津冀地区主要的人口吸纳地。因此，该地区应该规范人口的合理流动，有针对性地吸纳所需各类人才进入该地区就业。

次高速增长区是京津成熟区外围发展条件较好的地区，是未来吸引人口的主要地区，同时也是京津人口郊区化与疏散京津外来人口的主要地区，因此，该地区未来十几年中人口将有很大的增加。

石衡增长区与邯邢增长区由于有石家庄、邯郸等城市的发展与带动，在区内人口向京津冀其他地区流出的同时，自身也会吸纳外来人口的流入，使总人口保持良好的增长势头。对于该两类地区，在面临京津成熟区、沿海与次高速增长区吸引区内人口流出的同时，如何出台措施，吸纳经济发展所需高素质人口,显得尤为迫切。

人口净流出区目前的人口增长比较缓慢,部分地区出现负增长,人口增长主要表现为自然人口增长。该地区同时也是京津主要水源地,生态比较敏感,因此该地区将来将是人口的负增长地区,应做好教育与劳动力市场的培育,以适应未来劳动力转移的需要。对于有条件的地区,可以吸引当地劳动力,加快城市化步伐,促进产业与人口聚集,对于处于生态环境相对脆弱的地区,其产业发展与城镇建设应该考虑与生态环境相协调。

五、京津冀城镇群人口流动管理与统筹城乡发展

京津冀正由工业化中期向工业化后期转型,京津向成熟的城市社会转型。改善发展环境与条件、提高区域国土质量、提高全体居民的基本生活质量、建立科学的人口流动与管理制度、建立基本的教育培训与社会保障体系应该成为京津冀城镇体系规划的基本目标。

但是,京津冀统筹规划发展的制度障碍却非常明显。京津与河北分省(市)而治,但是客观上京津是京津冀的区域中心,在市场选择领域京津作为中心城市的作用非常突出,他们成为京津冀的劳动力就业和民间资本选择的主要空间,市场要素极化效应非常显著;但是由于行政分割,生产要素的扩散作用被极大地弱化,在政府管理领域京津也没有起到中心城市的作用。也就是说京津享受到了作为中心城市的红利,却没有相应地支付作为中心城市的成本,没有承担起作为中心城市的经济责任和社会责任。因此,要实现京津冀的持续协调发展,提高区域的整体竞争力,就必须克服行政分割障碍,构建京津冀良性互动,城乡统筹的发展机制。

(一)统筹城乡发展四步走战略

政府管理制度改革严重滞后,城乡之间的封闭式管理制度以及对农村提供公共服务严重短缺,是导致中国城乡二元结构的主要原因。在快速城市化的过程中,农村青壮年劳动力进入城市打工,老弱病残留在农村;城市经济发展增加了大量财政收入,但是为农村提供的公共服务却严重不足,导致广大乡村普遍缺乏经济社会稳定发展的基础条件,城乡差距进一步扩大,城乡矛盾不断积累,构成新时期中国落实科学发展观的重要障碍。

城市化的核心是"化农村人口为城市人口"、"化农村社会为城市社会","两化"要求转变传统的以城市为核心的二元化管理制度,城市必须建立开放包容的人口流动制度以及为农村地区提供公平的公共服务。但是由于京津客观上是京津冀的区域中心,行政上又分省(市)而治,如何建立跨区人口流动管理机制,创新城市化管理,是京津冀建立统筹城乡发展长效机制的难点所在。

京津冀地区统筹城乡发展核心的任务是打破行政区划界限,改变传统体制下各自为政的管理制度,构建"城乡统筹、系统推进"的管理指导思想,将农村特别是河北省农村发展纳入提升区域整体竞争力的框架之中,所有的中心城市都需要为此发挥中心城市职能,尽到中心城市的责任

和义务。

统筹城乡发展首先属于公共管理的范畴,城乡开放的人口流动制度和公平的公共服务制度,都是规范的公共产品,是市场经济条件下构建服务型政府和责任政府的重要内容。政府是推进统筹城乡发展的第一主体。因此,要推进京津冀统筹城乡发展,关键在于京津冀政府层能否就实施区域统筹城乡发展的必要性达成共识,并进行富有诚意的合作。这是超越技术层面的战略问题,京津冀领导者只有以高度的历史责任感和使命感,以实事求是的科学管理精神,为区域统筹发展支付解决历史遗留问题的成本,才能为京津冀地区真正的崛起赢得美好的未来。

以建立京津冀跨省市的互动协商机制为前提,京津冀跨区域统筹城乡发展可以实施四步走战略:

第一步:推进新型工业化,提升京津冀城市群非农产业就业机会。

构建京津冀合理的城市体系框架,努力推进京津冀新型工业化进程,尽可能地通过技术进步、延长产业链、发展现代服务业体系来扩大就业。根据产业与就业扩张的关系,京津冀6个人口次区域适合不同的产业政策方向:

京津成熟区适合发展高端服务业,特别是北京市区,对于必须在市区发展的知识密集型和智能密集型服务业,通过提高服务业技术装备提升高端服务业劳动生产率,减少服务人员数量;同时运用规划的手段以及市场的力量引导包括教育、卫生、体育、商贸等一般性专业化发展的服务业向郊区以及天津、河北转移。

沿海高速增长区要以现代制造业为主体形成新一轮产业链的聚集,天津滨海新区制造业的主体不能止于原材料工业,需要在全国最短缺、最具战略地位的装备产业中有所作为。装备产业是新型工业化的先导产业,无论从滨海新区的战略定位、还是从带动京津冀新一轮产业结构升级和经济增长、或是从扩张京津冀就业岗位的角度看,滨海新区都需要在中高核心技术制造领域填补国家空白,大规模替代进口,奠定滨海新区在现代制造业中无可替代的地位。以此为起点,启动滨海新区新一轮产业结构升级与扩张,并通过产业链的扩散给周边地区发展的市场机会。以产业链延长为契机带动滨海新区、沿海高速增长区乃至于河北其他区域的就业扩张,这是京津冀未来时期就业扩张最重要的路径选择。

次高速增长区域是未来时期总人口增长量最多的区域,是受京津扩散和辐射成为京津冀富有活力和特色的地区。由于京津制造业和服务业市场发展与分工的细化,如果地方政府建立起一整套开明、公正、高效的公共服务体系和政府管理机制,本区域将成长一批不同类型产业集群的城市,其中包括各类制造业产业集群和服务业产业集群,包括比如大学城、体育城、老人城市、家具城、医疗与修疗养城市等,城市主导产业特色突出,地方化效应显著。在本区域各城市的主导产业发展中,偶然性因素起着重要的作用,但是其必需的基础是投资环境与发展环境的营造。

石衡增长区和邯邢增长区发展的外力弱于次高速增长区,其就业扩张主要依赖于新时期主导产业的市场竞争力。石家庄拥有医药等具有一定市场优势的部门,加上其行政中心的聚集作用,其发展态势相对活跃;邯邢的产业过分依赖原材料工业,产业竞争力受到严重的外部威胁,产业链相对短,成长难度比较大。石衡增长区和邯邢增长区都需要十分重视县域经济发展,发展劳动密集型产业,辐射华北其他地区。同时尽可能与京津建立产业关联,参与京津冀新时期的分工与合作,跟着产业链同步走向市场。

张家口和承德人口净流出区作为京津都市区的水源和风沙源,自然环境承载力较弱,并承担维护区域公共环境的职责,需要适度限制污染型产业的发展。这里是京津冀劳动力输出的重要区域。但是,中心城市、县城和重点镇仍然需要根据具体情况发展相应的产业,特别是针对京津大市场,发展绿色农业和绿色食品加工工业,建立京津绿色环保产业基地,尽可能多地吸纳地方劳动力。

由于京津冀产业格局所决定,未来时期京津冀仍然主要呈现出向心型人口流动,只是核心在不断扩大,由原来以北京为主,逐步转变为以沿海高速增长区域和次高速增长区为主,其他各中心城市、县城和中心镇为辅的增长格局。如果京津冀产业发展规划落实程度高,则农村富余劳动力向各级各类城市转移就具备了基本的市场基础。

但是,要真正实现农村富余劳动力完全意义的转移,还必须构建制度基础——建立健康的人口流动管理制度,这正是京津冀统筹城乡发展四步走战略的第二步。

第二步:构建以人为本的人口流动管理机制。

"十一五"规划第一次明确提出要推进中国"城镇化健康发展"。所谓城镇化的健康发展是针对以前城市化的过程中有不健康内容提出来的,是根据构建和谐社会的战略需要提出来的。从人口流动管理和统筹城乡协调发展的视角看,要将城市化进程驶入健康发展的轨道,要求中心城市担负起完全接纳流动人口的历史性责任,构建"就业+社会保障+合法住宅=城市户口"的户籍管理制度。

一家之主在一个城市获得户口,可以携带直系亲属进入城市,同样获得同一个城市的户口。中国城市化必须结束"妻离子散"的状况,以人为本,是指以人的根本需要为本。城市化是"化农村人口为城市人口",在城市化的过程中以人为本,则应该首先以"被化的乡村人口"为本,以满足他们基本的生存与发展需要为本。在中国城市化过程中与家人团聚成为流动人口的奢侈品,这是违背人性的管理模式。几千万甚至于更多的家庭一年夫妻只有一次团聚,父母与孩子只有一次见面的机会,这样的家庭和社会缺乏和谐的基础。老子曰"知常曰明"。了解常态,根据社会正常的需要去管理社会才是明智的管理,违背常理的管理必然导致混乱。为此,建立开放的户籍管理制度是保障健康城市化的必然选择。

第三步:以"三个集中"谋求聚集经济效应。

构建了人口有序流的平台以后,需要解决人口往哪里流的问题。从总体上看,我们的人口次区域划分基本指明了人口流向的总体分布,在各个区中,还必须遵循集中发展的原则,除了京津成熟区外,都需要引导人口适度集中。特别是各地级市、广大县级市和各县范围内,在空间上需要遵循"三个集中"的基本原则。"三个集中"是指产业向产业发展区集中、人口向城镇集中,土地向规模经营集中。推进"三个集中"是谋求新型工业化时期城市化的聚集经济效应。这是构建多层次城乡互动、共同发展的重要路径,是城市吸纳富余劳动力、乡村减少人口压力、推动现代农业发展三个过程在空间上的统一。"三个集中"在不同层面、不同规模的实现,适合于京津冀绝大部分区域。

第四步:为广大乡村提供均等化的公共服务。

为广大农村地区提供均等化的公共服务是统筹城乡发展的制度保障,这既是提高乡村居民生活质量的必要手段,也是提高乡村居民基本素质,保障他们进入城市劳动力市场以后具有市场竞争力的基本手段,从而成为推进城市化健康发展的必要举措。

京津冀地区为乡村提供均等化公共服务的难点在于:必须构建跨区域的公共服务供给机制,京津真正发挥中心城市职能,在援助河北欠发达地区发展的过程中承担起相应的职责。建议以京津冀财政资金为基础,建立共同公共服务基金,专项用于为农村地区,特别是为河北公共服务严重缺乏的广大乡村地区提供公平化的公共服务,在最短时期内弥补公共服务之不足,为京津冀区域统筹城乡发展提供制度保障。

统筹城乡发展四步走战略起步于城市,贯穿于城乡互动过程,落脚于乡村的建设与发展,既是推动城市化健康发展的过程,也是推进社会主义新农村建设的过程,是在开放的城乡互动中和谐发展的过程。四步走战略的实施程度取决于京津冀政府层面合作的诚意,取决于作为中心城市的京津承担中心城市职责的果敢精神,取决于在京津冀联合基础上的一系列制度创新与突破。

(二) 京津冀统筹城乡发展的特征与主要问题

统筹城乡发展的四步走战略,对于进一步理清京津冀地区城乡统筹发展思路,探寻协调城乡关系的切实可行路径,具有重要的指导意义。但是,让四步走战略在京津冀地区贯彻落实,取得实效,还需要紧密结合实际情况,在准确把握京津冀地区城乡关系现状、历史和成因的基础上,构建针对性强、特色突出的战略实施框架。因此,科学分析京津冀地区城乡关系特征,找出城乡统筹面临的主要问题成为战略落实的必要前提。

1. 京津冀区内城乡发展差异小于全国类似地区

城乡差距与发展阶段密切相关。京津冀两市一省在地域上紧密相连,但在发展阶段上却各有先后,根据陈佳贵等人采用 2004 年数据的研究,北京、天津和河北分别属于后工业化时期、工业化后期和工业化中期[①]。表 3-2-35 列举了不同发展阶段的各省市的城镇居民可支配收入和农村居民人均纯收入,以及两者的比值。

可以看到:相比于处于工业化后期的四个省市,北京城乡居民收入的绝对水平领先,但收入比值只低于广东。天津的城镇居民收入低于广东、浙江,农村居民纯收入低于浙江,收入比值仅高于江苏。处于工业化中期的有七个省,河北的城乡居民收入都位列第四,两者比值位列第五。

---

① 陈佳贵等:"中国地区工业化进程的综合评价和特征分析",《经济研究》,2006 年第 6 期。

总体而言，北京落后于上海，城乡居民收入水平与其整体发展水平相适应，但居民收入差距相对较大，天津和河北在与同发展阶段的省市比较中，无论是收入的绝对水平还是收入差距都属于中等水平。

表 3-2-35 2004 年不同发展阶段省市城乡居民收入差距

发展阶段	地区	城镇居民人均可支配收入(元)	农村居民人均纯收入(元)	比值
后工业化时期	北京	15 638	6 170	2.53
	上海	16 683	7 066	2.36
工业化后期	天津	11 467	5 020	2.28
	广东	13 628	4 366	3.12
	浙江	14 546	5 944	2.45
	江苏	10 482	4 754	2.20
工业化中期	山东	9 438	3 507	2.69
	河北	7 951	3 171	2.51
	辽宁	8 008	3 307	2.42
	福建	11 175	4 089	2.73
	山西	7 903	2 590	3.05
	吉林	7 841	3 000	2.61
	黑龙江	7 471	3 005	2.49
	全国	9 422	2 936	3.21

注：各省市发展阶段的划分来自于陈佳贵等："中国地区工业化进程的综合评价和特征分析"，《经济研究》2006 年第 6 期。
资料来源：《河北经济年鉴 2006》。

当然，城乡发展差距的内涵十分丰富，涉及发展的结果与机会两个层次，涵盖居民生活质量、产业效率和政府公共产品供给等诸多方面，城乡居民收入差距仅仅是衡量城乡差距的指标之一。为了更加综合地考察城乡差距，表 3-2-36 利用人类发展指数(HDI)考察了相关省市的城乡人类发展水平。人类发展指数(HDI)是联合国开发计划署(UNDP)提出的衡量一个国家或地区在人类发展方面成绩的综合指数，包含人均 GDP、出生时的预期寿命、成人识字率和毛入学率四项指标。人均产出、教育水平和医疗卫生三者在指数的计算中被赋予了同等的权重。

从人类发展指数的视角来看，北京、天津和河北在比较中处于更加有利的位置。尽管还是全面落后于上海，北京无论是城乡发展的绝对水平，还是城乡程度都好于处于工业化后期的除天津以外的其他省市。天津相比于广东、浙江和江苏，其优势十分明显。河北在处于工业化中期的七个省中总体处于中游偏上的位置，其城市人类发展水平不及辽宁、福建和山东，农村水平仅次于辽宁，城乡比值刚好排在第四位。

城乡居民收入差距以及在此基础上形成的生活质量差距，都是工业化过程中农业和非农产业效率差异的结果。因此，产业效率也是分析城乡发展差距的重要视角(表 3-2-37)。

表 3-2-36　2003 年不同发展阶段省市城乡人类发展指数

发展阶段	地区	城镇	农村	比值
后工业化时期	北京	0.907	0.800	1.134
	上海	0.922	0.835	1.104
工业化后期	天津	0.876	0.794	1.103
	广东	0.845	0.743	1.137
	浙江	0.869	0.754	1.153
	江苏	0.858	0.756	1.135
工业化中期	山东	0.830	0.725	1.145
	河北	0.828	0.730	1.134
	辽宁	0.843	0.752	1.121
	福建	0.843	0.724	1.164
	山西	0.810	0.705	1.149
	吉林	0.816	0.720	1.133
	黑龙江	0.826	0.729	1.133
	全国	0.816	0.685	1.191

资料来源:《中国人类发展报告 2005》。

表 3-2-37　2004 年不同发展阶段省市产业效率

发展阶段	地区	非农产业(元/人)	农业(元/人)	比值
后工业化时期	北京	52 743	16 732	3.15
	上海	98 706	14 370	6.87
工业化后期	天津	63 532	12 678	5.01
	广东	53 316	8 081	6.60
	浙江	46 127	9 814	4.70
	江苏	64 019	11 406	5.61
工业化中期	山东	49 914	8 111	6.15
	河北	39 218	8 497	4.62
	辽宁	49 471	10 723	4.61
	福建	48 616	10 621	4.58
	山西	33 623	3 928	8.56
	吉林	40 175	10 811	3.72
	黑龙江	57 085	7 372	7.74
	全国	29 077	5 888	4.94

资料来源:根据《中国统计年鉴 2005》计算。

从农业和非农产业效率的比较来看,北京的产业效率相对差距极小,不及上海的一半。极低的比值也有特殊的原因,2004 年北京的农业劳动生产率全国最高,达 16 732 元/人,而其非农产业效率奇低,只及上海的 53%,甚至低于黑龙江。天津的农业产业效率低于京沪,但高于其他省市,非农产业效率仅低于上海和江苏,两者差值也不算大。河北农业产业效率在发展阶段相同的七省中列第四位,非农产业效率第六位,两者之比也是第四位。从产业效率的比较(表 3-2-37)来看,基本可以印证通过城乡居民收入和人类发展指数比较得出的结论,即京津冀两市一省同类似地区相比,农村发展水平相对较高,而城市整体发展水平相对较低,因此城乡发展差距并不显著。

2. 区域整体城乡差异显著构成京津冀统筹城乡发展的重点与难点

京津冀在空间和经济上密切联系,北京和天津实际上一直在本地区发挥着中心城市的作用。第五次人口普查资料显示,北京和天津流动人口的第一来源地都是河北,河北人分别占两市流动人口的 20.1% 和 22.2%,而河北流动人口的第一和第二目的地也是北京和天津。按照行政区划考察城乡差距,其实是割裂了两市一省的相互联系,也把京津冀地区最发达的城市和最落后的农村隔离开来,人为地低估了这里的差距水平。

表 3-2-38 整合了 2005 年京津冀地区两市一省和长三角地区两省一市的城乡居民收入差距。我们仍然发现,与长三角各省市相比,北京、天津和河北各自的城乡居民收入差异并不算大,甚至天津还相对较低。但是,整合之后京津冀地区的城乡居民收入之比为 3.08,比单独计算的最高的河北高 0.46,比天津高 1.33;长三角地区为 2.54,比最高的浙江仅高 0.09,比最低的上海也仅高 0.3。京津冀地区城乡差异的最突出表现和最鲜明的特征就是京津两个现代化的国际性大都市与贫困落后的河北农村之间差异。

表 3-2-38 2005 年京津冀和长三角城乡居民收入差距情况

地区	城镇居民人均可支配收入(元)	农村居民人均纯收入(元)	城乡居民收入之比
北京	17 653	7 860	2.25
天津	12 639	7 202	1.75
河北	9 107	3 482	2.62
京津冀	12 063	3 915	3.08
上海	18 645	8 342	2.24
江苏	12 319	5 276	2.33
浙江	16 294	6 660	2.45
长三角	14 912	5 864	2.54
全国平均	10 493	3 255	3.22

资料来源:《中国统计年鉴 2006》,《北京市统计年鉴 2006》,《天津市统计年鉴 2006》,《河北经济年鉴 2006》。

那么河北的农村到底有多穷,它们与京津的差距又到底有多大?

以 2005 年全国农民人均纯收入 3255 元为基准,把京津冀地区的县(市)分成不足全国平均水平 80%、80% 至全国平均之间、全国平均水平以上 1.5 倍以下和高于全国平均水平 1.5 倍这 4 类(图 3-2-24)。

京津冀地区农民人均纯收入不到全国平均水平的县竟达 57 个,全部分布在河北,占河北县(市)总数的 42%,行政区划面积 11.24 万平方公里,人口 1986.2 万,分别占京津冀地区总面积和总人口的 52% 和 21.1%(表 3-2-39)。贫困覆盖面之广令人触目惊心。

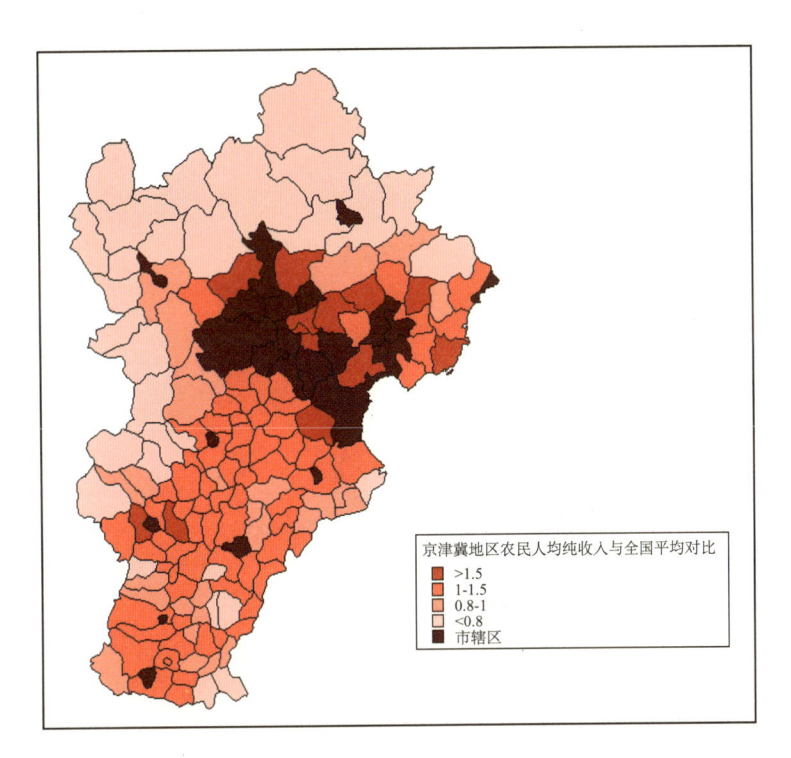

图 3-2-24 京津冀农民人均纯收入划分（2005）

表 3-2-39 按农民人均纯收入分类的京津冀县(市)情况

分类	县(市)数量	行政区面积（万 km²）	总人口（万人）	占京津冀行政区划面积的比重(%)	占京津冀总人口的比重(%)
<0.8 低于 2 604 元	30	8.36	1 109.7	38.7	11.8
0.8-1 2 604-3 255 元	27	2.88	876.5	13.3	9.3
1-1.5 3 255-4 883 元	71	6.22	3 269.3	28.8	34.7
>1.5 4 883 元以上	13	1.56	630	7.2	6.7

资料来源:《中国统计年鉴 2006》，《北京市统计年鉴 2006》，《天津市统计年鉴 2006》，《河北经济年鉴 2006》。

同年，河北省农民人均纯收入是 3 481.6 元，而北京市城镇居民人均可支配收入已达 17 653 元，后者约是前者的 5.1 倍。而农民人均纯收入没有达到全国平均水平的 57 个县，只有 2 507 元，不足北京市城镇居民可支配收入的 15%，不足天津的 20%。收入最低的 30 个县则平均只有 2 147 元，是北京市和天津市城镇居民人均可支配收入的 12% 和 17%。

若以北京市 2005 年的城市居民最低生活保障标准 300 元/月，即 3 600 元/年作为衡量的尺度，将河北省农民年均收入低于这个保障标准县标注出来。我们看到，2005 年这样的县多达 68 个，行政区划总面积 12.1 万平方公里，总人口 2 424 万，分别占京津冀地区总面积和总人口的 56% 和 25.7%，并且其中的赤诚、丰宁、滦平、承德、兴隆、涿鹿、涞水 7 县直接与北京接壤(图 3-2-25)。

京津周边的贫困问题，由于"环京津贫困带"的提出而成为各界关注的焦点。这个贫困带是指围绕北京和天津周围的 32 个贫困县，主要分布在张家口和承德的燕山和坝上、保定铁路以西的太行山以及沧州的黑龙港流域。"环京津贫困带"的贫困即使不与毗邻的京津两个大都市比较，其程度也是让人惊叹的。2003年，"环京津贫困带"的县均社会固定资产投资总额、地方财政预算内收入和规模以上工业企业总产值分别为 18 416 万元、3 578 万元和 2 546 万元，仅为全国贫困县平均水平的 73.8%、70.6% 和 91.7%。

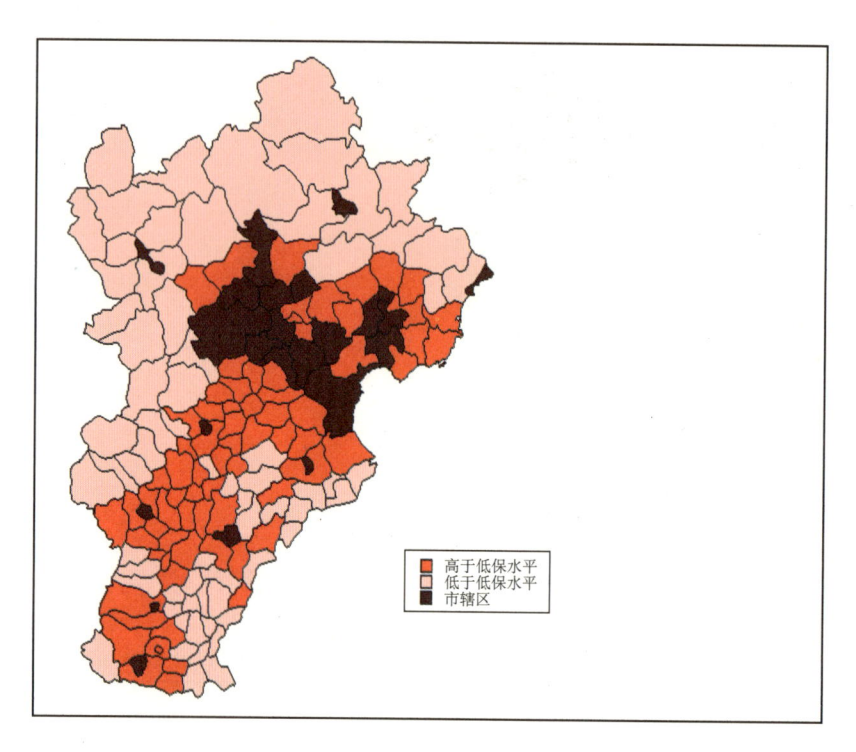

图 3-2-25　2005年河北省各县(市)农民人均纯收入与北京市低保标准比较

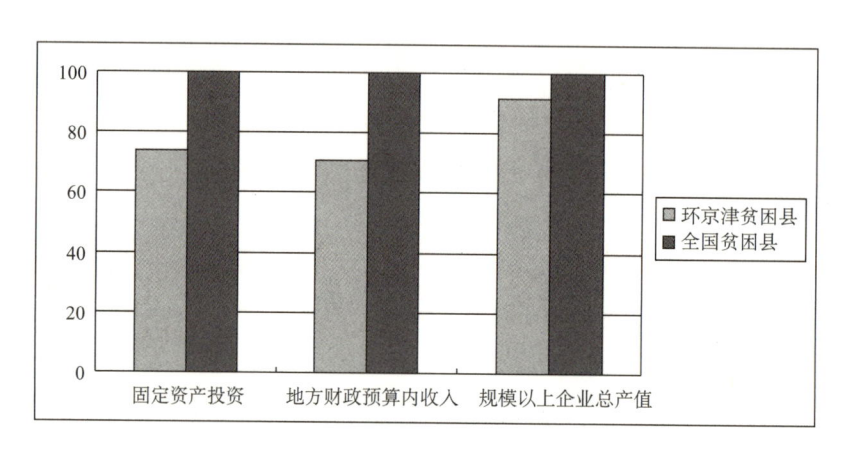

图 3-2-26　环京津贫困县与全国贫困县平均水平比较
资料来源：《中国区域经济发展报告：2005-2006》，社会科学文献出版社。

如果将京津冀地区的所有国家扶贫开发重点县在地图上标示出来(图 3-2-27)，再与图 3-2-24 和图 3-2-25 进行对比，我们不难发现，扶贫开发的重点地区其实就是农村最为落后的地区。这是因为这些贫困地区还处于前工业化时期，非农产业和城镇都极不发达，它们的落后问题其实就是农村的落后问题。2004年河北的39个国家扶贫开发重点县共有人口1 345.9万人,其中乡村人口就有1 215.8万人,占总人口90%以上。所以京津冀地区区域差异的空间特性同样适用于城乡差异,那就是在京津这两个大城市的周边就聚集着连片分布的极度贫困的农村。

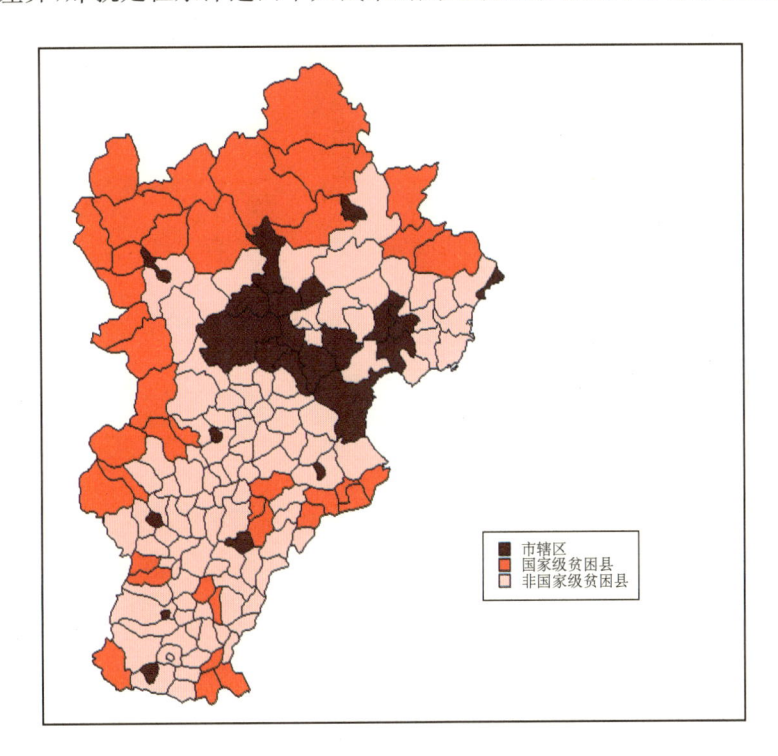

图 3-2-27 京津冀国家级贫困县分布

3. 人口流动的制度障碍加剧了城乡失调并导致中心城市大量社会问题的积累

如前边所说,在省际流动中,河北长期以来是京津流动人口的第一来源地,在其流动人口中的比重绝大部分时间都在1/5以上,2000年河北省流入北京55.5万人,占北京流动人口的21.3%,流入天津20.2万人,占天津流动人口的27.6%。如此大规模的人口外流京津,必然会对河北自身的城市化发展产生一定的负面影响。

河北大量人口向京津的流动,不仅仅加剧了河北的城乡失调,也给京津自身的发展造成严重的负外部性:①区域中心城市与乡村发展不协调:中心城市国际化、现代化与区域内大量乡村贫困并存,中心城市高等教育人才相对充裕的供给与乡村地区基础教育供不应求并存,京津留给河北的问题已经超过了河北解决问题的能力,而周边地区社会问题的累积也同时给京津的和谐发展带来了威胁;②京津发展的社会成本不断增加:人口管理成本、无序建设的成本、警察成本等,例如,2004-2005年北京市的GDP增长11.8%,刑事立案案件增长15%,刑事立案案件的增长远远快于经济的增长,经济增长效益的一部分被社会管理成本的增加而抵消。

4. 地级市以下城镇过度分散弱化了产业乘数效应以及土地效益

发展县域经济是统筹城乡发展的重要环节,县域经济的发展壮大,对上可以承接大城市产业,在区域内形成层次分明、分工合理的产业链条,对下可以带动农村发展,促进城市文明向农村辐射。建制镇规模结构既是县域经济发展的自然结果，也是影响其进一步发展的重要因素（表3-2-40）。

表3-2-40　京津冀与长三角建制镇规模等级体系（2002）

	建制镇个数（个）		建制镇规模结构（%）		建制镇平均规模（人）	
	京津冀	长三角	京津冀	长三角	京津冀	长三角
≥8万	2	46	0.16	2.05	84 996	119 307
5-8万	11	33	0.91	1.47	62 840	64 662
3-5万	31	68	2.55	3.03	37 260	38 659
1-3万	130	490	10.71	21.82	16 709	15 723
0.5-1万	268	730	22.08	32.5	6 880	7 137
0.2-0.5万	499	698	41.1	31.08	3 359	3 524
<0.2万	273	181	22.49	8.05	1 236	1 353

资料来源：《中国乡镇统计资料2003》。

京津冀地区建制镇规模偏小。与长三角地区相比，2002年京津冀1万人以上的建制镇仅占其建制镇总数的14.33%，长三角的这一比例为28.37%，后者几乎是前者的两倍；而0.2万人以下的建制镇在京津冀占到22.49%，长三角仅为8.05%，后者几乎是前者的1/3。即使是同为8万人以上的镇，京津冀的平均规模为84 996人，长三角则达119 307人，后者约是前者的1.4倍。

建制镇规模偏小直接影响到产业乘数效应的发挥。在工业化过程中，第二产业是地区经济增长的基础，它较高的劳动生产率带动劳动者收入水平提高，从而为产业的进一步发展提供旺盛的需求驱动，它同时也带动咨询、金融等生产性服务业的发展，是第三产业增长和结构升级的保障。第二产业产出的增加引起地区生产总值的成倍增加，这就是第二产业的乘数效应。而人口聚集程度影响第二产业乘数效应的强弱，因此，建制镇规模结构影响着县域第三产业的发展，从而影响整个县域经济的增长与结构升级。

图3-2-28对比了河北省和江苏省的建制镇规模结构，2002年，河北省共有建制镇957个，其中1万人以上的镇占14.6%，2 000人以下的镇占到21.2%，而江苏省有建制镇1 199个，1万人以上的镇334个，占总数的27.9%，2 000人以下的镇44个，占总数的3.7%。与江苏省相比，河北省建制镇分布相当分散。

由于建制镇规模影响的是县域经济，表3-2-41考察了河北省与江苏省县（市）三类产业产值和结构的情况。江苏省52个县（市）2004年第二产业增加值达4 146.05亿，占GDP比重的53.68%，第三产业增加值达2 597.36亿，占GDP的33.63%，河北省136个县（市）2005年第二产业增加值3 784.66亿，占GDP的52.98%，只比江苏低0.7个百分点，而第三产业增加值占GDP的28.45%，约比江苏低5.2个百分点。显然，河北省第二产业对第三产业的带动作用不及江苏。

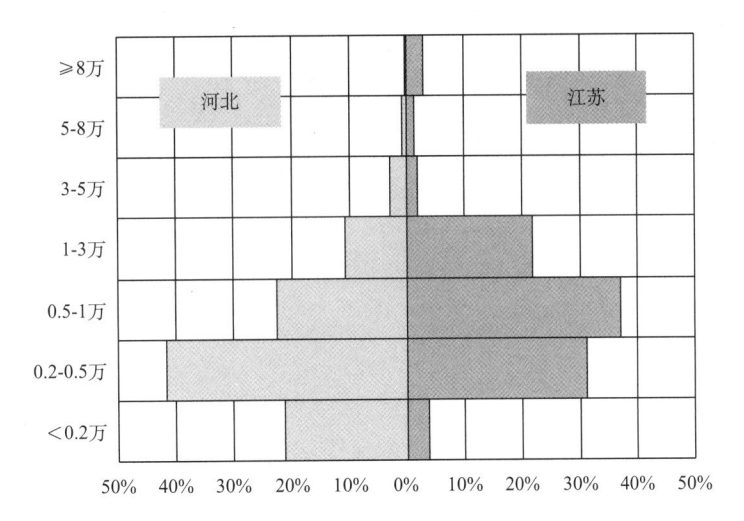

图 3-2-28　河北与江苏建制镇规模结构(2002)

表 3-2-41　河北与江苏县(市)三类产业结构

省份	第一产业		第二产业		第三产业	
	产值(亿)	比例(%)	产值(亿)	比例(%)	产值(亿)	比例(%)
河北	1 326.17	18.57	3 784.66	52.98	2 032.25	28.45
江苏	979.99	12.69	4 146.05	53.68	2 597.36	33.63

注：河北是 2005 年数据，江苏是 2004 年数据。
资料来源：《河北经济年鉴 2006》，《江苏统计年鉴 2005》。

5. 城乡公共服务长期严重失衡导致农村居民基本生活质量难以提高

在以人为本的科学发展观指导下的统筹城乡发展，实现城乡一体化，其目的就是要实现城乡居民生活质量提升的同步、协调。城乡居民的生活质量由其收入水平、文化程度、医疗条件和享受的基础设施等各种因素决定。个人生活质量的改善在很大程度上取决于个人的奋斗，而整个区域居民整体生活质量的改善只有通过政府的不懈努力，提高各种公共产品与公共服务的供给水平，为城乡居民提供有利的环境和公平的基础。

教育是决定居民生活质量的关键因素之一，广大农村居民只有获取相应的知识技能，才能适应现代农业的生产经营方式，才能满足城市产业发展的基本要求，从而提升自己的生活质量。国家统计局曾于 2006 年在全国范围内开展了城市农民工生活质量状况的专项调查，其中分析了教育程度对农民工生活质量的影响。在其他条件相同的情况下，文盲组比小学组的生活质量指数低 0.6%，初中组比小学组的生活质量指数高 1.7%，高中组比小学组高 4.1%，大专及以上组比小学组高 7%[1]。教育程度与生活质量有显著的正相关关系。然而，我国目前的城乡居民文化程度存在很大差距，农村教育是国民整体教育素质提高最为薄弱的环节。2004 年，京津冀地区城镇 15 岁及以上人口中文盲、半文盲率为 3.3%，而农村这一比例为 8.4%，是前者的 2 倍多。城

---

[1] 国家统计局课题组："中国农民工生活质量影响因素研究"，《统计研究》，2007 年第 3 期。

乡居民受教育程度的差异实质上是城乡公共教育投入失衡累积的结果。

表 3-2-42　京津冀地区城乡普通小学办学条件(2004 年)

	固定资产(元/生)	教育经费支出(元/生)	图书藏量(册/生)	计算机(台/生)
城镇	5 709	2 701	31	0.09
农村	3 349	1 359	21	0.04
城乡比	1.70	1.99	1.48	2.25

资料来源:《中国教育统计年鉴 2004》,《中国教育经费统计年鉴 2005》。

如表 3-2-42 所示,2004 年,京津冀地区城镇普通小学的生均固定资产约是农村的 1.7 倍,教育经费支出是后者的近 2 倍,我们财政长期坚持城市优先的发展策略,致使农村公共产品供给严重缺失。而且在京津冀地区,最发达的城市与最落后的农村,由于行政区划的分割,没有在区域内形成有效的城乡统筹机制,使得这一地区的城乡差异更加显著。如果以北京市城镇普通小学的办学条件与河北农村比较,我们可以看到,后者生均的固定资产、教育经费支出、图书藏量和计算机拥有量分别仅是前者的 32％、18％、38％和 27％(图 3-2-29)。

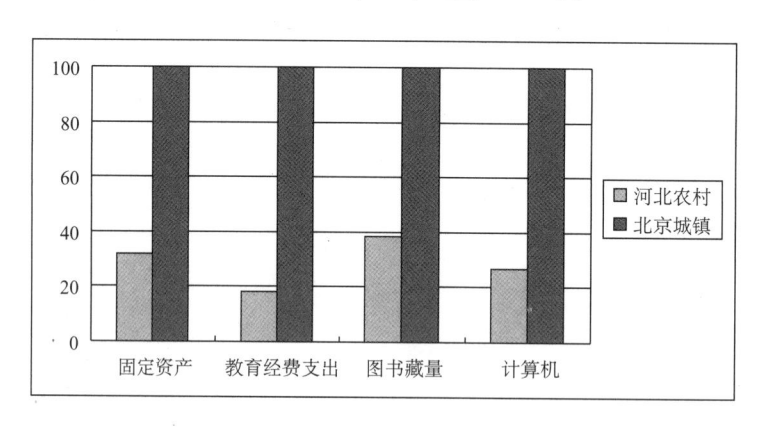

图 3-2-29　北京市城镇与河北农村普通小学办学条件比较(2004)

健康是国民享有的基本权利,而政府有责任提供各类公共产品改善环境卫生和医疗条件,保障所有的社会成员都能够享受维护其身体健康的生活水准。卫生费用充足持续的投入是健康权利的基础,卫生费用包括政府预算卫生支出、社会卫生支出和个人现金卫生支出。由于我国目前城乡居民在收入上存在的巨大差距,个人卫生支出差异也很大。2004 年,我国城镇居民人均医疗保健支出达 528 元,占其消费性支出的 7.4％,农村居民为 130.6 元,占 6％,两者相差近 400 元。当个人卫生支出存在如此巨大的差异时,政府卫生支出本应体现公平原则,将卫生资源向农村倾斜,防止农民走入因贫致病,因病返贫的恶性循环中,但是我国的公共卫生费用支出显示出极强的城市偏向,结果是城乡居民卫生费用差距持续扩大。1990 年至 2003 年,我国城乡居民人均卫生费用的绝对差距由 120 元扩大到 834 元(图 3-2-30)。

由于市场和政府在卫生投入方面双重的城市偏好,使城乡卫生资源失衡严重。特别是在京津冀地区,北京积累了全国最好的医疗卫生资源,与河北的农村地区形成巨大的差距。2004 年,河北农村每千农业人口乡村医生和卫生员数为 1.36 位,每千农业人口对应的乡镇卫生院床位数是 0.73 张,而北京市每千人拥有的职业医师数达 4.25 人、注册护士数达 3.6 人、医院床位数 6.54 张。从简单的数量比较,河北农村就远远落后于北京,如果考虑到质量的因素,两者的差距几乎是天壤之别。

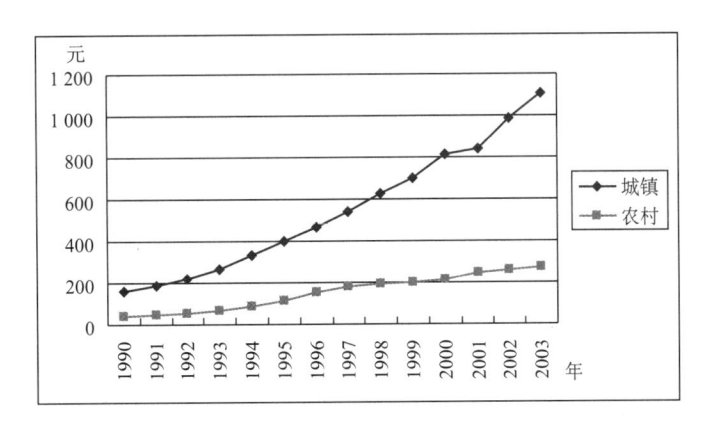

图 3-2-30 1990-2003 年我国城乡人均卫生费用变化情况

(三) 构建以人为本的人口流动管理机制

中国处于城市化的高速发展时期,大量的人口流动、迁移,是正常的社会现象。如果社会和政府对流动人口采取宽容和接纳的态度,允许人口自由迁徙,那么,流动人口就可以在相对较短的时间内寻找到新的发展空间,基本稳定下来,融入正常的城市运行轨道。相反,如果政策是封闭、半封闭的,或举棋不定的,甚至是对流动人口采取歧视、排斥和不欢迎的态度,那么,社会的不稳定性将加剧,不稳定期将延长,某些积极的不稳定因素演变为消极的不稳定因素,整个国家将为城市化付出沉重的代价。

面对规模庞大并将继续增长的流动人口,京津冀地区建立一套开放、公平和宽容的城市化政策体系刻不容缓。其中最基本的内容就是要统筹城乡人口流动,构建以人为本的人口流动管理机制,赋予京津冀区域内公民以平等择业和生活的权利,赋予区内公民以自由迁徙权。只有城乡相互开放,生产要素流动起来,城乡差别才可能逐渐缩小,城乡一体化才具备基本的前提。

1. 建立"就业+保障+租购合法住宅=常住户口"的户籍改革模式

京津冀需要加快户籍制度改革步伐,减少河北省的人口压力。近几年来,户籍改革取得明显进展,地方新一轮城市户籍改革中的第一个内容就是取消本省区范围内的农业户口、非农业户口及其他相关户口的差异,根据居住地统一登记为"居民户口"。应该承认,这一改革举措有其重要的进步意义:至少在户籍制度上消除了对农民的歧视,根本改变了城乡居民不平等的格局,有利于行政辖区范围内城乡之间以及城市与城市之间人口的自由迁移,有利于促进各省市的城市化进程。

但是,这一轮户籍制度改革形成了新的地区封锁:大部分省市户籍制度改革受惠的人口限于本行政区范围,外来居民则必须达到一定的条件才可以申请得到本地区的居民户口。这无异于新的区域壁垒,形成了各自为政的户籍改革与户籍管理格局,限制了人口在各省市之间的流动。

从京津冀发展的角度看,随着城市的发展,不可避免地还会接纳大规模的流动人口。为此需要及早构建新型的户籍改革政策,预防流动人口问题的爆发。

在还不能够全面放开户籍之前,但又必须要解决京津冀发展中快速增长流动人口问题,让更多地是既工作和居住在京津冀的人口快速稳定下来,推进京津冀地区城市化的健康发展,需要构建新型户籍改革模式,这就是:

$$就业+保障+购租合法住宅=常住户口$$

"就业"即合法就业,流动人口在城市中有一份正当合法职业,有相对稳定收入;

"保障"即流动人口必须与用人单位签订了规范的劳动合同,缴纳养老、医疗和失业保险;

"购租合法住宅"是流动人口必须购买或租赁政府认可的、符合城市规划的、能满足人身健康基本需要的合法、健康住宅。此外,将外来人口必须拥有合法住宅广义地理解为购买或者租赁,租赁也是合法的。

必须尽快考虑将外地居民住宅规划纳入城市住宅规划之中,开始对外来人口进行规范化管理,这是建立城市化时代城市秩序的必要条件。对此,我们必须转变观念,清醒地认识到为流动人口提供合法健康住宅,是构建和谐社会的前提。

由于客观上外来人口众多,完全按照原来政府补助的公共住宅模式,限于地方政府财力,难以完成外来人口的合法住宅的建设和供给。我们认为,需要打开思路,探索多条路径为外来人口提供住宅:建立公开的二手房租售市场,并对外来人口开放;利用废旧仓库、市场、车间等闲置房屋,将其改造为外来人口健康住宅;与郊区农民合作建设外来人口住宅;政府建设政府拥有所有权的外来人口住宅;将外来人口住宅与本地中低收入居民统一考虑,改革经济适用住宅管理制度,将外来人口纳入经济适用房服务对象。

2. 加强用人单位缴纳社会保险管理

在我们提出的户籍改革模式中,最重要的一条是必须加入社会保障,只有给在城市相对稳定就业的外来人口以全面的社会保障,才有可能依靠制度的力量解决人口流动的不稳定性给社会带来的冲击,降低人口流动的风险。一个公认的事实是:各城市都为外来人口建立了社会保障制度,但是执行的力度极低,一是参保率低,二是参保基数低。根本的原因是企业为了降低劳动力成本而不愿意为其员工缴纳保险,政府则为了保护地方企业利益,也为了可以促进经济增长,而放弃农民利益,或者默认企业侵犯农民的利益。

这是建立规范的人口流动制度必须解决的重大实践问题。十六大以来,中央政府提出构建和谐社会,降低经济增长速度而提高经济增长质量,谋求社会进步,我们理解这正是重要的途径之一。如果一个企业因为员工缴纳社会保险而由盈利变为亏本,那么这样的企业原本就是缺乏市场竞争力的企业,其发展虽然增加了地方的GDP和财政收入,但是同时也为地方创造了因无力应对疾病和失业的群体,创造了犯罪,创造了更多的社会矛盾和冲突,同时还需要地方财政增加贫困救助、增加警力支出,使社会问题的积累与经济增长同步。

因此,为了加快京津冀和谐社会和北京首善之区的建设进程,一方面,需要政府履行社会监管的职能,严格执行有关规定,保证社会保障的相关制度得以实施;另一方面,需要同时改革社会保障制度的不公平性,建立公平的社会保障制度。

(四)京津冀城镇群人口流动管理的具体对策

从人口流动管理与统筹区域发展的角度看,要实现跨区域统筹城乡发展,除了采取以上系统的对策外,还可以将以下方面作为抓手,在较短时期内获得较大幅度的突破。

1. 建立京津冀公共人口流动数据库

长期以来,困惑规划者的人口数字问题完全可以运用已经非常成熟的GIS等数字化手段进行精确化管理。它可以适时掌握区域内全部人口档案,包括动态的流动人口档案。河北省廊坊市已经基本做到这一点,京津冀全区域也同样能够做到。

为了有效地管理外来人口管理,廊坊市政府管理的基本做法是:

第一,明确管理主体,强化属地管理力度,明确人口管理的责任主体是各区(县)政府,具体落实到社区,对外来人口属地化管理;

第二,依靠公安系统建立"四级网络管理模式",在市、县(市、区)公安局、派出所和社区分别建立专门的流动人口管理机构,各级人口管理机构通过互联网及时反映或查询人口流动信息;

第三,根据需要配备警力,在社区则增加协管员,管理人员按照流动人口2‰的比例配备,在出租屋聚集地按照150户出租屋配备一名专管员;

第四,各社区专管员需要将社区所有在出租屋居住的流动人口基本信息进行网上登记,专管员需要及时反映流动人口的流入和流出情况,正常情况下每年1次普查登记,保证人口流动信息的准确性。

由于廊坊市对人口流动情况准确把握,社会管理的成本大幅度下降,破案率大幅度提高,对社会的威慑作用大为增强,犯罪率也因此而大幅度下降。

为了摸清人口流动情况,需要建立京津冀互相开放的人口流动信息网络,这套网络除了摸清人口流动规模、结构以外,也可以为下一步建立以人为本的流动人口管理制度提供技术保障。

2. 完善教育培训体系,提高外来人口素质

鉴于北京市人口的资源环境承载力,应设立不同"门槛":控制人口,不控制人才。一要为外来优秀人才要提供住房、户籍、奖励等方面的优惠政策;二要把总量控制与质量提高结合起来,通过教育培训、岗位培训、自学成才等多种途径,逐步提高外来人口素质、改善外来人口结构,把外来人员从农民变为合格的务工人员,从普通务工人员变为有一技之长的技术人员,从技术人员变为优秀的管理人才。只有通过良好的教育培训,才能提高素质、掌握技能、转变观念,真正实现广大外来务工人员将职业流动与身份流动连在一起,从农民工向城市新居民的身份转变。

(1)完善外来人口教育培训体系。建议设立各级外来人口教育培训中心,系统制定和全面实施外来人口教育培训计划。一是在对象上要覆盖幼儿教育到成人教育,重点是青少年;二是在内容上要涵盖法律、道德、心理、技能、文化,重点是法律、道德教育和技能培训;三是在方式上要实行课堂教育与课外教育相结合,利用好广播、有线电视、报刊、杂志等大众传媒的作用;四是在体制上要实行集中教育与自我教育相结合,做到有计划、有场地、有大纲、有师资,有的放矢、因材施教,义务教育与有偿培训相结合。

(2) 实行分层次、分类型教育。一是法制教育、城市文明生活教育范围要从本市居民扩大到全体外来人口,经常性、滚动式的广泛开展;二是企业外来人口的岗位培训和技能培训要打破企业各自为政的传统做法,按照行业工种分类设置、统一授课,走教育产业化的道路;三要办好外来经商人员职业道德培训班,加强他们的职业道德教育和语言规范教育;四要争取开设电视中专教育和大专水平教育,以满足外来人口中不同层次的文化学习需要。

(3) 加强对民工子弟学校的管理。外来民工子女和城市居民子女一样,都是祖国的花朵和未来的希望,按照《教育法》的规定,他们都有接受义务教育的权利。为此,一要积极倡导民办公助等多种民间办学形式,鼓励企业出资、外来民工集资办学,各区县政府则可在办学场地等方面给予优惠和便利。二要适度改善已有民工子弟学校的生存和运作环境,从行政和经济两个方面加强监管和业务指导,积极引导社会力量以资金、智力投入的形式帮助学校改善管理,争取逐步开设出德育、美术、音乐、体育等副课,推行素质教育。三要以"结对子"等形式促进本地学校与民工子弟学校之间的联谊与合作。

3. 加强对提供基本公共服务困难地区的援助

统筹城乡发展最重要的任务之一是减少城乡之间公共服务的差距。但是,河北省的大量县公共财政能力薄弱,没有能力为乡村地区提供基本的公共服务。面对大量的贫困区域,河北省财政能力也难以企及。为此,需要建立面向贫困地区的公共服务基金,专项用于解决贫困地区的基础性公共服务(基础公共医疗设施建设、道路设施建设、环境建设、饮用水源建设等),解决农民看病、出行、日常生活用水等一系列具体问题,提高京津冀贫困区域居民生活质量。

(五)建立城市监督指挥中心,为构建和谐城市提供数字化管理保障

当前为适应城市化高速发展的需要,面对层出不穷的城市问题,中国城市管理正在发生历史性转型,城市管理也由就事论事的管理模式向建立科学的长效管理机制转型,将突发事件管理寓于常态管理之中,充分运用数字化管理手段,推动城市管理向社会化、精细化和信息化发展,构建新型城市管理模式。

城市管理新模式的构建在于两个方面:

第一,运用GIS完成对城市所有部件和事件的定位查询,建立档案,摸清家底。

第二,建立相对独立于城市各职能部门的城市监督指挥系统,系统内的城市管理员和协管员每天到城市的所有区位巡查城市部件与事件发生问题的状况,查到的问题通过GPS系统迅速反应到监督指挥中心,核实后立案,并由监督指挥中心快速联络相应的职能部门解决问题,最后由

监督指挥中心查实销案。

目前北京市各区县以及市一级也在探索建立数字城市管理模式。北京市朝阳区在全国率先建立了比较完整的数字城市管理新模式,管理效率大幅度提高,城市问题大幅度下降。我们认为,这是城市管理中的一场革命,完全可以做到在短时间内实现用数字化手段提升城市管理民主化、科学化、精细化的水平。为了加速提升京津冀城市管理质量,建议广泛推广数字城市管理模式。

六、以"三个集中"为主线落实京津冀统筹城乡发展的空间策略

(一)"三个集中"的内涵与统筹城乡发展的关系

1. "三个集中"的内涵

工业化与城市化是当代中国发展的两大主题,1978年到2004年,我国城市化率从17.92%提高到41.76%,城镇人口年均累计增加1 425万。在这一过程中,城镇产业发展、农村劳动力转移和农业经营模式转变构成了我国高速城市化的壮阔图景,也成为发展进程中亟待解决的关键问题。

城市经济的本质在于聚集,而现代农业的发展方向也是规模经营,"三个集中"正是顺应经济发展规律,适应集约发展模式,促进我国城市化持续健康发展的空间策略。它的基本内容是:工业向集中发展区集中,农民向城镇集中,土地向规模经营集中。它是联动解决产业发展、人口转移和农村繁荣的有效途径,是统筹城乡发展的空间体现。

"三个集中"的起点是工业向集中发展区集中。企业在空间上的集中,可以发挥聚集经济效益,推动技术创新、扩大市场规模、提升管理水平,形成增长强劲的产业集群,从而为第三产业的发展创造条件。非农产业的发展壮大奠定了农村劳动力转移基础,通过产业聚集促进人口聚集,实现农村剩余劳动力在城镇就业生活。同时,积极引导农民向城镇集中,促进农民向市民身份的转变,为城市产业的进一步发展提供人力资本和市场需求,形成产业与人口协同发展的格局,不断繁荣城市经济。最后,当大量农民摆脱土地的束缚,就可以将一家一户分散的土地集中到农业经营者手中,发展成规模化高技术的现代农业,促进农业发展,振兴农村经济,最终实现农村和城市的同发展、共繁荣。

制度经济学认为,适宜的制度结构可以将经济活动尽力推向其上限,不适宜的制度结构则会使经济活动呈现出收缩衰退的趋势。因此,"三个集中"在实践中的深刻内涵更体现在为实现各个集中而进行的制度创新。正是在土地流转、户籍改革、社会保障、行政管理等多个领域的制度创新,才保证了"三个集中"的顺利实施,并向着解决民生问题,增进人民福祉的方向稳步推进。

2. "三个集中"与统筹城乡发展

"三个集中"2002年在上海被率先提出,2003年成都市将其作为实现城乡一体化的主要实践路线,并探索出一整套的制度革新予以支撑,系统推进,成效显著。之后在中国许多区域都把它作为重要的空间发展战略选择。"三个集中"发展模式对于中国城市化过程中谋求聚集经济效应、统筹城乡发展具有重要的转折性历史意义。

第一,纠正小城镇发展过度分散。

从我国城市化高速发展开始,关于城市化道路的争论就没有停止过。而在20世纪,基本上是"小城镇论"占据了主导地位。1980年经国务院批准实施的城市化方针是"控制大城市规模,合理发展中等城市,积极发展小城市"。1990年开始实施的《城市规划法》确定为:严格控制大城市规模,合理发展中等城市和小城市。直到2001年的"十五"规划才提出大中小城市和小城镇协调发展的多样化城镇化道路。

其结果是,我国的建制镇呈现出井喷之势,从1978年的2 173个[①]迅速增加到2002年的20 601个,达到历史最高水平,之后随着乡镇撤并逐步下降到2005年的19 522个。而同期,建制镇的平均人口规模在徘徊中略有增加,平均非农业人口数量在2001年之前竟一直呈减少之势,以至于非农业人口占总人口的比重与20年前相比大幅下降。1984年,我国县辖镇的平均人口规模是1.87万人,非农业人口7 300人,非农业人口比重38.9%,到2004年则分别是2.19万人,4 600人,21.06%。图3-2-31展示了1984年以来我国县辖镇的人口规模及结构变化态势。

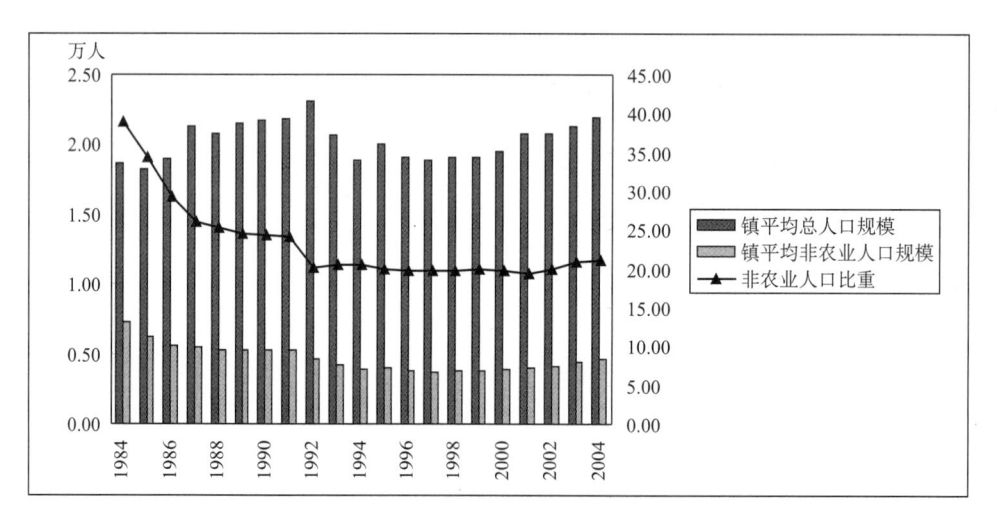

图3-2-31 1984-2004年我国建制镇平均规模与人口结构

注:1984年我国的建制镇数量开始迅速增加,并且推行镇管村。
资料来源:《中国人口统计年鉴2005》,历年中国统计年鉴。

英国经济学家巴顿认为3.5-5万人为城镇的适度人口规模。我国学者俞燕山在对江苏小城镇的调研基础上,测算出镇区人口3-4万的小城镇是经济效益最高的。与之相比,以2004年我

---

① 本文所用的建制镇数据都是指不包括县城的县辖镇。

国城镇平均规模,还难以发挥出规模经济效益。这样的小城镇,基础设施建设成本高,对产业和人口的吸引力小,无怪乎有人评价小城镇遍地开花的景象为"村村像城镇,镇镇像农村"。

统筹城乡发展,需要各级城镇发挥对农村的带动作用,但是规模过小的城镇,既不能创造就业岗位,也无法提供高质量的城市生活,难以适应城乡统筹的需要。只有走集中发展的道路,整合过度分散的小城镇,消除小城镇之间内耗式的无序竞争,把条件较好的大镇发展成为设施完备、功能齐全、产业发达、人口密集的具有现代化特征的城市,才能真正实现城乡一体化。

第二,有利于推动城市服务业发展。

服务业的发达程度与城市规模密切相关。克里斯泰勒的中心的理论告诉我们,由于最低需求规模的存在,在城市体系中,人口和产业规模更大、等级更高的城市所能提供的产品和服务的数量和种类更加丰富。一是大城市消费的多样性可以支撑门类更加齐全、层次更加分明的服务业,二是大城市本身及其辐射范围内的庞大市场可有效促进服务业规模的扩大。图3-2-32以长三角城市群的74座城市为研究对象,考察了它们第三产业比重与城市规模的关系。我们发现,26座人口在20万以下的小城市,第三产业的平均比重是33.99%;32座人口中等城市的第三产业比重是35.44%;8座大城市的是39.53%;而8座100万人以上的特大城市的第三产业比重平均达到42.24%。长三角城市群的实证研究证明第三产业的比重与城市规模呈正相关的关系。

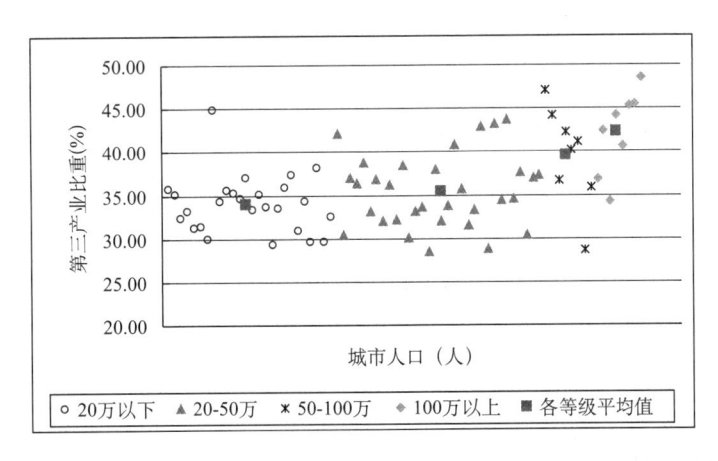

图 3-2-32 2003 年长三角城市群城市规模与第三产业发展的关系

注:设区市的人口规模用的是市辖区的非农业人口,县级市的人口规模用的是其城镇人口。
资料来源:《中国城市统计年鉴 2004》。

服务业水平提高是提升城市竞争力的重要手段,也是城市产业现代化的发展方向,但是服务业的发展必须以发达的第二产业和相应的人口规模为基础。"三个集中"引导产业和人口在空间上的聚集,提高城市能级,有效促进城市服务业的发展。

第三,是发展现代农业进而进行社会主义新农村建设的充要条件。

社会主义新农村建设是统筹城乡发展的重要内容,而发展现代农业是社会主义新农村建设的首要任务。发展现代农业就是要用现代科学技术和经营理念来改造传统农业,提高农业的机械化水平和市场化程度,从而提高农业综合生产能力。只有当农业发展、农民收入显著提高,新农村建设才能拥有不竭的动力。

"三个集中"是发展现代农业,推进农业规模化经营的前提,它的系统推进也完全能够适应新农村建设的需要。工业集中为农民创造就业岗位,当农民到高效率的非农产业就业,其收入自然就增加了。农民向城镇集中,享受城镇良好的居住生活环境和各种社会保障,也就摆脱了对土地的依赖,土地得以顺畅地流转。土地的集中有利于经营水平高、生产技术好的农业企业的形成,完成对传统农业的现代化改造,进而繁荣农村经济,建设社会主义新农村。

3. "三个集中"的空间尺度

"三个集中"的研究始于县域经济,具有中观和宏观层面的意义,但是其集中的内涵与动力有所不同。

就县域经济而言,"三个集中"的发展模式主要是为了解决中国小城镇长期过度分散带来的一系列问题。选择县城和重点镇作为县域经济的发展重点,集中力量优化重点镇的基础设施,促进各镇具有比较优势的特色产业的发展,繁荣镇区经济,提高镇区对人口的吸引力,引导人口向镇区集中。逐步把富有特色的重点镇建设成为具有现代城市特征的小城市。同时提升重点镇对普通乡镇及农村的辐射能力,依靠完善的公共财政制度,促使基础较差的乡镇政府由增长导向型向服务优先型的转变,建立覆盖整个农村地区的公共服务体系。

而对于规模不等、发展水平各异的各级城市体系,"三个集中"也同样适用,比如成都"三个集中"的发展战略适用于全市范围,但是不同区域的集中内容有着很大差异。从产业集中发展的角度看:高新技术产业开发区集中全市能够引进发展的高新技术产业、现代制造业以及现代服务业,产业选择导向非常明确;在区县级产业发展集中区则因地制宜,主要发展适用技术制造业和服务业;各重点镇在力求提高产业技术水平的基础上,同时发展各类劳动密集型产业和农产品加工工业以及地方服务业。人口的集中则是通过不同的产业自然选择的,高技术含量的产业需要的是文化层次较高、技术熟练的劳动者,低技术含量的产业选择的则是一般劳动者。政府所要做的就是为在城市就业的劳动者及其家属提供健康住房、社会保障、义务教育等公共服务。

从全国发展的宏观尺度看,集中发展仍然十分必要。全国必须彻底扭转以小城镇为主的城市化发展道路的选择,依托若干大城市群和城市化地区推进城市化进程,政府在"十一五"规划已经明确了这样的发展方向,即就全国而言需要谋求有利于空间均衡的集中发展,在各大区域要选择具备条件的城市群和城市化地区,吸引本地区、全国乃至世界范围内的企业家、技术人才和资本,构建各具特色的产业集群,形成中国新型工业化的框架。

我国目前的发展存在集中不足和集中过度两个方面的问题:集中不足不仅存在于县域经济、地级市范围和省域范围,也存在于大区范围,特别是中西部地区,各区域还没有形成各城市之间进行有效分工与合作、能够充分带动区域经济社会发展的富有国际竞争力的城市群,限制了区域经济的发展。如何培育富有效率的城市群和各级中心城市是推进城市化的重大难题。

集中过度存在于两个方面:一是全国范围内高度集中于沿海三大城市群,如表 3-2-43 所示,京津冀、长三角和珠三角以占全国 6.3% 的国土面积,承载了 24.25% 的人口,创造了 48.31% 的 GDP。其他城市群与沿海城市群之间差距过大是造成区域发展不协调的主要原因,要谋求新时期区域经济协调发展,必须在广大的中西部地区培育富有竞争力的城市群,这与上面提到的各区域聚集不足是一个问题的两个方面;集中过度的第二表现是在各城市群内部中心城市过度集中,而周边城市发展不足,包括特大型城市的中心城区集中过度而郊区发展不足,即城市群内部没有建立起有效的空间秩序,京津冀表现得尤为明显。因此,在谋求三个集中的过程中同时需要解决集中过度的问题,统筹全区域协调发展。

表 3-2-43 2004 年我国三大城市群人口经济状况

城市群	人口		面积		GDP		人口密度 (人/km²)
	数量 (万人)	比重 (%)	数量 (万 km²)	比重 (%)	数量 (亿元)	比重 (%)	
京津冀	9 326	7.17	21.64	2.25	15 983.98	11.68	431
长三角	13 895	10.69	21.06	2.19	34 096.43	24.91	660
珠三角	8 304	6.39	17.82	1.86	16 039.46	11.72	466
合计	31 525	24.25	60.52	6.30	66 119.87	48.31	521
全国	129 988	100	960	100	136 875.9	100	135

资料来源:《中国统计年鉴 2005》。

4. 京津冀"三个集中"的特性

如上所述,京津冀同样存在集中不足和集中过度的问题。

总体而言是集中不足,京津冀城市群各级各类城市发展不足,对区域农村富余劳动力吸纳能力有限是导致河北城市化水平较低的重要原因。因此未来河北仍然需要各个层面城市进一步聚集。

滨海新区要建设成为我国北方的对外开放门户,高水平的现代制造业和研发转化基地,是带动京津冀城市群经济高速增长的引擎,它应该说是整个京津冀乃至全国的集中发展区。但是通过表 3-2-44 的比较,我们可以看到,2004 年浦东新区的人口密度和单位土地 GDP 分别是滨海新区的近 7 倍和 6 倍,滨海新区的集中的程度还远远不够。也正因为此,2004 年滨海新区的第二产业增加值达到了 872.8 亿,与浦东新区的 942.8 亿非常接近,而其第三产业增加值只有 369.36 亿,不到浦东的 840.33 亿的一半。

表 3-2-44 2004 年滨海新区和浦东新区人口与 GDP

地区	面积(km²)	人口		GDP	
		总量(万人)	密度(人/km²)	总量(亿)	密度(万/km²)
滨海新区	2 270	108.13	476	1 250.18	5 507.40
浦东新区	556	180.9	3254	1 789.79	32 190.47

资料来源:《天津统计年鉴 2005》,《上海统计年鉴 2005》。

从整个城市体系而言,京津冀城市群各级城市也存在集中不足的问题。图 3-2-33 和图 3-2-34 是对京津冀、长三角和珠三角的城市体系进行对比,区别主要集中在 100-200 万人和 20-50 万人这两个等级的城市。2003年,京津冀100-200万人口的城市只有邯郸1座,占总数的2.9%,而长三角和广东省这一等级的城市数量是8座和7座,分别占10.8%和15.9%。京津冀20-50万的中等城市有6座,比例为17.1%,长三角和广东省的数字为22座和20座,比例为29.7%和45.5%。而且长三角10-20万的城市中,有3座人口已经达到了19万以上,马上就要跨入中等城市的行列。15-20万的城市,长三角有12座,而京津冀仅有1座。因此,在近期内,京津冀的中等城市的比例与长三角和广东省的差距还会不断扩大。

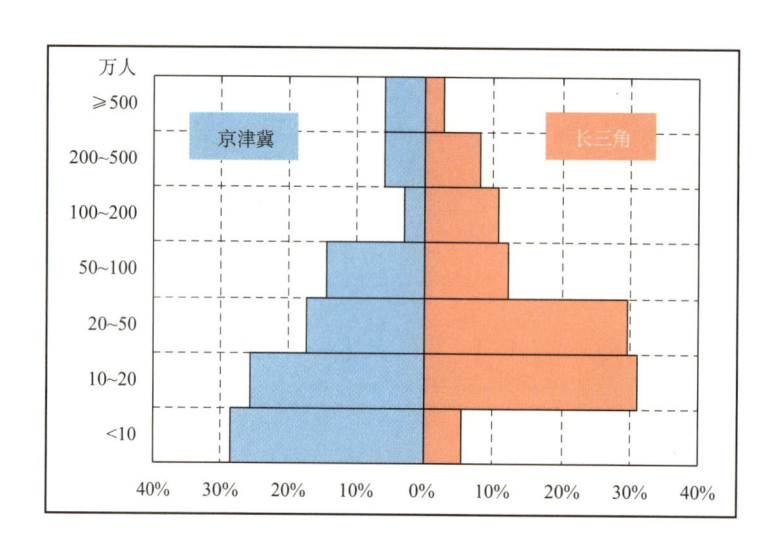

图 3-2-33　2003年京津冀城市群体系与长三角城市群体系比较

资料来源:《中国城市统计年鉴2004》。

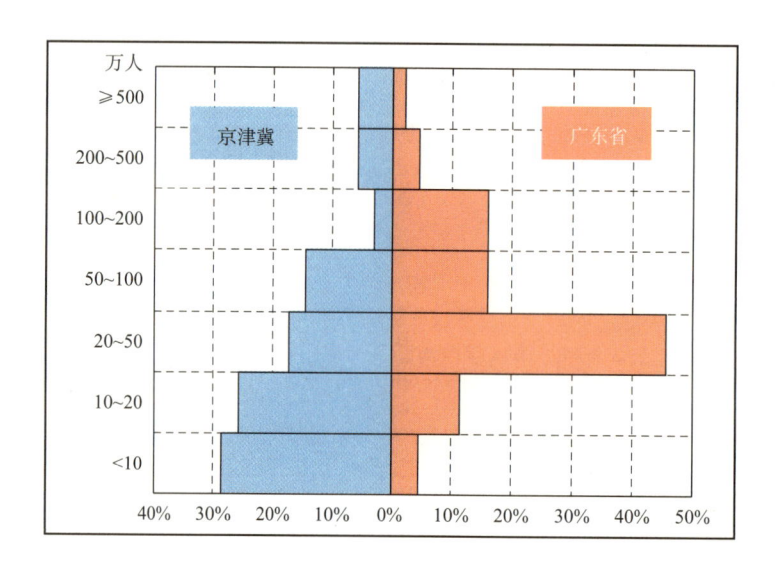

图 3-2-34　2003年京津冀城市群体系与广东省城市体系比较

资料来源:《中国城市统计年鉴2004》。

尽管通过以上对比,我们发现了京津冀城市群与其他两个城市群存在显著的不同,但是谁优谁劣还当别论。如果以顺序规模法则来判定,京津冀城市群还是最符合规律的。而实际上,由于我国区划调整滞后,设市标准过高,行政区划设置的城市已不能反映人口聚集的真实情况。所以,我们将镇区常住人口达到 5 万人以上的建制镇也纳入城市体系,结果如图 3-2-35 和图 3-2-36 所示。

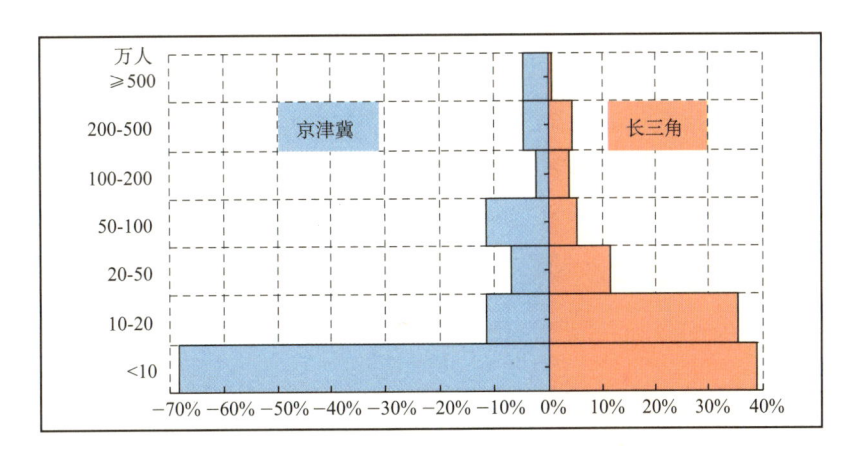

图 3-2-35 2002 年京津冀城市群体系与长三角城市群体系比较
注:其中包括镇区常住人口在 5 万人以上的建制镇。
资料来源:《中国城市统计年鉴 2003》,《中国乡镇统计资料 2003》。

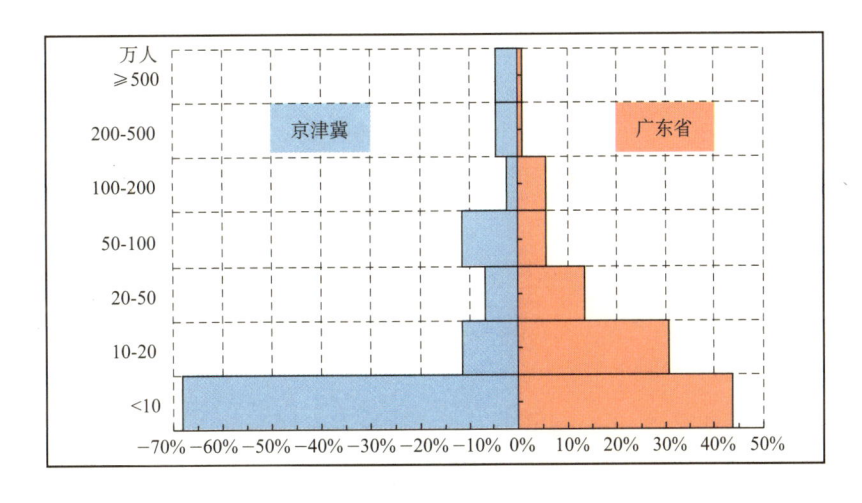

图 3-2-36 2002 年京津冀城市群体系与广东省城市体系比较
注:其中包括镇区常住人口在 5 万人以上的建制镇。
资料来源:《中国城市统计年鉴 2003》,《中国乡镇统计资料 2003》。

调整后的城市体系反映,长三角和珠三角基本符合城市的位序—规模法则,形成了相对合理的城市规模体系,而京津冀城市群的发育则明显不足。同样是 10 万人以下城市比例太高,而 100-200 万人和 20-50 万人这个等级的城市数量太少。2002 年,京津冀城市群 10 万人以下的城市(包括镇区常住人口在 5 万人以上的建制镇)多达城市总数的 68.2%,而长三角和广东省分别为 38.7% 和 43.8%。京津冀 20-50 万的中等城市有 3 座,比例为 6.8%,长三角 18 座,广东省 17

座,比例分别为 11.6% 和 13.3%。

2003年,在京津冀城市体系的50-100万的等级中,河北的5个地级市包括保定、张家口、廊坊、秦皇岛和邢台,作为各自都市区的核心区,还应加快集中发展,争取早日进入特大城市的行列,发挥出对所辖县市的更强的带动作用。在10-20万的城市中,主要是河北一些各具特色、发展较好的县级市,如高碑店、霸州,这些城市也应该进行空间整合,发展成为中等城市。

依托京津两大城市,京津冀城市群中出现了不少经济基础雄厚、人口规模较大的建制镇,如北京的庞各庄、天津的中北和河北的白沟。但是整个区域建制镇规模偏小的问题仍然存在。2002年,1万人以下的建制镇仍然占85.67%,甚至高于全国81.8%的平均水平。以"三个集中"推进建制镇数量和规模调整,是京津冀统筹城乡发展的重要步骤。

另一方面,京津冀地区又存在过度集中问题,主要存在于北京特别是北京城区以及天津城区,因此,未来时期京津冀地区的集中发展主要是谋求北京及天津城区之外的区域集中有序的发展,而北京和天津城区则需要严格控制规模。

(二)产业向集中发展区集中

引导产业向集中发展区集中是"三个集中"的关键,是对以集约发展为主要特征的新型工业化道路的积极探索,也是促进产业结构升级和企业创新的重大举措。

京津冀城市群作为我国三大城市群之一,产业特色明显。金融保险、信息咨询、会展等现代服务业全国领先,以电子信息和生物制药为核心的高新技术产业和汽车、通用设备为主的现代制造业发展迅速,同时也是我国传统的钢铁、石化等原材料基地。但是,资源整合不力,产业分工度低,产业水平断层和结构同化现象同时存在,一直没有建立起有序的产业空间格局。我们认为京津冀地区存在不同层次的四类集中发展区。

北京现代服务业和高新技术产业集中区、天津滨海新区现代制造业集中区和河北曹妃甸临港钢铁石化产业集中区,这三个集中发展区,是京津冀城市群中具有国家发展战略意义的最为重要的地区,也是京津冀发展的增长极。

京津塘高新技术产业带、滨海临港重化工业产业带和京保石制造业产业带。京津塘高新技术产业带是指沿京津塘高速公路分布的各经济技术开发区,它以发展电子技术、光机电一体化、新材料和生物医药这四大产业为主。滨海临港重化工业带,是依托五大港口和沿海丰富的土地资源发展大化工、大钢铁产业。京保石制造业产业带是指京广铁路沿线,以保定、石家庄两大城市为枢纽,以及一些制造业较为发达的高碑店、容城、定州等中小城市所组成的产业带,汽车机械、制药和纺织服装是这一产业带的优势产业。

河北省各地级市市辖区。河北省的11个地级市,应在整个城市群体系中明确产业定位之后,发展各具特色的优势产业,发展2-3个在全国范围内具有领先优势、技术层次较高的主导产业,形成京津冀区域内部具有很强辐射带动作用的集中发展区。

各县级市的市区、各县的县城以及各重点镇。由于河北省地级市辖县很多,而其辐射带动能力有限,一些经济基础较好,已经形成比较有特色的产业集群的县级市,如定州、藁城、涿州、霸州等应在集中特色产业同时,促进城市服务业发展,成为具有更强区域辐射能力的城市。而在2005年的都市区划分中还没有能够进入都市区外围县的鹿泉、南宫、冀州、安国等产业发展还相对薄弱的城市,应着重加快第二产业集中,壮大市域经济。一般的县城和重点镇则应在找准自身定位的同时,发展以劳动力密集型制造业和农副产品加工业为主的第二产业,为当地农民向非农产业转移创造就业机会。

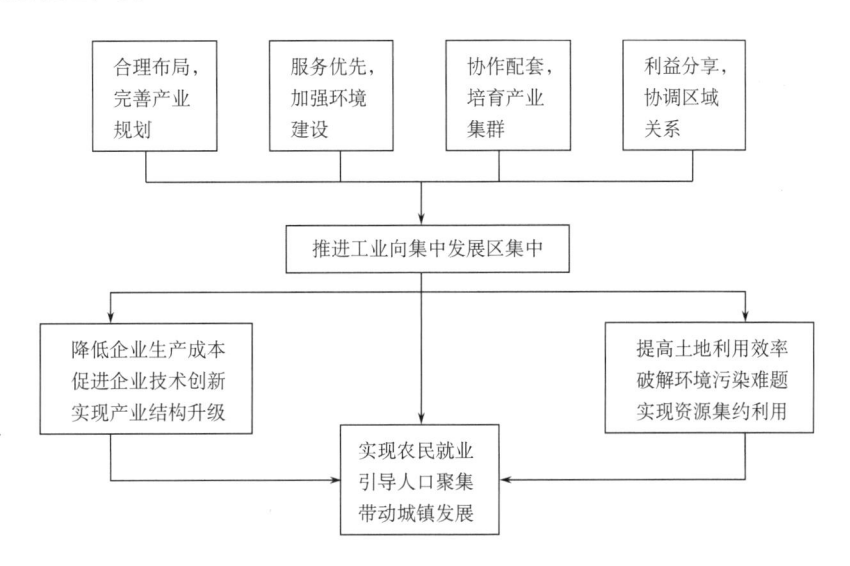

图 3-2-37 推进工业向集中发展区集中促进城市发展的实现机制

(三) 农民向城镇集中

进入城市的农民是城市化过程中被"化"的对象,农民向城市居民的转化是城市化的关键环节。因此引导农民向城镇集中是"三个集中"的核心,也是京津冀统筹城乡发展,缩小城乡差距的关键环节。

都市区是农民向城镇集中的主要载体。农民集中的空间走向,也因各都市区的产业结构、承载能力的不同而存在差异,同样应该遵循因地制宜的原则,引导农民向相应城镇集中。

北京和天津都市区的核心区,人口集中已接近资源环境承载极限,产业结构也不适宜低技术层次低市场竞争力的一般劳动者,应该属于人口严格控制区。北京和天津都市区的非核心区内经济发达的地区,以及河北省各地级市的市辖区,产业基础比较雄厚、城市基础设施比较完善,对农民具有相当吸引力,这类地区应在产业自动选择的基础上,为进城务工人员及其家属提供与市民一体的公共服务,建立顺畅的城乡人口流动机制。滨海新区和曹妃甸在经济快速崛起的同时,短期就可能形成规模巨大的新兴城市,这两个地区应在合理规划的指导下城市建设适度超前,积极吸引产业和城市发展所需的大量人员及其家属在新的城市安家落户。各县级市市区、县城以及重点镇是农民近距离集中的主要目的地,应在推进产业与人口协调集中的同时,加强城市建设,发展成为中小城市。在京津冀地区的坝上山区等自然环境较差的地区,农民居住相对分散,也应该引导农民向条件较好的乡镇集中。

引导农民向城镇集中,就是要使农民参与到城市经济社会发展的过程之中,与城市居民公平地共享城市经济社会发展成果,共享城市中丰富多彩的文化生活,优美舒适的人居环境,便捷周到的社区服务,完备齐全的基础设施。使农民在城市中完全转化为城市居民。农民向城镇集中除了有产业基础之外,还需要有力的制度保障,图3-2-39勾画了农民向城镇集中的实现机制。

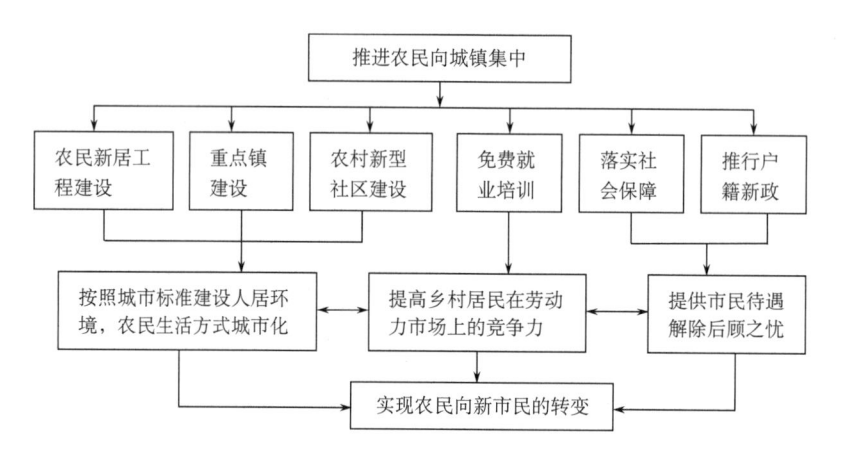

```
                    推进农民向城镇集中
    ┌──────────┬──────────┬──────────┬──────────┬──────────┐
农民新居工    重点镇     农村新型    免费就    落实社      推行户
程建设        建设       社区建设    业培训    会保障      籍新政
    │            │            │          │          │          │
    ↓            ↓            ↓          ↓          ↓          ↓
按照城市标准建设人居环      提高乡村居民在劳动      提供市民待遇
境,农民生活方式城市化       力市场上的竞争力         解除后顾之忧
              └──────────────┬──────────────┘
                      实现农民向新市民的转变
```

图3-2-38 通过农民向城镇集中推进城市化发展的实现机制

农民向城镇集中在不同的区域应该采取不同的方式。京津冀地区的农民向城市集中可以大致分为四种类型:

1. 第一类区域

北京和天津都市区的非核心区内经济发达的地区,以及河北省各地级市的市辖区,是京津冀城市群经济发展水平较高,公用设施配备能力较强的区域,也是近年来人口增长和城市建设最快的地区。这类地区的边缘区和城中村混居着尚未城市化的本地农村居民以及大量的外来务工人员,他们住的是简陋的农房,基础设施不健全,环境治理能力弱,居住环境质量与城市居民形成强烈的反差。城乡结合部和城中村居民身份和居住环境改善的滞后限制了第一类区域的城市化进程,以及这里农民生活质量的提高。因此,第一类区域应启动旨在实现农村居民向城市居民转变、农村社区向城市社区转变的"新居工程"——完全按照城市居民居住区的建设标准来建设农民新居的基础设施和公共服务设施。"新居工程"的受益者不仅是本地农民,还有大量的进城务工的农民。不仅如此,第一类区域应以"新居工程"为突破口,实现城乡经济社会管理、社区服务和基础设施建设共享的一体化发展,促进农民集中。

2. 第二类区域

滨海新区和曹妃甸,是京津冀地区未来人口大规模快速集中的区域。这些人口当中,农民工占有相当大比例。特别是在建设早期,建筑业以及低层次的生活性服务业的旺盛需求会带动大批农民工的聚集。由这两个地区的大量产业项目促生的新兴城市也应该成为我国推进农民向城镇转移的示范城市,争取在城市的建设过程中,就让这些城市的建设者完成向市民身份的转变。

为实现这个目标,第二类区域最重要的是要建立农民工的培训体系,为这些暂时从事低层次工作的农民工提供职业培训,特别根据城市产业的发展方向,把一般的农民工培养成为具有一定技术的产业工人,让他们在城市产业升级的过程中也积累自身的人力资本;其次是为他们及其家属提供城市各类公共服务,接受城市文明的熏陶。实现农民工与城市的同步发展,城市兴起之日,也是农民身份市民化转变之时。

3. 第三类区域

县级市市区、县城和重点镇是农民向城镇集中的重点领域。京津冀地区乡镇总体规模小、布局不合理,难以形成人口和产业聚集。农民向第三类地区集中,首先要对乡镇进行区划调整,撤并部分规模小、布局散、辐射带动能力不强的乡镇。在行政区划调整的同时,应规划一批发展重点镇,集中物力、财力、人力加快重点镇建设。让重点镇在人均道路面积、清洁能源普及率、生活污水处理率、绿地率、初中升学率以及文化活动室、图书馆、医院、运动场等方面全面与城市接轨。重点镇建设一要因地制宜,二要看是否有足够的财力支持高水平的重点镇建设。省市一级的重点镇,京津两市应在15个以内,河北应在30个以内。市一级的重点镇,每个县(市)除县城以外,划出1到2个即可。

4. 第四类区域

在偏远山区,城镇辐射能力弱,农民居住相当分散,因地制宜地引导坝上山区农民集中,提高农民生活质量也应是京津冀农民集中的重要部分。偏远地区应根据"宜聚则聚,宜散则散"的总体原则,在有产业支撑的地区统一建设农村新型社区,根据实际情况,做好水、电、通讯等设施配套,吸引有条件的农民自愿集中居住。

(四) 土地向规模经营集中

引导土地向规模经营集中是"三个集中"的落脚点,也是实现农业产业化,提高农民收入,提升农业核心竞争力的必由之路,是我国解决"三农问题"、进行社会主义新农村建设的核心环节。推进土地向规模经营集中关键是构建土地集中经营的运行机制(图3-2-39)。

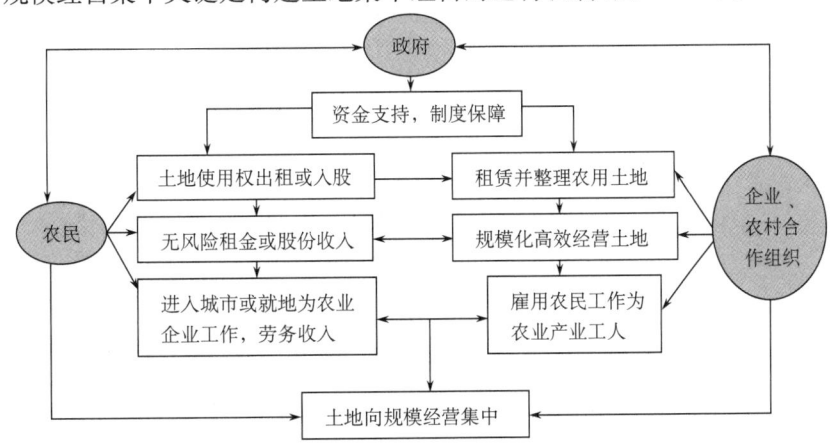

图 3-2-39 推进土地向规模经营集中的实现机制

1. 完善流转制度，维护农民权利

推进土地向规模经营集中，必须实现好、维护好农民的基本权益，这是土地集中的前提。要严格按照"依法、自愿、有偿"的原则，完善制度框架，起好引导作用，把农民利益放在首位。

农村土地流转集中，必须严格按照《农村土地承包法》和农业部《农村土地承包经营权流转管理办法》实施，确保土地流转不改变所有权性质和土地用途；土地流转期限不超过土地承包期限；土地流转签订规范的书面流转合同。

土地流转应完全由家庭承包方自主决定土地经营权是否流转及流转的方式，任何组织和个人，特别是各村集体不得强迫或阻碍土地流转。

土地流转的转包费、转让费和租金等，应由农户与受让方或承租方协商确定，其收益归农户所有。同时，为防范业主因经营困难等无法履约的情况发生，在签订土地流转合同后，应由业主每年缴纳一定数额的风险保证金。风险保证金必须存入农村信用社，由乡镇农业承包合同管理机构监管。

2. 丰富流转方式，农民自由选择

由于各地农业资源状况和市场化程度不一样，可根据本地特征，尊重农民意愿，开展转包、租赁、互换经营和入股等多种流转方式。

转包就是承包方自行与业主协商，将自己的土地承包经营权部分或全部流传给业主，农户和业主形成单层委托代理关系。

租赁就是在农户自愿的基础上，把土地书面委托给集体经济组织或中介组织进行管理，然后由集体经济组织或中介组织代理农户与业主签订合同。这种形式形成了农户—中介组织—业主的双层委托代理关系，减少了农户与业主的搜寻成本。

互换经营是同一集体经济组织内的承包方为土地集中经营的需要，自愿将承包土地进行互换。这主要是为了发挥土地集中经营的优势，和保障连片开发区内部分要求保留承包经营权的农户的利益。

土地股份合作是一种降低业主初期投入成本，同时增加农户经营收益的流转方式。农户可将土地承包经营权入股，从事农业合作生产或与业主合作经营。

多种流转方式的存在，为农户和业主都提供了丰富的选择空间，可以更好协调双方利益，有效促进土地流转。

3. 培育龙头企业，降低农民风险

通过土地，农户与业主之间建立起长期的利益联结机制，业主的经营状况、市场声誉与农户的收益休戚相关。龙头企业带动能力强，发展势头好，企业信誉高，积极推进土地向农业龙头企业、专业大户和经营能手集中，是降低农户风险，维持农户收益长期稳定增长的重要保障。

各地应出台相应政策，加大对龙头企业的招商引资力度，如对连续几年成片集中开发土地达到一定规模并建立了标准化生产基地的大企业，政府予以奖励；对业主在土地上投资兴建农田水利基础设施的，其占地不视为建设用地，免相关手续和费用。

4. 建立合作组织,提高农民组织化程度

一家一户的农民在市场交易过程中谈判地位低,利润分配向中间商倾斜。提高农民在市场中的组织化程度,建立各类农业合作组织是保证农民增收的重要形式。

提高农民组织化程度,在农业产业经营较为发达,农民自主合作意识强的地区,可积极培育农民专业合作经济组织,由合作组织指导农民生产,并拓展销售渠道。也有一些暂时没有建立自主合作组织基础的地区,可积极探索"村企合一"的规模经营模式,农民把土地流转给"村企合一"的土地股份公司,由公司统一开发、经营管理。当然,如何降低合作组织特别是"村企合一"组织的经营风险,明确其中的责权关系,还是在实践中需要进一步探索的问题。

当然,从本质上讲,"三个集中"是一种非均衡的发展模式。当产业和人口在城市和重点镇聚集,成为区域整体竞争力提升的引擎时,当土地向农业经营者手中集中,促进农业现代化步伐不断加快的同时,还有为数众多的不具有比较优势的普通乡镇和不少暂时难以实现规模经营的农村地区。尽管集中发展区与非集中发展区在经济增长的速度上存在差异,但所有地区公共产品供给和社会发展应是协调同步的。

实现社会发展的协调同步,首先要求转变政府职能,特别是非集中发展区的地方政府,必须从过去的侧重经济增长向主要提供公共服务转变。以畅通的交通网络优化地区发展环境,以完善的农田水利基础设施提升农业综合生产能力,以高质量、广覆盖的基础教育、公共卫生和社会保障积累人力资本,构建社会和谐。

实现社会发展的协调同步,还要求建立规范的公共财政制度。加强集中发展区对非集中发展区的财政转移支付,为非集中发展区的公共产品供给提供资金保障。建立向基层政府倾斜的税源分割体系,实现上级政府对不发达地区基层政府由取到予的转变。明晰各级政府的支出职责,在收入规模小、自身财力无法满足基本支出需要的乡镇,实行"乡财县管乡用"的预算管理模式,保障欠发达乡镇的必要支出。

七、以为农村提供全面均等公共服务为保障推进城乡统筹框架下的社会主义新农村建设

如果说构建城乡通融的人口流动机制,因地制宜地推进"三个集中"有效地促进了京津冀地区产业和人口的聚集,为这一地区的城市化持续健康发展提供了完善的制度基础和正确的路径选择。那么,我们还应该看到,2005年年底,京津冀地区的乡村人口仍然多达4 775万,占总人口的50.67%。即使河北省按照其"十一五"规划预计的城市化率以每年1.5个百分点的超高速增长,到2010年,这一区域的乡村人口仍在4 000万人以上。也就是说,在很长的时期内,京津冀地区还有相当多的人口继续从事着农业生产,并在农村生活。

因此,统筹城乡发展不仅要为健康、和谐的城市化道路提供制度保障和政策支持,还要关注农村本身的经济社会发展。当前,城乡差距扩大是我国在工业化城市化进程中农村发展面临的

重大历史难题,在这样的大背景之下,京津冀地区也同样存在着城乡分异的二元结构。协调城乡关系,缩小城乡差距,促进农村产业发展,改善农民生活条件,实现城乡居民在收入和机会上的平等,正是京津冀地区城乡统筹、建设社会主义新农村的根本任务。

(一)京津冀地区城乡差距的特征分析

世界各先发国家的工业化历程表明,城乡差距都会经历一个先扩大后缩小的过程。在工业化的前期和中期,由于农业产业效率提高的速度不及非农产业,农民与非农业劳动力的收入差距不断扩大,而此时城市的聚集效应又促使各种生产要素向城市聚集,城乡差距呈扩大之势。在工业化的中后期,由于非农产业效率增速趋缓,各国又普遍采取了反哺农业的政策措施,城乡居民收入逐渐趋于一致。城市的扩散效应也使得生产要素流向其腹地,在带动农村地区发展的同时,城市在空间上也不断蔓延向城市化地区转变,最终形成一体化的城乡结构。

城乡差距与发展阶段密切相关,京津冀两市一省在地域上紧密相连,但在发展阶段上却各有先后。处于后工业化时期、工业化后期和工业化中期的省市的城乡居民收入之比的平均值分别为2.45、2.51和2.71。处于后工业化时期只有北京、上海两个直辖市,北京的城乡居民收入比略高于上海,天津和河北都低于相应发展阶段省市的平均值。

按照发展阶段来比较,可以对两市一省内部的城乡差距有比较客观的认识,但它也忽视了一个事实,那就是京津冀在经济上密切联系,北京和天津实际上一直在本地区发挥着中心城市的作用。按照行政区划考察城乡差距,其实是割裂了两市一省的相互联系,也把京津冀地区最发达的城市和最落后的农村隔离开来,人为地低估了这里的城乡差距。在本专题中,我们详细分析了京津冀内部的城乡差距情况,从中我们可以看出京津冀地区城乡差异的最突出表现和最鲜明的特征就是京津两个现代化的国际性大都市与贫困落后的河北农村之间的差异。

(二)面向农村的全面均等的公共服务

京津冀地区巨大的城乡差距以及这种差距的空间特性,已经成为城镇群乃至整个区域竞争力提升的重大障碍。

城市发展的一般规律表明,随着发展阶段的提升,中心城市将逐步扩张,把外围地区结合进整个生产体系,形成城市化地区。城市化地区的形成,是城市生产要素由集聚到扩散的自然过程,也是城乡一体化发展的空间表现形式。京津城市中心区直接与极其落后的农村地区相邻,形成了城市化地区空间上一个巨大的断层,这个断层实质上是城乡在基础设施、人力资源和产业结构等方面不能衔接的集中体现(图3-2-40)。京津冀城市群的发展面临这样一个断层,显然不利于产业和人口在空间上的调整和优化组合,以致影响整个城市群的健康发展。

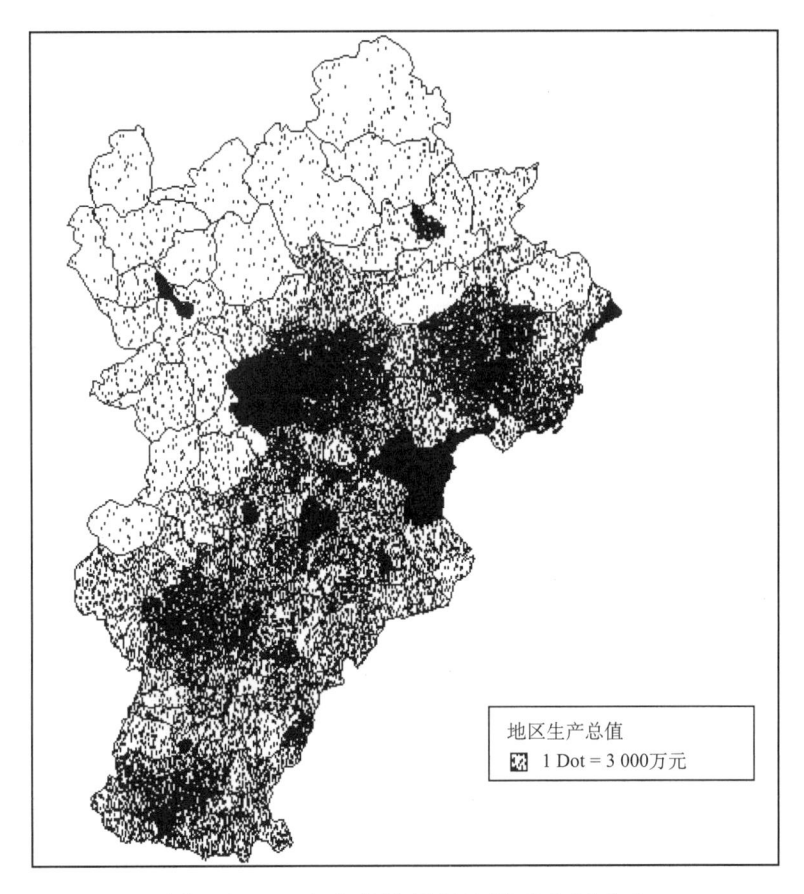

图 3-2-40　京津冀地区经济活动空间分布

广泛的社会公平有利于区域凝聚力的形成,有助于维护首都地区的稳定与和谐。而毗邻北京的数百万农村贫困人口是首都地区稳定发展和构建和谐的巨大障碍,极短的自然距离和巨大的收入差距是他们进入京津的天然诱惑。但这些贫困人口知识水平偏低,劳动技能较少,难以适应现代都市较高层次的劳动力需求,而易于将农村的贫困演变为城市的贫困。因此,着力改善农村落后面貌,特别是缩小河北贫困农村与京津两个中心城市的巨大差距,是京津冀区域发展中具有国家意义的重大问题。

京津冀地区农村贫困的形成,有自然条件的影响,更是长期以来以城市特别是以京津两个城市为中心的发展战略的结果。扶持农村发展,就要从差距形成的根源上入手,彻底改变过去那种城乡二元的管理体制和公共产品供给机制,为农村地区提供全面均等的公共服务,实现城乡发展机会上的平等。

统筹城乡发展的最终目标是推进城乡一体化进程。为农村提供全面均等的公共服务,是农村发展的治本之策。基础设施建设与就业服务体系可以促进生产率的提高;社会保障、农业科技与信息服务可以减少不确定性带来的风险;公共卫生与基础教育可以促进农民素质的提高,实现人力资本的累积。公共服务的全面系统推进通过对农业产业效率的促进与农民生活水平的提高,使产业效率城乡趋于一致,城乡居民生活质量趋于一致,从而实现城乡一体化(图 3-2-41)。

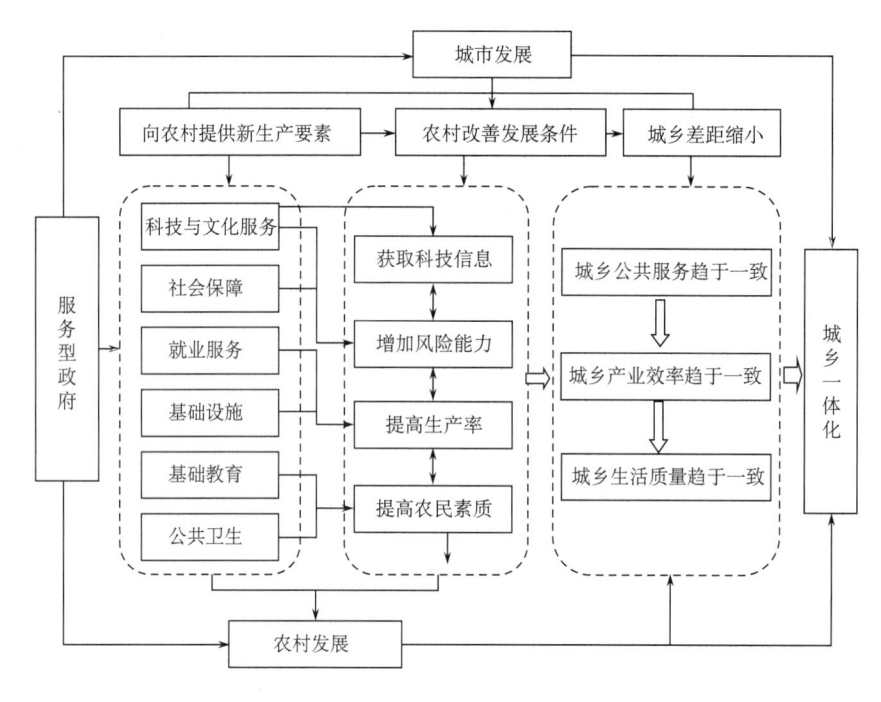

图 3-2-41　公共服务对推进城乡一体化的作用机理

1. 全面提供均等化的基础教育体系

第一,实施农村中小学标准化建设工程,改善农村办学条件。为两市一省制定统一的农村中小学标准化建设标准,省、直辖市政府作为标准化建设的投资主体。根据当地的人口密度和农民集中居住情况,做好标准化中小学的布局规划,适当撤并一些规模太小、师资力量和教学设备太弱的学校。补贴在标准化学校上学的寄宿学生,为他们提供安全、便宜的食堂和宿舍。

第二,实施农村中小学现代远程教育工程。标准化中小学的信息化建设与学校建设同步,优先发展偏远地区学校。建立远程教育工程的长效投入机制,在建设的同时为平台的运营和维护提供专项经费,使远程教育工程真正落到实处。不断探索和完善远程教育内容,实现信息平台两端的互动式交流。

第三,实施农村教师素质提升工程。选派农村中小学的领导、教师到城镇学校挂职锻炼和交流学习。为农村教师提升学历提供资金支持和政策保障。城镇学校每年按专任教师1%的比例,派教师到农村学校,开展为期一年的支教活动。

第四,实施帮困助学工程。提高对贫困学生的生活补贴,增加对住校贫困学生的住宿补贴和交通补贴,扩大享受补贴和免费书本的学生比例。开展对接受职业教育的农村贫困学生的学费补贴。对接受高中阶段教育的贫困学生设立"政府助学金",由政府承担起资助高中贫困学生的职责。

2. 全面提供均等化的公共卫生体系

第一,积极推进新型农村合作医疗。2010年,北京合作医疗覆盖率达到85%以上,天津达到95%以上。加快河北普及新型农村合作医疗的步伐,逐步缩小河北和北京、天津农民享受的财政补贴的差额。政府资助贫困农民缴纳个人参合应负担的费用和因患大病住院的部分或全部起付费。

第二,实施乡(镇)卫生院和行政村卫生站标准化建设。按照统一规划、统一标准、统一风貌、统一标志、统一设备配置的原则对乡镇公立卫生院实施标准化建设,并统一配备救护车、多功能产床、X光机等基本医疗设备。为每一个行政村建设一个诊断室、治疗室和药房一应俱全的卫生站,由政府对卫生站进行补助。每年组织农民进行一次免费体检。

第三,建立农村药品集中配送系统。通过县、乡、村三级卫生网络,将行政区域内乡镇卫生院和村卫生站的用药需求整合起来,建立农村药品监督供应网络和药品价格统一控制网络,对农村医疗机构药品实行集中配送,对乡村医疗机构药品价格实行差率管理,确保农村用药安全、经济。

第四,进行农村卫生人才队伍建设。对不具备医学院大中专以上学历或执业医师资格的人员,一律不得进入乡镇公立卫生院从事临床医疗服务工作。对乡镇卫生院院长、传染病主检医师和村卫生站的乡村医生进行全面培训,提高其法律意识和技术水平。鼓励符合条件的大中专毕业生到农村工作,把到农村服务作为医生业绩考核和职称评定的依据。

3. 全面提供均等化的就业服务体系

第一,建立促进城乡就业的免费培训机制。对农民进行市场经济基本常识、基本权利保护、安全常识等引导培训,帮助农民转变就业观念,熟悉就业政策。利用城镇职业院校师资设备优势,对农村劳动力进行基本技能和技术操作程序的培训,增强农民就业能力。根据用工单位需求,开展订单培训,帮助农民尽快实现就业。

第二,建立较为规范的城乡劳动力市场管理机制。实行就业、失业实名制,建立适龄劳动者电子信息档案和信息数据库,实现对劳动力就业的跟踪服务和管理。规范企业招工信息发布程序,将企业招工信息统一纳入就业信息网络,各社区、中心镇电子显示屏每天及时显示各类招工信息,提高劳动力市场的运行效率。

第三,建立被征地农民就业优惠扶持政策体系。对已登记失业的被征地农民发放《失业证》、《再就业优惠证》。政府补贴为被征地农民介绍工作的职业介绍机构、对其进行培训的职业技能培训机构以及为他们提供见习岗位的单位。对自主创业的被征地农民提供贷款扶持,吸纳被征地农民人员达到一定比例的企业还可享受税费减免和各项补贴及贴息贷款。

4. 全面提供均等化的社会保障

第一,建立覆盖全区域的农村养老保险制度。农村养老保险制度在我国还处于探索阶段,即使在北京和天津,各区县的实施办法都尚未统一。因此,京津冀地区在全区域普及农村养老保险的同时,也要切合当地经济发展状况,建立多层次的保险制度。我们认为,可以把京津冀区域划分为四个次区域:北京市和天津市,河北省地级市的市辖区和迁安、任丘、武安、遵化、迁西、鹿泉①六个县(市),河北省普通县(市)和河北省贫困县②。这四个次区域基本处于不同的经济发展水平,应实施不同的农村养老保险办法,在缴费额度和相应的待遇上形成梯度。

---

① 2005年,这6个县(市)的人均GDP已超过河北省地级市市辖区的人均GDP,所以把它们归入第二类。
② 满足人均GDP不足全国平均水平的60%或农民人均纯收入不足全国平均水平的80%的县。

第二,建立城乡一体的社会救助制度。建立和完善农村居民最低生活保障制度,建议如上所述的第一类和第二类区域将农村最低生活保障与城镇低保并轨,同时加大财政对后两类区域的扶持力度,使之适当提高低保标准,并实现应保尽保。实施为农村低保户修缮改建住房的"安身工程"。建立"农村医疗救助基金",对农村五保户、低保户和优抚对象中的贫困户实施医疗救助。资助考上大中专院校的农村低保家庭的学生,使之不因贫困而失学。

5. 全面提供均等化的科技与文化服务

第一,发挥现代科学技术对农村发展的支撑作用。实施现代农业科技示范项目,鼓励以标准化、机械化和信息化为主要内容的现代农业示范基地建设。为农业新品种、新技术推广以及农产品精深加工企业技术改造提供资金支持。构建农村信息服务体系,为每个行政村建立信息服务站,开办农民网校,拓宽农民获得各种信息的渠道。

第二,繁荣农村文化。为每个行政村建立一个具有党员活动室、电教室、图书室和网络培训室的活动中心。建设农村文化网络,实现县县有文化馆、图书馆,乡乡有文化站,村村有文化室。实施广播电视和电话"村村通"工程,全面覆盖所有行政村。鼓励城镇与农村热心文化事业的志愿者在农村开展各种公益活动,丰富农民文化生活。

6. 全面提供均等化的基础设施建设

第一,建设城乡一体化的交通体系。京津冀的地级市应推进中心城区与新城、重点镇的快速路,重点镇与镇、一般镇与中心村之间的高等级公路交通网络建设。同时直辖市应建立起覆盖全市行政区域、地级市覆盖市辖区范围的城乡一体的公交运营网络。河北各县(市)应加快乡村公路网建设,形成以乡镇为节点、通村联社、四通八达的乡村路网(图 3-2-42)。

第二,加强农村基础设施建设。全面整治农村环境,京津冀的经济发达地区初步实现垃圾清理有序化、污水无害化、厕所卫生化,初步建立农村环境管理的运行机制和乡级专职环卫队伍。2010 年,北京市农村污水处理率达到 50%,生活垃圾无害化处理率达到 80%;天津市分别达到 60% 和 90%。实施农民安全饮水工程,2010 年全区域农民饮水水质基本达到国家规定的农村生活饮用水标准,北京和天津的平原地区自来水管入户率达到 100%。推进农村电网改造,实现城乡居民用电同网同价。改善农田水利基本设施,推广农业综合节水技术。

面向农村的全面均等的公共服务的推进,是一个庞大的系统工程,需要各级各地政府长期艰辛的努力,转变政府职能,重塑发展理念,将资源更多地投入到农村地区,具体可见推进全面均等公共服务的逻辑框架(图 3-2-42)。京津冀地区统筹城乡发展的难点在河北,为河北农村提供全面均等的公共服务,需要两市一省密切配合,主动承担各自责任,建立跨区域的城乡统筹机制。

京津冀农村虽然有行政区划的限制,但在长期的城市优先战略下,京津两市一直挤占河北贫困地区的自然资源,实现了自身发展,也在一定程度上造成了河北部分地区的贫困。以水资源为例,近年北京从河北的调入水量占其供水总量的近 1/4,而天津竟达 2/3。而作为京津重要水源涵养地的河北涞源、蔚县、涿鹿、尚义、崇礼和万全都是国家扶贫开发重点县。因此,建立跨区域城乡统筹机制,实现京津对河北农村的扶持是两市的应尽之责。

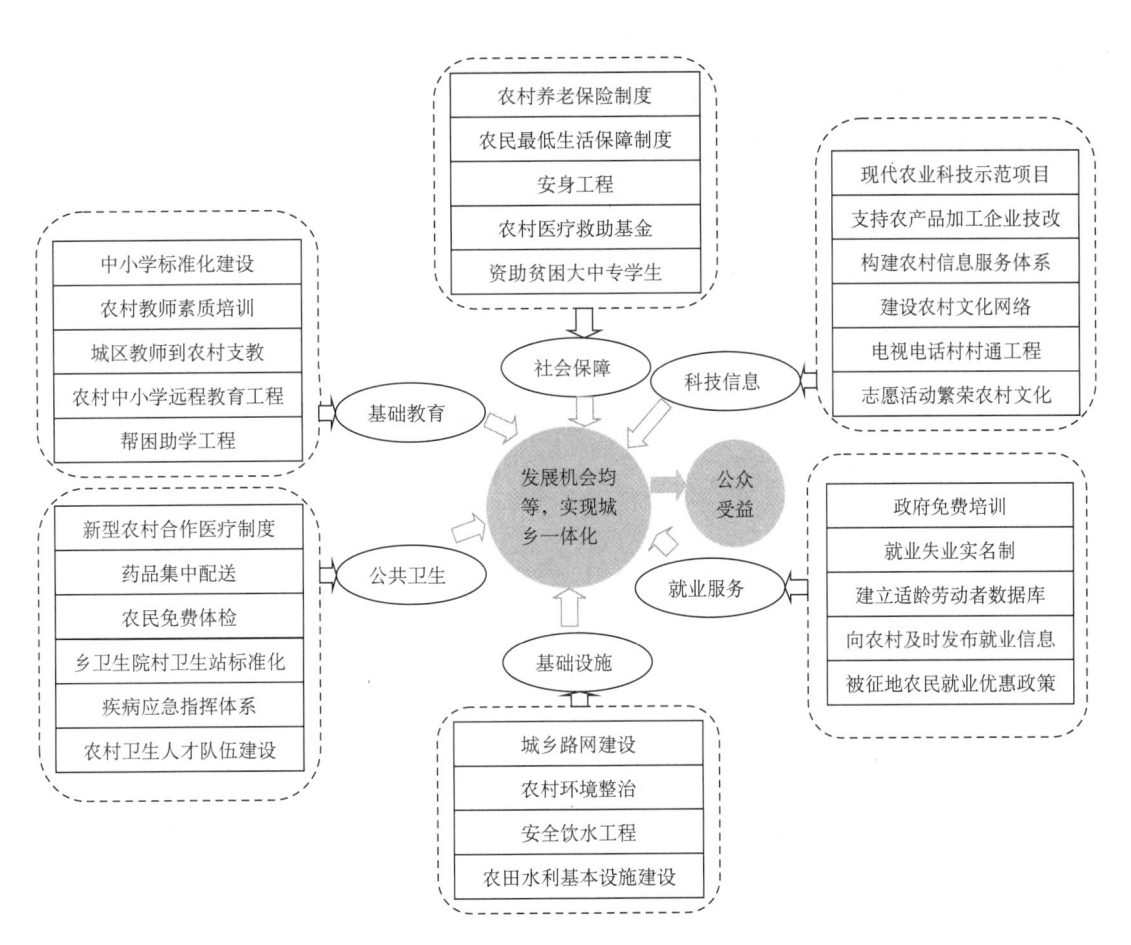

图 3-2-42 推进全面均等公共服务的逻辑框架

城市反哺农村,向农村提供全面均等的公共服务,与经济发展阶段和政府财政实力密切相关。根据表 3-2-45 所示,2004 年河北的人均 GDP 不到京津的一半,河北的人均财政支出不到北京的 1/5 和天津的 1/3。单以河北的经济实力,难以为其广阔的农村提供高质量的公共服务,只有借力京津,建立跨区域统筹机制。

表 3-2-45　2004 年京津冀经济发展状况

地区	人均 GDP(元)	农民人均纯收入(元)	人均财政收入(元)	人均财政支出(元)
北京	28 689	6 170	4 987	6 017
天津	28 632	5 020	2 404	3 662
河北	12 878	3 171	599	1 154

资料来源:《中国统计年鉴 2005》。

(三) 建立京津冀欠发达区域援助基金

建立跨区域的城乡统筹机制,发挥京津在河北农村公共产品供给中的积极作用,其本质就是要建立起京津对河北欠发达地区资金扶持的长效机制。世界其他国家和地区在扶持落后地区的时候,往往是通过成立一些目标明确的基金,为欠发达地区的各个经济社会发展目标提供规范的资金支持(表3-2-46)。借鉴他们的经验,我们也建议成立京津冀欠发达区域援助基金来统一管理援助河北欠发达地区的资金。

表3-2-46　部分国家和组织设立的援助欠发达区域基金

国家和组织	基金		目标
欧盟	结构基金	欧洲地区开发基金	促进发展落后地区的开发和结构调整;帮助严重受工业衰退影响的地区转变经济方向;帮助农村地区的开发和结构调整;促进人烟稀少地区的开发和结构调整。
		欧洲社会基金	
		欧洲农业保证与指导基金	
		渔业指导基金	
	团结基金		援助欧盟中最贫穷的国家,缩小新入盟国家与老成员国之间的差距。
意大利	南部开发基金		将投资吸引到南部,同时将政府基金引入南部基础设施建设项目。
西班牙	地区补偿基金		对自治区权限内的投资项目进行财政资助。
	地区鼓励基金		对生产性投资进行财政和税收鼓励,促进地区工业合理布局。
巴西	亚马逊开发私人投资基金		促进亚马逊地区经济发展。
	社会一体化基金		缩小欠发达地区与发达地区经济差距。
	巴西扫盲基金		降低欠发达地区文盲率。

1. 基金的目标

基金的使用应该有明确的方向,它必须作用于那些最能提升区域整体竞争力和实现其长远利益的领域。

京津冀欠发达地区援助基金的总体的定位是一个综合性的基金,它致力于促进欠发达地区的经济增长、社会发展和生态保护这三大目标。基金定位的综合性是因为京津冀地区欠发达地区往往兼具经济水平落后、社会发展滞后和生态功能突出这三个特点,而且每个特点之间又具有很强的关联性。

在现阶段,基金以向河北贫困的农村地区提供全面的公共服务,促进城乡居民在发展机会和能力上的平等为首要目标。因此当前基金作用的重点领域是以促进欠发达地区人力资本积累为目的的教育和医疗,以及以增强欠发达地区与发达地区联系为目的的交通基础设施建设。

2. 基金的机构设置

基金的最高决策机构是市长联席会议,由京津冀地区两个直辖市和河北的11个地级市的市长组成,以投票的方式做出基金的最终决策。市长联席会议成员在表决时拥有不同的票权,它与各市的经济政治地位和在基金中的投入份额相关,但河北各市与京津也要形成相互制约的格局。

秘书处是市长联席会议下的一个常设机构,由两市一省的秘书长或副秘书长牵头办公,负责基金的日常事务。担负基金的咨询评议和资金管理两大职责。

为维护决策时效性和科学性,基金设有专家委员会作为一般决策机构,它的职责是评议所有申请,审批一定额度以下的援助项目(如100万以下),并对大额项目进行初审。专家委员会又分为经济开发、社会发展和生态保护三个专业委员会。各专业委员会的人数应在100人以上,其中学者、政府官员和民意代表的比例分别为35%、35%和30%。专家委员会在利益上具有广泛的代表性,在技术上具备较强的专业性。

人大督导组履行对基金的监督职能,由两市一省人大定期组织人员对资金的使用情况和项目的实施情况进行考核,并对每一个项目评分。专家委员会委员的得分就是他所审批的项目的平均分,对于一个考核期内得分最后的10%的委员进行淘汰。人大督导组下设办公室履行日常的监督职能。

3. 基金的运行机制

基金的来源由五个部分组成:京津两市对河北欠发达地区的转移支付、河北省级财政中对该地区的转移支付、由两市一省政府争取到的中央对该地区的扶持资金、向国际组织和民间人士募集的捐赠,以及以基金为资本金吸引的银行贷款(图3-2-43)。

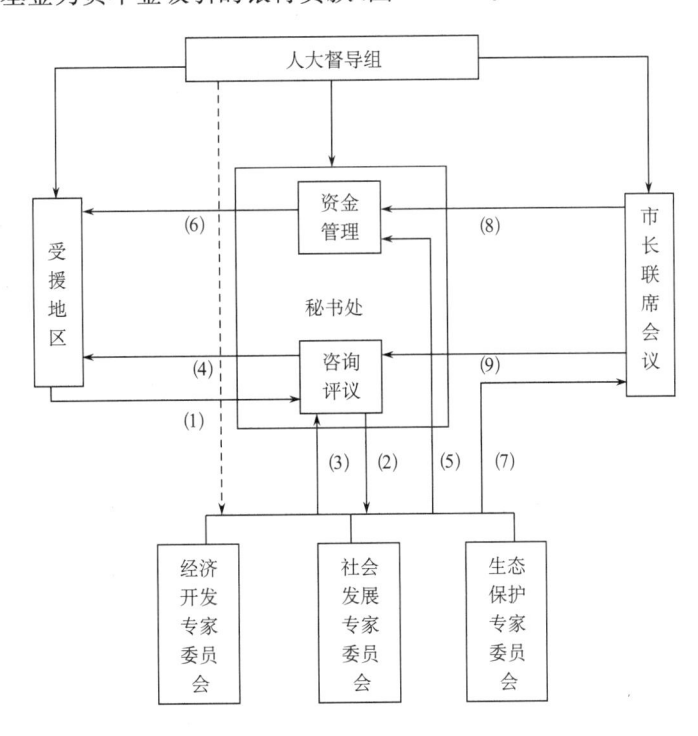

图 3-2-43　京津冀欠发达地区援助基金的运行机制

京津冀欠发达地区援助基金的运行机制如下。

(1)受援地区向秘书处提出申请,秘书处的咨询评议部门受理申请。

(2)咨询评议部门根据申请的内容,确定评审的相关专业委员会,在遵循各委员会学者、政府官员和民意代表比例35%、35%和30%的前提下,随机产生60名左右的委员,并将申请提请委员审议。

(3)没有通过专家委员会审批和初审的项目,连同专家意见反馈到咨询评议部门。

(4)咨询评议部将未通过评审的结果和意见通报给申请地区。

(5)通过专家委员会评审的小额项目移交到秘书处的资金管理部门。

(6)资金管理部门根据申请拨付援助资金。

(7)通过专家委员会初审的大额项目移交市长联席会议表决。

(8)市长联席会议表决通过的申请移交秘书处资金管理部门实施。

(9)市长联席会议没有通过的申请连同专家委员会初审意见反馈到咨询评议部门,并通报申请区域。

(10)人大督导组监督受援地区、秘书处和市长联席会议,并通过评分机制间接监督专家委员会。

4. 受援地区

以人均GDP不足全国平均水平的60%和农民人均纯收入不足全国平均水平的80%这两个指标来划定受援地区(表3-2-47)。同时满足两个指标的,为第一类受援区域,只满足其中之一的,为第二类受援区域(图3-2-44)。第一类区域面积占京津冀地区的35.35%,人口为10.7%,而GDP仅为2.8%,是基金援助的重点区域。为把资金集中到最需要的区域,而不是根据各区域的活动能力来分配资金,基金必须把每年援助资金总额的70%使用在第一类区域。

表3-2-47　2005年京津冀欠发达地区援助基金区划

类型区	人口		面积		GDP		人均GDP (元/人)
	数量(万人)	比重(%)	数量(万km²)	比重(%)	数量(亿元)	比重(%)	
第一类区域	1 008.3	10.70	7.65	35.35	580.01	2.80	5 752
第二类区域	922.9	9.79	2.7	12.48	685.65	3.32	7 429
普通区域	7 491.8	79.51	11.29	52.17	19 414.37	93.88	25 914
总计	9 423	100	21.64	100	20 680.03	100	21 946

资料来源:《北京市统计年鉴2006》,《天津市统计年鉴2006》,《河北经济年鉴2006》。

第一类区域名录:**承德县**,平泉县,**隆化县**,**丰宁满族自治县**,**围场满蒙自治县**,张北县,康保县,沽源县,**尚义县**,**蔚县**,**阳原县**,怀安县,**万全县**,赤城县,**崇礼县**,青龙满族自治县,**阜平县**,**唐县**,**涞源县**,曲阳县,顺平县,海兴县,新河县,广宗县,威县,**大名县**,**魏县**。

第二类区域名录:**赞皇县**,**平山县**,**滦平县**,**宣化县**,涿鹿县,固安县,永清县,清苑县,涞水县,定兴县,望都县,安新县,易县,博野县,**盐山县**,**南皮县**,任县,南和县,**巨鹿县**,平乡县,临西县,南宫市,临漳县,曲周县。

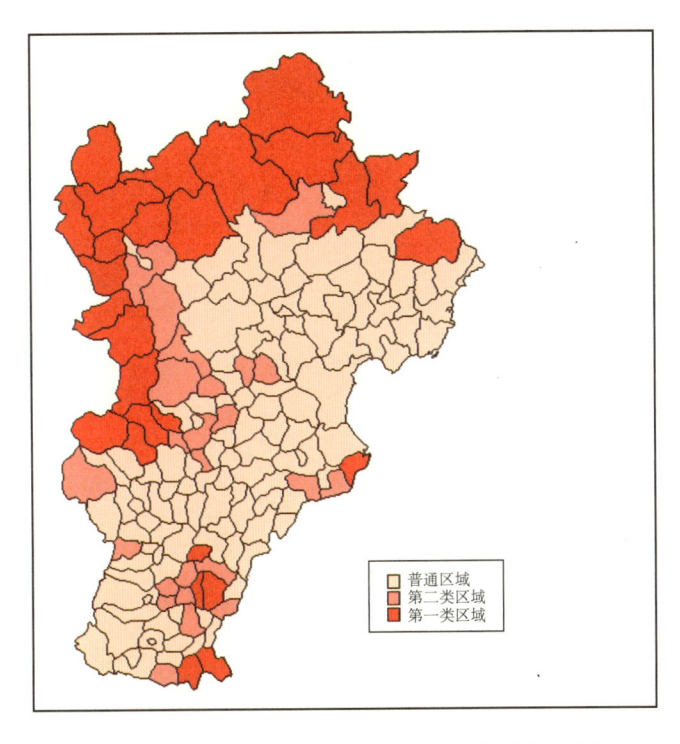

图 3-2-44　京津冀欠发达地区援助基金区划

其中黑体的是国家级贫困县,加下划线的是位于京津冀地区水土流失重点防治区和重要水源涵养区的县。

人口是影响发展进程的关键因素,人口与劳动力的自由流动对推动一国的现代化、工业化、城市化有着极为重要的作用。未来人口如何流动,城乡如何协调对京津冀区域发展有着极为重要的意义。从前面的分析中我们已经发现,城乡居民之间的巨大收入差距是促进城乡人口流动的主要动因。京津冀地区区域差别、城乡差别极大,这种差距既阻碍河北的发展,也使得京津的进一步发展增加了成本。因此,京津冀需要建立跨区域的统筹城乡发展的协调机制,从本质上说,京津冀统筹城乡发展就是京津如何帮助河北实现经济起飞与发展的问题。由于行政上分省而治,跨区统筹面临一系列的制度障碍,但我们相信,只要三方政府积极实施制度创新,破除那些阻碍人口流动的制度因素,主动担负起相应的职责,加大对农业和农村的扶持力度,跨区统筹就一定可以实现,京津冀成为城乡一体、各城市协调发展、富有竞争力的全球性城市群将指日可待。

专题三

综合交通体系与城镇发展关系专题研究

目 录

引言 ·· 339
一、区域交通现状特征及问题 ··· 341
二、区域交通发展趋势分析 ·· 366
三、交通发展目标与策略 ··· 375
四、区域综合交通系统规划 ·· 379
五、交通系统协调发展建议 ·· 388

引 言

（一）研究背景

京津冀是我国三大城镇群，区域内人口、技术、资本等经济要素集中，产业、城镇相对密集，其中北京、天津两个直辖市，是我国的政治、文化、国际交往中心和我国北方地区重要的经济中心，具有重要的区位优势和国家战略意义。

2005年至2006年，《北京城市总体规划(2004-2020)》、《天津城市总体规划(2005-2020)》和《河北省城镇体系规划(2006-2020)》相继得到国务院批复，规划实施工作陆续展开。上述规划在实施过程中不可避免地存在整体协调、统筹发展等问题与难题。同时国家"十一五"规划、国家发改委、国土、交通、环保等部门编制的相关规划都对区域整体的发展提出了原则和要求，这些规划的实施需要与城乡规划进行必要的衔接和落实。本专题从区域整体利益出发，坚持重在落实的原则，协调两市一省城乡规划之间的关系，加强相关规划实施过程中区域性问题的协调。

近年来，国内交通基础设施建设也进入一个全新的发展时期，高速、快速交通方式进入综合交通系统，国家高速铁路、区域快速轨道交通系统（城际快速铁路）、高速公路系统成为未来交通发展的重点；乡村道路、低等级道路的普及，使更大比例的人口都能享受到交通系统改善带来的实惠；同时城市交通系统也在发生巨大的变化，城市快速轨道交通、快速道路系统等的建设进入高潮，城市扩张有了相应的交通支持。

在我国当前以行政区界为主导的投资、建设、经济组织等发展特征下，综合交通运输网络是区域协调发展的重要基础，同时在大都市、城镇群地区，我国城市发展在空间、职能等方面正在发生的变革，将带来交通需求特征的重大变化，这对传统的交通联系方式、交通规划、交通管理将提出严峻的挑战。

随着科学发展观的落实，我国交通系统发展，特别是城市和城镇密集地区交通发展成为关键。这些地区土地稀缺、人口密集、产业集中、经济发达，交通需求增长迅速，资源与城市空间、城市社会、经济发展的矛盾随着城镇群的壮大越来越突出，使传统的以公路为主导的交通发展思路受到挑战。如何发挥综合交通系统的优势，利用交通系统引导这些地区发展模式的转变是这些地区城市、产业、经济可持续发展的重点。

近年来国家在各个行业的发展规划陆续出台，全国城镇体系、铁路、公路、水运、航空等规划陆续进入实施阶段，同时，国家各部委和区域内的各省市目前也针对京津冀的发展制定了铁路、区域快速轨道、公路、港口、机场等各方面的专业规划，但在这些专业规划之间如何针对京津冀城镇发展的特征，综合考虑在土地、资源等方面的限制条件，形成各种交通方式之间，更重要的是交通与城镇发展模式之间的协调，是目前京津冀城镇发展模式变革中交通系统发展的关键。应利用交通系统的构建带动区域城镇空间布局、城镇职能整合，促进区域内各发展主体在发展模式、发展政策上的协调，推动区域市场化和良性竞争环境的形成。

（二）研究目的

利用区域交通系统和城镇快速发展的机遇落实科学发展观，整合与完善区域综合交通系统，引导区域城镇合理空间布局与城镇体系的形成，促进区域城镇在城镇布局、产业、经济、社会等方面协调发展，促进机场、港口等大型设施的区域共享，完善区域对外交通系统，扩大京津冀的经济影响腹地。

（三）技术思路

主要研究思路采取"三线并进，互为融合"的方法，着重研究交通行业内部协调与衔接关系，交通运输与社会经济发展及产业布局的关系，交通运输与区域城镇布局及土地利用、人口流动的关系，促进交通与社会经济和城镇布局协调发展，充分借鉴国内外城镇群发展经验，协调已有规划之间在落实中存在的矛盾，发挥综合交通系统引导区域发展模式的转变和城镇布局合理形成的作用。

综合交通体系应在系统调研的基础上，以京津冀城镇群的空间布局、城镇职能、产业集群发展、社会经济联系为依据，抓住目前国家城镇发展中科学发展观落实、经济增长方式转变、国家交通综合网络快速发展、京津冀地区城镇空间发展转型、城镇关联带来协调方式转变等重大机遇，运用交通引导城镇、产业、经济、社会、文化等发展的思路，充分理解和吸收已有专业规划的内容，整合和完善区域的综合交通网络，形成京津冀地区内部联系紧密、对外出口畅通的可持续发展的综合交通系统，塑造京津冀可持续发展的城镇空间与发展模式（图 3-3-1）。

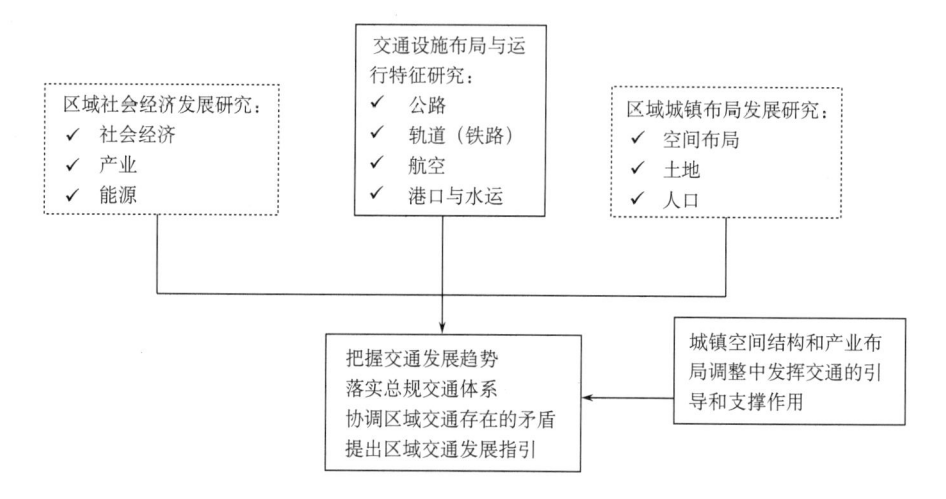

图 3-3-1 综合交通系统发展研究技术思路

因此,在本专题研究中要贯彻以下原则:

重在落实。按照科学发展观要求,坚持"五个统筹"的发展战略,依据已批复的《北京市总体规划(2004-2020)》、《天津市总体规划(2005-2020)》、《河北省城镇体系规划(2006-2020)》,强调与国家交通行业部门规划的衔接,按照区域城镇化整体发展要求,构筑与城镇群整体发展相一致的交通体系。

综合协调。区域内涉及不同的省市、不同类型的交通方式,同时区域城镇又处于高速发展时期,城镇空间、职能、产业布局正在形成,仍然存在地区之间发展速度、发展模式上的差异,因此在规划中要综合协调好不同地区、不同交通方式、城市与区域、交通与空间、交通与产业、交通与城镇职能等方面的关系,加强区域性重大交通设施的共享与衔接。

突出重点。着重研究交通行业发展给区域带来的动力,重点研究交通与城镇发展、产业布局、人口流动之间的关系,突出区域城镇空间布局调整、产业布局调整过程中交通的引导和支撑作用,强调不同交通方式、交通枢纽之间相互衔接、协调发展。

一、区域交通现状特征及问题

(一)城镇和产业发展现状

1. 社会经济

2005年京津冀地区人口总数为9 432万人,占全国总人口的7.21%;区域土地面积21.6万 km^2,约为国土面积的2.25%;地区国民生产总值为20 680.03亿元,占全国GDP的11.24%。该区域的经济发展优于中西部地区,但较经济发达的长三角、珠三角等区域还存在一定差距(表3-3-1)。

表3-3-1 三大区域经济实力比较[①]

地区	全国总计	京津冀	长三角	珠三角
面积(万 km^2)	960.21	21.60	21.07	17.98
总人口(万人)	130 756	9 432	14 151	9 194
GDP(亿元)	183 084.8	20 680.0	40 897.7	22 366.5

北京市GDP总量由1990年的500.8亿元增长至2005年的6 886.3亿元,增长12.75倍,增长速度最快;该时段天津、河北GDP总量分别增长10.78倍、10.26倍。两市一省GDP总量年均增长速度分别为17.85%、17.18%、16.79%,河北省增长速度稍慢[②]。

河北省人均GDP由1990年的1 465元增长至2005年的14 782元,增长9.09倍,增长速度

---

① 表中数据京津冀指两市一省,长三角指两省一市,珠三角指广东省,引自《中国统计年鉴2006》。
② 本报告所引用数据除特别注明外,均来自《北京统计年鉴2006》、《天津统计年鉴2006》、《河北经济年鉴2006》。

最快,同期北京、天津人均 GDP 分别增长 8.8 倍、8.79 倍。但在两市一省中,河北省人均 GDP 基数最小,与 2005 年北京、天津人均 GDP 45 444 元、35 457 元相比,差距仍很明显。

从区域内部来看,各城市的经济发展水平也有很大差距(表 3-3-2)。北京市一支独秀,处于第一个层次(GDP 超过 6 500 亿);天津处于第二层次(GDP 超过 3 500 亿)、唐山、石家庄处于第三个层次(GDP 超过 1 500 亿);保定、沧州、邯郸为第四个层次(GDP 为 1 000-1 500 亿);承德、张家口、秦皇岛、廊坊、衡水、邢台为第五个层次(GDP 不足 1 000 亿)。

从人均 GDP 水平来看,北京、天津、唐山较高,均超过 2.7 万元,北京水平最高超过 4.5 万元;石家庄、秦皇岛、沧州、廊坊人均 GDP 为 1.5-2 万元;邯郸、衡水、承德、邢台人均 GDP 为 1-1.5 万元;保定、张家口两市人均 GDP 不足 1 万元。

表 3-3-2 京津冀地区按市行政区经济实力比较

省市	GDP(亿元)	人均 GDP(元/人)	第一产业(亿元)	第二产业(亿元)	第三产业(亿元)
北京市	6 886.31	45 444.00	97.99	2 026.51	4 761.81
天津市	3 697.62	35 783.00	112.38	2 051.17	1 534.07
河北省	10 096.11	14 782.00	1 503.07	5 232.50	3 360.54
石家庄市	1 786.78	18 592.92	247.76	865.66	673.35
承德市	360.29	10 691.1	65.74	183.54	111.01
张家口市	415.79	9 947.13	67.36	185.93	162.50
秦皇岛市	491.15	17 053.82	51.27	190.35	249.52
唐山市	2 027.64	27 928.93	236.19	1 161.73	629.72
廊坊市	621.23	15 687.63	100.75	336.04	184.43
保定市	1 072.14	9 991.99	196.13	523.20	352.82
沧州市	1 130.80	16 532.16	135.40	603.79	391.61
衡水市	519.69	12 314.93	90.56	275.29	153.84
邢台市	680.75	10 011.03	124.33	390.07	166.35
邯郸市	1 157.29	13 363.63	158.08	582.09	417.12

从区域内以区县为单位的 GDP 总量分布图上,可以看出区域经济活动的高度集聚特征,京、津二市是经济活动的聚集中心。区域经济格局呈现出由双中心集聚向多中心集聚变化的趋势,东部中心的增长要快于南部。

京津冀地区各城市发展水平参差不齐,呈现出明显的核心—边缘结构。京津二市构成了区域经济的中心高地,从这一中心区向外,除了张家口、承德、保定几个地级市的市区像孤岛一样凸立在外,是一环带型的低水平边缘区,从北部承德所辖的各县开始,经西北部张家口所辖的各县,到南部保定、沧州及衡水的辖区,这一地带包括了 43 个县级单位,人均 GDP 为 7 814 元,只是京津的 1/5,区域内部经济发展的不均衡程度是很高的。

2. 城镇布局现状

经过多年建设和发展,京津冀地区城市沿交通走廊分布态势明显,以北京为核心,沿京沪、京广、京哈、京开、京承、京张、石德等交通走廊均分布有多座城市，尤其是京沪、京广、京哈、石德等国家交通干线上城镇密集、城市规模大，除张、承地区外，区域内所有地级市均分布在上述国家交通干线上。区域内东部沿海及东中部平原区城镇密集，而北部、西北部、西部山区城镇分布相对稀少。

京津冀地区城镇空间变化趋势主要依托交通、区位为主，在交通区位有利的城市出现产业和人口迅速集聚，并向交通干线沿线上若干地点开发转移，进入轴线全面开发期，沿线各地全面启动，开始大规模工业化，形成系列产业发达的城市带。城镇空间发展基本是以京津为核心，形成九个都市区和一个都市连绵区。其中五个大型都市区为北京、天津、石家庄、唐山和邯郸都市区，四个小型都市区为邢台、廊坊、衡水、沧州都市区，北京、天津形成都市连绵区。各城市相毗邻地区大部分为该市发展相对缓慢的地区，造成区域城镇发展的差异化显著，也是区域未来协调发展需要着重引导的地区。

依托高密度的交通网络，京津冀都市区已初步形成，包括北京、天津、唐山和廊坊四市。交通支撑体系包括：京津塘、京沈、唐津等高速公路；京山、京秦等铁路干线；首都机场、滨海机场、唐山机场等航空港；天津港、唐山港等沿海港口。

都市核心区外围，依托国家交通干线，形成都市延伸区，包括秦皇岛、保定和沧州三市。交通支撑体系包括：京珠、京沪、京沈、保津等高速公路干线；京广、津沪、京秦等铁路干线；山海关机场；秦皇岛港、沧州港等沿海港口。

外围都市区分为冀南都市区——石家庄、邯郸、邢台和衡水四市以及张、承都市区。交通支撑体系包括：京珠、京张、京承、石太、石沧等高速公路；京广、京九、京包、京通、石德、石太等铁路；石家庄、邯郸机场。

3. 产业布局现状

京津冀经济活动高度集中，工业经济向北京和天津集聚的"双中心结构"得到持续强化，就业向地级市市区集中。投资强化了北京和天津的双中心地位，但已经开始向河北扩散[①]。区域内的产业聚集区为北京和天津、石家庄、保定以及河北省东北部沿海地区，这些地区拥有相对完整的工业体系，京、津、冀优势产业分工明显，北京以资本技术产业为主导，天津以资本资源密集型产业为主导，河北以资源密集产业为主导。

京津冀地区的现状产业空间格局如图3-1-19所示：北京—天津—廊坊为现代服务业、现代制造业综合性产业功能区，对高速客运、快速物流交通要求高；邯郸—邢台—唐山为钢铁、纺织专业化产业功能区，对能源原材料依赖大，需要港口支撑；石家庄—保定—衡水为传统服务业、传统制造业综合性产业功能区；张家口—承德—秦皇岛，以资源开发为主的产业功能区，需要加强与销售终端的交通联系；沧州为独立的石油化工产业功能区，同样对原材料依赖性强，需要港口支撑。

4. 人口分布现状

相对经济快速增长的形势，京津冀地区人口增长比较缓慢。两市一省人口年增长速度分别

---

① 引自"区域产业功能体系与空间协同发展专题研究"。

为2.78%、1.2%、0.75%,北京增长最快,河北最慢。

京津冀地区人口密度高达437人/平方公里,是全国人口密度最高的地区之一。北京市和天津市人口分布高度密集,分别达到937人/平方公里、875人/平方公里。河北省的人口密度为365人/平方公里,虽大大低于北京、天津,也远高于全国平均水平。

京津冀地区常住人口规模巨大,人口增长快于全国总人口的增长,地区人口占全国总人口的比重也由1980年的6.9%上升到2005年的7.2%。地区人口年龄结构步入成年型,老龄化特征明显,自然增长率较低;人口整体受教育水平较高。地区人口流动规模巨大,远高于全国水平,但却低于长三角和珠三角,而北京的流入人口数量却远高于其他城市,净迁入人口向北京单极集中明显(表3-2-5)。北京流动人口以远距离迁移为主,津冀则以中短途迁移为主,区县内近距离迁移在所有地市中都占有重要地位。

经济水平对人口迁移的影响作用明显提高,京津冀地区人口迁移较活跃的地区主要为经济水平发展较快的区域,呈现较为明显的"圈层式"分布特征。秦皇岛、天津滨海新区、黄骅港、京唐港和曹妃甸等港口城市的发展客观上扮演着地区对外开放的重要枢纽的角色,随着"港口开发区—新城—主城区"的多核结构发展模式的逐步形成,这些区域将会成为未来京津冀主要的人口迁入区。

(二)交通设施发展现状

1. 公路网

(1)公路里程

区域内公路网总长度101 426公里(表3-3-3),路网密度46.95公里/百平方公里;高速公路网全长3 276公里(表3-3-4),路网密度1.52公里/百平方公里,均明显高于全国平均水平(19.48公里/百平方公里、0.36公里/百平方公里)。

表3-3-3 京津冀地区公路发展情况(单位:km)

省市	1996年	1997年	1998年	1999年	2000年	2001年	2002年	2003年	2004年	2005年
北京	12 084	12 306	12 498	12 825	13 597	13 891	14 539	14 453	14 630	14 696
天津	4 264	4 287	4 335	8 844	8 946	9 647	9 696	10 168	10 514	10 836
河北	54 146	56 009	57 263	58 162	59 152	62 615	63 698	65 391	70 200	75 894

表3-3-4 京津冀地区高速公路发展情况(单位:km)

省市	1996年	1997年	1998年	1999年	2000年	2001年	2002年	2003年	2004年	2005年
北京	144	144	190	230	267	335	463	499	525	548
天津	101	101	182	231	305	304	331	517	517	593
河北	278	494	688	1 009	1 480	1 563	1 591	1 681	1706	2 135

2005年年底,北京、天津、河北两市一省公路网总里程分别达到14 696公里、10 836公里、75 894公里(表3-3-5),路网密度分别为89.55公里/百平方公里、90.91公里/百平方公里、40.44公里/百平方公里,其中高速公路总里程分别达到548公里、593公里、2 135公里。

表3-3-5 京津冀地区公路里程统计

省市	公路总里程(km)	路网密度(km/百 km²)	高速公路里程(km)	路网密度(km/百 km²)
北京	14 696	89.55	548	4.97
天津	10 836	90.91	593	4.98
河北	75 894	40.44	2 135	1.14
合计	101 426	46.95	3 276	1.52

(2)公路网布局

京津冀地区已初步形成以北京、天津、石家庄为枢纽的公路网络,两市一省的公路网络均以中心城市为辐射点向外扩展(图3-3-2)。

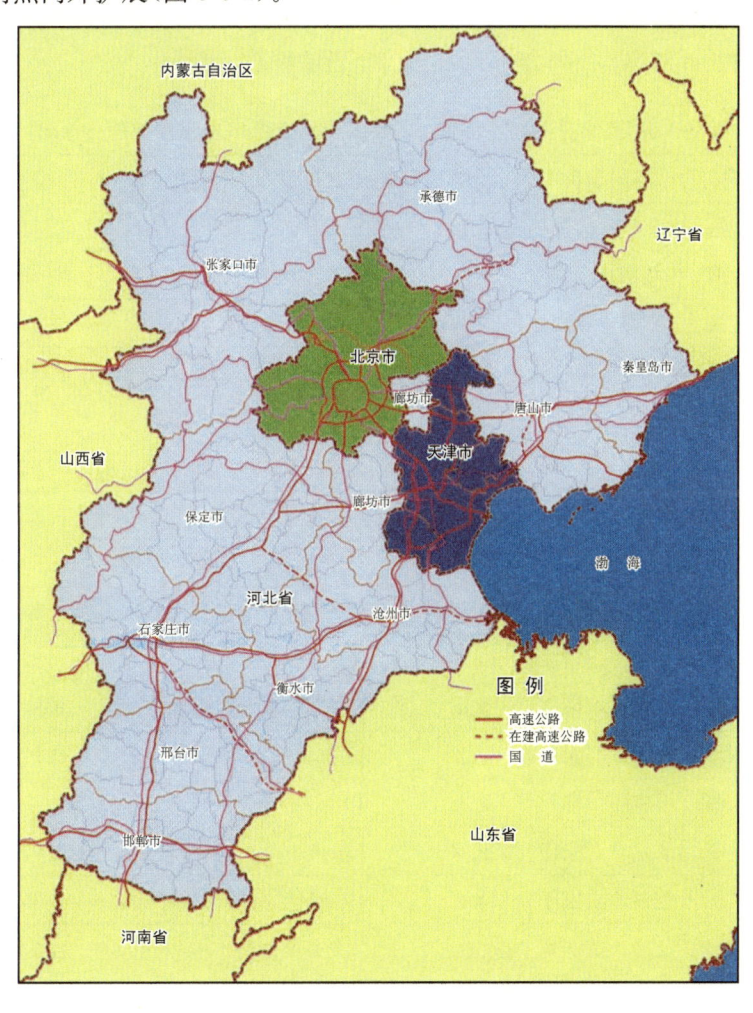

图3-3-2 京津冀地区现状公路网布局

北京是全国最大的陆路交通枢纽，干线公路已形成"两环十一射"路网格局，京珠、京开、京沪、京津塘、京沈、京哈、京张等高速公路均已建成，京承高速一期、二期也已建成，环射状高速公路网初具规模，高速公路网密度4.97公里/百平方公里，处于全国各省市前列。

天津市公路已经形成由干线公路（国道、省道）、农村公路（县道、乡道、专业公路）组成的网络状结构，多条国家干线公路从天津经过，星状放射的高速公路网初步形成，高速公路里程593公里，比北京高速公路总里程还高8%，但通达性远不如北京，特别是与区域内陆腹地连通性较差。

河北省城市发展主要依赖于公路交通形成的经济流。全省现有国道17条，省道110多条，公路通车里程7.6万公里，公路网密度达40.4公里/百平方公里。形成以省会石家庄为中心的纵横交错的方格网公路格局，全省高速公路超过2 000公里，省会城市与其他10个设区市均有高速公路连接。

(3) 主要公路通道适应性分析

京津冀区域主要公路通道中，南北方向大广（大庆—广州）、津汕（天津—汕尾）现状道路设施条件较差，通道交通量大，基础设施已不适应公路交通流量的增长（表3-3-6）。东西方向石太（石家庄—太原）、荣乌（荣成—乌海）、青银（青岛—银川）等通道现状公路设施不适应交通发展需要。京津之间，京津塘高速公路现状交通量过大（局部路段饱和度高达1.3），无法满足发展需要。其余公路主通道设施等级较高，基本能够满足当前交通的需求。

表3-3-6　京津冀主要公路通道现状适应性分析[①]（交通量单位：pcu/d）

序号	通道名称	路段名称	省份名称	通道交通量	适应交通量	拥挤度	适应情况
1	北京—上海	北京—天津	北京	63 245	88 998	0.71	基本适应
2	北京—上海	北京—天津	天津	62 076	89 998	0.69	适应
3	北京—上海	天津—济南	天津	52 270	65 000	0.80	基本适应
4	北京—上海	天津—济南	河北	21 756	66 768	0.33	适应
5	北京—福州	北京—天津	北京	63 245	89 998	0.70	基本适应
6	北京—福州	北京—天津	天津	62 076	89 998	0.69	适应
7	北京—福州	天津—济南	天津	52 270	65 000	0.80	基本适应
8	北京—福州	天津—济南	河北	21 756	66 768	0.33	适应
9	北京—深圳	北京—开封	北京	58 687	25 000	2.35	严重不适应
10	北京—深圳	北京—开封	河北	20 491	24 998	0.82	基本适应
11	北京—珠海	北京—石家庄	北京	73 500	84 242	0.87	基本适应
12	北京—珠海	北京—石家庄	河北	49 865	72 074	0.69	适应
13	北京—珠海	石家庄—郑州	河北	38 417	36 746	1.05	不适应
14	北京—昆明	北京—石家庄	北京	73 500	84 242	0.87	基本适应
15	北京—昆明	北京—石家庄	河北	49 865	88 476	0.56	适应

① 资料来源：《国家高速公路网规划》。

续表

序号	通道名称	路段名称	省份名称	通道交通量	适应交通量	拥挤度	适应情况
16	北京—昆明	石家庄—太原	河北	32 441	19 250	1.69	严重不适应
17	北京—拉萨	北京—呼和浩特	北京	67 639	84 578	0.80	基本适应
18	北京—拉萨	北京—呼和浩特	河北	26 304	68 914	0.38	适应
19	北京—哈尔滨	北京—沈阳	北京	54 504	127 658	0.43	适应
20	北京—哈尔滨	北京—沈阳	河北	75 022	104 998	0.71	基本适应
21	北京—哈尔滨	北京—沈阳	天津	38 477	104 998	0.37	适应
22	北京—哈尔滨	北京—沈阳	河北	37 968	53 144	0.71	基本适应
23	北京—大庆	北京—阜新	北京	36 686	17 976	2.04	严重不适应
24	北京—大庆	北京—阜新	河北	6 487	7 028	0.92	基本适应
25	天津—汕尾	天津—东营	天津	23 309	9 998	2.33	严重不适应
26	天津—汕尾	天津—东营	河北	24 835	9 998	2.48	严重不适应
27	威海—乌海	东营—天津	河北	23 309	9 998	2.33	严重不适应
28	威海—乌海	东营—天津	天津	27 624	9 998	2.76	严重不适应
29	威海—乌海	天津—朔州	天津	27 629	10 000	2.76	严重不适应
30	威海—乌海	天津—朔州	河北	21 646	9 292	2.33	严重不适应
31	青岛—银川	济南—石家庄	河北	27 958	13 372	2.09	严重不适应
32	青岛—银川	石家庄—太原	河北	32 604	19 250	1.69	严重不适应
33	青岛—兰州	泰安—长治	河北	22 142	25 000	0.89	基本适应
34	四平—承德	赤峰—承德	河北	3 842	7 040	0.55	适应
35	石家庄—黄骅	石家庄—黄骅	河北	20 061	65 000	0.31	适应

2. 铁路网

(1) 铁路里程

区域铁路网营运总里程 6 677 公里(表 3-3-7),路网密度 3.09 公里/百平方公里,高于全国平均水平(0.78 公里/百平方公里)。

表 3-3-7 京津冀地区铁路发展情况(单位:km)

省市	1996年	1997年	1998年	1999年	2000年	2001年	2002年	2003年	2004年	2005年
北京	1 067	1 069	1 069	1 141.1	1 140.9	1 160.6	1 150.5	1 136.1	1 124.6	1 125.4
天津	526	526	527	529.6	531.2	697.2	689.1	666.3	661.6	664.6
河北	3 603	3 616	3 624	3 619.4	3 631.9	4 570.9	4 640.4	4 744.0	4 671.5	4 652.0

2005年年底,北京、天津铁路运营里程分别为 1 125.4 公里、664.6 公里;河北省境内铁路运输营业里程已达 4 887 公里,其中国铁 3 680 公里,合资及地方铁路 1 207 公里,路网密度为 2.6

公里/百平方公里。

(2) 铁路网布局

两市一省基本形成以北京铁路枢纽为中心、纵横交错的铁路网络,大秦、朔黄、邯长等线路为煤运主通道。现状沿海主要港口秦皇岛、唐山、黄骅均有疏港铁路专用线,而作为北方第一大港的天津至今缺乏直通西部内陆腹地的疏港铁路专用通道(图 3-3-3)。

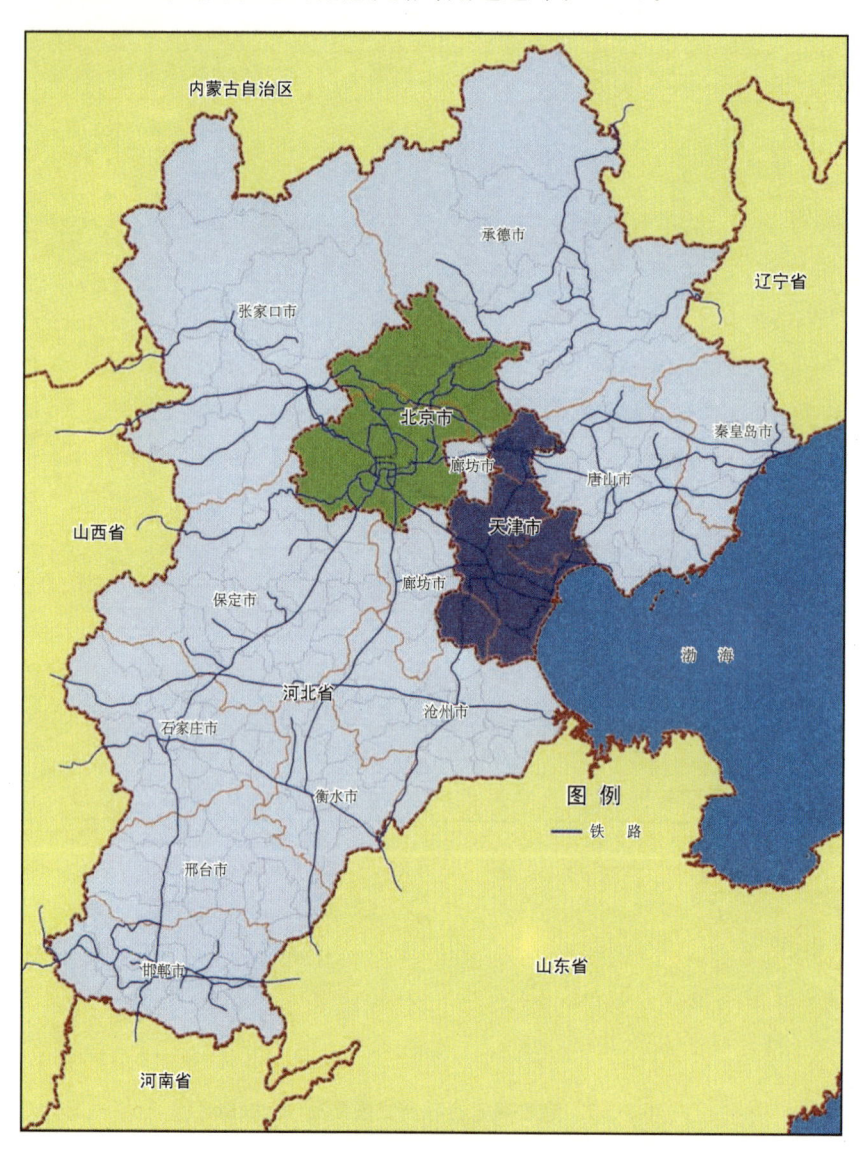

图 3-3-3 京津冀地区现状铁路网布局

北京铁路枢纽是全国大型铁路枢纽和网络中心。现衔接京广、京九、京山、京秦、京承、京通、京包、丰沙、京原、大秦十条铁路干线,枢纽内铁路营业里程为 1 140.9 公里,现有车站百余个,其中北京站、北京西站为主要客运站;北京南站、北京北站为辅助客运站;丰台西站为路网性编组站;丰台站、双桥站、三家店站为枢纽辅助编组站;石景山南站、广安门站、大红门站等为工业站或较大的货运站;其余为一般车站。

天津铁路枢纽位于京山线与津浦线交汇处,京九铁路津霸联络线和津蓟线的起点,衔接北京、山海关、上海、蓟县及霸州五个方向,是一个客货混合、路港联运的大型铁路枢纽。枢纽内共有 26 个车站,其中天津站为主要客货运站;天津西站、天津北站、塘沽站为辅助客货运站;南仓为枢纽主要编组站;北塘西站是南疆港下海煤炭直通车作业站;其余为中间站。

河北省现已有京山、京广、京九、津浦、石太、京包、京承、锦承、丰沙、石德、京原、京秦、京通、邯长、大秦、狼坨等铁路线 16 条,这些铁路大都已成为经济发展轴,沿途城镇也都得到相应的发展。省内石家庄、邯郸、唐山、衡水均为地区性路网铁路枢纽。大秦为全国运量最大的煤炭专用运输线;朔黄铁路为输煤专用线,虽然客流货流(除煤炭以外)和信息流相对较少,但对沿途城镇发展也将起到一定促进作用。

3. 民航机场

京津冀地区已形成以首都机场为核心,天津、石家庄等机场为补充的区域民航机场格局(图 3-3-4)。

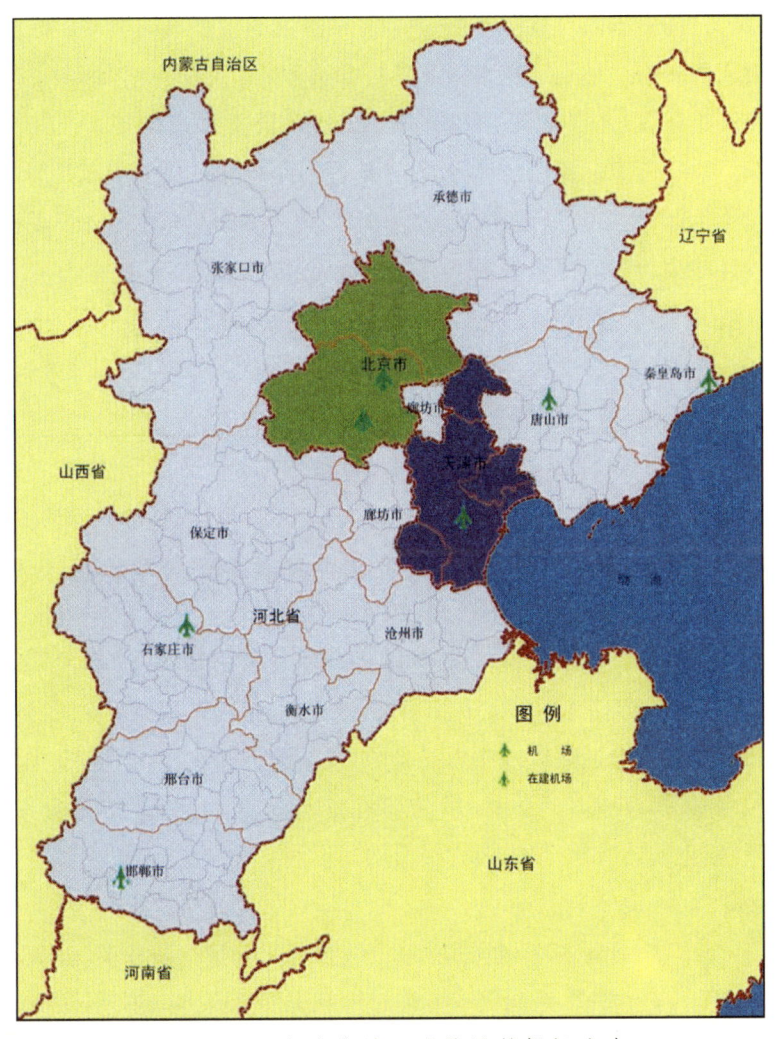

图 3-3-4 京津冀地区现状民航机场分布

目前区域机场布局较为合理，已经形成四通八达的空港集疏运系统，外围诸机场作为首都机场的备降机场，起到很好的辅助作用。但是京津冀所处的整个华北地区民航机场数量较少，以10万平方公里计，密度仅为1.16个，不仅远低于长三角所处的华东地区的4.67个，也低于全国机场平均密度每10万平方公里为1.53个机场的标准。主要的机场有：

北京首都国际机场：我国最大的国际、国内综合枢纽机场，承担着主要的国际和国内航线，在京津冀地区的航空业务中居于主导地位。北京首都国际机场位于北京中心城的东北方向，距离市中心天安门广场25公里，机场占地9.6平方公里，现有航站楼2个。目前首都机场正在进行的扩建工程目标年为2015年，机场规模按满足年旅客吞吐量6 000万人次、货邮吞吐量180万吨、飞机起降架次50万架次的要求进行建设。首都国际机场共有航线208条，其中国内航线114条，通航国内大部分省会城市、开放城市、旅游城市以及香港、澳门共84个城市；国际航线94条，通往41个国家59个城市。该机场已成为国际航线和国内航线、国内干线之间、国内干线与支线的重要交汇点。

北京南苑机场：作为中国联合航空有限公司独家使用的主运营基地，机场为4C等级，旅客吞吐量为年60万人次左右。地处北京市南四环外3公里，距天安门正南13公里。目前机场开通北京南苑至大连、哈尔滨、无锡、成都、沈阳、赣州、衢州、景德镇等航线。

天津滨海国际机场：国家一类航空口岸，首都国际航空枢纽的重要组成部分和区域航空货运枢纽，滨海机场位于天津市区东部，占地面积约6.5平方公里，机场航站楼的面积为2.5万平方米，年客运吞吐设计能力为260万人次，年起降架次9万架次，货邮吞吐能力16万吨，机场等级为4E。机场拥有航线65条，其中国内航线48条(含港澳地区航线1条)，国际航线17条。天津滨海机场主要服务于天津地区，2005年天津滨海国际机场旅客吞吐量、货邮吞吐量和起降架次分别占京津冀主要民航机场航空业务量的5.0%、9.1%和11.2%。

石家庄正定机场：位于石家庄市东北方向的正定县，距市中心约32公里，是干线机场、首都机场备降机场和分流机场、飞行训练基地，占地约2.7平方公里，机场等级现为4D，净空条件好，能够满足大中型飞机起降。石家庄机场已先后开通40多条国内、国际航线，通达包括香港在内的国内27个大中城市和莫斯科、布达佩斯等多个国外城市。

秦皇岛山海关机场：军民合用机场，该机场位于秦皇岛市东北部，距市区15公里，机场等级为4C，跑道长2 500米，宽50米，可起降B-737、MD-82、空客A320等机型，候机楼建筑面积3 930平方米。秦皇岛机场自通航以来先后开通了25条国内外航线，通达16个城市。

邯郸机场：位于邯郸市南12公里，目前正在扩建。建设规模为机场等级3C，跑道长2 200米，宽45米，新建航站区候机楼、航管楼及附属设施。

4. 水运及港口

区域内目前有天津港、秦皇岛港、唐山港（京唐港及曹妃甸港）、黄骅港（表3-3-8）。已经形成以天津港、秦皇岛港为中心，黄骅、京唐等专业港口为补充的沿海港口体系（图3-3-5）。

表 3-3-8 京津冀地区港口情况

港口名称	港口定位	港口分工	腹地联系
天津港	我国综合运输体系的重要枢纽和沿海主枢纽港;是北方地区的集装箱干线港和发展现代物流的重要港口;是能源物资和原材料运输的主要中转港之一;是京津及华北地区对外贸易的重要口岸	集装箱、煤、石油、矿石、散件杂货	天津港是渤海中部距华北、西北地区内陆最近的港口,距天津市区66公里,距北京市区170余公里,距唐山不到100公里,在300公里范围内有保定、石家庄、邢台、德州、沧州、廊坊等数十座重要城市;与世界上160多个国家和地区的300多个港口有航运业务往来。天津港的经济腹地以北京、天津及华北、西北等地区为主
京唐港	河北省的经贸航运中心	煤炭、钢铁、原盐、水泥、陶瓷、农副产品及海产品	服务京津唐、华北、西北地区重要区域性港口
秦皇岛港	我国北煤南运的枢纽,我国最大的能源输出港	煤炭、石油、粮食、化肥、水泥、矿石、饲料为大宗,大力发展集装箱运输业务	港口经济腹地辽阔,主要包括华北、东北、西北各省、市、自治区。除承担国内货物的中转外,还与世界上80多个国家和地区的港口保持着经常性的贸易往来
黄骅港	我国继秦皇岛港之后的第二大煤炭输出港	煤炭、建材、散装水泥等	黄骅港在陆上与沧州、衡水、保定、石家庄、邢台、邯郸,分别相距85-350公里

天津港:天津港是首都北京和天津市的海上门户,是渤海中部与华北、西北地区内陆距离最短的港口,也是亚欧大陆桥的东端起点之一,是我国的主枢纽港和重要的国际贸易口岸。截至2005年底,天津港拥有各类泊位140余个,其中公共泊位76个,万吨级以上的大型深水泊位54个,10万吨以上的大型深水泊位3个,实现港口货物吞吐量2.41亿吨、集装箱吞吐量480.1万标准箱(TEU),在全国沿海港口中分别排第4位、第5位。天津港同世界上170多个国家和地区的300多个港口有贸易往来。

河北省省内3个沿海城市共有3个港口,分别为秦皇岛港、唐山港(京唐港及曹妃甸港)、黄骅港。到2005年年底,河北省拥有生产性泊位80个,设计吞吐能力约3亿吨,其中秦皇岛港吞吐量1.69亿吨,集装箱10.5万标准箱(TEU),京唐港吞吐量3 365万吨,黄骅港吞吐量6 777万吨。

秦皇岛港:以能源输出闻名于世,年输出煤炭占全国煤炭输出总量的50%以上,是我国北煤南运的主要通道。港口共有生产泊位46个,设计年通过能力2.19亿吨,其中煤炭设计年通过能力1.87亿吨。煤炭专用泊位最大可靠14万吨级船舶。港口目前煤炭堆存能力为530万吨。

京唐港:位于唐山市东南80公里处的唐山海港开发区境内,是大北京战略的重要组成部分。京唐港拥有1.5-7.0万吨级泊位18个,最大通航能力可乘潮进出7万吨船舶。2005年运量突破

3 000万吨,航线通达国内外90多个港口、与30多个国家和地区的港口建立业务往来。

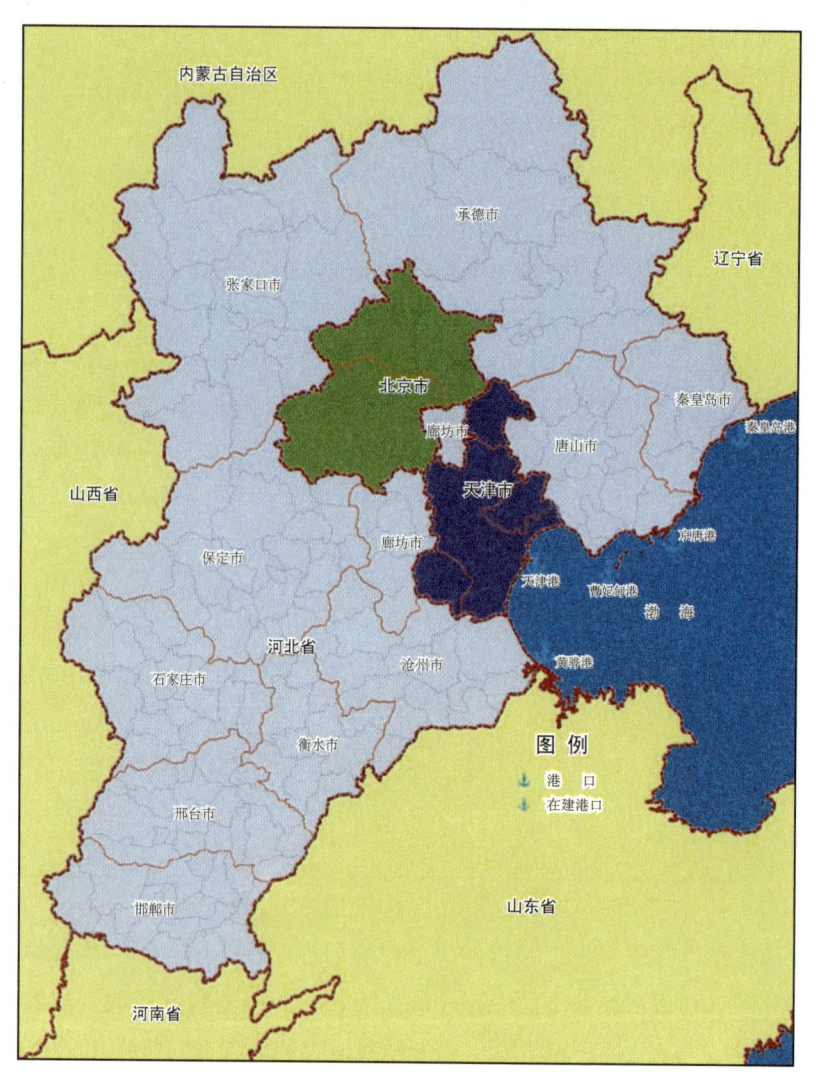

图 3-3-5　京津冀地区现状沿海港口分布

曹妃甸港:是津冀沿海唯一不需开挖航道和港池即可建设30万吨级大型泊位的"钻石级"港址。2003年曹妃甸工程被列为河北省"一号工程",2006年3月纳入国家"十一五"规划纲要。到2005年年底,已建成30万吨级矿石码头和5万吨级通用散杂货泊位各两个,设计通过能力分别为3 000万吨和300万吨。

黄骅港:是我国西煤东运第二条大通道的出海口,已成为我国重要的能源输出港,但目前港口功能和运输货种单一,对地方经济带动和支撑作用不明显。黄骅港一期工程已建成两个5万吨级、一个3.5万吨级泊位,年输煤量可达3 000万吨;二期工程将建两个5万吨级、一个10万吨级泊位,年吞吐能力可达7 000万吨。港口同时拥有杂货码头,一期工程建设两个1.5万吨级泊位,可停靠3万吨级货船,年吞吐量100万吨。总投资3.8亿元的液体化学品码头,设4万平方米储罐区一处,占地8万平方米,年吞吐量100万吨。

(三) 交通运输发展现状

1. 公路运输分析

（1）运输量

京津冀区域客货运输发展迅速，至 2005 年年底，公路客货运量分别达到 13 亿人次、11.9 亿吨，公路客货运周转量为 700 亿人公里、850 亿吨公里。

北京市公路客运量增长较快，1995-2005 年年均增长 28.44%。天津市、河北省公路客运量相对增长缓慢，年均增长仅为 7.3%、8.9%。天津市公路客运量基数较小，1995 年为 1 464 万人次，在京津冀地区中所占份额为 3.88%，由于天津市公路客运量增长缓慢，导致 2005 年该市在京津冀地区中所占份额进一步下降至 2.27%。

北京市、天津市、河北省公路货运量增长相对缓慢，1995-2005 年年均增长分别为 2.58%、4.88%、4.48%。

（2）平均运距

北京市公路客运平均运距基本维持在 40 公里左右，主要以行政区界范围内的短途交通为主；河北省公路客运平均运距为 60 公里左右，基本是在各地级市市区周边范围内的短途交通；天津市公路客运平均运距历年变化较大，在 80-120 公里范围内浮动，基本超过 100 公里，已超出天津市行政区范围，说明天津市与周边地区的公路客运占较大比例。

河北省公路货运平均运距呈逐年增加趋势，2005 年已超过 100 公里，基本以各地级市市区周边范围内的短途交通为主；天津市、北京市公路货运平均运距常年维持在 30 公里左右，说明两市公路货运主要以行政区界范围内的短途交通为主。两市一省公路货运均以短途运输为主，起疏港、分运等作用。

（3）出行强度

对于公路客运，北京市单位土地面积客运出行强度明显高于天津市、河北省，2005 年北京市公路客运出行强度超过 300 万人/百平方公里，而天津市、河北省尚不足 50 万人/百平方公里。河北省由于西部、西北部、北部山区占地面积多，拉低了全省单位土地面积公路客运出行强度，但天津市公路网密度甚至超过北京市，出行强度却远远不及，说明天津市对外客运总量太低，对外客流交往不够频繁。

2. 铁路运输分析

（1）运输量

京津冀地区铁路客货运量分别达到 1.3 亿人次、2.8 亿吨，铁路客货运周转量为 673 亿人公里、2 785 亿吨公里。

受铁路线路增长速度的影响，两市一省铁路客运量均变化不大，河北省铁路客运量基本稳定在 5 000 万人/年的水平；北京铁路客运量稳中有升，但升幅并不明显，年均增长量为 2.9%；天津铁路客运量于 1994 年达到 1 863 万人的高峰后，呈逐年下降趋势，铁路客运量基本维持在 1 500

万人左右。

受铁路线路营运里程限制,2000年之前两市一省铁路货运量均变化不大,河北省、北京市、天津市铁路货运量基本稳定在12 000万吨/年、2 800万吨/年、2 600万吨/年的水平。自2000年以后河北省、天津市铁路货运呈逐年增长趋势,年平均增长9.6%、18.6%,而北京铁路货运量呈逐年下降趋势,年均降幅为5.7%,2005年降至不足2 000万吨。

(2) 平均运距

天津市、河北省铁路客运平均运距呈逐年增加趋势,天津市铁路客运平均运距由1995年的300公里增加至2005年的600公里,同期河北省由600公里增加至900公里,属于中长距离运输。由于河北省受经济条件限制,对于长距离交通,铁路相对于民航竞争力较强。北京市铁路客运平均运距较稳定,基本维持在140公里左右,以中短途客运为主,主要是与北京周边的天津、保定、唐山、廊坊等城市之间的联络。

与京津冀地区铁路客运不同,两市一省铁路货运均属于中、长距离运输。2000年之前,河北省铁路货运平均运距维持在1 200公里左右,天津市、北京市铁路货运平均运距维持在800公里左右,历年变化幅度较小。2000年之后,河北省铁路货运平均运距有所下降,但仍维持在1 100公里左右,而北京市铁路货运平均运距有显著增长,由2000年不足800公里增长至2005年的1 600公里,天津市铁路货运平均运距则逐年下降,由2000年的接近900公里降至2005年的不足500公里。

(3) 出行强度

河北省由于铁路网密度相对较低,单位土地面积铁路客运出行强度不足3万人/百平方公里。北京市、天津市铁路网密度高,两地铁路客运出行强度达到30万人/百平方公里左右,是河北省的10倍。天津市数值要稍稍高于北京市,尽管天津总的出行强度不大,但铁路运输方式相对所占比重较高,这与前述分析相吻合。

3. 民航运输分析

(1) 运输量

北京市民航客运量增长较快,年均增长幅度为19.36%。2005年北京民航客运量占京津冀地区民航客运量的94.3%,而天津市、河北省两地份额相加也不足6%(表3-3-9)。

表3-3-9 2005年京津冀主要民航机场航空业务量情况

机场	旅客吞吐量(人次)	货邮吞吐量(吨)	起降架次(架次)
北京首都国际机场	41 004 008	782 066.0	341 681
天津滨海国际机场	2 193 914	80 192.3	47 460
石家庄正定机场	456 209	16 566.3	36 271
秦皇岛机场	21 282	0.2	292

(2) 平均运距

民航客运均属于长距离运输,北京市民航客运平均运距维持在2 000公里左右,天津市、河北省民航客运平均运距不足 1 500 公里。

（3）出行强度

与民航客运量增幅相类似,北京市单位土地面积民航客运出行强度增长较快,年均增长幅度为 19.39%。2005 年天津市、河北省民航出行强度仅为北京市的 7.2%、0.06%。

4. 港口运输分析

（1）运输量

1997 年之前,天津市、河北省水运货运量增长缓慢,基本不超过 1 500 万吨、400 万吨,自 1997 年之后,水运货运量迅猛增长,年均增长幅度分别为 31.4%、27.6%。2005 年天津市水运货运量占京津冀地区水运货运量的 83%,而河北省仅占 17%。

（2）平均运距

水运货运均属于长距离运输,天津市水运货运平均运距维持在 8 000-10 000 公里左右,河北省水运货运 1998 年之前不足 2 000 公里,随后增长较快,2000 年河北省水运平均运距超过 7 500 公里。

5. 综合交通运输分析

（1）运输量

客运总量:2005 年年底,北京市、天津市、河北省分别为 60 840 万人次、4 679 万人次、80 918 万人次(表 3-3-10),1990-2005 年三地年均增长分别为 15%、5.24%、7.92%。天津市客运总量基数最小,增长速度最慢,表明天津与外界交往不够频繁。北京市客运总量增长速度最快,分别为河北、天津客运增长速度的 2 倍、3 倍,同时北京客运份额占京津冀区域的比重由 1990 年的 21.1%快速升至 2005 年的 41.55%。

表 3-3-10　2005 年京津冀地区客运量(单位:万人次)

地区	合计	铁路	公路	水运	民航
北京	60 840	5 779	51 925	0	3 137.0
天津	4 679	1 550	2 961	3.2	165.0
河北	80 918	5 492	75 402	0	23.8
合计	146 437	12 821	130 288	3.2	3 325.8

客运周转量:北京、天津、河北分别达到 838.08、142.1、989.77 亿人公里(表 3-3-11),1995-2005 年三地年均增长 14.98%、6%、7.2%,天津市仍处于基数小,增长慢的地位。

表 3-3-11　2005 年京津冀地区客运周转量(单位:亿人公里)

地区	合计	铁路	公路	水运	民航
北京	838.08	77.6	187.38	0	573.1
天津	142.1	90.7	26.46	36	24.58
河北	989.77	504.44	485.33	0	0
合计	1 969.95	672.74	699.17	36	597.68

货运总量:北京、天津、河北分别达到 32 509.1 万吨、40 263 万吨、91 330 万吨(表 3-3-12),1990-2005 年三地年均增长 1.34%、6.39%、3.06%。北京市货运总量增长速度最慢,天津市货运总量增长速度最快,分别为河北省、北京市货运增长速度的 2 倍、5 倍,同时天津市货运份额占京津冀区域的比重由 1990 年的 15.8%快速升至 2005 年的 24.5%,而北京市货运所占份额则由 26.44%跌至 19.8%。

表 3-3-12　2005 年京津冀地区货运量(单位:万吨)

地区	合计	铁路	公路	水运	民航
北京	32 509.1	1 976	30 050	0	77.00
天津	40 263	7 241	19 850	12 375	1.9
河北	91 330	19 051	68 652	2 539	1.45
合计	164 102.1	28 268	118 552	14 914	80.35

货运周转量:北京、天津、河北分别达到 488.46 亿吨公里、12 461 亿吨公里、4 750.64 亿吨公里(表 3-3-13),1995-2005 年三地年均增长 4.22%、24.41%、8.88%。天津市货运周转量增长迅猛,分别为河北省、北京市货运周转量增长速度的 3 倍、6 倍。

表 3-3-13　2005 年京津冀地区货运周转量(单位:亿吨公里)

地区	合计	铁路	公路	水运	民航
北京	488.46	310.81	85.49	0	28.17
天津	12 461.00	353.00	74.00	12 031.00	0.30
河北	4 750.64	2 120.98	691.45	1 908.07	
合计	17 700.1	2 784.79	850.94	13 939.07	28.47

从以上对京津冀地区客货运输的发展分析可以看出,北京的客运枢纽地位依然稳固,而天津正逐步取代北京成为京津冀地区的货运中心,北京和天津共同构成了京津冀地区的交通双核心。

(2) 各运输方式所占比重

2000 年京津冀地区客运总量中铁路所占比重为 12.6%,公路占 86.3%,民航占 1.1%,公路占主导地位,铁路仍然有超过 12%的份额。但到 2005 年,公路在京津冀地区客运总量中所占比重上升至 89%,公路客运主导地位得到加强,民航所占比重大幅上升至 2.3%,民航客运发展很快,而铁路所占份额仅为 8.8%,比 2000 年下降约 30%,降幅非常明显。

2005 年北京市客运总量中铁路所占比重为 9.5%,公路占 85.3%,民航占 5.2%;天津市客运总量中铁路所占比重为 33.1%,公路占 63.3%,民航占 3.5%;河北省客运总量中铁路所占比重为 6.8%,公路占 93.2%,民航仅占 0.03%。两市一省公路客运均占主导地位,但天津铁路客运占总客运量的比重达到 1/3,而北京市和河北省铁路客运所占比重均不足 10%,北京民航客运所占份额较高,河北省民航客运量很小。

2000年京津冀地区货运总量中铁路所占比重为13.8%,公路占82.6%,水运占3.6%,公路占主导地位,水运份额相对较少。但到2005年,公路在京津冀地区货运总量中所占比重下降至73.3%,公路货运主导地位有所减弱,水运所占比重大幅上升至9.2%,水运货运发展很快,而铁路所占份额增加为17.5%,比2000年上升约27%,铁路运输在货运中的地位有所加强。

2005年北京市货运总量中铁路所占比重为6.2%,公路占93.6%,民航占0.2%;天津市货运总量中铁路所占比重为18.3%,公路占50.3%,水运占31.4%;河北省货运总量中铁路所占比重为21.1%,公路占76.1%,水运仅占2.8%。两市一省公路货运均占主导地位,但天津公路货运占总货运量的比重刚过半数,而水运货运占比接近1/3。天津市和河北省铁路货运所占比重均为20%左右,是北京铁路货运比重的3倍。北京市公路货运占绝对统治地位,北京民航货运虽然占区域民航货运的95.8%,但仅有77万吨,绝对数值较小。河北省水运货运占比不足3%,仍有较大的发展空间。

(3) 平均运距

北京市、河北省客运平均运距呈逐年递减趋势,北京市递减趋势明显,1997年北京市客运平均运距与天津市持平,维持在250公里左右,而2005年北京市客运平均运距下降至约140公里,与河北省水平相差不大;河北省客运平均运距由1992年的150公里逐渐降至2005年的120公里,降幅不大;天津市客运平均运距呈稳中有升态势,由1997年的250公里升至2005年超过300公里。

北京市、河北省货运平均运距呈逐年递增趋势,变化不显著,河北省货运平均运距由1995年的270公里增加至2005年的520公里,基本属于中短途货物运输,北京市同期由100公里增加至150公里,属于短途运输。1997年北京市、天津市、河北省的货运平均运距分别约为100公里、410公里、270公里,差别并不显著,但2005年三地的数值分别变为150公里、3 100公里、520公里。天津市货运平均运距1997年之前呈逐年递减态势,由1990年的715公里逐年递减至1997年的410公里,但1997年之后,天津市货运由于远洋运输量的逐年增加,货运平均运距有较大增长,1998年即增加至1 500公里,至2005年超过3 000公里。

(4) 出行强度

北京市单位土地面积客运出行强度明显高于天津市、河北省,1990年北京市、天津市、河北省单位土地面积客运出行强度分别为45.58万人/百平方公里、18.25万人/百平方公里、13.72万人/百平方公里,2005年北京市客运出行强度增加至370.75万人/百平方公里,比1990年增长了7倍多,而天津市、河北省尚不及北京市1990年数值。

(四) 区域交通发展问题剖析

1. 交通网络对城镇布局的支持不足

(1) 对重点城市的支持

京津冀地区交通运输与长三角、珠三角地区相比,客运需求不旺,京津冀地区总人口为长三角地区的66.65%(表3-3-14),总客运量只有长三角地区的46.5%,京津冀地区客运平均出行强度为 15.5 人次,低于长三角、珠三角的 22.2 人次、16.3 人次;货运需求相对较大,京津冀地区每亿元 GDP 货运需求量为 7.93 万吨,高于长三角、珠三角的 7.5 万吨、5.3 万吨;尽管京津冀地区高速公路网密度低于长三角和珠三角,但铁路网密度远高于另外两个地区,高速公路与铁路网叠加后,京津冀要强于长三角和珠三角;民航客运需求三大区域基本持平;每亿元 GDP 对港口货运需求量,京津冀地区为 2.5 万吨,略低于长三角地区的 2.7 万吨,高于珠三角的 2.1 万吨,但京津冀地区集装箱吞吐量远远落后于另外两个地区。

表 3-3-14　2005 年三大区域城镇化水平与交通运输[①]

地区	全国	京津冀	长三角	珠三角
面积(万 km²)	960	21.60	21.07	17.98
总人口(万人)	130 756	9 432	14 151	9 194
城镇人口(万人)	56 157	4 647	8 068	5 573
城镇化水平(%)	42.99	49.32	57.06	60.68
客运量(亿人次)	184.7	14.6	31.4	15.0
货运量(亿吨)	186.2	16.4	30.7	11.9
高速公路网密度(km/百 km²)	0.43	1.52	2.52	1.75
铁路网密度(km/百 km²)	0.79	3.09	1.51	1.24
民航客运吞吐量(万人次)	28 435.1	4 367.5	6 230.5	4 172.5
沿海港口吞吐量(亿吨)	48.5	5.1	11.1	4.7
港口集装箱吞吐量(万标箱)	7 564	491	2 329	2 088

三大区域城市化水平发展情况不同,三大城镇群的规模结构如表 3-3-15 所示。但对于三大区域各重点城市客运量而言,北京明显居于各重点城市之首,作为首都,北京对外辐射能力强大,相对而言天津、上海交通更多属于内生性,对外客运辐射较弱。对比三大区域各重点城市对外客运情况,可以发现珠三角重点城市广州、深圳平均对外客运强度远高于京津冀、长三角。京津冀地区对外客运强度最大的城市是北京,天津、石家庄相对较弱,需提升对外交往和辐射能力。

表 3-3-15　三大城镇群规模结构

		京津冀	珠三角	长三角
>800 万	超级城市	27.6	23.5	27.8
400-800 万	巨型城市	13.8	17.6	9.0
200-400 万	超大城市	4.6	0.0	16.2
100-200 万	特大城市	9.2	15.5	8.3
50-100 万	大城市	4.8	4.5	3.7
20-50 万	中等城市	5.1	9.4	11.6
10-20 万	小城市	3.5	8.3	9.6
<10 万	小城镇	31.4	21.1	13.8

---

① 表中数据京津冀指两市一省,长三角指两省一市,珠三角指广东省,引自《中国统计年鉴 2006》。

三大区域各重点城市中,上海货运量远高于其他重点城市,天津、广州货运量相对较大,北京货运总量也超过3亿吨,其余重点城市均不足2亿吨。对比三大区域各重点城市单位GDP货运生成情况,长三角稍高于京津冀、珠三角,且长三角区域内部各重点城市水平相差不大,上海稍微占优。京津冀地区差异明显,天津一支独秀,远高于三大区域其他重点城市,北京单位GDP货运生成强度相对较弱。

(2) 对区域内城镇联系的支持

由于区域内部的巨大差异,京津冀三地的城镇化进程并不处在同一个发展平台上(表3-3-16),北京和天津已经进入城镇化后期阶段,而河北正处于城镇化中前期阶段,城镇化发展迅猛,东部及沿海城市的城镇化水平较高,西部、南部和北部城市的城镇化水平较低,其中保定、邢台、承德的城镇化水平处于最低梯度上。

表3-3-16 2005年京津冀地区城镇化水平与交通运输

地区	京津冀	北京	天津	河北
面积(万 km^2)	21.60	1.64	1.19	18.77
总人口(万人)	9 432	1 538	1 043	6 851
城镇人口(万人)	4 647	1 284	783	2 580
城镇化水平(%)	49.32	83.62	75.11	37.69
GDP(亿元)	20 680.0	6 886.3	3 663.9	10 096.1
客运量(万人次)	146 437	60 840	4 679	80 918
货运量(万吨)	164 102	32 509	40 363	91 330
高速公路网密度(km/百 km^2)	1.52	3.34	4.98	1.14
铁路网密度(km/百 km^2)	3.09	6.86	5.58	2.48
民航客运份额(%)	100	94	5	1
沿海港口份额(%)	100	—	47	53
港口集装箱份额(%)	100	—	98	2

区域内部的巨大差异同样反映在交通运输上,2005年北京市总客运量占地区客运总量的41.5%,而人口只占地区总量的16.3%,北京市客运枢纽地位稳固。天津市的客运出行强度很低,甚至不足河北省客运出行强度的一半,天津年客运总量仅为北京的7.7%。京津两地高速公路网和铁路网叠加密度均超过10公里/百平方公里,远高于河北省的3.6公里/百平方公里。北京市占据了民航客运的绝大部分份额,而天津港口则有接近地区港口吞吐量一半的份额和绝大部分港口集装箱份额。天津市每亿元GDP货运需求量为11.02万吨,高于河北省的9.05万吨和北京市的4.72万吨,天津市货运总量是北京市的1.24倍,正逐步取代北京的地区货运枢纽地位。

对比京津冀地区城镇化水平与重要交通通道分布(图3-3-6),可以看出以北京为核心的陆路交通网络地位显著;天津对外放射的路网格局并不明晰,更多是承担北京对外辐射的过境作用;河北省重要交通通道分布与城镇化水平较吻合,但密度稍低。总体来看,区域中城镇化水平较高的城市,综合交通网络密度比较高。

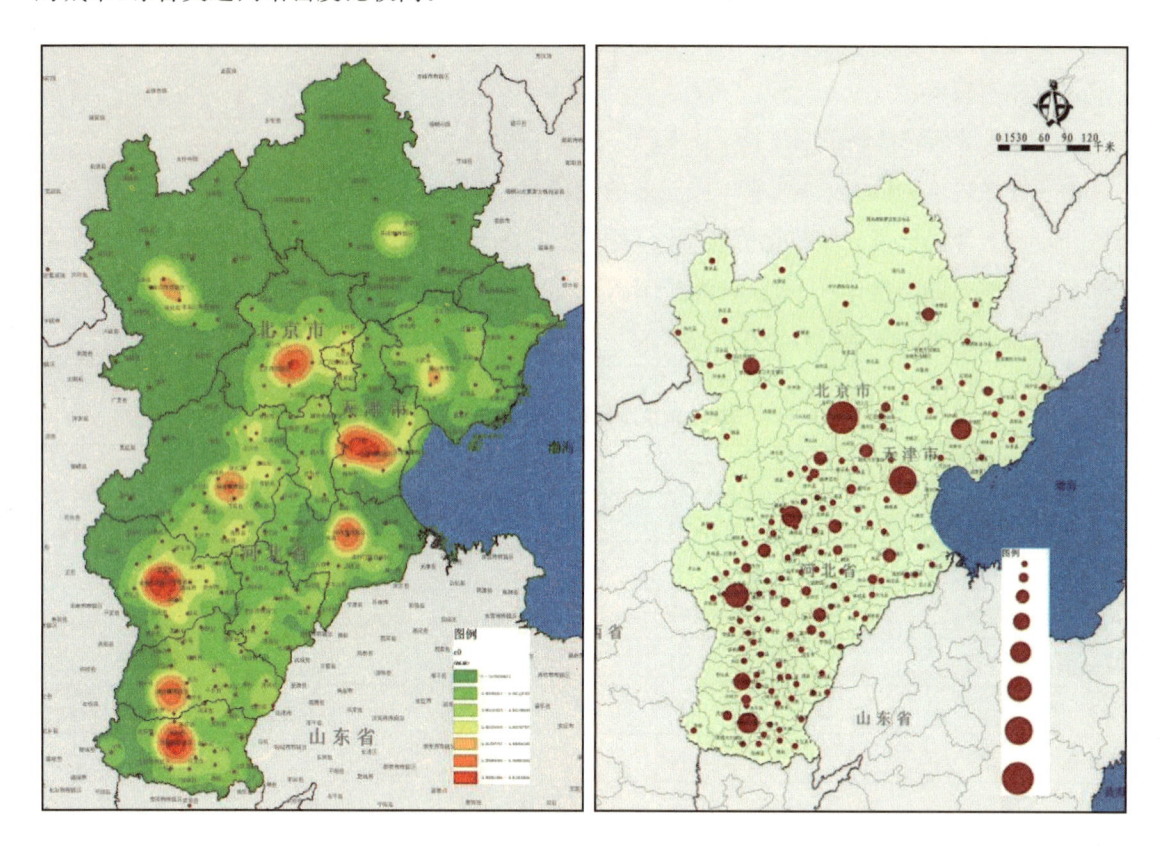

图 3-3-6 京津冀城镇规模与重要交通通道分布

京津冀城镇群杠铃型结构与交通设施的支撑力度存在差异。城市规模越大、地位越高获得的交通基础设施支撑力度也越大。区域内地级市以上的城市均分布在重要交通通道上,大部分中小城市及小城镇缺乏有力的交通设施支撑,特别是冀中及唐、秦沿海的县市需要提升交通基础设施水平。

从区域各城市空间结构拼合分析(图 3-3-7),沿京广交通线城市空间发展结构较明确,主要加强与北京、天津中心城市的联系。廊坊、衡水、沧州及张承地区相对于其他城市,其空间发展结构显得模糊,城市自身定位与区域整体发展关系较弱,且沿重要交通通道发展的态势并不显著。

(3) 区域对外联系不强

京津冀对外经济联系方向依次是山东、山西、辽宁和河南(图 3-3-8),其中北京、天津对外经济联系最强,邯郸与山东和河南有较强的经济联系。但是就区域总体而言,京津冀地区对外经济联系相对较弱,且各个方向的联系强度较为均衡,对外联系有很大的增长空间。

区域交通走廊支撑力度与城市对外联系强度存在差异。北京、天津与华东、东北交通设施支撑与城市联系强度较匹配,北京与华中南、西南设施支撑与城市联系强度有差异,天津缺乏与西部腹地联系的交通通道。区域对内、对外部分交通叠加严重，特别是京津、京石、石太通道，交通压力大。

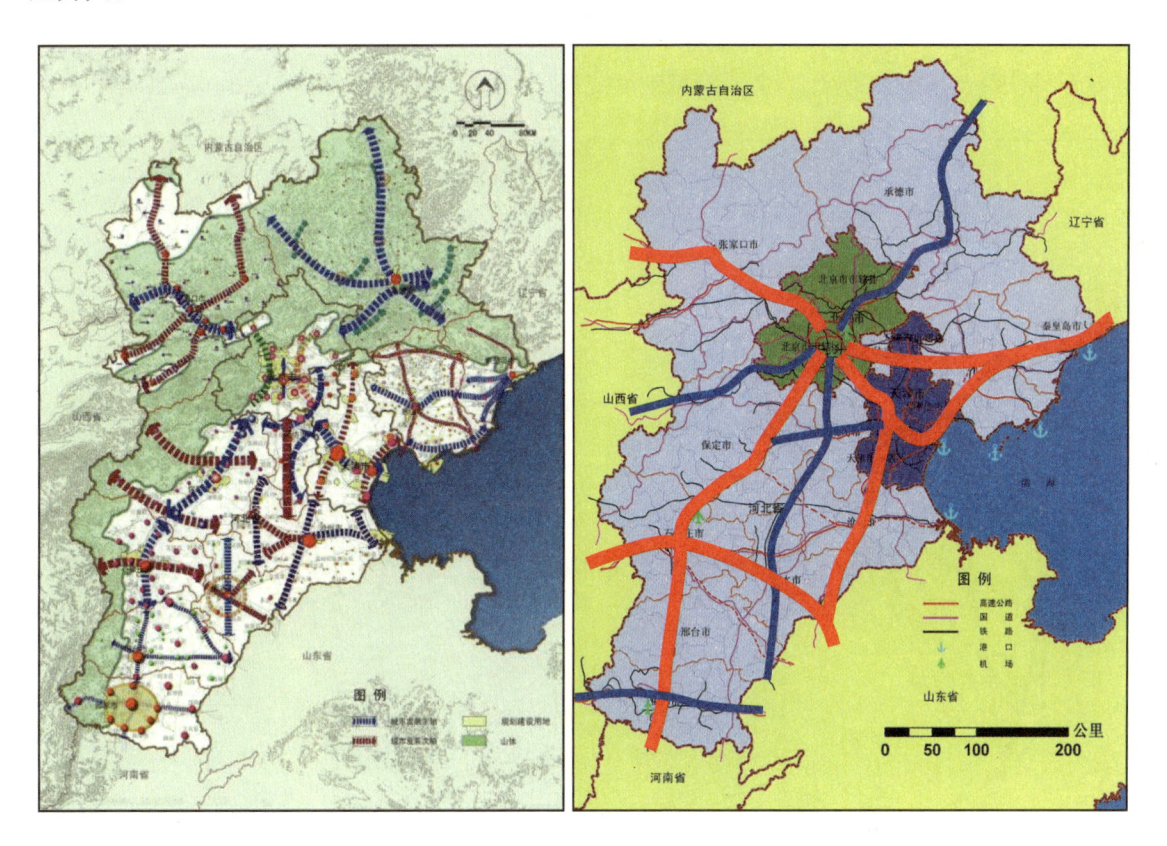

图 3-3-7　京津冀城镇空间发展汇总与重要交通通道分布

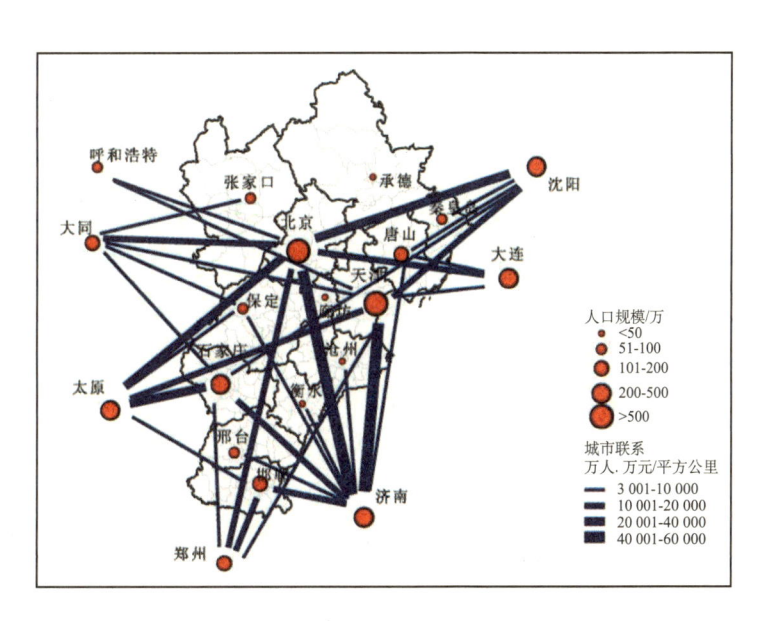

图 3-3-8　京津冀主要城市的主要对外经济联系

区域内部北京与津、唐、廊、保、石等城市联系紧密(图3-3-9);天津与京、唐、廊、保联系紧密;石家庄与京、保、津、邢、邯联系紧密;其余城市之间京张、京承、京秦、唐秦、津沧、邯邢之间联系紧密。就区内城市联系通道而言,与城市之间经济联系相吻合,但这些交通设施叠加了过境交通、区域对外交通和区域内部交通,造成局部地区交通压力大。

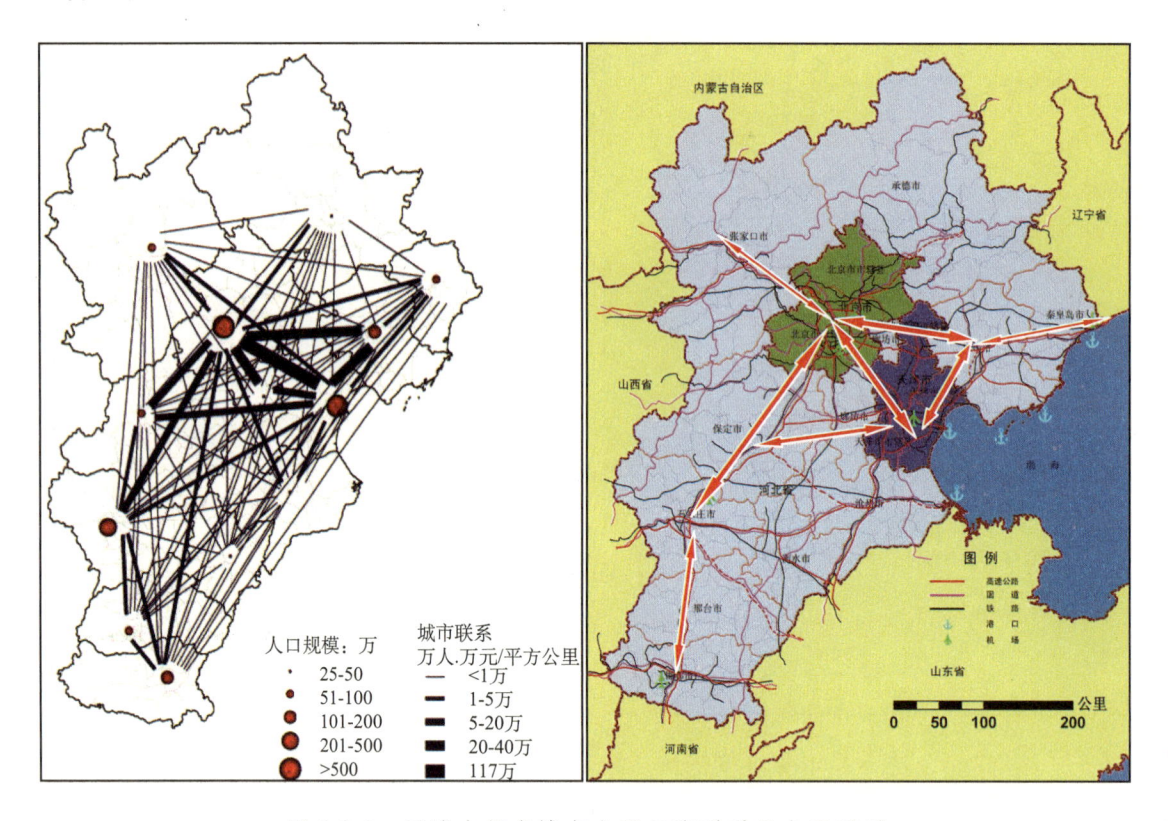

图3-3-9 区域内部各城市主要经济联系及交通通道

港口等重大交通基础设施的区域共享程度较低,沿海港口城市之间除津唐联系较紧密外,其余城市之间的联系有待加强。区域货运向沿海地区集中的态势明显,随着沿海港口的建设,这一趋势将会加剧。北京在区域中的客运枢纽地位十分稳固。各沿海港口城市除与北京关系密切外,应充分扩大腹地,加强与腹地的交通联系。交通运输设施与城市客货运输强度存在差异,除支撑秦皇岛港、黄骅港的大秦、朔黄煤运铁路通道外,其余交通运输通道均为客货混行。

比较各城市客货运输在区域内所占份额,可以看出,客运所占比例较大的城市均分布在京广交通通道沿线;除张家口市外,其余货运占比较大的城市均分布在沿海地区;承、廊、衡等城市运输总量规模小,客货运占比差异不大。随着铁路客运专线的规划建设,客货混行的状况将得到改善,极大促进区域客货运输的发展。从客、货运量看,京津通道是区域运输量最大的交通通道。

2. 交通网络对产业布局的支撑作用有待加强

资源密集型产业的空间分布取决于自然资源的空间分布,总体上京津冀地区的资源密集型产业集中在北部和西部山区以及沿海地区[①]。资源密集型产业需要大运量的货运铁路线支撑，目前区域有大秦、朔黄等铁路煤运专线，各矿产资源型城市已建一些通往矿区的专用铁路。

劳动力密集型产业的空间分布则与整个区域的劳动力分布格局密切相关。京津冀区域已呈现出多中心的就业格局，除了相对集中在京津地区，河北省人口聚集、传统产业发展历史悠久的山前平原地区也是劳动密集型产业聚集的区域。劳动密集型产业要求较高的客货运输支撑力度，从产业的空间分布和交通设施网络布局来看，冀中地区设施支撑力度稍差，京津走廊客货运强度大。

京津冀地区的资本密集型产业一方面聚集在北京和天津，双中心结构显著；同时河北省的石家庄、唐山、邯郸等主要地级市区的资本密集型产业优势较为明显，成离散聚集状分布态势。

京津冀地区技术密集型产业在空间上最为集聚，高度集聚在京津走廊区域。京津走廊是人才、技术、信息等高端要素聚集地区，能够吸引跨国公司的直接投资，同时京津也是技术密集型产品的主要消费市场，具备了发展技术密集型产业的条件。技术密集型产业对快速客货运输要求高，航空运输及高速铁路的发展将给这类产业带来很大促进作用。

现状产业布局以京津为轴向河北山前平原扩散，京津、秦京石邯产业带与交通设施的支撑力度较吻合，沿海产业带缺乏相应的交通设施，沿海港口缺乏进一步拓展腹地的交通支撑体系，特别是天津缺乏联系西部地区的交通通道。京沪沿线是国家交通发展支撑力度最大的通道，区域产业应向沿海转移，局部偏离这条重要的运输通道。京九运输通道的能力有待进一步利用。山海关通道的运能制约了区域与东北的联系。

3. 综合交通运输系统协调性分析

（1）以公路为主导的客货运输模式不断加强

两市一省整体公路运输，无论是客运还是货运，都得以高速发展，2005年公路客运占各种运输方式的比例高达89%，货运公路运输占各种运输方式的比例则为73.3%。以公路为主的客货运输模式，决定了京津冀区域网络中公路网特别密集，便捷、密集的高速公路网进一步引导了该地区汽车产业的发展。但汽车特别是私人汽车作为高耗能、污染大的交通工具，不应该是京津冀城镇群可持续发展所追求的。

（2）铁路运输难以适应社会经济发展需求

与公路相比，铁路运输所占份额近年来变化不大，但铁路客运所占比重有所下降，由2000年所占比重12.6%降至2005年的8.8%，同期铁路货运所占比重有所上升，由2000年所占比重13.8%提高至2005年的17.5%。

铁路作为绿色、环保、集约、安全、高效、准时的交通方式，在京津冀城镇群中应该起到骨干作用，尽管京津冀地区铁路网密度较高，但客货混跑的管理模式仍制约铁路运输功能的进一步发挥，导致现状的发展难以乐观。

（3）民航运输过于集中在首都机场

自1990年以来，北京市一直占据区域民航客运超过90%的份额，处于绝对主导地位。民航

---

① 引自"区域产业功能体系与空间协同发展专题研究"。

2005年客运量两市一省的份额约为：北京94%，天津5%，河北1%。京津冀航空客货运发展潜力巨大，但是由于航空客货运量过分集中于首都机场，而首都机场各项设施已呈饱和状态，难以为两市一省提供高效便捷的服务，首都第二机场建设成为必须，因此当务之急是加快首都第二机场的分析研究工作，尽快选址建设。

（4）港口亟需协调分工、做大做强

港口货物运输总量持续高速增长，沿海各港口都有较大的发展空间。2005年天津港完成货物吞吐量2.41亿吨，集装箱吞吐量完成480.1万标准箱（TEU）；秦皇岛港完成货物吞吐量1.69亿吨，集装箱完成10.5万标准箱（TEU）；京唐港完成货物吞吐量3 365万吨；黄骅港完成货物吞吐量6 777万吨。与长三角、珠三角地区相比，港口集装箱运输尚有很大发展潜力。港口发展过程中，应合理协调分工，避免同质化竞争。

4. 问题小结

（1）交通网络布局制约合理城镇空间布局

京津冀城镇群交通网络布局受地形地势限制仍然很大，西部、西北部、北部山区交通网络不够完善，制约京津冀地区对外辐射。以铁路和高速公路组成的交通通道在促进地区社会经济快速发展的同时，也对城市发展空间的拓展形成新的障碍，如京广、京沪通道沿线城市跨通道发展的阻隔作用明显。同时部分铁路通道对沿线城镇发展支撑力度不够，如大秦、朔黄、邯长等运煤通道，部分铁路干线沿线城镇发展较慢，如京九线。

（2）区域内部交通发展不平衡

高速公路网布局以北京、天津、石家庄为主要组织城市，特别是北京市的环形放射状高速公路网仍具统治地位。十多年来两市一省公路建设以高速公路为主，国省道级建设改善工作滞后，如何形成结构级配合理、功能分工科学的公路网，是京津冀区域公路发展需要重点考虑的问题。

周边城市交通网多对接北京，天津市的交通枢纽地位不够明确，近年来有被边缘化的趋势。多条国家级铁路、高速公路通道绕行北京，使得天津的对外交通出行十分不便，同时也加重了北京的交通压力。

铁路网密度较高，但客货混跑现象普遍，疏港铁路系统仍需完善，尤其是作为北方第一大港的天津至今没有通往西部能源腹地的直通通道，对天津港的发展具有很大的制约作用。

以区域内各地级市为核心，以交通通道单位时间服务的范围划定交通圈（图3-3-10）。可以看出，除张、承地区外，区域内其他相邻地级市之间沿重要交通通道的1小时交通圈已连接起来。1小时交通圈覆盖范围24.3%，覆盖京津唐大部分区域以及京广、京沪、京沈、石德、保津等交通走廊；2小时交通圈覆盖范围47.3%，覆盖东部、南部平原大部分区域；3小时交通圈覆盖范围66.4%，基本覆盖整个东部、南部平原区，西部、北部山区沿交通走廊区域。京津核心区域交通设施覆盖力度较大，外围地区相对较弱，特别是西部、西北部、北部山区，体现区域内部交通发展并不平衡。

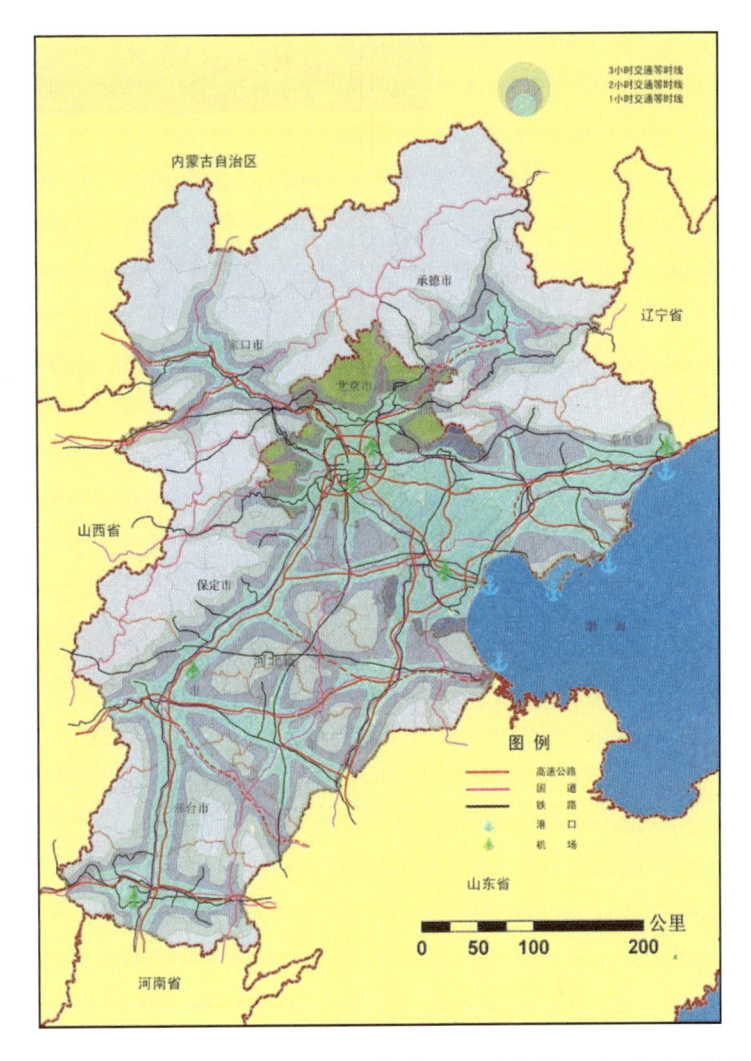

图 3-3-10　京津冀现状综合交通等时线(以各地级以上城市为核心)

区域中西北部、东北部地区交通设施网络依然十分薄弱(图 3-3-11),城市之间快速通道刚刚起步,欠发达地区的交通基础设施亟待改善。

(3) 综合交通协调机制不完善

完整、高效的京津冀地区综合交通运输网络还远未形成,道路、机场、港口建设各自为政的现象十分突出,导致不少交通设施闲置、利用率低下的现象,财政资源浪费十分严重。在港口合作方面,京津冀各相关城市并未建立港口合作机制,各港口之间缺乏交通连接。

(4) 区域对外辐射能力未充分发挥

由于西部、西北部、北部地形地貌限制,加上交通设施建设重点集中在区域中东部地区,导致京津冀地区对周边山西、内蒙古、河南、山东的辐射力度不够;由于山海关通道通行能力的限制,抑制了京津冀地区对东北的辐射,亟需寻找区域连接东北的第二交通通道;区域沿海交通通道并未连通,制约沿海港口对内地的辐射范围。

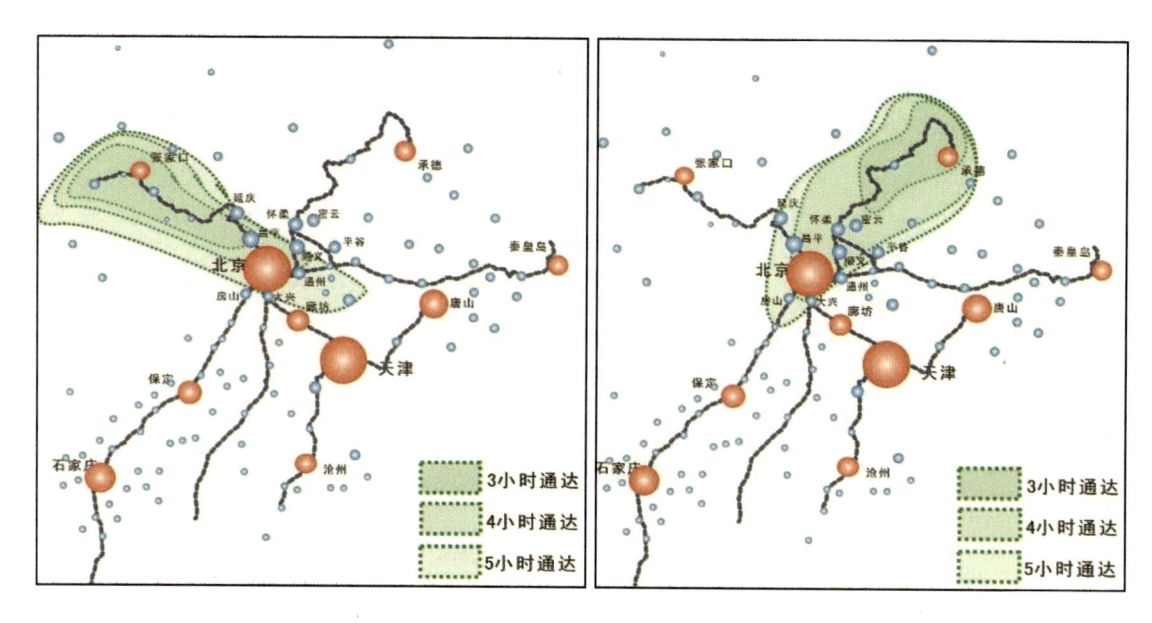

图 3-3-11　张家口、承德交通通达性分析

二、区域交通发展趋势分析

(一) 区域城镇与产业发展趋势分析

京津冀区域不仅是我国城镇最密集的地区之一,也是我国较大的核心经济区之一。以占全国 2.25% 的土地和 7.2% 的人口,创造了 1/9 的生产总值,2005 年全国 GDP 净增加 24 369.4 亿元,京津冀就贡献了 4 696.1 亿元,贡献率达 19.27%。

随着交通和经济一体化的发展,京津冀地区城市关系将发生巨大变化,未来将逐步形成若干大都市地区。以京津、京唐、京石城镇发展走廊和京张、京承生态经济走廊为骨架,形成区域统筹协调发展的空间格局,逐步建立京津冀产业分工合理、优势互补的经济结构,提升区域的国际竞争力。

依据国家产业宏观布局的要求,结合京津冀区域产业发展的历史基础、现状格局与未来的发展条件,确定其未来产业的空间格局应按照"双核、两极、四带、三区"的空间架构从点、线、面展开[①]。区域内的综合运输应强调北京、天津的双中心辐射作用;加强疏港交通设施的建设,增强港区与腹地以及各港区之间的联系;产业布局满足新的四条产业带的经济需求;地区公路建设应相互协调,更好地促进区域内经济的发展。

京津冀 2020 年人口空间分布划分为六个区域:京津成熟区、沿海高速增长区、次高速增长

---

① 引自"区域产业功能体系与空间协同发展专题研究"。

区、石衡增长区、邯邢增长区、冀西北人口净流出区①。根据区域人口发展趋势，客流交通集中的主要通道有京广、京沪、京哈和唐津等。

针对流动人口划分，可分为五类地区。第一类地区：迁入人口占总人口的比重达30%以上，迁移距离以远程迁移为主，外省迁移人口的总迁移人口的50%以上；第二类地区：迁入人口占总人口的比重达20%以上，人口流动以近距离流动为主，外省迁移人口占总迁移人口的30%；第三类地区：流动人口占人口比重的小于20%，省外流动人口占总流动人口比重的30%以下；第四类地区：迁入与迁出基本持平，人口净迁入小；第五类地区：人口净流出区。第一类地区主要集中在北京主城区和门头沟区，人口流动以远程迁移为主。第二、三类地区人口流动以短途、省内为主，预测区域短途交通集中的客流通道主要有京津、京石、京秦、唐津、保津、津沧、石邯和石沧等。

（二）区域综合交通发展趋势分析

1. 经济全球化视角

随着世贸组织多哈回合谈判陷入僵局，国家贸易保护主义抬头，经济全球化进程受阻。与此相对，区域贸易自由化成为推进国际贸易的主要载体，欧盟、北美自由贸易区都在不断深入发展，东盟逐渐成为东亚地区区域性国际合作的主要平台，我国政府也提出要以中国—东盟自贸区建设为基础，积极推进与周边国家和地区的经贸合作。

经济全球化背景下世界重要门户地区主要分布在东亚、北美、西欧三大地区。东亚地区门户主要分布在中国、日本、韩国和新加坡，依托上海、香港/深圳、北京/天津、东京/神户、釜山/首尔、新加波等港口、空港；北美地区门户主要分布在美国东、西海岸，依托纽约、洛杉矶/长滩等港口、空港；西欧地区门户地区主要分布在英、法、德等国，依托鹿特丹、伦敦、法兰克福等港口、空港。

（1）东北亚地区

21世纪东北亚地区有着巨大发展潜力，中国参与东北亚地区经济合作，中心地带就是以京津冀都市区为核心、以辽东半岛和山东半岛为两翼的环渤海地区。发展京津冀都市区，是使我国在未来的东北亚格局中占据有利地位非常关键的一步棋。韩国学者Sang-Chuel Choe认为，未来东北亚地区将会形成一条绵延1 500公里，从北京途经平壤、汉城至东京的S形跨国城市走廊（图3-3-12），并称之为BESETO（Beijing-Seoul-Tokyo）。

东北亚地区跨国城市走廊各城市之间航空、海运条件较好，国内城市依托环渤海天津、青岛、大连等重要港口以及北京、天津、青岛、大连、沈阳等国际空港实现与韩国、日本诸多城市的便捷连通。但这条城市走廊陆路交通存在不确定因素，包括日韩之间跨海交通通道、朝鲜问题等。

（2）欧亚大陆桥

大陆桥是指横贯大陆的铁路把两侧的海上运输线联结起来的便捷运输通道，它的主要功能

---

① 引自"人口流动与统筹城乡发展专题研究"。

是便于开展海陆联运,缩短运输里程。当今世界上有两条欧亚大陆桥:第一欧亚大陆桥从俄罗斯东部的符拉迪沃斯托克为起点通向欧洲各国最后到荷兰鹿特丹港的西伯利亚大陆桥,支线通过满洲里、二连浩特口岸连通我国东北、华北城市及沿海疏运港口天津和大连;第二欧亚大陆桥东起我国黄海之滨的连云港,向西经陇海、兰新线到乌鲁木齐,再向西经北疆铁路到达我国边境的阿拉山口,进入哈萨克斯坦,再经俄罗斯、白俄罗斯、波兰、德国,西至荷兰的世界第一大港鹿特丹港。第二欧亚大陆桥横贯中国东西,支线包括天津—北京—包头—银川—兰州,在建支线为天津—保定—太原—中卫—武威,使京津冀沿海港口成为欧亚大陆桥的重要门户口岸,扩大了京津冀沿海港口腹地。

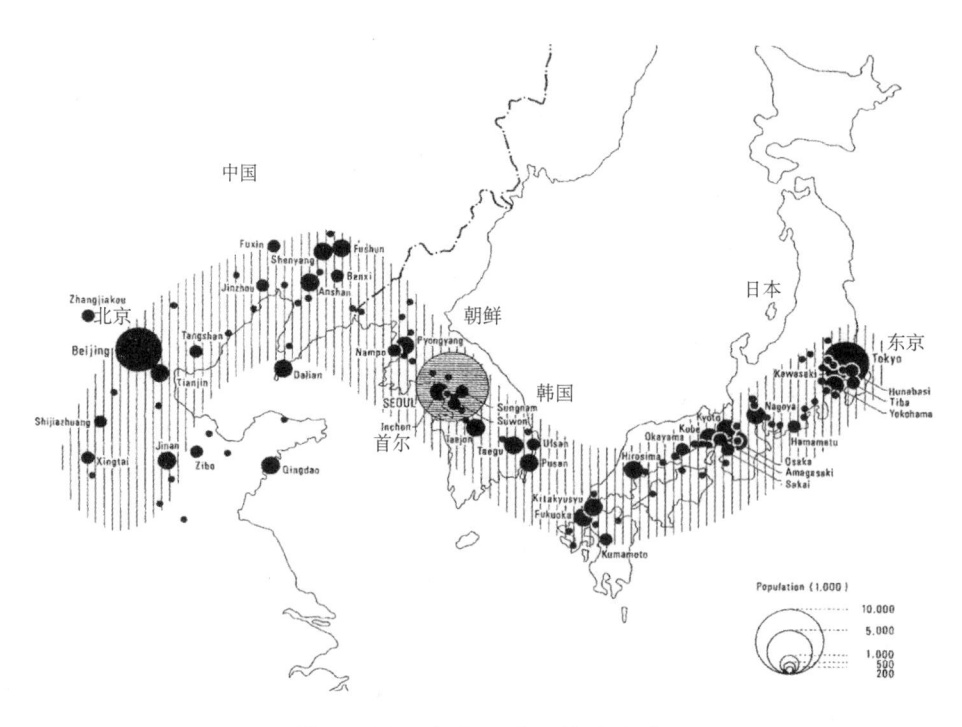

图 3-3-12　东北亚跨国城市走廊

无论自天津港出发,经二连浩特口岸连通第一欧亚大陆桥,还是自天津港出发,经太原—中卫连通第二欧亚大陆桥,天津港至欧洲的运距都是我国沿海港口中最短的,加快规划建设天津—太原—中卫的西部疏港通道成为当务之急。

（3）门户交通枢纽

门户指的是一个重大的货运或客运系统的出入口,通常是运输中的起点、终点或转运点,是一个地区、一个国家、一个大陆货物联运进出口的重要位置。门户通常指的是一种交通模式与另一交通模式转换的地区,比如由海运转为路运,交通走廊通常把门户与内陆联系起来。

京津冀区域交通设施中,以航空枢纽港和沿海大型枢纽港口为门户的对外交往地位已初步形成,并迅速发展。首都机场是国家民航总局确定的国家三大复合枢纽机场之一,而天津港则是交通部确定的北方国际航运中心。

2. 全国及环渤海地区

京津冀地区交通辐射东北、华东、华中、华南、西南、西北,是全国交通最关键的枢纽区域之一,同时也是东北地区与其他地区联系的咽喉要道,现状和未来都将在全国综合交通网络中起着至关重要的作用。

京津冀地区以京、津为核心,以首都机场、天津港、秦皇岛港为主要对外运输口岸,以铁路与公路共同构筑复合交通网络共同支撑核心地区对华北地区以及全国其他区域的辐射。

京津冀是环渤海地区的龙头,京津冀地区核心城市北京、天津均为直辖市,地位远高于山东的济南、青岛和辽宁的沈阳、大连。京津冀地域面积、人口、GDP等指标均高于山东、辽宁两省,客货运输在环渤海地区也占主导地位(表3-3-17)。

表 3-3-17　2005年环渤海地区城镇化水平与交通运输①

地区	全国	京津冀	山东	辽宁
面积(万 km²)	960	21.60	15.67	14.59
总人口(万人)	130 756	9 432	9 248	4 221
城镇人口(万人)	56 157	4 647	4 158	2 477
城镇化水平(%)	42.99	49.32	45	58.7
GDP(亿元)	183 956.1	20 680.0	18 516.9	8 009.0
客运量(亿人次)	184.7	14.6	9.9	6
货运量(亿吨)	186.2	16.4	14.5	9.6
高速公路网密度(km/百 km²)	0.43	1.52	2.02	1.22
铁路网密度(km/百 km²)	0.79	3.09	2.12	2.86
民航客运吞吐量(万人)	28 435.1	4 367.5	1 057.4	1 004.9
沿海港口吞吐量(亿吨)	48.5	5.1	3.8	3
港口集装箱吞吐量(万标箱)	7 564	491	719	378

京津冀对外经济联系方向依次是山东、山西、辽宁和河南,其中北京、天津对外经济联系最强,邯郸与山东、河南有较强的经济联系。但是总体而言整个区域对外经济联系相对较弱,对外联系有很大的增长空间。

根据数据可得性,用铁路货运和客运经验数据与理论计算对比,因为铁路是省际间客货运主要的联系工具,所以可以更加全面真实地反映京津冀与周边及腹地的关联特征。

从货运看,表3-3-18、2-3-19反映2004年京津冀及周边省份之间通过国家铁路系统相互交流的煤炭量和货物总量。可以发现北京、天津、河北三地的煤炭和货物发出量均远小于各自的到达量,表明京津冀地区是周边省份货物的主要对外联系通道,吸引大量货物从其他省份会集到京

---

① 表中数据京津冀指两市一省,山东、辽宁分别指山东和辽宁全省,引自《中国统计年鉴2006》。

津冀地区。其中天津发送货物与到达货物差额最大,表明其良好的港口区位使其成为重要的出海口。同时,山西、内蒙古是京津冀地区煤炭和货物的主要来源地,辽宁、山东因为有自身的出海口而与京津冀地区的物流交换量十分有限,河南对外的物流主要朝向山东方向。虽然京津冀地区有良好的区位和对外较强的经济辐射,但因环渤海地区港口众多、竞争激烈,京津冀地区对外省货物的吸引尚有更大的争取空间,目前腹地范围主要限于山西、内蒙古以及西北部分省份。

表3-3-18 2004年京津冀与周边省份国家铁路煤炭交流量(单位:万吨)

发送/到达	北京	天津	河北	山西	内蒙古	辽宁	山东	河南	全国合计
全国总计	1 859	6 034	20 807	2 349	1 910	9 072	9 545	3 156	99 210
北京	13	130	143	—	—	99	50	—	447
天津	14	10	36	—	—	—	—	—	60
河北	436	2 464	3 245	—	21	170	204	8	6 807
山西	1 254	2 355	16 458	2 303	147	1 215	4 878	741	33 532
内蒙古	135	984	689	1	1 653	1 165	280	22	7 177
辽宁	—	—	23	—	14	3 773	1	—	3 916
山东	—	2	38	3	—	—	3 237	33	5 245
河南	—	6	42	—	—	13	499	2 070	7 501

资料来源:《中国交通年鉴2005》。

表3-3-19 2004年京津冀与周边省份国家铁路货物交流量(单位:万吨)

发送/到达	北京	天津	河北	山西	内蒙古	辽宁	山东	河南	全国合计
全国总计	5 515	10 408	28 376	6 425	5 572	20 856	15 523	8 109	216 961
北京	375	354	360	101	40	165	95	47	1 959
天津	456	484	900	170	276	79	35	36	3 005
河北	1 617	3 068	4 804	424	172	441	461	287	13 712
山西	1 465	3 707	17 530	2 835	274	1 564	5 546	986	40 264
内蒙古	415	1 419	1 374	197	3 414	1 764	735	149	13 715
辽宁	192	253	470	154	380	9 620	253	192	14 094
山东	174	136	861	909	106	257	5 405	849	13 610
河南	63	51	148	175	48	70	653	2 930	12 518

资料来源:《中国交通年鉴2005》。

但从客运角度看,北京是该地区甚至是全国稳固的铁路客运中心,是全国客运枢纽。1999年铁道部对全国58个主要铁路站点直通OD客流调查的数据显示[①],1999年5月,全国29个中

---

① 张莉:"我国区际经济联系探讨——以铁路客运为例",《中国软科学》,2001年第1期。

心城市之间的铁路客运交流总量达到764.95万人次,这些客流分布在406个城市对之间,平均每对城市间的月客运交流量为1.88万人次。但是,正如客运量在城市分布的悬殊差异,客流在城市对之间的分布也很不平衡。客运交流量在5万人次以上的城市对仅有39个(表3-3-20),却占客运交流总量的58.56%,在这39个城市对中,北京出现频率很高,同时北京—天津之间铁路客运量达52万人次,居全国之首。同时在各地的主要联系城市中,北京出现的频率最高,28个城市中有10个(天津、太原、石家庄、呼和浩特、合肥、济南、郑州、武汉、成都、西安)把北京作为首位联系城市,5个(沈阳、南京、杭州、南昌、银川)把北京作为次位联系城市,还有一些城市把北京作为第三位、第四位的联系城市,反映了北京在全国客运联系中的突出地位。

表3-3-20 1999年铁路客运5万人次以上的城市对

客流等级	城市对(客流量,单位:人次)
20万人次以上	北京—天津(523 535),上海—杭州(336 084),上海—南京(253 084)
10-20万人次	沈阳—哈尔滨(104 534),沈阳—长春(119 093),北京—沈阳(118 080),北京—石家庄(198 175),北京—郑州(137 062),北京—武汉(108 224),北京—济南(117 352),北京—南京(103 110),北京—上海(123 960),上海—长沙(117 435),广州—长沙(138 719),广州—重庆(188 209)
5-10万人次	哈尔滨—长春,长春—天津,北京—哈尔滨,北京—太原,北京—呼和浩特,北京—西安,北京—合肥,北京—广州,北京—成都,郑州—武汉,郑州—西安,郑州—乌鲁木齐,武汉—长沙,武汉—广州,西安—成都,西安—兰州,兰州—西宁,上海—南昌,上海—广州,上海—成都,广州—成都,重庆—贵阳,重庆—昆明,贵州—昆明(共计179.25万人次)

资料来源:根据张莉(2001)整理。

区域铁路需求总量将大幅增长,需求层次多元化更加明显。为适应京津冀区域经济的持续发展,铁路必须超前发展,使京津冀区域铁路在质量、品种、效益各方面均有明显提高。根据我国铁路发展的总体规划,结合京津冀地区社会经济发展的特点,通过合理布局和优化现有路网,提高路网的现代化水平,实现繁忙干线客货分线,客运专线高速化,主要干线快速化,货物运输快捷化、重载化、集装化,城市间形成城际客运走廊,逐步扩大铁路运输市场,使铁路与公路、水运和航空共同形成适应区域经济发展的综合性交通运输网。

京津冀地区与周边地区的主要交通联系通道有:与华东地区联系的京沪通道;与东北地区联系的京哈通道;与华中、华南地区联系的京广、京九通道;与西北地区联系的京包通道;与西南地区联系的京石、石太通道等。另外东北地区与华东、华中、华南、西北、西南联系均需过境本区;山东半岛与西北的联系也需过境本区。

京津冀地区内部主要城市最重要的联系方向都是朝向京津地区,目前呈现两条主要经济联系带:北京—廊坊—天津—唐山;北京—保定—石家庄—邯郸。

区域城市化发展在城市职能、城市发展的区域化下,处于城镇密集地区的城镇,随着城市空间的拓展,区域交通与城市交通逐步成为一体,呈现了"区域交通城市化,城市交通区域化"的特征。区域交通在特征和组织上向城市交通靠拢,因此,将区域交通纳入城市交通,实现区域交通与城市交通一体化发展,是区域一体化发展的保障。

同时,区域交通运输通道存在过境、对外、内部三个叠加,对交通网络布局提出了更高的要求,规划中应充分重视解决这个矛盾。

(三) 区域运输需求分析

1. 经济增长预测

根据北京市、天津市、河北省"十一五"规划纲要,北京市保持首都经济平稳较快发展,在优化结构、提高效益和降低资源消耗的基础上,地区生产总值年均增长9%,到2010年实现人均地区生产总值比2000年翻一番;天津市全市生产总值年均增长12%,人均生产总值超过7 000美元;河北省生产总值年均增长11%左右,2010年达到17 050亿元,人均生产总值达到24 100元。

按两市一省"十一五"规划纲要的预测,以2005年为基准年,北京市GDP年均增长9%,到2010年GDP总量为10 595亿元;天津市GDP年均增长12%,到2010年GDP总量为6 457亿元;河北省GDP年均增长11%,到2010年GDP总量为17 050亿元。远期考虑两市一省GDP基数已经增大到一定程度,增长速度会逐渐放缓,按2015年比各地十一五经济增长速度低2个百分点计,2020年再减少2个百分点计算远期增长,则北京市2020年GDP总量为18 966亿元,天津市为15 280亿元,河北省为36 714亿元。

综合考虑奥运对首都及周边地区的带动作用,考虑滨海新区、曹妃甸等地的发展带动作用,以及远期的经济社会发展影响因素,预测京津冀地区经济发展水平如表3-3-21所示。

表3-3-21　京津冀地区经济总量预测(单位:亿元)

地区	北京	天津	河北	区域总量
2010年GDP	10 500	6 200	17 000	33 700
2020年GDP	19 000	13 000	32 000	64 000

2. 人口增长预测

根据"人口流动与统筹城乡发展专题研究",京津冀地区人口预测结果如表3-3-22所示。

表3-3-22　京津冀地区人口预测(单位:万人)

地区	北京	天津	河北	区域总量
2010年总人口	1 720	1 225	7 125	10 070
2020年总人口	1 990	1 450	7 601	11 041

3. 客运需求预测

分析人口、经济发展与客运量的相关关系,发现人口增长与客运量增长关系密切,而GDP增长、人均GDP增长与客运量增长之间关系不密切。据此相关关系预测客运量见表3-3-23。

表 3-3-23　人口与客运量相关关系及客运量预测

地区	北京	天津	河北	区域总量
2010年人口与客运量相关系数	55.70	5.82	13.51	19.37
2010年客运量（亿人次）	9.58	0.71	9.63	19.51
2020年人口与客运量相关系数	97.06	8.79	17.22	28.93
2020年客运量（亿人次）	19.31	1.27	13.09	31.94

综合考虑区域客运量发展影响因素，结合其与人口发展之间的相关关系，区域客运需求预测结果见表 3-3-24。

表 3-3-24　客运需求预测结果（单位：亿人次）

地区	北京	天津	河北	区域总量
2010年客运量	9.2	0.65	9.5	19.35
2020年客运量	17.8	1.1	12.8	31.7

4. 货运需求预测

根据有关数据分析，GDP与货运量增长关系密切，据此相关关系预测客运量见表 3-3-25。

表 3-3-25　经济增长与货运量相关关系及货运量预测

地区	北京	天津	河北	区域总量
2010年GDP与货运量相关系数	0.301	0.108	0.141	0.164
2010年货运量（亿吨）	3.5	5.7	12.1	20.5
2020年GDP与货运量相关系数	0.493	0.155	0.216	0.255
2020年货运量（亿吨）	3.9	8.4	14.8	25.1

按两市一省货运量自然增长趋势递推，区域 2010 年总货运量为 18.51 亿吨，2020 年达到 23.38 亿吨。综合考虑区域货运发展的影响因素，区域货运预测结果见表 3-3-26。

表 3-3-26　货运需求预测结果（单位：亿吨）

地区	北京	天津	河北	区域总量
2010年货运量	3.4	5.3	10.5	19.2
2020年货运量	3.8	7.9	13.2	24.9

5. 区域交通圈的强化

随着高铁（客运专线）、城际客运轨道交通的规划建设和北京、天津等城市高速公路网的加密，区域核心区各城市之间的联系愈发紧密，时空距离逐渐缩短，同城效应凸现。北京、天津、唐山、廊坊等四城市构成京津冀区域的核心区,把核心区各城市小时交通圈进行叠加(图 3-3-13),这个范围覆盖了北京、天津两个重要的交通枢纽、首都国际机场和天津滨海机场、天津港和唐山港等京津冀地区最重要的交通基础设施。今后交通圈的构建中,还要强化京津冀核心区对外的交通辐射功能,梳理区域过境交通与内部交通网络结构,重视大型交通基础设施的共建共享。北京西部受地形地势影响,交通辐射力度稍弱,应重点加强关键交通通道的规划建设,开拓核心区西部腹地。

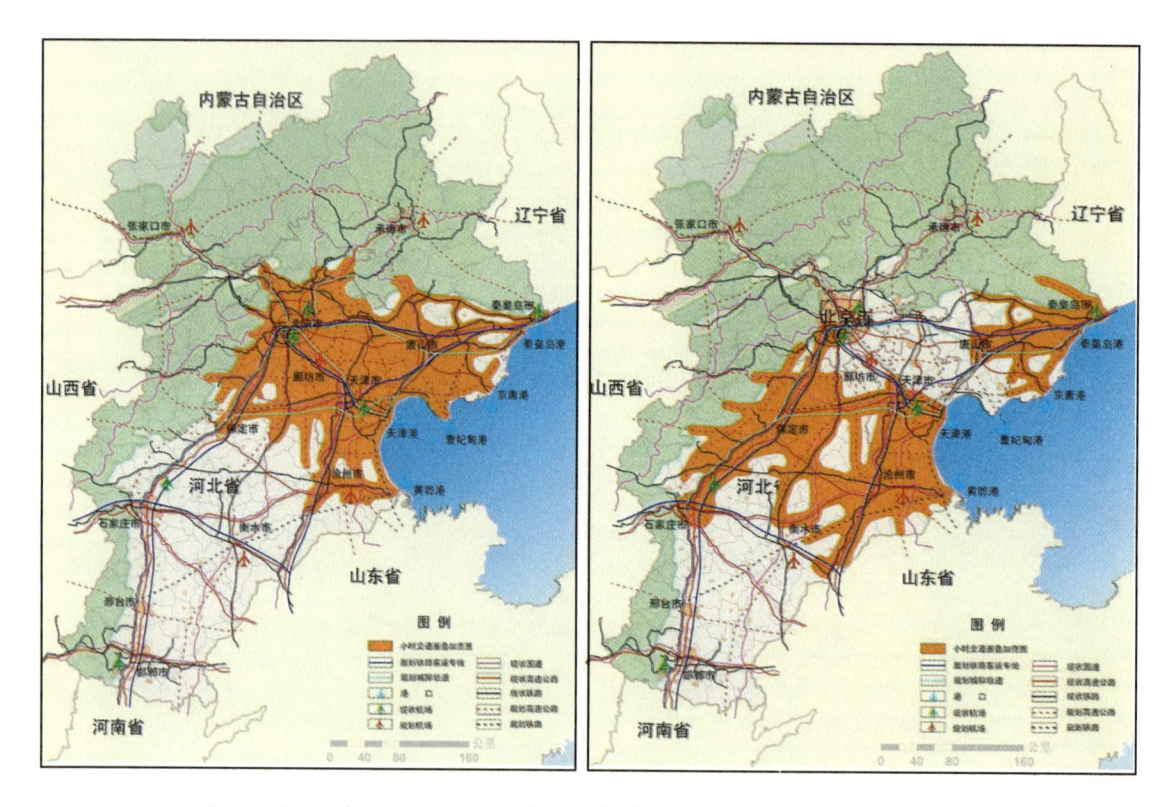

图 3-3-13　京津冀核心区、延伸区各城市小时交通圈覆盖范围叠加

京津冀核心区周边保定、沧州、秦皇岛三市构成核心区域的延伸区,三座城市与核心区城市之间联系比较紧密,均处在核心区对外放射的交通咽喉要道处,过境交通比重较大是这些城市交通的特色。加紧与核心区城市的联系是保定、沧州、秦皇岛等城市交通建设的重点。保定应加强与北京、天津、石家庄等城市的交通联系,沧州应加强与天津之间的交通联系,秦皇岛应加强与唐山之间的联系。

京津冀核心区与延伸区七市构成京津冀交通强大的网络布局(图 3-3-14),这个区域集中了京津冀所有沿海港口、客货吞吐量最高的民航机场,同时也是京津冀高速公路、铁路密度最高的区域,区域内城际客运轨道交通最完善、形成的同城效应更容易体现。这个区域将北京、天津双核辐射格局强化为网络整体向外辐射格局,交通设施的一体化发展将成为推动区域和谐发展的主要动力。

外围城市由石家庄、邯郸、衡水、邢台、张家口、承德构成。承德作为进出关第二、第三通道的交通咽喉要道,其交通区位优势将受到越来越多的重视,该市是缓解山海关通道交通压力的替代通道上的重镇,也是北京扩大对东北地区辐射、西部地区加强与东北联系的关键过境通道。张家口历来是京畿地区辐射西北的交通门户,也是京津冀地区连接二连浩特口岸的必经之地,其交通地位优越。由于承德和张家口周边群山环绕,提升两地高等级交通设施密度难度较大,两市应重点把握关键交通通道的预留与建设,城镇发展应沿交通通道展开,利用地处国家交通通道的优势和高速公路等交通设施建设的契机,促进地方经济发展。冀南都市群包括石家庄、邯郸、邢台和衡水四市。此区域应借助交通网络形成以石家庄为核心,邯郸为辅助枢纽的城市群。

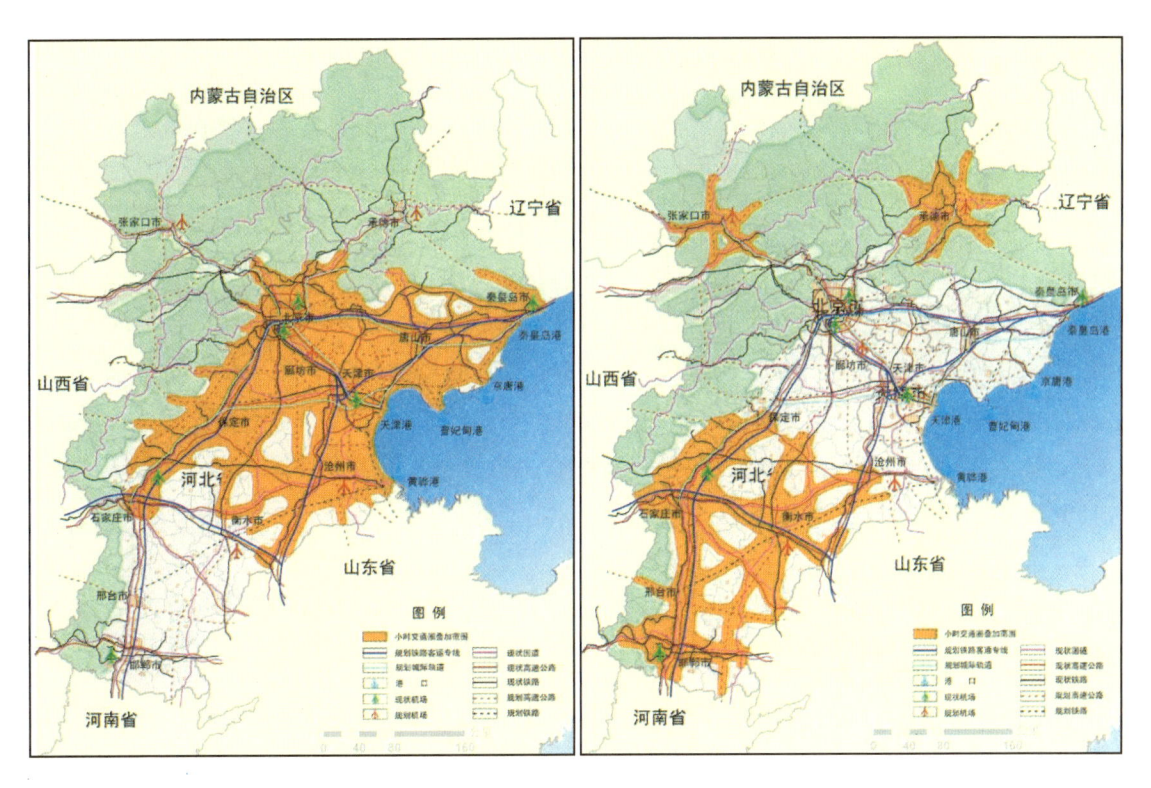

图 3-3-14　核心区+延伸区、外围区各城市小时交通圈覆盖范围叠加

三、交通发展目标与策略

(一)区域交通发展总目标

京津冀地区是我国政治、文化中心以及对外交往的门户;是带动国内沿海与内地经济发展的发动机之一;是我国城镇化发展最快速的地区之一,已经形成以北京、天津、石家庄等为核心的若干都市发展地区;是国内交通最繁忙的地区之一,区域内城镇之间经济与人员来往紧密。因此京津冀区域交通规划对内要反映区域交通特征的变化,引导和促进城镇群健康、协调发展,对外要

促进京津冀成为代表中国参与世界竞争的世界级门户和对外贸易、交流中心,成为带动华北和中、西部地区崛起的经济发动机。

京津冀综合交通系统发展的总目标为:构筑与国家门户和世界级城市群发展相适应,能够促进和引导京津冀城镇协调、健康、快速发展,符合科学发展观的高效率、低能耗、多层次、多方式、一体化发展的区域综合交通体系。

为实现目标应整合区域海港、空港资源,形成以天津港为核心的枢纽港群及以京、津为核心的航空客货运枢纽;强化通往腹地的铁路、公路通道建设,构筑与周边及"三北"地区紧密联系的现代综合交通体系,成为联系南北方、沟通东西部的综合交通枢纽地区。

在交通发展上通过区域综合交通系统的发展,在区域内部应促进和引导区域联系交通方式由公路交通向轨道交通转变;城市发展由独立的城市发展向都市圈转变;发展层次上由沿海快速发展向沿海和内陆共同发展转变;大型交通基础设施由属地化发展向区域共享转变;在区域对外上,实现由自身发展为主向带动中、西部共同发展转变;由国家的主要对外进出口地区向国家门户和国家对外贸易与交流中心转变。

区域交通通达性目标:核心区1小时交通圈包括北京、天津、唐山、廊坊四市;延伸区1.5小时交通圈包括秦皇岛、保定、沧州三市;外围区2小时交通圈包括南部地区石家庄、邯郸、邢台、衡水及西北部地区张家口、东北部地区承德六市;区域内各地级市之间3小时通达;平原地区县市15分钟连通高速公路,山区县市30分钟连通高速公路;平原地区县市1小时连通客运专线,山区县市2小时连通客运专线。

(二)区域交通发展策略

加快区域交通网络及枢纽设施的构建和完善,引导和促进城镇发展、产业合理布局,整合区域综合交通体系和区域交通协调发展机制。

区域交通布局策略:强化京津冀地区与国内、国外的联系,以大型复合枢纽机场、沿海枢纽港口为门户,促进区域与世界各地的联系;以京津双核交通枢纽为核心,以京秦、京石为两翼,构筑多层次、多方式交通网络;加快区域城际铁路建设,促进和带动区域城镇职能整合,加强区域对外交通联系;分层次按照交通需求的特征规划和组织区域内交通;建立与区域城镇和交通发展目标相适应的协调机制。

1. 门户交通设施发展策略

京津冀交通门户资源由深水海港和枢纽机场构成。区域内门户型深水海港资源主要由天津港、唐山港(曹妃甸港区)和秦皇岛港三大深水港区构成;枢纽机场由首都机场、首都第二机场、天津、石家庄机场构成。这些设施依托京津冀核心区的京津唐都市区,以及石家庄、秦皇岛都市区。

门户资源与支持门户设施发展的综合交通网络共同构成京津冀门户交通设施,承担国家和京津冀对外贸易和交流的职能,不仅服务于京津冀区域各城市,也服务于国家中、西部和华北地区。为发挥门户设施作为区域和国家对外窗口的作用,门户设施的发展一方面要分工明确、相互协调,另一方面要建立与门户功能相适应的对内和对外辐射交通网络,支持门户设施功能的发挥。

机场、港口发展是目前区域内交通设施发展中市场化程度最高的,这为门户资源在区域内联合开发和建设提供了保障,也是门户设施运营中相互之间按照市场规律协调发展的基础。而这些门户设施的健康发展,又是京津冀城镇群区域竞争力的提升的一个重要保障,因此京津冀交通门户设施发展应在利益共享的原则下,充分运用市场规律,实现跨行政区联合开发。建立基于门户设施的综合运输和物流枢纽,通过门户港口、铁路集装箱中心站、高速公路,建立多方式联运枢纽,并与地区产业发展相结合,形成基于门户港的京津冀综合物流中心。

在区域内部交通网络上,建立工业产业发展区、区域主要铁路、区域主要高速公路与门户港口直接联系以及区域都市区中心区、重要的客流集散枢纽、区域城际轨道与枢纽机场直接联系的交通网络;在区域对外的网络上,建立国家干线货运铁路、国家干线高速公路与门户港口联系以及国家高速客运专线、主要客运走廊与枢纽机场联系的对外联系交通网络。

2. 区域对外交通设施发展策略

高速铁路网络的发展将大大延伸京津冀的经济腹地,加强京津冀与国内其他地区的联系,促进京津冀区域中心职能的聚集。通过京哈、京沪、京广高速铁路实现京津冀与国内其他城镇密集地区的便捷联系,通过青岛—石家庄—太原客运专线形成京津冀与山东半岛城镇群以及中、西部地区高速联系的通道,提升京津冀向中、西部辐射的范围和能力。高速客运专线的主要站点要按照京津冀城镇空间的发展,改按城市布局为按都市区进行布局,与京津冀区域城镇空间布局一致,形成以都市区为基础对外客运交通网络。随着高速铁路的建设,京津冀对外客运中铁路的比例将大幅度提升。客运专线的建设使铁路的货运能力释放出来,京津冀普通铁路网络要根据铁路运输功能的转变,对货运铁路的走向和联系进行调整,与京津冀的货运枢纽相联系,为多方式联运创造条件,也为普通铁路功能改变后与城市发展的互相协调创造条件。

国家干线高速公路是京津冀与周围地区沟通的重要设施,随着铁路速度和能力的提升,高速公路将主要服务于周围的城镇群与京津冀城镇、重要的交通枢纽的联系以及京津冀区域内部各都市区之间的联系。国家干线高速公路承担长距离的公路客货运出行,以及区域内重要的交通枢纽的对外集疏运,因此,其出入口的布局要与其功能以及交通特征相吻合,避免由于过多开口而导致的对外联系效率下降。国家干线高速公路的衔接道路要与区域高速公路有所区别。

津冀沿海港口群由天津港、秦皇岛港、唐山港(含曹妃甸港区、京唐港区)、黄骅港组成,形成以天津、秦皇岛、唐山(曹妃甸港区)港口为门户枢纽港,黄骅港、唐山(京唐港区)为辅助港,其余沿海小港为喂给港的港口体系。天津、秦皇岛和唐山(曹妃甸港区)作为国家对外的门户设施,天津港主要承担集装箱运输、客运及商品汽车储运、大宗货物中转等;秦皇岛港主要承担煤炭运输、大宗货物中转;唐山(曹妃甸港区)港主要承担大宗货物中转职能。三个枢纽港口之间应形成良性的合作和竞争关系,在组织对外运输的航线上相互合作,特别在集装箱运输上,提升整个地区的产业竞争力。区域运输量的迅速发展将为该地区港口提供充足的运量和发展动力,有利于门户港口的合作开发,通过区域协调有利于规范小型港口竞争;此外门户港口与国家的铁路、公路干线直接衔接,也有利于门户设施腹地扩大。

在区域内形成三级机场体系布局,以首都机场、首都第二机场、天津滨海机场为门户枢纽机场,主要承担区域与国外联系、国际中转以及本地的国内外联系;石家庄作为辅助的门户机场,辅助承担与国外联系国际中转,以及都市区与国内外的联系;邯郸、秦皇岛等机场,承担各都市区与国内其他地区的联系,并承担枢纽机场的辅助客运。随着区域人均客货运迅速增长,目前区域内各机场国内航空服务范围将逐步缩小,应随着区域内这些地区都市区的发展和枢纽机场的饱和,着手进行承德、张家口、衡水、黄骅等机场的建设与改、扩建,形成与城镇空间布局一致的机场布局。区域内机场的运输规模和服务范围应按照机场的功能和细化的航空市场决定,对于大运量的航空客货运,要能够保证机场在服务范围的可达性,过大的机场规模将导致服务区边缘的可达性下降,从而影响这些地区的发展,因此机场应按照交通可达性和客流量确定规模,并非规模越大越好。区域内都市区级的机场要与区域快速轨道、城市快速轨道系统衔接,并与都市区区域高速公路衔接,门户机场要与国家干线高速公路衔接。

3. 区域交通网络发展策略

区域内的骨干交通网络主要由城际轨道、区域高速公路构成,承担区域内部各都市区之间的联系。同时区域内骨干交通网络与国家干线网络的衔接,承担国家干线网络在都市区的交通集散。在布局上应按照都市区内部与都市区之间的联系特征布局,避免目前采取的按照城市行政区范围考虑交通联系布局(如目前各城市对接北京)的方式。

城际轨道交通为都市区客运交通联系的主力,主要联系区域内各都市区的中心、区域内大型的客流集散枢纽。区域城际轨道交通作为区域内都市区间联系的高速轨道交通,布局要与京津冀区域空间结构相吻合,充分考虑对目前区域内发展水平相对较低地区的带动,并与相联系的各都市区内部的空间结构调整结合起来。同时加快区域轨道交通系统建设,其发展要与区域都市区城镇空间结构调整相协调,促进区域交通联系由公路向轨道交通转化,促进和带动区域城镇分工和合理空间布局形成。在投融资上应更多地发挥京津冀各都市区的作用,促进城际轨道的地方化建设、投资、运营,形成独立服务于区域内部交流的轨道交通系统。区域城际轨道与国家铁路干线采取枢纽衔接(不是目前的线路衔接),而非作为国铁干线的一部分,避免在线路布局上的相互干扰。城际轨道通过都市区的客运枢纽与都市区内部的城市轨道交通快线密切联系。

区域高速公路不同于国家干线高速公路,主要承担区域内部公路客货运联系,联系区域内各都市区、主要的产业发展区与货运枢纽、物流中心、主要的旅游风景区等。区域高速公路不仅在京津冀核心区与周围都市区的联系上是国家干线高速公路的补充,而且在港口腹地开拓、与周边省市连通等方面也起重要补充作用。区域高速公路也是京津冀西部地区旅游风景区联系的主要交通网络,通过对出入口等的控制,实现与旅游风景区保护和发展的结合。同时,区域高速公路与都市区的城市快速道路系统衔接,实现与城市各组团之间的联系。

4. 大型交通基础设施区域共享策略

区域内大型交通基础设施资源如沿海港口、机场、国家干线高速铁路站点等,属于区域共有资源,是提升区域整体竞争能力的重要设施,但目前其在区域性服务与属地化管理上存在许多矛盾,这些大型交通基础设施的开发、利用、运营上产生了大量的浪费和恶性竞争。为此,实现区域性大型交通基础设施的区域共享是区域交通协调的重点。

大型的区域交通基础设施目前在市场化开发和运行方面已经比较完善,通过不同运营和开发集团之间的相互参股和联合开发,已经实现大型交通基础设施在开发、运营上利益共享、风险共担。具体手段包括:鼓励大型沿海深水港口通过无水港的形式,将关口前移,入关即入港,减少政府参与,促进港口之间的良性市场竞争;通过合理物流组织,降低企业的物流成本,扩展港口的腹地;鼓励大型交通基础设施经营者参与跨地区的配合设施的建设和经营,如枢纽港口参与喂给港口的经营等,利用市场推进大型交通基础设施共享;通过快速轨道交通实现区域内枢纽机场与干线机场之间的联系,促进机场合理分工的形成;建立与大型交通基础设施服务范围相一致的交通网络,实现大型交通基础设施服务范围与交通服务网络布局的一体化。

5. 区域交通运输服务策略

京津冀区域城市化迅速发展的过程中,区域内中心城市正在承担越来越多的区域职能,空间和城市职能的变化,导致区域交通城市化、城市交通区域化的发展趋势:区域内部城镇之间的交通联系越来越密切,交通特征也趋向城市交通;城市交通随着城市区域职能的集中和空间拓展,出行距离增加,范围扩大,又与区域交通融为一体。并且随着区域内机动化水平在各城镇的迅速提高,区域交通和城市交通需求将呈几何级数般增长,对交通空间要求也日益增加,因此,区域内城市交通运输服务在发展的策略上要适应交通需求的这种变化,建立与区域交通相协调的城市交通网络和运输服务。

在交通运输的方式上,交通需求的大幅度增长使集约化的城市交通运输模式必须延伸到区域,在区域内建立以轨道交通为主导的交通运输服务体系,实现区域内交通联系由公路交通向轨道交通的转变;在交通运输服务水平上,区域、都市区、城市组团各层级应对应于不同的服务水平;在交通服务的提供上,要按照不同的功能层次和服务要求,提供多层次的交通服务。在都市区要满足同城化的交通需求和经济发展,而在京津冀要满足密集商务联系的交通需求和区域职能发展要求。

6. 区域物流组织策略

区域物流组织要以降低整体的物流成本、提高区域产业整体竞争力为根本,结合区域的门户资源、区域的综合交通枢纽进行布局,在京津冀内组织区域整体的物流。

四、区域综合交通系统规划

(一) 规划原则及指导思想

1. 指导思想

京津冀区域综合交通系统规划应以统筹、协调和一体化为核心,突出以下指导思想:

整体性。在区域综合交通系统规划中应打破传统的以城市为节点的规划模式,按照区域城镇化整体发展和城镇密集地区空间、用地、职能进行布局,打破城镇界线,构筑与城镇群整体发展相一致的交通系统。

一体化。从交通支持、引导区域发展出发,构筑区域一体化的交通系统。突出重点,针对区域内重点发展区域(如滨海新区等),通过交通设施的完善,发挥其对区域发展的引擎作用。

综合协调。综合协调好不同发展地区、不同交通方式、城市与区域、交通与空间、交通与产业、交通与城镇职能等方面的关系。

科学发展。在交通、城镇发展上全面落实科学发展观,在资源限制下,考虑区域的可持续发展。

区域协调。从区域整体利益出发,坚持重在落实的原则,协调两市一省城乡交通之间的关系,加强相关规划实施过程中注重区域性问题的协调。

2. 规划原则

区域综合交通系统规划应体现科学发展观,建立以轨道交通为主导、多种交通方式配合的综合交通体系,引导区域交通向高效率、低能耗、低占地的集约化方向发展。具体措施为:

与区域城镇空间结合,合理布局区域内的国家干线,处理好国家干线与区域内部交通的衔接;扩展京津冀门户交通设施腹地,加强京津冀与世界主要发展地区的联系,提高京津冀参与国际竞争的能力;加强京津冀与国内沿海和中、西部其他城镇群的联系,促进其与沿海其他发展地区的联系,以及对国内中、西部地区发展的辐射和带动作用;建立以轨道交通为主、完善的内部联系交通网络,促进京津冀核心区与各都市区之间的联系,引导和促进以都市区为单元的城镇群共同、健康、协调发展,形成以中心城市为核心的合理城镇空间结构;建立京津冀区域交通与都市区交通密切配合、合理分工、一体化布局与运营的交通系统,促进都市区交通网络与空间结构协调发展;建立以区域门户设施为核心的综合交通网络,促进大型交通基础设施区域共享;利用交通设施发展促进京津冀区域内沿海与内陆、平原与山区均衡、共同发展。

(二)区域综合交通系统功能结构

1. 综合交通运输通道

运输通道分为国家运输干线通道、区域运输通道和地区运输通道三种类型(表3-3-27)。

国家运输干线通道:承担国际贸易联络通道和实现国家重要经济战略的功能。对于货运功能,以铁路、高速公路和港口为重要交通设施;对于客运功能,以客运专线、国家铁路干线、高速公路和港口为重要交通设施。

区域运输通道:承担和国家运输通道的衔接以及区域内地区之间的联络功能。对于货运功能,以铁路、高速公路和港口为重要交通设施;对于客运功能,以客运专线、铁路干线、城际轨道、高速公路、干线公路和港口为重要交通设施,以城际轨道网、区域轨道网络、城际高速公路客运系统、地面快速公交系统网络为服务系统。

表 3-3-27　综合交通系统功能划分

交通方式	交通设施	功能
高速公路	干线高速公路	承担门户枢纽港与国内其他地区、区域内服务中心之间交通联系
	内部高速公路	承担区域内一般都市区之间、核心区内部主要节点之间快速联系
	城市主要快速路	承担都市区内部、相邻城市之间、组团之间的快速联系
铁路	高速国铁	承担门户枢纽、主要服务中心与国内其他地区高服务水平陆路客、货运联系
	普通国铁	承担与经济腹地和国内其他地区之间普通服务水平联系
	地方铁路	承担区域内部主要客货运枢纽与腹地之间的联系
区域轨道与城市轨道	区域高速轨道	承担区域内都市区之间、主要门户客运枢纽之间高服务水平、长距离的客运联系
	区域快速轨道	承担区域内都市区内部、交通枢纽之间的中长距离客运联系
	城市轨道交通	承担城市内部以及相邻城市之间短距离的客运
航空	航空门户	承担区域与国外以及国内主要地区的长距离客运联系
	航空枢纽	承担与国内、世界其他地区的长距离联系，以及与腹地之间的中、短程航空联系
	支线航空	承担与临近地区之间短距离的航空联系
港口	门户枢纽港口	承担京津冀与国内其他地区、世界各地的远距离、大运量的区域对外货运交通联系
	枢纽港口	承担与国内其他地区，以及部分与国外的货运交通联系
	支线港口	承担门户枢纽港口喂给和短距离的货运交通

地区运输通道：承担地区内城镇之间、产业区之间、城镇与产业区之间的地区性的联系。对于货运功能，以干线铁路、铁路专用线、高速公路、城市快速路、港口为重要交通设施；对于客运功能，以城际轨道、市域城市轨道、高速公路、干线公路、城市快速路、港口为重要交通设施，以轨道交通网络、城际公路客运网络、城市快速公交系统网络、常规公交网络等为服务系统。

2. 综合交通枢纽

交通枢纽分为全国性综合交通枢纽、区域性综合交通枢纽和地区性综合交通枢纽三种类型[①]。

全国性综合交通枢纽一般位于综合交通网的运输大通道的重要交汇点，依托省、市、自治区经济、文化和政治中心，以及在我国经济和国际贸易中地位突出的沿海及内河重要港口、大型机场所在城市，在跨区域人员和国家战略物资运输中集散、中转功能突出，有广大的吸引和辐射范围，对综合交通网络的合理布局、衔接顺畅和高效运行具有全局性的作用和影响。

---

① 引自《全国综合交通网中长期发展规划》。

区域性综合交通枢纽位于综合交通网的主要交汇点,依托省、市、自治区重要城市,以及在区域经济和贸易中起主要作用的沿海港口、干线机场所在城市,在综合交通网络格局中具有承上启下的重要作用。

地区性综合交通枢纽位于综合交通网的一般交汇点,依托地区大中城市,以及沿海和内河港口、机场所在城市,在综合交通网络格局中具有基础性补充作用。

(三)区域综合交通系统规划方案

1. 综合交通枢纽

全国性综合交通枢纽:北京和天津双核心;

区域综合交通枢纽:石家庄、唐山、邯郸、秦皇岛;

地区辅助交通枢纽:沧州、保定、张家口、衡水、廊坊、邢台、承德。

加强交通枢纽城市的对外交通以及与城市交通枢纽的衔接。铁路客运站、公路客运站、空港、轨道交通枢纽、公共交通枢纽等应尽可能形成综合交通枢纽;铁路货运站、公路货运站、物流园区应综合考虑并与城市货运道路网衔接;港口疏港交通应与货运设施衔接。

2. 运输通道

(1)国家干线运输通道

京津冀区域形成"四纵四横"的国家干线运输通道。国家干线运输通道包含高速公路、国道、铁路干线、客运专线等交通设施,核心区有城际轨道,货运通道布设高速公路、国道、铁路干线等交通设施。

四纵:①沈(阳)—秦(皇岛)—唐(山)—津(天津)—沧(州)—济(南)—宁(南京)—沪(上海)综合运输通道,即秦唐津沧通道;②哈(尔滨)—沈(阳)—秦(皇岛)—唐(山)—京(北京)—保(定)—石(家庄)—武(汉)—广(州)综合运输通道,即秦唐京保石邯通道;③齐(齐哈尔)—通(辽)—承(德)—京(北京)—衡(水)—九(江)—深(圳)综合运输通道,即承京衡通道,本通道以货运为主;④哈(尔滨)—沈(阳)—秦(皇岛)—唐(山)—津(天津)—黄(骅)—青(岛)综合运输通道,即沿海通道,本通道以货运为主。

秦唐津沧综合运输通道:是产业发展的主要轴线,也是进出关的主要通道和京沪综合运输通道的组成部分。该通道承担东北地区与京津冀地区、华东地区的运输交流任务,也是全国城镇体系中沿海城镇发展带的重要交通支撑走廊。现有设施包括京山铁路、京沪铁路、京沈高速公路、唐津高速公路、京沪高速公路、104国道、105国道、205国道等,规划交通设施包括京哈客运专线津秦支线、京沪高铁、津秦城际客运铁路等。该通道规划新增铁路客运专线,将铁路客运从既有铁路干线中剥离,以提升铁路运输在区域综合交通运输中的地位、增强通道的交通运输能力。

秦唐京保石综合运输通道:是京津冀都市圈的主要发展轴,也是京广综合运输通道和进出关运输通道的组成部分。该通道承担东北地区与京津冀地区、华中地区、华南地区的运输交流任务,是全国城镇体系中京广发展轴的重要交通支撑走廊。现有设施包括京秦铁路、京广铁路、京沈高速公路、京珠高速公路、102 国道、107 国道等，规划交通设施包括京哈客运专线、京广客运专线、京秦城际客运铁路、京石城际客运铁路、京石高速公路二线等。近期应加快建设京广客运专线京石段，适时扩建京石高速公路，并结合区域经济发展的需求，加强石家庄综合交通枢纽和商贸物流中心的建设。同时应加快建设京秦客运专线，满足沿线城市间和对外的运输需求，围绕既有的高速公路，加快沿线公路的改造与建设，与京津形成 1-2 小时交通圈。

承京衡综合运输通道（货运为主）：是进出关的第二通道，南部与京九通道相连，构成我国纵贯南北的重要运输通道。该通道承担东北、蒙东地区与京津冀地区、华中地区、华南地区的运输交流任务。现有设施包括京通铁路、京承铁路、京九铁路、京承高速公路（在建）、京开高速公路（北京段）、101 国道、106 国道等，规划交通设施包括京承城际客运铁路、京开高速公路（河北段）等。近期应加快京承高速公路的建设，形成便捷的联系干线，同时加快京承和京通铁路的改造，提高通过能力；远期根据运输的发展趋势适时建设京承城际客运铁路，实现京承段客货运分离。

沿海综合运输通道（货运为主）：随着滨海新区和曹妃甸两个发展重化工的增长极的形成，该区域的资源流动将会更加的频繁，给交通带来的压力也就更大。此外，该区域还承担着区域之外的东北、华北各个港口之间的运输任务，随着全国经济的发展和区际之间经济联系强度的加强，也必然从更广域的层面对该区域交通的发展提出更高的要求。另一方面，沿海通道又串联起津冀沿海各港口，对港城发展及产业结构调整起引导和促进作用。近期应加快天津集装箱港、曹妃甸工业港的建设以及秦皇岛、黄骅能源港的扩建，适时建设沿海高速公路；中远期应建设环渤海铁路。本通道向北连通满州里口岸，为京津冀区域一条纵向国际联络通道。

四横：①塘（沽）—津（天津）—京（北京）—张（家口）—包（头）—银（川）—兰（州）综合运输通道，即塘津京张通道；②青（岛）—济（南）—石（家庄）—太（原）—银（川）综合运输通道，即太石衡济通道；③大（同）秦（皇岛）通道，本通道以货运为主；④津（天津）—保（保定）—太（原）—中（卫）综合运输通道，即津保太通道。

塘津京张综合运输通道：是连通西北地区的主要运输通道，也是天津港的重要疏港通道，承担京津冀地区与晋北、西北地区的运输交流任务，也承担西北地区与东北地区过境交通的转换任务，是国家城镇体系中京呼包银兰城镇发展轴的重要交通支撑走廊。现有设施包括京山铁路、京张铁路、京津塘高速公路、京张高速公路、103 国道、110 国道等，规划交通设施包括京沪高铁、京津城际客运铁路、京张城际客运铁路、京津高速公路二线等。京津运输通道是该通道的重要组成部分，是京津冀地区都市圈发展主轴，也是进出关和京沪综合运输通道的组成部分，主要承担京津之间、京津与西北、华东、东北地区以及西北与东北之间过境的客货交流。近期将建成京津城际轨道、京津高速公路二线，并对京山铁路扩能改造，统筹建设天津航运中心；中远期将建设京沪高铁、扩建京津塘高速公路，形成绿色、人文、快速、智能交通走廊。

太石衡德综合运输通道：区域中南部与山东半岛、西部地区联系主要通道。该通道承担京津冀地区与华东、西北地区的运输交流任务，是山东半岛各沿海港口扩展内陆腹地的重要交通走廊。现有设施包括石太铁路、石德铁路、石太高速公路、石沧高速公路、307 国道、308 国道等，规划交通设施包括太青客运专线、石济高速公路等。随着太青客运专线的规划建设，该通道铁路运输实现客货分离,将大大提升通道的铁路运输能力。

大秦综合运输通道(货运为主):是冀北各沿海港口连通西北地区的重要运输通道,作为"三西"煤炭出口及南下的主要通道之一,承担"北煤南运"的主要任务,在京津冀地区综合交通网和国家综合交通网中占有十分重要的地位。现有设施包括大秦铁路、丰沙铁路、京秦铁路、迁曹铁路(在建)、102国道、109国道等,规划大秦铁路扩能改建,以满足唐山港、秦皇岛港疏港交通需求。

津保太综合运输通道(货运为主):京津冀地区连接西部地区及第二欧亚大陆桥的交通运输通道。该通道目前尚未形成,仅有津霸铁路及拟建的太原—中卫铁路、保津高速公路等交通设施。规划建设通向山西的保阜高速公路,建议增加霸州至保定、太原的铁路,形成京津冀地区连通第二欧亚大陆桥的最短通道,以促进天津北方国际航运中心的发展。天津—石家庄为本通道的支线,是拓展天津港的内陆腹地的重要通道。

国家运输干线通道在京津冀地区形成"四纵四横"均衡交通运输干线网络和北京、天津两个全国性综合运输枢纽。京津冀地区对东北地区有三个通道、对华东地区有两个通道、对西北地区有三个通道、对西南地区有一个通道、对华中、华南地区有两个通道,以确保京津冀地区在全国运输网中功能的发挥。

(2) 区域运输通道

作为国家干线运输通道的重要补充,区域运输通道起到加密交通网络和分流过境交通的作用。京津冀地区形成"三纵三横"区域运输通道,区域运输通道包含高速公路、国道或省道、铁路等交通设施,运煤通道有专线铁路。

三纵:①承(德)—津(天津)—黄(骅港)运输通道,即承津黄通道;②曹(妃甸)—唐(山)—承(德)—二(连浩特)运输通道,即曹唐承通道,本通道以货运为主;③张(家口)—石(家庄)—济(南)运输通道,即张石济通道。

三横:①朝(阳)—承(德)—京(北京)—涞(源)—忻(州)运输通道,即承京涞通道;②朔(州)—黄(骅港)运输通道,即朔黄通道,本通道以煤运为主;③济(南)—邯(郸)—长(治)运输通道,即济邯长通道。

一方面,随着滨海新区和曹妃甸两个发展重化工的增长极的形成,该区域的资源流动将会更加的频繁,给交通带来的压力也就更大。另一方面,该区域还承担着区域之外的东北、华北各个港口之间的运输任务,随着全国经济的发展和区际之间经济联系强度的加强,也必然从更广域的层面对该区域交通的发展提出更高的要求。其中,承津黄通道用来加强天津港、黄骅港与内蒙古等北部地区的联系;曹唐承通道为曹妃甸的主要疏港通道;张石济通道用来加强京津冀西部地区南北向间联系;承京涞运输通道用来加强东北地区与西北地区的交通联系,分流穿越京津地区的过境交通压力;朔黄铁路扩充运能,用来加强黄骅港的煤炭输出功能;济邯长位于京津冀地区南部,沟通山东、山西两省,是晋南煤运的主要疏港通道,为青岛、日照港"北煤南运"服务;曹唐承运输通道拓展唐山港的运输腹地,用来促进京津冀沿海港口的合理分工;张石济运输通道填补京津冀西部地区快速客货运输空白,用来加强区域西部山区对外运输能力。

在国家干线运输通道的基础上,区域运输通道增加了通往东北地区的一个通道、通往华东地区的两个通道、通往西北地区的三个通道、通往西南地区的一个通道。使区域对外辐射能力与设施支撑能力更趋吻合,同时避免过境交通对京津冀核心城市的交通压力。

国家干线运输通道和区域运输通道一同构成区域对外运输的主要保障,汇总统计京津冀地区通往东北方向共四个通道、通往华东地区共四个通道、通往西北地区共六个通道、通往西南地区共两个通道、通往华中、华南地区共两个通道,地区辐射全国的各个方向至少应保证有两个以上的通道,并且保证铁路、高速公路、国道俱全,这样可以保证在突发事件或恶劣天气下区域对外交通能够通畅,确保首都北京行政中心对全国的辐射。

(3) 地区运输通道

地区运输通道承担短途运输,是干线运输网的有效补充,用来重点解决区域内各城市之间的交通联系,避免区域外部与内部交通的叠加。区域内部各重要城市之间的客运仍应借助国家干线运输通道网络提供的客运方式解决。

地区运输通道主要包括京曹、京沧、京赤、津石、石沧、保沧、邯沧、秦承、张承、晋邢鲁、衡濮等。

核心区及延伸区重要交通设施如下:

京津通道:京沪高铁、京津城际、京津塘高速、京津高速二线、京山铁路;

京秦通道:京哈客专、京秦城际、京沈高速、京秦铁路;

京石通道:京广客专、京石城际、京珠高速、京石二线、京广铁路;

津沧通道:京沪高铁、津沪铁路、京沪高速;

保津通道:保津城际、保津高速、津保晋铁路;

津秦通道:津秦客专、城际、唐津高速、沿海高速、京山铁路、沿海铁路。

3. 区域高速公路网络规划建议

完善区域高速公路网,加强区域高速公路网规划衔接与协调,理顺区域高速公路网布局。

落实国家高速公路网中长(春)—深(圳)高速公路在区域中的线位,建设承德—蓟县—天津—黄骅高速公路,增设沿海高速公路连接秦皇岛、曹妃甸、天津、黄骅港等港口,增设北京—涞源—五台的高速公路,构筑东北与西北地区联系的过境通道,增加天津至石家庄的高速公路。对于交通压力较大的通道,考虑建设京津高速公路二线、京石高速公路二线,同时根据城镇及区域经济发展情况,适时实现高速公路客货分离。

4. 区域铁路网络规划建议

加强铁路网建设,积极建设区域性客运轨道交通网络,实现京津冀城际交通"公交化",缩短区域内主要城市间的运输时间,适时建设京沪、京哈、京广、太青铁路客运专线,改造既有铁路,完善路网结构,提高运行速度,实现客货分流,强化京津冀地区同全国其他主要区域之间的长距离高速运输联系,合理控制建设规模和网络密度。

为此,建议增加霸州经保定至太原的铁路,与拟建的太原—中卫铁路连通,扩大天津港腹地范围;建议津蓟铁路向北延伸与京通铁路连通;建议增加沿海铁路通道;建议京津城际客运铁路向南延伸至沧州,加强沧州与京、津之间的联系。

5. 民航规划建议

京津冀地区作为全国的政治、文化、信息中心和重要的经济区,拥有良好的自然、科技、人力资源。尤其是京、津两市发展迅猛,为京津冀地区的经济发展创造了条件、机遇。区域内应该根据各自特点,进行相应的产业机构整合,实现区域基础设施的共享,使区域经济向一体化的共同繁荣发展。机场作为区域的重大基础设施应该也必然是整个区域所共享的,因此必须对京津冀地区的机场进行统一规划、建设,发挥大型基础设施在区域经济中的乘数效应,使之成为区域经济发展的"火车头"之一。因此,首都机场服务范围不仅仅是北京,而应该是周边更大的范围,这不仅仅是区域协作、区域经济发展的需要,同时也是提高首都机场航空业务量预测结果的可信度、可靠性的重要因素。

作为区域重大基础设施的首都机场应考虑服务于整个京津冀地区。而未来综合区域需求的京津冀地区的航空业务量将会远远超出首都机场2020年7 200万人次和230万吨的预测,估计在2015年就会达到这一数值。据有关部门预测到2010年京津冀地区航空客运量将达到6 000万,2020年将在1-1.5亿左右[①]。这对我们决策进行第二机场建设的时机影响重大,甚至也影响我们对首都机场的长远定位和规模确定,同时也要求我们首先提出一个区域整体的解决方案,即2020年以后,甚至再早一些的首都的民用航空问题必须在京津冀区域规划中寻求解决方案。

从某种意义上看,城市竞争表现为枢纽地位的竞争,现代航空业的发展使全球航空枢纽的竞争同城市竞争更密切地联系在一起。航空枢纽会为城市带来巨大的利益,因为密集的国际航班带来大量跨国人流、物流和信息流,吸引跨国公司总部、高科技产业等聚集于此,使城市处于世界经济链条的顶端,而失去这个地位,则意味着城市只能处于全球城市网络中的次级,产业链的底部,失去竞争地位。东北亚地区的枢纽机场之争刚刚开始,也意味着城市之争刚刚开始,谁都有机会。我国应积极参与这一竞争,至少应保证在未来东北亚航空枢纽组合中有1-2个一级枢纽机场的席位。目前环渤海地区更多表现为地理区域,而非经济区域,京津冀、辽宁、山东三个地区各有各的腹地,经济关联度并不高,难以作为整体发挥作用。为了面对日益严峻的东北亚竞争,必须从国家战略的高度,通过交通基础设施的整合促进环渤海地区的共同发展。构建"枢纽—辐射"式的航空运输体系,将是交通整合的重要步骤,通过构建世界级的枢纽机场,同东北亚城市竞争。

目前首都机场的地面交通压力已经较大,且机场规模越大北京城区东北方向的交通需求越大,同时机场周边的建成区存在较大的环境压力,解决噪声影响的代价也非常高。若首都机场最大可能容量按年旅客吞吐量7 200万人次考虑,必须仔细分析城市配套设施、环境造成的影响的经济合理性。分析认为:①由于空域结构、地面交通、环境噪声等因素影响,首都机场无法在将来成为一个超大规模、24小时、全天候运行的机场,因此把它作为未来的门户和国际性枢纽机场是不合适的;②首都机场合理的规划容量不宜过大,应该为6 000-7 000万人次/年,待第二机场建

---

① 引自《首都第二机场场址比较研究》,上海机场(集团)有限公司、清华大学建筑与城市研究所。

成后可以进一步改善候机条件或提高非航空业务的比率,拓展综合经营,将实际客流量稳定在 6 000 万人次/年左右;③从城市与区域发展的角度看,首都机场如果在 2015 年达到 6 000 万人次的旅客吞吐量,考虑到机场从选址到建成需要一定的周期,那么我们现在必须开始第二机场选址工作。

根据首都第二机场两个不同定位(①首都第二机场定位于大型枢纽机场,分散首都机场航空运量;②首都第二机场定位于区域及国家航空门户、24 小时大型复合枢纽机场)提出机场选址及区域已有机场功能调整的不同方案。

(1) 方案一:门户级大型复合枢纽、24 小时机场

有四个备选场址。①南各庄场址:位于北京市大兴区境内,该场址西临京九铁路,场区地势平坦,但与南苑机场的相互影响大,如选址此处需搬迁南苑机场;②永乐店场址:位于北京通州区,京津交通走廊内,与首都机场共用飞行走廊;③旧州场址:位于河北廊坊旧州,位于京津走廊京山铁路南部,与通州机场存在飞行矛盾;④太子务场址:位于天津武清太子务,处于京津交通走廊内,场址条件优越,但需搬迁杨村机场。如首都第二机场作为门户级大型复合机场选址在京津交通走廊内,则与天津滨海机场距离过近,两者间相互干扰的问题需妥善解决。

(2) 方案二:大型枢纽机场,分散首都机场客货流

有三个备选场址。①葫芦垡场址:位于北京市房山区与大兴区交界的葫芦垡,京广铁路东侧,距北京市区约 25 公里,与北京西南部的良乡机场矛盾大,且与首都地区军用运输走廊重叠,需搬迁良乡机场;②魏善庄场址:位于北京市大兴区魏善庄,京山铁路以北,六环路南侧,距北京市区约 25 公里,与南苑机场互相影响,必须搬迁南苑机场;③长子营场址:位于北京市大兴区与通州区交界的长子营,京津塘高速公路西侧,交通条件好,但与通州机场矛盾大,需搬迁通州机场。如首都第二机场仅仅定位于大型枢纽、分散首都机场客货流,则必须离北京城区较近、交通方便才能达到这一目的,否则不可能起到很好的分流作用。

(3) 方案三:大型枢纽机场,扩建天津机场作为首都第二机场

发展滨海机场为首都第二机场表面上利用了现有设施,投资小,见效快,但实际上仔细分析之后结论恰恰相反。现有滨海机场设施基本建成于 20 世纪 90 年代,设施容量小,设施陈旧,无法继续用于扩大再生产。根据民航院提交的滨海机场扩建方案,需要在现有跑道东侧新建航站区及配套设施。由于现有设施均位于跑道西侧,实际上就是天津必须新建一个新机场和场外市政配套设施[①]。

综合上述分析,推荐首都第二机场定位为大型枢纽机场,建议首都第二机场选址北京南部。首都国际机场仍维持大型复合枢纽机场定位,天津滨海机场、石家庄正定机场为中型枢纽机场,规划预留远期在冀东滨海地区唐山和秦皇岛之间设置冀东机场,与石家庄机场一同作为首都机场的备降机场,提升首都国际机场区域备降的灵活性。

---

① 引自《首都第二机场场址比较研究》,上海机场(集团)有限公司、清华大学建筑与城市研究所。

6. 水运及港口规划建议

国家已对津冀沿海港口做出了恰当的定位,天津港为北方国际航运中心,唐山港为能源原材料集疏中心,秦皇岛港、黄骅港为能源输出港。具体运输分工：

煤炭装船港：秦皇岛、唐山、黄骅、天津；大宗货物中转港：唐山、天津；秦皇岛；集装箱干线港：天津；集装箱喂给港：唐山、秦皇岛、黄骅；客运及汽车储运：天津。

具体措施有：

加强天津枢纽港建设,提升运输中心功能；扩建地方港口和能源港口,新建曹妃甸等工业港,支持临港工业发展；加强集疏运系统建设,形成区域性港口群；优化配置港口运输功能,合理控制能源、矿石等泊位建设规模,突出港口的分工协作；加强"西煤东运"、"北煤南运"的铁海联运系统建设。

此外,还要利用沿海交通通道加强各港口之间的联系,促进各港口职能分工协作与整合。天津港疏港通道包括塘津京张通道、津保太通道、津石通道；唐山港疏港通道包括曹唐承通道、京曹通道；秦皇岛港疏港通道包括大秦通道、秦承通道；黄骅港疏港通道包括朔黄通道、石沧通道、邯沧通道等。承京衡货运通道作为调配港口腹地运量的备用通道,南北起到沟通京津冀地区与东北、华中南、华东地区的作用。

五、交通系统协调发展建议

京津冀城镇群正在进入交通基础设施快速发展、城镇空间结构大调整的发展阶段,此阶段区域内基础设施规划、建设、运营与各城市行政区范围内、都市区内部、京津冀区域的空间结构发展相互关联,区域内门户交通枢纽、大型区域性资源需要共享,区域内各行政区为单位的合作和竞争需要有效管理,这都要求在都市区、相邻城镇、整个京津冀区域等不同的区域范围内紧密协调,建立有利于区域协调的制度和市场机制。

(一) 区域综合交通协调机制的建立

根据京津冀城镇群未来空间发展、经济组织的研究,打破行政界线的都市区将成为未来京津冀空间、交通、经济组织的基础,并将在其范围内实现交通、空间、经济组织的同城化。而这在区域发展的时序上,也是区域内首先需要在交通、空间、产业发展策略等方面进行整合和协调的。

建立京津冀都市区范围的城市公共交通系统,通过公共交通市场化改革,建立都市公共交通管理机构,实现城市公共交通在都市区内部跨行政区界运营。针对一些跨省域、跨地区运营组织的特殊交通系统,如航运等,建立区域性的管理机构,实现区域内这些交通设施的统筹管理。

区域内正处于城市交通和区域交通设施大规模发展的时期,城市快速交通系统、区域性交通设施、都市区对外交通设施布局必须按照都市区进行一体化规划。需要在目前区域规划的基础上,通过立法,支持都市区交通规划作为都市区空间和各组成城市的城市规划、交通规划的依据。在具体实施中,首先应建立京津冀区域内各组成城市的规划相互参与制度。在整体交通规划的基础上,通过都市区内部城市规划管理部门在城市总体规划和边界地区分区规划、详细规划上的相互参与,实现在开发上的一致;其次应建立由京津冀区域各城市规划管理部门共同组成的规划实施监督机构,监督都市区内各城市交通规划、空间发展规划的实施情况,加强相互之间的协调;最后应建立京津冀区域统一的交通规划、建设信息平台,通过平台或者定期的信息发布,实现相互之间的交通发展信息共享、通报。

同时在京津冀区域,跨省行政区使相互之间的发展协调难度增加,应在目前京津冀以市级为主导的协调机构基础上,建立省、市两级和不同专业的协调机构,主要就跨省的交通发展进行协调。

(二)重大交通设施共享

区域性的战略资源虽只分布在个别城市,但在运营和服务的范围上要涵盖整个区域或者区域内的一部分地区,因此区域性的大型交通基础设施能否实现区域共享是区域整体竞争力提高的关键。

目前港口、机场等区域性的战略资源在运行上的市场化程度都比较高,管理上实行属地化管理。因此,在发展中同类型的交通基础设施应通过相互参股,实现联合运营,提高整体大型交通设施的服务水平,控制恶性竞争,并在区域内次一层级的相关基础设施开发中,体现出大型交通基础设施运营商的利益。

此外,在发展上,要通过大型交通基础设施服务范围内的城市共同建设,实现大型交通基础设施城市间的共享。同时在集疏运和关联的交通设施建设上,区域大型交通基础设施要与区域的骨干网络衔接。

(三)交通设施建设实施建议

(1) 建立区域交通设施规划协调机制,解决目前规划中行政区划的局限性、各交通专业规划的局限性等问题,从区域综合交通发展的层面,协调当前存在的矛盾,政府部门管理职能也应该逐步综合化。

(2) 完善交通基础设施发展的投融资机制,深化投融资体制改革,鉴于交通基础设施具有公益性和商业性特征,特别是重大交通设施包括机场、港口、国家铁路、国省道公路等初期投资大,并不具备很强的盈利能力,这些设施的投融资体制应在政府的参与和宏观调控下,以政府投融资为主导,多渠道融资,实现融资主体多元化。对于纯公益性交通设施,应由财政承担全部建设资金。

(3) 加快交通管理体制改革,树立"大交通"理念,充分发挥公路、铁路、民航、港口及管道等运输方式的优势,促进各运输方式协调发展。建立相应的协调组织,研究协调范围、内容、方式和规划,落实交通运输业科学发展观。

(4) 优化运输结构,提升铁路运输所占比重。重视区域内部客运交通系统的建设,加快实施以城际快速客运铁路为主体的区域快速客运网络体系,重视城市交通枢纽建设,提高公共客运的吸引力和服务水平。货物运输要充分发挥港口和铁路的作用,促进各沿海港口合理分工,理顺港口疏运系统,以适应地区经济发展。

(5) 制定区域交通可持续发展政策,合理利用资源、减少污染,加快运输结构调整,减少交通拥堵,改善交通安全状况。

专题四

海岸线保护利用专题研究

目　录

引言　世界"沿海化"趋势及国家战略之下的京津冀海岸线 …………………………… 393
一、京津冀海岸线的发展特征分析 ……………………………………………………… 394
二、国际海岸线发展的经验借鉴 ………………………………………………………… 407
三、京津冀海岸线保护与利用的措施研究 ……………………………………………… 424

引言　世界"沿海化"趋势及国家战略之下的京津冀海岸线

1. 海岸线与京津冀城镇群的未来发展息息相关

我国许多沿海城市和地区都有打造"沿海产业带"或"沿海城市发展带"的目标。事实上,"沿海化",即人口与经济活动向海岸带空间集聚的趋势,是世界发展的普遍规律。联合国《21世纪议程》认为,到 2020 年,全世界将有 3/4 的人口居住在海岸线 60 公里以内的地方。海岸带在人类社会、经济发展中起到越来越重要的作用,但同时也面临诸多矛盾和问题。

这些矛盾和问题可以归纳为:①海岸带作为海陆交互作用、资源丰饶和生态敏感的独特区域,在"沿海化"趋势下,资源利用的竞争性冲突日渐激烈,海岸线保护与利用的矛盾突出。②非赖水产业(non-water-dependent industry)挤占岸线资源,使开发活动在沿海岸线的狭窄地域内展开,造成开发的"沿海岸线化"倾向,带来海岸线生态退化、环境污染和资源枯竭等问题。③在高速工业化时期,海岸线河口、泻湖和湿地等敏感资源区的保护和自然岸线的保留被忽视,海岸线人工化迅速,之后又不得不以很大的代价进行恢复。④海岸侵蚀、海平面升高、风暴潮等海岸灾害对沿海城市安全构成威胁。

京津冀海岸线保护和利用的矛盾则更为特殊和突出。原因有以下两个:①京津冀海岸线的大部是我国海岸带上生态脆弱、易受灾害的岸段;②京津冀六百余公里长的大陆海岸线背靠首都圈,是稀缺的战略性资源,国家战略的发展要求,使其必须成为承担未来国家及地区层面人口迁移、产业布局和城市发展的重要载体。

继 80 年代的珠三角、90 年代的长三角开发以来,京津冀成为国家沿海地区经济发展的新增长极。目前,天津滨海新区、河北曹妃甸工业区的发展已成为国家战略,河北省也开始着手全省宏观经济布局向沿海的战略性转移。整个京津冀地区"沿海化"进程加速,成为关乎本地区未来的重大"事件"。海岸线作为这一"事件"的主角,站在历史性的发展机遇前,如何协调上述保护和利用的矛盾,将对该地区的可持续发展带来深远的影响。因此,在京津冀沿海地区大规模开发建设前期,做好其保护利用规划刻不容缓。

京津冀海岸线地区拥有大量的盐碱地和盐田,为未来城市建设提供了充足的土地储备资源。如何在保证区域生态环境的前提下,利用这些土地资源,也是海岸线保护利用研究的关注视角。

2. 本专题展开的逻辑结构

本专题主要由三大部分构成:发展特征分析、国际经验借鉴和保护利用规划。首先,在发展特征研究中,从京津冀沿海地区的概况到现状发展特征进行了全方位的分析研究。从城市化、产业发展、港口建设、环境问题和防灾隐患五个方面深入探讨了京津冀沿海地区的现状及存在的问题。其次,在国际海岸线发展的经验借鉴中,选择了最有代表性且具有不同侧重点的两个案例:东京湾和美国海岸带综合管理,主要研究它们的发展经历和政策体系,为京津冀海岸线的保护利用规划提供参考。最后,在京津冀海岸线保护利用的规划建议中,从目标确立、措施体系、空间布局模式、政策体系等全方位提出了保护利用的思路和政策建议。

一、京津冀海岸线的发展特征分析

（一）海岸线概况

1. 范围界定

京津冀海岸线位于渤海西部，海岸线北起与辽宁省交界的秦皇岛市山海关区张庄崔台子，向西向南经唐山市、天津市，南至与山东省交界的沧州市海兴县大口河口。大陆岸线640公里，岛屿岸线200公里，其大陆岸线约占全国大陆海岸线1.8万多公里的3.6%。京津冀大陆岸线的河北省岸段长487公里，跨越九个县（市）。天津市的岸段长153公里，由北向南经过汉沽、塘沽和大港三个区。

本专题讨论对象主要分三个层次：京津冀地区指对海岸线利用和保护有着直接巨大影响的作为腹地的北京、天津、河北省三个行政区域；沿海地区指直辖市天津市、河北省的秦皇岛、唐山和沧州三个设区城市，六个县级市，20个县；依据海洋功能区划，海岸线地区指根据实际情况涉及与海域功能紧密相关的沿岸陆域，纵深宽度约2-20公里不等。

2. 自然条件

京津冀海岸线所属的渤海海岸线，就整体地貌而言，是一个陆架浅海盆地，海底地势由辽东湾、渤海湾和莱州湾向渤海中央以及渤海海峡倾斜，其坡度平缓，仅0′8″，整体水深较浅，深度10米以内的海域占管辖海域总面积的26%，并且沿岸水深均在10米以内。

（1）海岸地貌：以粉砂淤泥质海岸为主

京津冀海岸线依据海岸的地貌特征，可分为基岩海岸、砂质海岸和粉砂淤泥质海岸三种类型（图3-4-1）。粉砂淤泥质海岸是本地区海岸地貌的主体，呈带状分布，土壤盐渍化严重，是本地带盐田广布的主要原因。河北省境内三种地貌类型均有分布，而天津境内的海岸线类型主要为粉砂淤泥质海岸。

（2）海岸线气候特征：暖温带大陆性季风气候

京津冀海岸线所处区域属暖温带半湿润大陆性季风气候，四季分明，年平均气温8-12.5摄氏度，年均降水量500-950毫米。与邻近陆域相比，海岸带春、夏凉，秋、冬暖，气温年较差及日较差小，光能和风能资源较为丰富。降水量偏少，蒸发量较大，雷暴、冰雹等强对流性天气和雾日数也相对较少。

（3）主要入海河流：滦河、海河

沿海陆地区域有滦河、海河两大主要入海河流，并有数十条低等级河流入海。从20世纪50年代中期开始，沿海各县市陆续建成海堤、入海河道防潮挡潮建筑和河口坝闸等工程设施，加上工农业生产用水迅速增长。导致近年来下游河道淤积、海水入侵、地面沉降、海岸侵蚀、河口污染加剧、沼泽湿地功能退化、海洋生态环境破坏等一系列问题。

（4）海岸地质构造：油气构造

从地质构造上看，京津冀海岸线地带地质构造属于燕山沉降带和华北坳陷区两个二级构造单元。

岸线地带新生带构造运动十分活跃,具有独特的区域地质构造,是我国重要的油气构造之一。

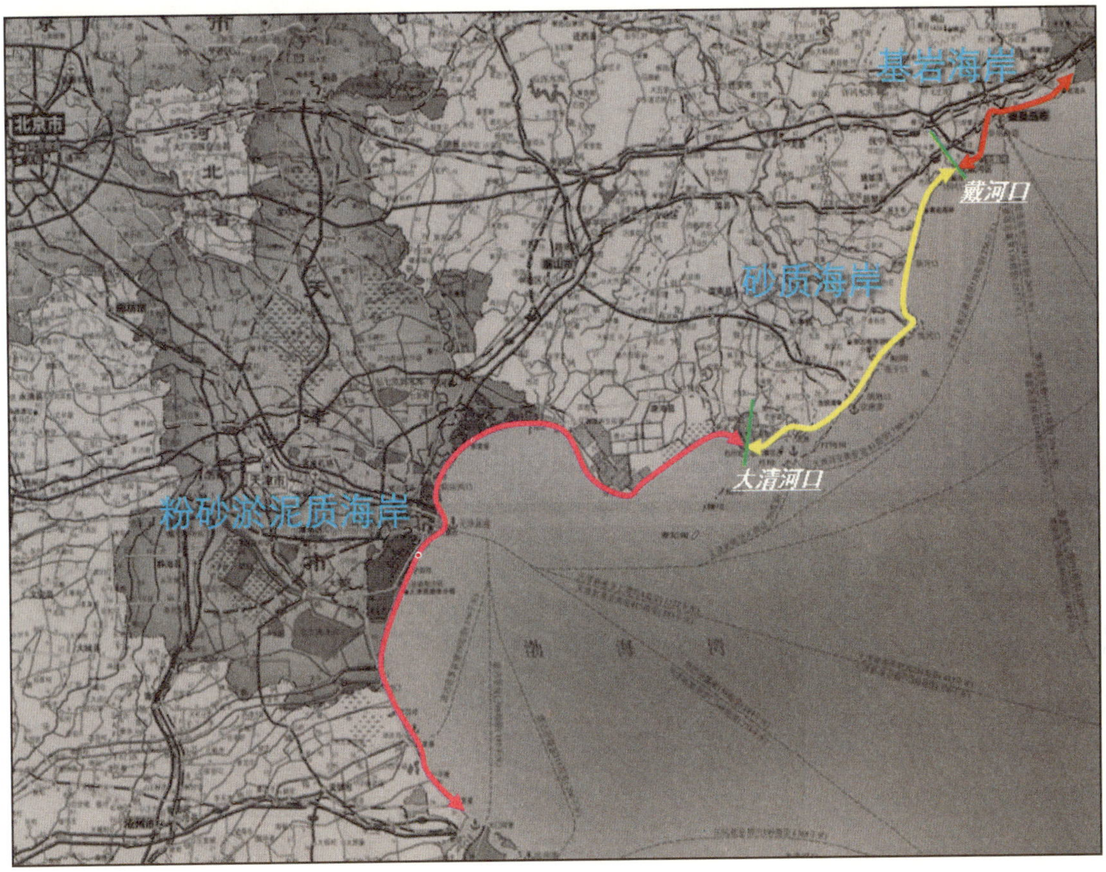

图 3-4-1 京津冀海岸线地貌特征

3. 自然人文资源

(1) 港址资源:优劣势并存

京津冀海岸线可建万吨级以上泊位的大型港口有天津港、秦皇岛港、京唐港、曹妃甸港和黄骅港共五处。其中曹妃甸港址是渤海唯一直接可建设 30 万吨级大型泊位的天然港址。适宜建中小型港的港址有 14 处。但渤海湾内水动力相对较弱、平均水深较浅,疏浚航道和清淤的投入较大。

(2) 油气资源:储备丰富,得天独厚

京津冀地区油气资源的开发利用在全国沿海地区都具有十分明显的优势地位。渤海海底蕴藏着大量的石油和天然气,是华北盆地上的胜利、大港、辽河等油田向海洋的延伸部分。2007 年 5 月冀东"南堡油田"宣布储量超过 10 亿吨,到 2012 年将建成产量达到 1 000 万吨的世界级高产油井。

(3) 旅游资源:资源丰富,分布不均

京津冀海滨旅游资源丰富。河北省国家 3A 级旅游景区 82 处,4A 级旅游景区 41 处,位居全国第三位。滨海旅游资源是河北省的优势海洋资源之一,集中分布在大清河以东滨海地带。秦皇岛市有我国北方地区最优秀的天然浴场与沙滩,是全球最好的六大海上运动场之一。国家 4A 级旅游景区在天津市分布也有 10 处。

(4) 盐业资源:北方重要的海盐生产基地

京津冀海岸线特殊的气候、地形和海水条件为本地区发展盐业生产创造了便利,使其成为我国北方重要的海盐生产基地。目前,盐业资源集中分布在沧州沿海和唐山涧河口至大清河口沿海地区。未来盐田资源的开发仍有较大的发展空间。

(5) 滩涂资源:开发潜力巨大

京津冀海岸线拥有大量的滨海盐碱荒地和盐田,土地资源丰富,建设用地和生产用地充足,是本地区发展的突出优势条件。这些盐碱地主要分布在天津的 1 777 平方公里,含滨海新区的 1 214 平方公里(图 3-4-2)和沧州沿海的 1 100 平方公里。

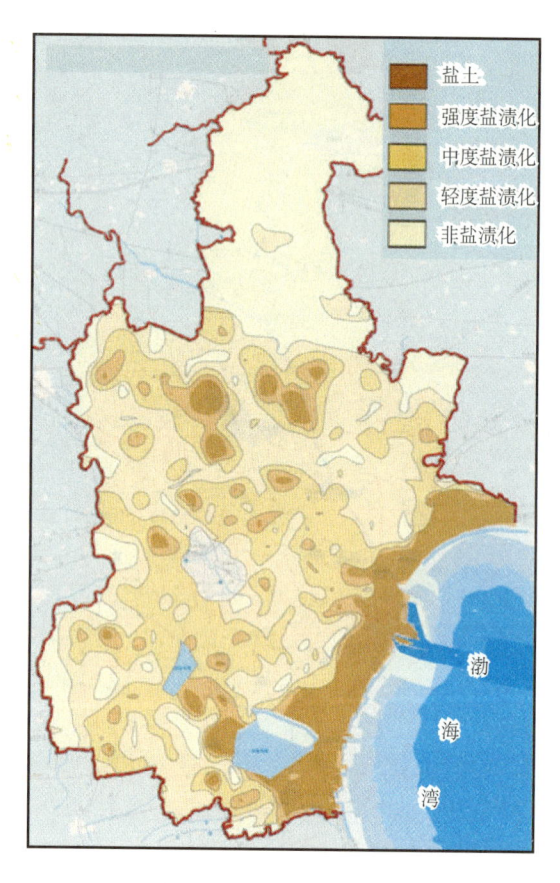

图 3-4-2　天津盐土分布

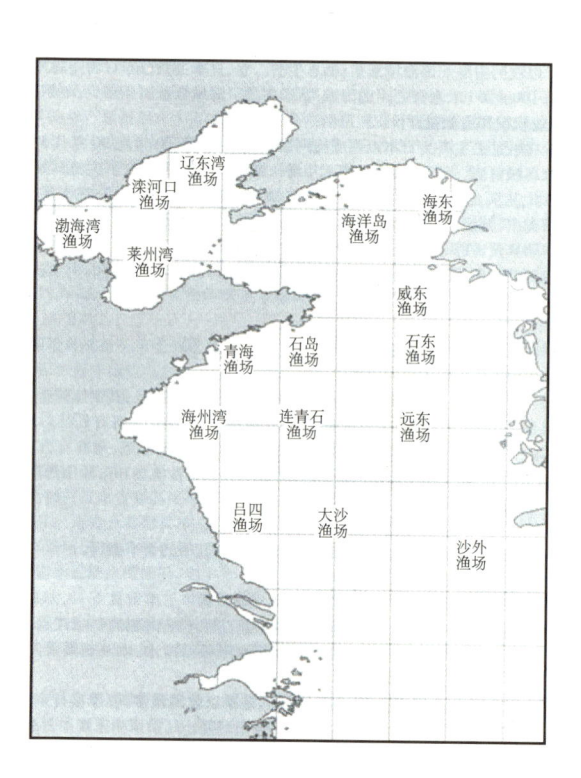

图 3-4-3　黄渤海渔场

(6) 海洋生物资源:资源丰富,退化严重

渤海海域海洋生物资源丰富,是我国大型洄游经济鱼虾类和各种地方性经济鱼虾蟹类产卵、繁育、索饵、育肥、生长的良好场所,拥有渤海湾渔场和滦河口渔场两个全国著名的渔场(图 3-4-3)。但是,受海洋环境污染和过度捕捞的影响,海洋渔业资源退化问题十分严重。

4. 海岸线利用状况

(1) 现状海岸线利用

该区的突出特色是耕地面积比重大,耕地中含大片盐碱地和盐田,其中滨海盐田占到

36.5%,建设用地中工矿建设用地超过一半,林地面积比重明显偏小(图3-4-4)。传统渔盐生产利用所占比例很大,达89.92%,而临海工业、滨海旅游业等朝阳产业利用仅占3.76%。

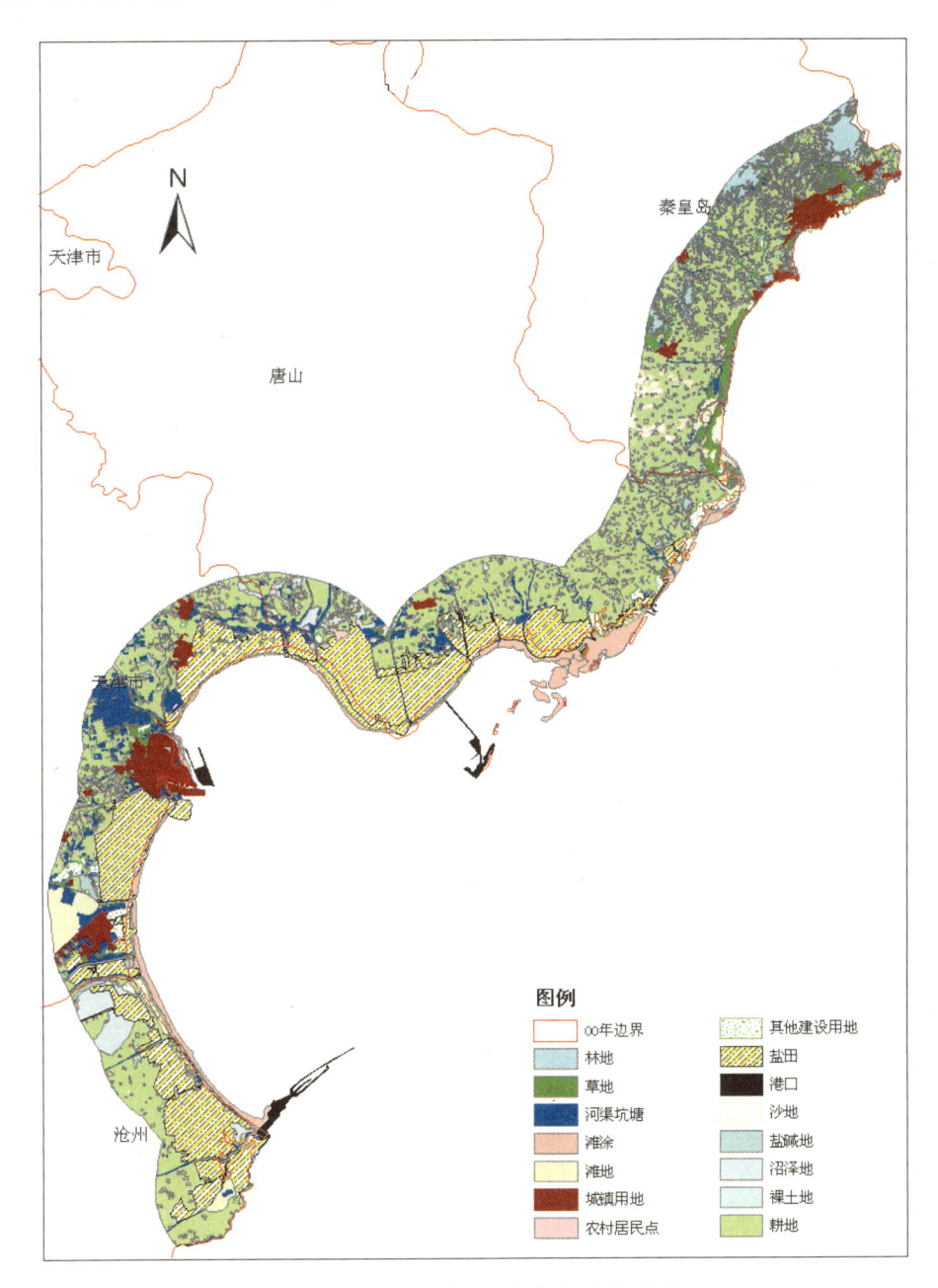

图 3-4-4　沿海地区海岸线用地现状

资料来源:中科院地理所利用2005年卫星影像,通过GIS技术解析而成。

从海域空间利用角度来看,河北省潮上带陆域及河口水域资源利用率近100%;岸线利用率高达97.91%;滩涂资源利用率仅14.24%;浅海资源利用率仅10.16%。可见,潮上带和岸线利用比较充分,滩涂和浅海资源利用率较低,应成为今后海洋空间资源开发的重点。

（2）海岸线利用面临的问题

对比1990年和2005年的数据统计（图3-4-5）可以发现，海岸线地带的土地利用存在以下主要问题：

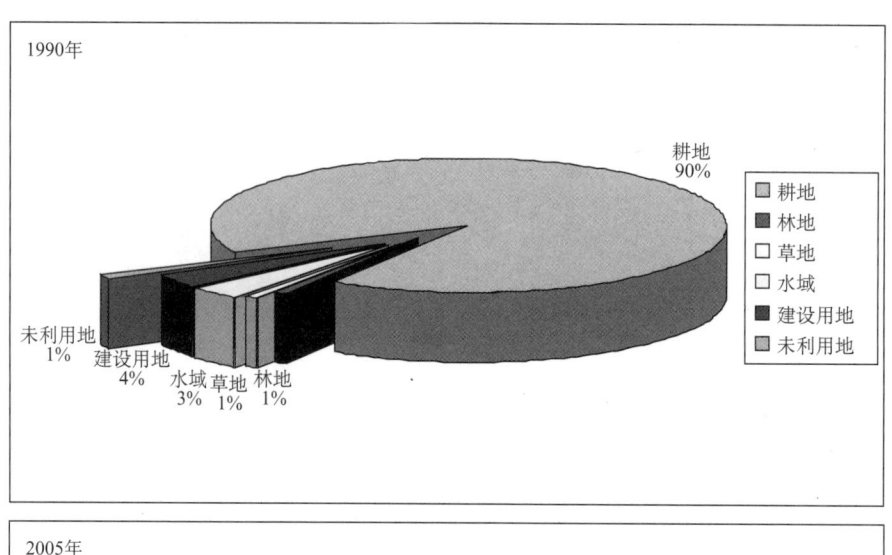

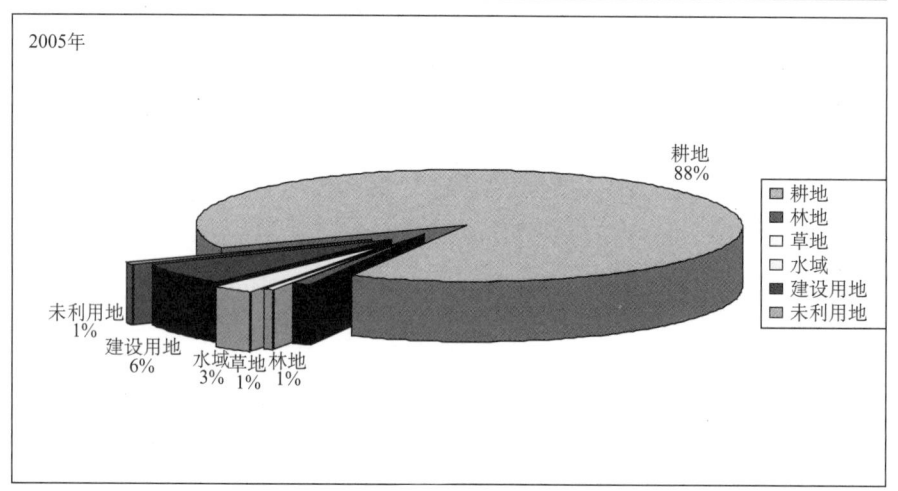

图 3-4-5 沿海地区海岸线用地构成

资料来源：中科院地理所利用1990年、2005年卫星影像，通过GIS技术解析而成。

① 建设用地增加带来环境压力。增加的城镇建设用地中，河北沿海地区增加最多，天津增长幅度最大。

② 耕地大量减少。

③ 滩涂资源过度利用与生态破坏。

④ 林地面积偏少，且分布不均。

⑤ 湿地面积严重萎缩。

(二) 发展特征分析

1. 城市:城市化发展缓慢且滨海特征不明显

(1) 城市化发展相对缓慢

改革开放后,京津冀地区的城市化发展明显落后于珠三角和长三角(表3-4-1)。

表 3-4-1　京津冀与珠江、长江三角洲的城市化水平比较(单位:%)

年份	京津冀地区	长江三角洲	珠江三角洲
1990	36.5	35.9	51.6
2000	40.5	52.6	63.5
增幅(百分点)	4.0	16.7	11.9

(2) 沿海地区的城市化水平差异悬殊

该地区历史上城镇发展的重点集中在内陆地区,沿海地区城镇发展整体水平较低且相差悬殊。南部地区沧州城市化水平为21.6%,而天津达到72.0%(表3-4-2)。

表 3-4-2　京津冀沿海地区城市化水平(单位:%)

京津冀沿海地区	城市化率
天津	72.0
唐山	32.2
秦皇岛	32.7
沧州	21.6

资料来源:2000年第五次人口普查。

(3) 沿海地区缺乏中等规模城市,城市滨海特征不明显

该地区的城市规模等级体系为"两头重中间轻"。京津冀海岸线中沿海大城市两个,中等城市两个,小城市25个(表3-4-3)。以距海岸线10公里以内的范围衡量,滨海城市仅一个。

表 3-4-3　2000 年各区域城市规模等级体系比较

规模等级	京津冀	京津冀海岸线	长江三角洲	珠江三角洲
500-1 000 万巨型城市	2	1	1	2
200-500 万超大城市	0	0	2	1
100-200 万特大城市	2	1	4	5
50-100 万大城市	3	1	10	4
20-50 万中等城市	6	2	43	14
20 万以下的小城市	102	25	22	9

2. 港口:缺乏区域整合和港城融合的港口群

(1) 共同腹地的港口应加强整合与协调

京津冀海岸线上共分布有五个较大的港口(图 3-4-6)。目前五个大型港口都是自身独立发展起来的专业港,彼此之间缺乏协调整合(表 3-4-4)。港口之间竞争大于互补,在未来面对全球竞争时,最终损害的将是整体的利益。所以,今后的发展应充分发挥五个港口的特色,在树立天津枢纽港口地位的同时,更要有效地整合组织其他港口,合理分工、利益共享,形成一个互补有效的枢纽港群。

图 3-4-6 京津冀地区主要港口分布

表 3-4-4 京津冀地区主要港口情况

港口	码头长度（米）	泊位个数	万吨级泊位个数	货物吞吐量（万吨）	外贸吞吐量（万吨）	集装箱吞吐量(千 TEU)	主要货物种类
秦皇岛	8 759	36	33	11 302	4 966	20.3	煤炭、石油
黄骅	2 310	13	7	4 543			煤炭
京唐	3 419	15	15	1 102	247	2.6	钢铁
天津	18 380	98	52	11 369	6 123	2 011	集装箱和油品、煤炭、粮食、金属矿石等为主的散货

注:货物吞吐量黄骅为 2004 年数据,其余为 2002 年数据。
资料来源:《中国海洋统计年鉴 2005》。

(2) 以专业港口起步,着眼于塑造良好的港城关系——"港城一体"而非"有港无城"

港口在未来的开发建设过程中应该注重营造良好的港城关系。经验表明,良好的港城关系将为港口提供稳定的货源,与港口的发展形成良性互动。天津港目前的货物来源构成中,天津本身占了一半,其中滨海新区又为天津的一半图(3-4-7)。

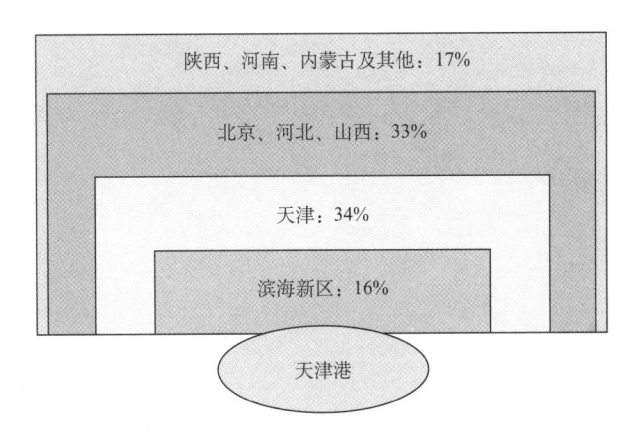

```
陕西、河南、内蒙古及其他：17%
北京、河北、山西：33%
天津：34%
滨海新区：16%
天津港
```

图 3-4-7　天津港货物来源构成

3. 产业:从初级的资源开发到现代化高效海洋经济的培育

(1) 尚不够发达的海洋产业

从我国主要海洋产业总产值的构成看,第一产业的代表,海洋渔业及其相关产业所占份额较大,为 28.95%,盐业份额较小,仅为 0.62%。第二产业种类繁多,整体份额较大。第三产业的滨海旅游份额较大,达 25.24%(图 3-4-8)。考察京津冀沿海地区的主要海洋产业情况可见,天津处于全国海洋经济的中游水平,而河北则处于下游水平,在 11 个沿海省份中仅排名第 9 位(图 3-4-9)。因此,在京津冀各产业对海岸线的需求矛盾协调中,应鼓励发展高效的海洋产业,相对限

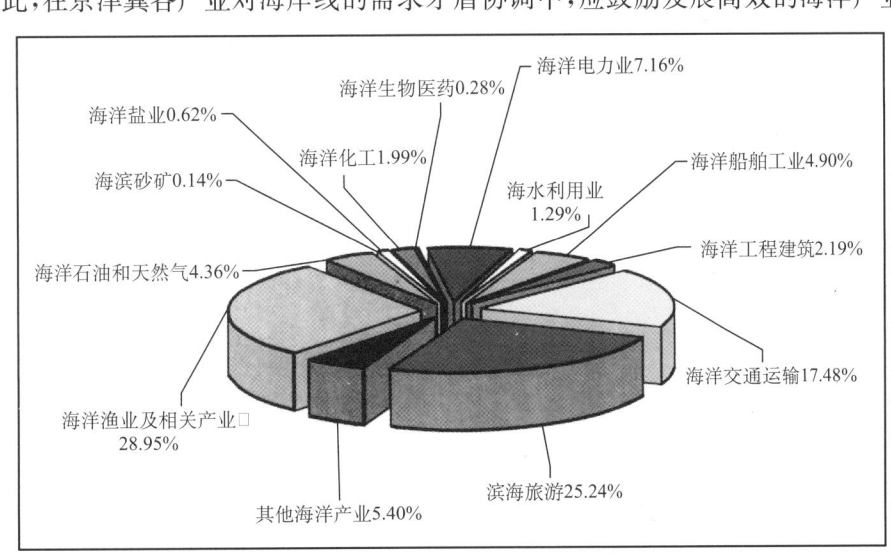

饼图数据:
- 海洋电力业 7.16%
- 海洋生物医药 0.28%
- 海洋盐业 0.62%
- 海洋化工 1.99%
- 海滨砂矿 0.14%
- 海水利用业 1.29%
- 海洋船舶工业 4.90%
- 海洋石油和天然气 4.36%
- 海洋工程建筑 2.19%
- 海洋交通运输 17.48%
- 海洋渔业及相关产业 28.95%
- 其他海洋产业 5.40%
- 滨海旅游 25.24%

图 3-4-8　2004 年全国主要海洋产业总产值构成

制低效的产业。

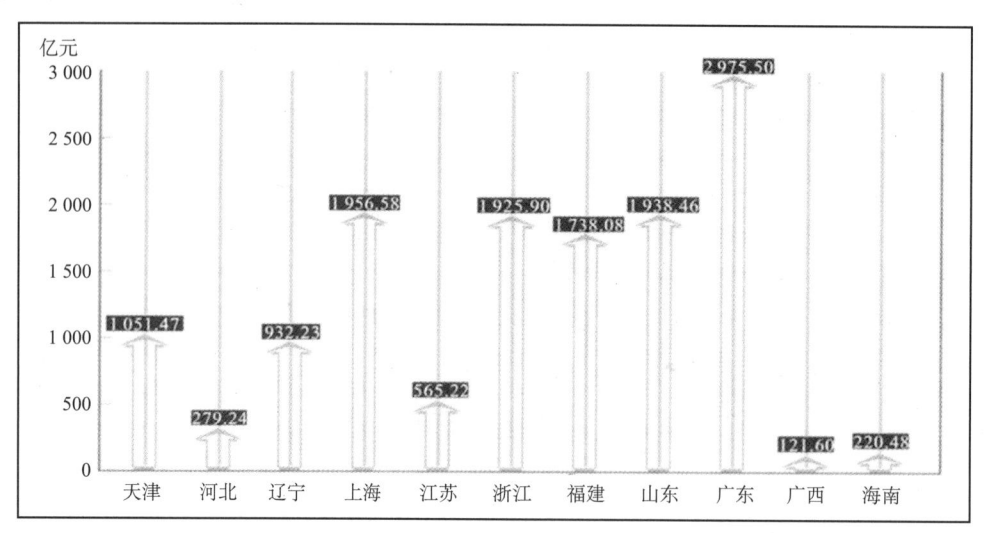

图 3-4-9 2004 年沿海省份主要海洋产业总产值

（2）缺乏临港产业支撑的海洋经济

临港产业对沿海地区经济发展的支撑作用是显而易见的。在京津冀地区由于临港产业的发展状况不同，形成了天津市与河北省沿海地区巨大的发展差异。2004 年年底，天津滨海新区生产总值为 1 250.18 亿元，平均年递增 20% 以上，三产结构为 0.64∶69.81∶29.55，人均生产总值突破 1 万美元。如今滨海新区已初步形成电子通讯、石油开采与加工、海洋化工、现代冶金、机械制造、生物制药、食品加工七大主导产业。

河北临港产业发展相对落后，目前尚无建成的大规模临港产业园区。沿海地区的秦皇岛港、京唐港、黄骅港都是以煤炭、铁矿石为主的资源型专业港口。在它们的进一步发展中，都将以发展临港产业为目标(图 3-4-10)。

4. 环境：面临大规模开发压力的生态脆弱地区

（1）湿地萎缩、盐沼—泻湖退化

随着人类活动强度在京津冀沿海地区的加剧，人口、建筑物密度增加，土地利用改变，生态环境进一步恶化，海岸线上的湿地萎缩，盐沼—泻湖退化。

（2）贝壳堤被严重破坏

20 世纪 70 年代时渤海湾西岸沿海低地还分布着保存完好的五道贝壳堤，到 90 年代时已破坏殆尽。

（3）海域生态系统的危机

渤海是我国的内海，水动力条件较差，海水交换能力不强（大致 17 年才能交换一次），近海自净能力较低，海洋生态环境十分脆弱。渤海海域环境污染非常严重，居各大海区之首（表 3-4-5，图 3-4-11）。渤海湾更是我国沿海接纳污染物最多的海域，占全国入海污染物总量的 1/3。国家海洋局 2006 年海洋环境质量公报显示，渤海未达到清洁海域水质标准的区域占渤海总面积的 26%,其中,严重、中度、轻度污染和较清洁海域面积分别约为 0.3、0.2、0.7 和 0.8 万平方公里。严重污染海域主要集中在辽东湾近岸、渤海湾和莱州湾,主要污染物为无机氮、活性磷酸盐和石油类等。

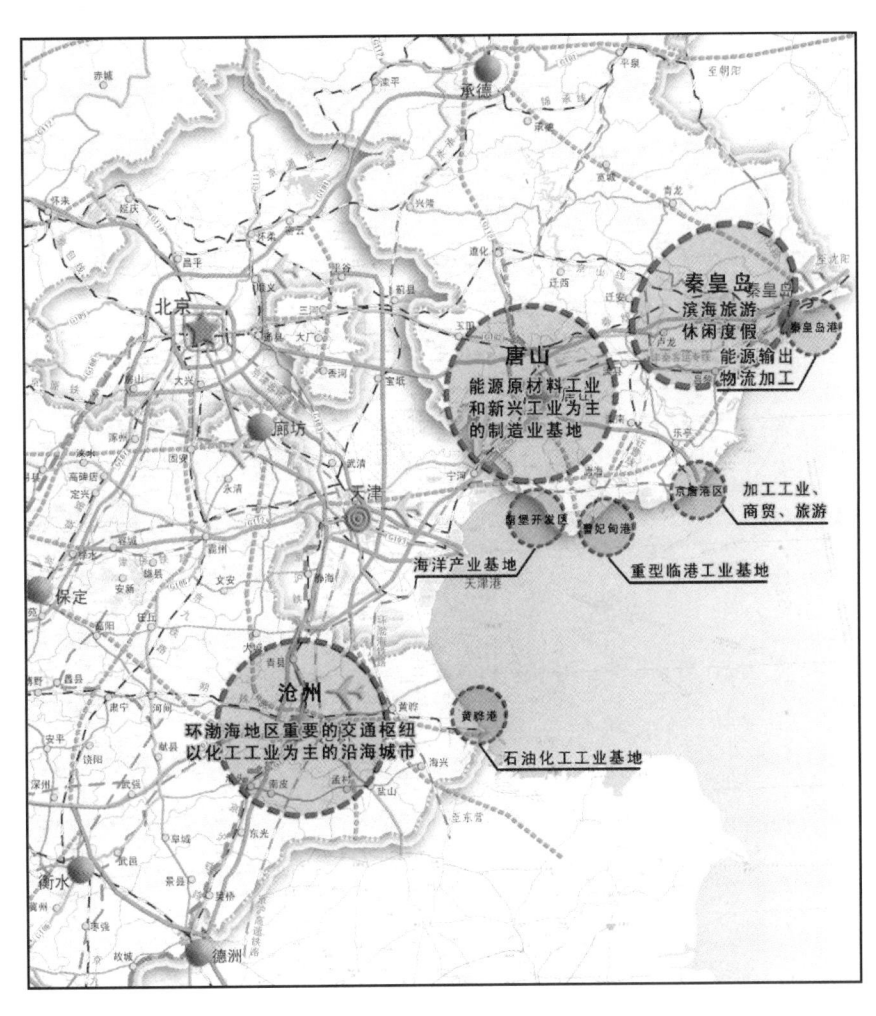

图 3-4-10 河北省沿海城镇空间发展规划

表 3-4-5 2006 年全海域各海区水质超标站位

海区	水质比例(%)				
	清洁海域	较清洁海域	轻度污染海域	中度污染海域	严重污染海域
渤海	28.6	9.6	26.5	11.0	24.3
黄海	38.8	20.1	28.1	2.2	10.8
东海	27.3	13.9	17.3	20.8	20.7
南海	54.7	4.4	24.9	5.5	10.5
全海域	37.5	11.7	23.5	10.7	16.6

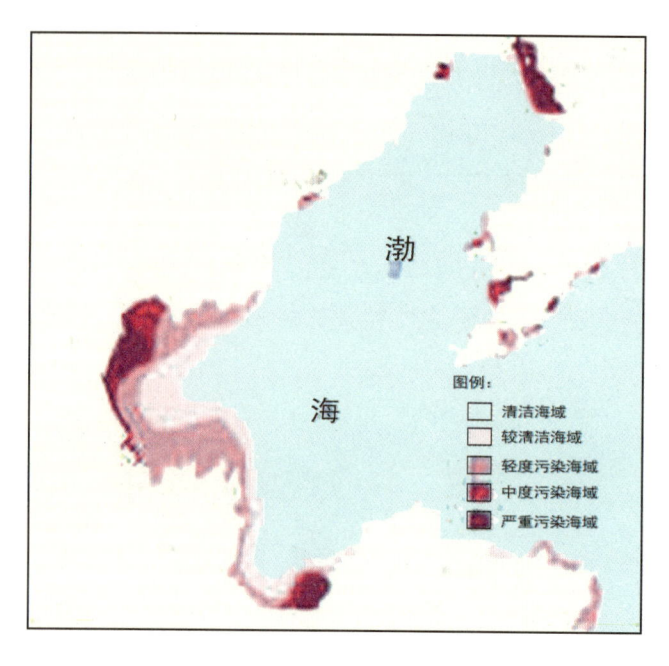

图 3-4-11　2006 年渤海污染海域分布

河口、海岸和近岸海域生态环境的日趋恶化,直接破坏了海洋原有的自然生态系统平衡。突出表现在:海洋珍稀物种的种群数和主要传统经济鱼类资源数量减少,渔业资源濒临枯竭。

5. 灾害:脆弱易受灾害的岸段

海洋灾害是京津冀海岸线保护利用的突出制约因素之一。我国海岸线生态脆弱、易受灾害的岸段有九个,渤海西岸滨海平原属于其中之一(图 3-4-12)。从海岸线生态及环境条件看,京津冀海岸线的大部处于渤海西岸滨海平原,是我国海岸带上生态脆弱、易受灾害的岸段。多年来,在本岸段发生的海洋灾害主要有赤潮、风暴潮、海浪灾害、海水入侵、海岸侵蚀、海冰、海平面上升等,同时海岸带土地盐渍化、地震、地面沉降、物种入侵等灾害也时有发生。从不同岸线区段海洋灾害发生情况来看,秦皇岛市沿海以风暴潮、海水入侵、赤潮、海岸侵蚀等灾害为主;唐山市沿海以风暴潮、地面沉降和土地盐渍化等灾害为主,地震潜在威胁较大;沧州市沿海以风暴潮、赤潮、地面沉降、当地物种种群数量减少和土地盐渍化等灾害为主;天津市沿海地区海洋灾害主要为风暴潮和海冰(表 3-4-6,图 3-4-13、图 3-4-14、图 3-4-15)。针对不同区段的海洋灾害特点,采取相应的防范措施,是京津冀地区海岸线保护利用中必须重视的问题。

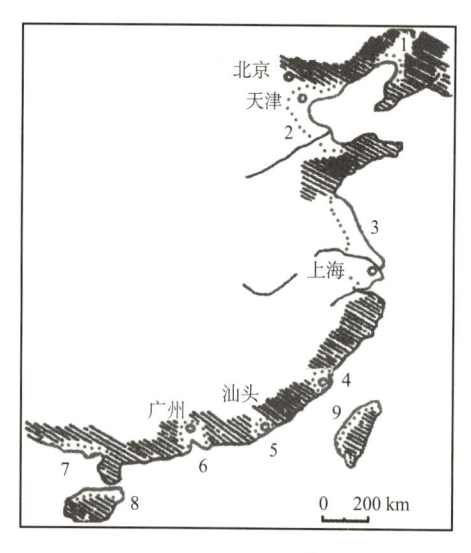

图 3-4-12　中国海岸带脆弱岸段分布

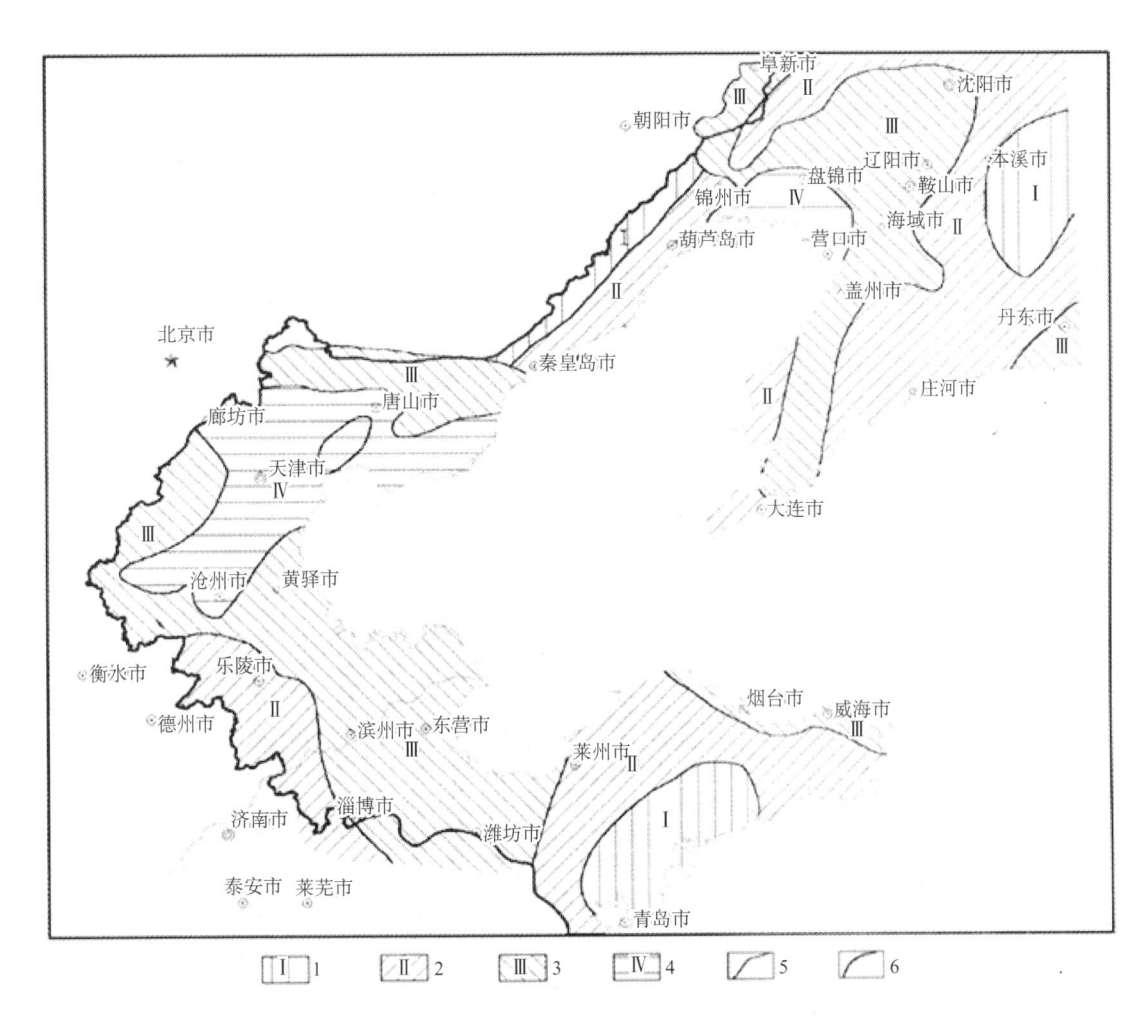

1. 稳定区；2. 基本稳定区；3. 较不稳定区；4. 不稳定区；5. 稳定性分区界线；6. 工作区范围

图 3-4-13　环渤海地区地壳稳定性分区

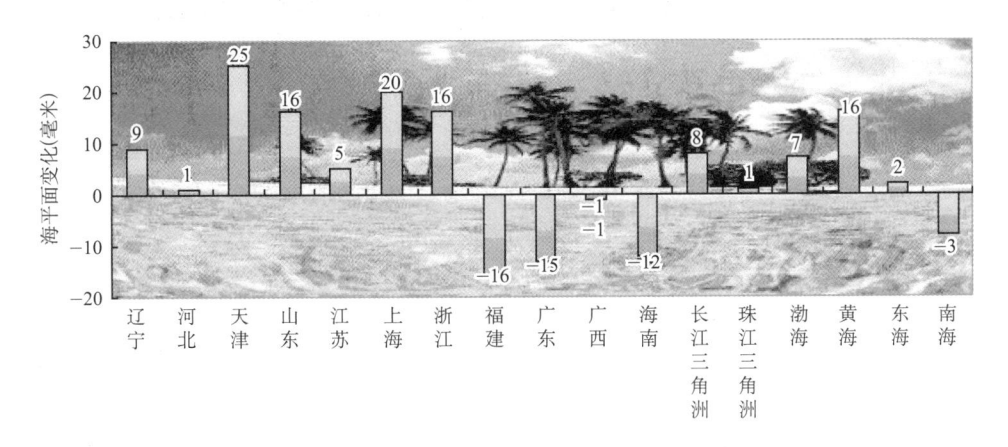

图 3-4-14　2003 年中国沿海海平面变化

资料来源：国家海洋局：《2003 年中国海平面公报》。

图 3-4-15　京津冀海岸线 1995、2000、2005 年动态变化

表 3-4-6　环渤海地区地壳稳定性分区

	各等级分区大致范围
稳定区（3 处）	1. 辽东本溪—凤城地区
	2. 辽西义县南—河北迁安
	3. 山东青岛—海阳—莱阳地区
基本稳定区（5 处）	1. 辽宁阜新—新民—抚顺—本溪—岫岩环形带
	2. 辽宁复州—大连地区
	3. 辽宁锦州—河北秦皇岛地区（辽西走廊）
	4. 河北泊头—山东乐陵—山东邹平地区
	5. 山东高密—招远—荣成地区

续表

各等级分区大致范围	
较不稳定区(5处)	1. 河北昌黎—滦县—玉田—霸州—任丘—泊头—海兴地区
	2. 山东潍坊—东营—沾化地区
	3. 山东长岛—烟台—威海北西带
	4. 辽宁金州—鞍山—沈阳—辽西义县环形带
	5. 辽宁丹东—孤山地区
不稳定区(2处)	1. 唐山—天津—沧州地区,其中宁河、汉沽和丰南为极不稳定地段
	2. 辽宁下辽河地区,盘锦—营口地区

二、国际海岸线发展的经验借鉴

（一）东京湾发展案例比较研究

1. 案例选取理由

（1）地理范围

东京湾位于日本太平洋一侧的中部,被誉为日本的"门户"。东京湾广义范围指日本房总半岛的洲崎和三浦半岛的剑崎以北的海湾(图3-4-16),南北约80公里,东西在10-30公里之间,面积约1 500平方公里,海岸线长约770公里。狭义范围又称内湾,指千叶县的富津崎和神奈川县的观音崎以北的湾域,平均水深约15米,湾口部宽6公里。

东京湾背靠日本最大的平原——关东平原。该平原主要由东京都、千叶县、埼玉县、神奈川县等"一都三县"组成。面积1.36万平方公里,人口3 200多万人。

（2）东京湾与京津冀海岸带的类比

纵观世界各国海岸带的建设情况,东京湾应是与京津冀海岸带,情况最为相似,且最具借鉴价值的案例类型。

首先,东京湾与京津冀海岸带都是以首都圈为腹地的海岸线类型。而且,有别于北美和欧洲,日本与中国都是属于人口密集型的土地开发利用模式。

其次,同样作为19世纪中叶的开埠城市而兴起,东京湾的横滨与京津冀的天津,在城市规模面

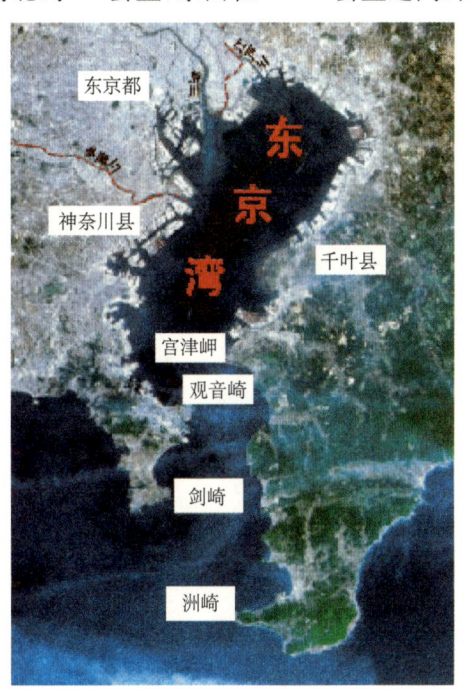

图3-4-16 东京湾区位图

貌、发展历程、功能定位等多方面都极具相似性。

最后,就发展阶段而言,处于工业化后期的东京湾以自身历程的经验教训,正好给予工业化蓬勃兴起时期的京津冀海岸带最好的启示。

1) 东京湾的腹地——东京圈

东京湾所在的腹地包括东京都、千叶县、埼玉县、神奈川县组成的东京圈,是日本无可争议的经济中心。尽管土地仅占全国 3.6%,却聚集着全国约 25.8% 的人口(表 3-4-7)。经济规模更是高达全国的 31.5%,达到万亿美元,超过法国(表 3-4-8)。东京圈的工业、金融、商业等产业都很发达。依据 90 年代的数据统计,这里拥有全国 23.4% 的工业生产总额,41.2% 的批发贸易额,60.2% 的企业数,87.8% 的外国企业数,73.6% 的外国银行数。

表 3-4-7　东京圈社会经济指标

	东京都	千叶县	神奈川县	埼玉县	东京圈合计	全国	首都圈占全国比例
面积（平方公里）	2 183	5 156	2 412	3 797	13 548	377 737	3.6%
人口（千人）	11 549	5 752	8 144	6 674	32 119	124 655	25.8%
就业人口（千人）	6 635	3 057	4 354	3 516	17 562	65 756	26.7%
国民生产总值（千亿日元）	848 383	166 591	286 619	187 057	1 488 650	4 730 005	31.5%

注:人口为 1995 年数据;就业人口为 1992 年数据;国民生产总值为 1993 年数据。

表 3-4-8　日本东京圈与世界各经济体规模(单位:10 亿美元)

排序	国名与地区名	GDP 规模
1	美国	6 550
2	日本	4 276
3	德国	1 908
	日本东京圈	1 347
4	法国	1 250
5	意大利	985
6	英国	946
7	中国	599
8	加拿大	553
9	巴西	507
10	西班牙	479

注:为 1993 年数据。

2) 开埠城市——横滨与天津

横滨是日本的第二大城市,市区面积437平方公里,人口360万。1858年根据与美国签订的门户开放条约,横滨被确定为沿海开放港口。于是它从一个贫穷的小渔村迅速发展成为远东最大的国际港口城市之一。由于长期作为国际贸易中心,横滨的城市风貌极具异国情调,市内有大片与中国租界相似的西洋建筑街区,还有日本最为著名的唐人街。

20世纪60年代开始,以东京为中心的东京圈随着铁路、国道、高速路等交通干线的延伸,向周边地区辐射开来。东京和横滨之间1-2小时的通勤时间,使大量在东京工作的人选择横滨作为生活居住地。于是横滨市的人口大增,成为了东京的卫星城市。近年来,随着首都商务功能的外迁,横滨的临海地区作为金融商务和会展中心迅速成长。日本最高建筑、国际会议中心、国际客运港等标志性建筑纷纷落成,使该地区成为世界城市开发与建设的典范。

3) 经历多重发展阶段的海岸带

从江户时代(1603年)开始,东京就成为了日本的政治、经济、文化中心。18世纪初叶,东京的人口已达100多万,成为规模超过当时伦敦和巴黎的世界大都市之一。这期间的东京湾基本保持着天然岸线,生态环境良好,湾内渔业和运输繁荣(图3-4-17)。

图3-4-17 江户时代的东京湾　　　　　图3-4-18 现在的东京湾

第二次世界大战后,日本经历了经济高速成长的发展时期。在工业化的进程中,东京湾以其核心的港湾功能,迅速成长为全国的物流运输中心。临海地区发展成为全国最大的工业基地,形成以石油、重化学工业为主的产业类型。东京湾随之面貌全非,湾内自然岸线被大规模填埋的人工岸线所取代,沿岸众多渔场被取消,市民与自然接触的发挥休闲娱乐功能的亲水岸线也大量地

消失(图3-4-18)。

由于受上世纪70年代石油危机的影响,日本提出脱离重化学工业的产业结构调整。东京湾地区作为日本乃至世界的信息集散地、金融中心、行政管理中枢的功能得到强化。伴随着功能的转化,东京湾沿岸城市用地进行着大规模的土地利用置换,恢复生态环境,营造亲水岸线,环境面貌也发生了巨大的改变。

东京湾的发展反映了海岸带在农业经济、现代化和后现代化的不同阶段中,人与海岸带经历的一个亲和、疏离、再亲和的完整历程。这对于处在工业化蓬勃发展时期,海岸带开发方兴未艾的京津冀地区,有宝贵的参考价值。

2. 东京湾的发展特征分析

(1) 东京湾的城市化进程

研究东京湾的城市化进程,主要以其腹地东京圈与日本全国的城镇分布关系作对比。第二次世界大战之前的日本已经开始了现代化的产业革命,1940年全国的城市化水平已达到38%。而到1995年,全国城市化水平达到78%,东京圈的人口密度达到3 955人/平方公里,为三大都市圈(东京圈、大阪圈、名古屋圈)之首。归纳而言,战后的城市化进程经历了三个阶段:

1) 第一阶段(1951-1960年):伴随经济的高度成长,人口开始向城市迅速集中,形成大都市圈。东京、横滨等6大城市的人口增加了50%。全国城镇的平均分布格局被打破,城镇发展向沿海地区集中,形成了太平洋腰带型的城市集中地带,即从东京湾到连接西部的东海、近畿、北九州的腰带型地域,集中了日本除札幌以外的全部百万级人口的城市。

2) 第二阶段(1961-1980年),以大城市周边快速城市化为典型特征。东京圈、大阪圈、名古屋圈三大都市圈急剧扩大,集中了全国半数以上的人口。大城市周边的新城镇面积等同于建成区面积,城市面积增加了一倍。70年代东京湾所在的首都圈总体规划中提出改变东京的单极集中的模式,促进郊区产业和人口发展,形成多极构造的广阔城市复合体。而且,60年代开始的以东京为中心的东京圈的铁路国道、高速路等交通干线的建设,为城市功能的扩散提供了条件。

3) 第三阶段(1981年以后),进入城市成熟化时期,人口停止向大城市流动,转而流向地区级中小城市。

在城市化的过程中,城市分布向沿海地区集中。表3-4-9显示的是1980年日本城市的调查数据。按一般以距海3公里内作为临海城市的标准,全国的647个城市中,48%的城市都属于临海城市。另外,在距海10公里范围内的全国城市中,5成以上都分布在3公里范围内。

表3-4-9 日本城市沿海集中倾向

	距离	城市数	占全国比例
城市与海的关系	1公里以内	115	18%
	3公里以内	192	30%
	10公里以内	269	42%

(2) 东京湾的主要产业

图 3-4-19 反映了 20 世纪 90 年代中期东京湾的土地利用状况。在四大类用地中,工业用地所占的比例最高,达 45%。日本最大的工业区——京滨工业区,以东京湾的东京、川崎、横滨为中心,向周围沿海地区和内陆辐射延伸。整体而言,东京湾作为东京圈乃至全国的工业中心和能源基地,聚集着全国 15% 的粗钢生产量,43% 的乙烯生产量,拥有全国 33% 的炼油产量,9% 的火力发电量,47% 的天然气生产能力。

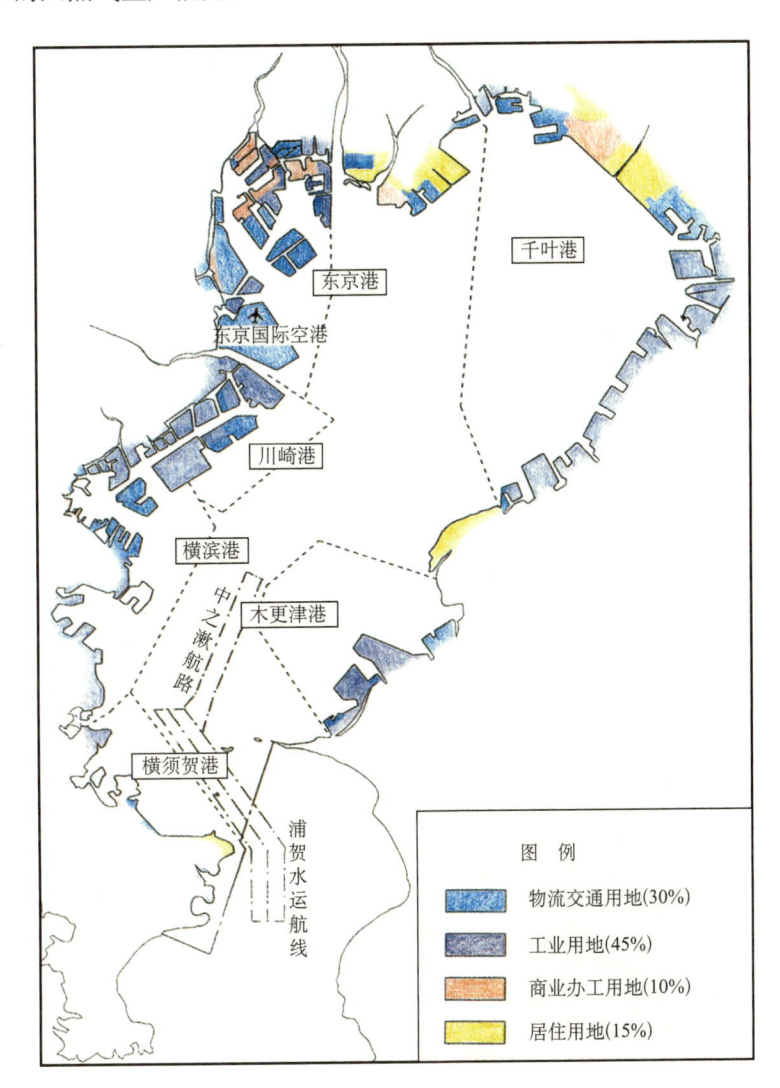

图 3-4-19　20 世纪 90 年代中期东京湾土地利用

(3) 东京湾的港口发展

东京湾作为日本国和国际间的枢纽港湾,物流交通用地比例高达 30%。在其 700 多公里长的海岸线上主要分布着六个港口:木更津港、千叶港、东京港、川崎港、横滨港和横须贺港。日本全国共有 1 070 个港口,按等级划分为三级:特定重要港口 23 个,重要港口 105 个,地方港口 942 个。而东京湾拥有 4 个特定重要港口,2 个重要港口,还包括数量众多的地方港湾。尽管东京湾

表 3-4-10　东京湾六个港口状况

	级别（确定时间）	管理权属	港口区域面积（公顷）	货物吞吐量（万吨）	外贸货物吞吐量（万吨）	集装箱吞吐数量（TEU）	贸易额（亿日元）	出入港船只数（艘）	主要货物种类
木更津港	重要港口（1968年）	千叶县	8 600	8 513	4 273	—	2 707	36 545	铁矿石、煤炭、沙石
千叶港	特定重要港口（1965年）	千叶县	24 800	17 369	9 516	—	18 441	84 201	石油制品、原油、钢铁
东京港	特定重要港口（1951年）	东京都	5 672	7 790	2 529	1 800 000	77 523	48 882	砂石、石油制品、运输机械
川崎港	特定重要港口（1951年）	川崎市	3 348	10 136	5 415	1 509 000	12 853	59 529	石油制品、原油、重油
横滨港	特定重要港口（1951年）	横滨市	7 495	12 828	6 766	2 317 000	91 131	56 943	原油、运输机械、石油制品
横须贺港	重要港口（1951）	横须贺市	5 557	1 912	362	—	6 471	26 892	运输机械、砂石、重油
合计			55 472	58 549	28 862	3 828 000	209 126	312 992	
日本全国	特定重要港口:23个 重要港口:105个 地方港口:942个 合计:1 070个			17.20%		40%	37.60%		

注：
1) 依据1994年的统计数据。
2) 1994年日元与美元的兑换利率在100∶1左右浮动。

的海岸线仅占全国的2%,但却拥有17.4%的特定重要港口。东京湾六个港口的合计货物吞吐量近6亿吨,占日本全国的17.2%,贸易额占37.6%,集装箱更是高达40%(表3-4-10)。此外,位于东京湾西侧的机场(图3-4-19中的东京国际空港),是客流量占国内半数以上的全国客运中枢,它的年旅客流量达4 100万人次,货物吞吐量为50万吨,每天270次航班可到达全国43个机场。

(4) 东京湾的环境问题

基于东京圈人多地少,土地私有产权的现实情况,要获得大片完整的建设用地,主要基于东京湾的填海造地。东京湾的填海造地开始于江户时期,但真正大规模的填海造地还是在"二战"后的经济高速增长时期,特别是20世纪60和70年代达到最高峰。这20年间填海的面积相当于从江户时期开始的350年间填海面积总和的4倍。自20世纪70年代石油危机之后,由于开始产业转型,填海的进程逐渐减缓。截至20世纪90年代初,东京湾的填海造地总面积达25 000公顷,相当于整个东京湾水域面积的1/5(图3-4-20)。

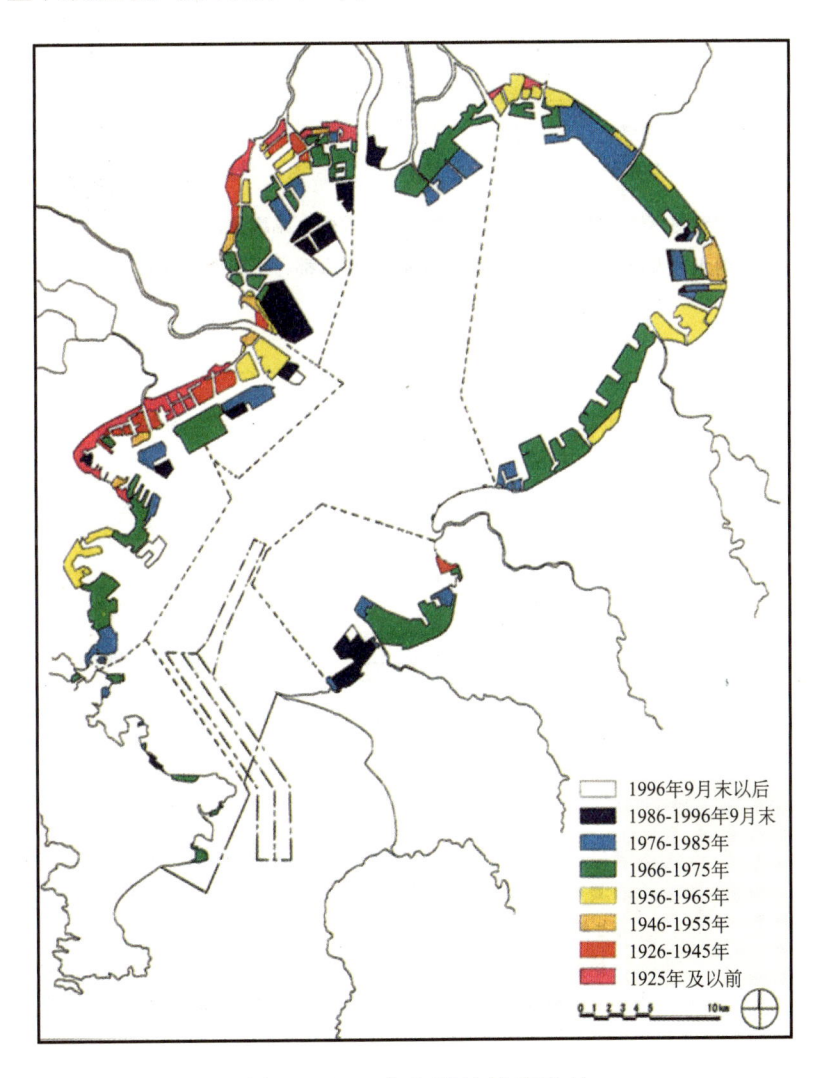

图3-4-20 东京湾的填海造地

持续不断的填海造地彻底改变了东京湾整体的面貌,人工环境取代了原来的自然环境。填海产生的土地,主要作为工业、城市建设、港湾、交通等用地使用(图3-4-21)。由于填海工程在东京湾内自发的全面铺开,东京湾的自然地形也发生了巨大变化,自然海岸线大幅度消失。截至1985年,内湾520.8公里的海岸线中,自然海岸线存留9.1公里,仅占1.8%。自然海岸的消失带来了滨海生态环境的改变,海水浴场和退潮时收获海产品的海岸线也随之大幅消失。现在,伴随着人们的亲水需求和对环境的日益重视,东京湾自20世纪80年代后开始逐步建设人工海水浴场和人工培育的滨海生态环境。然而,保护天然的沙滩湿地和生态系统,与人工培育沙滩和生态系统相比,所付出的代价及得到的效果都是差异悬殊的。

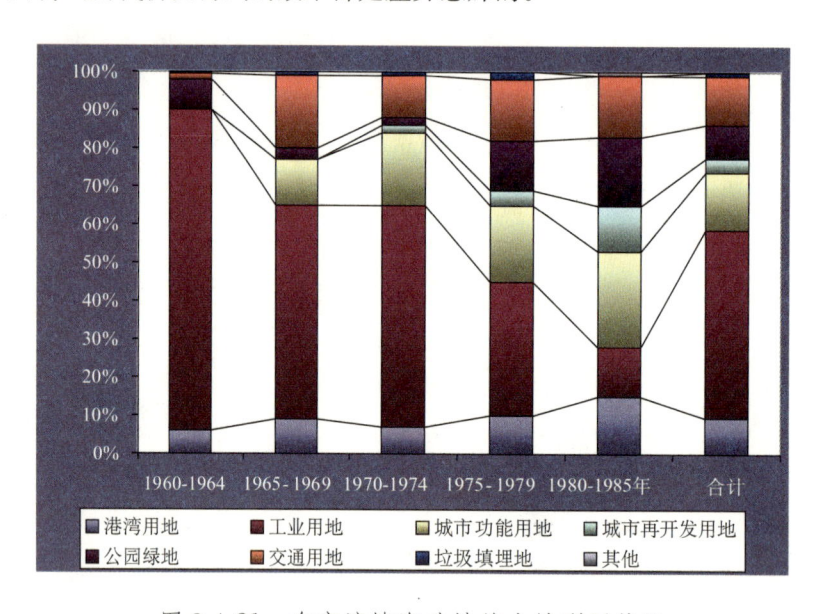

图3-4-21　东京湾填海造地的土地利用状况

(5) 东京湾的防灾措施

众所周知,东京湾处在地震活跃地带。东京湾周边地区,1895年以来6级以上的大地震约达60次。其中1923年的7.9级关东大地震,作为日本史上规模最大的地震灾害,造成的人员伤亡和对经济的惨痛打击,时至今日依然让人们心生恐惧,而这次大地震的震中就在东京湾海域的中部。

因此在东京湾的防灾问题中,防震放到了重要地位。防震措施主要体现在建设耐震强化护岸和建立临海防灾中心两方面。

1) 耐震强化护岸:为了保障在大规模地震发生时,紧急物资从海上顺利运送,将目前紧急物资运送的耐震强化护岸从目前的14个泊位提高到30个泊位。另外,建设国际海上集装箱中转中心的耐震护岸,以确保地震时期一定的干线货物运输功能,按货物量3成左右的规模设置。

2) 临海防灾中心:在邻接耐震强化护岸的码头和绿地,作为多用途的开放空间使用。在各港口设置临海防灾中心,以便地震时可以当做紧急物资的保管储备基地,周边居民的紧急避难场所,必要的时候可以作为灾害时的信息情报通讯基地和医疗基地使用(图3-4-22)。

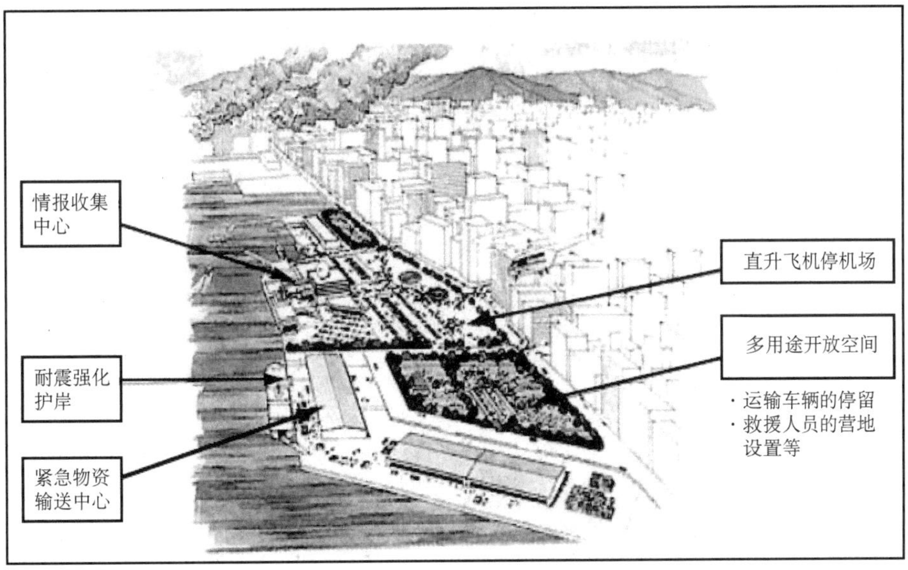

图 3-4-22　东京湾的临海防灾中心

3. 东京湾的案例启示

（1）京津冀沿海地区的城市化契机：城市功能外迁和区域交通的发展

1）大城市迅速成长并有向周边扩散的趋势：目前京津冀地区的城市化水平并不高，且地区差异悬殊。2000年京津冀地区整体的城市化水平是40.5%，其沿海地区的天津市为72.0%，河北省的秦皇岛、唐山、沧州分别为32.2%、32.7%和21.6%。对比东京湾经历的城市化三个阶段，京津冀的沿海地区应处在第一阶段向第二阶段的发展过渡中，即大城市迅速成长并有向周边扩散的趋势。

2）城市功能的外迁和区域交通的发展：在这个过程中，东京作为日本的政治、经济、文化中心，工业等城市功能的外迁成为向周边地区扩散的主要动力，而交通的区域化发展为这一趋势提供了条件。目前，这一趋势的发展正体现在京津冀地区。北京原来具有的部分城市功能向沿海地区转移，如首钢搬迁至滨海的曹妃甸。区域交通的发展进程加快，如北京至天津的城际快速轨道交通已于2008年通车。这些正好为沿海地区的快速发展提供了良好的契机。

（2）京津冀沿海地区的产业布局：工业和能源基地

1）工业化过程中海岸线的使用由第一产业转移给第二产业：考察东京湾的沿海地区，可以发现其45%的用地为工业用地。经历20世纪60和70年代的工业化发展的高峰期，以渔业为主的东京湾岸线比例急剧下降，湾内的渔港和渔业权设定区域已经向南部的湾口部转移，退出的岸线以发展工业和港口物流为主（图3-4-23）。

同样的现象也将发生在京津冀的沿海地区。尽管目前盐业和养殖业占据着海岸线的主要部分，在河北省两项的份额高达54%。但在下一阶段的工业化加速发展时期，沿海地区的工业和港口物流用地比例将大大增加。

2）全国最大的临海工业地带和能源基地：由于背靠东京和横滨这两个日本的第一、二大城市，东京湾发展成为能源基地有着广阔的消费市场，同时，发达的港口海运又为石油、天然气和火力发电等生产提供了源源不断的运输成本相对较低的原材料。所以东京湾在20世纪60-70年代迅速发展，成为日本最大的临海工业地带和能源生产基地(表3-4-11)。

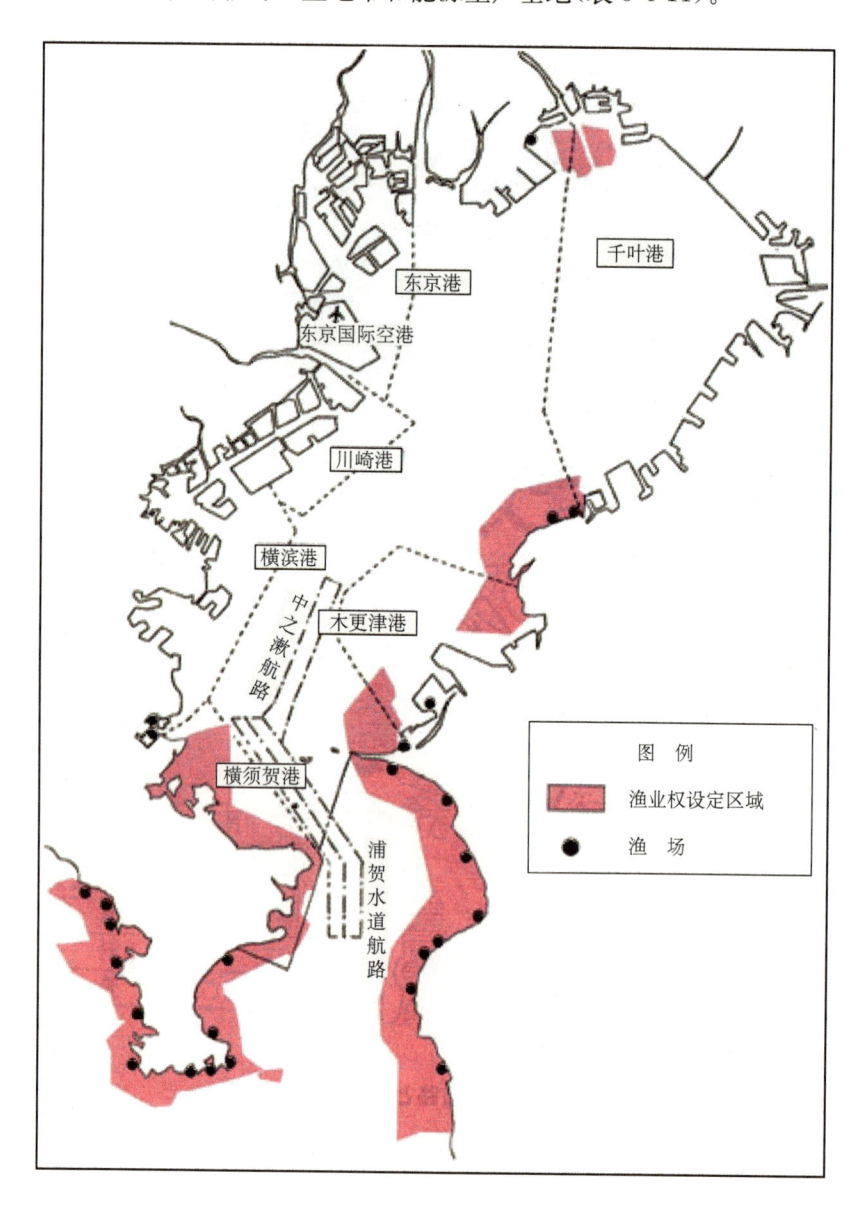

图 3-4-23 东京湾的渔场分布

表 3-4-11 东京湾的能源和工业生产能力

	炼油能力 （千桶/日）	发电能力 （万千瓦/日）	天然气生产能力 （百万千卡/日）	粗钢生产量 （千吨/年）	乙烯生产量 （千吨/年）
东京湾	1 750	2 134	851 244	15 168	3 015
占全国比重	33.2%	9.4%	46.8%	15.3%	43.4%

津冀的沿海地区具有与东京湾同样的在市场和原料供应方面的优势。北京和天津两个人口千万级城市,其规模不亚于东京和横滨。不仅京津冀沿海地区的港口运输发达,而且该地区本身就储藏有丰富的石油、天然气资源,又是煤炭"西煤东运"、"北煤南运"的出海口。这些条件都为发展石油、化工、钢铁等主导产业提供了有利条件。

3) 岸线使用避免产业间的相互干扰:为避免岸线使用的矛盾,东京湾的工业布局将具有一定危险性和干扰性的石油、化工、钢铁等产业,主要安放在湾内位于东京和横滨另一侧的千叶县,少量置于东京和横滨之间的川崎港区(图 3-4-24、3-4-25)。这样最大限度地减少了这些产业对大城市的负面影响。

东京湾岸线的布局方法也值得京津冀沿海地区的石油、化工等产业借鉴。①重化工业、能源基地等的布局,考虑安全性,集中布局,避免安排在人口密集的城市地段。考虑到天津滨海新区众多产业争夺岸线日趋激烈,滨海新区内宜推动资本技术密集型产业。而像石油、化工这样占地广、干扰大、有一定危险性的资源密集型重工业,宜大规模地布局在天津滨海新区以外的两侧,即沧州和唐山的沿海地区。②集中发展工业用地,引导工业用地由滨海向内陆延伸,避免工业用地沿海"一字"摊开,过多占用宝贵岸线。③对工业区提出相应的环境保护和公害防止标准,将工业发展对海域和海岸线的环境影响降到最低限度。

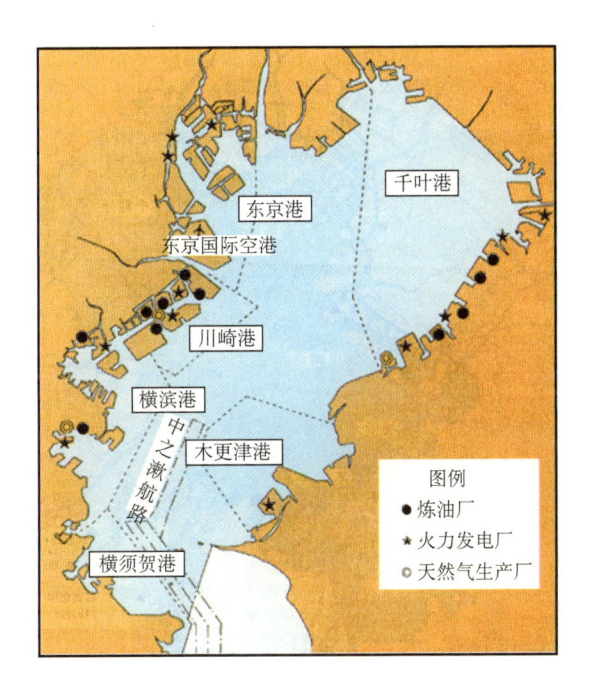

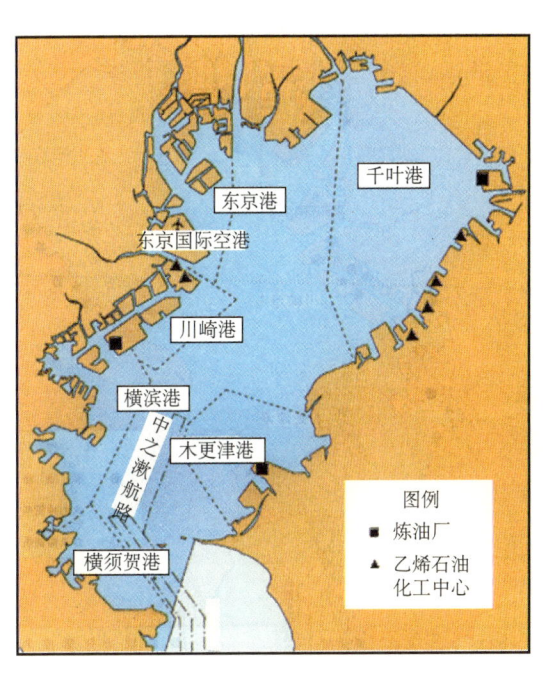

图 3-4-24　东京湾的能源基地分布　　　　图 3-4-25　东京湾的钢铁、石化中心分布

(3) 京津冀沿海地区的港口发展:港口的职能分工与临港产业园区

东京湾的六个大型港口在长期的规划发展中,形成了各自的职能分工。东京港和横滨港最直接地服务于东京和横滨两大城市,是典型的商业港口,货物以集装箱、石油制品、运输机械等为主。川崎港和千叶港既是商业港口,也为其邻近工业区服务。川崎港紧邻 5 个大型炼油厂和 2

个乙烯石化中心,其货物以石油制品、原油、重油等为主。千叶港北面是幕张新城,南面则是炼油厂、火力发电厂、钢铁厂和石化中心聚集的地方,其货物以集装箱、石油制品、原油、钢铁等为主。木更津港附近分布着火力发电厂和钢铁厂,其货物以铁矿石、煤炭、沙石为主(表3-4-10)。

另外,港口的职能定位与临港产业园区的建设方向紧密相关。以下两方面的特点尤为明显:①结合综合性商业港口布局物流设施和会展设施;②结合资源性专业港口建立大型的能源化工基地。在东京、横滨、川崎港的临海地带分布着不少物流中心。图中横滨港流通中心(图3-4-26),是日本最大的物流中心,占地面积9.3公顷,总建筑面积32万平方米;东京国际展示场(图3-4-27),也在东京湾的临海地带,是日本最大的展示设施,占地面积24公顷,总建筑面积23万平方米。

东京湾这些港口的职能分工和临港产业园的建设可以给京津冀沿海地区的港口发展定位以启发。①天津港可以作为大型综合性港口宜重点发展集装箱贸易,港区所在的滨海新区,应加强物流、加工、展示等各项相关配套设施的建设,条件成熟可建大型的物流中心和会展中心,这对于新区整体功能的提升和加强对外信息交流辐射能力都有极大的益处;②曹妃甸港依托临港工业区石油化工钢铁等产业的定位发展,宜发展以原油、石油制品、铁矿石等为主的货物运输;③秦皇岛由于旅游产业的限制,不宜建立以能源化工为主的大规模临港工业园区,而宜发展低能耗、无污染的物流、加工、展示等商业港口配套的设施;④黄骅港所在的沧州沿海地区土地资源丰富,加上能源运输为主的港口职能,适宜建立大型的能源化工基地。

图 3-4-26　横滨港流通中心　　　　　　图 3-4-27　东京国际展示场

(4) 京津冀沿海地区的环境问题:海岸线及海域的保护

1) 保留天然岸线:京津冀的海岸线在工业化的开发建设中,不可避免地也会填海造地。这方面应吸取东京湾的教训,在东京湾自发的全线铺开的填海造地过程中,自然海岸线几乎消失殆尽,仅存留9.1公里,占东京湾内湾的1.8%。为了避免这种情况重演,应该在京津冀的海岸线开发上,指定出严禁填海造地岸线如湿地沼泽、自然保护区、风景名胜区等;适宜填海造地岸线:港口周边的非保护地带、生态恶化的盐碱地等;还有大量的弹性保留区域等不同类型,以指导开发。

2) 保留沿岸开放的亲水空间:海岸线作为宝贵而有限的自然资源,是各产业争相使用矛盾日益激化的对象。东京湾从1980年的第二次港湾规划开始,不断推进亲水岸线的开发和建设。1997年的规划中更是提出将亲水岸线扩大2倍,沿岸建设亲水空间1 000公顷,形成规模不同而多样化各类亲水空间,并将它们的布局网络化(图3-4-28)。

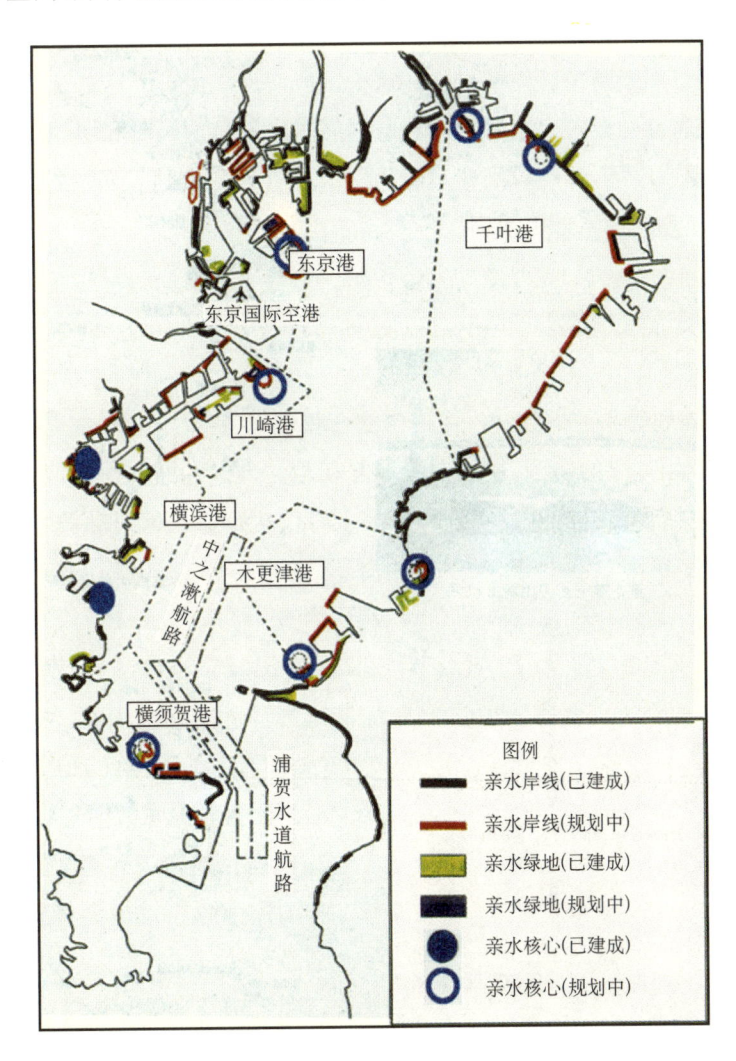

图 3-4-28　东京湾亲水空间和岸线规划

京津冀的海岸线使用上应尽量保留海岸线的开放性,沿海岸线建设防护林,发展亲水空间和绿地。减少临海工业对海岸线的挤占,区分赖水产业和非赖水产业,非赖水产业原则上不占用海岸线。临海地区作为城市建设部分的用地,将海岸线地区作为城市绿带建设,其间布局各类型开放的亲水空间,并与城市绿地系统连接。

3) 防止工业与生活污染:由于渤海属于内海,水动力条件差,海水交换能力不强,近海自净能力低,所以京津冀海域的生态环境比较脆弱。目前其海域生态环境本来的状况就不容乐观,在大规模工业化的开发过程中,所面临的压力将尤其沉重。东京湾在20世纪60年代工业化发展高峰时期的规划,就十分注重环境保护和公害的预防,值得处于相似发展时期的京津冀借鉴。首先,应制定工业和生活污染的排放标准,并严格执行。其次,随着该地区经济实力的提高,应逐步加强对海域环境的改善治理工作。

(5) 京津冀沿海地区的防灾问题:应对地震隐患

京津冀的沿海地区和东京湾一样,也处在地震多发地区。1976年7.8级的唐山大地震就发生在该地区,带走了24万人的生命。尤其在唐山、天津和沧州的部分海岸线是处在地壳不稳定的高等级区域,应重点加强防护。先期可以在这一区段海岸线上建立一些耐震护岸,特别是在天津港、曹妃甸港和京唐港的港区。同时可结合与耐震护岸邻接的码头和绿地设置临海防灾中心,平时作为开放的公园或广场,地震时用作紧急物资的保管储备基地、市民的紧急避难场所、必要时信息情报通信基地和医疗基地等使用。

(二) 美国海岸带管制的案例研究

1. 国际海岸带规划管制的兴起——海岸带综合管理

对海岸带资源利用冲突的协调,往往牵涉多方利益。人们逐渐认识到,"地球上再没有任何一个地方比海岸带更需要综合的开发规划和管理了",仅从行业或部门利益考量,无法全面应对海岸带的复杂利益诉求、实现资源的可持续利用。由此,海岸带综合管理(Integrated Coastal Zone Management,简称ICZM)逐步成为沿海国家和地区普遍操持、使用的规划管制理念和方法(图3-4-29)。到1990年代中期,世界上已有过半的沿海国家开展了海岸带综合管理工作。

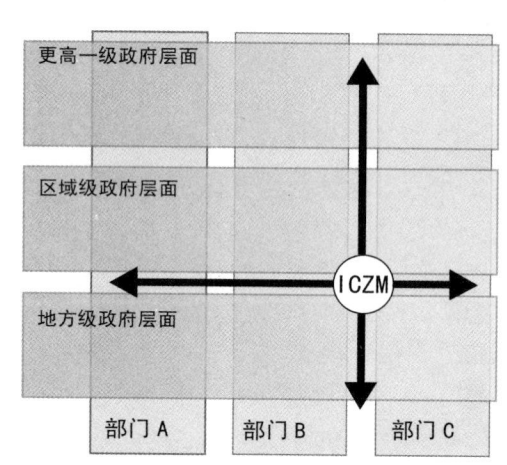

图 3-4-29 ICZM 的水平和垂直综合

注:海岸带综合管理通俗来讲就是"条条"和"块块"的协调。

2. 美国海岸带规划管制的方式与内容

美国作为海岸带规划管制的肇始者和海岸带规划最为普及的国家,其海岸带规划管制经验具有重要的示范和借鉴意义。因此,在重点梳理美国33个已经实施海岸带综合管理(ICZM)的沿海州和领土的绝大多数海岸带管制的个案基础上,总结国际海岸带规划管制方式和内容。综合来看,美国沿海各州和领地的海岸带规划管制,通常采取政策管制、特别管制区规划和空间管制三者结合的方式。

(1) 政策管制——核心管制政策总结

尽管国际沿海各国和地区海岸带规划管制的政策各有侧重,不尽一致,但总体来看,其核心管制政策仍有很大的共性,归纳起来,大致包括九个方面的核心管制政策。

1) 海岸带资源保护政策

① 海滩与沙丘保护(图3-4-30)

② 生态敏感资源保护

③ 历史场所与构筑物保护

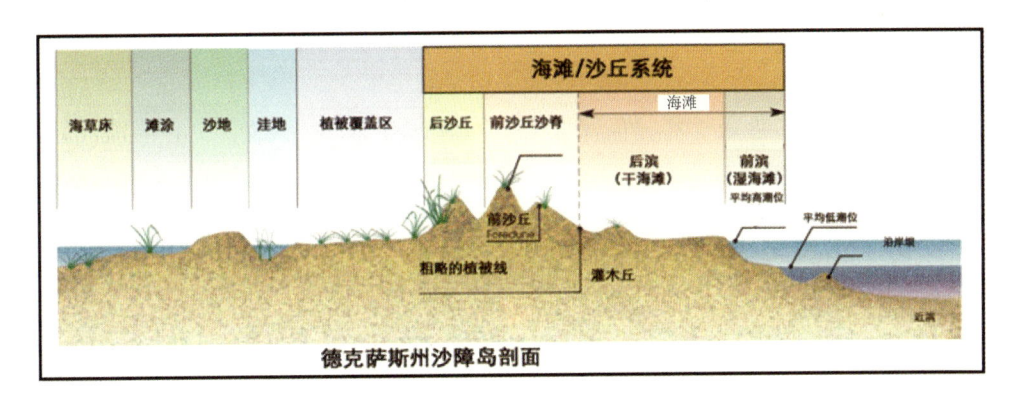

图 3-4-30　海滩与沙丘系统

注：国际海岸带规划管制普遍关注海滩与沙丘的保护。

2) 海岸带环境质量管制政策

① 非点源污染控制

② 海岸带水质、水量管制

3) 海岸带开发管制政策

① 赖水产业布局（如能源设施，港口、码头等）

② 填海活动管制

③ 海岸带挖掘活动管制

④ 海岸带开发或增长模式管制

4) 海岸带用地管制政策

包括耕地、森林、盐田、湿地、滩涂、村庄及城市建设等用地的规划管制

5) 海岸带交通政策

6) 海滨休闲及旅游政策

7) 公众接近政策

① 海岸带私有财产的管制

② 海岸带小径系统的设置

③ 公众接近标识系统的设置

8) 海岸线防灾政策

① 海岸建筑退缩线的划定（对海岸退蚀、海平面上升等的应对措施，包括海滩建筑退缩线、海崖建筑退缩线等）

② 航海安全和漏油防治

9) 其他管制政策

① 海岸带景观控制

② 海岸带军事设施管制

③ 海洋产业管制(渔业水产业等)

(2) 特别管制区规划

特别管制区规划简称 SMAP。美国海岸带规划管制中的突出技术特点之一，就是沿海各州和领土的绝大多数海岸带规划计划均有 SMAP 的内容。

1) 特别管制区规划的目的

① 目的之一：处理重要、特殊的海岸带问题

美国沿海各州和领土认识到，在海岸带规划管理计划中，需要对一些非常重要的地区进行特别管制。比如那些海岸带有着独特价值和特质的地区，或者那些由于面对巨大压力，需要超越相对宽泛的总体政策、进行更为细致管制的地区。这些地区往往难于以统一的管制政策实施管制，必须"特殊问题特殊处理"，使海岸带规划能够通过制度化的机制，适应差异极大的海岸带，有效管理各种特殊的海岸带问题。

② 目的之二：更为有效地保护海岸带脆弱资源，降低灾害威胁

特别管制区规划可以将有限的海岸带管制的行政、人力资源，集中到有重要地方意义、涉及多种海岸带问题的地区上，并可将自然资源的保护和土地的可持续利用整合在一起。从而更为有效地保护海岸带脆弱资源，降低灾害威胁，保存、保护、提升和恢复面临多种海岸带问题或有重要区域意义地区的原初价值，为资源保护方面的冲突提供一个基本的架构(图 3-4-31)。

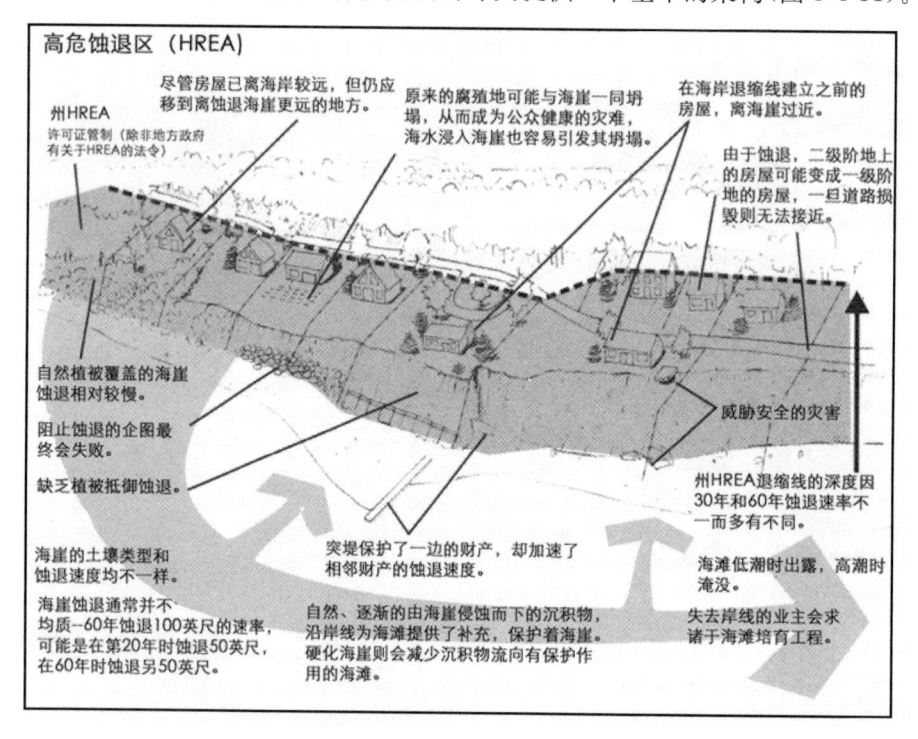

图 3-4-31 美国密歇根州海岸带管理计划高危蚀退区的划定

注：高危蚀退区是海岸建设退缩线划定的重要依据。

2) 特别管制区划定的标准

美国佐治亚州对特别管制区（SMA）的定义是：具有独特自然资源价值的地区，包括那些稀缺和脆弱的自然生境；那些提供切实休闲价值的地区；那些有特别经济价值的地区；那些对于保护和维护海岸带资源非常重要的地区。SMA 的划定需满足以下或更多的标准：

① 独特、稀缺和易受侵害的自然生境；有独特或脆弱的自然特征的地区；有历史意义、文化价值和重要风景的地区；

② 表现出较高自然生产力的地区或对生物非常重要的生境；

③ 有重要休闲价值和机会的地区；

④ 开发和设施布局需要利用、接近海水的地区；

⑤ 在水文、地理或地形方面，对于工业、商业开发或挖掘物处理有重要价值的地区；

⑥ 海岸线和水资源利用高度竞争的城市区；

⑦ 如果在该地区开发，则易遭受风暴潮、滑坡、洪水、退蚀、海水入侵和海平面上升等侵害的地区；

⑧ 需要保护、维持和补充的海岸带土地或资源区，包括海岸带洪积平原、含水层及其地下水补充区。

归纳起来，特别管制区的划定应当包括海岸带的生态敏感区、灾害防治区和重要资源区。

(3) 海岸带空间管制

美国和很多沿海国家和地区都非常重视海岸带空间管制。因此，除对海岸带各类用地进行政策管制之外，往往还编制海岸带规划图，将对各类海岸带用地的管制，落实到海岸带空间上，从而大大增强了海岸带规划管制的针对性和可操作性。例如，《旧金山湾规划》在实施政策管制和特别管制区规划的同时，还通过七幅规划图，以及与之配套的规划图强制性政策（Plan Map Policies）、规划图注释和旧金山保护开发委员会建议（Plan Map Notes and Suggestions）明确旧金山湾海岸带土地和空间的使用方式。

3. 美国海岸带管制的案例启示

借鉴国际海岸带规划采取政策管制、特别管制区规划和空间管制三者结合的管制方式，结合京津冀海岸线实际，搭建规划的管制架构。

(1) 政策管制

以国际海岸带规划九个方面的核心管制政策为参照，结合京津冀海岸带规划的现实需求，确定本规划的政策管制的内容。其目的在于，实现对海岸带"发展与保护"核心问题的分类管制。

(2) 空间分类管制

将各类管制政策，落实到对海岸带用地的管制上，是增强规划可操作性的关键。吸收美国海岸带用地规划动态性和渐进性的特点，进一步细化，实现对海岸带用地的管制。

三、京津冀海岸线保护与利用的措施研究

（一）京津冀海岸线的发展背景

20世纪后期，在城市化、工业化的驱动下，世界范围内人口和经济活动向海岸带空间集聚，这一过程称之为沿海化（littoralisation）。按世界通行的经济区域理论，距海岸线100公里以内的地区都属于沿海地区。全世界经济总量的60%集中在这条黄金带上，80%的特大城市也集中在这条黄金带上（图3-4-32）。

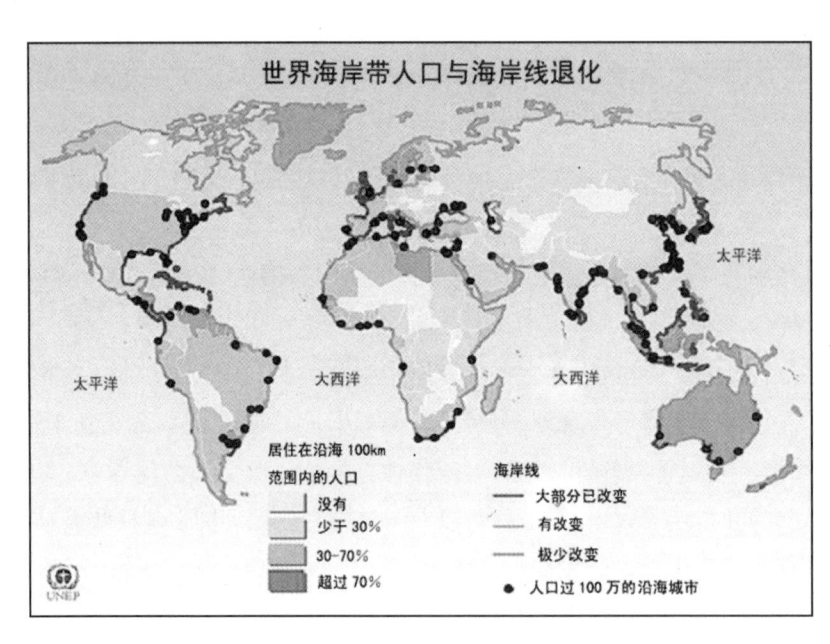

图3-4-32 2001年世界海岸带人口与海岸线退化

在中国，土地面积占全国陆地面积13.6%的沿海12个省、自治区和直辖市，集聚了全国总人口的43%（人口密度为415人/平方公里），国内生产总值的近60%，工农业总产值的64.7%，沿海口岸进出口贸易总额的80%，以及旅游业创汇的50%。

京津冀地区拥有600多公里长的海岸线，天津市和河北省属于12个沿海省份的行列，但其沿海化趋势尚不明显。其沿海地区的发展历程，经历了从1860年天津开埠以后到解放以前的第一个发展高潮，其后发展相对停滞，直到改革开放以后。发展京津冀的沿海地区，使之成为继珠三角、长三角之后，国家区域经济发展的第三增长极，成为了国家新的战略部署。目前，京津冀沿海地区步入了前所未有的加速发展时期。

与此同时海岸带作为海陆交互作用、资源丰饶和生态敏感的独特区域，在"沿海化"趋势下，资源利用的竞争性冲突日渐激烈，海岸线保护与利用的矛盾突出。图3-4-33反映了美国

海岸带面临的利用与保护的双重压力。京津冀地区海岸线的保护和利用的矛盾则更为特殊和突出。原因有以下两个：①京津冀海岸线的大部分岸段是我国海岸带上生态脆弱、易受灾害的区域；②京津冀600多公里长的大陆海岸线背靠首都圈，是稀缺的战略性资源。根据国家战略的发展要求，该地区必然成为承担未来国家及地区层面人口迁移、产业布局和城市发展的重要载体。

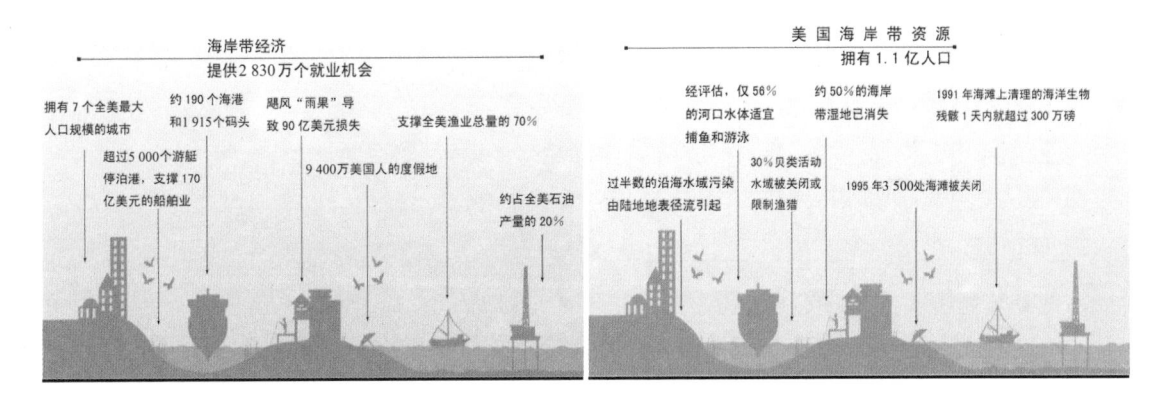

图 3-4-33　美国海岸带的丰饶与其承受的巨大压力

资料来源：整理自 A Strategic Framework for the Coastal Zone Management Program. The Coastal Programs Division and the Coastal States, Territories and Commonwealths, U. S. Department of Commerce。

因此，在利用和保护的双重压力下，如何开发建设京津冀海岸带将是本专题研究的核心内容。

（二）京津冀海岸带的发展定位、目标和措施

1. 京津冀海岸带的发展定位：发达的产业聚集地，连接世界的门户

沿海地区的发展将改变京津冀区域的经济格局，使经济重心从内陆重新转向沿海，让外向型经济更具活力和辐射力。沿海地区作为京津冀与世界联系的门户，在未来的发展中，将从整体上提升区域竞争力，成为珠三角、长三角之后中国区域发展的新的增长极。

2. 京津冀海岸带的发展目标

1）建构沿海地区发达的城市群
2）形成富有竞争力的枢纽港群
3）聚集现代化的高效海洋经济产业
4）塑造优美舒适的滨海生态环境
5）建设保障安全的海岸线

京津冀海岸带的发展本着利用与保护并重的总体原则。一方面，京津冀600余公里长的大陆海岸线背靠首都圈，享有着区域人口迁移、产业聚集、城市化加速的发展契机；另一方面，由于地表径流污染严重，泥沙含量高，作为内海的渤海，海水交换能力不强，近海自净能力较低。同时

京津冀沿海地区处在地壳不稳定区域,地面沉降严重,所以京津冀海岸线的大部是我国海岸带上生态脆弱、易受灾害的岸段。

为此,在发展目标的设定上,既考虑了城市、产业、港口等各方面的岸线利用,也兼顾了环境建设、防灾安全等岸线保护方面的需要。

3. 京津冀海岸带的发展措施

(1) 建构沿海地区发达的城市群

1) 加速发展沿海城市群,形成合理的规模等级体系。

2) 结合港口带动城市发展。

3) 控制城市群沿海岸线蔓延,保持"葡萄串"而非"连绵带"的空间形态。

4) 区域交通与岸线保持距离,其分支连接各港城中心。

5) 保证城市生活岸线。

(2) 形成富有竞争力的枢纽港群

1) 强化各港湾的职能分工和相互协调,形成富有竞争力的枢纽港群。

2) 合理布局物流园区,使港口与其背后的物流用地便捷合理。

3) 合理布局临港工业园区,促进临港工业发展。

(3) 聚集现代化的高效海洋经济产业

1) 合理配置岸线利用方式,避免产业间相互的干扰。

2) 区别赖水产业与非赖水产业,优化岸线利用方式。

3) 控制养殖和盐业等的岸线利用份额,提高它们岸线利用效率。

4) 鼓励临海工业和滨海旅游业的发展。

5) 推进临港产业园区的建设。

(4) 塑造优美舒适的滨海生态环境

1) 制定措施,保护滨海湿地、泻湖等,尝试鼓励湿地等生态敏感区的生态恢复和培育。

2) 确定贝壳堤位置,提出相应保护措施。

3) 确定近海主要污染源,制定相应的控制标准。

4) 提出针对沿海地区工业发展的公害预防措施。

5) 加强滨海地区绿地环境和防护林建设。

6) 海岸线尽可能保持开放性,创造亲水空间。

7) 尽量保留天然岸线,区分禁止、适宜和弹性保留的填海岸线。

(5) 建设保障安全的海岸线

1) 建设耐震泊位和临海防灾中心。

2) 受地面沉降和海平面上升威胁的海岸段,加强防护堤岸的建设。

3) 划定不可开发地区和设立海岸建设退缩线,将海岸带洪水、海平面上升和海岸侵蚀等自然灾害的影响降至最低。

（三）海岸带空间形态发展研究

1. 既有规划

（1）京津冀沿海地区的既有规划

1）河北沿海城镇布局结构

河北沿海地区城镇空间布局的基本框架是由"一带、两区、三个中心、四个层次"的城镇体系构筑而成。"一带"即一条滨海城镇发展带；"两区"指河北沿海被天津分为南北两区；"三个中心"指的是秦皇岛、唐山和沧州三个滨海城市集群；"四个层次"是指城镇等级，即区域中心城市、县级市（县城）、重点镇、一般镇。

2）秦皇岛沿海城镇布局结构

秦皇岛市本着"东优西移，南控北进，强化海港组团、净化北戴河组团、优化山海关组团，积极谋划滨海新城组团"的总体发展策略，加快建设具有浓郁海滨特色的园林式、生态型、现代化的滨海名城。其空间结构特征表现为"一带四城"组团串珠式的布局结构（图3-4-34）。"一带"指滨海城镇发展带，"四城"指四个中心城区。各组团间以大片森林公园、郊野公园、生态农业用地、河流水系组成生态隔离地带，以高速公路、公路、滨海旅游路相连。

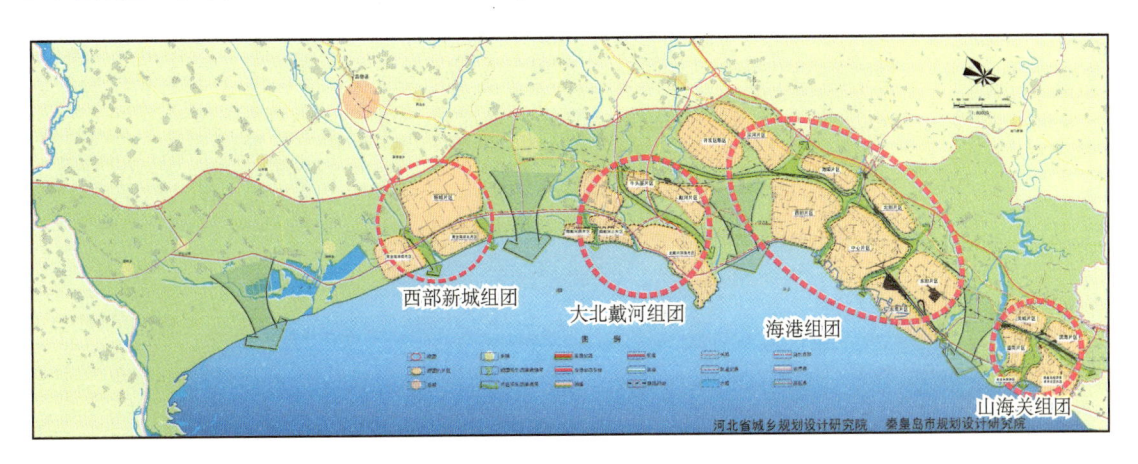

图 3-4-34　秦皇岛市"一带四城"的空间布局结构

3）唐山沿海城镇布局结构

未来，唐山市城镇总体空间将采用"极化中心、培育沿海、轴向推进、集群发展"的发展策略，构筑"一主一副双三角"的空间布局结构（图3-4-35）。"一主一副"即由唐山市中心城区作为市域中心，唐海-曹妃甸新城作为滨海副中心。"双三角"即由中心城区、丰润城区和古冶城区构筑的城镇空间金三角，由曹妃甸工业区、海港开发区和南堡开发区构筑的产业空间金三角。

4）沧州沿海城镇布局结构

沧州滨海地区的城市空间发展本着"优化主城，壮大港区，战略东移，整合资源，突出重点"的总体思路，规划确定未来沧州滨海地区城市为由主城区、黄骅市区、港城区和化工园区构筑的河北南部滨海大都市。其空间结构呈"一主两副哑铃式"空间特征。形成东西一条主城镇发展轴，南北两条副城镇发展轴(图3-4-36)。

图 3-4-35　唐山南部"一主一副双三角"的空间结构

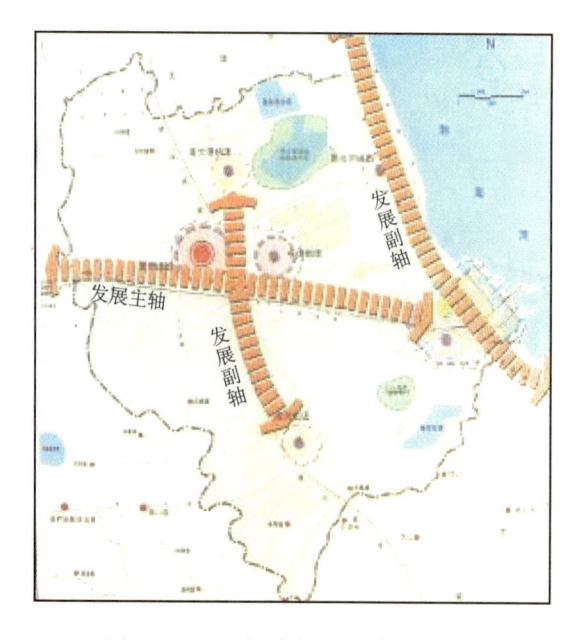

图 3-4-36　沧州市空间布局结构

5) 天津沿海城镇布局结构

天津的发展将突出特色和比较优势，重点推进滨海新区的开发开放，充分发挥天津在环渤海区域的服务、辐射和带动作用，建设成为国际港口城市、北京经济中心和生态城市。在天津滨海新区范围内构建"一轴、一带、三城区"的城市空间结构(图3-4-37、图3-4-38)。"一轴"指沿海河和京津塘高速公路的城市发展主轴，"一带"指沿海城市发展带，"三城区"指汉沽城区、塘沽城区、大港城区。

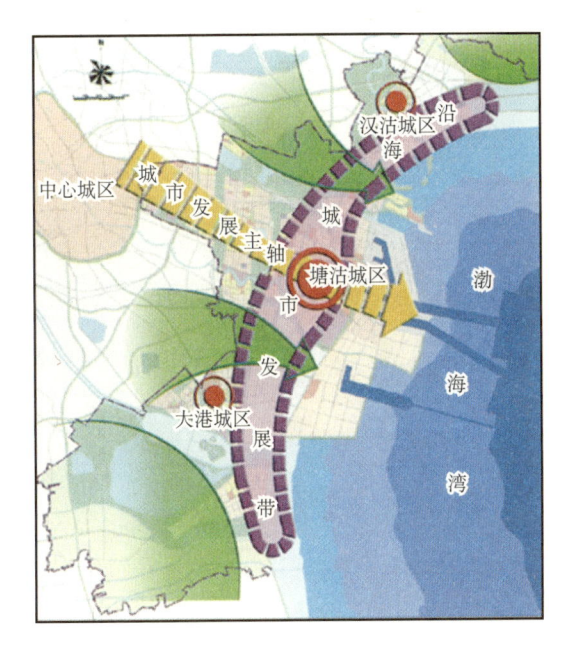

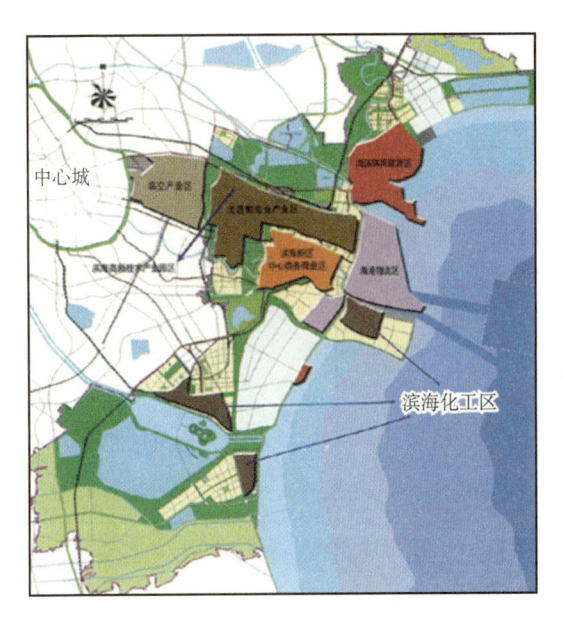

图 3-4-37　天津滨海新区城市空间结构规划　　　　图 3-4-38　天津滨海新区产业功能区规划

(2) 既有规划评估

综上所述,京津冀沿海地区的既有规划在空间布局方面属于依托主城发展港城新区的"极核式"发展模式,具体有如下共性特征：

1) 沿海化趋势：跳出中心城区,在滨海地区拓展新区。

2) 港城一体化：新区结合重点港口布局,通过港口和临港园区带动城市发展。

3) 连接主城与新区的交通干线成为城市发展轴：主城与新区通过高速公路和铁路等交通枢纽干线相连接,此交通枢纽干线经过的地区是城市化发展的快速增长区域。

4) 依托港城构筑滨海城市发展轴：依靠港口带动发展新城区,进一步将沿海岸线向两翼扩展,成为推动滨海城市发展轴建设的核心。

2. 空间形态发展构想

(1) 空间发展模式选择

关于京津冀海岸线地区的城市空间发展模式的讨论,主要集中在两种滨海城市发展模式的争论：

① 依托主城发展港城新区的"极核式"发展模式。

② 脱离主城,沿海一字展开的"连绵带式"发展模式。

专题研究通过京津冀海岸线地区的现状特征分析和国内外滨海城市发展的经验总结,认为至2020年的规划期内,京津冀海岸线地区的空间规划布局是：选择"极核式"而非"连绵带式"的发展模式。

该结论主要基于以下两方面的理由：

① 符合国际海岸带发展趋势,更有利于海岸线的生态环境保护。

② 更符合现阶段的发展特征。

1)"极核式"而非"连绵带式"更有利于海岸线的生态环境保护,符合国际海岸带发展趋势。沿海化的趋势并不意味着沿海岸线全面开发,应是"葡萄串"而不是"连绵带"(图 3-4-39)。

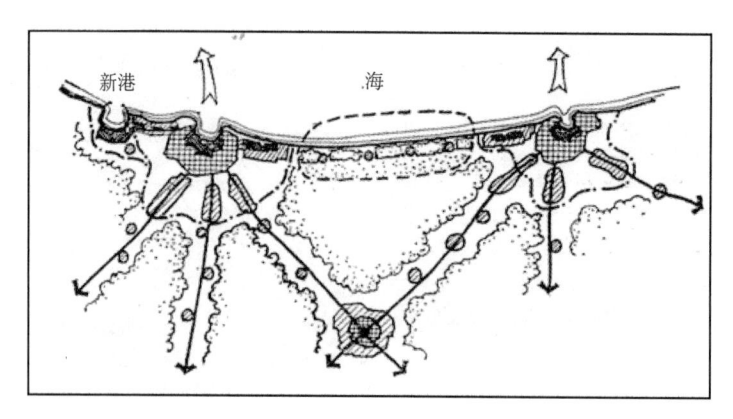

图 3-4-39　萨伦巴的沿海地区空间发展模式

欧洲 90 年代颁布的《地中海海岸带管理白皮书》认为(图 3-4-40):

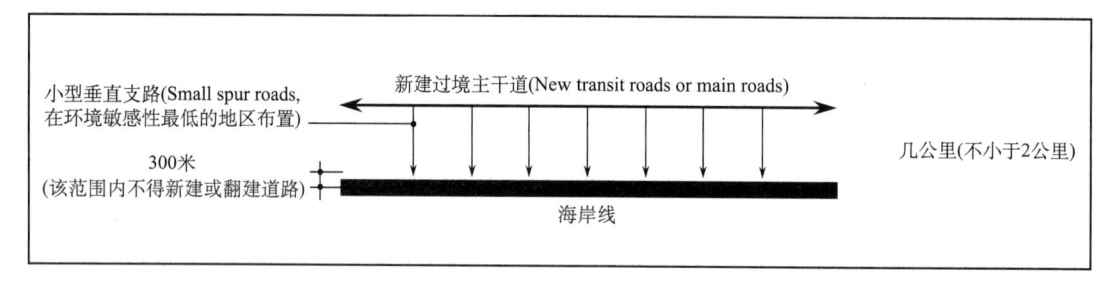

图 3-4-40　欧洲海岸带滨海"鱼骨式"交通模式——欧洲海岸带行动准则
(European Code of Conduct for Coastal Zones)对滨海公路建设的管制要求

资料来源:本图由 *Tourism and recreation*(Chapter 11), *Transport* (Chapter 12). European Code of Conduct for Coastal Zones, Committee for the Activities of the Council of Europe in the Field of Biological and Landscape Diversity 相关管制政策综合整理后绘制。

① 在海岸线地区,城市的扩张和新城的建立应该从环境的角度发展。应该通过抑制城市的无序扩张,把对海岸线生态的负面影响降低到最小程度。

② 建筑物和基础设施的布局应有利于公共交通和能源保护。进一步的城市发展应该导向内陆。

③ 自然价值上具有重大意义的广域绿地空间网络,应该在城市及其相邻地区维持。

该白皮书进一步具体规定:

① 应当避免因旅游造成的城市化过分靠近海岸和在靠近海岸带的地方修建与之平行的道路,这样的城市化和产生的交通将改变目的地的品质。

② 对海滨地区实施城市化行动的组织和控制包括三个方面:

• 避免在海滨沿岸修建线性建筑物:无论是连续不断的横排建筑还是重叠的划片建筑或分

散建筑；

- 将建筑物修建在距离海岸尽可能远处，以便向公众开放海滨；
- 在城市化地区同天然带或农业区间留出足够宽阔的地带。

法国政府为避免沿海的线性开发，在1986年版《法国城市化法典》第86-2号法律有关滨海的特殊条款第L.146-7条中规定：

① 新修建的过境公路到海滨的距离不得少于2 000米。

② 禁止在海滩、泻潮洲、沙丘和峭壁突出部兴修公路。

③ 不得在海滨和沿海滨新修地方专用公路。

国内一些沿海城市在滨海（观光）大道的建设中，存在以下三方面主要问题：

① 海滨大道的布线过于靠近海滨，道路线型追求平直顺畅，而忽视了生态环境要素（图3-4-41）。

图 3-4-41　威海海滨大道建设对沙滩形成了破坏

② 已建和在建的海滨大道往往都采用双向4-6车道的断面组合，宽度至少在25米以上，割断了内陆地区与海滨之间有机的联系。

③ 宽而直的海滨大道设计之初的海滨观光功能在快速的过境交通下难于实现。

2)"极核式"而非"连绵带式"更有利于海岸线的生态环境保护，符合国际海岸带发展趋势——并非所有产业都要沿海岸线线性布局，应以"岸线和滨水需求"为导向，尽量保持海岸线的公共性。

日韩产业的转移以及我国经济重心的北移，都使京津冀地区成为未来产业发展的核心区域。而在"缺水、缺地"的整体形势下，产业向沿海转移成为必然的趋势。但是应该首先区分"赖水"和"非赖水"产业类型，按照对岸线和滨水（water-related）的需求程度来进行沿海产业布局。防止所有产业沿海岸线线性布局所造成的稀缺海滨岸线资源的低效利用现象的发生。产业布局还应尽量保持海岸线的公共性，避免重复东京湾的岸线先被工业产业占据，而后逐步转为公共开放空间的弯路。因此，京津冀海岸线的布局应体现如下原则：

① 只有需要临海水的开发或土地利用方式（water-oriented land use）才能沿海岸线布局，建立临海100米的海岸线重点管制区域。

② 不需要临海水的开发项目应在内陆布局(In-depth development 或 Hinterland development)。

③ 海岸线是公众领地，只要可能，必须保证公众无阻碍到达和使用海滨岸线。

美国旧金山湾规划：其核心和主要工作之一就是对需要临海水的开发或土地利用方式(water-oriented land use)，在空间上划定优先利用区加以控制和引导。规划的基本结论之一是：海岸带适宜作为港口、与水相关的工业、机场、野生动物避难区和与水相关的休闲娱乐业使用的区域的数量是有限的，因而这些区域应当保留和储备，以为这些功能所优先利用。

青岛城市空间发展：构筑"一湾两翼三城四组团"大青岛城市发展架构(图3-4-42)。即以快速交通网、区域绿化和生态网络为支撑，以一湾(胶州湾城市圈)、两翼(滨海沿线东西两翼)、三城(青岛、黄岛和红岛)、四组团(鳌山组团、田横组团、西胶南组团、琅琊组团)为主要特征的大青岛发展框架。

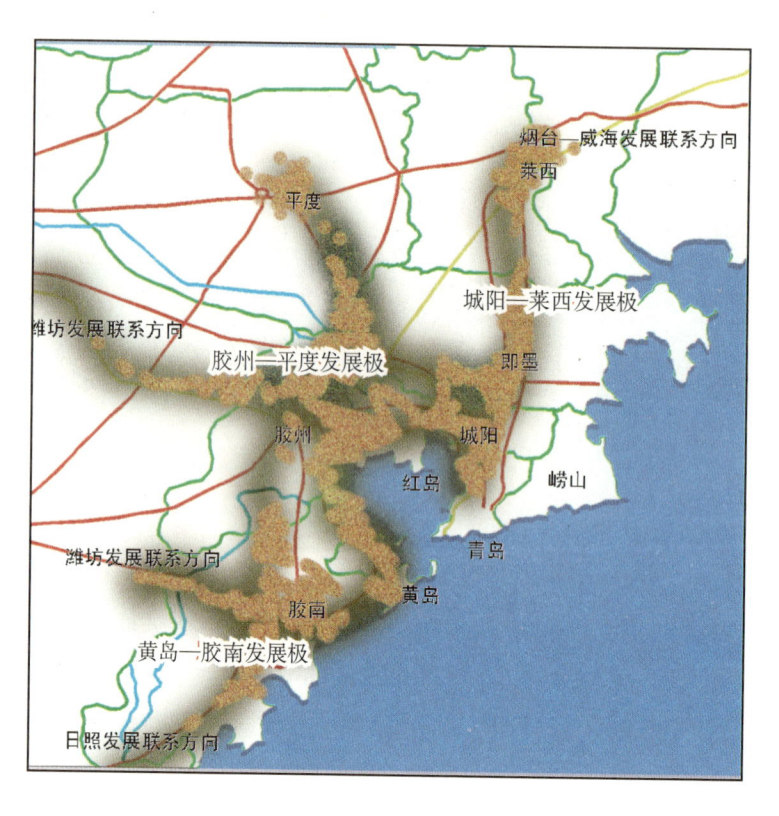

图3-4-42 大青岛工业向内陆布局

京津冀海岸线：它是一个生态脆弱的岸段，除了其产业布局应体现的主要原则外，沿海各城市在涉及钢铁、石油、化工等对环境有重大影响的滨海工业项目的选址、布局时，还应通过项目环境影响评估，在区域范围内对其进行协调，以保护整体海岸带的脆弱生态系统，实现海岸带资源的可持续利用。

3) "极核式"而非"连绵带式"更符合京津冀沿海地区的现阶段发展特征

在本专题关于京津冀海岸线地区发展特征的研究中，通过分析报告归纳城市化的现状特征

为:处于城市化初级阶段且滨海特征不明显。这个总体特征具体表现在如下方面:

① 现阶段沿海地区的县、市、区城市化整体水平不高,且天津市与河北省水平差异悬殊。

② 沿海地区的现有城镇大都是 20 万人口以下的小城市,缺乏中等规模城市,难以带动城市群的成长。

③ 若以距海岸线 10 公里以内的范围区域来衡量城市滨海特性,则真正意义上的滨海城市仅秦皇岛市一个。天津主城区、唐山、沧州等城市距离海岸线也都在 50 公里以上。

城市化的发展水平有其自身的成长规律,并具有相应的成长周期,需要时间的积累。大城市和特大城市,并非一夜之间出现,需要一个成长培育的过程。基于京津冀海岸线地区的现状发展特征,2006 年编制的河北省沿海城镇空间发展规划对京津冀海岸线地区的城市化发展水平进行了预测,预计到 2020 年的规划期末,形成 3 个大城市,10 个中等城市、15 个小城市的城镇体系格局。

截至 2005 年年底,天津滨海新区的常住人口数量增加到 140 万。规划提出滨海新区人口数 2010 年 150 万,2020 年 250 万的发展规模。因此,到 2020 年的规划期末天津滨海新区达到特大城市的规模应是合理的。

结论:基于京津冀海岸线地区的现状发展特征,即使至规划期末 2020 年,沿海地区拥有海岸线的城市,多是人口 10 万、20 万和 30 万的中小城市,仅秦皇岛和天津滨海新区达到特大城市规模。这样的城镇体系结构适合集中发展的模式,而不宜于沿滨海交通干线连绵分散布局。

(2) 空间形态结构

为了在开发过程中保护海岸线良好的生态环境,报告建议在规划期 2020 年内,"葡萄串"式的布局模式优于沿海岸线"一"字展开的连绵带,推荐的京津冀沿海地区的空间形态布局如下:

在京津冀海岸线地区,结合港口和产业园区的发展,培育若干城市增长核心,如秦皇岛、京唐港区、南堡-曹妃甸、天津滨海新区、黄骅港城等。以天津滨海地区为中心,以秦皇岛、唐山和沧州滨海地区为两翼构建"大滨海地区",作为京津冀地区乃至华北地区发展的引擎。

发展连接内陆各大城市及其滨海新城的交通干线,形成唐山至京唐港区、唐山至南堡-曹妃甸、天津主城至滨海新区、沧州至黄骅和港城等主要的城市发展轴线,引导城市向沿海地带的战略转移。

待各城市滨海增长核心发展到一定规模,有生产协作需要后,沿海建设高速公路和铁路,但注意这些区域交通干线应与海岸线保持一定距离,必要时可通过交通支线将各主要的滨海城市与沿海交通干线相连。

各城市增长核心之间培育广域绿地空间,保护入海河流和渤海湾生态环境,保护河口、滨海湿地、自然保护区和滩涂养殖区,将河流、湿地、海洋构成的生态网络和城镇网络交织在一起,形成良好的生态环境(图 3-4-43、图 3-4-44)。

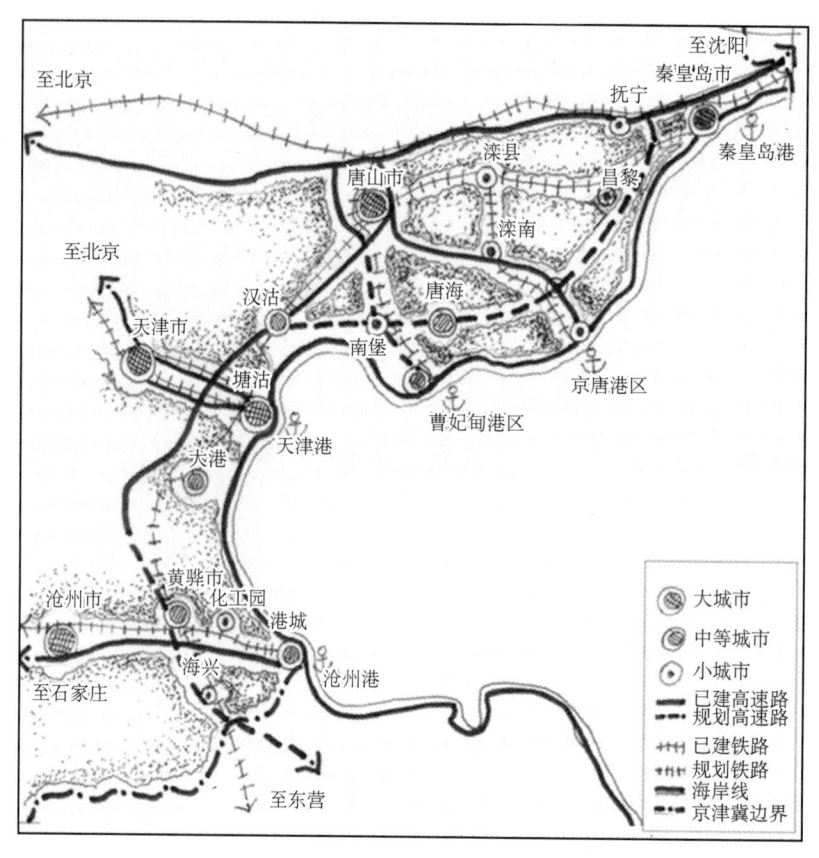

图 3-4-43　京津冀海岸线布局结构

（3）空间开发实施建议

1）分阶段实施：首先在规划期2020年内，培育海岸线地区的若干具有中等城市和大城市规模的城市增长核心，作为区域城市化持续快速发展的内在动力源泉。下一阶段，促进这些具备了一定规模和增长动力的城市发展核心从海岸线地区向外扩展。除了自身的规模继续成长外，还需带动海岸线地区的中小城市发展，形成合理的城镇体系结构。

2）城市土地利用方式：为保护耕地，在城市建设用地普遍紧张的国情下，合理开发京津冀海岸线地区存在的大量盐碱地和盐田，将为大规模城市发展提供丰富的土地储备资源。尤其是145平方公里的大清河盐场、347平方公里的南堡盐场、117平方公里的黄骅盐场，天津塘沽区和汉沽区的大面积盐场，分别可以作为京唐港区、南堡-曹妃甸、黄骅港和天津滨海新区等城市增长核心今后的城市发展用地储备，合理有序地进行逐步开发利用。

为了使这些盐碱地和盐田得到科学合理的开发，符合生态环境的要求，可以加强如下几方面工作。首先，可以将位于若干城市增长核心周边的大型盐场和盐碱地，分步开发作为城市建设用地。以不同阶段城市发展规模为依据，按需分批取用。其次，作为城市建设用地储备而暂时未被使用的盐碱地，应积极改造其生态环境，培育湿地植被，创造城市周边良好的地区环境。最后，位于自然保护区、河湖水库、风景名胜区等周边的盐碱地和废弃盐田，应大力恢复其生态系统，以促进区域生态环境的改善。

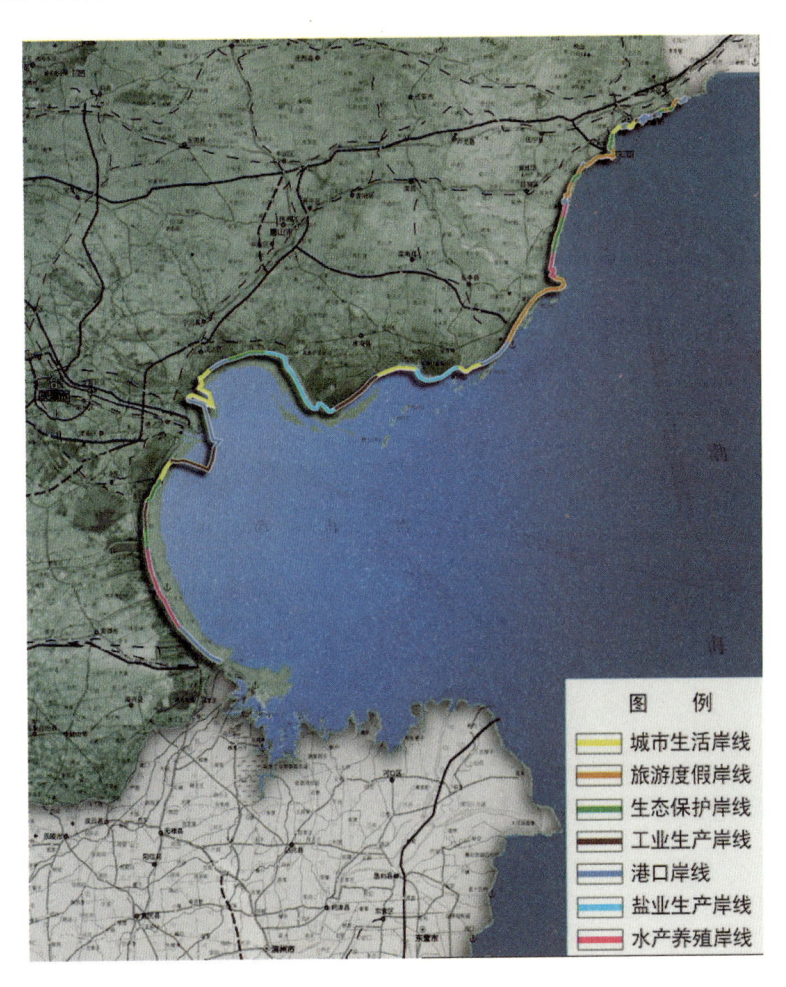

图 3-4-44　京津冀海岸线利用规划

资料来源：京津冀各沿海城市总体规划。

3）培育广域绿地环境：极核式的城市群空间布局，需要在各极核之间培育保留大面积绿地空间，有利于区域生态环境的改善。目前京津冀海岸线地区林地面积偏少，仅占总用地1%。沿海防护林体系建设薄弱，分布不均，已有的防护林全部分布在唐山的大清河以东。因此，应提高区域整体的森林覆盖率，重点加强沿海防护林、滨海山体、各主要河流防护林的建设。同时，结合各级自然保护区、湿地、耕地等的保护建设要求，构筑生态良好的广域绿地环境。

（四）保护与利用的政策体系指引

基于对京津冀沿海地区发展特征的分析和借鉴日本与美国的海岸带发展规划经验，将京津冀海岸线的政策引导分为保护政策和发展利用政策两大部分。保护政策主要涉及环境、资源、防灾等项目的内容，发展利用政策主要涉及产业（含港口）、城镇化等项目的内容。并且，结合京津冀海岸线地区实际情况,制定了各类型用地的管制指引。

1. 保护政策

(1) 划定不可开发地区和设立海岸建设退缩线

1) 划定目的:①保护近岸区域的生物及景观多样性,维护海岸带脆弱生态系统和生境,如保护脆弱的海滩沙丘植被等;②将海岸带洪水、海平面上升或海岸侵蚀等自然灾害的影响降至最低。

2) 划定的不可开发地区(non-development area):潮间带、沿海生态系统与生境(生态敏感区);重要海岸带旅游及景观资源保护区;平均高潮位线以上 100-300 米的缓冲区(抵御海平面上升和海岸侵蚀);沿河 50-100 米保护带;法律、法规规定的其他禁止建设地区。

3) 规划海岸建设退缩线(setback line):平均高潮位线向陆 100-300 米划定海岸带建设退缩线,退缩线向海一侧为不可建设区,但对公共安全及服务必需的建筑物和必须临近海洋的项目不在此限制之列。退缩线在各城市海岸带规划中具体划定,原则上不小于 100 米。

(2) 海岸线敏感资源区保护政策

1) 海岸带敏感资源区:特殊的栖息地、河口、湿地、泻湖和海湾;具有重大生态、环境、景观及休养价值的林地、风景区、自然保护区等;重要的文化遗迹或遗产。

2) 海岸带敏感资源区必须采取以下保护措施:保护海岸带生境;防止不良外来物种入侵;保护海岸带的自然动态特征;创建和维护生态廊道;保护海岸带景观。

(3) 海岸线环境污染控制政策

1) 重点治理京津冀沿海地区的工业废水和生活废水。

2) 城市径流污染控制。

(4) 海岸线公众接近政策

海岸带公众接近总体是指公众到达、使用、欣赏、拥有海岸线上的海水及其周边陆上休闲娱乐区域的能力,即社会所有成员的身体和视觉能够最大限度地到达海岸线和海滨。核心是:海岸线尽可能保持开放性,创造多样性的亲水空间。

2. 发展利用政策

(1) 海岸带产业布局政策

1) 区分赖水产业和非赖水产业

海岸带某些产业的发展需要临近海水,以利用海岸线边缘的多种资源。此类产业被称为赖水(Water-dependent)产业。那些仅仅只是在高速公路和铁路附近寻找厂址或因优惠的土地费用而在海滨寻找厂址的产业,尽管与赖水产业伴生,但不能归为赖水产业。非赖水产业(Non-water-dependent)是指在产业发展和选址上,不必依赖海水和海岸线的产业。

2) 赖水产业优先布局政策

① 海岸带适宜作为港口、与水相关的工业、机场、野生动物避难区和与水相关的休闲娱乐业使用的区域是有限的,因而这些区域应当保留和储备,为这些功能优先利用。

② 为高效利用稀缺的岸线资源，避免开发活动向海滨岸线的集聚，只有需要临近海水的土地利用方式（water-oriented land use）才能沿海岸线布局。这些土地利用方式包括：海滨旅游和公众集会、港口、与海水相关的工业、野生动物避难所（湿地等）、需要大量冷却水的电厂等。

③ 赖水产业中的相关产业、耗水产业，以及那些位于可通航水域但经济效益较小的产业都应该安置到离岸线一定距离的内陆区域。一定条件下，服务于上述产业设施的管道可以设置在供赖水产业优先使用的区域。

④ 为赖水产业，如港口等预留的用地，在开发前可作他用，但是不能影响未来发展赖水产业的使用。

⑤ 为避免浪费有限的赖水产业用地，赖水产业用地的规划和管理应尽量遵循以下原则：储存区应尽可能在远离海岸的内陆区域布局，以节约海岸线；作为一般规则，工厂场地最长的一边应与海岸线垂直；赖水产业应尽可能分享和共用码头；为赖水产业和港口使用建造的废物处理池占地应尽可能小、位于已记录的潮汐最高水位之上并且尽可能远离海岸线；在现在或将来的赖水产业布局区域，任何新建公路、铁路或高速交通线必须距离滨水区足够远；必须尽力保护重要的海滨观景点和位于赖水产业区域的历史区和建筑物。

3）非赖水产业布局政策

建筑物、构筑物和交通基础设施等新的开发若非绝对依赖海岸环境（自然、文化和社会），不需要临近海岸线和海水，应在海岸带之外、远离海岸和河流的内陆腹地布局，以阻止开发活动在海岸线边缘的集聚。现状位于海岸带生态敏感区、损害海岸带生态系统的开发活动，应当予以清除。应在建成区为未来需要滨海区位的开发活动储备预留用地。

（2）海岸线交通政策

引导京津冀海岸带交通结构向公交优先、铁路及海运优先、自行车和步行优先的可持续环境友好的交通结构模式转变（图3-4-45）。滨海道路与交通应当采用滨海"鱼骨式"交通模式，即：

图 3-4-45　美国加州海岸带的小径系统

注：加州依靠滨海小径而非滨海大道增加海岸带的公众可接近性。加州滨海小径将跨越加州全部海岸线。小径系统面向各类使用者（步行者、骑自行车者、残疾人等），同时也可利用备用路线（海滩、悬崖顶部、路肩等）。

资料来源：The California Coastal Trail. Coastal Access Program.

1) 与海岸线平行的过境干道和高速公路应当在距海岸线一定距离(原则上不小于2 000米)的内陆腹地合理布线建设,并通过布置与之垂直的小型支路达到接近海滨岸线的目的,减小滨海过境干道和高速公路对海岸带的破坏。

2) 禁止在海滩、泻湖等地区修建新的过境干道或高速公路。

(3) 海岸线填海开发政策

允许在海滨地区进行与海岸带规划管制政策不相矛盾、符合海滨发展满足城市总体规划要求的填海开发项目。填海项目不能造成海域及其周边环境的严重污染与生境的破坏。严格禁止大量侵占海岸带重要环境资源(河口、滩涂、海滨防护林)与旅游景观资源(沙滩、礁石)的填海项目,除非该项目必须临海,而在其他地区不可能建设,并要求该项目实施时尽可能保护海滨资源。填海陆地或近岸线陆地上的建筑物必须建有适当的防潮设施,工程规划设计时要考虑到将来相对海平面上升的因素。

3. 空间分类引导

各类型用地空间进行分类管理是空间形态规划研究的主要内容。规划研究将保护利用政策中的各类型用地管理政策单独列出,对京津冀海岸线空间进行分类,提出各类型管理的指引导则。

这些空间类型分别是:自然生态保护区、自然生态培育区、风景旅游地区、临港产业区、城镇发展区、农业生产区、盐田区、海水养殖区、预留储备地区、特殊功能区十类空间类型。京津冀海岸线各类型的空间用地范围将尽量与海洋功能区划保持一致。

(1) 自然生态保护区

1) 划定原则

由国家、省、县等各级政府建立的,对区域总体生态环境起关键性作用的生态系统或需要严格保护的有代表性的自然生态区域;生态破坏后很难有效恢复的自然生态区域。京津冀沿海地区的各类自然生态保护区详见表3-4-12。

表3-4-12 京津冀沿海自然生态保护区(单位:公顷)

序号	保护区名称	行政所属	面积	主要保护对象	批建时间	级别
1	天津古海岸与湿地	天津市	21 180	贝壳堤、牡蛎滩、湿地	1992	国家
2	北大港湿地	天津市	44 240	古泻湖、鸟类等	已建	国家
3	汉沽浅海生态系统	天津市		浅海生态环境	拟建	
4	大港滨海湿地	天津市		海涂湿地、浅海生态等	拟建	
5	塘沽驴驹河潮间带	天津市		潮间带生态、鸟类等	拟建	
6	昌黎黄金海岸	昌黎县	9 150	沙丘、林带、鸟类等	1990	国家
7	南大港湿地和鸟类	南大港	13 380	内陆湿地、野生动物	2002	国家
8	黄骅古贝壳堤	黄骅市	117	贝壳堤	已建	省级
9	北戴河海滨鸟类	秦皇岛	150	野生动物	1990	县级

续表

序号	保护区名称	行政所属	面积	主要保护对象	批建时间	级别
10	黄骅湿地与鸟类	黄骅市	25 567	湿地生态系统	拟建	国家
11	海兴湿地与鸟类	海兴县	16 800	湿地生态系统	拟建	国家
12	唐海湿地	唐海县	11 064	湿地生态系统	拟建	国家
13	滦河河口湿地	乐亭县 昌黎县	20 000	湿地、迁徙鸟类	拟建	国家
14	滦河套湿地	乐亭县 昌黎县	4 100	迁徙鸟类	拟建	省级
15	七里海泻湖湿地	昌黎县	3 231	迁徙鸟类	拟建	县级

2) 管理导则

① 必须保护海岸带及海洋景观资源,对于特殊的景观地,应保持其原始风貌。

② 应保留在受威胁或濒危物种生存的生境建立无干扰区(disturbance-free zones)的可能性。

③ 海岸防护林及普通林地管制。

④ 保护区内禁止进行砍伐、放牧、狩猎、开矿和采石等活动。

⑤ 保护区内禁止开展生产经营活动,不得建设任何生产设施。

⑥ 保护区内只能有供科研使用的实验室,且实验室不得污染环境,破坏景观和资源。

⑦ 保护区外围保护地带建设的项目,不得损害保护区内的环境质量,已造成损害的,应限期治理或搬迁。

⑧ 保护区内原有居民确有必要迁出的,由保护区所在地人民政府予以妥善安置。

⑨ 机动交通工具不得靠近鸟类避难所、动物保护区和专门划定用以让人们能享受自然、感受宁静的地区。

(2) 自然生态培育区

1) 划定原则

对维护区域生态系统的整体性和延续性有重要作用,具有一定生态价值和生态系统比较脆弱、需严格控制开发强度的区域。如海滨山体、沿海防护林、各主要河流护岸林等。

2) 管理导则

① 全面发展沿海宜林土地,建设海岸防护林带,使 2010 年防护林地增加到 18 000 公顷,2020 年面积增加到 25 000 公顷。防护林建设的重点应以唐山西部和沧州沿海地区为主。

② 培育区内要完善沿海防护林体系,对海岸带防护林缺损、破坏地区进行补种,使沿海防护林成为完整的带状体系。

③ 沿海地区的河道两侧应建设 50-100 米宽的乔、灌、草结合的防护林体系,以有效控制水土流失,改善生态系统。

④ 海滨道路不宜过宽,道路建设尽量布置在生态敏感度较低的地区,应避免沿海生态系统

和群落破碎化。

⑤ 滨海地区土地开发应相对集中,但要避免过度开发造成的破坏。

⑥ 不适宜耕种的土地应建设多样化的自然植被覆盖区,弃置的农业用地应促进植物群落的再生。

⑦ 沙丘地严禁放牧以免破坏植被、引起沙丘退化。

⑧ 沿海岸的农田尽量采用生态学的方法控制病虫害,减少对海岸带的污染。

⑨ 控制生态培育区内企业污染,对于区内现有污染型企业,应限期整改或搬迁。

(3) 风景旅游地区

1) 划定原则

利用滨海旅游资源而发展建设的区域。该类型空间在秦皇岛市分布比较集中,在唐山和沧州分布较少(表3-4-13)。

2) 管理导则

① 风景旅游地区开发与建设管制

• 海滨旅游业发展必须坚持"先保护,后开发"的原则,防止过度开发造成海岸带环境污染和海洋生态破坏。

• 旅游开发的建设量必须与地方的环境容量保持一致,不得损害自然、文化和社会价值,保证旅游业的可持续发展。

• 新的设施建设应与周边环境相融合,应避免大量的建筑破坏整体环境的和谐。

② 风景旅游地区的保护管制

• 按照《风景名胜区管理条例》、《森林公园管理条例》和《旅游度假区管理细则》对各类风景名胜区、森林公园和旅游度假区进行管理和保护。

• 旅游路线应避免破坏自然环境。应采用公共交通方式组织人流,公共交通工具需采用清洁型燃料。

• 在未开发地区兴建新的娱乐项目必须对环境无害。

• 不得在生态敏感区掩埋垃圾;污水不得排入任何池塘、沼泽或其他生态敏感区;加强对开发者、旅游者和居民的教育,促进风景旅游地区的有效保护。

(4) 临港产业区

1) 划定原则

沿海地区发展港口和港城建设需要的用地区域。主要包括天津市滨海新区内的海港物流区、滨海化工区和临港产业区等八个产业功能区。河北省主要包括山海关临港工业区、秦皇岛海港区及高新技术开发区、京唐港及海港开发区、黄骅港及港城开发区等。

2) 管理导则

① 海洋资源利用的主要方向为港口开发,产业发展和城市生活,兼顾旅游资源利用,鼓励发展海水直接利用型临港工业建设。

表 3-4-13　京津冀海岸线风景旅游地区（单位：公顷）

名称	地址	面积	现状用地
天津滨海森林闲旅游区	天津滨海新区北部，塘沽区与汉沽区的交界处	1 000.00	盐田、滩涂、水库、居民点
山海关旅游城区	秦皇岛山海关区城建区	1 779.58	城市旅游区
老龙头旅游区	秦皇岛市山海关区南部	93.67	旅游区
山海关欢乐海洋公园旅游区	秦皇岛市山海关区大石河口西侧	29.53	旅游区
山海关森林公园旅游区	秦皇岛市山海关区沟渠寨渔港至山海关欢乐海洋公园之间	111.93	林地
山海关沟渠寨渔港渔村风情旅游区	秦皇岛市山海关区沙河口附近沟渠寨渔港	19.43	渔港
海港区旅游城区	秦皇岛市海港区建成区	10 095.00	城市旅游区
秦皇求仙人海处旅游区	秦皇岛市海港区东山公园南侧	17.31	旅游区
新澳海底世界旅游区	秦皇岛市海港区汤河口西侧	3.96	旅游区
北戴河旅游城区	秦皇岛市北戴河区、戴河东北、赤土河以南	1 661.54	城市旅游区
海滨国家森林公园旅游区	秦皇岛市北戴河区·北戴河海滨林场	906.08	林地和野生动物园
鸽子窝公园旅游区	秦皇岛市北戴河区赤土河人海口东侧	18.85	旅游区
碧螺塔公园旅游区	秦皇岛市北戴河区小东山	4.59	旅游区
老虎石公园旅游区	秦皇岛市北戴河区保二路南口东侧	12.76	旅游区
联峰山公园旅游区	秦皇岛市北戴河区联峰山	280.93	旅游区
仙螺岛旅游区	秦皇岛抚宁县	5.08	旅游区
南戴河国际娱乐中心旅游区	秦皇岛县抚宁县黄金海岸城区以北	99.68	旅游区
捞鱼尖渔业风情旅游区	唐山市乐亭县捞鱼尖，紧邻乐亭三岛码头	44.93	渔港、渔村
大清河盐田风光旅游区	唐山市乐亭县大清河盐场内	1 031.98	盐田
徐家堡渔村风情旅游区	沧州黄骅市徐家堡村、南邻黄骅港城	74.20	渔业专业村、渔港
山海关度假旅游区	秦皇岛经济技术开发区西南部	158.65	度假旅游区
海洋花园别墅度假旅游区	秦皇岛市海港区位于山海关立交桥南部	8.41	度假旅游区
团林度假旅游区	秦皇岛昌黎县七里海潟湖西北，沿海公路两侧	101.08	养殖鱼塘及少量农用地

② 产业布局应区分赖水产业和非赖水产业，海岸线优先布局赖水产业，非赖水产业尽量向内陆发展。

③ 保障一定的城市生活岸线，建设规模不同而多样化的各类亲水空间，并将它们的布局网络化，结合城市绿地系统使这些公共空间向城市内部发展延伸。

④ 港城建设应根据土地利用总体规划和城市总体规划安排各项建设规模，优先利用储备土地，不得随意占用基本农田。

⑤ 保护和改善城市生态环境，城市生产生活污废水须经处理达标后才能排海。

⑥ 本区限制海洋生物直接利用，严格限制海水养殖。

（5）城镇发展区

1）划定原则

包括四种类型：海岸带空间范围内沿海城市的建成区及与城市关系密切的周边村镇；未来可能作为城市及其周边地区扩展空间的地区；城市建成区之外某些可能进行城市化开发的"飞地"；海岸带规划范围内相对独立的农村居民点。

2）管理导则

① 与城市关系密切的各类地区，用地的管制按照城市总体规划管制要求执行。

② 编制和实施城乡规划过程中，应充分考虑对海岸带空间、景观及其他资源的合理和长效利用，集约利用海岸带空间和土地资源，将城市化对海岸带的破坏降至最低。

③ 必须保证公众对海岸的合理使用。

④ 集中布置城乡居民点和滨海基础设施，组织好公共交通和节省能源，搞好城乡协调。

⑤ 严格保护城市化发展区外围的绿色空间。

⑥ 村镇建设和开发活动应符合规划管制政策，不得破坏生态敏感区的生境。

⑦ 海岸带由于湿地保护与恢复，生态及自然环境保护与培育等原因需要进行社会经济调控（如人口的调控等）的村镇，应当在本规划政策和原则指导下，在下一层次的海岸带分区管制规划中，将相应的规划管制要求明确。

（6）农业生产区

1）划定原则

以种植业、畜牧业等农业生产活动为主的地区，主要包括耕地、园地和林地等。执行国家农业发展相关法规和政策，保护基本农田。鼓励农业景观多样化，通过选择不同的种植品种改善整体景观。通过多样化种植和养殖，增强地区生物多样性。

2）管理导则

① 鼓励农民通过转换经营方式获利，如发展葡萄种植园等农业观光旅游和休闲娱乐业。

② 不鼓励在沿海岸带地区开发新的耕地，尤其要保护沙丘、沼泽、湿地和林地等生态敏感地区不被开发。

③ 滨海的农田尽量采用生态学的方法控制病虫害，采用循环种植的方法耕种。

④ 发展农业废料收集体系，进行循环利用。

⑤ 政府可通过资金支持和提供相应的福利政策保障农民利益,避免农业生产与环境保护发生冲突。

⑥ 积极控制面源污染,提高海岸带环境质量。

(7) 盐田区

1) 划定原则

指盐田和盐化工业区建设利用的区域。包括河北省的大清河盐区、南堡盐区和黄骅盐区,天津市所辖盐区等,详见表3-4-14。

表3-4-14　京津冀海岸线盐田区(单位:公顷)

名称	地址	面积	现状用地
银丰盐场盐田区	唐山市乐亭县,老米河至滦河岔海堤内侧	1 739.14	盐田
大清河盐场盐田区	唐山市乐亭县,小清河至大清河海堤内侧	14 545.74	盐田及未利用滩涂
滦南第一盐场盐田区	唐山市滦南县,青龙河至溯河海堤内侧	997.21	盐田
南堡盐场盐田区	唐山市滦南县,黑沿子至青龙河海堤内侧	34 685.05	盐田
滦南第二盐场盐田区	唐山市滦南县南堡	1 392.91	盐田
涧河盐场盐田区	唐山市丰南区涧河口至黑沿子沿海	2 052.25	盐田
黄灶盐场盐田区	沧州市黄骅市,南大港水库北、捷地减河以南	1 645.05	盐田
南大港盐场盐田区	沧州市南大港水库东北部	1 121.5	盐田
南大港六分场盐场盐田区	沧州市南大港管区南排河以北、李家堡村以西	518.41	盐田
中捷盐场盐田区	沧州市中捷东部	6 102.4	盐田
长芦黄骅盐场盐田区	沧州市黄骅市东部	11 767.1	盐田
长芦黄骅海兴盐场盐田区	沧州市海兴县六十六排干以南	4 986.52	盐田
海兴盐场盐田区	沧州市海兴县东部	10 021.18	盐田
长芦海晶集团公司盐场	天津塘沽区	总面积 22 090	盐田
八一盐场	天津塘沽区		盐田
88612部队盐场	天津塘沽区		盐田
营城镇洒金坨村等6个村集体盐场	天津汉沽区	总面积 16 250	盐田
长芦汉沽盐场	天津汉沽区		盐田
天津长芦盐业公司盐场	天津大港区	总面积 1 190	盐田
大港宏源盐场	天津大港区		盐田

2) 管理导则

① 海洋资源利用的主要方向为盐业,禁止安排排污口。

② 根据各级土地利用总体规划,盐田总面积基本保持总量稳定,不再大面积增长。

③ 保护、治理近岸海洋环境,禁止安排排污口,保证盐业取水口水体清洁(Ⅱ类以上)。

④ 逐步优化、规范盐化工业布局。

⑤ 适当发展海水养殖业。

⑥ 现有盐田若停止经营,可以恢复为湿地或建设海滨湿地公园。

⑦ 重点城市发展地段,盐田可以作为城市开发用地储备;但须经过合理的规划。

⑧ 对周围土地盐渍化严重的盐田,应限期搬迁或转改,并对盐渍化地区进行治理。

(8) 海水养殖区

1) 划定原则

指利用海水进行养殖的区域,分为海岸池塘和海洋养殖两类。其中海岸池塘养殖可划分为工厂化和池塘养殖区;海洋养殖可划分为滩涂管养区、浅海设施养殖区和浅海底播养殖区。

2) 管理导则

① 海岸池塘养殖区为控制性发展利用区,鼓励改造发展工厂化养殖。

② 浅海养殖区为鼓励发展利用区,其中沧州滩涂浅海在水质治理达标前为限制性利用区。

③ 区内海洋运输将受到一定限制,但要预留运输航道,保障安全通行。

④ 加强水质变化监测,禁止排污,保证养殖时段内海水水质符合国家规定的水质标准(Ⅱ类以上)。

(9) 预留储备地区

1) 划定原则

包括资源条件较好,但目前利用条件尚不具备或没有明确的使用和开发需求,应留待将来开发的地区。预留储备地区的涵盖面相对较广,包括盐碱地、未利用地、港址资源的预留储备地和旅游及景观资源的预留储备地等。

2) 管理导则

防止对预留储备地区的超前、无序、简单和低效的开发。对其开发应当在条件成熟后方能进行。

(10) 特殊功能区

1) 划定原则

主要指军事区域用地,包括山海关军事区、刘台庄军事区、滦河口军事区和大清河口军事区。

2) 管理导则

军事防御地区应尽量减少对环境的干扰。

(五) 结语

京津冀地区作为继珠三角、长三角之后中国新的区域经济增长极,其海岸线地区在"沿海化"加速发展的进程中,面临着保护和利用的巨大挑战。一方面,京津冀海岸线的大部是我国海岸带上生态脆弱、易受灾害的岸段;另一方面,京津冀600余公里长的大陆海岸线是首都连接海洋通向世界的门户,作为稀缺的战略性资源,将是承担未来国家及地区层面人口迁移、产业布局和城市发展的重要载体。因此,本专题在研究京津冀地区现状发展特征、可类比的国际案例基础上,本着可持续的发展原则,从定位目标措施、空间形态和保护利用政策体系等维度,为京津冀海岸线地区的开发建设提供建议。

1. 发展定位和目标措施

对比东京湾案例,京津冀海岸线地区的发展定位被归纳为"发达的产业聚集地,连接世界的门户"。这一定位是基于该地区的区域地位和现实背景而判断的。报告将该定位分解为城市化、港口建设、产业发展、环境和防灾等五大方面的目标,并进而提出了各目标下的措施体系。

2. 空间形态

(1) 空间发展模式的选择:"极核式"和"连绵带式"

专题报告针对京津冀海岸线地区现状发展特征和国际海岸线规划的趋势认为:至2020年规划期末,空间布局上"极核式"优于"连绵带式"。现阶段海岸线地区处于城市化初期水平,适合集中发展培育若干城市增长极核。连绵带式的分散布局既不利于土地资源的集约化使用,海岸线资源的优化配置,短时期内也难于形成带动区域城市群成长的大中型规模城市。

(2) 节约型的城市土地利用

为保护耕地,城市建设用地普遍紧张的国情下,京津冀海岸线地区存在大量的盐碱地和盐田。这为大规模城市发展提供了丰富的土地储备资源,但应从生态环境的角度进行科学合理的使用。首先可以将位于若干城市增长核心周边的大型盐场和盐碱地,分步开发作为城市建设用地。以不同阶段城市发展规模为依据,按需分批取用。其次,作为城市建设用地储备而暂时未被使用的盐碱地,应积极改造其生态环境,培育湿地植被等,创造城市周边良好的地区环境。最后,位于自然保护区、河湖水库和风景名胜区等周边的盐碱地和废弃盐田,应大力恢复其生态系统,促进区域生态环境的改善。

(3) 培育广域绿地环境

构筑极核式的城市群空间布局,需要在各极核之间培育保留大面积绿地空间,这有利于区域生态环境的改善。因此,报告建议提高区域整体的森林覆盖率,重点加强沿海防护林、滨海山体和各主要河流防护林的建设。同时,结合各级自然保护区、湿地和耕地等的保护建设,构筑生态良好的广域绿地环境。

3. 保护利用政策体系

借鉴美国海岸带综合管理的核心内容,专题报告提出了京津冀海岸线地区的保护利用政策体系,并针对实际情况,提出了十类用地空间类型的管理导则。报告作为前期研究,政策部分主要着眼于总体大纲,在今后的海岸带规划中可逐步深化,成为具体的实施细则。

专题五

城镇群协调发展与气候环境关系专题研究

目 录

引言 ··· 449
一、京津冀地区气候背景分析 ··· 450
二、重点城市气候概况分析 ·· 454
三、京津冀地区污染扩散状况分析 ··· 464
四、不同天气条件下京津冀地区气流场的数值模拟分析 ·· 471
五、气象灾害 ·· 477
六、气候资源 ·· 481
七、气象环境评价与规划建议 ··· 483

引　言

在全世界范围内，一味追求经济增长导致城市人居环境恶化的例子屡见不鲜。图 3-5-1 描述了城市规划影响气候环境的机制。城镇人口的急剧增长和城市规模的不断扩大，改变了城市区域的土地利用结构和气层下垫面特性，使得原有的自然植被和裸露土地被各种各样的建筑物以及大量的沥青、水泥马路所代替。人们的生产和生活极大地改变了城市大气的热力和动力状况，城市工业排放的大量烟尘、气溶胶、颗粒物以及城市道路上汽车尾气和扬尘等对于城市的气温、湿度、能见度、风和降水都有影响，带来了一系列的城市问题，如环境污染、交通拥挤、缺乏绿地和城市生态环境严重恶化等，产生了"城市热岛"、"城市干岛"和"城市浑浊岛"等城市特有的现象，对城市人居环境诸要素等方面产生多方面的影响。在国内外许多城市，由于早期的规划不合

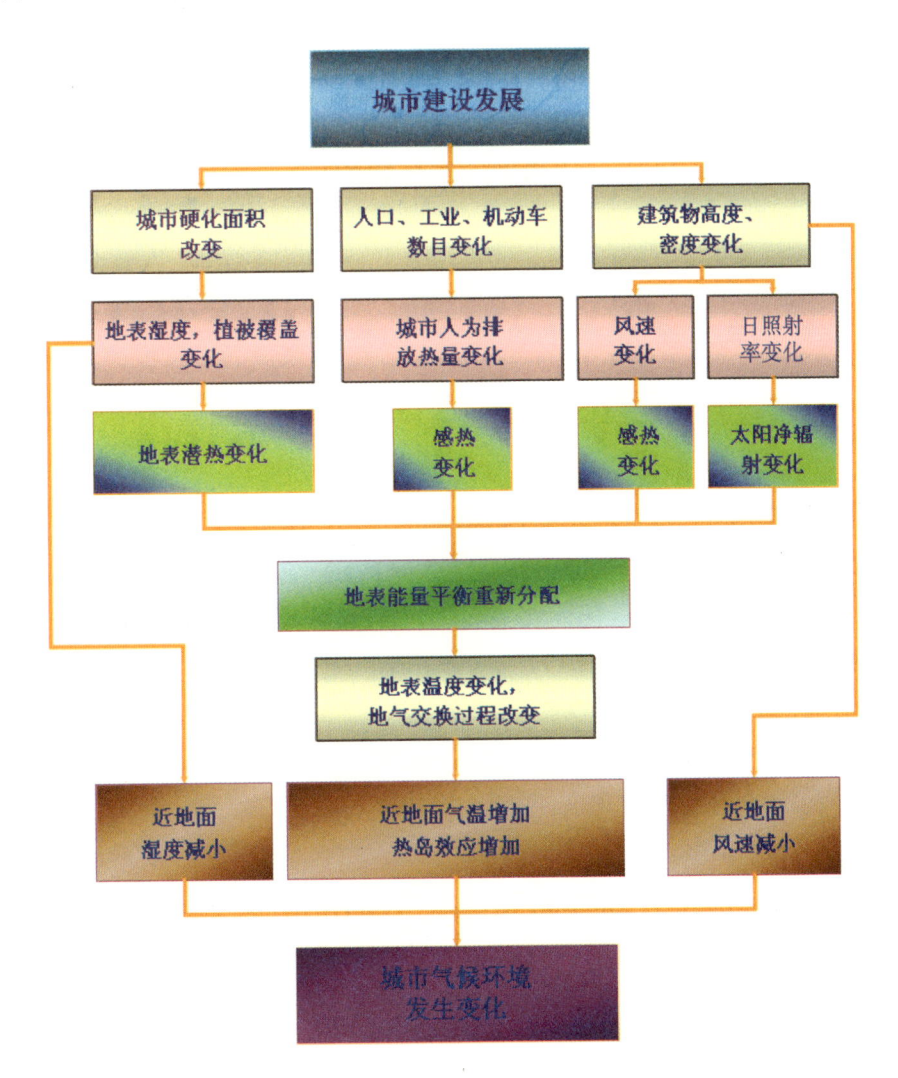

图 3-5-1　城市建设影响气候环境的机制

理，与城市发展伴随而来的是空气环境质量恶化、城市热岛效应加剧和夏季高温热浪频发等负面效应。而气象环境的恶化，反过来又会影响到城市的人居环境质量并带来诸多其他负面效应，成为制约城市社会经济进一步发展的"瓶颈"。

因此，气象条件对于城市规划建设有着重要的影响。在我们生活的大气边界层，气象条件究竟是如何影响到污染物的扩散、如何影响到空气质量，而城市建设又将对大气环境产生怎样的影响，是城市规划所必须考虑的问题。

一、京津冀地区气候背景分析

（一）京津冀地区气温的分布特征

1. 气温的空间分布特征

京津冀气温呈现南高北低、山区低于平原的分布特征。整个区域年平均气温在 1.6-14.2℃ 之间，长城是整个京津冀区域热量上的一条重要分界线，年平均气温 10℃ 等值线基本上沿长城通过，长城以北小于 10℃，长城以南大于 10℃。西部太行山区及山前平原年平均气温为 12-14℃，冀东平原区为 10-12℃，燕山丘陵区 7-10℃，冀北高原区 1.6-7℃；整个区域夏季平均气温在 16.8-26.2℃ 之间。

2. 气温的时间变化特征

全球气候正经历以全球变暖为主要特征的变化，近百年以来全球平均气温升高了 0.6℃，我国气温也上升了 0.5-0.8℃。与全球和全国变暖趋势相一致，京津冀地区的年平均气温也在呈现增加趋势，增温速率达 0.27℃/10a。

3. 高（低）温日数的空间分布和年代际变化

整个区域高温日数从南到北依次递减。南部（太行山区、山前平原区）为高温日数的高值区，其中 30℃ 和 35℃ 以上的高温日数多年平均值分别在 60 天、10 天以上。北部地区相对较少，30℃ 和 35℃ 以上的高温日数分别在 40 天、4 天以下，其中冀北高原 35℃ 以上的高温日数在 1 天以下，有相当一部分地区甚至没有出现过；从高温日数年代际变化看，30℃ 以上的高温日数年际变化呈现增加趋势，最高值为 20 世纪 90 年代，80 年代到 90 年代是变幅最大的时段。低温日数的空间分布与高温日数分布情况相反，长城以北地区为各级低温日数的高值区，其中 0℃ 和 −10℃ 以下低温日数的多年平均值分别在 160 天、80 天以上，而冀北高原分别达到了 180 天和 100 天以上。中南部地区相对较少，0℃ 和 −10℃ 以下的低温日数大部分地区分别在 120 天和 40 天以下；从低温日数年代际变化看，大部分区域 0℃ 和 −10℃ 以下的低温日数从 20 世纪 60 年代到 90 年代呈现减少趋势，90 年代各级低温日数减少到最低值。

4. 城市热岛效应特征

近 40 年来整个区域表现出明显的气候变暖趋势，从季节变暖趋势上看，冬季变暖趋势尤其明显，春季次之；从 1961-2003 年和 1981-2003 年两个时段城市与乡村温度变化速率看，1961-2003 年，城市的增温速率一般高于乡村，城市存在着增温率高值中心。20 世纪 80 年代以后热岛增温进一步增强，这与城市规模扩张、城市人口增加有很大的关系。特别是石家庄、唐山和北京的增温效应越发显著，成为热岛的高值中心。

（二）京津冀地区降水的分布特征

1. 降水的空间分布

整个区域年降水量为 341-750 毫米。其中，燕山丘陵区山前平原地区年降水量在 600 毫米以上，是降水最多的区域；太行山东麓的紫荆关、阜平和浆水等地为 600-650 毫米，冀北高原及山区年降水量不足 500 毫米，其中冀西北地区及桑洋盆地不足 400 毫米。

2. 降水日数的空间分布

京津冀地区年降水日数以张家口北部和承德大部最多，超过 80 天，冀北高原部分地区超过 100 天，而平原地区不足 70 天。燕山山区及其丘陵地区是年降水量最多的区域，但年总雨日却并不多，说明该区域的降水强度较大，暴雨日数较多，而西北部降水强度较小，暴雨日数很少。

近 40 年来，大部分区域年降水日数和年降水量的变化趋势一致，除张家口、承德的北部年降水日数增加外，其余大部分地区的年降水日数减小，并以东部和南部减少的较明显。

3. 京津冀地区风象分布

（1）平均风速分布

冀北高原和沿海平原年平均风速大多在 3 米/秒以上，其中张家口北部高原为 3.5-4.2 米/秒，为风速最大区域；燕山山区和太行山区不足 2 米/秒，为风速最小区域；其他地区在 2-3 米/秒之间。冀北高原和沿海平原的气候资源、海洋资源比较丰富，尤其是风能非常丰富，因此该地区应该在产业规划中加大对风能和海洋能的开发力度。这有利于控制火电排放，促进当地的环境改善。

近几十年来，该区域年平均风速呈明显下降趋势（平均每年下降 0.025 米/秒），且在冀东平原地区下降趋势最为显著。

（2）大风日数分布

冀北高原、燕山北部以及太行山北部地区年平均大风日数最多，大部分在 30 天以上，其中冀北高原超过 40 天；燕山东部、太行山中南部，以及燕山和太行山的山前平原、丘陵地带，年平均大风日数在 20 天以下，部分地区不足 5 天。

该地区年平均大风日数逐年变化趋势也呈现明显的下降趋势，递减率为 0.47 天/年。

（3）风向分布

京津冀地区年最多风向频率大多不高，一般在 7%-26%，张家口最大，北北西风出现频率为 25.9%。就主导风向空间分布而言，全区域以偏南风（S、SSW）为主导风向的地区最多，占总站数的 48.3%，主要分布在太行山和燕山山前平原地区；而冀北高原地区地势平坦开阔，且受蒙古高压影响较重，大部分区域主导风向以西北风和偏北风为主；太行山山区和燕山山区受地形影响,主导风向各地差异很大,其中很大一部分地区静风频率最高。从年主导风向分布图上可以看出,保定到廊坊区域位于气流交汇区,风速也比较小,可以推测这一带应当是污染扩散不通畅区域,污染相对严重(图3-5-2)。

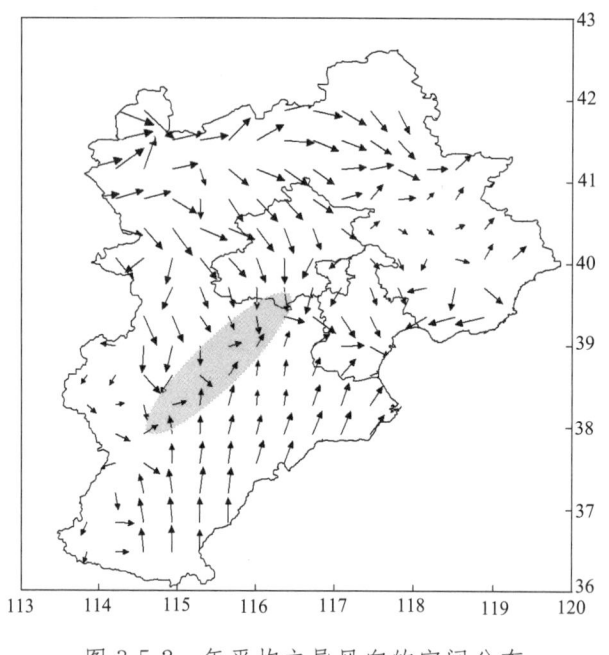

图 3-5-2 年平均主导风向的空间分布

(4) 四季风向风速的空间分布

根据对京津冀地区四季主导风向和风速的统计(图3-5-3),在1月(代表冬季),京津冀地区受大陆冷高压的控制,盛行偏北风,风速较大。河北东南部风速小,廊坊、衡水与石家庄之间的区域常处于涡旋区,污染物不易于扩散。4月(代表春季),大陆冷高压逐渐变弱,西太平洋副热带高压加强北上,故北部主导风主要仍以偏北风为主,南部主导风向转为偏南风。其中,东南沿海地区的偏南风风速较强。承德西南部和石家庄地区常出现涡旋区,空气质量较差。7月(代表夏季),除了冀西,其他地区盛行南风和东南风。冀西风速相对较弱,在风梯度小、弱高压控制的天气条件下,这一区域容易形成大面积的污染浓度高值区。10月(代表秋季),北部地区主导风向已由东南风转变为偏北风,南部地区主导风仍以南风为主。天津、廊坊、沧州、保定和石家庄位于气流交汇带上,风速较小时,这一区域易形成高污染浓度带。

4. 小结

(1) 气候概况

气温:京津冀气温呈现南高北低、山区低于平原的分布特征。京津冀地区的年平均增温率为0.27℃/10年。其中京津冀东部平原大部分地区、燕山丘陵区和冀北高原部分地区增温幅度较大,在1℃以上。从高(低)温日数也可以看出,由于城市化规模的扩大导致高温日数增多,低温日数骤减的趋势。20世纪80年代以来,石家庄、唐山、天津和北京的增温效应越发显著,成为热岛的高值中心。

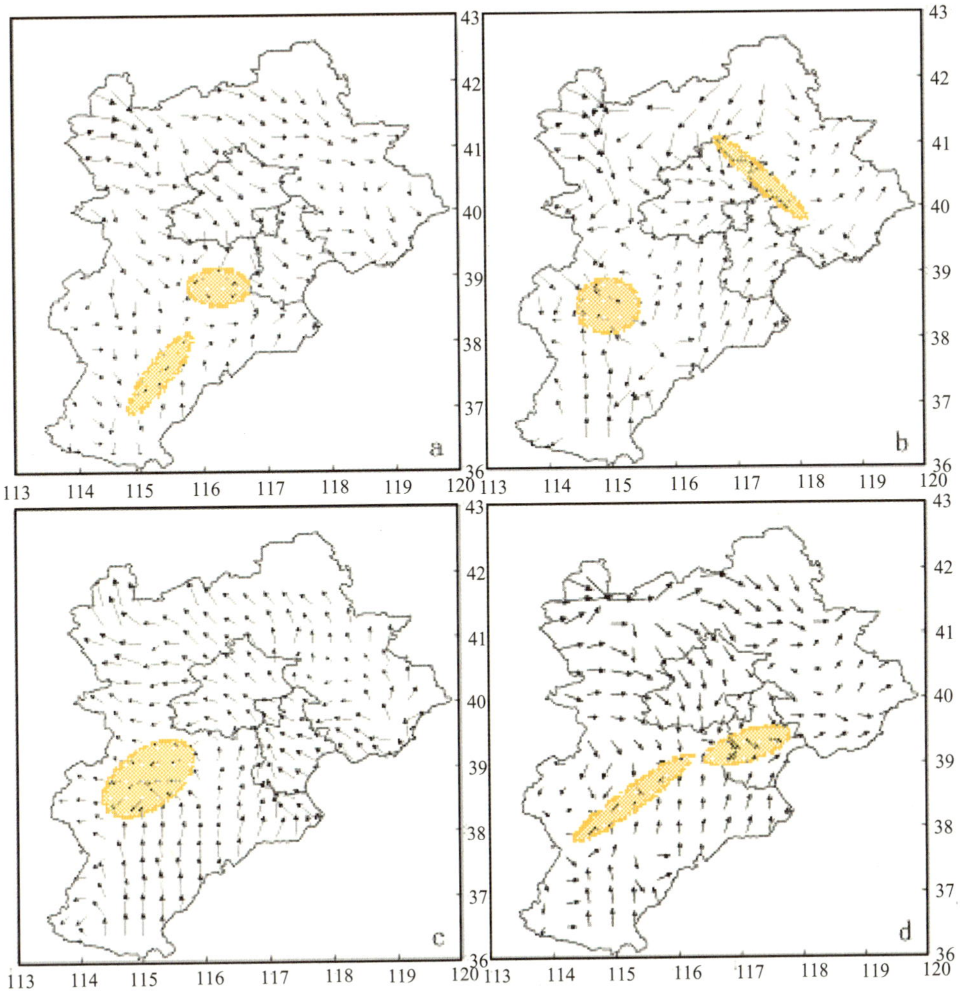

图 3-5-3　主导风风向风速的空间分布

注:a:1月;b:4月;c:7月;d:10月(黄色表示易出现高污染的地带)。

风:冀北高原和沿海平原年平均风速大,西部地区(保定、石家庄、邢台西部和邯郸西部)平均风速小,区域的东北部(秦皇岛与承德之间)平均风速偏小。京津冀地区各地主导风向受地形影响大。太行山和燕山山前平原地区以偏南风为主导风向;而冀北高原地区主导风向以西北风和偏北风为主;太行山山区和燕山山区由于其地形复杂,大部分地区静风频率最高。近几十年来,平均风速和大风日数都呈逐年减少趋势。

降水:整个区域年降水量为341~750毫米。燕山丘陵区山前平原地区是降水最多的区域;太行山东麓的紫荆关、阜平和浆水等地降水量次之;冀北高原及山区年降水量不足500毫米。近40年来,除北部以外的大部分地区年降水量在减少,燕山山区及其丘陵地区降水强度较大,暴雨日数较多,而西北部降水强度较小,暴雨日数很少。

(2) 规划建议

1) 城市规划:从气象环境角度入手,提倡组团发展避免城镇连片发展。采取同心圆式的扩展方式,针对热岛和高温分布面积越来越大的情况,在规划中采取生态隔离带分割、多中心组团式,使温度降低。在京津冀区域层面,由于其范围较大,在城市之间、城市各组团之间、城市与重点园区之间,可利用自然山体、水体、绿地和农田等形成绿色开敞空间(2-5公里宽),以达到分割目的。另外,京津冀地区交通干线密织如网,在交通干线两侧建设具有一定纵深的绿色廊道,是规划中缓解城市热问题的又一方法。与此同时,在规划中应完善城市本身绿化,注意城市通风,具体措施为:城市建筑物规划建设应避免中心低四周高的不利空气流通格局,道路沿线同时建设绿化带、新型停车场(带绿化)等以追加城市绿化面积。

2) 水资源:整个京津冀地区降水偏少,淡水资源比较紧张。相对而言,京津冀地区东部秦皇岛、唐山和天津降雨量偏多,西北部(张家口、承德)和中部的石家庄、衡水降水量偏少,而京津冀地区人口、经济的发展布局与水资源的分布状况不相匹配,这是在新一轮规划中,从工业发展、产业布局等方面应值得注意的地方。

3) 污染控制:北京与天津交接的区域、廊坊、保定、沧州和石家庄这些地区经常处于不利于扩散的气流场条件下,因此在这些区域,产业布局方面应谨慎。同时应加快淘汰工艺落后、污染严重的小企业,全面治理裸露地面和农田,提高清洁能源供应,重点控制煤炭消耗总量。通过开展区域和规划环评,对新城发展、区域开发、城市建设和布局调整提出严格的环境保护要求和污染控制措施。

4) 人口控制:在天津滨海新区、张家口山地丘陵区,降水较为丰沛,人均水资源量较高,但耕地分布较为零散,土地退化严重。由于张家口—承德的山地丘陵区处于生态脆弱区域,农业人口比例较高,今后应控制人口规模。

二、重点城市气候概况分析

(一) 北京

1. 风

北京平原区和其他区县相比,中心城范围气流平滑,房山、石景山和丰台部分地区气流存在辐和,不利于污染物扩散(图3-5-4)。从中心城各区的多年风玫瑰图(图3-5-5)可见,中心城中西北部的海淀多年主导风向为偏北风,其次为西南偏南风;东部的朝阳多年主导风为西北偏北,其次为西南偏南;而石景山和丰台则分别为东北偏北、西南偏南。

北京年平均风速在1.8-3米/秒之间。城区、谷地、盆地年平均风速较小,城市对风的影响主要是由于建筑物密度较大、高层建筑较多,使空气流动受阻,而导致风速减小。一般情况下市区的风速比郊区平均要小20%-30%。北京市域范围内冬、夏季除了西北部山区风速较大外,房山、门头沟风速较小,中心城次之。顺义南部、朝阳东部、大兴东部和通州等地风速较其平原地区大一些。城区及城镇化水平较高的地区,风速较小,山上风速较大(图3-5-6)。

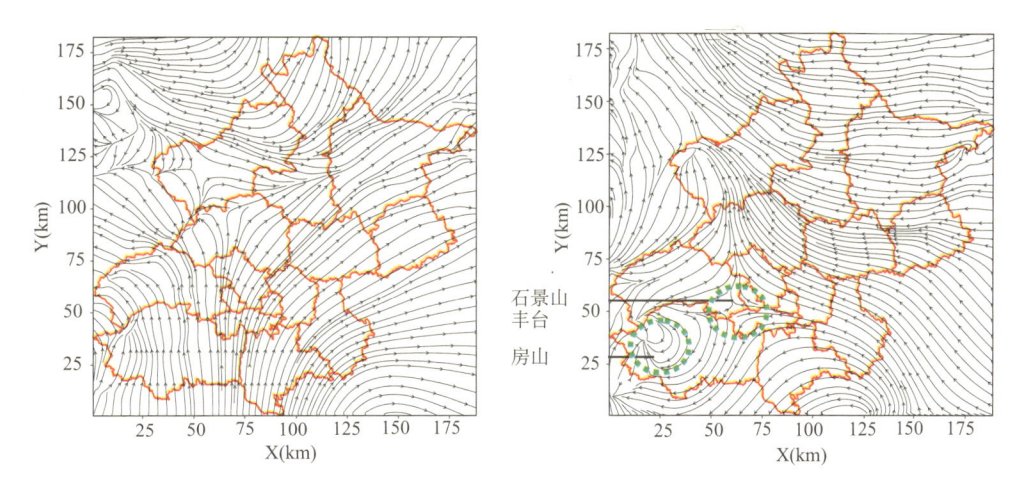

图 3-5-4　北京市域范围 7 月平均流场分布

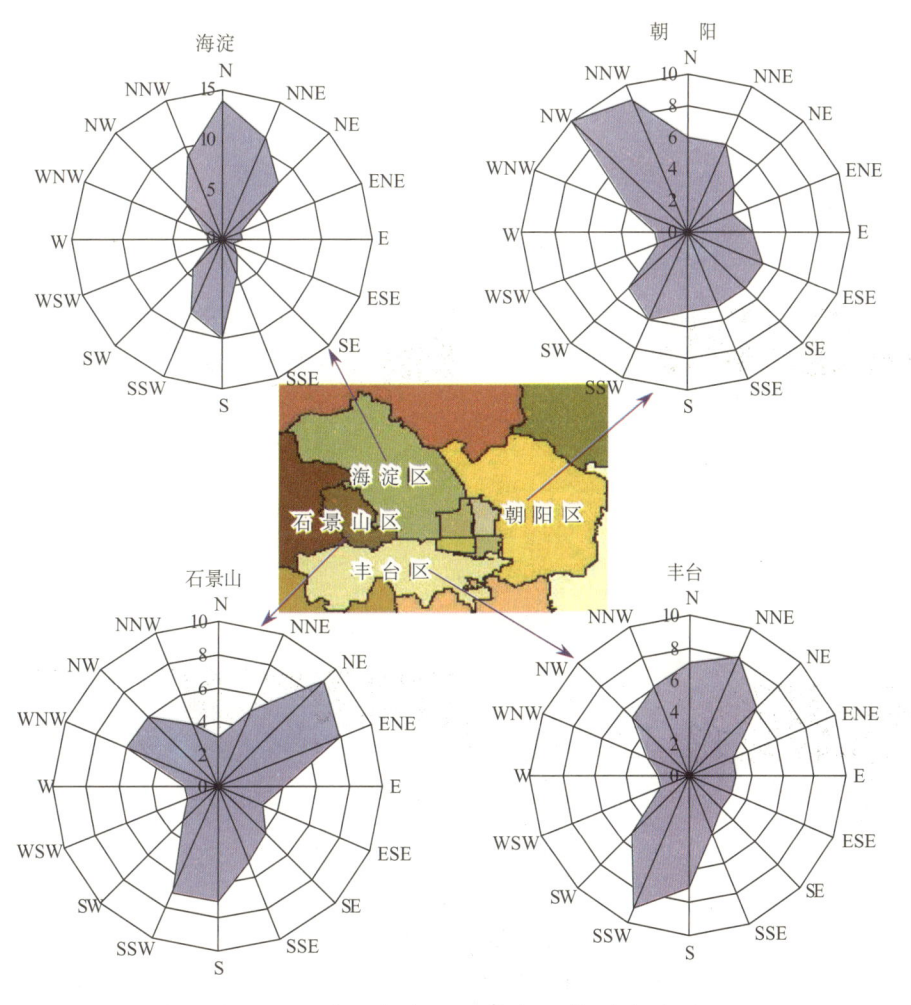

图 3-5-5　中心城各区的多年平均风玫瑰图

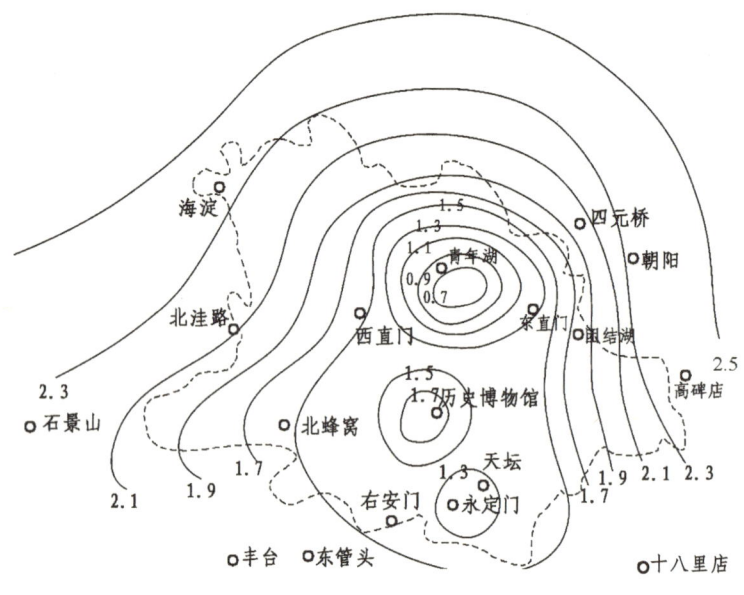

图 3-5-6 城区年平均风速观测结果分布(单位:m/s)

2. 温度

表 3-5-1 给出了我国城市房屋建筑竣工面积和热岛强度的统计。林学椿等人的研究给出了热岛强度和房屋竣工面积之间的线性回归关系:$Y=0.0004369X+0.27783$,其中 Y 为热岛强度(单位为℃),X 为房屋竣工面积(单位为 $10^4 m^2$),该公式表明,当房屋竣工面积每增加 1 000

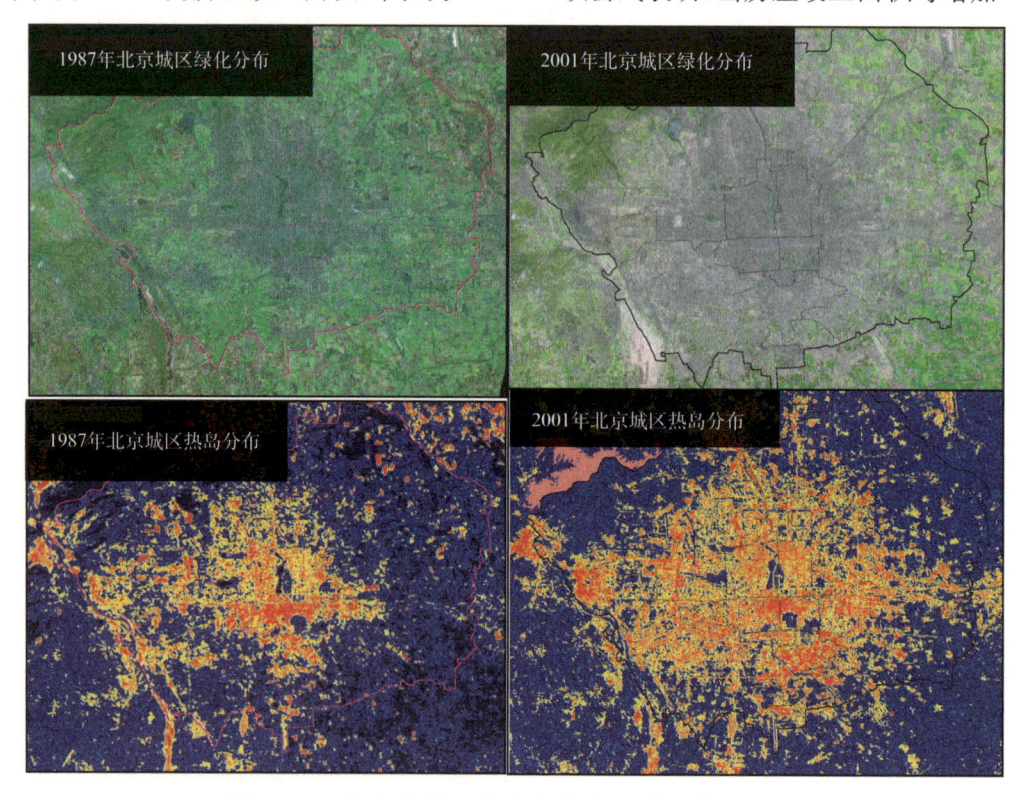

图 3-5-7 北京市城区绿化和热岛分布的变化情况

万 m², 北京城市的热岛强度增加 0.436 9℃, 即北京市内的温度比远郊区高出 0.436 9℃。

表 3-5-1　城市房屋建筑竣工面积对应城市热岛强度五年平均值变化

时段	1957-1961	1962-1966	1967-1971	1972-1976	1977-1981	1982-1986	1987-1991	1992-1996	1997-2001
房屋竣工面积(万 m²)	341.2	203.0	108.4	212.0	552.0	824.2	1 059.0	\	1 928.9
热岛强度(℃)	1.06	0.96	1.08	1.24	1.38	1.60	1.74	1.94	1.96

随着城区建设面积的扩大，绿化面积逐步缩小，而城市热岛范围越来越大(图 3-5-7)。就市域范围内而言城区温度较高，其中二环路内温度较高(天坛和天安门温度相对较低)，二环路外的东部和南部温度也较高。

3. 湿度

图 3-5-8 显示了城区相对湿度的等值线分布，市区相对湿度最小，并渐渐向近郊区增大，朝阳区相对湿度略大于丰台。据统计，1999-2002 年由于城市公共绿地增加，平均干岛强度有所减弱，使城市空气中水汽含量增多。

4. 其他指标

(1) 扩散能力

这里用污染扩散自净时间表征污染物瞬时源扩散能力，即表现为瞬时污染源扩散到小于一定浓度(如源排放浓度的 1%)所需的时间。所以自净时间越短越有利于污染物的扩散。图 3-5-9 显示了模式计算出的市域内污染物扩散自净时间，由此可见通州地区扩散能力强，顺义、朝阳东部、大兴等地区扩散能力较强。

图 3-5-8　城区相对湿度分布

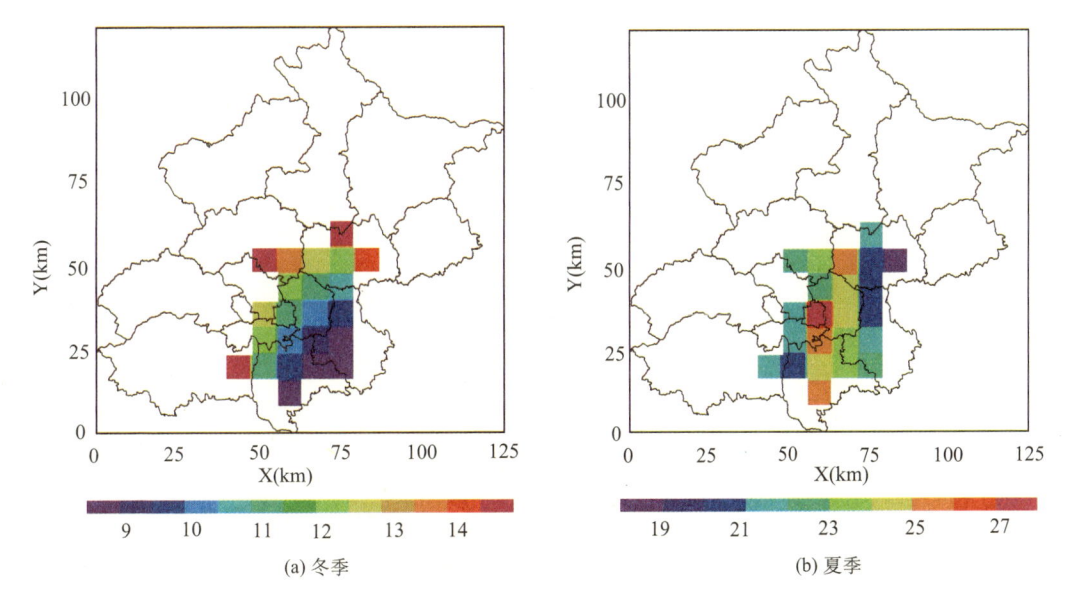

图 3-5-9　北京市域污染扩散自净时间分布(单位：小时)

(a) 冬季　　(b) 夏季

(2) 人体舒适度

人体舒适度表示了人体对外界自然环境产生的各种生理感受。人体舒适度与气温、风速和空气湿度等气象因子有关,冬季值越大人体感觉越舒服,夏季值越小人体感觉越舒服。根据模式计算,7月份市域人体舒适度分布比较适宜的地区是昌平、怀柔、密云和平谷的平原地区。而对城区来说,海淀和丰台西部较舒适,二环路及天坛以南地区舒适度较差。

(3) 污染物分布

图 3-5-10 给出了北京城区污染物浓度(PM10、NO_2)的大致分布。由图可以看出,对于 PM10 而言,主城区(前门)、石景山(古城)和丰台(玉泉路)浓度较高,城东北(奥体中心)和东南(亦庄)浓度较低,这和前面的流场、风速、污染物扩散能力分析一致,即污染物浓度高的地方流场

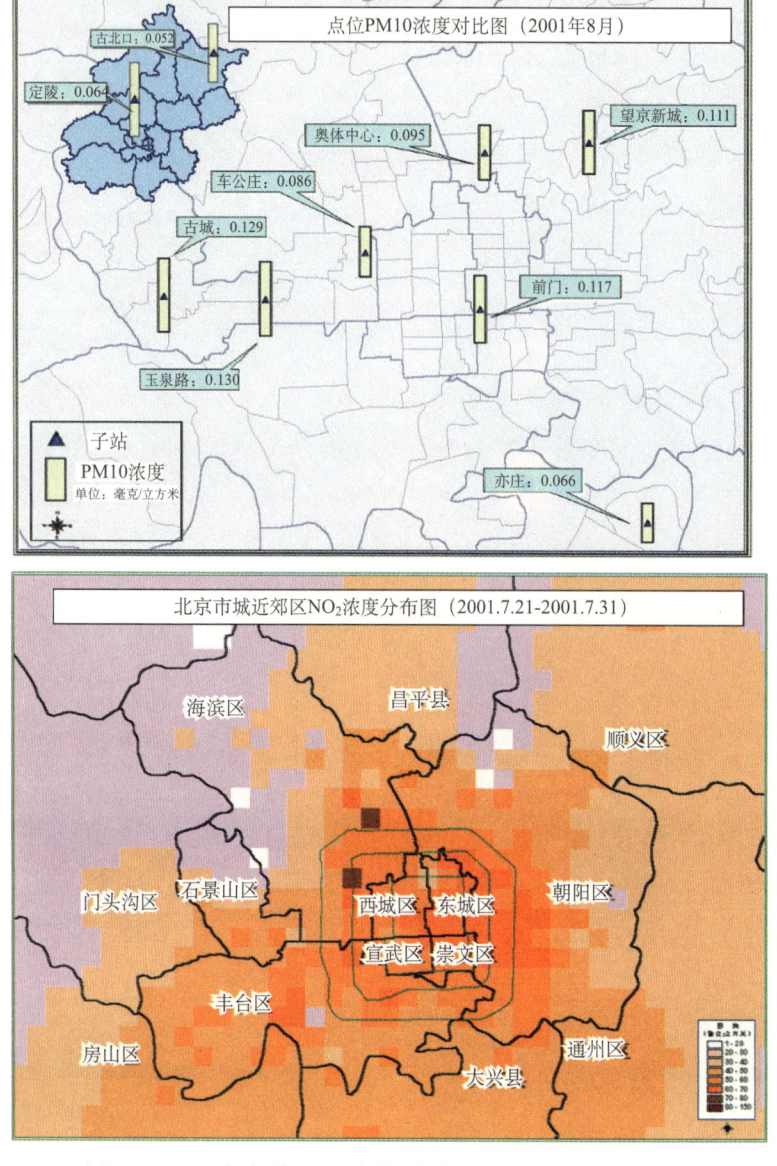

图 3-5-10 北京城区污染物浓度(PM10、NO_2)的分布

存在辐合、风速较小、污染物自净能力弱。对于二氧化氮,由于城区二氧化氮的污染主要来源于机动车排放,所以北京城区二氧化氮相对高浓度区主要位于四环路以内。

5. 总结

北京地区西北部山区风速较大,房山、门头沟风速较小,中心城区次之。顺义南部、朝阳东部、大兴东部和通州等地较其平原地区大一些。城区及城镇化水平较高的地区,风速较小,山上风速较大。通州地区扩散能力强,顺义、朝阳东部、大兴等地区扩散能力较强。如果在北京区域发展产业,最重要的是应该考虑与周边城市的位置、距离关系。北京地区的环境适宜性评价如图 3-5-11 所示。

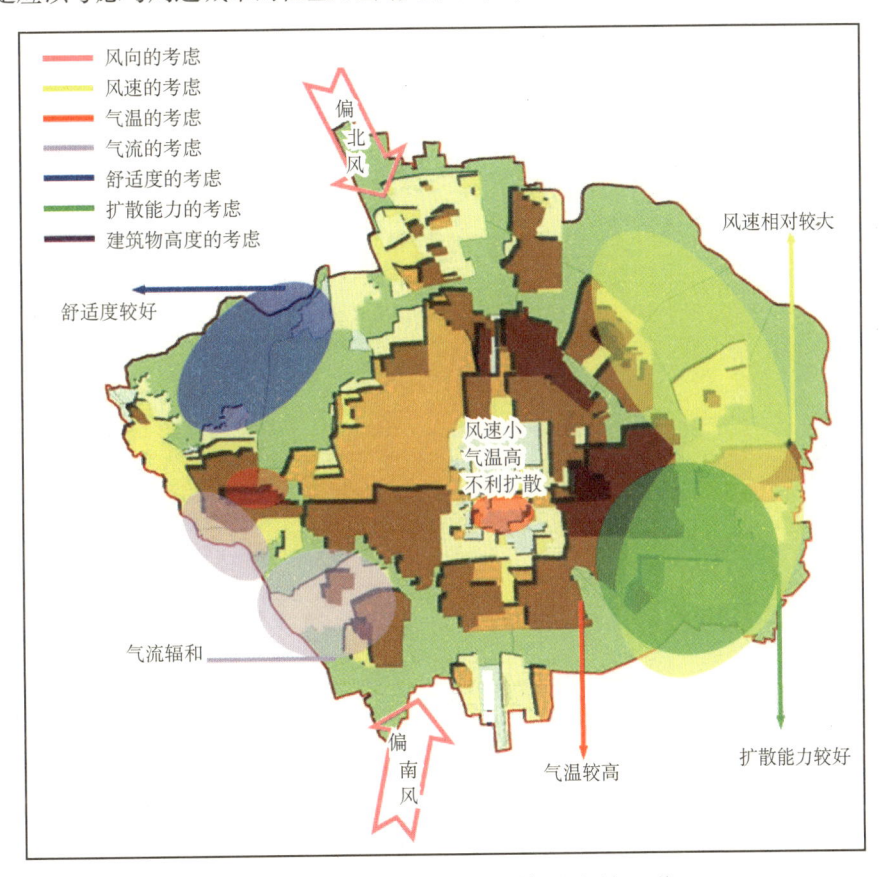

图 3-5-11 北京地区的环境适宜性评价

(二) 石家庄

20 世纪 80 年代以来,石家庄市气温有明显升高趋势,特别是 1985 年以后气温升高明显(图 3-5-12)。这种升高固然与全球气候变暖有关,但城市热岛效应也是一个不可忽略的因素。

1995 年以前石家庄市城郊年平均气温温差稳定在 0.5℃以下,1995 年以后,城郊年平均气温温差超过 0.7℃,而 2001 年到 2003 年城郊年平均气温温差接近 0.9℃,石家庄市区的热岛效应明显。

从石家庄市域 30 年平均气温分布可以明显看出,热岛中心位于市区,由于太行山焚风效应的影响,沿太行山麓石家庄市区、鹿泉、赞皇呈现气温相对较高的地带。

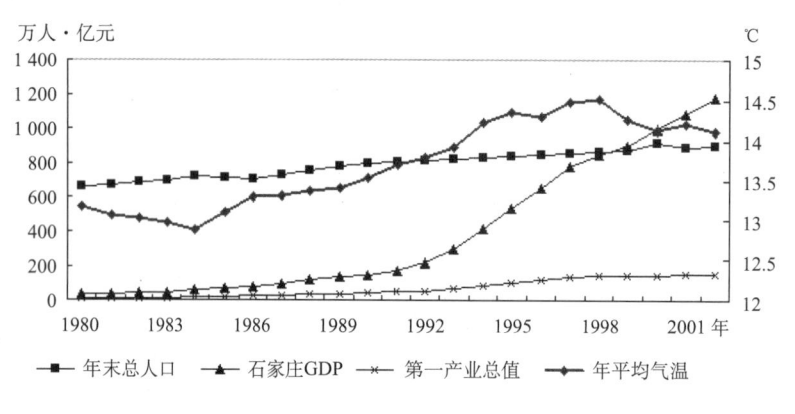

图 3-5-12 石家庄市经济指标与年平均气温变化

根据 NOAA16/AVHRR 遥感数据资料分析,夏季白天石家庄市区周围等温线十分密集,并且市中心温度明显偏高,热岛效应明显;冬季白天市区周围等温线比较密集,但市区中心温度偏低,说明冬季白天市区中心存在一定程度的"冷岛"效应(图 3-5-13a、b)。

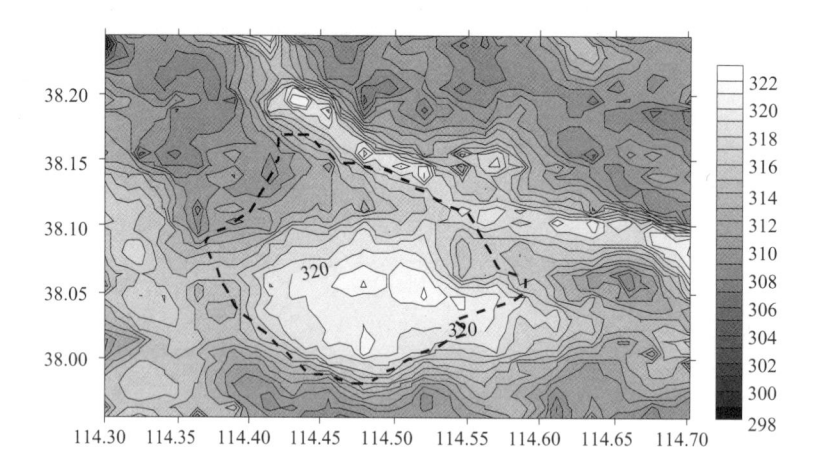

图 3-5-13a 2004 年 5 月 31 日石家庄市区地表温度分布(遥感数据反演,单位:K)

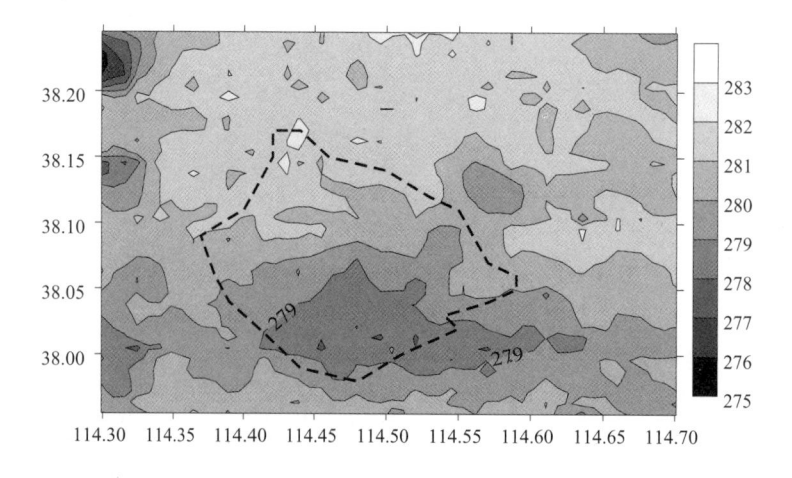

图 3-5-13b 2004 年 1 月 12 日石家庄市区地表温度分布(遥感数据反演,单位:K)

(三) 天津

天津处于北温带季风气候区,由于海洋的调节作用使其表现为海洋性过渡气候特征。

1. 气温

天津市年平均气温从南向北递减,市区有一个明显的高值区(中心值为13℃),比近郊高约0.6-0.8℃,比远郊或乡村高1℃以上。

1980年以后城郊温差出现很明显的增大趋势,从20世纪60年代中的0.6℃左右到2000年的1.2℃左右。天津城市热岛强度在35年时间内增加了近1倍,变化十分显著。特别是近3年,达到了历史的最大值。

城市热岛强度改变对天津站年平均气温变化趋势的影响为0.11℃/10a。图3-5-14和图3-5-15是不同时期的天津市热岛图像。1993年天津城市热岛面积很小,且集中在市中心一带。随着城市发展,2001年热岛面积明显增加,整个建城区清楚呈现为"城市热岛",形状、走向、位置与建城区一致。南开区的水上公园一带表现为一个冷区。热岛中又包括许多大小不同、形状各异、强度有别的小热岛群。热中心位于能耗大、热源强度高的地区。在热图像上密集的房屋呈暖色调,宽阔的街道也呈现较高的温度,河流和绿地则呈现较低的温度,整个热岛有时为纵横交错的道路网和河流所分割。

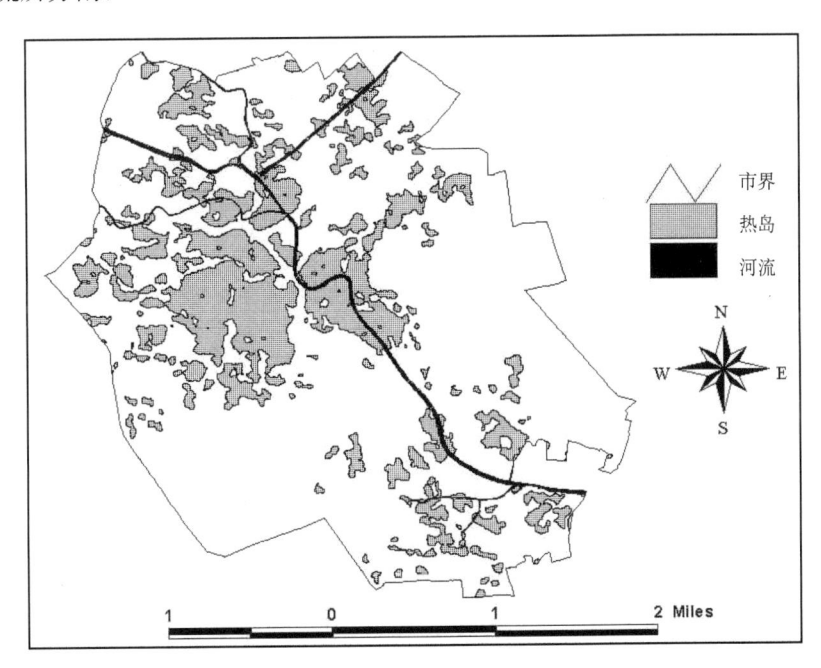

图3-5-14 天津市1993年城市热岛分布

2. 风

(1) 风速

由图3-5-16可见天津各地年平均风速有逐渐减小的趋势,其中天津市区和塘沽区的这种趋势较其他郊县更明显,由此可以看出城市发展对城市风速的影响。

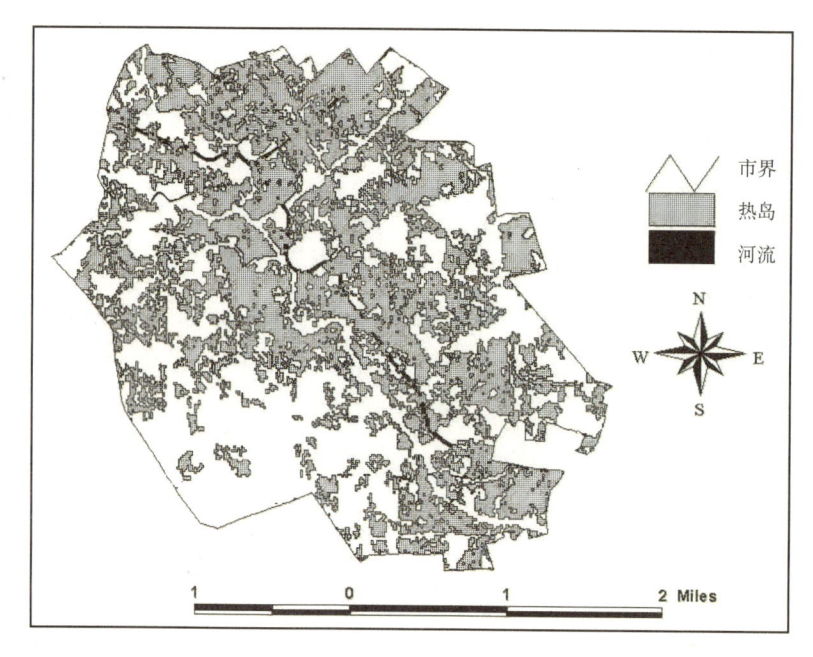

图 3-5-15 天津市 2001 年城市热岛分布

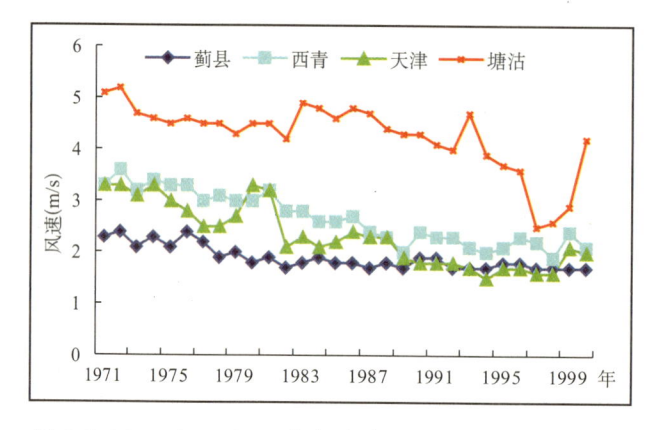

图 3-5-16 近 30 年天津各代表站年平均风速的变化

全市年平均风速分布具有北部小、东南部大的特点,变化范围处于 1.9-4.3m/s 之间。其中,大港地区风速最大,蓟县最小。

(2) 主导风向

天津蓟县、西青、天津市区、塘沽四个代表站除塘沽受海陆风影响外,其余各地风向以 SW 和 SSW 为主,以 NNW 为辅。

由图 3-5-17 可知,冬季、夏季天津主城区风速相对较小,比周边地区风速低 1-2m/s。冬季东南部为相对风速较大区,夏季东南部、东北部为相对风速较大区。

3. 降水

从量上看 30 年(1971-2000 年)间天津年降水的变化趋势,可以发现从 20 世纪 80 年代后期开始降水量呈现下降的趋势,其中位于北部和东部的蓟县和塘沽在90年代后期的下降趋势较其他地区更明显。天津地区降水分布呈现为北多南少的特征,年降水量在522-663.4mm,各地年降

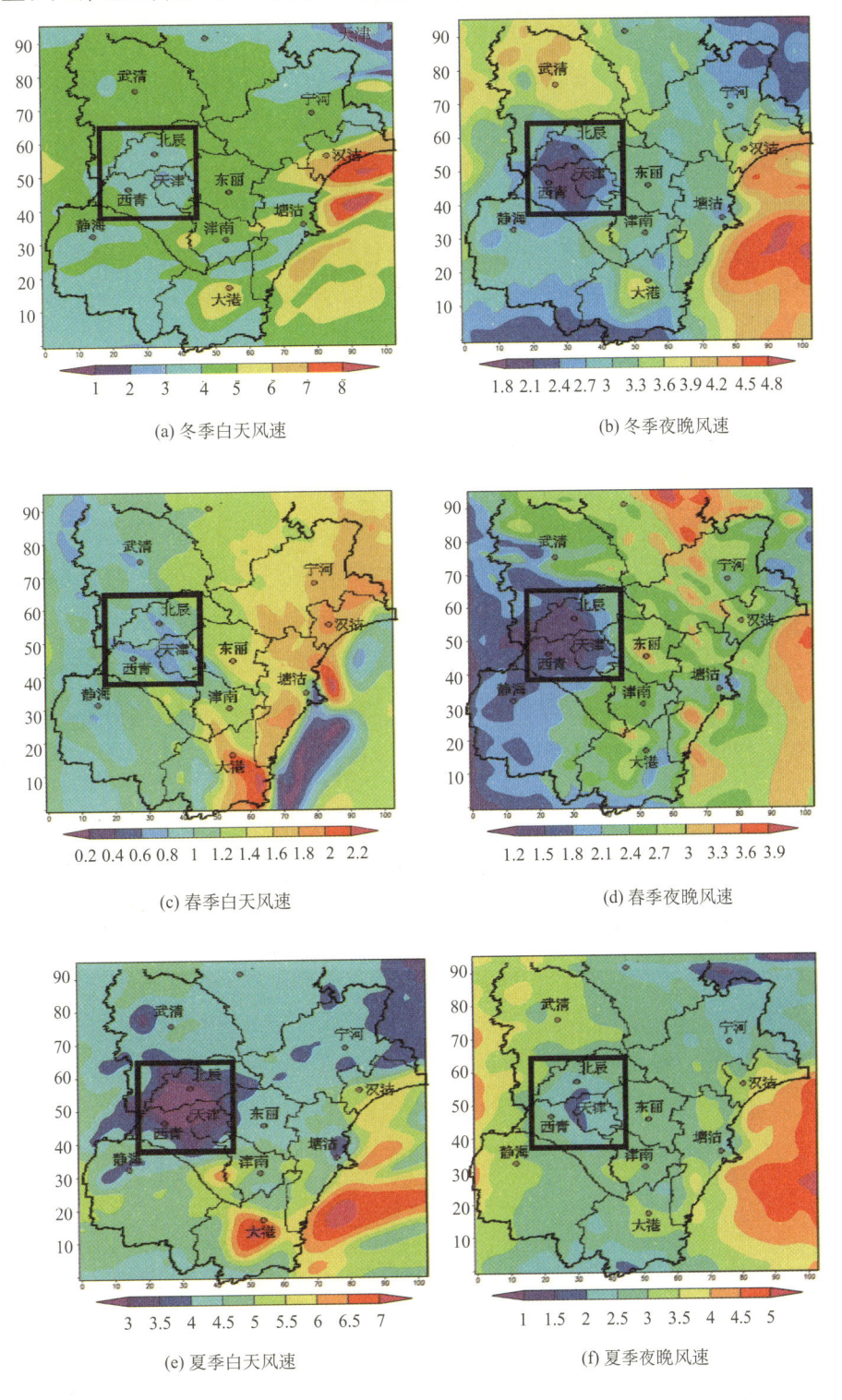

(a) 冬季白天风速

(b) 冬季夜晚风速

(c) 春季白天风速

(d) 春季夜晚风速

(e) 夏季白天风速

(f) 夏季夜晚风速

图 3-5-17　天津市域不同季节风速

水量的70%集中出现在夏季,春、秋两季各占10%-15%,冬季降水量不足全年降水总量的3%。

4. 空气相对湿度

空气相对湿度常被用于表示某地、某时段的干燥程度,其主要受纬度高低、季节和下垫面等影响。天津市濒临渤海,空气湿度的变化受季风气候影响,干、湿季节分明。天津各地雨季7-8月相对湿度最大,4月最小,各地逐月变化趋势相近。从市区、蓟县、塘沽的多年变化看,天津年平均相对湿度呈逐年下降趋势。

5. 日照时数

日照时数的减少是大气环境污染的结果,也就是气溶胶增加的结果。根据1970-2000年的统计结果,天津市日照时数从20世纪70年代的平均2 900小时/年下降到2000年的平均2 500小时/年,减少的趋势明显。

(四) 总结

根据天津市多年气候环境分析得知,天津市区热岛明显,天津市区和塘沽逐年风速明显减小,由此可以看出城市发展对城市风速的影响。从规划的角度,建议减少风通道方向上(西北-东南方向)的建筑,避免高大建筑群;减小建筑物与风通道方向交角,进而增加城市通风量,提高城市自净能力。另外,天津市与周边城市已经没有明显的界线,城市群人口密集,工业集中,因此各城市之间所排放的大气污染物相互作用、相互影响,形成了特有的"城市群污染"。因此区域之间的协作和竞争,应在新进行的城市规划设计中有所考虑。

三、京津冀地区污染扩散状况分析

为了定量分析京津冀地区大气污染现状,我们收集了国家环保总局在京津冀地区设立的4个大气质量观测基本站(北京、天津、石家庄、秦皇岛)以及河北省环境保护局在全省范围内设立的9个大气质量观测站(张家口、承德、唐山、廊坊、保定、沧州、衡水、邢台、邯郸)共计13个城市的空气质量日报资料。城市空气质量以空气污染指数API(Air Pollution Index)的大小来表示。国家环保总局根据我国的国情制定了我国城市空气质量日报API分级标准(表3-5-2)、空气污染指数范围及相应的空气质量类别(表3-5-3)。

表3-5-2 《环境空气质量标准》中三种污染物限值

污染物	平均时间	一级	二级	三级
PM10	日	0.05	0.15	0.25
	年	0.04	0.1	0.15

续表

污染物	平均时间	一级	二级	三级
SO_2	日	0.05	0.15	0.25
	年	0.02	0.06	0.1
NO_2	日	0.08	0.12	0.12
	年	0.04	0.08	0.08

表 3-5-3　空气污染指数范围及相应的空气质量类别

空气污染指数 API	空气质量状况	对健康的影响	建议采取的措施
0-50	优	无不良影响	可正常活动
51-100	良		
101-150	轻微污染	易感人群症状有轻度加剧,健康人群出现刺激症状	心脏病和呼吸系统疾病患者应减少体力消耗和户外活动
151-200	轻度污染		
201-250	中度污染	心脏病和肺病患者症状显著加剧,运动耐受力降低,健康人群中普遍出现症状	老年人和心脏病、肺病患者应停留在室内,并减少体力活动
251-300	中度重污染		
300 以上	重污染	健康人运动耐受力降低,有明显强烈症状,提前出现某些疾病	老年人和病人应当留在室内,避免体力消耗,一般人群应避免户外活动

(一) 京津冀地区大气污染指数的分布特征

1. 京津冀地区年平均 API 的空间分布

由图 3-5-18 可见,京津冀地区年平均 API 在空间上的分布表现为由沿海向内陆递增的形势。API 的高值形成三个中心:以北京最强,其次为石家庄、邢台、邯郸一带,沿海的天津、沧州一带最弱。沿海城市的 API 普遍较低,其主要原因与这里的海陆风有利于染污物扩散。

2. 京津冀地区各代表月 API 的空间分布

用 1、4、7、10 四个月的月平均 API 分别代表冬、春、夏、秋四个季节的平均 API。如图 3-5-19 所示,京津冀地区冬春两季大气污染指数表现出由东南向西北递增的趋势,夏季表现出由南向北递减的趋势,秋季整个区域均较高。北京和石家庄、邢台、邯郸一带为各季均存在的两个大气污染指数高值中心,其中,北京高值中心在冬春季表现尤为突出。另外,京津冀地区冬春两季的大气污染指数明显高于夏秋。

(二) 京津冀地区大气污染指数的时间变化

1. API 的日变化

分析北京、天津、石家庄和秦皇岛四个城市的 API 逐日变化,发现 API 存在显著的季节性变化。总体而言,夏季的 API 小于冬季,一个重要原因是冬季采暖需燃烧煤,燃煤排放大量的烟尘和二氧化硫等污染气体。另外,北京、天津、石家庄三市在冬半年大气污染指数存在异常偏高的现象,异常值往往出现在沙尘暴发生日,这说明沙尘暴对京津冀地区空气质量影响非常大。

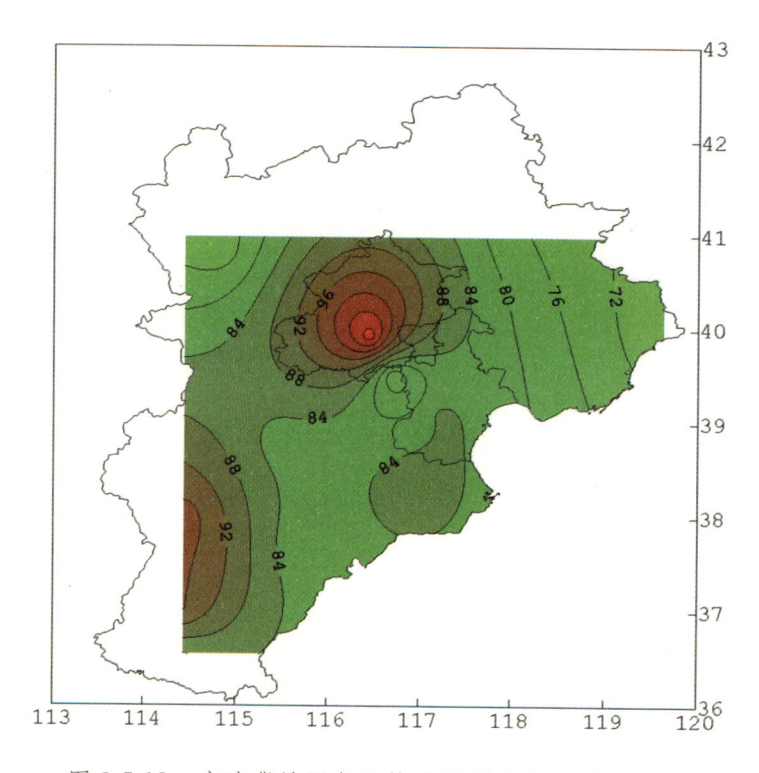

图 3-5-18 京津冀地区年平均 API 的空间分布(2006)

2. API 的月变化

对北京、天津、石家庄、秦皇岛四个城市 API 的日平均值分别求算术平均,得到四市 API 的逐月变化,月平均 API 具有明显的季节变化,冬半年的 API 值均高于夏半年。这与大气环流的季节差异有关。冬半年京津冀地区在大陆冷高压控制下,大气层结稳定,污染物的扩散较弱;夏半年受东亚夏季风的影响,不稳定的大气层结利于大气污染物的扩散。另外,京津冀地区夏半年较多的降水也对大气起到了"洗涤和净化"的作用。

3. API 的年变化

统计北京、天津、石家庄、秦皇岛四个城市 API 的 2001-2006 年的逐年变化(秦皇岛自 2002 年),发现北京、天津、石家庄三市年平均 API 呈逐年下降趋势,秦皇岛年均 API 变化不大。研究发现,我国北方地区 2001 年和 2002 年是沙尘暴的多发年,2003-2005 年沙尘暴显著减少,2006 年又有所增加,但仍只是低位水平上的反复。我们发现沙尘暴的这种变化情况与北京市年均 API 变化情况有很好的对应关系,即沙尘暴多发年,年均 API 偏高,沙尘暴少发年则反之。

4. 京津冀地区污染类型及空气质量状况

表 3-5-4 是对北京、天津、石家庄、张家口、承德、秦皇岛、唐山、廊坊、保定、沧州、衡水、邢台、

邯郸 13 个城市 2006 年的污染类型和空气质量统计表。可以看出，13 个城市的首要污染物为可吸入颗粒物，其次是二氧化硫。13 个城市二氧化氮作为首要污染物的天数均为 0。空气质量达到优和良的天数，除北京（66%）外，其余 12 市均在 75% 以上。北京、天津和石家庄三市的大气污染较重的天数要高于其他 10 个城市。

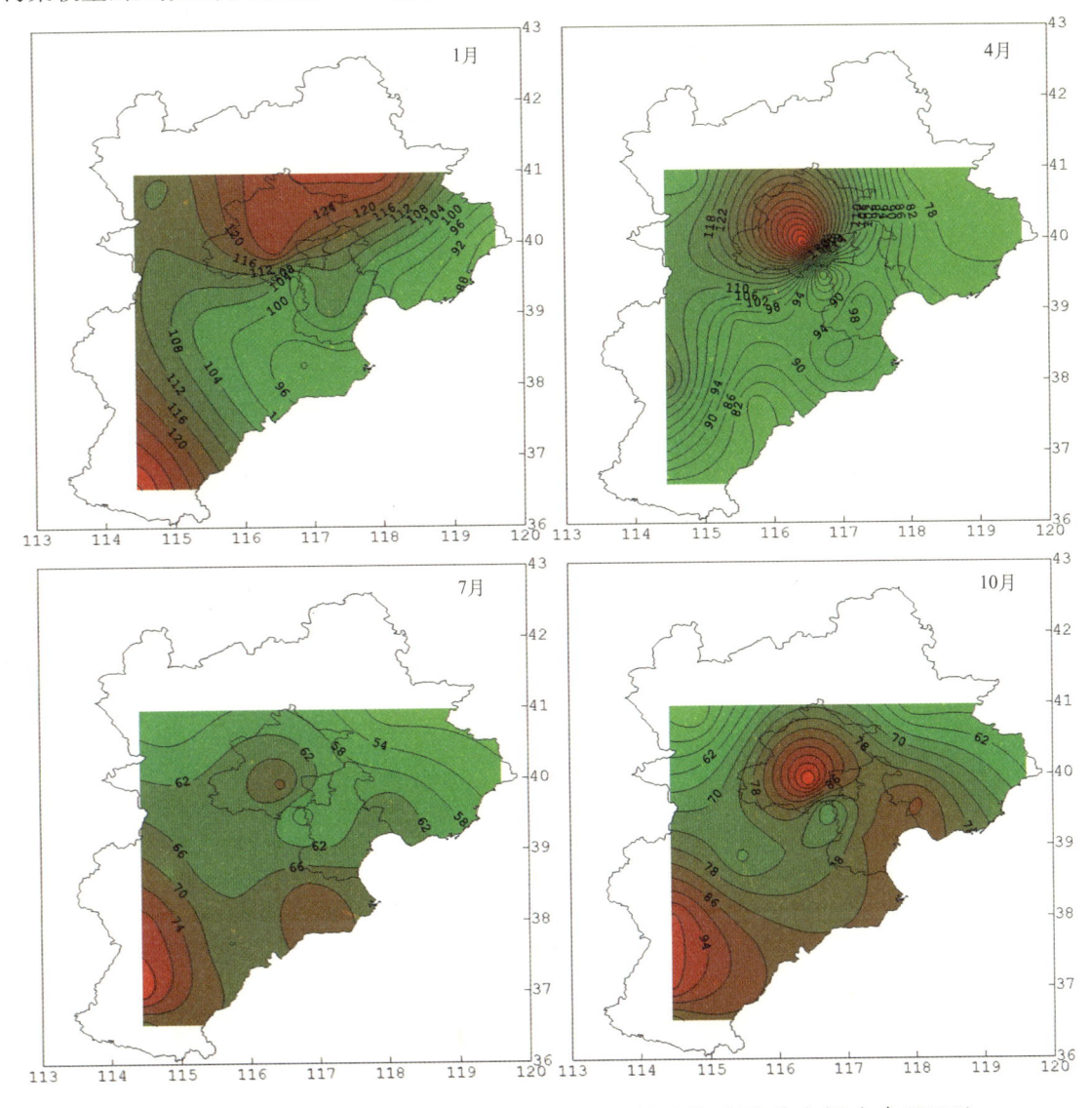

图 3-5-19　京津冀地区 1 月、4 月、7 月和 10 月平均 API 的空间分布（2006）

（三）主要大气污染物的变化

1. 北京市主要大气污染物的变化

2006 年，北京市区空气达到或好于 Ⅱ 级良好的天数为 241 天，比上年增加 7 天，优良率为 66%。空气中二氧化硫和二氧化氮均达到国家环境空气质量二级标准，但受外来沙尘、静风稳定

表 3-5-4 京津冀地区 13 城市污染类型及空气质量状况（2006）

		北京	天津	石家庄	张家口	承德	秦皇岛	唐山	廊坊	保定	沧州	衡水	邢台	邯郸
污染类型	可吸入颗粒物	330	287	354	84	174	229	265	221	295	358	335	283	313
	二氧化硫	9	62	3	177	104	78	93	92	43	6	18	75	29
	二氧化氮	0	0	0	0	0	0	0	0	0	0	0	0	0
空气质量	优	26	16	8	104	87	58	7	53	27	1	12	7	23
	良	215	288	279	182	190	292	294	279	274	293	288	274	262
	轻微污染	72	43	50	70	81	13	61	31	51	66	59	57	56
	轻度污染	28	15	14	6	6	1	3	2	13	5	6	21	23
	中度污染	9	1	7	1	0	1	0	0	0	0	0	4	1
	中度重污染	4	1	2	1	0	0	0	0	0	0	0	1	0
	重污染	11	1	5	1	1	0	0	0	0	0	0	1	0
观测天数		365	365	365	365	365	365	365	365	365	365	365	365	365

型天气等不利气象条件的影响,可吸入颗粒物年均值比上年增加 13.4%。

(1) 可吸入颗粒物

2006 年,北京市首要污染物为可吸入颗粒物的天数有 330 天,占总数的 90.4%。近 6 年(2001-2006 年)的监测数据表明,北京市城区可吸入颗粒物年日平均值均高于国家环境空气质量二级标准,但总体有下降的趋势,这与烟尘、工业粉尘排放量的下降趋势基本相一致。

(2) 二氧化硫

2006 年,北京市首要污染物为二氧化硫的天数有 9 天,占总数的 2.5%,排放总量为 17.55 万吨,比上一年年减少 7.9%。近 7 年(1999-2005 年)的监测数据表明,北京市城区二氧化硫污染一直呈下降趋势,2004 年、2005 年市区二氧化硫年日平均值已低于国家环境空气质量二级标准,这与北京市二氧化硫排放量的下降趋势一致。

(3) 二氧化氮

2006 年,北京市首要污染物为二氧化氮的天数为 0。近 6 年(2000-2005 年)的监测数据表明,北京市区二氧化氮年日平均值均低于国家环境空气质量二级标准,二氧化氮污染总体上有减轻的趋势。

2. 天津市主要大气污染物的变化

2006 年,天津市环境空气质量达到或好于 Ⅱ 级良好的天数为 305 天,占全年监测天数的 83.6%。

(1) 可吸入颗粒物

2006 年,天津市首要污染物为可吸入颗粒物的天数有 287 天,占总数的 78.6%。可吸入颗粒物年日均值为 0.113mg/m^3,较上年度上升 6.6%。近 6 年(2001-2006 年)的监测数据表明,天津市城区可吸入颗粒物年日平均值均高于国家环境空气质量二级标准,但可吸入颗粒物污染总体上呈下降的变化趋势,这与天津市烟尘、工业粉尘排放量的下降趋势相一致。

(2) 二氧化硫

2006 年,天津市首要污染物为二氧化硫的天数有 62 天,约占总数的 17.0%。二氧化硫年日平均值为 0.065mg/m^3,比上年度下降 15.6%。近 9 年(1998-2006 年)的监测数据表明,天津市城区二氧化硫年日平均值仅在 2000 年、2001 年低于国家环境空气质量二级标准,其他年份均高于国家环境空气质量二级标准。二氧化硫污染总体上无明显变化,这与天津市二氧化硫排放量的下降趋势相一致。

(3) 二氧化氮

2006 年,天津市首要污染物为二氧化氮的天数为 0。二氧化氮的年日均值为 0.048mg/m^3,比上年度上升 2.1%。近 6 年(2000-2005 年)的监测数据表明,天津市区二氧化氮年日平均值均低于国家环境空气质量二级标准,二氧化氮污染总体趋势保持稳定。

3. 河北省主要大气污染物的变化

2006 年,河北省 11 个设区市城市环境空气质量达到或好于 Ⅱ 级良好的天数为 299 天,比 2005 年增加 4 天。综合污染指数较 2005 年降低了 5.5%。秦皇岛、廊坊两个城市达到了国家二类区的环境空气质量标准。

(1) 可吸入颗粒物

2006年,在河北省11个设区市可吸入颗粒物的年日平均值为0.105mg/m³,比去年上升了6.1%。张家口、承德、秦皇岛、廊坊四个城市的年日平均值达到了国家环境空气质量Ⅱ级标准,其余城市的年日平均值达到国家环境空气质量Ⅲ级标准。近5年(2002-2006年)的监测数据表明,河北省可吸入颗粒物年日平均值均高于国家环境空气质量二级标准,但可吸入颗粒物污染总体上有下降的趋势,这与烟尘、工业粉尘排放量的上升趋势不一致,其可能原因是11市绿化面积的稳步提高,树木对可吸入颗粒物的沉降作用加强。

(2) 二氧化硫

2006年,河北省二氧化硫的年日平均值为0.069mg/m³,比去年降低了13.8%。石家庄、秦皇岛、沧州、廊坊、衡水五个城市达到了国家环境空气质量Ⅱ级标准,唐山、邯郸、保定、承德四市年日平均值达到国家环境空气质量Ⅲ级标准,张家口、邢台两市年日均值超过国家环境空气质量Ⅲ级标准。近5年(2002-2006年)的监测数据表明,河北省二氧化硫年日平均值高于国家环境空气质量Ⅱ级标准,二氧化硫污染总体上有下降的趋势,这与排放量的上升趋势不吻合,这可能也与绿化有关。

(3) 二氧化氮

2006年,河北省二氧化氮的年日平均值为0.032mg/m³,全部达到了国家环境空气质量Ⅱ级标准。近5年(2002-2006年)的监测数据表明,河北省二氧化氮年日平均值均低于国家环境空气质量Ⅰ级标准,二氧化氮污染总体呈下降趋势。

(四) 小结

1. 空气污染指数API分析

京津冀地区年平均API在空间上的分布表现为由沿海向内陆递增的形势。API的高值形成两个中心:以北京最强,其次为石家庄、邢台、邯郸一带。北京高值中心在冬春季表现尤为突出,这与春季北京地区频繁的沙尘暴和燃煤取暖有关。

2. 空气主要污染物分析

京津冀地区各主要城市首要污染物为可吸入颗粒物(张家口的首要污染物为二氧化硫),其次是二氧化硫,空气质量总体上为良,但轻度污染(空气质量Ⅱ级)天数仍较多。北京、天津和石家庄三市的大气污染较重的天数要高于其他地区。就可吸入颗粒物而言,张家口、承德、秦皇岛、廊坊四个城市的年日平均值达到了国家环境空气质量Ⅱ级标准,其余城市的年日平均值达到国家环境空气质量Ⅲ级标准。就二氧化硫而言,石家庄、秦皇岛、沧州、廊坊、衡水五个城市达到了国家环境空气质量Ⅱ级标准,唐山、邯郸、保定、承德四市年日平均值达到国家环境空气质量Ⅲ级标准,张家口、邢台两市年日平均值超过国家环境空气质量Ⅲ级标准(图3-5-20)。

3. 消减大气污染排放的对策

研究表明,为使二氧化硫浓度下降,以清洁能源替代这一措施最为显著;为使氮氧化物浓度下降，以机动车治理这一措施的效果最为显著；为使可吸入颗粒物的浓度下降，以机动车治理和扬尘控制的效果最为明显。因此，工业污染源停产或搬迁、清洁能源替代、电厂烟气脱硫、机动车改燃清洁燃料和扬尘控制等是必要的措施。

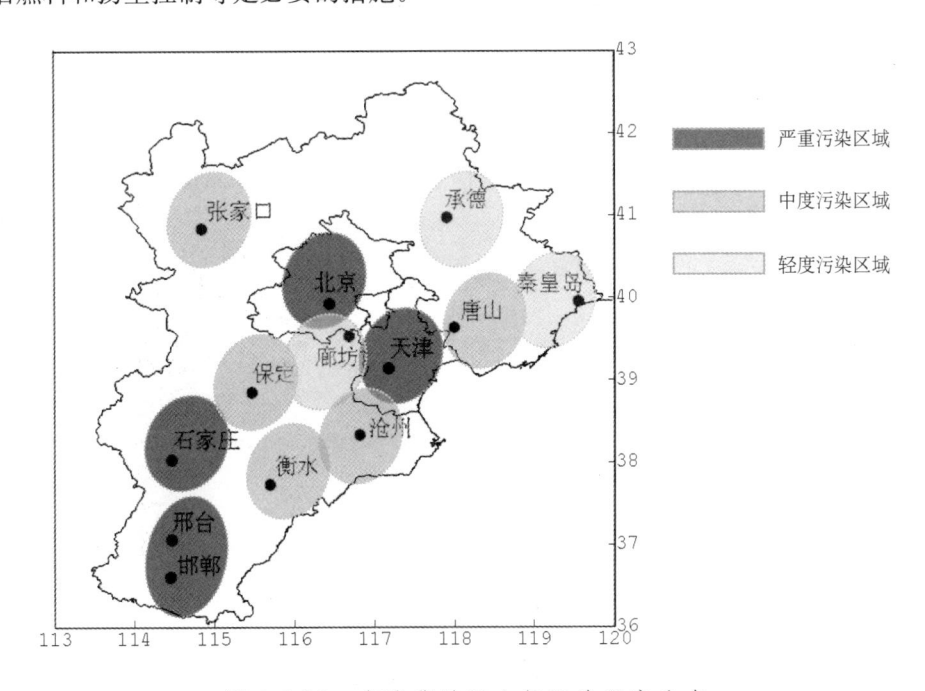

图 3-5-20　京津冀地区大气污染程度分布

四、不同天气条件下京津冀地区气流场的数值模拟分析

了解京津冀地区在不利于扩散的天气系统控制下气流场的分布特征，对于整个京津冀规划布局，尤其是产业布局会有一定的借鉴。本次数值模拟范围分两个层次，大范围模拟区域如图 3-5-21 所示，包含河北、天津、北京以及整个渤海湾。小范围模拟区域重点关注的是沿海岸线地区，如图 3-5-21 中方框内所示。

图 3-5-22 是大范围模拟区域内地形高度的分布。北部、西北部是海拔较高的燕山山区和冀北高原，东部是海拔低、平坦开阔的平原地区，天气系统进入后受地形影响明显。

（一）不利于污染扩散的天气条件

1. 大范围气流场和污染扩散

选取 2006 年 11 月 11 日 12 时-12 日 12 时的 24 小时大雾天气过程作为个例，来描述不利于扩散的天气条件下京津冀地区的气流场和污染扩散特征。根据 2005 年各环保局网上数据，确定

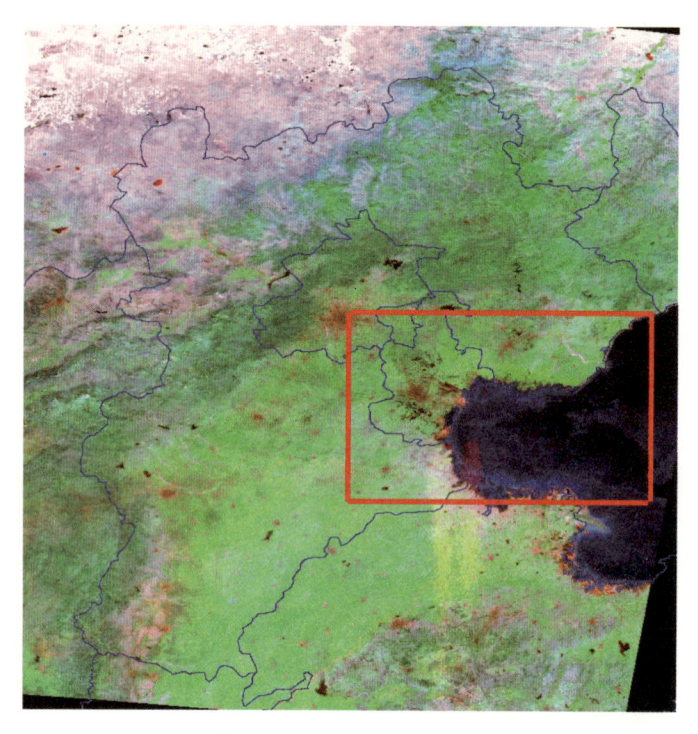

图 3-5-21 模拟范围(框内为小范围模拟区域)

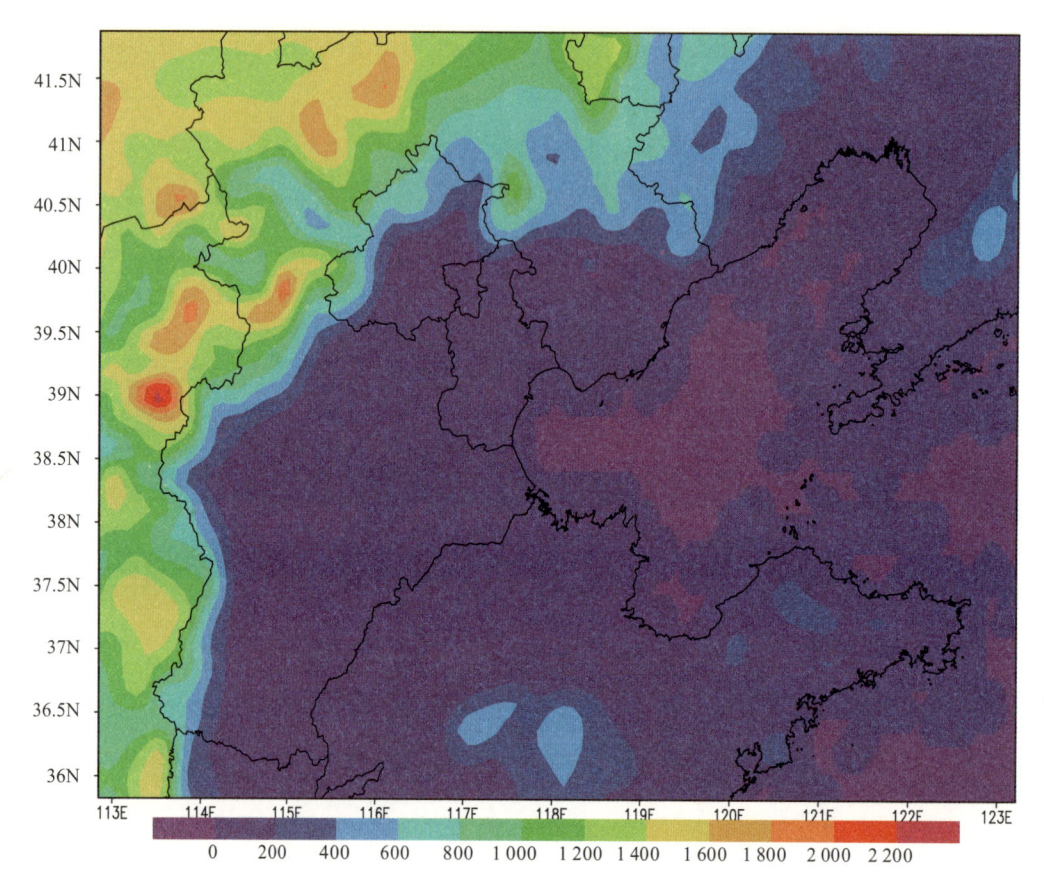

图 3-5-22 模拟范围内地形高度

了以北京、天津和河北省 11 个城市污染源的空气污染排放量,重点分析二氧化硫的污染扩散。进入模式计算的二氧化硫污染排放数据如表 3-5-5 所示。

表 3-5-5　2005 年京津冀主要城市二氧化硫污染排放量日平均值(单位:mg/m³)

城市	北京	天津	石家庄	承德	张家口	秦皇岛	唐山	廊坊	保定	沧州	衡水	邢台	邯郸
排放量	0.05	0.065	0.054	0.142	0.115	0.058	0.085	0.059	0.056	0.049	0.052	0.149	0.065

2006 年 11 月 11-12 日受大尺度天气系统的影响,京津冀地区连续两天大雾天气,北京市区能见度不到 200m。11 日夜间 20 点是雾气最为浓重的时刻之一,如图 3-5-23 所示,河北省的北部、西北部山区为弱西北气流控制,北京刚好位于山前背风坡下的涡旋区,乱流很多,风速小,不利于扩散。中部、南部基本上为西风气流控制,气流越过太行山脉在河北省东部与山东交界的区域汇合成一条西南气流弱辐合带,一直延伸到渤海湾。整个区域风速很小。受地形影响北京区域多处出现气流的辐合、辐散。北京地区除了受当地污染排放的影响,还有其上风方向张家口地区污染物飘入境内,同时又随西北气流朝下风方向扩散,污染到天津和廊坊地区。天津地区污染物随气流朝海上扩散。河北南部的石家庄、衡水、邢台等城市的污染物也随着气流向廊坊、沧州方向扩散。

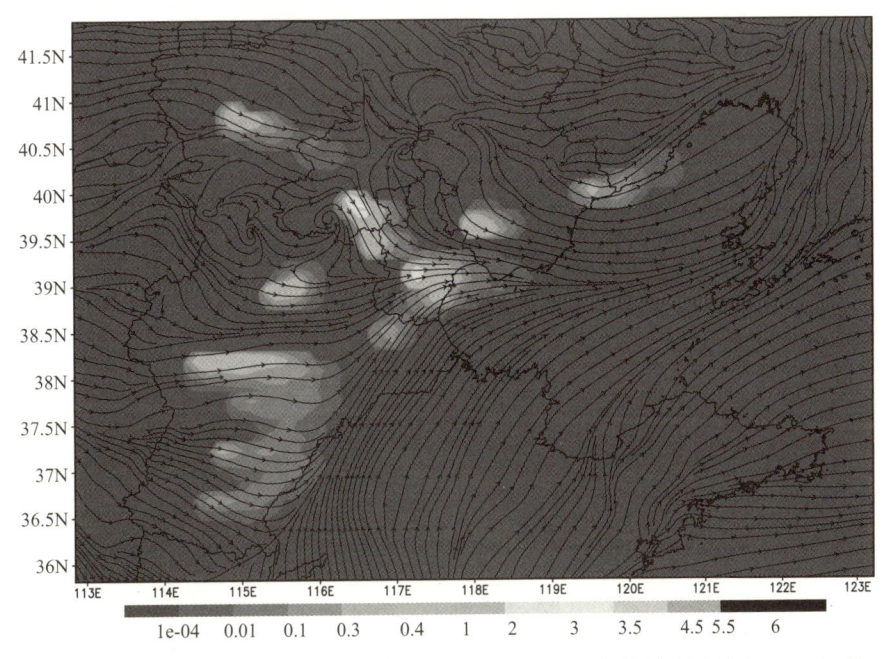

图 3-5-23　2006 年 11 月 11 日 20 点气流场及污染扩散场(单位:mg/m³)

到 12 日夜间 00 点时(图 3-5-24),整个京津冀区域依然处于强逆温天气系统控制下,但是弱气流辐合带已经向偏东移动,这意味着天气系统正在朝海上偏移。从图中我们可以清晰地看到污染物的跨界(跨市、跨省等)扩散现象,在西风作用下,河北南部的邢台、邯郸污染物扩散到山东境内。石家庄、衡水的污染物连成一片后污染范围扩大,一方面扩展到山东境内,另一方面朝下风方向扩散到沧州,与天津、廊坊污染物结合,造成天津的污染高浓度区,同时朝海上扩散。本次各例中只是给出 13 个城市点源污染的扩散分布结果,而在经济发达、工业密集的京津冀地区,各地基本上都有较大的污染源,可以想象污染物扩散后的跨界现象如密网交织,由于污染物的中长距离输送,使得一个地方的污染既有本地排放又有外来影响,大气污染从城市扩散到周边地区,形成大气污染的区域性。

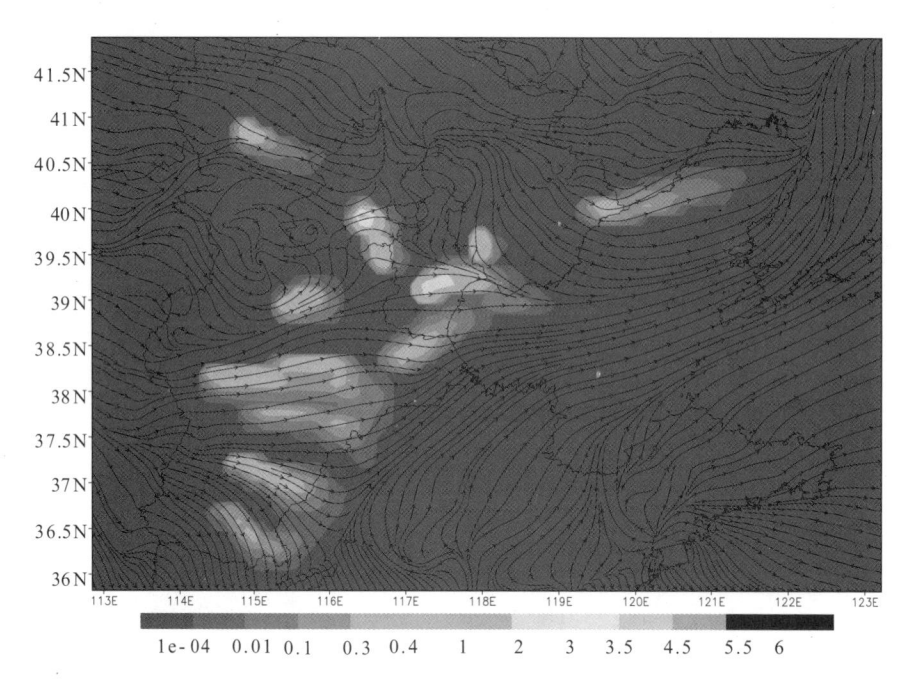

图 3-5-24　2006 年 11 月 12 日 00 点气流场及污染扩散场(单位:mg/m^3)

2. 小范围气流场和污染扩散

图 3-5-25 是 11 月 11 日夜间 20 点时,沿海岸线地区的气流场与污染扩散情况。在小模拟范围内可以更清楚地看到本地点源污染跨市区的扩散结果。海上风速比内陆大,在这种不利于扩

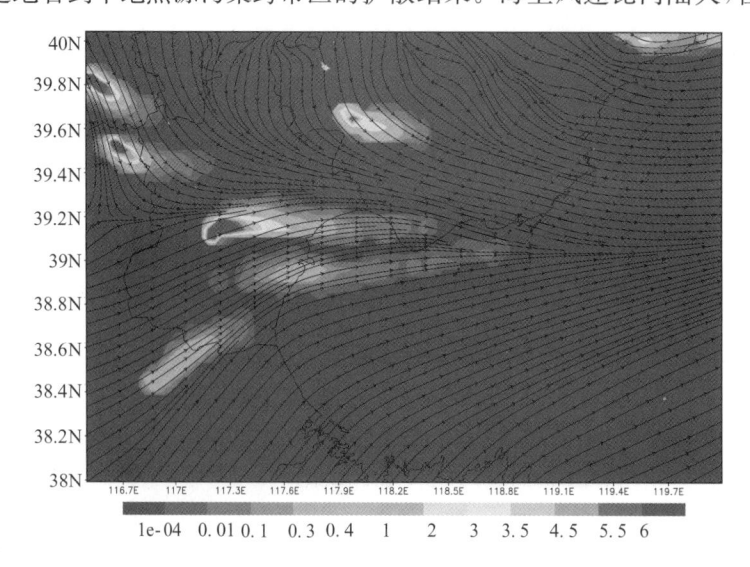

图 3-5-25　2006 年 11 月 11 日 20 点沿海地区气流场及污染扩散场(单位:mg/m^3)

散的天气背景下,天津地区污染物随风扩散到渤海湾。如果滨海地区一带也有气体污染排放,一方面会造成比较严重的局地空气污染,同时也会造成渤海湾空气质量不佳。曹妃甸一带受来自沧州的污染影响更大,如果自身设置有化学气体排放的工业,自身污染将更为严重。在滨海地区、曹妃甸一带应当避免化工类企业,因为沿海地区的周边有多个城镇,一旦发生化学泄漏事件,将对城镇居民的安全造成严重威胁。沿岸地区存在海陆风循环,会导致 SO_2 在该地区的反复循环污染,并最终随降水沉降,进一步加重酸雨污染。

(二) 有利于污染扩散的天气条件

选取 2006 年 4 月 11、12 日大风天气作为气象背景研究京津冀地区扩散情况。在大尺度天气系统的控制下,整个区域呈现北风,且风速较大。风速较大的下午(图 3-5-26)风将大部分污染物带向高空,在远距离输送过程中稀释、扩散,污染物在当地的滞留很少,因此近地面污染物浓度

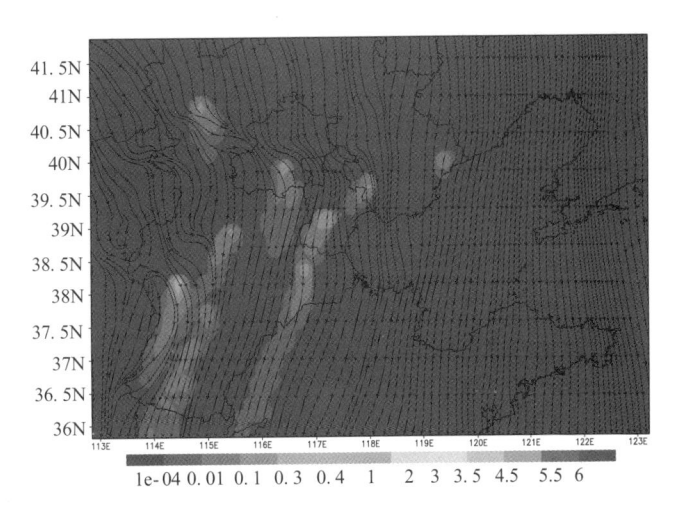

图 3-5-26　2006 年 4 月 11 日 15 点气流场及污染扩散场(单位:mg/m^3)

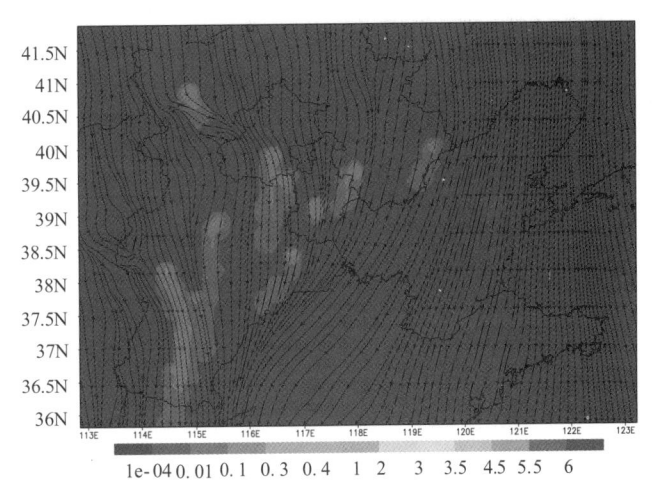

图 3-5-27　2006 年 4 月 12 日 00 点气流场及污染扩散场(单位:mg/m^3)

小。夜间(图3-5-27)风速虽略有所减,但仍属大风量级,有利于扩散。夜间沿海岸线地区(图3-5-28)风速大且气流场平滑,在这样的系统性大风条件下,不容易对内陆近地层产生高污染浓度的影响。

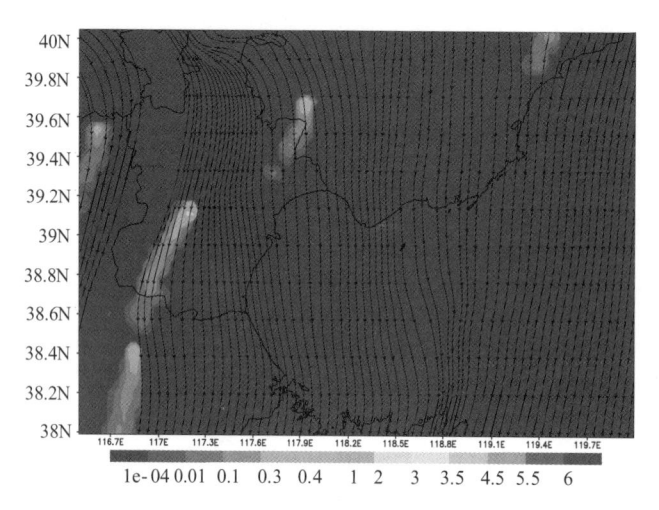

图3-5-28　2006年4月12日00点沿海地区气流场及污染扩散场(单位:mg/m³)

(三) 小结

1. 扩散条件小结

(1) 北京位于山前背风坡下的涡旋区,乱流多,风速小,容易形成局地高污染浓度区。

(2) 京津冀区域污染物的跨界(跨市、跨省等)扩散现象普遍,在西风气流作用下,河北省南部的邢台、邯郸污染物扩散到山东境内。石家庄、衡水的污染物连成一片后污染范围扩大,一方面扩展到山东境内,一方面朝下风方向扩散到沧州,与天津、廊坊污染物结合,造成天津的污染高浓度区,同时朝海上扩散。北京除了局地污染严重,污染物还飘向廊坊与天津。承德在不利于扩散的天气条件下,大量污染物朝秦皇岛方向扩散。

(3) 在滨海地区,曹妃甸一带应当避免化工企业。化学废气的排放对周边城镇居民区产生污染,同时随海陆风循环造成该地区的反复循环污染,并最终会随降水沉降,进一步加重酸雨污染。曹妃甸一带受来自沧州的污染影响较大,因此沧州地区东北部不适于设置排污量大的企业。

(4) 在经济发达、工业密集的京津冀地区,各地基本上都有较大的污染源,可以想象污染物扩散后的跨界现象如密网交织。由于污染物的中长距离输送,使得一个地方的污染既有本地排放又有外来影响,污染从城市发展到周边地区,形成大气污染的区域性。

2. 规划建议

(1) 北部山区:包括北部的张家口、承德两地市,建议作为生态文化带发展。张家口、承德地区作为山前城镇密集地区,山谷风盛行,不宜于设置产业带,建议发掘张家口、承德地区的文化、生态资源,带动冀北和谐发展。

(2) 京津冀中地区:廊坊、保定、沧州片区实施规划方案建设城市之后,会进一步扩大城市热岛的影响范围,并降低近地层的风速。但城镇群的建设,对该地区的流场结构特征不会有明显的影响。因此,该片区城镇规划方案带来的气象环境的负面效应属于可以预见和接受之列,但由于这个片区的风速总体来说比较小,因此在进行具体的产业规划时,应避免建立太多有大气污染物排放的工业企业,以免进一步加剧当地业已比较严重的大气环境污染。由于曹妃甸一带受来自沧州的污染影响较大,因此沧州地区东北部不适于设置重污染企业。

(3) 滨海地区:天津滨海地区、曹妃甸一带需要谨慎扩展建设用地,新上马企业的选择须谨慎,新建工业区需要采取排放控制措施。沿海地区是全国风能资源最丰富的地区之一,因此应大力加强风力发电等风能资源的开发利用。

(4) 京津冀北地区:无论是在发达的中心城市,还是在落后的腹地,都污染严重。中小城市中产业集群的传统运营方式已经使环境成本达到临界值,需要彻底转化为低耗水、低耗能、无污染或低污染的产业结构,同时改变不合理的土地利用方式。此外,应加强在汽车尾气治理方面的合作,例如将实行欧Ⅱ或欧Ⅲ标准的范围由首都地区扩大到整个京津冀经济圈。

五、气 象 灾 害

(一) 气象灾害特征描述

1. 干旱

京津冀地区地处中纬度欧亚大陆东岸,属温带半湿润半干旱大陆性季风气候,大部分地区年降水量不足,干旱频繁发生。西部太行山沿线、中南部部分地区和唐山大部分地区冬季干旱频率在40%-50%,其他地区在10%-40%。春季整个区域最易发生干旱,素有"十年九旱"之称,期间大部分地区干旱频率在70%以上,且大旱发生频率约达60%。其中中南部平原大部分地区和张家口中北部地区大旱频率超过60%。夏季,部分地区易出现初夏旱,初夏旱出现频率平均在70%以上,其中东北部低于50%,北部高原及中南部平原在80%以上。秋季,平原中、东部地区干旱发生频率最高,超过70%。由于近50年降水量趋于减少,使近50年来干旱面积呈扩大趋势,速度为每10年增加1.4%。其中2006年发生了近50年来罕见的冬春连旱。

2. 沙尘天气

沙尘暴是沙暴和尘暴两者兼有的总称,是指强风将地面大量沙尘卷入空中,使空气特别混浊,水平能见度小于1千米的灾害性天气。当其局部区域能见度在50-200米时,则称为强沙尘暴,如果水平能见度在1千米至1万米以内则称扬沙。

京津冀地区的沙尘天气以扬沙天气为主,浮尘次之,沙尘暴最少,分别占总沙尘日数的61.7%、27%和11.3%。不同区域各类沙尘所占比率差别很大,冀北高原为沙尘暴最大区域,所占比率在20%以上,而东部平原和张家口南部扬沙所占比率在70%以上,为最大值区。

就全区域沙尘日数的空间分布来说(图3-5-29),河北省大部地区年平均沙尘日数在10天以上,其中冀北高原和保定南部及以南的平原地区超过20天;太行山南部山前平原一带最多,年平均在30天以上,其中宁晋沙尘发生日数最多,年平均达63.1天;承德大部分地区在10天以下。

整个区域沙尘暴的空间分布特征为:冀北高原区和石家庄、保定、衡水、沧州四市交接处的定州、饶阳一带平均沙尘暴日数在5天以上,其中冀北高原的部分地区超过9天,为出现最多的区域;太行山、燕山的部分地区小于1天,是出现最少的地区。

3. 大雾

雾日的分布受地形影响很大,具有明显的区域地理特征,山前平原多、山区较少。大部分地区年平均大雾日数在5天以上,其中平原地区及低山丘陵地带大部地区在10天以上,太行山山前平原及唐山南部超过20天,宁晋年平均大雾日数更达37.5天;而太行山、燕山的部分地区及张家口中部地区大雾出现日数小于5天,为低值区(图3-5-30)。

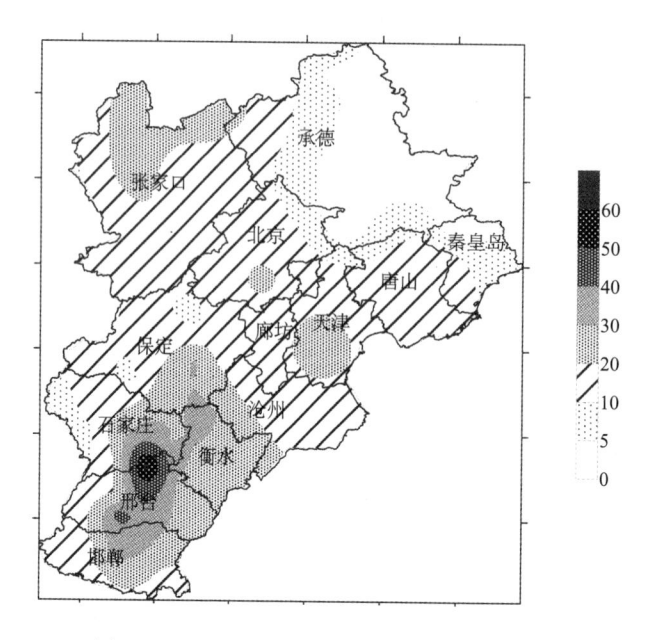

图3-5-29 平均沙尘日数分布(单位:天)

大雾出现时间一般为1-2小时,石家庄以南可达2-4小时。北部高原和山区大雾最长连续出现时数在48小时之内,而山前平原最长连续出现时数曾超过100小时。就最长持续出现日数而言,冀北高原和太行山、燕山山区在5天以下,平原地区大部在5天以上,平原中南大部最长持续日数超过8天,局部超过10天(图3-5-31)。近50年来大雾日数呈增加趋势。北部增加幅度较小、中南部平原增加幅度最大。秋冬季增加幅度最大,春季最小。

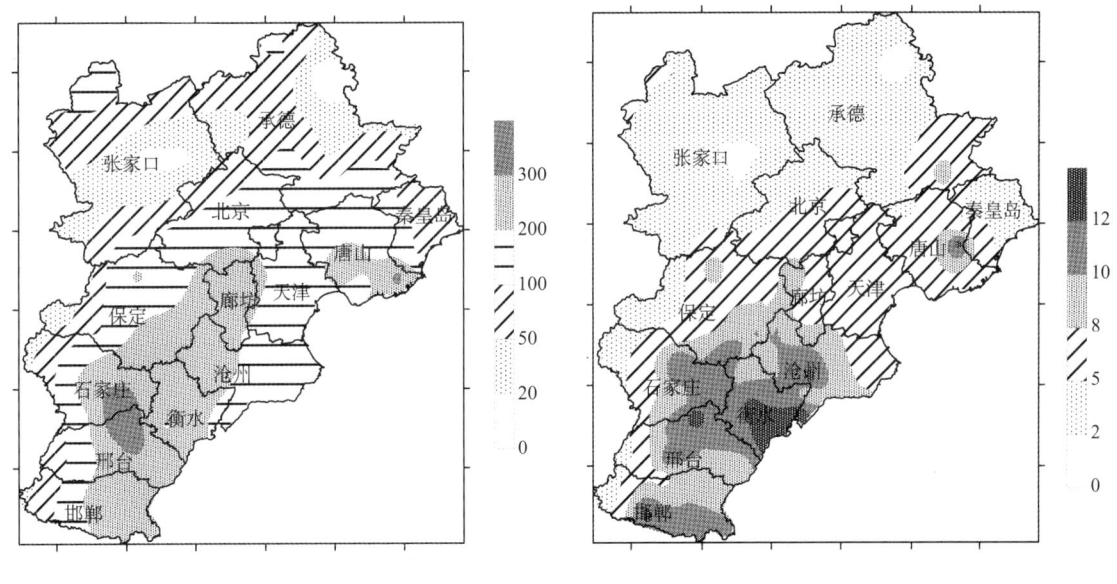

图 3-5-30　年平均大雾日数（单位：天）　　图 3-5-31　最长持续大雾日数（单位：天）

4. 冰雹

冰雹日数空间分布呈北部多、南部少，山区多、平原少的趋势。北部山区和冀北高原年冰雹日数在 2 天以上，其中冀北高原年平均雹日在 5 天以上；太行山山区及河北省北部山前平原丘陵地区为 1-2 天；其他平原大部地区年平均雹日不足 1 天，其中南部平原的东部地区不足 0.5 天。

除此以外还有雷电灾害、高温、积雪等自然灾害。

（二）主要气象灾害的防御措施

从城市规划的角度，气象灾害的防御对策分为以下几个方面：

1. 干旱

在相对干旱区域不发展耗水多、污染重的产业，对现有工业结构和布局进行调整，大力发展高新技术产业，推广节水生产工艺，继续降低万元产值耗水量，必要时对工业企业实行定额供水，使经济与环境协调发展。同时提高现有水利工程的供水能力，并修建地下水库等有关工程，尽可能将部分洪水径流转换成为可利用的水量。

2. 防洪

加强防洪水利工程建设，搞好生态环境的治理。要以流域为单元，实行山、水、林、田路综合治理。启动天然林保护工程，水源保护工程，提高全市林木覆盖率和城区绿化覆盖率。

3. 高温灾害

（1）提高市区绿化覆盖率。加强绿化建设，除种树、种草、种花外，还可进行垂直绿化、屋顶绿化，周围要建森林环带、绿化隔离带，减轻热岛效应。

(2) 减少人为热量和温室气体的排放量。加快城镇建设,降低城区中心的人口密度;控制城区汽车的增长;尽可能利用中央空调;调整能源结构,减少煤炭、石油等矿物燃料的用量,提高利用效率,推进城市集中控热;开发新能源。

(3) 增加城区水域面积和喷水、洒水设施。这一措施是以增加蒸发耗热来降低下垫面的温度,对城区高温会有明显的调节作用。

(4) 增大城市下垫面的反射率。以浅色涂料为主粉刷城市建筑物和构筑物外表面,增大城市下垫面的反射率,减少吸热。

(5) 科学规划城市建筑。要根据城市地理环境合理规划城市建筑物的高度和密度,扩大天空视度,增大地面长波辐射。

4. 沙尘灾害

(1) 改善生态环境。城区种树种草,对建筑工地采取严格控制措施,治理水土流失、沙化下垫面和沙漠,减少裸露地面,建设绿化隔离带,抑制就地起沙,阻挡外来沙尘侵入。

(2) 对沙源地要加强环境治理力度,采取适当的人工措施,沙化地恢复天然草原植被,科学地实施退耕还林还草。加大三北防护林和草原建设以及提高西北地区的森林覆盖率是当前降低沙尘暴发生频率、减少沙尘危害的最佳途径。

(3) 预防城市风灾应提升到议事日程中并贯穿于城市建设。如城市供电设施应加大改造建设力度;室外广告牌的制作安装要考虑到承受大风压力的问题;对危旧房屋、临近房屋的危险树木、悬挂物都应及时妥善处理。

5. 雷电灾害

建筑物、供电系统、信息系统和计算机网络系统等要安装防雷装置。新建工程按照国家的防雷规范进行防雷设计审核,核准后方可开工建设。定期对避雷装置进行检测,确保避雷装置可靠有效。普及防雷知识,增强防雷意识。气象灾害对城市规划、功能区选址的影响是重大的,由于京津冀地区气象灾害的多发性、多样性特点,针对京津冀不同地方的规划应参考当地的主要气象灾害,建议在重点项目详细规划上进行气象灾害评价。

(三) 小结

(1) 近50年来干旱面积呈扩大趋势,每十年增加1.4%。冬季多数地区干旱频率在20%-50%之间。春季大部分地区干旱频率在70%以上,其中中南部平原大部分地区和张家口中北部地区大旱频率超过60%。

(2) 京津冀地区的沙尘天气以扬沙天气为主。冀北高原沙尘暴所占比率为区域最大,东部平原和张家口南部为扬沙最大值区。

(3) 雾的分布受地形影响很大,山前平原多、山区较少。太行山、燕山的部分地区及张家口中部地区为大雾低值区;太行山山前平原及唐山南部为大值区。近50年来大雾日数呈增加趋势。北部增加幅度较小、中南部平原增加幅度最大。

(4) 冰雹日数空间分布呈北部多、南部少,山区多、平原少的趋势。冀北高原年平均雹日在 5 天以上;太行山山区及河北省北部山前平原丘陵地区为 1-2 天;其他平原大部地区年平均雹日不足 1 天。

(5) 雷电的空间分布规律是山区多于平原,城区的雷暴日数少于山区,但多于平原的郊区。

(6) 城市中由于高密度建设与能耗升高,城市的热环境日益复杂,由此激发的对流变得更为强烈和难以预测,引起雷电、高温和降水异常等诸多城市灾害,并增加了灾害性天气的不可预测性(图 3-5-32)。

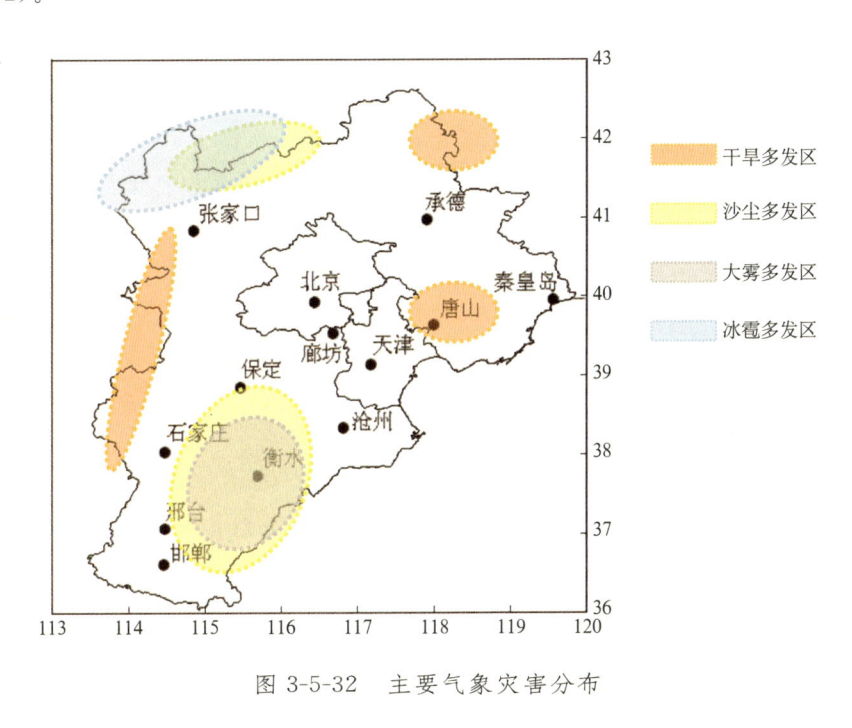

图 3-5-32　主要气象灾害分布

六、气 候 资 源

合理利用气候资源,对国民经济建设和工农业生产布局,以及人类生产活动的安排,特别是与气候条件关系十分密切的农业生产,有着重要意义。

(一) 风能

年平均风功率密度是衡量一地风力资源潜力大小及有无风能资源开发价值的重要指标。根据气象站点观测资料计算得出的京津冀地区的年平均风功率密度的空间分布特点是:冀北高原达到 75W/m² 以上为最大区,其中冀北高原北部区域更达 125W/m² 以上;渤海湾地区年平均风功率密度在 50-80W/m² 之间,天津以南的近海地区年风功率密度在 75W/m² 以上,是区域年风功率密度次大区;洋河、桑干河、壶柳河沿岸地区年平均风功率密度在 50-75W/m² 之间;太行山区和燕山东部山区以及山前平原的部分丘陵是年平均风功率密度最小地区,其值在 25W/m² 以下;平原大部分地区年风功率密度在 25-50W/m² 之间。

根据气象站点观测资料以及收集风电场加密观测资料计算,陆上风能总量为 7 400 万 kW,风能资源技术可开发量 869 万 kW。京津冀地区具有风能资源丰富区(年平均风功率密度≥150W/m²)、风能资源可利用区(年平均风功率密度 50-150W/m²)和风能资源贫乏区(年平均风功率密度≤50W/m²)。

风能资源丰富区主要包括冀北高原(坝上)地区、渤海沿岸的主要开阔区域。该区域年风能储量 1 107 万 kW,风能资源技术开发量为 869 万 kW,风能可开发利用面积 7 378km²,占陆域面积 3.9%,该区域全年有一半以上时间风能可以利用,主要在冬春两季风能较大,是风能开发利用的重点区。风能资源可利用区主要包括冀北高原部分地区、冀西北南部山区、桑洋盆地和沿海一些地区。该区域年风能储量 2 219 万 kW,风能可开发利用面积 27 444km²,占全省陆域面积 14.6%,本区全年有 1/3 以上的时间风能可以利用,适宜于开发利用。

风能资源贫乏区包括河北省大部分平原、太行山区及燕山的承德山区。这些区域风功率密度小于 50W/m²,年有效风速小时数 2 500 小时以下,年风能储量 4 074 万 kW,面积为 153 609km²,占全省陆域面积 81.5%。其中太行山区和燕山东部山区以及山前平原的部分丘陵是河北省年平均风功率密度最小地区,其值在 25W/m² 以下,年有效风速小时数在 2 000 小时以下,全年风能基本上难以利用。但一些山区内的高山、中山、低山和沟谷及风口地带风速相对较大风能可以利用。

由于整个区域为东亚季风区,偏南风、偏西北风和偏北风为风向集中方位,风能也主要集中在这里。受四季风速和风向的影响,京津冀地区年风能方向频率以偏南风(SSE-S-SSW)、偏西北风(WNW-NW-NNW)为主,其能量分别占平均总风能的 26.2% 和 25.6%。以偏南风能量占优势的地区主要是中南部的山前平原地区,而以偏西北风能量占优势的区域主要分布在北部地区和山区。

(二) 太阳能

京津冀地区的北部、西北部地区、沿海地区是太阳能最丰富地区,年总辐射量全年平均为 5 700-5 900kJ/m²。京津冀地区全年连续 6 小时的日照时数达 2 714 小时,其中春季为 824 小时,平均每天为 8.5 小时,其他各季都低于 600 小时,平均小于 6 小时。若从冬季连续日照时数和实际日照时数比值关系看,春季和冬季被太阳能接收器有效利用的日照时数是十分多的,若仍以日照连续 6 小时为标准,则这些季节中太阳能接收器能够有效利用的日照时数约占同期实际日照时数 85% 以上,而夏季只有 70%。

七、气象环境评价与规划建议

城市的人类活动、下垫面的性状变化和建筑群的布局差异，会对城市气象环境产生不同程度的影响，从而改变城市局地小气候，影响城市地区污染物的扩散方式。因此，城镇空间布局的规划设计方案应该建立在对气候环境考虑的基础之上。在规划的初始阶段，合理考虑各种规划方案的气象环境效应，这对规划的合理实施具有重要的意义和实用价值。本章从气象环境及气候资源的角度出发，给出京津冀地区城镇空间布局规划方案的相关意见和建议。

（一）气象环境评价

京津冀地区地处华北平原北部，属暖温带大陆性季风气候，优势明显，劣势突出。内陆地区特殊的地形为农、林、牧、副、渔等多种经营提供了十分有利的气候条件，沿海地区海岸线曲折，港湾、滩涂、岛屿众多，东部濒临渤海，有着得天独厚的海洋渔业、滩涂（水）养殖和风能等资源。但是，京津冀地区也是气象灾害多发地区，暴雨、干旱、沙尘暴时有发生，给农、林、牧、副、渔业及城市安全等带来很大危害。另外，复杂的地形也带来流场形势的紊乱，近地面出现多处流场的辐合和辐散现象，山谷风和海陆风盛行。

1. 气温

京津冀气温呈现南高北低，山区低于平原的分布特征。京津冀地区平均增温率为 0.27℃/10 年，有高温日数增多，低温日数骤减的趋势。20 世纪 80 年代以来，石家庄、唐山、天津和北京的增温效应越发显著，成为热岛的高值中心。

2. 风

冀北高原和沿海平原年平均风速大，西部地区（保定、石家庄、邢台西部和邯郸西部）平均风速小，区域的东北部（秦皇岛与承德之间）平均风速偏小。京津冀地区各地主导风向受地形影响大。太行山和燕山山前平原地区以偏南风（S、SSW）为主导风向；冀北高原地区主导风向以西北风和偏北风为主；太行山山区和燕山山区由于其地形复杂，大部分地区静风频率最高。近几十年来，平均风速和大风日数都呈逐年减少趋势。

3. 降水

整个区域年降水量为 341-750mm。京津冀地区降水量的空间差异主要与地形有关，有自沿海向内陆递变（如逐渐减少）的分布规律。燕山丘陵区山前平原地区是降水最多的区域；太行山东麓的紫荆关、阜平等地降水量次之；冀北高原及山区年降水量不足 500mm。近 40 年来，除北部以外的大部分地区年降水量在减少，燕山山区及其丘陵地区降水强度较大，暴雨日数较多，而西北部降水强度较小，暴雨日数很少。

4. 污染现状

(1) 京津冀地区年平均 API 在空间上的分布表现为由沿海向内陆递增的形势。API 的高值形成两个中心:以北京最强,其次为石家庄、邢台、邯郸一带。北京高值中心在冬春季表现尤为突出,这与春季北京地区频繁的沙尘暴和燃煤取暖有关。

(2) 京津冀地区各主要城市首要污染物为可吸入颗粒物,其次是二氧化硫,空气质量总体上为良,但轻度污染(空气质量二级)天数仍可观。北京、天津、石家庄三市的大气污染较重的天数要高于其他城市。

(3) 就可吸入颗粒物而言,张家口、承德、秦皇岛、廊坊四个城市的年日均值达到了国家环境空气质量Ⅱ级标准,其余城市的年日均值达到国家环境空气质量Ⅲ级标准。就二氧化硫而言,石家庄、秦皇岛、沧州、廊坊、衡水五个城市达到了国家环境空气质量Ⅱ级标准,唐山、邯郸、保定、承德 4 市年日均值达到国家环境空气质量Ⅲ级标准,张家口、邢台两市年日均值超过国家环境空气质量Ⅲ级标准。

5. 气候资源

(1) 风能资源:冀北高原部分地区、冀西北南部山区、桑洋盆地、沿海一些地区是风能资源可利用区。该区域年风能储量 2 219 万 kW,风能可开发利用面积 27 444 km^2,占全省陆域面积 14.6%,本区全年有 1/3 以上的时间风能可以利用,适宜于开发利用。冀北高原(坝上)地区、渤海沿岸的主要开阔区域是风能开发利用的重点区。风能资源贫乏区包括本省大部分平原、太行山区及燕山的承德山区。

(2) 太阳能:太阳能资源分布存在明显的地区性差异,表现为由西北向东南逐渐减少的布局形势,最高值出现在西北部与内蒙古交界处的康保附近,年太阳总辐射量超过 5 900 J/m^2,最低值出现在京津冀中部北京的房山—唐山一线,年总辐射量不足 5 000 J/m^2。

(二) 规划建议

基于气候特征、气候灾害及气候资源利用的产业发展规划建议如图 3-5-33:

1. 区域环保治理

京津冀北地区污染问题严重,无论是发达的中心城市,还是落后的腹地。中小城市中产业集群的传统运营方式已经使环境成本达到临界值。需要产业经济彻底转化为低耗水、低耗能、无污染或低污染的产业结构,以及改变不合理的土地利用方式。同时应加强在汽车尾气治理方面的合作,例如将实行欧Ⅱ或欧Ⅲ标准的范围由首都地区扩大到整个京津冀经济圈。由于区域环保治理涉及各方利益,各城市之间事实上存在一个争夺"排放权"和"发展权"的问题。对于一个具体的城市而言,加大环保治理力度,限制工业排放会使这个城市付出经济上的代价,这之中既有环保投资本身的代价(如设备改善、管理加强),也有减排造成的产量降低所造成的损失(如在不改善设备前提下,减少电厂 SO$_2$ 的排放意味着发电量的下降)。因此对于京津冀各城市而言,区域环保治理事实上是一个利益协调的问题。在环境治理过程中,必须站在区域的高度上进行战略考虑，可以通过"区域补偿"机制的建立或采用"上游治理，下游买单；一家治理，共同买单"的思路，实现区域环境的协同治理。

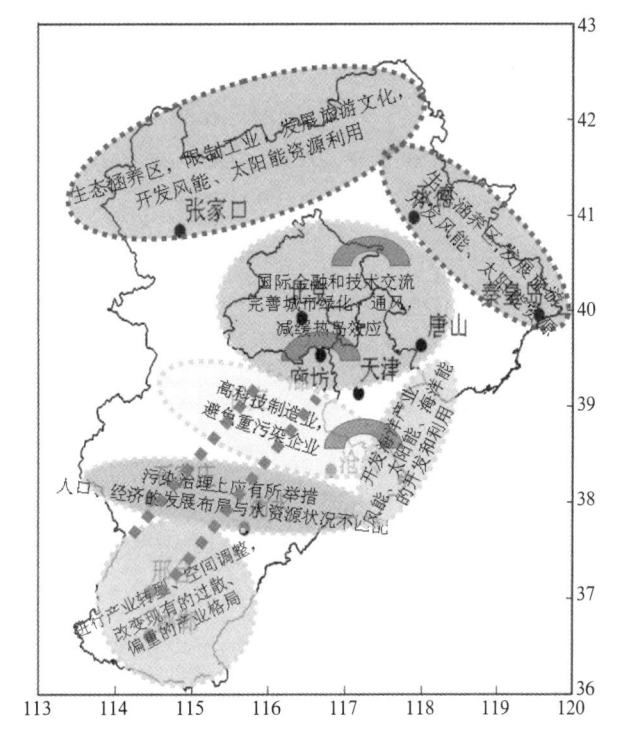

图 3-5-33　基于气候环境的京津冀地区产业发展规划汇总
（┅┅：表示通风走廊；▰▰：表示生态隔离带）

2. 北部山区

包括张家口和承德地区。京津冀地区西北、西部燕山—太行山山区建议作为生态文化带发展。北部、西北部地区是太阳能最丰富地区，太阳能资源分布最高值出现在西北部与内蒙古交界处的康保附近，在能源建设方面可以考虑太阳能的开发利用。张家口、承德降水量偏少，张家口中北部地区大旱频率高，人口、经济的发展布局与水资源的分布状况不相匹配，产业发展趋向应有所选择；承德西南部地区常出现涡旋区，污染物不易于扩散，因此不宜于设置污染产业。张家口西北部、西南部和承德的山地丘陵区处于生态脆弱区域，应防止对土地的不合理开发以及对植被的破坏，应控制人口规模。建议发掘张家口、承德地区的文化、生态资源，带动冀北和谐发展。承德西北部以及张家口西北部地区，年平均风速较大，约为 3.5-4.2m/s，为全区风速最大区域，风能资源丰富，可以建立风能电厂，为京津冀都市圈提供丰富的电能。

3. 京津冀中部地区

包括北京、天津以及河北的唐山、秦皇岛、廊坊、石家庄、保定和沧州共八地市。京津冀中部地区年平均气温 10-12℃，年平均降水量偏小，约 500mm。整个区域平均风速 1.5-2.0m/s，西部的保定和石家庄以西平均风速只有 1.5m/s，静风频率高。20 世纪 80 年代以来，城市化规模的扩大导致中部城市集中地区呈现高温日数增多，低温日数骤减的趋势，石家庄、唐山和北京的增温效应越发显著,成为热岛的高值中心。中部地区是京津冀的传统发展区,这里经济基础较好,未来城市发展的需求较大,廊坊、保定、沧州属京津现代制造业工业区,可以重点发展机械、化工、电力、冶金、建材和机电等重工业及高科技制造业。在京津冀区域层面,由于其范围较大,在城市之间、城市各组团之间、城市与重点园区之间,可利用自然山体、水体、绿地、农田等形成绿色开敞空间(2-5km 宽),以达到分割目的。另外,京津冀地区交通干线密织如网,在交通干线两侧建设具有一定纵深的绿色廊道,是规划中缓解城市热问题的又一方法。规划中还应完善各城市本身绿化、注意通风。针对具体地区应注意的问题有:

(1) 廊坊、保定、沧州片区

廊坊常处于涡旋区,污染物不易于扩散。天津、廊坊、沧州、保定、石家庄位于气流交汇带上,经常处于不利于扩散的气流场条件下,风速较小时,这一区域易形成高污染浓度带。因此在这些区域,产业布局方面应谨慎。城市的规划设计中应避免城镇连片发展,否则会进一步扩大城市热岛的影响范围,并降低近地层的风速。虽然城镇群的建设对该地区的流场结构特征不会有明显的影响,但由于这个片区的风速总体来说比较小,因此在进行具体的产业规划时,应避免建立太多有大气污染物排放的工业企业,以免进一步加剧当地业已比较严重的大气环境污染。同时应加快淘汰工艺落后、污染严重的小企业,全面治理裸露地面和农田,提高清洁能源供应,重点控制煤炭消耗总量。通过开展区域和规划环评,对新城发展、区域开发、城市建设和布局调整提出严格的环境保护要求和污染控制措施。由于曹妃甸一带受来自沧州的污染影响较大,因此沧州地区东北部建议不设置重污染企业。

(2) 衡水、石家庄

河北东南部、西部风速相对较弱,衡水与石家庄之间区域常处于涡旋区,在风梯度小、弱高压控制的天气条件下,这一区域容易形成大面积的污染浓度高值区,在污染治理上应有所举措。工业污染源停产或搬迁、清洁能源替代、电厂烟气脱硫、机动车改燃清洁燃料和扬尘控制等是必要的措施。

石家庄、衡水降水量偏少,秦皇岛、唐山、天津降雨量偏多,而京津冀地区人口、经济的发展布局与水资源的分布状况不相匹配,这是在新一轮规划中,从工业发展、产业布局等方面值得注意的地方。

4. 京津冀南部地区

包括邢台、衡水、邯郸三市。南部地区年平均温度 12-14℃,夏季气温在整个区域内偏高,为 26-28℃。年降水量 400-500mm,近几十年来降水日数减少的趋势非常明显。该地区风速偏小,西部年平均风速只有 1-1.5m/s,其他区域 2-2.5m/s。污染比较严重,属于整个京津冀 API 指数的高值中心。这与本地区频繁的沙暴和燃煤取暖有关。事实上该地区是沙尘暴和大雾日数最多的区域之一。且近些年来,大雾日数呈增加趋势。这个地区产业规划应注意的问题是:

从气流场的角度来看,廊坊,衡水与石家庄之间的区域常处于涡旋区,污染物不易于扩散。邢台、邯郸等地排放的污染气体一方面扩展到山东境内,一方面朝下风方扩散到沧州,造成很大的污染范围。其产业发展应逐渐解决企业规模小、过于分散的经济模式,进行产业转型、空间调整,改变现有的过散、偏重的产业格局。为解决或减缓现状问题,在规划中采取生态隔离带分割。在城市之间、城市各组团之间、城市与重点园区之间,可利用自然山体、水体、绿地和农田等形成绿色开敞空间(2-5km宽),以达到分割目的。在交通干线两侧建设具有一定纵深的绿色廊道。同时完善各城市本身绿化,注意城市通风。在城市建筑物规划建设中应避免中心低四周高的不利空气流通格局,道路沿线应设立绿化带、新型停车场(带绿化)等以追加城市绿化面积。

5. 承德南部—张家口南部—保定西北部—石家庄西北部—邢台、邯郸西部一线

该区域是泥石流的多发地,不适宜城镇发展。

6. 天津滨海地区、曹妃甸

沿海地区的重型工业应有适用的技术来解决生产污染问题,避免成为能耗高、污染高的产业。建议沿海地区重工业应避免化学气体排放类企业的建设。因为周边有多个城镇,一旦发生化学泄漏事件,将对城镇居民的安全造成严重威胁。同时沿岸地区存在海陆风循环,会导致SO_2在该地区的反复循环污染,且最终会随降水沉降,进一步加重酸雨污染。

为了尽量减轻对业已恶劣的海洋环境的污染,建议对于沿海地区新建重工业采取排放控制措施:通过清洁能源替代来减轻排放;通过烟气脱硫等措施减轻环境污染。此外,该地区还应在保护生态基础上,促进风能、太阳能、海洋能的开发和利用。该地区风能非常丰富,年平均风功率密度在 50-80W/m^2 之间,这有利于控制火电排放,促进当地的环境改善。该地区也是太阳能最丰富地区,年总辐射量全年平均为 5 700-5 900kJ/m^2,可以考虑太阳能的开发利用。除此之外,沿海地区海洋能丰富,主要包含潮汐能、波浪能、海洋温差能、盐梯度能和洋流能。据统计地球上各种海洋能的蕴藏量是巨大的,估计有 750 多亿 kW,其中波浪能 700 亿 kW,温度差能 20 亿 kW,海流能 10 亿 kW,盐度差能 10 亿 kW。丰富的海洋能源也为地区开发提供了广阔的前景。

专题六

区域协调发展实施政策框架与机制专题研究

目 录

引言 …………………………………………………………………………… 491
一、区域成长的政策影响回顾与评价 …………………………………………… 491
二、区域协调工作的回顾与形势判断 …………………………………………… 496
三、区域发展的战略目标与协作理念 …………………………………………… 499
四、京津冀区域协调的相关政策框架 …………………………………………… 503
五、构建区域协作的保障机制与实施行动 ……………………………………… 516

引　　言

京津冀地区是全国政治、文化中心，也是北方最大、发育最好、现代化程度最高的城镇和产业密集区。同时，由于该地区具有良好的港口资源、丰富的旅游文化资源和密集的智力资源，也是我国北方的外向型经济中心、重要的旅游业及知识产业中心。

京津冀城镇群的发展关系到国家战略的实现，关系到未来中国总体竞争能力的提升，关系到京津冀区域亿万人民的切身利益。这一区域的发展需要秉承全面、协调、可持续发展的科学发展观，按照中国特色社会主义事业总体布局，以"十七大"精神作为重要指南，全面推进经济、政治、文化、社会和空间建设，促进现代化建设各个环节、各个方面相协调。同时坚持走生产发展、生活富裕、生态良好的文明发展道路，构建资源节约型、环境友好型社会，实现速度和结构质量效益相统一、促进经济发展与人口资源环境相协调。在制定政策框架的过程中，一方面注重由宏观到微观，由整体到具体的总体思路；另一方面秉承由简及繁，由小及大的协调疏解思路，切实贯彻两市一省的相关规划，推动地方战略和国家战略的高度统一。

本专题内容充分考虑京津冀区域空间的差异性，希冀构建两个层面的政策框架，即总体层面和差异化分区层面。总体层面政策计划的制定需要国家主管职能部门间相互沟通，也需要与地方政府主管部门等各方参与者密切合作，同时政策的制定必须经过各地方政府确认；差异化分区层面以政策分区为先导，构建区域发展的空间结构，优化空间要素的组织关系，制订区域性协作计划和分区管治与协调政策，明确具体责任地区、部门以及时限要求，通过次区域的协作发展来促进区域整体发展目标的实现。

一、区域成长的政策影响回顾与评价

（一）既往政策的简要梳理

在区域的成长过程中，宏观政策往往会影响其发展的路径。纵观京津冀区域建国以来的成长历程，其受到的宏观政策影响从总体上可以划分为两个时期，即改革开放前与改革开放后。

自新中国成立以来至改革开放前，影响京津冀区域发展的主要因素是国家政策，三个行政单元内部的政策影响较小。在各方面政策的综合影响下，基本上实施的是"提高两线"（京广、京山铁路沿线）、"狠抓两片"（黑龙港与坝上）、"建设山区"（太行山和燕山）、"开发沿海"的思路，河北经济发展长期依赖中部地带。由于计划经济时期人口流动的局限巨大，无论是京津内部、之间还是京津冀之间，其人口流动性均很差，一定程度上也形成各个地区的产业锁定。同样受到计划经济的影响,京津之间、河北省内诸城市之间产业趋于同构。河北省城市化进程较慢的基础性根源也在这一时期形成。

改革开放的最初几年,计划经济的属性仍非常显著,国家改革的试点从农村起步,京津冀城镇发展的格局所受冲击不大,基本上沿袭了既往模式。但自1986年以来,京津冀区域发展受国家政策影响的程度呈现逐步减低的态势,三个行政单元内部的政策影响对自身发展的作用逐步扩大。这一趋势在进入21世纪以来更为显著(图3-6-1)。

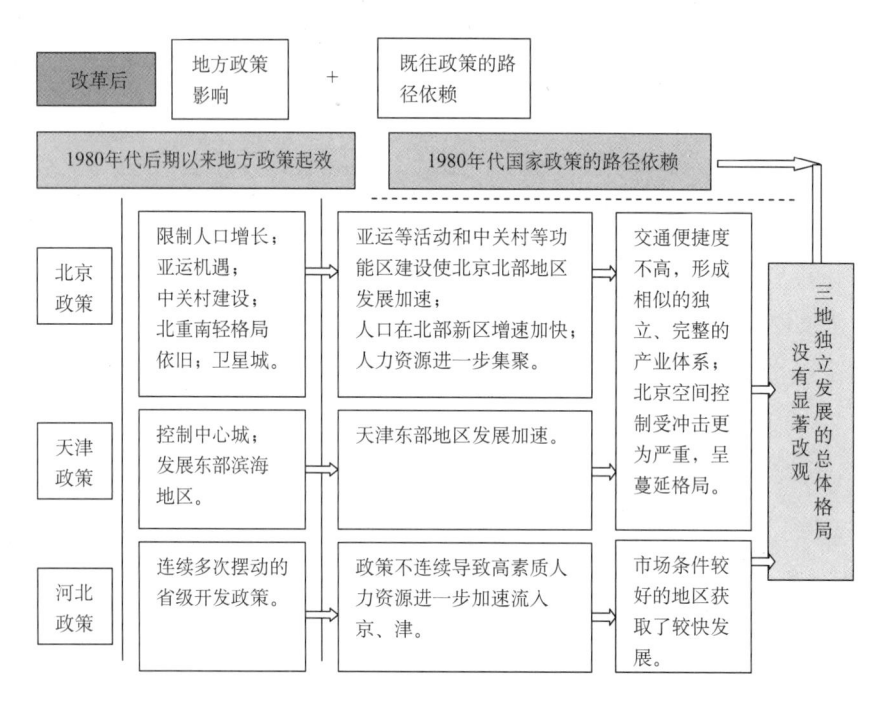

图 3-6-1　改革开放后政策影响框架

在国家层面的产业政策领域,最为核心的两项政策是:沿海开放城市和开发区政策以及分税制政策。受此影响,天津经济技术开发区利用政策优势、区位优势通过20年的努力建成了我国效益水平名列前茅的开发区,并使之成为打造滨海新区的基础性地域。河北秦皇岛市也在此开放政策下有了较快的发展。

改革开放以来,京津冀三个地区的空间发展政策可以简单概括为:北京通过中关村战略、亚运—奥运战略使城市重心进一步北移;天津通过打造滨海新区使城市重心向东南部地区偏移;河北省内部空间政策摆动较为频繁,引致城市发展的不确定因素增多,空间成长呈现离散型格局。

环境保护政策在改革开放后经历了由"老三项"制度向"新五项"制度(环境保护目标责任制、限期治理制度、城市环境综合整治定量考核制度、污染集中控制制度、排污许可证制度)的转变,但是直接指向区域生态补偿的内容仍十分有限。

人口政策在改革开放后逐步放松,但是北京和天津作为我国的两大直辖市,其户籍门槛一直维持在较高水平。但在户籍现实约束能力减低的条件下,京津两地流动人口数量不断增多,京津人口控制政策的效果不显著。

进入新世纪,在地方政策本地效应、地方政策区域效应和既往政策路径依赖的共同影响下京津冀三个行政主体均已认识到区域协同发展的必要性,开始自发进行有关区域协作的研究、探讨。吴良镛先生主持的大北京规划使各界耳目一新。2001年以后,北京申办奥运提出绿色奥运策略,开始进行产业调整,京津冀三地企业界之间开始有了互动。以2004年达成"廊坊共识"作为重要标志,京津冀三个地区区域协作开始步入实质化阶段。

(二) 既往政策分析的相关结论

纵观京津冀区域改革开放以来的发展情况和受到相关制度的影响情况。我们可以得出以下结论:

1. 行政力量与国家政策对京津冀地区既往发展的作用巨大

(1) 行政力量的推动在京津冀地区城市发展过程中起到了首要作用

北京作为首都,一直享受到资源、政策、投资等领域的优惠,发展的基础条件最为优越。城市的高级别综合服务职能,加之北京独有的教育、科技、历史文化、交通及基础设施等原有优势,使得北京在区域中的影响将进一步强化。

天津自直辖以来,享受到较多的资源和政策优惠,但直接投资优惠较少,工业品资源的政策优惠幅度也显著低于北京。其区域综合职能始终没有形成,直辖市的地位很少体现在对京津冀城镇群的影响,这与北京综合服务职能的巨大吸引力所造成的"阴影"效应有一定关系。

河北省级开发政策的波动性大,不断摆动的行政力量使河北省受政策叠加效力影响的城市获取了较高的发展速度,而受政策更替影响的城市,发展速度较为滞后。

(2) 京津冀三地受到政策影响的层级关系各有不同

北京受到中央行政指令的影响较大,受本级城市政策影响相对较小。改革前后变化不明显,但进入21世纪以来,市级公共政策的真实影响趋大。

天津改革前受中央行政指令影响大,改革开放以来至2005年,受到城市本级政策的影响越来越大,2005年中央政府再度直接通过公共政策推动天津发展。

河北省诸城市改革前受河北省级行政指令影响较大,改革开放以来,受到城市本级政策的影响逐步趋大。2000年以来,省级政府空间政策开始逐步发挥更大效力,更多地指向沿海、中心地区等增长极区域(唐山、石家庄、沧州)和西北部地区的贫困县镇。

京津冀三地的区域协调工作由于多层行政构架的共同作用和影响,始终未有清晰的管理主体。20世纪80年代、90年代以及21世纪最初的几年,由于发展条件迥异,区域协调工作关注的重心也在转移。

(3) 政策引致京津冀区域"中心极化"现象明显

北京对区域的影响力非常强大,区域核心城市的地位牢固。原有的、以北京为中心的区域格局始终处于比较稳定的状态。

(4) 行政力和市场力形成双力联动

政府行政干预的作用体现在两个方面,即直接推动经济社会的发展同时引导市场经济的发育。

由政府主导的、"自上而下"的发展模式,显示出政策实施对整体发展的推动作用,形成以城市自我完善为表征的发展模式。但这又是造成本地区城镇间关联度较低的根源之一。

虽然在一定条件下,行政力超越市场力可以获取更高的发展速度,但从区域发展的角度来看,行政力的理想作用是调和市场失灵,实现经济发展的"削峰填谷"。从制度路径依赖效应和京津冀地区实际情况的结合来看,京津冀地区需要和市场经济条件匹配的逐步调整的空间公共政策体系。行政力和市场力之间不是退出和进入的关系,而是需要双方共同影响,逐步迫近最优点。因此,必须说明的是,这一地区行政力与市场力的融合将是区域成长的重要基础。

2. 投资作用大,空间政策重要性不断提高

(1) 投资对地方发展的影响力加强。

随着改革开放的进行,除空间要素之外的其他要素的流动性显著增强,如资本、人力资源,在地方政府的推动下,地方政策和制度的灵活性也在不断提升。因此,自20世纪90年代中期以来,投资对地方发展的驱动影响力大大增强[①],在民间资本、外资和其他部门资金投资不断扩充的影响下,劳动力布局和产业组织等相关政策的效度有不断减低的趋势。与此同时,人口政策、产业政策的作用效能也在不断减低。人口政策受到冲击的地区主要集中在经济发达的地区,北京市的人口控制政策出现目标和实际绩效之间的脱节,廊坊等城市流动人口也突破原有的测算规模。产业政策受到冲击的领域主要在于高科技领域、装备制造领域和劳动力吸纳程度高的领域,北京、天津大类产业的同构系数较高,河北省若干城市之间劳动力密集型制造业同构程度偏高,与理想中的区域分工格局有所偏差。

(2) 伴随着社会经济的发展,市场力量越来越将关注的重点指向无法移动的资源:空间。

空间政策自改革开放以来,特别是1994年以来成为影响区域格局的重要力量。需要说明的是,在市场力量影响区域格局演变的同时,地方政府也基于自身利益,出台有关的空间政策(如开发区政策,优惠投资政策,投资导向政策,区域扶持政策等)用以引导区域的发展。市场的力量一旦和政府的空间规制达成默契,则区域的空间成长将呈现有序且高速发展的势头,如北京的西北部地区、天津的滨海新区、河北的廊坊市等地区;而市场力量希冀进入,政府规制抵触进入的区域,往往形成过度密集地区、违规突破地区(如北京四环外的绿化空间)或撂荒性空间;政府规制希望引导,而缺乏市场认可的区域,则往往形成空心城(如河北省若干

---

① 近年中国经济增长中,投资贡献率保持在40%-50%,明显高于国际20%-30%的一般水平。

城市的省级和市级开发区、三地的若干工业大院)。伴随着城市的拓展、前期投资和空间使用用途路径依赖效应的逐步显现和区域城市空间资源的逐步消耗。城市和区域的空间政策正在成为区域重构的重要力量。

3. 区域发展有同构倾向,行政区划成为发展束缚

京津冀区域发展已具有同构倾向。总体上看,各区域自利行为频生的根源在于利益分配格局未能得到优化,而影响利益分配的主要矛盾之一,就是行政区划对空间的分割已经成为发展过程中重要的束缚。在产业分工、产业集群、区域增长极设置、区域补偿等领域,行政区划已经成为部分领域的发展鸿沟,京津冀区域协调发展必须打破行政区划进行跨区域的梳理。

4. 城市群协同成为跨越发展的前提

京津冀区域已经完成初步的发展积累,投资和人力资源储备充足,同时,自然资源和其他生产要素变得更加稀缺,空间资源必须整合使用才有可能发挥集约效力,城市群协同成为竞争—合作中均衡利益的重要前提和目标。

在这样的前提下,京津冀区域成功破解既往制度路径依赖造成的锁定效应就具备了可能。一是发展阶段的改变促使各行政主体对区域协作的认识产生变化,各个区域都已开始自发的探求合作可能;二是重大发展机遇使既往发展的锁定效应的破解出现可能,奥运、滨海新区、曹妃甸地区等国家战略支撑了这些区域的跨越式发展,而重大机遇引致的地方收益提高又会刺激地方管理主体寻找新的、更广泛的协作领域;三是京津冀区域合作空间巨大、需洽商领域众多,在既往发展过程中,自利发展的京津冀三地,产业具有一定的同构属性,相互之间的独立性远大于互补性。正是这些属性的存在,使得今天200公里尺度的国际性产业集群新格局在京津冀区域具备了生长的可能和足够的腾挪空间。

京津冀区域协作的关键路径在于根据区域协作的难度进行分级考量,遵循先易后难的顺序,充分关注自发协作领域;区域管理机构应当关注争议性大且外部性大的问题,并充分发挥各级地方政府以及民间组织的作用;还应当结合各级政府事权,尊重现状,适度超前,推动区域稳定、有序、又好又快的发展(图3-6-2)。

条件发生变化	具备解锁可能	破解关键路径
改革30年完成初步的发展积累	发展阶段的改变促使各行政主体对区域协作的认识产生变化	根据难度,遵循先易后难的顺序,充分关注自发协作领域
自然资源和其他生产要素同时变得更加稀缺	重大发展机遇使既往发展的锁定效应产生破解可能	区域管理机构关注争议性问题、外部性大的问题
城市群协同成为竞争—合作中均衡利益的重要前提和目标	合作空间巨大、需洽商领域众多	结合各级政府事权,尊重现状,适度超前

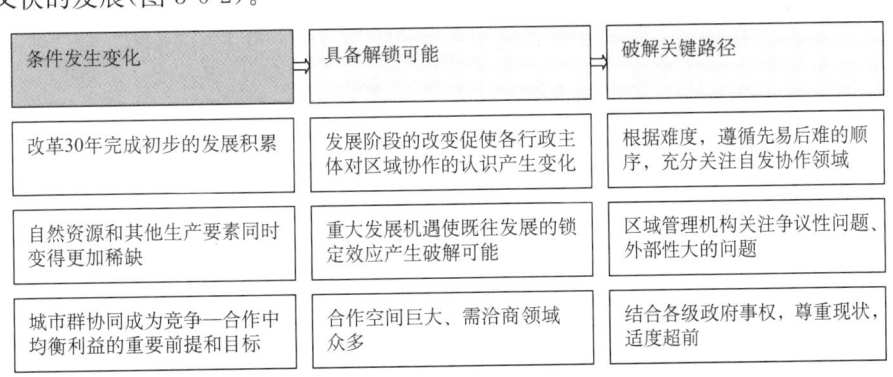

图3-6-2 京津冀区域成长摆脱路径依赖的关键路径

二、区域协调工作的回顾与形势判断

（一）京津冀区域协调工作的简要回顾

1. 京津冀区域协调的工作历程

京津冀区域协调工作早在20世纪80年代就已经开展。自20世纪80年代以来，区域协调过程中各时期、各领域关注的问题也在不断演进，具体见表3-6-1（两市一省规划未列入）。

表3-6-1　京津冀区域协调工作进展脉络的简要梳理

年份	协调研究主体	研究内容	成果政策指向
1982-1984	国家计委	《京津唐地区国土规划纲要研究》	保证首都政治文化中心作用，提高京津唐作为我国北方经济核心区的地位。
1985年起	环渤海地区经济研究会	《环渤海经济区经济发展规划纲要》	
1987	海河水利委员会	《海河流域综合规划》	
1991-1995	京津冀两市一省的城市科学研究会	京津冀城市协调发展研讨会建议组织编制《京津冀区域建设发展规划》	从区域协调的角度探讨各自城市的建设与发展。
2000-2001	建设部	《京津冀北地区城乡空间发展规划研究（大北京规划）》	"大北京地区"不是行政区划概念，是指对包括北京、天津、唐山、秦皇岛、保定等在内的城乡建设规模进行统筹研究，通过合理的布局与建设，形成完善的城镇网络，疏散北京市区部分功能，合理发展沿海港口和工业，改善区域生态环境，促进京津都市带及区域整体发展。
2004年2月	国家发改委地区经济司召集相关城市发展改革部门	"廊坊共识"	加强京津冀区域协调发展符合区域内各方利益，是提高区域整体竞争力的迫切需要，也是推进区域经济一体化进程的必然选择。
2004年5月	津京科委	科技合作座谈会	签署科技合作协议。
2004年6月	环渤海合作机制会议		为环渤海地区的政府官员、企业家、专家学者提供一个高层次、有组织的定期磋商机制。
2004年11月	国家发改委地区司	京津冀都市圈区域规划座谈会决定启动《京津冀都市圈区域规划》编制工作	明确将京津冀都市圈区域规划列为国家"十一五"重要专项规划之一。京津冀区域合作和协调发展从多年的研讨阶段转入了规划编制阶段。

续表

年份	协调研究主体	研究内容	成果政策指向
2006年10月	建设部、清华大学	《京津冀地区城乡空间发展规划研究二期报告(首都地区)》	用"首都地区""新畿辅"代替"大北京"概念,用"一轴三带"带动京津冀的协调发展,包括京津发展轴、滨海新兴发展带、山前传统发展带,以及燕山—太行山山区生态文化带。交通规划提出建设"新七环"的设想,将北京规划七环向外扩大到京冀交界处。
2006年9月	建设部	启动《京津冀城镇群规划》	提出构建具有较强政策属性的空间规划,力图促进区域统筹。

20世纪80年代、90年代、21世纪最初的几年,由于发展条件的不断演变,区域协调工作关注的重心也在随之发生转移。从总体情况来看,20世纪80年代区域协调工作主要关注如何促进经济发展,保证首都中心地位;20世纪90年代主要关注区域城镇体系规划和城市建设与发展领域;进入21世纪以来开始关注空间发展战略和经济战略协作领域。

2. 京津冀区域协调发展存在的主要现实问题

通过对京津冀区域协调发展的现实归纳,课题组认为其中存在的主要现实问题包括:①京津冀区域发展受传统行政区划的影响较大,区域内中心城市难以发挥辐射带动和整合整个地区经济的作用。京津两市作为独立的吸引极大量吸附了周边区域内的资源、资金、人才,对区域经济的反哺作用却不够。②区域内民营经济发展滞后,市场化程度有待提高。京津冀区域内国有经济比重高,地区政府对资源控制能力强,政府对企业干预比较大,市场机制作用不充分[1]。③区域内交通运输及其他基础设施缺乏整体性与协调性。在区域性港口、机场、跨地区高速公路和城际快速通道建设中,缺乏必要的统筹安排。④区域内城市间分工不明确,产业结构有趋同倾向。产业结构趋同导致企业间横向联系很少,整个区域缺乏活力。⑤体制性和结构性障碍较为明显,影响区域一体化进程。较低的行政效率[2]、现行行政区划体制、财税体制和政绩考核指标体系等,限制了京津冀各地区,特别是北京和天津两大都市政府和企业实现区域经济一体化的内在动力,造成这一区域缺少协调发展的实质性动作,也制约了整个区域经济的发展。⑥区域内城乡及地区差距问题突出。区域内的经济落后地区,不仅个人收入偏低、群众生活困难,而且城镇建设、基础设施和基础产业、文教卫生等发展所需的资金严重短缺。尤其突出的是,河北的张承贫困带与京津地区落差巨大。

---

[1] 中国经济改革研究基金会2004年度各地区市场化相对进程报告显示,北京市场化指数排在全国第6位,天津排第8位,河北排第10位。虽都在前十位,但均在广东、浙江、上海、江苏等地之后,在东部沿海地区明显落后。

[2] 2006年世界银行调研报告《政府治理、投资环境与和谐社会:中国120个城市竞争力的提高》显示,在京津冀城镇群被调查的10个城市中有6个城市政府的运行效率低于全国的平均水平。

(二) 本专题对京津冀区域协调问题的几点判断

1. 增长极带动效应发挥难度大,必须注重区域协同效力

增长极理论以发达的市场经济体制为背景,引入增长极属性的推进型单元,其增长极作用的实现不仅要求很强的内部联系,而且要求周围地区的环境条件与之密切配合。否则,推进型单元通过内部联系和外部购买而形成的地区乘数作用将会在本地区之外实现,从而致使增长极成为"孤岛"或缺乏支援的"飞地"。在京津冀地区的若干地域(滨海新区早期开发地域、唐山京津唐港区域、黄骅港区域等)都曾遇到类似的问题。从未来的发展格局来看,滨海新区、黄骅港、曹妃甸、邯郸(邯钢)等开发型区域和张、承等扶持性区域也都有可能出现此类问题,因此必须在培养区域增长极的过程中,充分认识到促进增长极带动效应的重要性及其实现的困难程度,以满足区域发展的需要。

在缺乏专业化和协作的条件下,诸如滨海新区这类增长极很难实现降低单位产品成本的规模经济的要求(这也说明滨海新区等区域具有区域协作的必要性)。由于这类增长极属于现代化的资本密集工业,与当地的传统工业结构形成了二元经济形态,从而使得企业间的连锁作用、扩散作用都难以发挥,这样也就很难谈得上带动周围企业和地区发展。因此,在促进增长极发展的过程中,地方政府应当注重政策与市场格局之间的无缝衔接,避免出现政策鸿沟,引致地方发展和区域成长之间的脱节。

增长极在发展到相当大的规模以前,极化效应往往大于扩散效应,尤其是创建初期。发展到扩散效应占主导地位需较长一段时间,这样通过极化效应发展所维持的增长极日益高速增长,有可能没有被周围的广大地区(尤其乡村地区)所分享,其结果将会进一步加剧而不是减弱已有的二元结构,达不到政策的预期效果。就此,我们提出京津冀地区的增长极应当设置多级,对一级增长极如滨海新区、曹妃甸示范区等,需要进一步扩大规模,并利用"飞地"实现极化效应和扩散效应的统一,而对二、三级增长极而言,除了强调各个级别增长单元的自身发展之外,还应当积极与第一级增长极对接,联合推动区域成长。

2. 区域自发的"密集"协调尚不发育,需要政策机制保障

北京服务于全国,天津服务于区域,河北依托京津的格局在短期内不会打破。地理上的毗邻并不一定能够自然实现区位上的密切接合性,区域的综合协调成本也并不一定最低。北京和天津本身的协作意愿尚未达到同一经济协作体的要求,二者之间的分工必定难以在短期内达成。因此,在北京和天津之间选择和预留足够的空间,为今后的产业分工留有足够的空间,显得极为重要。

在推进区域协调的过程中,公共政策和协调机制将展现出越来越大的作用力,成为区域协调的基础。公共政策与机制发挥的作用将直接指向区域发展的垄断性资源——空间,并通过空间影响区域主体的行为,从而达到提升协作频度,刺激协作自发生成的目标。

3. 政策冲突表现在"追求效率"和"获取上位政府支持"领域

目前,京津冀区域内各主体之间对区域政策的冲突还停留于如何获取"追求效率"的赶超性政策支撑和如何获取"上位政府对区域的支持"领域，以及最终获取投资和其他领域倾斜的阶段。这个过程在珠江三角洲早期曾经出现过，但由于珠三角的发展并不是主要依靠大型项目的进入，因此，宣称"话语权"并不一定能够使地方的发展获取突发性的绝对优势。在京津冀地区则不同，由于国家重大项目和大型国有项目的突发性进入极有可能改变原有的城市发展模式，因此，"话语权"的提出更具有实际意义。所以，从规划角度来看，由于任何一个城市都不可能轻易的放弃某一领域的潜在发展机会，各地方在重要领域争夺建设发展权的诉求必然很高，这一点从滨海新区、曹妃甸、黄骅港等地的规划内容上可以看出相关的倾向。

从这个角度来看，京津冀区域成长必须通过种种机制建设，避免各地方出台强调"大、全、多、快"而忽视协作与分工的相关公共政策。需要通过区域协作，将对区域发展最为重要的相关核心资源加以统筹考虑，避免出现"以邻为壑"的不良局面。

4. 各方对协调的认识和希望参与的工作存在差异

京津冀各地区对协调工作存在较大认知差异。北京市更关注生态环境保护、人才与科技创新体系建设等问题；天津市强调市场体系建设、交通基础设施建设与布局、建立区域协调机制等问题；河北省则将重点放在了产业分工、能源与资源开发和利用、交通基础设施和区域协调机制等内容上。从区域协作的角度出发，各个区域持有共同的近期诉求是极难出现的偶然现象，这也正是需要进行区域协调工作的原因。由此，区域协调就必须从各自利益主体的角度出发，通过利益平衡，减低主体之间的矛盾。专题组认为在多主体持有不同利益诉求的区域中，只有发达地区的适度让利才有可能促进区域的整体繁荣，即北京、天津、石家庄等发达地区的"让利"和"大度"有利于推进区域整体和谐的发展格局。

5. 协调工作的核心问题是寻找协作动力基础

京津冀地区目前的市场化水平较低，区域内部的行政结构复杂，区域发展差异巨大，市场经济自发运作需要调和的时间会很长，区域协调工作复杂而意义重大。区域具备成为21世纪中国增长极的基础，公共政策推动将能够起到催化剂和熔炉的作用。其协调工作的核心问题是制订合理的政策框架和相关协调机制，并在协调机制的影响和作用下，寻求稳定、牢固的区域协作动力基础，促进协作可以有效的进行，而不是停留于表面。需要通过鼓励工具、控制工具等工具体系构筑稳定的区域协作动力基础，确保协作的顺利展开。

在这个过程中，就需要解析上位政府和各成员地政府的不同需求，解析区域的不同成长潜能，并使用各种政策工具将其各地对区域协作的认识向大致相同的方向推进。

三、区域发展的战略目标与协作理念

（一）区域发展的战略目标

在新的信息技术支撑下，在经济全球化驱动下，具有密切劳动分工的"城市区域"(city-region)正在成为全球经济竞争的基本单元。以"城市区域"的空间形态构建应对全球竞争的区域竞争力,是国家发展和空间规划的重要目标。

当前,京津冀区域整体上开始进入了由投资驱动型经济增长向投资、创新双重驱动型发展的转型期。从国家战略的演进脉络来看,已经从20世纪80年代的"解放思想、重点突破",90年代的"局部崛起、参与国际化竞争",演进为新世纪的"创新模式、全面提升"的发展要求。实现京津冀区域跨越式发展不仅应当作为区域本身战略目标,而且也应当成为实现国家愿景的战略途径。

在这样的前提下,京津冀地区的成长目标是:打造"全球城市区域"。

(二)区域协调发展的基本理念和关键点

对京津冀地区而言,区域协调发展除了具有一般意义的益处之外,尚有如下独特的作用:①是保证首都健康发展的重要举措。只有实现区域统筹发展,缩小京津冀地区差异,才有可能为北京和其他城市提供稳定的发展环境、巨大的统一市场和持续的人力资源供给。②保证滨海新区、曹妃甸循环经济示范区、沧州黄骅港等沿海区域的错位成长、理性成长,避免过度的地区竞争,出现过强的产业同构。③有利于激发隐藏于区域内部的创新实力,推动京津融合,扩大劳动力池效应,产生更高层次的规模经济。④在已经进入规模报酬递增阶段的京津冀地区,实现区域协调发展能够进一步提升京津冀地区在全国乃至全球的区域位序,成为中国的重要增长极。

1. 区域协调工作应禀承的理念

(1) 以利益为基础,用机制和政策影响利益的平衡

寻找可以接受的利益平衡点是协调工作的核心。在区域协调中,不可能存在某一完全平衡的点,只有尽可能以利益为基础,用机制和政策影响利益的平衡,考量区域各主体都能接受的方案才是可行的路径。曾经被亚行密切关注的补偿问题仅仅是突破口,是一个重要的启动点,但其不足以成为区域协调的充要条件。

(2) 以上位政府视角研究协调机制和政策

必须充分认识京津冀区域协作的复杂性、阶段性和动态性。由于现阶段的区域协作还远未达到自主协作的阶段,必须注重上位政府的作用。

本次机制和政策研究是以上位政府规划的视角,推动各地自身规划目标的实现。对各个城市内部的问题,不做过多涉及。

(3) 明晰相关政策与机制研究工作的关注位序

① 确保首都和重点区域(滨海新区、曹妃甸地区)的发展;

② 保持区域整体的竞争实力和活力;

③ 促进区域差距的缩小;

④ 促进区域资源利用的合理化,减低无效投放。

上述四方面的原则并非平行关系,而是有主有次、由主至次,本着效率优先、兼顾公平、协同发展、构筑和谐的思路展开。

2. 区域协调政策目标涵盖的关键领域

（1）构建具有差异化特质的城镇化发展政策

京津冀城镇群应构建坚持科学发展观指引下的城镇化发展政策体系。鼓励大都市区的发展、促进有条件生长的县级市和有关镇区的发展，使京津冀区域的城市化水平得到稳步提升，与京津冀城镇群的经济发展和社会发展情况相匹配。至2020年，应确保京津冀三地的城市化水平达到三地规划设定的水平，在有条件的情况下，应重点促进河北省城市化水平的提升。与此同时，对生态脆弱区域和生态敏感区域，要使用更加严格的规划审查制度，限制产业和城市的发展建设，引导该地选择异地城市化等更加科学的发展道路。

（2）构建具有前瞻性的交通发展政策

大力完善京津冀区域交通系统，打造京津冀地区无障碍人流、物流通道体系。首先，打破行政区划的阻隔，促进跨区域运输发展，提升区域综合交通网络的便捷程度。关注先发地域高速、直达型交通系统的建设，建设京津、京石、津沧等城际快速通道，构筑现代化的综合交通运输网络，实现区域交通网络从北京"单中心放射式"向京津"双中心网络式"发展。其次，提高张、承等西北部地区的可进入性，依靠交通基础设施建设促进西北部地区尽快摆脱相对落后的局面。最后，注重京津廊道、津石廊道、京石廊道的交通基础设施建设，注重陆海空交通系统的联运与整合能力，促进分工与协作，应特别关注首都第二机场的选址论证，注重并实现港口的联动发展。

特别地，从国际经验来看，港口合作能给合作各方带来巨大效益。京津冀沿海区域存在着天津港、唐山港、沧州港三个正在迅速扩大规模的港口（秦皇岛港作为主要煤运港口，可以在中远期考虑进入），虽然每个港口已具有相当实力，且具有一定的专业优势，但是从现有的发展规划来看，三个港口却有趋同的潜在可能。应当统筹港口资源，在政府层面建立港务联合管理机构，制定港口资源整合规划和发展规划，科学界定港口功能，合理配置港口资源，完善交通网络，规划并尽早建设京津冀滨海高速公路，加快疏港铁路体系建设，消除港口集疏运瓶颈制约。对此，整体思路是政府和各港口集团共同促成，重估各港口的资产，合理确定港群集团公司的资产所有权比例，参照股份合作的形式整合资源。

（3）关注持续发展的生态保护政策

京津冀地区必须十分注重生态和环境保护工作，必须走生态环境可持续发展道路。京津冀地区生态保护政策的重点在于三大领域：生态补偿机制建设、生态安全格局区域划定和区域污染治理与防护。

（4）关注资源利用与能源供给政策

京津冀地区的资源人均占有量在全国处于中后水平，水资源、空间资源等已经成为限制京津冀发展的重要因素。因此，京津冀地区必须从战略高度重视资源利用与能源供给问题。在资源利用领域，一方面要依靠产业升级和技术进步，在相关政策措施的扶持和循环经济手段的支撑下提升资源利用效率，减低资源消耗。另一方面，要依托现代科学研究和技术推广，努力实现资源创新和资源重新利用，特别注重海水淡化技术、荒弃盐田综合生产技术的导入，扩展可供城市建设和经济发展利用的资源。在能源供给领域，要充分考虑区域能源安全问题，对石油、煤炭、电能、天然气能源等进行事先调控,为京津冀发展留有能源储备和输送的余力。

(5) 判定因地制宜的空间管制政策

京津冀城镇群应执行差异性的空间管制政策,并实现与国家发改委"主体功能区"的协调。鼓励滨海新区、曹妃甸等增长极区域的加速成长,理性认知各城市中心城区和新城的空间成长条件,对成长条件较好的区域,给予政策扶持和规划指标的倾斜,对条件不成熟的区域,应加强规划指标的进一步控制。在空间管制的过程中,由区域共同体审核京津冀三地政府及规划管理部门协商制定的奖励和惩戒性规划实施办法,引导和促进各地方规划实现无缝对接。

(6) 出台指向高端人力资源的诱导政策

为实现迈向全球城市区域的发展目标,京津冀区域需要特别注重全方位吸引高端人力资源,注重考量高端人群的发展诉求和潜在支付能力,为高端人才的进入和流动提供政策支撑,构建京津冀高端人才服务体系(可对各城市吸引的超过预期目标的高素质人才设置超过规划标准的浮动人均建设用地指标)。高素质人才可享受两限房或其他政府购房政策,可优先安置直系亲属落户、就业等优惠。

(7) 妥善筹划区域产业融合政策

京津冀发展应与区域总体战略目标和三地相关规划相匹配。北京应积极发展现代服务业、高新技术产业、现代制造业,主要承载金融、保险、商贸、物流、文化、会展、旅游等高端第三产业,大力支持发展电子信息、光机电、生物医药、汽车制造、新材料等高新技术产业和现代制造业,鼓励发展服装、食品、印刷、包装等都市型工业,建设国家文化产业中心地、信息高地和枢纽。同时限制和转移无资源条件的高消耗、重污染产业,将北京打造成为具有重要国际影响力的国家首都、国际城市、文化名城和宜居城市。

天津主要发展高新技术产业和现代制造业。鼓励发展现代装备制造业、石油化工、海洋化工和其他具有先进制造业属性的重工业,大力发展现代生产者服务业,将天津打造成为现代制造和研发转化基地、我国北方国际航运中心和国际物流中心、区域性综合交通枢纽和现代服务中心、以近代史迹为特点的国家历史文化名城和旅游城市以及生态环境良好的宜居城市。

河北省应加快石家庄、唐山的城市发展,不断提高其在全国城镇网络中的地位。发挥领跑作用,带动省内各级城镇积极参与京津冀区域协作和城镇分工,使河北在与京津的共同资源配置中取得优势地位。还要充分关注唐山曹妃甸地区和沧州渤海新区发展,以区域发展的现实需求为基础,倡导循环经济的全面导入,减低对环境、生态、资源的压力。在沿海大发展的过程中,应鼓励产业的适度细分,避免过度竞争和过度重复建设的情况发生。

本区域产业协调政策要关注京津冀区域作为全球都市区域的特质,关注区域第二产业的升级,以应对我国已经出现的石化、钢铁、制造等部分产业规模报酬递增的发展趋势,扶持滨海新区、曹妃甸、渤海新区等地尽快做大做强。以上述地域为龙头、以现状第二产业基地为依托,加快推进区域第二产业发展廊道的形成,促进各城市特色产业园区的发展壮大。还要充分关注全球都市区域第三产业加速发展的大背景和以"内联外拓"为特征的网络化格局强化的发展趋势,积极推进北京、天津等地的第三产业向外拓展,扶助北京、天津、河北省各中心城市和具备条件的小城市、中心镇实现第三产业的联动发展。减低京津冀三地之间的过路(桥)费征收标准,推进三地公交线路的相互延伸,建议取消三地移动通信漫游费,实现三地固话通话本地化,以减低居民出行和通讯费用,提高交流频度,减低企业间的交易成本,推进现代服务业,特别是生产者服务业的发展。此外,全力推进天津滨海新区发展,凸显其金融试点工作的重要影响,推动其成为柜台交易试点。推进北京市产业进一步高端化,提升北京金融、保险等生产性服务业的全球控制能力,促进北京新城产业的合理分工和良性发展。在京津走廊及其延长线设立国家级金融后台服务区,设立国家数据整备中心和数据处理基地。

四、京津冀区域协调的相关政策框架

从目前的实际进展来看,京津冀三个主体已经形成需要协作发展的共识。国务院、住房和城乡建设部、国家发改委等国家职能机关也在积极推动三地的区域协调工作。投资企业和广大民众对京津冀区域进行密切协作的呼声也空前高涨。

通过对京津冀地区的深入研究,我们发现,京津冀区域协调工作虽必要性高但难度大,涉及关系复杂,合作水平偏低。以前述推动区域协作的理论推演结论为基础并从现实条件出发,结合京津冀区域的成长目标,课题组最终设定了构建法规架构、推动区域发展、促进调和协商、实施补偿保障和空间成长共赢为内容的五维度实施政策框架①。其中前三项为区域总体层面的政策框架,后两项为差异化分区层面的政策框架。

(一)建设法理基础型政策架构

此类政策指向构建区域立法及实现区域协调程序合法,即将京津冀区域的协作纳入法律、法规和相关规定管辖的法定框架。政策的法理基础构架是协调工作推进的根本,其建设和完善将随着协调工作的推进不断进展。建议出台《京津冀区域整合法》和《京津冀区域协作政策程序条例》,并设定广泛认同的表决和争议解决制度。

1. 出台《京津冀区域整合法》

在政策框架中作为国家立法保障,给予各项协作行为以法律上的保障。《京津冀区域整合法》的立法计划以及相应的主要内容包括:明确制定该法律的目的,是合理利用京津冀地区的各项自然空间与人文经济资源,有序进行区域内的发展建设,提高区域的整体发展水平,实现区域

---

① 在构建政策框架的同时,专题组非常强调文化力的浸润作用,认同文化具有的持续影响能力。长三角文化的同源性和相互认同性,广东省文化的近似性和高度的认同感都在很大程度上促进了上述两个区域的区域一体化。京津冀地区一直是中华传统及现代文化的吸纳地和汇聚地,数百年来集中华多元文化之大成,相比其他城镇群,其深厚的文化底蕴将对未来产生重大的积极影响。京津冀区域文化整合的重要途径在于三地实现文化认同,使三地文化成为具有地方特色的区域文化,促进区域经济协同。本专题不再展开赘述。

协作带来的各方主体收益的提升,将区域发展中需要协调的问题纳入法制化轨道。

在该法律中首先要明确京津冀区域的空间范围,并在区域中划分核心地区与非核心区。在区域中还要划分城市、近郊和周边等不同发展水平的动态空间,针对不同类型的次区域设定不同的发展限定条件以及建设规划的编制计划等。

在该法律中要给予京津冀城市群的区域协调机构以明确的行政地位,明确其由国务院直接领导并具有财政转移支付权力和区域发展基金支配权力。在区域协调机构之下,根据三大发展关联地带设立次区域协调小组;在该法律中还要确立区域各地方联席会议制度,包括各次区域票权的设定和议案提出通过的要求等;该法律应对区域协调中的事件处理原则和程序应给予明确的规定,特别是针对计划和规划,需要按照规定的期限向国务院提交执行情况的报告,并予公告等。

2. 出台《京津冀区域协作政策程序条例》

为保证各项区域协调政策的正确性和权威性,所有的区域协调政策都必须有规范的程序来保证,这就是区域协调的政策程序。区域协调的政策程序是规范区域政策制定、实施、监督与评价的一套具体规则,包括议程设定、区域政策制定程序、实施程序、监督与评价程序(图 3-6-3)。这些程序一般需要专门的法律或规章规定,使之更具有权威保障。因此,建议出台《京津冀区域协作政策程序条例》直接指向区域政策程序的四个方面内容:

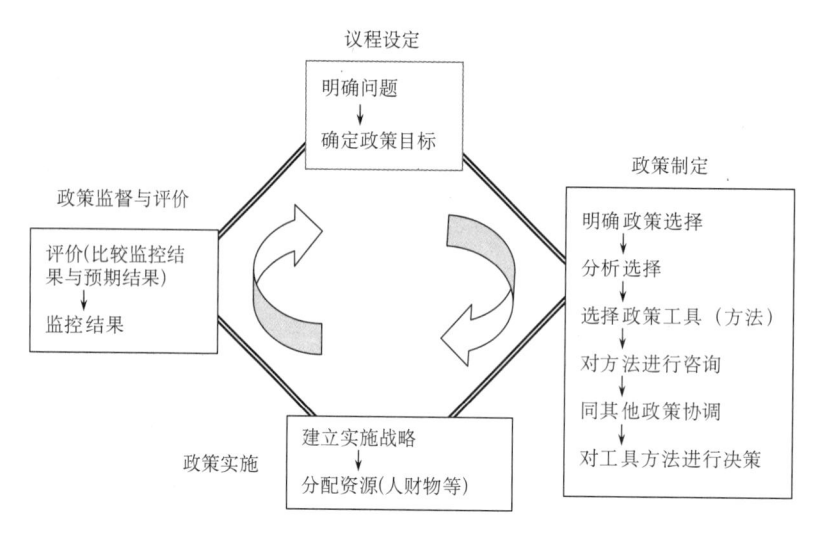

图 3-6-3 区域协调的政策程序[①]

① 议程设定:明确问题并确定区域政策目标;

② 政策制定:明确政策选择,对各种选择进行分析,选择具体的政策工具或方法,同其他政策进行协调,最终做出工具或方法选择方面的决策;

③ 政策实施:包括建立一个实施政策的战略,具体分配各种政策资源;

④ 政策监督与评价:监控政策执行结果,并将执行结果与预期结果进行比较。如结果与预

[①] 参照张可云:《区域经济政策》,商务印书馆,2005 年,第 126 页。

期不符，不能达到满意，则进入新的循环程序。

对京津冀区域而言，议程设定、政策制定、政策实施、政策监督与评价等程序需要相互衔接，并有必要由专门的区域协调机构来组织实施。

（二）推动区域发展的刺激增长型相关政策

推动区域发展（发展促进）类政策应指向提升区域协作中的预期收益总值，从而刺激协作的参与方主动、自觉地进行区域协作。

在推动发展的框架下，需要考虑的京津冀区域协调政策包括：增长极政策、推进中小企业发展政策、推动区域创新政策、推动产业转型政策、基金政策等。其中增长极政策和推进中小企业发展政策是重点。

1. 推动增长极高速发展

在未来 5-10 年内，京津冀都市圈的发展仍将以城市极化增长为主，目前分布于京、津两市的传统产业会呈现分批次、陆续向周边地区转移的趋势。课题组研究后认为，京津冀地区的增长极可划分为三个层级，分别对应于国家、区域和地区。

（1）国家级（第一级）增长极

京津冀区域的第一级增长极包括：北京的中心城和新城，天津滨海新区和中心城区，曹妃甸地区。这一层级的增长极关乎国家战略和京津冀区域未来的整体实力。

京津冀区域的成长，首先要围绕首都功能，构筑中国国家创新极核；其次应当围绕滨海新区、曹妃甸示范区等区域形成沿海城市带，形成紧密的经济联系，构筑京津冀沿海增长极；第三，河北省中、西部地区应当强化开放意识，既作为腹地，也作为近海地区，主动加入环渤海开发建设之中，依托京畿和沿海城市群，加快外向型经济体系建设。

必须说明的是，当前京津冀区域沿海地区的开发、开放还面临辽宁省积极打造"五点一线"、山东推进沿海发展战略、长三角和珠三角积极拓展自身腹地等的强势竞争，开发京津冀沿海区域需要打破行政区划和地域界限，进行资源整合，合则共赢，分则全败，迟则俱亏。突破行政区划分割的关键区域主要在于滨海新区—曹妃甸、滨海新区—黄骅港、北京—廊坊三大核心地域。在这三大核心地域中，必须统筹梳理各增长极的关系，力图达到高效、稳定的成长。对此，更需要京津冀区域以最大力度的奖惩并举政策保证区域的有序、协同。

（2）区域级（第二级）增长极

区域级增长极主要是京津冀区域内除第一级增长极之外的国家级开发区和重要的核心城市中心城区或该地规划指明的增长极地域，如沧州黄骅港地区、廊坊的万庄地区等。这部分内容，河北省城镇体系规划和各地市规划已经有较为详尽的说明，本报告不再赘述。

（3）地区级（第三级）增长极

第三级增长极是区域内的增长带动型地区，主要是京津冀地区经济发达的县级市，它们是本次区域协调政策框架研究中非常关注的基础性增长单元。

京津冀区域中存在着相当数量的经济较发达的县级市,这些县(市)对地方的增长带动作用对于整个区域的协调发展具有重要价值。根据河北经济年鉴(2006)的排名,经济能力位于前20位的县(市)依次为:迁安市、任丘市、武安市、遵化市、三河市、迁西市、鹿泉市、霸州市、藁城市、香河县、唐海县、正定县、辛集市、乐亭县、宽城满族自治县、涉县、滦县、玉田县、邯郸县以及栾城县。考虑到单一经济指标反映实际情况的局限性,课题组利用多个经济指标进行了加权综合排名,发现年鉴经济排名与加权综合实力排名具有一定的偏差。加权综合排名包括但不在年鉴排名中的有:大厂回族自治县、滦南县和黄骅市。应将上述23个县级单元进行梳理,选择其中带动作用强的地区作为区域第三级增长极看待。

对增长极地区和增长带动型区域应注重发挥市场力量,促进地方经济高速发展。可能供给的相关优惠包括:基础设施倾斜、政府投资倾斜、税收适度减免、飞地建设和区域扶持等。

在多个增长极体系中,要充分关注滨海新区和曹妃甸地区的地位和作用,滨海新区的金融创新平台和曹妃甸地区的资源整合—循环经济模式将成为未来带动中国北方地区发展的高速引擎。

2. 构建面向中小企业的支持服务体系

京津冀地区的工业企业体系中中小企业还很不发育,企业实力较弱,政府进行适当的扶持与引导极为必要。而新颁布的《中小企业促进法》也要求各级政府为中小企业发展提供必要的服务与支持。应成立京津冀地区中小企业支持与咨询中心,并以其为载体,提供智力支持和业务咨询等相关服务,推进京津冀地区中小企业资助计划,如中小企业信贷担保、中小企业市场推广基金、中小企业发展战略研究基金等,同时推进中小企业联动发展计划,将京津冀区域的中小企业有机联系起来。

3. 以产权交易平台为基础,创建区域创新政策体系

区域创新政策对京津冀地区具有重要意义。需要鼓励区域内企业的自主创新能力,改变过去科研成果与生产实践脱节的基本状况,培养企业的竞争力。

建议以现有的北京技术市场、北方技术交易市场、中关村技术产权交易所等为基础,建立"京津冀地区产权交易平台",实现京津冀地区技术市场的统筹管理、资源共享和要素自由流动,进一步加强北京市对区域内其他地区的技术辐射功能。除区域产权交易平台之外,建议由京津冀三地政府(或其中的若干城市组合)共同设置区域创新资金,满足区域创新的需要。同时应当注重发挥北京、天津显著的人才优势,加强企业与科研机构合作,鼓励企业自身建设研发中心,制订积极的人才引进、就业政策,制订人力资源催化政策,必要时政府可以给与一定资助,奖励具有较强创新能力的企业和机构。

4. 推进产业转型,构筑合理的区域产业序列

京津冀城镇群工业化与城镇化进程互动过程中突出的问题在于区域(尤其是河北省)产业结构与就业结构的错位,工业化没有积极带动城镇化发展。

合理构筑区域产业序列,首先应明晰三个区域的产业成长重点:京津地区需要积极发展现代制造业、现代服务业,并实现农业的精细化、生态化转型;河北省需要大力发展劳动密集型产业,

实现农业产业链条的延伸,选择合理的空间,适时、适度发展高新技术产业和服务业。需要特别指出的是,滨海新区、曹妃甸地区作为两大增长极,尤其需要未雨绸缪的关注产业序列发展问题,在产业选择之初就需要关注开发替代产业,着力促进产业结构多元化,依靠已有的优势产业基础,如港口贸易、制造业、航空中心、金融服务基地等,促进机械设备和各类高科技产业的发展。

5. 设置区域成长基金,推进区域协作

在京津冀高速发展的前提下可以考虑由三方共同出资(如各地出资当年地方财政增量的2%-5%),设立指向若干领域的基金,来满足激励性诉求,推动区域间协作的有效展开。对此,欧盟国家的政策最具借鉴意义,我国如珠三角、长三角区域的协调工作中也使用了相似手段。课题组提出的基金政策框架如表3-6-2:

表3-6-2 京津冀区域成长基金政策框架

基金名称	设置目的/背景
京津冀地区发展基金	定额(60%):资助各城市政府已给予援助的发展项目 非定额(40%):支持其他区域共同体政策,特别是缩小区域共同体政策在某些地区的不利影响,特别注重环京津贫困带问题
社会基金	担负协调区域经济发展的责任: 主要职能是增加就业机会,开展职业培训和再培训,扶持SME成长,扶持个体经济创业
农业保证和支持	促进农场现代化
协作前工具	用于京津冀各地区在参加区域协作前,为达到某一标准而进行改善环境、完善交通网络建设等领域的资助
交界地带建设基金	用于各个区域实现边界地区的发展和基础设施对接
危机互助基金	用于成员区域发生重大灾害后的援助

在京津冀区域成长的过程中,可以有选择地设立基金种类,从最为紧迫的危机互助基金入手,逐步过渡到各方面的基金序列,从而加强对区域整体利益的掌控能力,使用经济杠杆而不仅是简单的鼓励政策来切实推动区域协作。

(三)促进调和协商的洽商均衡型相关政策

调和协商的目的是减低协作过程中的交易成本。通过促进区域的调和协商,一方面将提高协作参与方的参与意愿,推进区域协调的实质进展;另一方面,构建合理的表决机制和争议解决机制将使区域博弈有章可循。这一框架下首先需要辨析各区域主体对协作的意愿是否一致,在梳理不同意愿处理原则的基础上,构建招商引资协调政策、沿海开发型飞地政策等。

1. 不同协作意愿条件下公共政策选择的原则与对应政策

(1) 具有自发协作意愿领域公共政策原则与可选择政策

对具有自发协作意愿的协作主体而言,公共政策的作用首先是搭建沟通平台,促进双方的交流;其次是推动双方的协作适时、适地、适度的展开;再次则是设置公允的仲裁机制满足相关区域要求。

总体来看,这一模式下的区域协调政策可以包括:
① 搭建双方和多方的信息交流平台,发挥信息沟通机制作用;
② 确保市场机制发挥主要作用;
③ 相关行政决议相互开放、通报制度,改"状态决策"至"连续决策";
④ 全面导入新公共管理理念;
⑤ 灵活运用行政仲裁机制;
⑥ 充分推进科技创新机制;
⑦ 建立科学的政府官员绩效评价体系,使用行政力量推进区域协作。

(2) 认知背离领域公共政策的原则与可选择政策

认知背离领域是指在区域合作的过程中,一方有协作意愿而另一方不愿协作的情况。在这一条件下就更需要区域政府的作用,判断协作是否会对协作诸方有利,如果有利的话,就应推动这一协作,并基于不协作一方的利益诉求,对其进行适度的补偿、促进、规制或惩戒。

总体来看,这一模式下的区域协调政策可以包括:
① 充分发挥上位政府作用,构建区域协调机构及其分支部门;
② 出台金融制度与政策,灵活使用基金工具;
③ 出台有关硬件建设的推动政策,加强区域交通、通讯基础设施建设,降低合作过程中的交通运输成本以及主体之间的交流沟通成本;
④ 组建委员会等会议沟通机制;
⑤ 设置转移支付机制;
⑥ 匹配必要的税收政策和财政政策。

(3) 无协作意愿领域公共政策原则与可选择政策

无协作意愿领域是指,在区域合作的过程中,双方均对某一领域持有不协作的态度。这种情况往往涉及生态环境、资源等广泛存在外部性的领域,尤其需要区域协调机构的作用,通过公共政策的利益调整和惩戒杠杆,促进区域协作。

从总体来看,这一模式下的区域协调政策可以包括:
① 设置基金,出台有关"奖优"的相关政策;
② 发挥转移支付的杠杆效应;
③ 上位政府进行主导协调;
④ 建立科学的政府官员绩效评价体系。

2. 公共政策具体工具选择

(1) 注重一体化投资协调,规避地方自利行为

在招商引资及项目布局方面,京津冀地区必须构建一体化的、高效便捷的服务体系及模式,实行亲商、高效和透明的政策,积极探索按照国际标准的商务惯例运作的管理模式,力争为投资

者提供快速的一站式综合审批服务、最少的政府收费项目和周到的投资咨询服务,以获取低交易成本的竞争优势。可采取的行动包括:建立京津冀地区投资服务中心,实现"一站受理、联合审批、限时办结、集中收费";实行"重大项目跟踪服务制";大力引进各种经济中介服务机构;在投资服务中心设立会计核算中心和交易中心;注重"网上协同办公"的跟进支撑。

(2) 设置沿海开发型"飞地"系列

在沿海地区设置开发型"飞地",或者叫作"飞地"型开发地区,即在沿海地区划定一定规模的开发区,作为非沿海地区的"飞地",从而满足非沿海地区的发展需求,减低地方恶性竞争。我国已经有其他地区的先行经验:在辽宁省内部锦州市和葫芦岛市分别为朝阳市、阜新市在区域内确定若干平方公里的区域作为"飞地"。这个区域上缴辽宁省的增值税、营业税、企业所得税、个人所得税和房产税,省财政给予100%的增量返还,由"飞地"提供市和使用市按各50%的比例分留。

考虑到京津冀地区的特殊性,"飞地"产生的增值税、营业税、企业所得税、个人所得税和房产税,省财政应给予90%的增量返还(另10%设置为扶持基金),由"飞地"提供市和使用市按各45%的比例分留。对生态脆弱县(市)在沿海地区设置"飞地"的,可享受扶持基金。

在"飞地"设置的过程中,应允许建设用地指标的异地使用,即在需要"飞地"的地区核减该地的建设用地指标,而在"飞地"所在地区(主要是沿海区域,特别是滨海新区和曹妃甸地区)应在原建设用地指标之外核增建设用地指标。这样既可以起到保护耕地的作用,实现了区域的联动,又能够有利于滨海新区等开发型地区尽快做大规模,做优品牌,增强竞争实力。

(四) 构筑补偿保障的区域稳定型相关政策

补偿保障类政策的目标包含两重含义,其一是对于协作过程中一方受益而另一方不受益或者受损的情况,应当对合作的总收益进行合理的分配,使贡献方得到必要的补偿;其二是对于区域中的需扶持地区,应当本着区域和谐的目的进行必要的保障性要素倾注,扶持区域发展。此类政策包括对落后地区的扶持政策和对生态贡献区域的贡献补偿政策,也包括推动区域基本公共服务的均质化政策,以减低发展差距引致的不稳定。补偿保障类政策的关键在于落实,应通过前述发展带动政策、调和协商政策构筑区域切实可用的补偿、保障基础(如资金、人力资源、技术支撑等),确保政策落于实处。

1. 需扶持区域的划定及相关政策

有关研究表明,环京津贫困带人口多达约300万人。在京津冀协调发展的格局中,需要对这些特殊地区加以扶持,使其逐步获得进一步发展的动力,保持整个区域的稳定、持续、和谐发展。

(1) 需扶持区域的划定

参照欧盟对落后地区的划分标准,结合河北省经济发展的实际情况,需扶持地区的划定以"人均GDP低于河北省平均水平60%"作为第一判别指标,以农民人均纯收入低于河北省农民人均收入的80%作为第二判别指标,划定易县等16个县为首批扶持对象。

(2) 扶持原则

对较为落后的区域进行扶持，也需要建立在合理的、与实际情况相符的原则之上。

首先，扶持性区域应将"输血"与"造血"相结合。其次，加强产业转移也是重要的扶持原则。产业是地区发展的重要推动力，在区域协调发展的背景之下，应该鼓励大、中城市中的一些传统制造产业转移出来，同时，与军事相关的（高科技）产业也可以考虑在这些落后地区布置。产业转移的重要效用之一在于增加了当地的就业岗位，这样一部分从业人员可以实现本地就业。与此相关，作为"造血"方式之一的培训增强了人员的基本技能，因此可以提升其外出就业的能力。这样双管齐下可以在增强落后地区自生能力的基础上，实现地方居民收入的提高。

(3) 需扶持区域对应的相关政策

① 实行优惠的土地政策，推动"移民"和土地开发。

② 加大道路基础设施，特别是铁路建设。将河北东部和西部、城市和农村紧密联系起来，加速人口和劳动力的迁移和区内统一市场的形成与发展。

③ 促进资本和高智力生产劳动力的转移，特别注重吸引军工部门进入。

④ 进行政策支持。为了顺利完成开发任务，成立直属京津冀区域的相关机构，负责协调城市和地方关系。

⑤ 积极发展教育培训。一方面注意加强职业教育，提升劳动力素质，减少结构性失业；另一方面，注意加强基础教育，改善需扶持区域的公共服务水平，使这些区域的下一代不会输在"起跑线"上，成为新的被扶持对象。

2. 生态贡献区域的贡献补偿

此类政策主要指向为区域提供生态贡献的张家口、承德等地区。从区域政策考量，需要构建可计量的生态贡献测算—补偿体系，使这些区域在提供生态服务的同时能够享受到区域发展的利好。

3. 推动区域基本公共服务的均质化

在任何区域，追求绝对的公平都是不可能的。京津冀区域协调发展，构筑和谐社会的重要标准不是收入水平的完全均等，而是区域基本公共服务的均质化。以此为基础，需要构筑补偿性投资政策及相关执行体系。具体可设立基本公共服务投资基金，并推动城乡统筹发展中执行"三个集中"指向的空间政策。通过"三个集中"，有效提高散布于区域的农民和有关农村集体经济的集中程度，实现区域的集聚效应，减低公共服务投资的人均投资额度，提高投资绩效。

(五) 营造共赢导向的空间成长相关政策

通过与各专题和总报告的协调，我们认为京津冀城镇群的区域协调政策在空间落实的环节上可以分为如下三大分区进行管治的协调。这三个分区在地理上有一定的连续性，在区域职能上有着较为鲜明的特征：

西北生态功能协同区：主要承担生态保育的职能，并在未来要力争成为享有国际声誉的黄金旅游路线,为京津冀构筑多元对外交往网络做出贡献。范围包括张家口和承德两市全市域,以及秦皇岛和北京两市的北部山区区县、天津蓟县北部山区和石家庄、保定、邯郸、邢台西部山区。

中部国际门户功能协同区:是整个区域与国际接轨的前沿和核心地区,应承担起国际门户的职能。同时应发挥首都的辐射带动功能,促进区域职能网络化,提高核心组织力,起到引领区域转型和跨越发展的核心作用。范围包括北京、天津、唐山、沧州、秦皇岛和保定北部地区。

南部国内门户功能协同区:在区域中承担国内门户和直接腹地职能,为完善区域产业体系,应鼓励发展劳动密集型产业,同时也要起到辐射和带动北方地区发展的作用。另外这一地区还要承担区域农业生产的职能。范围包括石家庄、衡水、保定南部、邯郸和邢台。

这三个功能区对应的管治和协调政策如下:

1. 西北生态功能协同区

西北部地区是京津冀地区首要的生态保障空间,对西北部地区的空间政策指引应以政策扶持与自生能力培养并重。对京津冀而言,发展目标与政策导向的核心是护育政策。

(1) 城镇化发展政策

注重人口规模的合理控制与积极引导,鼓励京津冀农村人口适度向城镇,特别是规模较大的城镇集中,鼓励本地人口在接受必要的教育和培训后适度向其他区域流动,减少对生态保护区的压力。

与城镇化发展政策匹配,京津冀应扶持适合生态保护区发展的绿色产业,鼓励发展绿色旅游、文化创意产业等无污染、高劳动力吸纳能力,高附加值的第三产业,限制污染企业的进入,坚决禁止污染严重、破坏生态平衡的产业进入。在鼓励发展的地区,实行优惠的土地政策,推动"移民"和异地土地开发,从而间接加强生态脆弱区域的保护。

(2) 交通发展政策

大力完善交通系统,提高本区域的可进入性,通过交通基础设施的引导功能,促进有条件地区城镇和城市的成长,促进本地区资源与外部市场的对接。本区域交通设施的建设应以高等级公路和铁路为主,将城市和农村紧密联系起来,加速人口和劳动力的迁移和区内统一市场的形成。

(3) 生态保护政策

生态保护政策包括直接指向生态环境的有关政策和间接指向生态环境的其他政策两类。对西北部地区,要重点解决生态性贫困与区域生态屏障建设的矛盾。直接指向生态环境的政策包括加强北部、西部生态区带的保护和建设,如坝上草原生态修复和山区水源涵养与水源地保护等;对北部高原区选择合适的生态恢复和防护手段,加强对沙漠化和水土流失的治理。考虑本片区生态资源的重要地位和保护生态环境资源的巨大贡献,应给予足量资金支撑,专项用于生态保护。间接政策的目标是弱化地方发展诉求和环境生态建设之间的矛盾,通过生态补偿、转移支付、产业培育等政策手段使本区域的人民生活水平接近或达到与其他地区相近的水平,缩小地区经济和收入差距。同时,通过多级补贴和自筹的方式,筹措护林、生态养护等所需经费,以就业养居民,改变单纯依靠补贴和救济的格局。本区域还应通过培训、基础设施等公共产品的提供促进区域良性发展,最终实现生态、生活、生产的和谐发展。

(4) 资源利用与能源供给政策

本区域应特别注重执行"环境友好"的政策理念,减低资源直接消耗,倡导循环经济,减量投入生产要素和空间资源,实现本地经济的资源集约型发展。

(5) 区域协调政策

本区域协调政策的重点是调和发展与保护之间的矛盾,即如何分配生态保护带来的收益。其协调政策主要包括:区域补偿政策和区域产业扶持政策。

区域补偿政策的指向是通过生态基金、大额转移支付、区域发展补贴等形式给予本区域补偿,保证西北部地区的人民生活尽快摆脱贫困,并力争使其中若干发展条件较好的区域获取更高的发展速度,产生增长极效应,使这些地区的人民生活水平得到显著提升,产业得到较快的发展。政策重点在于对生态保护区和绿色产业给与一定的财税优惠,对生态资源的贡献进行科学客观的核算,促成京冀之间、津冀之间达成生态补偿共识。通过大区域的转移支付开展生态环境整合治理计划。北京市和天津市应划出专款投向西北部地区的生态保育、教育扶贫等领域。

区域产业扶持政策要紧密结合本区生态涵养的核心功能与特色,以植被、水源、空气和土壤的保护为重点,发展数量可控的农牧和林果产业以及相关的加工产业并最终向文化创意产业、绿色旅游产业转型,推动本区域成为中国北方地区的黄金旅游线路和文化创意产业发育的生态功能区。以此为目标,该地区应构建具有一定竞争能力的生态产业体系,从而提高西北部地区的自生能力,刺激当地居民合理、有序迁移。在产业发展的过程中,鼓励高素质的管理、科技人才流向该区。鼓励财政倾斜,对本地人口进行广泛的教育和培训,提高本地人口的受教育程度,增强本地住民适应外部条件变化的能力。

(6) 空间管制政策

总体上看,本区域大多数城镇应适度调减或从低审批人均用地指标,从规划上调整工业发展思路,特别是限制污染型、占地型工业的进入可能。对区域内具有重大发展潜力的核心市镇,在不破坏生态环境的前提下可予以用地指标倾斜,用以增加对周边人口的吸引能力。鼓励西北生态协同功能区设立"无水港",鼓励本区域城市与沿海城市组成联合开发体,允许本区域建设用地指标的异地投放。

本区域应努力处理好城乡关系,在城市、城镇发展的过程中防止城镇无序的连绵成长。在主要农业生产区域,要严格保护耕地等农业土地利用模式,以最严格有效的手段保护基本农田,避免城镇建设侵蚀耕地。严格保护湿地等生态功能区域,严格控制生态廊道,尽可能提升生态廊道的等级,努力提高生态廊道规模和区域生态环境承载能力。

2. 中部国际门户功能协同区

本区域是整个华北地区乃至全国的重要核心功能发展区和增长极,是未来中国重要的全球城市地域集核。本区域的核心政策导向是区域协调,政策特点是推动与管制并重。重点关注区域内京津两大核心城市之间的协调,以及滨海新区、曹妃甸、渤海新区、秦皇岛四大沿海成长空间的整合和本区内重要资源的调控。

(1) 城镇化发展政策

本区是京津冀城镇群中城市化水平最高的区域。本地区的城镇化应强调质量提升,强化区域融合。城镇化关注的重点是实现京津廊道、环渤海沿海片区两大区域的良性成长以及京津廊道的整合对接,避免京津离心发展及滨海新区、曹妃甸、渤海新区和秦皇岛四大沿海成长空间的过分连绵。设置合理的城镇化速率,更具弹性的调控京津两地的人口规模。环京津地区面向京津的高速成长,应适度倾斜用地指标。

(2) 交通发展政策

① 强化京津走廊、京唐走廊、津沧走廊、津石走廊的建设,加强交流和辐射带动作用,构建集装箱货运专线,提高港口和腹地之间的货运能力。加快津石高速、津沧铁路客运专线等基础设施的规划研究工作。

② 尽快明确北京第二机场的选址,明晰预期,提升区域经济的协作意愿和明确协作方向。

③ 支持京津之间的通道建设和港口通道建设,大力支持重点发展地域的建设,包括北京新城、天津滨海以及河北有潜力的大型港口。

(3) 生态保护政策

① 处理好产业发展与环境保护的关系,重点是河道水体以及海洋等水环境的保护与污染控制。

② 加强海防工程的建设,控制对地下水的开采,防止海岸侵蚀和海水入侵。

③ 加强农田防护林的建设,利用生物和物理工程治理盐渍化土地,改良土壤,提高耕地生产力,缓解城镇发展的土地资源压力。

④ 控制本地生态足迹。与西北生态功能协同区融合发展,设立协作共赢的补偿转移机制,改善区域生态环境。

(4) 资源利用与能源供给政策

本区域应特别注重执行"循环经济"的政策理念,特别强调实现资源的重复利用和回收利用,减低生态环境压力。具体措施有:积极推进节水型项目的应用,扶持节能、节地项目,对积极提高能源、资源利用效率的城市和地区给予财政补贴和奖励性资助;在不破坏渤海水质条件和生态特质的基础上,积极探索海水淡化综合利用技术,减低对淡水资源的依赖,推进海洋化工工业发展;探索潮汐能发电技术,进行核技术利用的可行性研究。

(5) 区域协调政策

在区域协调领域,特别关注京津协调的示范带动作用。成立更具协调运作能力的京津规划协调委员会,保障北京、天津的规划对接、产业协同、区域基础设施建设同步和区域政策的一致。具体措施包括:

① 注重人力资源的培养和吸引,特别注重同北京、天津等京津冀核心城市和跨区域人力资源中心的协作,借用外脑,实现区域的高起点发展。

② 本区域充分关注流动人口问题,努力消除主城空心化和新产业基地功能过度单一的发展隐患。对流动人口应加强管理,结合北京总规、天津总规、河北省城镇体系规划中的人口预测和唐山、沧州、秦皇岛各市的规划预测,中东部湾区可在既有常住人口规模保持不变的条件下,充分

考虑流动人口的作用和影响,清晰认识、宽容对待流动人口问题,客观估算流动人口数量,以实际人口容量作为考量城市建设用地的标准。在流动人口管理的过程中,应导入信息化手段,进行流动人口的实时监控,实现多方引导和有效管理。

③ 作为成长最为快速的地区,本区域必须十分注重规划和建设的对接。应通过规划部门在规划过程和执行过程中的积极对话与良性建议,协同修订,实现区域发展的对接。减少规划对接失效或失灵问题,减低资源的冗余性消耗。同时,作为先发地区,除作为重要的中央财政倾斜区域之外,该地区本身还应肩负一定的转移支付职能,向周边地区提供补偿性、扶持性的款项。

④ 对于港口岸线资源,四大沿海成长片区应成立港群协作组织、招商引资联合机构和次区域基础设施调和委员会,从而实现相似功能条件下的专业化、精细化发展。并在这一过程中促进政府机构、非政府组织和企业发挥不同的效力,达到促进发展的目标。

⑤ 对本区域极为稀缺的淡水资源,应积极对话,灵活调剂"南水北调"用水配给额度,建立可起到一定调节作用的价格机制,通过市场化手段进一步提高水资源利用效率。同时改进和推广海水淡化技术。

(6) 空间管制政策

本区域作为京津冀城镇群未来成长潜力最大的区域,空间投放必须预留战略性空间资源,包括岸线、城市发展用地、城市基础设施联系通道等。同时,本区域应从国家战略实现的背景出发,特别是考虑到滨海新区、曹妃甸、沧州渤海新区等区域的现代制造业产业特质,适度调高人均用地指标。区域性用地指标向京津走廊和滨海地区等鼓励建设区域予以重点倾斜,但应充分考虑其中若干湿地的生态作用,对生态环境需要的区域,应严格划定为不可建设区域,对生态护育有所贡献的城市和地区,建设空间的支持应加大。允许本区域城市与西北生态功能协同区相关市镇组成联合开发体,将西北生态功能区的部分建设用地指标转移至本地区投放,并利用此部分空间的收益反哺西北生态功能区。

3. 南部国内门户功能协同区

本地区是京津冀地区未来国内门户型功能区,将影响到京津冀区域未来的持续发展能力。本区域的政策导向核心为依靠公共政策,促进区域发展。政策特点是推动地方基础设施建设,鼓励次中心加速成长。

(1) 城镇化发展政策

本区域积极推进城市化建设,努力提升城市化水平。促进以石家庄为中心的中南部平原区域发展,促进邢台、邯郸、衡水等地中心城市和具有较高发展水平的县级市市区的加速发展。

本区域鼓励承接来自京津的转出产业。努力形成本地资源、市场优势与经过升级、改造后的转入产业融合发展的新局面,促成优势产业的升级,使本地区形成近邻京津、具有国内辐射能力的重要发展支持区。在市场化条件好、中小企业发育不足的现实条件下,不排斥本地经济多元化的发展格局,倡导大型产业的进入和本地产业的集群化发展。鼓励区域第三产业发展和具有独立知识产权的工业进入本区域,推进工业化向高层次演进,限制污染排放总量,实施污染增量减低计划,推进本区达到国家节能减排的综合要求。

石家庄应借助临近京津的条件，利用人才科技和交通区位优势，发展医药制造、商贸物流等产业，在化工、机械等传统优势产业上继续挖潜。承接来自京津的国家储备和备份中心的职能。在石家庄高速成长的过程中，整合石家庄—邯郸、邢台和衡水的地方产业发展。使民营经济形成具有较大影响的区域性产业集群，并最终托举石家庄成为中南部地区的重要核心城市。

（2）交通发展政策

强化津石走廊建设，加强石家庄与邯郸、沧州的轴向连接，完善区域内部交通设施和网络基础设施。促进轴线中各节点的高速成长。

（3）生态保护政策

沧州、衡水等地区，在"南水北调"通水之后，实现城市深层承压水禁采；保护湖泊、湿地资源，实施"退耕还林"、土地改良等措施，提高地区生态承载力，并提供更多的高品质耕地资源；通过集约利用建设用地，挖掘城市用地潜能，为城镇发展提供条件。

（4）资源利用与能源供给政策

积极鼓励节能节水项目，合理调配。

（5）区域协调政策

这一区域应坚持以政策力（制度力）作为推动力量，推进中南部地区的整合发展。此区域协调的重点是本区域与京津核心区的平衡问题，避免京津中心的极化作用将本区边缘化。可采取的政策工具首先是鼓励农村城镇化，设定相对宽松的城市人口进入门槛，设定较为完备的最低保障制度，促进南部石家庄等四个城市的规模扩张，一定程度上形成反磁力吸引极。在这一领域，还应进一步加强基础设施建设，向石家庄—邯郸、石家庄—沧州轴线方向持续进行交通基础设施和其他基础设施投入，加强石家庄本地的建设投入和空间资源投放，允许石家庄成为京津冀城市人口流动的试点。此外，京津冀区域协调政策的另一个重点是区域统一市场标准的制定问题，通过统一的市场标准，发展、壮大本地产业，扩大市场影响力，融入区域共同市场，从而促进区域空间资源整合，推进区域次中心打造，将石家庄提升、拓展成为具有一定国家控制能力的国内门户枢纽。

同时，对承接型产业和为区域乃至全国服务的职能产业进行财税优惠。设置针对民营经济和中小企业的专项财政倾斜政策，促进京津冀区域中南部地区形成具有地方特色和较大范围竞争能力的产业集群。

（6）空间管制政策

本区域应努力处理好城乡关系，在城市、城镇发展的过程中防止城镇无序的连绵成长。在主要农业生产区域，要严格保护耕地等农产业土地利用模式，以最严格手段监控基本农田，避免城镇建设侵蚀农田。严格保护湿地等生态功能区域，严格控制生态廊道，尽可能提升生态廊道的等级，努力提高生态廊道规模，提高区域生态环境承载能力。

本区域作为未来成长潜力巨大的区域，空间投放不能"一哄而上"，必须预留战略性空间资源。一方面要保留基础设施廊道和城市空间拓展资源，包括石黄沿线、京津沿线、京九沿线等；另一方面应关注重要产业和港口的海向延伸可能，在不影响渤海生态环境和自然流向的前提下，为沿海产业整合、提升留有余地。

五、构建区域协作的保障机制与实施行动

机制,是指机构及其相关的运作模式和调控制度。制度的有效运行需要以相关机构的建立为前提,京津冀区域协调发展需要三个层次的机构共同推进,即具有官方宏观管理色彩的区域整体协调机构,各级政府本身以及高速成长的民间力量。这些机构需要借助有效的政策工具进行区域协调工作的推进,特别要关注重点领域区域协调政策的实施。

(一)成立区域协调机构

京津冀地区跨行政区较多,且有两个直辖特大城市,特别是还包括首都北京,造成了区域内部自行协调的难度加大。所以,为了实现京津冀区域协调发展政策措施的顺利推行,完全有必要由中央政府成立专门的区域协调机构。

该区域协调机构基本职能包括:组织协调实施跨行政区的重大基础设施建设、重大战略资源开发、生态环境保护与建设以及跨区生产要素的流动等问题;统一规划符合本区域长远发展的经济发展规划和产业结构;统一规划空间资源和其他资源的投放;制定统一的市场竞争规则和政策措施,并负责监督执行情况;协助各市县制定地方性经济发展战略和规划,使局部性规划与整体性规划有机衔接。

1. 建立京津冀区域协调与合作领导小组和联席会议制度

领导小组应由国务院直接领导,由国家发展与改革委员会、住房和城乡建设部、国土资源部以及京津冀三省市的主要领导组成。同时成立由国家发展与改革委员会、住房和城乡建设部、国土资源部、京津冀三省市政府和发展与改革委员会等主管领导参加的京津冀区域协调与合作联席会议制度。

2. 京津冀区域协调机构的核心工作内容

京津冀区域的协调发展需要构建具有系统性、稳定性的制度体系,从而便于各个主体推进协调工作的开展。京津冀区域协调机构的核心工作内容主要包括以下制度体系的建立、完善以及推进各制度的运作模式。

(1)政策协调制度

认真梳理各省市现有的地方性政策和法规,在内外税收统一的大背景下,减少各城市在税收等特殊优惠政策方面的差异,协调招商引资政策。避免以过度的政策优惠吸引投资以及不顾环境要求、浪费土地资源、以局部利益损害区域和国家整体利益的情况发生。

(2)信息沟通制度

合作之所以难以维持,根本原因在于潜在合作主体之间的信息不对称。信息沟通系统的建立有利于解决信息不对称的问题,从而保证合作的顺利进行。建立一个发达的信息网对于促进

区域内的沟通是十分有利的。

在区域规划委员会或高层市长联席会议的指导下,建立区域内部关于重大规划和决定的定期沟通制度,即对各自的产业发展规划、空间布局规划、重大建设项目、重要决定和政策等信息,通过各种适宜的方式及时相互通报,以求相互直接了解情况、掌握动向,并根据不断变化的情况各自调整发展规划,扬长避短、相互借鉴、错位发展、保持协调。在定期沟通制度的基础上,及时发现和提出京津冀区域经济一体化过程中急需深入研究和高度重视的重大问题,以便进一步研究,提出解决方案。

(3) 资源共享制度

资源共享不仅包括自然资源的共享,还包括社会资源的共享。京津冀地区自然资源丰富,科技力量雄厚,人才集中,基础设施完善,为京津冀地区的经济发展提供了必要的保障。建立区域内资源共享的机制将有利于资源的有效配置,更有效地为区域经济发展的目标服务。

(4) 区域利益分配制度

区域利益协调机制用来解决市场机制不能解决的外部性问题,如在建立水资源和生态环境的补偿机制外,还应积极探索建立符合市场经济规则的利益共享机制,可考虑在京津冀区域探索建立产权分税制度。产权分税制是针对我国税收制度弊病,按照谁投资谁受益的原则,设计的一种新型税收制度。这种制度的优点是企业注册地和投资者所在地均有权分配一定数量的地方税,因而能消除地方政府对企业对外投资设置的障碍,促进社会资源向优势区域转移,使得"飞地"开发成为可能。随着京津冀区域经济一体化步伐的加快、产业转移和扩散及产业链协作关系的加强,建立合理的利益分配机制成为目前急需解决的问题之一。建议制定相关利益调节和分配方案的实施细则,并尽快出台实行。

(5) 利益补偿制度

合作区域中各类资源容易集中于重要的城市或区域中心,而次级区域中心的发展会受到"阴影区"效应制约,成为区域发展的边缘区。另外,在区域合作过程中,各方主体可能会面临利益受损或错失重大发展机遇的危险。为规避边缘化的危险和潜在利益受损的危险,有必要建立利益补偿机制,在一定程度上规避因目标不确定性增大而造成的效用减低的风险,规避因此而可能产生的合作破产的风险,并缩小区域内部的差距,达到共同繁荣的目标。

(6) 约束制度

区域间合作难以持续的一个重要原因是相互间的行为缺少约束,不能建立有效的惩戒机制,合作没有制度保障。因此,有必要建立一整套行之有效的制度以约束各行为主体的行为,保障合作的稳定和持续。要通过制定京津冀地区共同遵守的区域公约,建立跨区域的组织机构,协调各地区的政策行为,督促各个地区采取共同的政策行动,以促进区域之间的协调发展。

(7) 规划制定制度

建立规划制定的机制是区域一体化的前提和重要内容。统筹规划的范围包括城市规划、产业规划、区域合作规划等。目前京津冀各地还基本上是独立制定发展规划,不注重相互之间的沟通配合和整体协调,必然造成产业同构、争夺资源等一系列问题。因此,有必要在最初规划的时候就进行统筹考虑,彼此留出发展的接口,避免不必要的冲突。

(8) 争端解决制度

区域合作的过程中难免会出现摩擦和意见的分歧,研究建立调解企业在不同省区贸易与投资的争端调解、解决机制,并逐步形成统一的投诉、调解、仲裁机制,使企业对在区域内受到的不公平待遇可以进行投诉和申请仲裁,有利于保障合作的顺利进行。

制度的有效运作在一定程度上依赖于其运作模式,在京津冀协调发展中,运作模式具体表现为京津冀区域协调机构在推进各项制度时应当遵守的一些基本的工作准则,包括应当按照制度的难易程度逐步推进,按照从整体原则到具体工作推进,按照区域范围的大小推进等。具体地,应当首先解决信息沟通、规划制定、利益补偿几项工作,这些工作相对来说紧迫程度比较高,并且在短期内易于实现。而资源共享、区域利益协调以及争端解决则需要在信息透明等条件下开展。那些涉及影响范围更加广泛、影响时期更长的政策协调以及制度约束等应该在一定基础上更加审慎地推进。

3. 建议成立的其他区域协调专门机构

(1) 京津冀区域资源联动中心

京津冀区域资源联动中心的任务是评价和统筹京津冀区域内的若干敏感资源,实现资源配置的合理化,提升区域总体资源利用效能。同时,促进区域选择集约、节约型的发展路径,推动京津冀打造生态友好型区域,并为国家节能增效的宏观政策服务。其关注的重点资源有:岸线资源、港口资源、区域内淡水资源、区域调剂性水资源(如南水北调)、区域能源、区域运力资源等。凡区域内影响重大的资源调配工作,必须经由该中心整合,以实现资源的利用价值。

(2) 京津冀区域高新技术利用响应中心

京津冀区域发展的外部条件之一是全球和我国技术创新的不断加速,科学研究和技术进步的拓展使得区域内的产业与服务等领域的更新速率加快。成立京津冀区域高新技术利用响应中心的目的在于充分评估区域外部技术变迁对区域内生产格局、产业组织、基础设施建设和人力资源政策等方面的综合影响,从而使得区域具有足够敏捷的能力应对全球技术变迁,减低区域发展失误的可能,并实现京津冀区域内先发地区与需扶持地区的有效整合,促进技术的平稳转移,推动地方的综合发展。

在这个中心内部,应加强与科研机构、民间团体和相关企业的密切协作,从而实现官、产、学、民、媒对区域创新问题和区域高新科技影响的全面关注,指导京津冀区域走向又好又快的发展道路。

(3) 京津冀区域信息化管理中心

京津冀区域信息化管理中心的功能是构筑区域信息化基础平台,制定区域统一的共性代码、统一的属性分类原则和其他相关标准,实现区域信息化的共享。在区域协调机构中(而不是民间组织)设置这一中心的另一重要理由是,需要通过该中心将各地方的电子政府系统、电子政务系统进行有机融合,实现区域政府的互相联通,在保证涉密事务安全的前提下,实现政务公开,沟通各个区域。特别是应注重各地方政府城市规划和区域发展五年规划的信息沟通工作,使沟通工作成为伴随规划编制全过程的一项重要功能。

此外,信息化中心的管理还可涉及突发事件处理、人力资源追随、人员监控、基础设施建设协调、市场信息共享等多项职能。

(二)依托地方政府,充分发挥市场力量

京津冀区域的协调发展不能仅仅依靠区域的协调机构。地方政府对本地区的实际情况了解最多,最清楚本地在协调发展中所需推动的各项工作。因此,各地方政府应该在区域整体发展框架的指导下,进一步推进市场力量在协调发展中的作用。

1. 推行市场开发制度

市场开发包括区域内市场开发、国内市场开发和国际市场开发。京津冀地区有着巨大的市场潜力,其优越的交通条件也为其开发国内和国际市场提供了便利,市场开发将为京津冀地区的发展提供更广阔的空间。

2. 推进标准确立制度

所谓标准,是指依据科学技术和实践经验的综合成果,在协商的基础上,对经济、技术和管理等活动中,具有多样性、相关性特征的重复事务,以特定的程序和形式颁布的统一规定。为在一定的范围内获得最佳秩序,对实际的或潜在的问题制定共同的和可重复使用的规则的活动,称为标准化。它包括制定、发布和实施标准的过程。标准化的重要意义是改进产品、过程和服务的适用性,防止贸易壁垒。

统一的标准对于区域间的合作是十分重要的,也是容易被人们忽视的。标准统一不仅能降低地区间的贸易壁垒,也能极大地提高效率。对京津冀地区而言,统一道路标识、标准化公交乘用卡等手段将极大地促进地方的协调。

3. 推介舆论宣传制度

舆论的力量是巨大的,合作需要良好的合作环境,也需要有良好的舆论环境。通过各种形式的宣传使区域合作意识深入人心,形成推动区域合作的舆论氛围,将大大促进合作的深度和广度。

除了上述三项制度外,地方政府在争端解决、金融介入等方面也负有相关的责任。这里需要特别指出的是,在地方政府中应当设置与区域协调职能紧密联系、负责地区间协调工作衔接的部门,这样才能提升工作的时效性和专门性。

(三)广泛依托各方力量促进协调发展

1. 借助 NGO 和 NPO 复合行政主体

作为复合行政中重要的参与主体,NGO(非政府组织)和 NPO(非赢利组织)由于其较为特殊的工作性质,更易于在民众中和行业中获得信任。在区域的协调发展中,这些组织应该积极推

进各个地方行业标准的统一化、确定化,从而建立不同地区相同行业合作、对话的前提。在行业内发生纠纷时,商会、行业协会等应当负责调解争端。要注意发挥三省市非政府组织如学会、商会、行业协会、中介组织、咨询机构的信息传播和组织推动作用,引导更多的力量投身到区域经济合作的经济活动中来。鼓励并引导居民和社区组织积极参与到区域合作与维护合作的工作中来,共同推进区域合作行动的开展。同时,信息的通畅、及时对于各个行业的发展至关重要,因此NGO和NPO也要在信息沟通领域开展一些工作。

2. 借助环渤海和其他相邻地区的优势

京津冀三地首先要借助环渤海其他地区的力量,积极利用相邻地区的优势,实现优势互补的发展格局。其次,京津冀地区的发展需要山西、内蒙古等省市的支持,尤其是在能源供给、生态保护、水资源利用等方面,因此在三地协作的过程中,应当积极联合这些地区的相关部门,在互利的基础上寻求合作。

3. 与相关部委和机构保持密切联系

在京津冀区域协作的过程中,住房和城乡建设部、三地政府要与国家相关部门密切配合,共同推进区域整体的成长壮大。区域共同体应当与国家发改委、财政部、水利部、国土资源部、国家环保局、国家税务总局、交通部、铁道部、民航总局、国家旅游局等重要职能部门保持良好的工作关系,争取各部委在具体建设事项上给予部分政策倾斜,同时也要积极征求各部委对京津冀区域协作的建设性、专业性意见,减少在政策上、制度上可能发生的摩擦。

(四) 构筑区域协作工具体系

1. 京津冀区域政策工具框架

20世纪90年代以来,以功能性质(行为)为导向的新工具框架开始发挥越来越大的作用。这一工具框架是根据解决区域问题中的具体功能而对区域政策工具进行分类,即将区域政策工具分为激励工具和限制工具两种。

以根据功能性质划分的区域政策工具分类为基础,以传统的区域政策工具分类为补充,结合京津冀地区的特征和课题组的判断,我们认为在京津冀城镇群协作过程中还需要增加补偿工具以对付出地区进行相应的补偿,由此初步构筑京津冀区域政策工具框架如图3-6-4所示。

2. 京津冀区域政策工具要点

(1) 劳动力布局

在劳动力再布局中,不能一味地采用传统的禁止性控制工具,而是应当以自由流动为主要政策导向,适当设定必要的许可性条件,帮助引导劳动力的合理布局,特别是中高端人力资源的适度集中和普通劳动力的有序流动。为检验工具的有效性并为及时选用适当的工具,有必要建立全区域的全面、即时的人口信息管理系统。同时,北京、天津等地的人口政策应适度向高端人群倾斜。

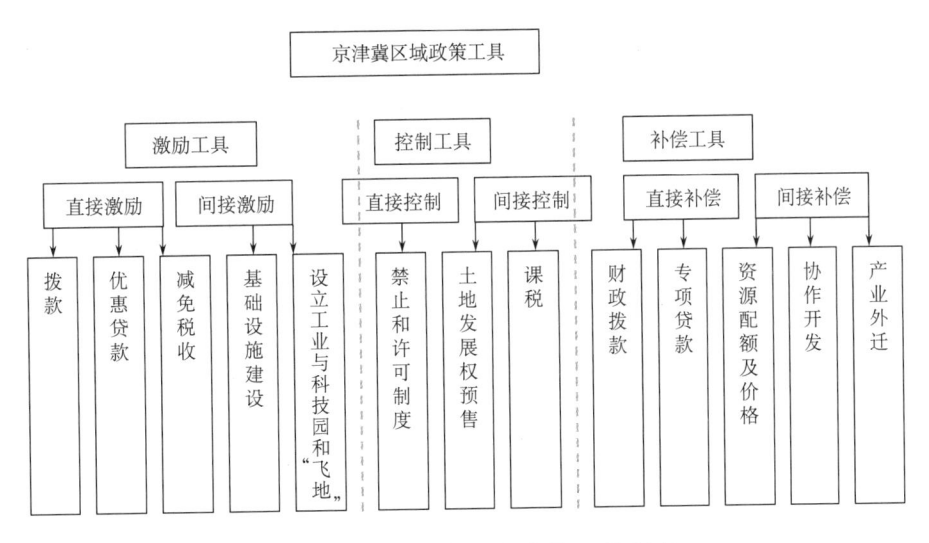

专题六　区域协调发展实施政策框架与机制专题研究　521

图 3-6-4　京津冀区域政策工具框架

（2）财政

财政拨款在区域发展中可以充当激励和补偿两种功能的工具,既可以作为直接的激励性工具刺激地方的开发和建设,也可以作为协作中受损失一方的经济补偿。财政工具的主要资金来源除了上位政府的投入之外,区域发展基金是一种重要的形式。

（3）金融

这里所指主要是政策性金融工具,包括以应对符合某些促进发展条件的项目为激励对象的优惠贷款和针对专项扶持项目的专项贷款。用金融市场的资本运作替代简单的财政拨款,一方面减轻了政府的财政压力,另一方面,更重要的是将简单的"输血"功能变为"造血"功能,促进区域持续发展和整体效益水平的提升。

（4）土地

土地资源有限又不可再生,所以在空间成长上必须严格实行限制措施,使用禁止性和限制性措施严格控制土地供给。适当条件下可以使用土地发展权预售和"飞地"设立来提高土地利用效率。

（5）资源配给与价格

由于区域中限制性资源缺乏,区域内部资源调剂不可避免,而限制性资源的数量在很大程度上决定了地方发展规模,例如,在京津冀地区受到广泛关注的水资源问题。合理调配区内限制性可流动资源、对于资源出让一方所损失的发展机会给予适当的补偿是区域协调的重要方面,这可以通过合理的资源价格来实现。

（6）产业转移

产业发展中的雁行原理说明,中心区较低层级的产业会向周边地区转移扩散。中心区的产业转出过程同时也是周边落后地区发展的契机。区域协调机构中应当针对产业转移定出一般通行的操作程序,结合财政与金融工具的使用,达到促进需扶持地区持续发展的目标,减低产业转移中的各种耗损。

（7）引导适度竞争

需要说明的是，京津冀区域政策工具绝对不能排斥企业之间、区域之间的竞争。与之相反，区域协调政策工具应当充分认识到市场的作用，倡导适度竞争。

在经济全球化的大背景中，城市对外部的资源和市场的依赖程度逐步提升，没有一个城市能够脱离区域而独立生存和发展。因此，加入区域乃至全球的经济产业链带，对于京津冀城市群中任何一个发展中的城市来讲，等于将利用资源的范围从城市内部拓展到更大的空间。从这个意义出发，不仅政策工具，而且京津冀区域协调的政策框架与协调机制的设置也必须树立和遵循市场竞争的理念。

（五）重点领域协调政策实施

1. 产业协调政策实施领域

在产业协作过程中，近期必须首要关注唐山和北京，沧州和天津，廊坊和北京三对城市的关系，推动这些城市之间的自发协作，中远期关注的重点集中于京津协作。协作中，注重以金融一体化为先导，消融三地金融服务的巨大差距，推动资本要素自由流动。北京的金融业在我国具有核心地位；天津是环渤海地区金融监管和服务中心，滨海新区将成为金融先行先试的重点地区，发展潜能巨大；河北金融业现状相对落后，但伴随曹妃甸地区、黄骅港的发展建设，大量投资的倾注和国家开发银行的资本倾斜，河北金融业也具有高速发展的前景。在金融一体化的过程中，需要通过区域政策的推动，改变各地对区域金融一体化需求不高的格局，实现金融业的率先协同发展，推进资金要素在区域间的自由流动，为区域产业协同发展创造平台，引导产业一体化发展，并力争扩大京津地区的虚拟腹地。

2. 道路基础设施建设领域

应注重完善重大交通设施建设决策机制，对于涉及各方利益及城市总体规划实施的重大项目，应事先征求各地区规划部门的意见，在做好规划协调与衔接的前提下再行建设。关注京石二通道等区域性交通廊道建设，建议区域共同体尽早明确在北京市域范围内的线位走向、用地安排及建设协调等问题，为确保重大工程建设的顺利实施提供依据。此外，虽然目前天津的高速公路密度较高，但其大多数为过境性高速，应当尽早将天津、石家庄高速公路，唐山—天津—沧州滨海高速公路，天津—沧州客运专线纳入建设计划，满足滨海新区和天津中心城区的发展建设需要。

3. 能源基础设施领域

应充分关注京津冀能源安全问题，尽快安排北京、天津新增储油、储气设施建设。为能源运输预留管线、泵房接口，预留港口线位。筹备建设曹妃甸—北京、曹妃甸—天津、天津—北京三条网络化油气管道。

4. 生态建设领域

其实施的要点在于核定生态补偿的计量标准，梳理区域扶持的有效途径和设立区域联动的产业序列组织。张、承等地区水源涵养区域的生态补偿措施应能够保证当地住民生活水平至少达到河北省平均水平的80%,对缺口部分,应由区域共同体根据实际情况,采取京津为主、河北为辅的方针予以补偿。建议北京市、天津市转移部分高科技产业和低耗水项目到水库上游,与西北生态功能区实现真正意义的协同发展,改"输血"为"造血"。同时,为了真正推动生态建设,形成生态安全格局,京津冀三地应编制限建区规划,将全部行政辖区划分为禁止建设区、限制建设区和适度建设区,用于指导三地的城乡建设,避免建设侵入生态保护区及环境脆弱地区,避让地质灾害。

5. 水资源利用领域

京津冀区域必须十分关注水资源安全。一方面应充分注重本地的水资源节约和内部调剂,另一方面应注重南水北调资源的合理利用。明确统一严格的"南水北调"中线引水工程防护措施,对明渠划定100米的保护范围,对暗渠划定50米的保护范围,并划定相应保护区,作为强制性规划内容。将密云水库上游承德地区水田改旱田,由北京进行适当的经济补偿。同时建议官厅水库上游张家口地区进行水质污染防治工作,提高水体质量,由北京进行适当的经济补偿。

6. 空间对接领域

从目前的格局来看,河北省环绕京津的部分地域已形成向心性增长格局。这种成长模式有可能影响京津未来城市规划总体目标的实施。建议北京、天津与河北省之间加强协商,在省际交界地带设置必要的缓冲地带,确定缓冲带的宽度不小于5公里。环京津地区,特别是廊坊市、涿州市等地需要在当地政府和京津冀三地政府的联合调控下,共同协调该交界地带的城镇发展和基础设施建设等问题。

(六)城镇群协调发展行动计划

1. 重点行动计划

从整个京津冀城镇群的角度出发,要在近5年内采取下列行动,以促进区域协调发展目标的实现。

(1)设立区域协调机构

设立高于三方主体行政级别的区域协调机构,负责区域协调中总体框架性原则的制定和把握。在全区域协调机构成立后并正常运作之前,可以先按照前述三个空间分区成立次区域协调组,尽快实现次区域内的协作。

(2)区域成长基金计划

通过多种渠道、多种方式筹集资金,设立区域成长基金,专项用于区域中的特别地区发展扶持活动和生态补偿。

(3)设立城镇群管理控制中心

城镇群管理控制中心由城镇群中各子区域在辖区内分别设立,其基础是一个管理信息系统,包括资本、劳动力、资源等各种要素的各项信息的监控和管理。各子区域的管理信息系统需要在使用统一信息平台和统一信息代码的基础上相互开放。

(4)设置特别区域扶持计划

划定需要扶持的特别区域,区分其级别的不同类型,设定有针对性的扶持计划,包括给予专项贷款、利用企业扩张带动扶持、给予特别资源补偿等。

(5) 区域整合宣传计划

由区域协调机构、各地方政府、各类非政府组织、非官方组织通过各自的渠道，对内、对外进行区域整体形象树立和宣传工作，在舆论上形成声势，也使得区域协作深入人心，便于工作推行。

(6) 基础设施整合完善计划

对区域内重要大型基础设施进行摸底调查，主要包括交通基础设施、水利设施、电力设施等，并根据协调发展需要进行基础设施的整合与衔接规划建设。不断提升区域整体设施水平，特别是公路建设方面要实现村村通公路、乡乡通主干公路，东部发展区域要协调统一选择最有利于区域发展的方案建设滨海公路。

(7) 港群公司计划

政府和各港口集团重估各港口的资产，合理确定港群集团公司的资产所有权比例，参照股份合作的形式整合资源，使隶属关系完全脱离三省市。建议可以将天津港、黄骅港作为实验区，继而联动唐山港、秦皇岛港。

(8) "飞地"增长极计划

在滨海新区和曹妃甸地区为河北省每个非沿海城市分别设置 $1-2km^2$ 的"飞地"开发区，为北京市设置 $5-10km^2$ 的"飞地"开发区，并实现各开发区建设用地指标的转移。

(9) 资源定价计划

在限制性资源输出地区和资源输入地区根据资源的稀缺程度以及利用价值客观进行资源定价，定价要与资源使用量进行梯度衔接，并且可以和生态补偿同时考虑。资源定价计划可以将需要定价的资源按迫切程度列表，逐个推进。例如，最为迫切的是水资源价格问题。

(10) 中小企业推进计划

包括成立京津冀地区中小企业支持与咨询中心，以中小企业支持与咨询中心为载体，提供智力支持和业务咨询，推进京津冀地区中小企业资助计划和中小企业联动发展计划。

(11) 次区域行政区划调整计划

按照本次研究中对空间经济格局的判断，我们认为可以在河北省内进行适当的行政区划调整。例如，可以将保定地区的定州市升格为地级市，以拉动周边地区的发展和便于区域内部协调政策的推行。

2. 行动计划分级

在上述重点行动计划统领之下，各层级的政府部门有着不同的工作内容：

(1) 省级单元行动计划重点

- 推进区域协调机构的设立，健全协调机构职能，使之真正发挥作用；
- 推进重点地区的投资建设，包括滨海新区、曹妃甸港的建设等；
- 进行资源定价；
- 设立成长基金。

① 北京市重点行动计划
- 设立城市管理控制中心；
- 东部发展带建设开发；
- 产业转移扶贫计划；
- 与廊坊进行空间拼合；
- 基础设施整合完善，与津冀衔接；
- 与河北张、承地区开展生态环境整合治理计划。

② 天津市重点行动计划
- 设立城市管理控制中心；
- 滨海新区开发建设；
- 产业转移扶贫计划；
- 基础设施整合完善，与京冀衔接；
- 中小企业推进计划。

③ 河北省重点行动计划
- 曹妃甸工业区的建设开发；
- 沧州港区与天津港的衔接；
- 积极承接来自京津的产业转移；
- 中小企业推进计划；
- 对限制性稀缺资源重估定价；
- 提升整体基础设施水平。

（2）地级单元行动计划重点
- 设立城市管理控制中心；
- 寻找沿海飞地增长极；
- 广泛促进相邻城市进行友好接洽。

（3）县级单元行动计划重点

区域的第三级增长极主要是京津冀地区经济发达的县级市，在此主要推进：
- 中小企业推进计划；
- 村村通公路计划；
- "飞地"建设计划。